高等教育“双一流”工程图学类课程教材

机械制图

Jixie Zhitu

第二版

主　编　丁　一　李奇敏

副主编　宋代平　夏　红　王建宏

王　健　刘　静

高等教育出版社·北京

内容提要

本书是在2012年出版的丁一、钮志红主编《机械制图》基础上，根据教育部高等学校工程图学教学指导分委员会2019年制订的《高等学校工程图学课程教学基本要求》，并结合近几年课程教学改革和实践的经验修订完成的。

本书除绪论外共分10章，包括制图基本知识、基本体的投影、立体交线的投影、组合体及其投影、轴测图、机件常用表达方法、标准件与常用件的工程表达、零件图、装配图、计算机三维造型及二维绘图，书后附有附录。本书配有丰富的电子资源，可通过扫描书中二维码进行浏览。

与本书配套使用的丁一、李奇敏主编《机械制图习题集》(第二版)由高等教育出版社同时出版，可供选用。

本书可作为普通高等学校机械类各专业的教材，也可供其他类型院校相关专业选用，亦可供工程技术人员参考。

图书在版编目(CIP)数据

机械制图／丁一，李奇敏主编．--2版．--北京：高等教育出版社，2020.9

ISBN 978-7-04-054496-1

Ⅰ.①机… Ⅱ.①丁… ②李… Ⅲ.①机械制图-高等学校-教材 Ⅳ.①TH126

中国版本图书馆CIP数据核字(2020)第115437号

策划编辑 李文婷　责任编辑 李文婷　封面设计 于文燕　版式设计 杜微言
插图绘制 于 博　责任校对 王 雨　责任印制 刘思涵

出版发行	高等教育出版社	网　址	http://www.hep.edu.cn
社　址	北京市西城区德外大街4号		http://www.hep.com.cn
邮政编码	100120	网上订购	http://www.hepmall.com.cn
印　刷	北京汇林印务有限公司		http://www.hepmall.com
开　本	787mm×1092mm 1/16		http://www.hepmall.cn
印　张	23	版　次	2012年7月第1版
字　数	520千字		2020年9月第2版
购书热线	010-58581118	印　次	2020年9月第1次印刷
咨询电话	400-810-0598	定　价	46.30元

本书如有缺页、倒页、脱页等质量问题，请到所购图书销售部门联系调换

物 料 号 54496-00

机械制图

第二版

主编 丁一　李奇敏

1 计算机访问http://abook.hep.com.cn/1234537，或手机扫描二维码、下载并安装Abook应用。

2 注册并登录，进入"我的课程"。

3 输入封底数字课程账号（20位密码，刮开涂层可见），或通过Abook应用扫描封底数字课程账号二维码，完成课程绑定。

4 单击"进入课程"按钮，开始本数字课程的学习。

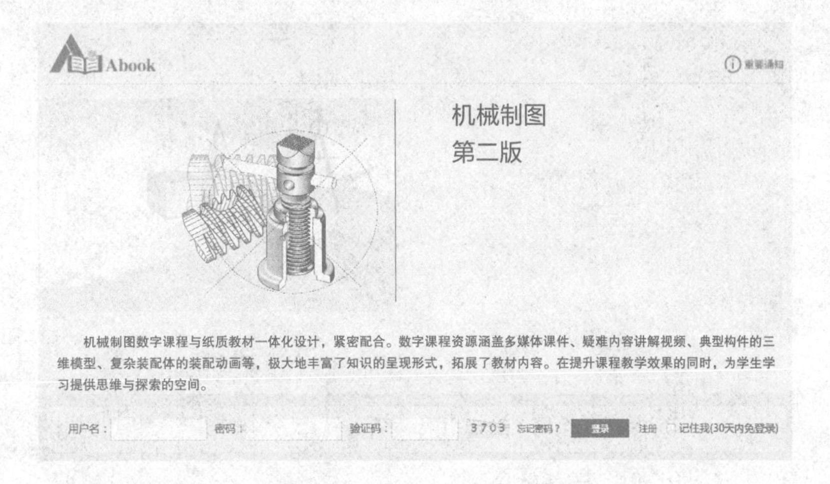

课程绑定后一年为数字课程使用有效期。受硬件限制，部分内容无法在手机端显示，请按提示通过计算机访问学习。

如有使用问题，请发邮件至abook@hep.com.cn。

http://abook.hep.com.cn/1234537

第二版前言

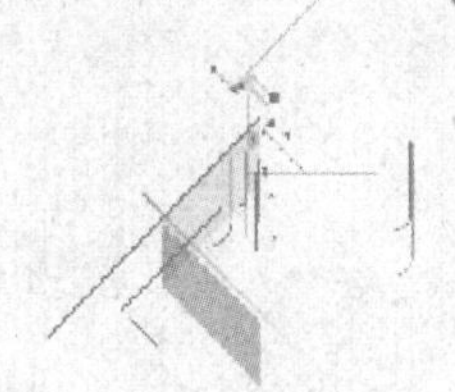

本书是在2012年出版的丁一、钮志红主编《机械制图》基础上，根据教育部高等学校工程图学教学指导分委员会2019年制订的《高等学校工程图学课程教学基本要求》，并结合近几年课程教学改革和实践的经验修订完成的，适合70~120学时机械类或近机械类各专业选用。

本书内容组织紧扣课程教学基本要求，同时注重高新技术的发展及成图技术的变革对机械类人才能力的需求，突出实用性，强调“标准化”意识的建立以及图示能力、工程表达能力的培养。本书的主要特点如下：

1. 将点、线、面几何元素的投影融入立体投影分析，以体为主线展开编写，突出制图课程的重点是机械工程图样的绘制与阅读。

2. 精简部分画法几何内容，如删除了线、面相交及求相贯点等内容；适当降低部分画法几何内容的难度，如截交线、相贯线的求解。将计算机三维建模及二维图形的生成与编辑独立成章，方便教学时根据不同需求选用。

3. 本书“以例代理”“以图代言”，图例丰富，文本与图形对应一目了然，将理论融入例题讲解中，通过举例阐明概念，并配以丰富的教学资源，有利于学习者对知识的理解与掌握。

4. 本书采用最新颁布的国家标准《技术制图》《机械制图》。

5. 本书为新形态教材，配有高质量的多媒体课件、习题解答等数字资源，可联系作者获取(电子邮箱地址:dingyi165@ sina.com)。

与本书配套使用的丁一、李奇敏主编《机械制图习题集》(第二版)同时由高等教育出版社出版。习题集的编排顺序与教材一致，习题集的最后配有阶段性综合练习题，并给出分值及参考答案，以方便学生进行阶段性检验。

本书由重庆大学丁一、李奇敏任主编，由重庆大学宋代平、夏红、王建宏、王健、刘静任副主编。参与本书修订工作的有：丁一(绪论、第一章、第二章、第三章、第九章)、夏红(第六章)、李奇敏(第十章第1~4节)、宋代平(第十章第5节)、刘静(第八章)、王建宏(第四章、第五章)、王健(第七章及附录)。

中国矿业大学江晓红教授认真审阅了本书并提出了许多宝贵意见和建议，在此表示衷心感谢。

由于作者水平有限，书中错误及不足在所难免，敬请读者和同仁提出宝贵意见。

编　者

2020年3月

目　录

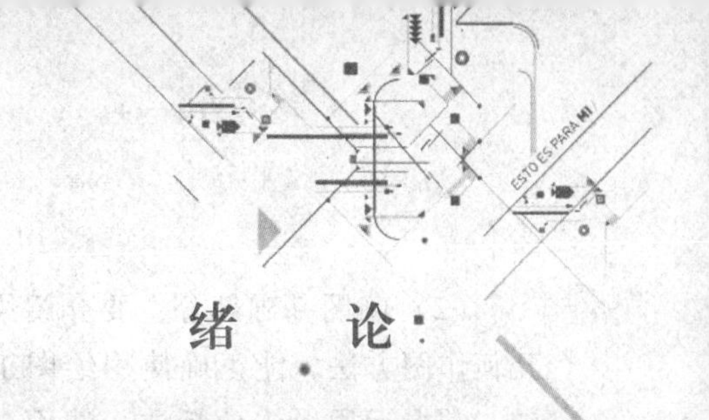

绪 论

一、本课程的地位、性质和任务

在工程技术领域，产品的设计与制造包含大量的信息。正确表达这些信息是设计与制造过程中必须解决的信息传递和交换问题。设计师要表达自己的设计意图，就要画出图来，工人要加工出符合要求的产品，依据的就是设计师提供的图。在工程技术领域中用以准确表达产品的形状结构、尺寸大小以及技术要求的图称为工程图样。近代一切机器、仪器和工程建筑都是根据图样进行制造和建设的，如人们乘坐的汽车、火车以及学生上课用的教室，无一不是按照一定的工程图样制造出来的。

在工程技术领域，设计者通过工程图样来描述设计对象，表达设计意图；制造者通过工程图样来了解设计要求，组织制造和施工；使用者通过工程图样来了解使用对象的结构和性能，进行保养和维修。工程图样是现代工业生产中必不可少的技术文件，在工程上起着类似文字语言的表达作用，因此人们把工程图样称为“工程技术语言”，这种语言是人类语言的补充，也是人类的智慧和语言在更高发展阶段上的具体体现。

在工程技术领域，绘制与阅读工程图样是工程技术人员必须具备的基本技能。机械制图课程研究如何绘制与阅读机械工程图样，是高等学校机械类各专业学生必修的一门既有系统理论又有较强实践性的重要技术基础课，其主要任务如下：

（1）学习用正投影图示空间物体的基本理论和方法，培养空间思维能力、形象思维能力及创新思维能力。

（2）学习徒手绘图、绘图工具绘图和计算机绘图的方法和技术，培养绘制和阅读机械工程图样的能力。

（3）学习《技术制图》与《机械制图》国家标准的有关规定，培养标准化意识，正确表达设计意图。

（4）初步了解与机械工程图样有关的机械设计和制造工艺方面的知识。

（5）培养严谨的工作作风和认真负责的工作态度。

二、本课程的内容和要求

本课程包括画法几何、制图基础、机械图和计算机绘图基础四个部分。

（1）画法几何部分主要研究用正投影图示空间物体的基本理论和方法，研究三维空间点、线、面及物体在二维平面上表达的问题，培养空间思维能力和形象思维能力。

（2）制图基础部分主要介绍绘制工程图样的基本方法和基本技能。使学生掌握常用的几何作图方法，能正确使用绘图工具绘图，做到作图准确、图线分明、字体工整，图面整洁；掌握运用形体分析法、线面分析法进行物体的画图、读图和尺寸标注；掌握《技术制图》与《机械制图》国家标准中对物体表达的各种规定。通过学习和实践，培养绘图技能及图示能力。

（3）机械图部分主要介绍标准件、常用件、零件、部件的工程表达。使学生掌握标准件、常用件的规定画法及标记；了解零件图的作用、内容，掌握零件的视图选择及尺寸标注，学习公称尺寸、几何公差、表面结构要求等内容，初步了解有关零件结构设计和加工工艺的知识；了解装配图的作用、内容，掌握部件表达的规定画法、特殊表达法及简化画法，掌握装配图的序号编写及尺寸标注等内容。通过学习与绘图实践，培养绘制和阅读机械工程图样的能力。

（4）计算机绘图基础部分介绍典型的 CAD 软件。对于二维图形的绘制，介绍 AutoCAD 的绘图环境设置、二维图形绘制及编辑、尺寸标注、图块定义及插入等，通过一部分的学习要求能用 AutoCAD 绘制机械工程图样；对于三维造型，初步介绍 SOLIDWORKS 的草图绘制及零件造型功能。计算机绘图是实现计算机辅助设计的一项新技术，它与仪器绘图、徒手绘图一样，都是工程技术人员必须熟练掌握的绘图方法。

三、本课程的学习方法

机械制图是一门实践性很强的技术基础课。本课程自始至终研究空间形体与平面图形之间的对应关系，绘图和读图是反映这一对应关系的具体形式，因此在学习过程中要注意以下几点：

（1）本课程与中学基础知识联系不大，但需要较强的空间思维能力，在学习过程中应注意将投影分析（平面图形的分析）与空间想象结合起来，经常想象空间情况，自觉训练空间思维能力。

（2）本课程实践性较强，在掌握基本概念和理论的基础上，必须通过做作业及大量的绘图、读图实践，不断地由物画图、由图想物，才能逐步掌握本课程的基本内容。因此，本课程每次课后都有绘图作业，做作业时应注意遵循正确的作图方法和步骤，注意绘图基本技能和良好绘图习惯的培养。

（3）工程图样是工程技术语言，《技术制图》与《机械制图》国家标准是绘制工程图样的重要依据，是规范性的制图准则。因此，在学习和绘图实践中要严格执行国家标准的相关规定。

（4）工程图样是产品生产和工程建设中表达设计意图的重要技术文件，绘图和读图的差错都会给工程带来损失。因此，学习本课程时就应该注意培养认真负责的工作态度和严谨细致的工作作风。

通过本课程的学习和训练，可为绘制和阅读机械工程图样以及后续专业课程的学习打下必要的理论基础及实践基础。

第一章 制图基本知识

工程图样是设计者设计意图的具体体现，是工程技术领域交流信息的共同语言，具有严格的规范性。掌握制图基本知识与技能，是正确绘制和阅读工程图样的基础。本章主要介绍绘图工具的使用方法，学习《技术制图》与《机械制图》国家标准中对图纸幅面、比例、字体、图线和尺寸标注的有关规定，介绍常用几何作图方法及平面图形的绘制与尺寸标注。

§1-1 绘图工具及其使用

工程图样有三种绘图方式即尺规绘图、徒手绘图、计算机绘图。尺规绘图工具一般包括铅笔、图板、丁字尺、三角板、圆规和分规等，正确熟练地使用绘图工具、采用正确规范的绘图方法是保证图面质量和提高绘图速度的前提。本节主要介绍几种常用绘图工具的使用方法。

一、绘图铅笔的选择和使用

绘图铅笔的铅芯有软硬之分。符号 B 表示铅芯的软度，号数越大铅芯越软；H 表示铅芯的硬度，号数越大铅芯越硬。HB 的铅芯软硬程度适中。常选用 B 或 2B 铅笔画粗线，HB 或 H 铅笔画细线，2H 铅笔画底稿。

画细线类图线的铅笔削成圆锥形，画粗线类图线的铅笔应削成铲形，如图 1-1 所示。

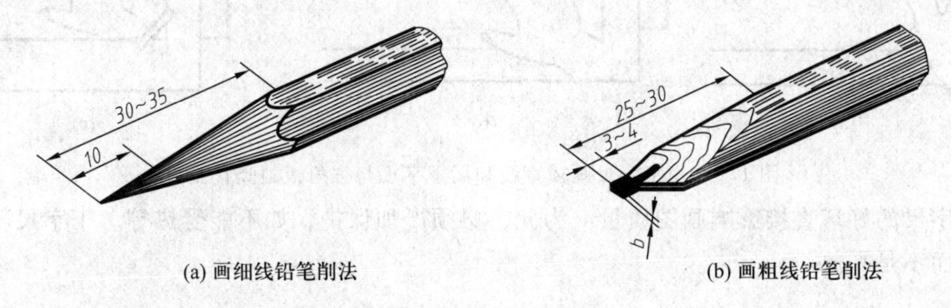

图 1-1 铅笔的削法

二、图板和丁字尺

图板用于铺放图纸，其表面必须平坦、光滑，左边为导边，必须平直。图板的大小视所绘图样的幅面大小分为 A0 号、A1 号和 A2 号三种，其中 A1 号图板最常用。

丁字尺由尺头和尺身组成，与图板配合使用(图 1-2)。绘图时，尺头内侧紧贴图板导边上下移动(图 1-3a)，与之相互垂直的尺身工作边用于画横直线(图 1-3b)。丁字尺与三角板配合使用时，可画竖直线(图 1-3c)。画线时，铅笔向画线前进方向倾斜约 60°。当画粗实线时，因用力较大，倾斜角度可小些。画线时用力均匀，匀速前进。

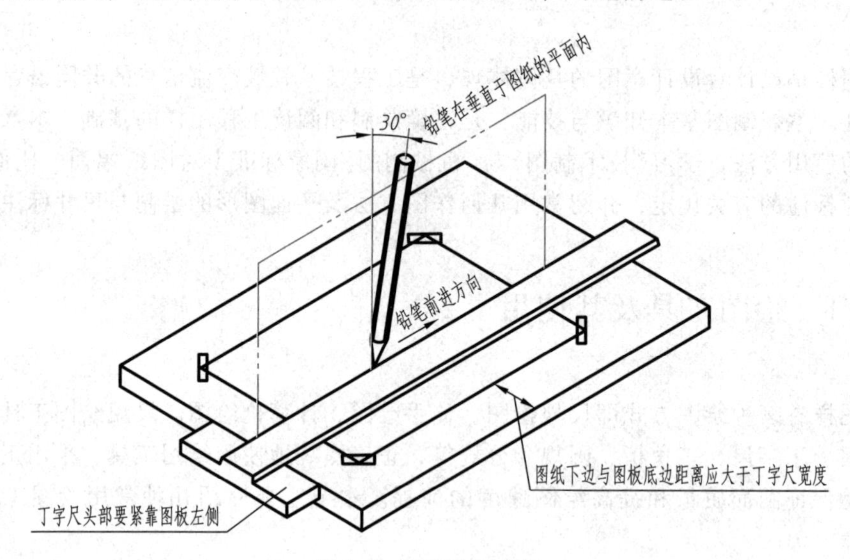

图 1-2　图板和丁字尺

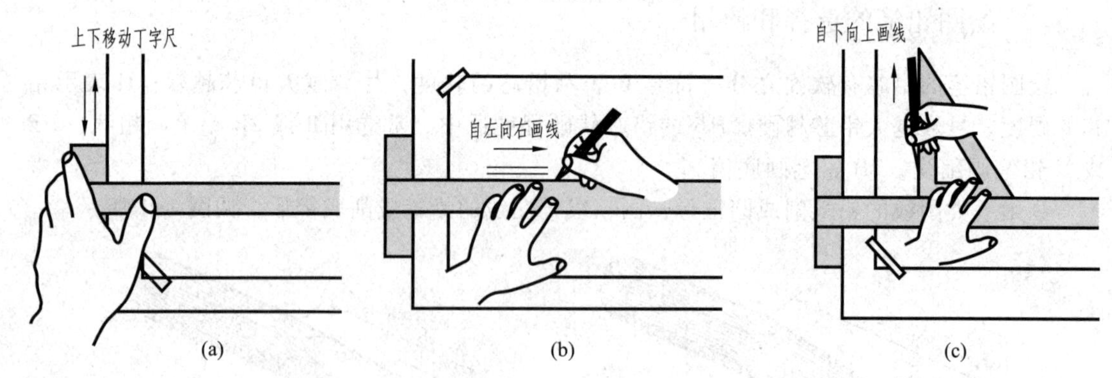

图 1-3　用丁字尺画横直线和用丁字尺与三角板画竖直线

丁字尺的好坏直接影响画图质量。为此，必须严加保护，如不能受热等。丁字尺不用时应竖挂而不是平放。

三、三角板

一副三角板有 45°-45°角和 60°-30°角组成的直角板各一块。它常与丁字尺配合使用，可画竖直线和15°倍角的斜线(图 1-4)。

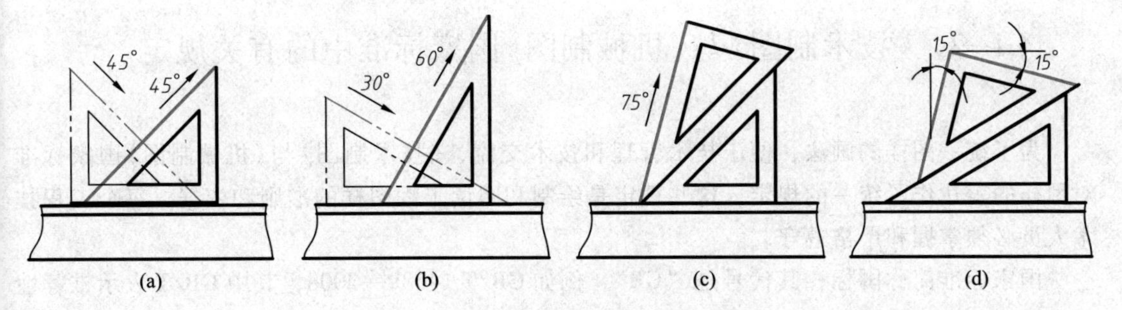

图 1-4　三角板配合丁字尺画特殊角度的线

两块三角板配合使用，可画任意直线的平行线和垂直线(图 1-5)。

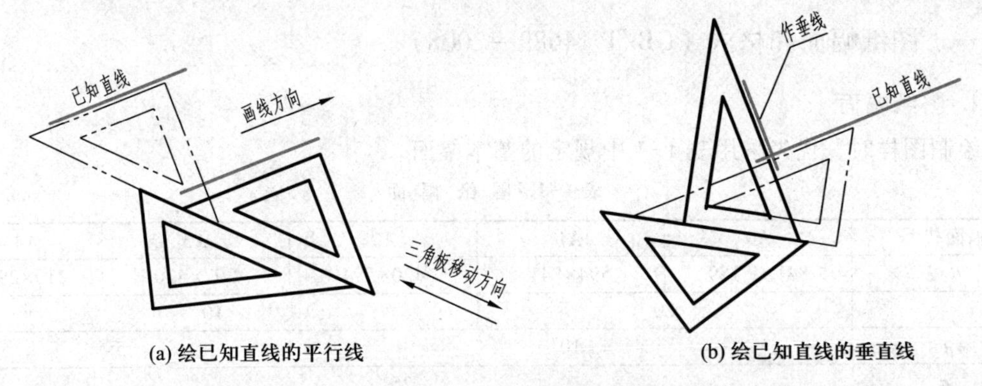

图 1-5　两块三角板配合使用，画已知直线的平行线或垂直线

四、圆规、分规

圆规用来画圆和圆弧。画图时，将钢针对准圆心扎入图板，按顺时针方向画圆，钢针与铅芯脚应尽可能垂直于纸面(图 1-6a)，圆规中铅芯要比画线用铅笔的铅芯软一级。

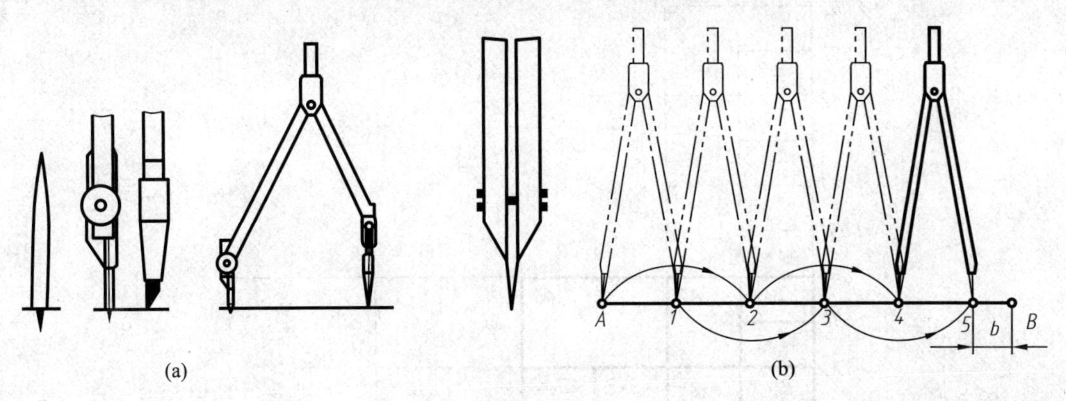

图 1-6　圆规与分规的使用方法

分规用来量取线段、等分线段或圆周，以及从尺上量取尺寸。分规的两针尖并拢时必须对齐(图 1-6b)。

§1-2 《技术制图》与《机械制图》国家标准中的有关规定

为了统一图样的画法，便于技术管理和技术交流，《技术制图》与《机械制图》国家标准对图样的表达作了统一的规定，这些规定是绘制和阅读工程图样的准则和依据，每个工程技术人员必须掌握和严格遵守。

国家标准简称国标，其代号是“GB”，例如GB/T 14689—2008，其中GB/T表示推荐性国家标准，14689是标准编号，2008是该标准发布年号，如果不写年号则表示是最新颁布实施的国家标准。

一、图纸幅面和格式（GB/T 14689—2008）

1. 图纸幅面

绘制图样时，优先采用表1-1中规定的基本幅面。

表1-1 图纸幅面

mm

幅面代号	A0	A1	A2	A3	A4
$B \times L$	841×1 189	594×841	420×594	297×420	210×297
e	20		10		
c	10			5	
a	25				

必要时，也允许选用加长幅面。加长幅面的尺寸是由基本幅面的短边成整数倍增加后得出的，如幅面A0×2的尺寸$B \times L$=1 189×1 682；A3×3的尺寸$B \times L$=420×891。见图1-7中的细虚线部分。

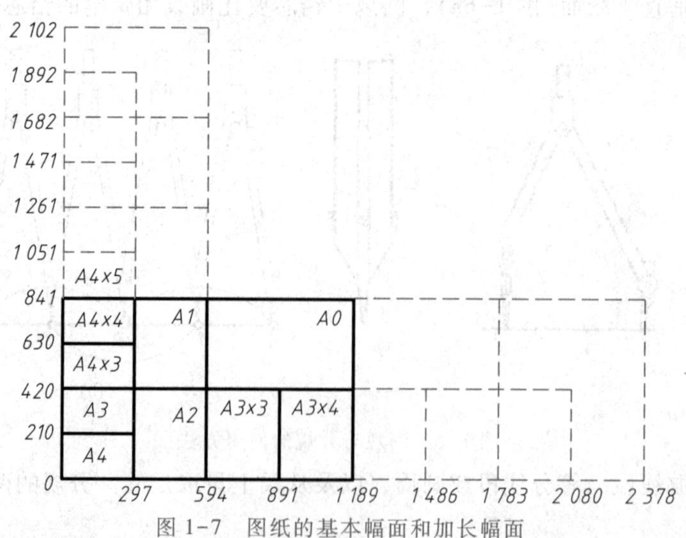

图1-7 图纸的基本幅面和加长幅面

2. 图框格式

图框是指图纸上限定绘图区域的线框。在图纸上必须用粗实线画出图框，图框格式分为不留装订边和留有装订边两种，同一产品的图样只能采用同一种格式。

不留装订边的图纸，其图框格式如图 1-8 所示，尺寸按表 1-1 中的规定。

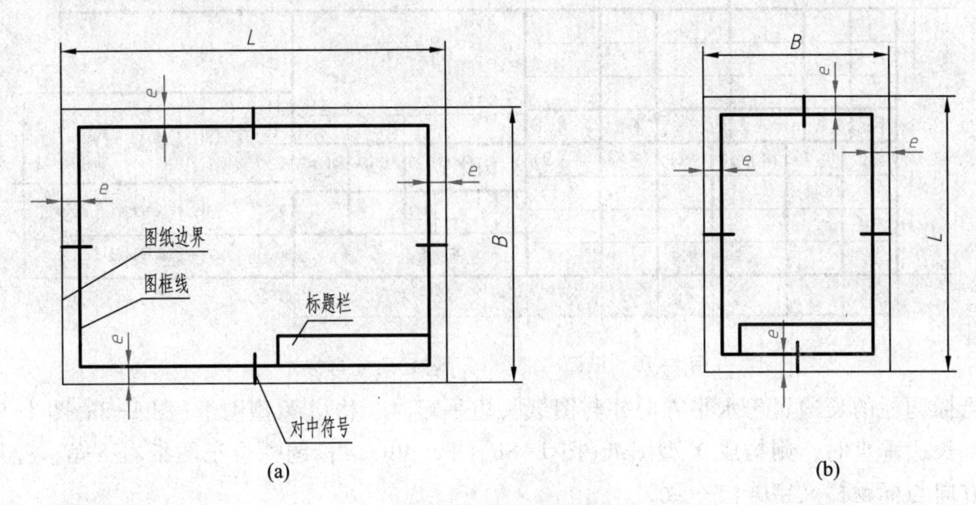

图 1-8　不留装订边的图纸

留有装订边的图纸，其图框格式如图 1-9 所示，尺寸按表 1-1 中的规定。

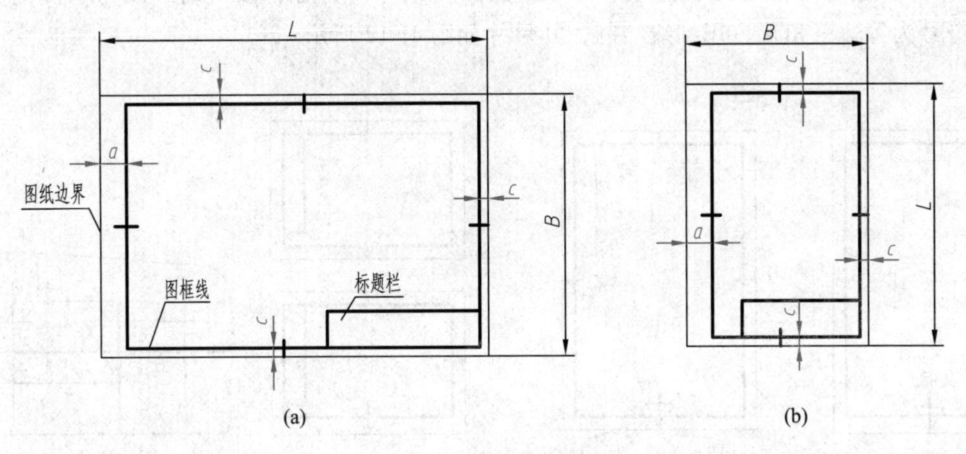

图 1-9　留装订边的图纸

为了使图样复制和微缩摄影时定位方便，应在图纸各边的中点处分别画出对中符号，对中符号是从图纸周边画入图框内约 5 mm 的一段粗实线(图 1-8、图 1-9)。

二、标题栏(GB/T 10609.1—2008)

GB/T 10609.1—2008 中对标题栏的填写内容、尺寸与格式都做了明确规定，如图 1-10 所示。每张图样必须绘制标题栏，标题栏中的图样名称、单位名称及图样代号用 10 号字填写，其余为 5 号字。

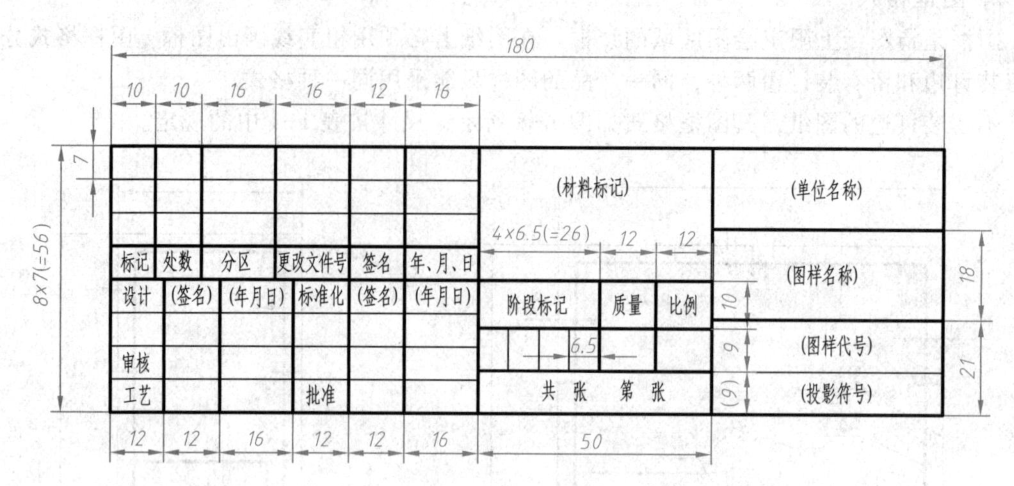

图 1-10 标题栏的填写内容、尺寸与格式

当标题栏的长边置于水平方向并与图纸长边平行时，构成 X 型图纸(图 1-8a、图 1-9a)；与图纸长边垂直时，则构成 Y 型图纸(图 1-8b、图 1-9b)。标题栏位于图纸右下角，绘图与看图方向与标题栏文字方向一致。

为了利用预先印制的图纸，允许将图纸逆时针转动以使图纸中的标题栏位于图纸右上角(图 1-11)，这时应在图纸下边对中符号处加画一个方向符号，以明确绘图与看图的方向。方向符号为等边三角形，用细线绘制，其尺寸如图 1-12 所示。

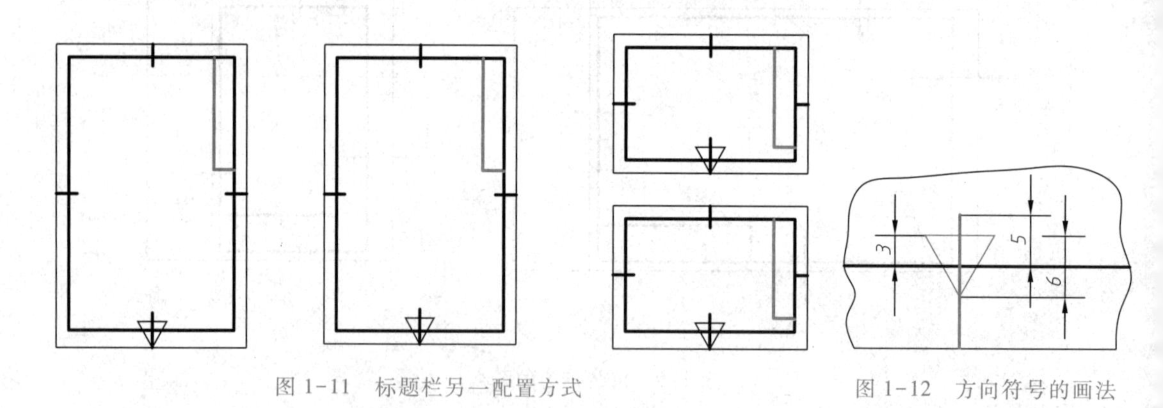

图 1-11 标题栏另一配置方式

图 1-12 方向符号的画法

三、比例(GB/T 14690—1993)

图样中图形与其实物相应要素的线性尺寸之比称为比例。绘图时采用的比例从表 1-2 中选取，绘制机械图样时应尽可能采用 1∶1 的比例画图，这样图样可直接反映出实物的真实大小。

表 1-2 比　　例

种类	比例
原值比例	1 : 1
放大比例	5 : 1　2 : 1　5×10^n : 1　2×10^n : 1　1×10^n : 1
缩小比例	1 : 2　1 : 5　1 : 10　1 : 2×10^n　1 : 5×10^n　1 : 1×10^n

注：n 为正整数。

四、字体(GB/T 14691—1993)

1. 基本要求

在图样中书写的字体必须做到：字体工整，笔画清楚，排列整齐，间隔均匀。

2. 字体高度

字体高度(用 h 表示)的公称尺寸系列为：1.8，2.5，3.5，5，7，10，14，20 mm。如需要书写更大的字，其字体高度应按$\sqrt{2}$的比率递增。字体的高度代表字体的号数(单位为 mm)。

3. 字体格式

图样上的汉字应写成长仿宋体字，并应采用国家正式公布推行的《汉字简化方案》中规定的简化字。汉字的高度 h 不小于 3.5 mm，其字宽为 $h/\sqrt{2}$。

字母和数字分 A 型和 B 型。A 型字体的笔画宽度(d)为字高(h)的 1/14，B 型字体的笔画宽度(d)为字高(h)的 1/10。在同一图样上，只允许选用一种类型的字体。

字母和数字有直体、斜体之分。斜体字字头向右倾斜，与水平基准线成 75°角。

4. 字体示例

汉字示例：

字体工整　笔画清楚　间隔均匀　排列整齐

A 型字体字母示例：

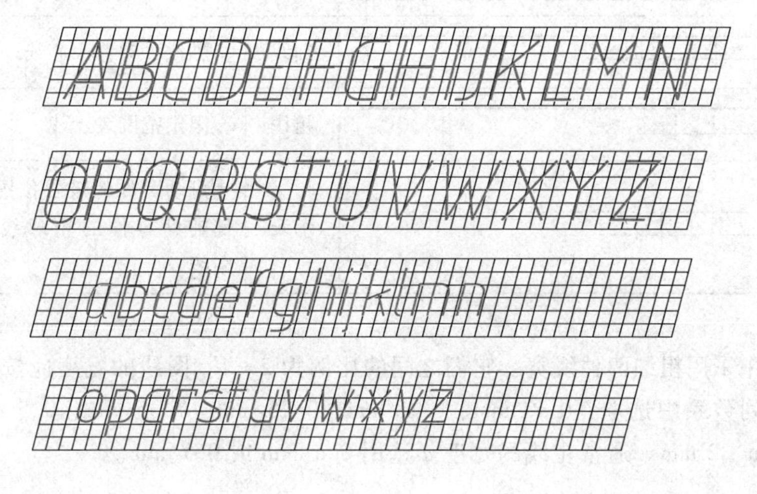

数字示例：

五、图线及其画法（GB/T 17450—1998、GB/T 4457.4—2002）

1. 基本线型

绘制图样时，应采用国家标准规定的图线型式和画法，图线的名称、型式、宽度以及主要用途见表 1-3，各种图线的应用示例见图 1-13。

表 1-3　机械制图的图线及应用

图线名称	图线型式	图线宽度	主要用途
粗实线		粗线	可见轮廓线、相贯线、剖切符号用线
细实线		细线	过渡线、尺寸线、尺寸界线、剖面线、重合断面的轮廓线、引出线、辅助线
波浪线		细线	断裂处边界线、视图与剖视图的分界线
双折线	3.75　7　30°	细线	断裂处边界线
细虚线	2~6　1~2	细线	不可见轮廓线
粗虚线	2~6　1~2	粗线	允许表面处理的表示线
细点画线	≈20　≈3	细线	轴线、对称中心线、分度圆（线）
粗点画线	≈10　≈3	粗线	限定范围表示线
细双点画线	≈15　≈5	细线	可动零件的极限位置的轮廓线、相邻辅助零件的轮廓线、轨迹线、中断线

机械图样中采用粗细两种线宽，它们之间的比例为 2∶1。图线的宽度应按图形的大小及复杂程度在下列数系中选取：0.13 mm、0.18 mm、0.25 mm、0.35 mm、0.5 mm、0.7 mm、1 mm、1.4 mm、2 mm。通常粗线的宽度 d 选用 0.5 mm 或 0.7 mm。

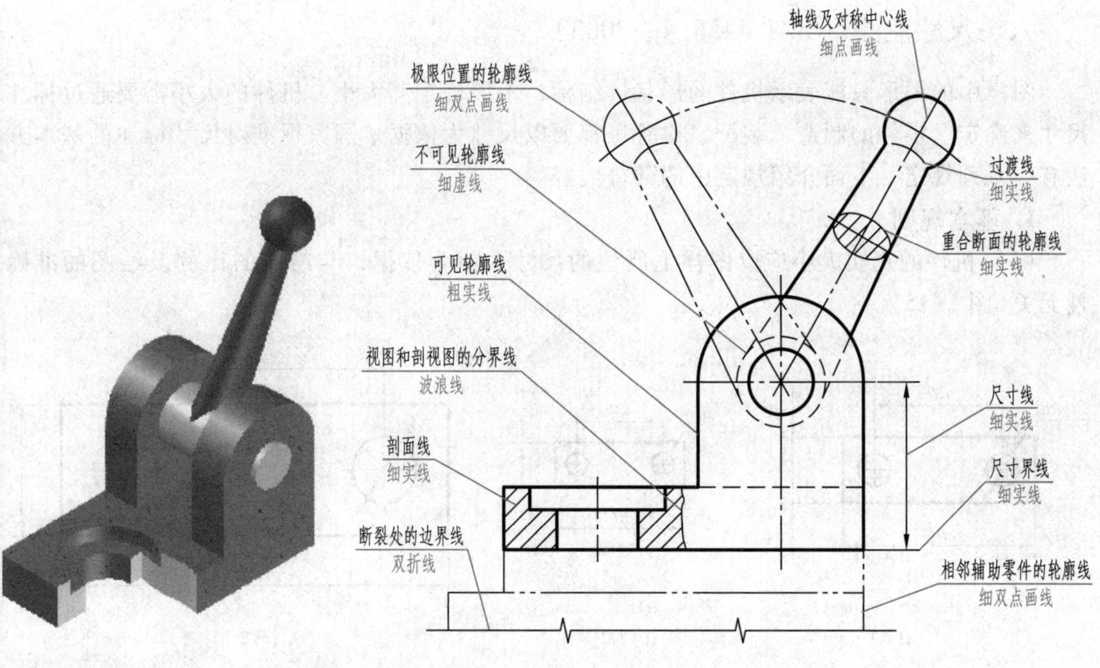

图 1-13 图线的应用

2. 绘制图线的注意事项(图 1-14)

(1) 在同一图样中，同类图线的宽度应一致，虚线、点画线、双点画线的线段长度和间隔应大致相同。

(2) 绘制圆的对称中心线时，圆心应在细点画线的长画相交处，细点画线应超出圆的轮廓线约 3mm。当所绘圆的直径较小时，细点画线可用细实线代替。

(3) 细虚线、细点画线与其他图线相交时，都应以画相交。当细虚线处于粗实线的延长线上时，细虚线与粗实线之间应有空隙。

(4) 当图样中的图线发生重合时，其优先表达顺序为粗实线、细虚线、细点画线。

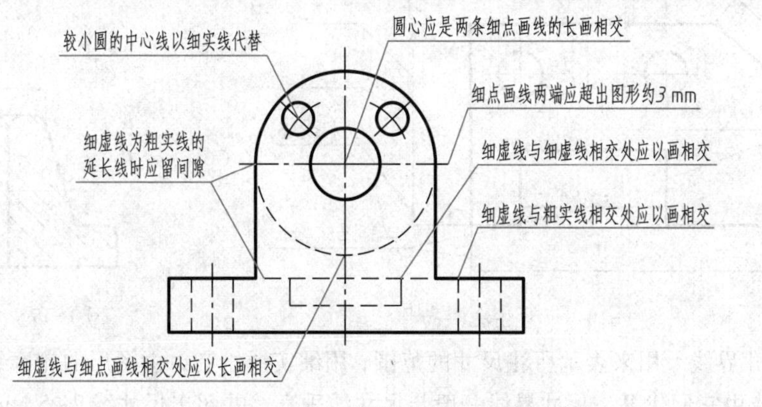

图 1-14 图线绘制注意事项

六、尺寸注法(GB/T 4458.4—2003)

图样中的图形只能表示机件的形状、结构，不能确定其大小。机件的大小需要通过标注尺寸来确定。零件的制造、装配、检验等都要以尺寸为依据。国家标准对尺寸标注的基本方法有一系列规定，下面介绍规定中的部分内容。

1. 基本规则

(1) 机件的真实大小应以图样上所注的尺寸数值为依据，与绘图的比例及绘图的准确性无关(图 1-15)。

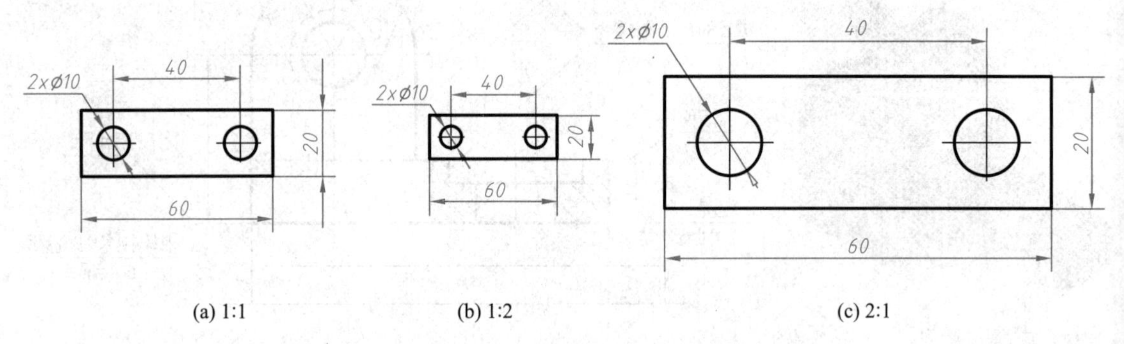

(a) 1:1　(b) 1:2　(c) 2:1

图 1-15　同一机件以不同比例示例

(2) 图样中的尺寸以 mm 为单位时，不需标注计量单位的代号或名称，如采用其他单位，则必须注明相应的计量单位的代号或名称，如 30°(度)、cm(厘米)、m(米)等。

(3) 机件的每尺寸一般只标注一次，且应标注在表示该结构最清晰的图形上。

(4) 图样中所标注的尺寸是机件的最后完工尺寸，否则应另加说明。

2. 尺寸的组成

一个完整的尺寸由尺寸界线、尺寸线、尺寸线终端、尺寸数字四个基本要素组成(图 1-16)。

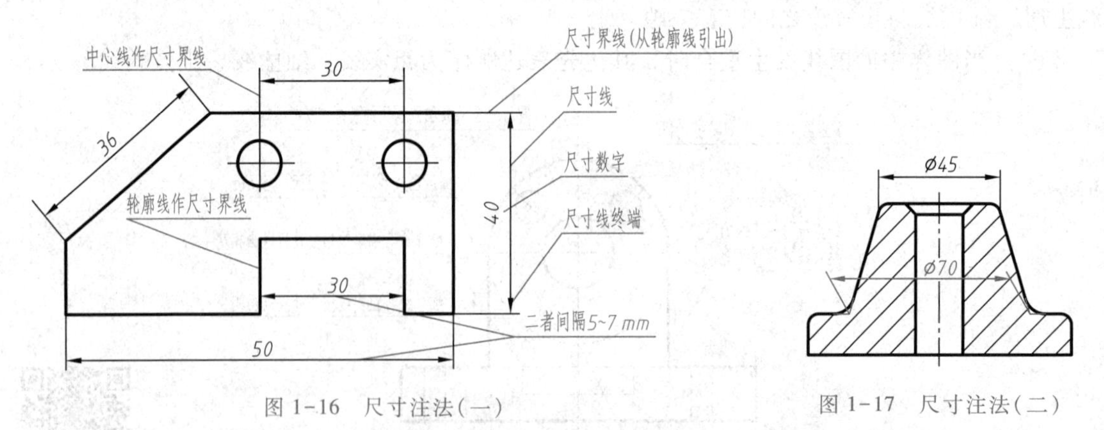

图 1-16　尺寸注法(一)　　图 1-17　尺寸注法(二)

(1) 尺寸界线　用来表示所注尺寸的范围，用细实线绘制，由图形的轮廓线、轴线、对称中心线引出或由它们代替。尺寸界线一般与尺寸线垂直，并超出尺寸线 2~5 mm(图 1-16)。只有当尺寸界线过于贴近轮廓线时，才允许倾斜画出，但两尺寸界线仍应相互平行(图 1-17)。

（2）尺寸线　用来表示尺寸度量的方向，必须用细实线单独绘出。尺寸线不能用其他图线代替，也不能与其他图线重合或画在其延长线上。标注线性尺寸时，尺寸线应与所标注的线段平行，且尺寸线与轮廓线以及平行尺寸线间的距离为 5~7 mm（图 1-16）。相互平行的尺寸线，大尺寸要注在小尺寸外面，以避免尺寸线与尺寸线及尺寸界线相交。在圆或圆弧上标注直径或半径时，尺寸线或其延长线应通过圆心。

（3）尺寸线终端　用来表示尺寸的起止，有箭头和斜线两种形式（图 1-18）。同一张图样中只能采用一种尺寸终端形式，机械图样中常采用箭头作为尺寸线终端。

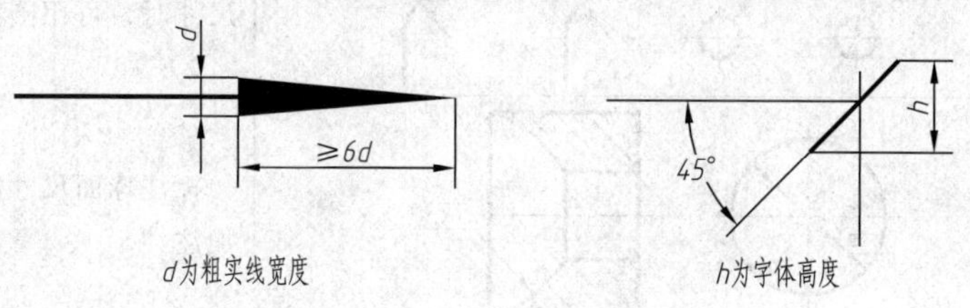

图 1-18　箭头和斜线的画法

（4）尺寸数字　用以表示所注的机件尺寸的实际大小。水平尺寸：尺寸数字写在尺寸线的上方，字头向上，如图 1-16 中的 50 等；竖直尺寸：尺寸数字写在尺寸线的左边，字头朝左，如图 1-16 中的 40；倾斜尺寸：尺寸数字写在尺寸线的上方，字头要有朝上的趋势，如图 1-16 中的 36。另外也允许将图样中所有的尺寸数字水平注写在尺寸线的中断处。尺寸数字不能被任何图线通过，否则必须将该图线断开。常见尺寸注法见表 1-4。

表 1-4　常见尺寸的标注示例

标注内容	示例	说明
线性尺寸的数字方向	(a)　(b)	线性尺寸数字应按图 a 所示的方向注写，并尽可能避免在图示 30° 范围内标注尺寸，无法避免时，可按图 b 的形式标注
角度		（1）角度尺寸一律水平书写，一般注写在尺寸线的中断处，必要时允许写在外面，或引出标注；（2）尺寸界线必须沿径向引出，尺寸线画成圆弧，圆心是该角的顶点
圆和圆弧		直径尺寸和半径尺寸一般应按左图示例标注，直径或半径尺寸数字前应分别注写符号“ϕ”或“R”。大圆弧采用折弯标注，一般来说，半圆弧以上标注直径，小于或等于半圆弧标注半径

续表

标注内容	示例	说明
狭小尺寸	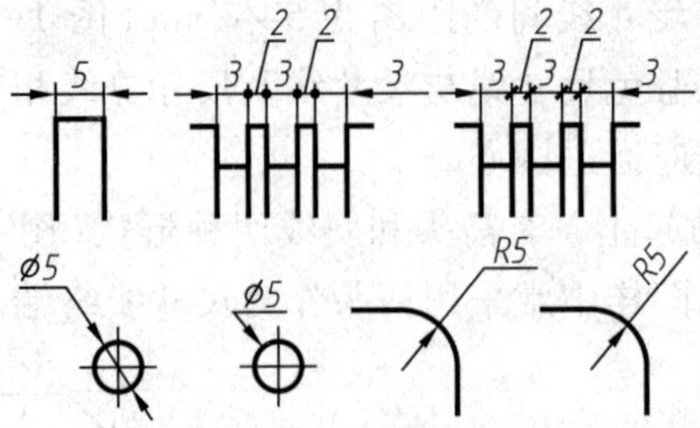 5　3 3 2 2 3　3 3 2 2 3　Ø5　Ø5　R5　R5	(1)当没有足够位置画箭头或写数字时，可有一个数字布置在外面；(2)位置更小时，箭头和数字可以都布置在外面；(3)狭小部位标注尺寸时，可用圆点或斜线代替箭头
球面	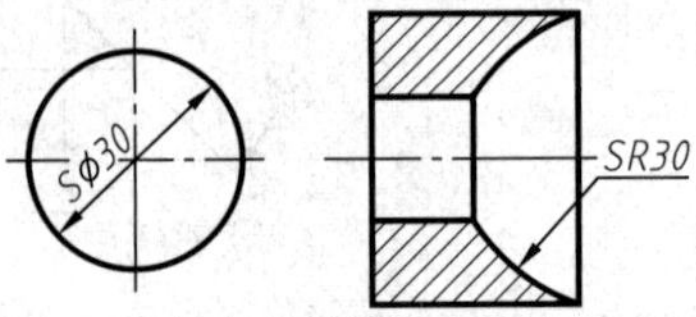 SØ30　SR30	标注球面尺寸时，应在 ϕ 或 R 前加注“S”
正方形结构	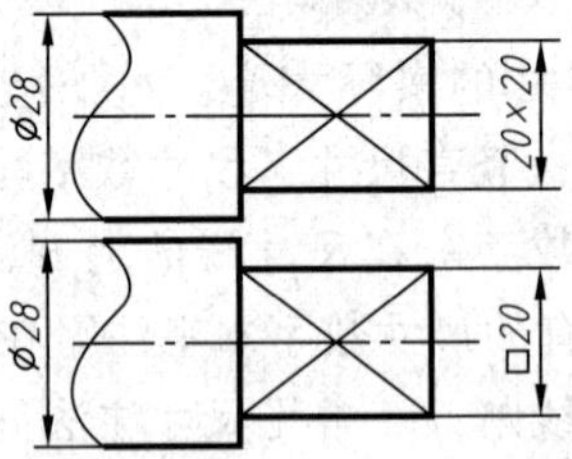 Ø28　20×20　Ø28　□20	标注断面为正方形结构的尺寸时，可在正方形边长尺寸数字前加注符号“□”或用“A×A”(A 为正方形边长)注出。当图形不能充分表达平面时，可用对角交叉的两条细实线表示平面
简化的尺寸标注	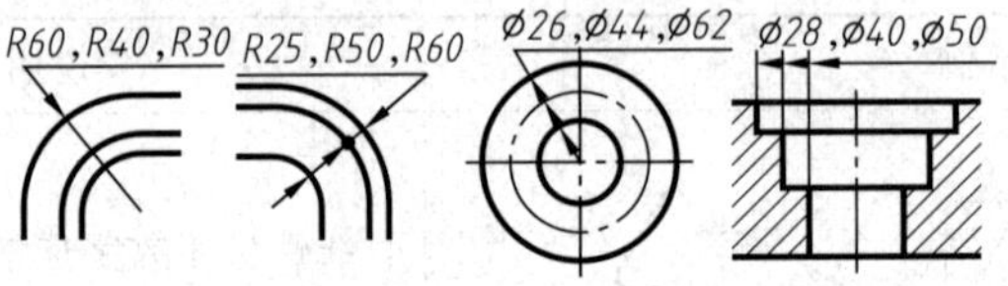 R60,R40,R30　R25,R50,R60　Ø26,Ø44,Ø62　Ø28,Ø40,Ø50	如左边例图所示，一组同心圆弧或圆心位于一条直线上的多个不同心圆弧的尺寸，一组同心圆或尺寸较多的台阶孔的尺寸，都可用共同的尺寸线和箭头依次表示

3. 常见尺寸的标注符号及缩写

常见尺寸的标注符号及缩写词应符合 GB/T 4458.4—2003 中的规定，详见表 1-5，表中符号的线宽为 h/10(h 为字体的高度)。

表 1-5　常见尺寸的标注符号及缩写

含义	符号或缩写词	含义	符号或缩写词	常用符号的比例画法
直径	ϕ	正方形	□	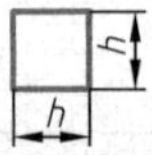 h　h
半径	R	深度	↧	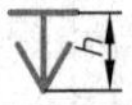 h
球直径	$S\phi$	沉孔	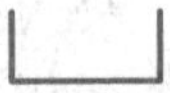 ⌴	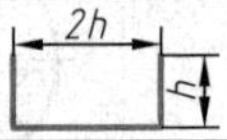 2h　h
球半径	SR	埋头孔	 ⌵	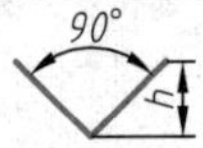 90°　h

续表

含义	符号或缩写词	含义	符号或缩写词	常用符号的比例画法
厚度	*t*	弧长		2h h
均布	*EQS*	斜度		30° h
45°倒角	*C*	锥度		1.4h 2.5h

§1-3 常用几何作图方法

机械图样中的图形都是由直线、圆、圆弧或其他曲线等几何图形组成的。因此，熟练地掌握几何图形的基本作图方法是绘制好机械图样的基础。下面介绍几种常用几何图形的作图方法。

一、等分圆周和作正多边形

通常采用等分圆周的方法作正多边形。作图过程如下：确定多边形的中心，以中心到多边形角点的距离为半径画圆，然后等分圆周，连接各等分点即可完成正多边形的绘制。

1. 作正三边形、正六边形

已知圆的直径，三、六等分圆周，作圆内接正三边形、正六边形的步骤如下(图 1-19)：

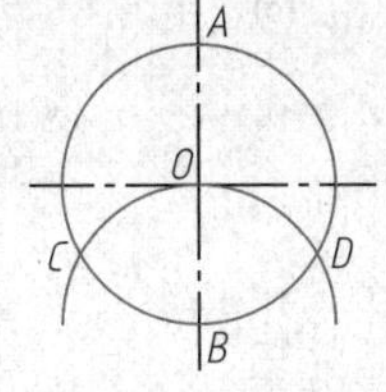

(a) 三等分圆周

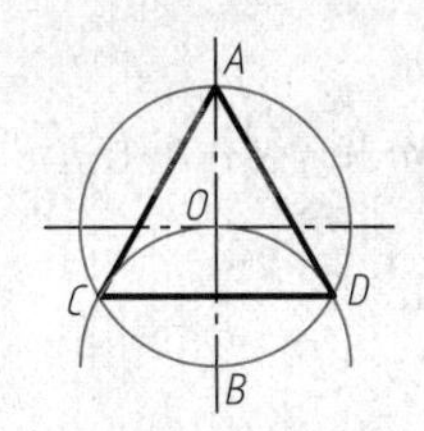

(b) 作圆内接正三边形

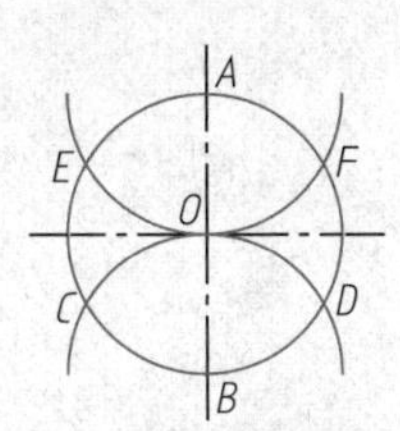

(c) 六等分圆周

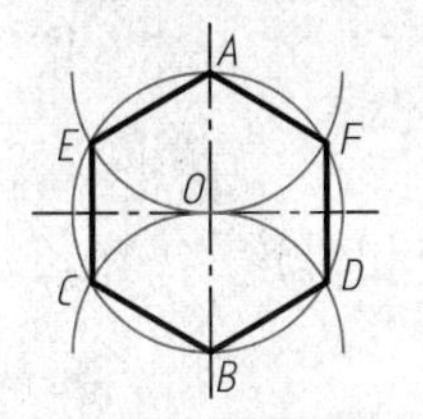

(d) 作圆内接正六边形

图 1-19　作圆的内接正三边形、正六边形

也可以 30°-60°三角板配合丁字尺直接作圆内接、外切正三角形及正六边形。

2. 作正五边形

圆的五等分及作圆内接正五边形的步骤如下(图 1-20)：

(1) 作 *OB* 的垂直平分线交 *OB* 于点 *P*(图 1-20a)。

(2) 以 *P* 为圆心，*PC* 长为半径画弧交直径 *AB* 于点 *H*(图 1-20b)。

(3) *CH* 长即为正五边形边长。以点 *C* 为圆心、*CH* 长为半径作圆弧，与圆交于点 *E*、

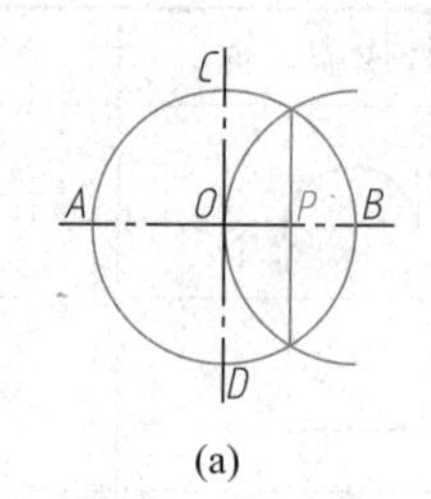

(a)

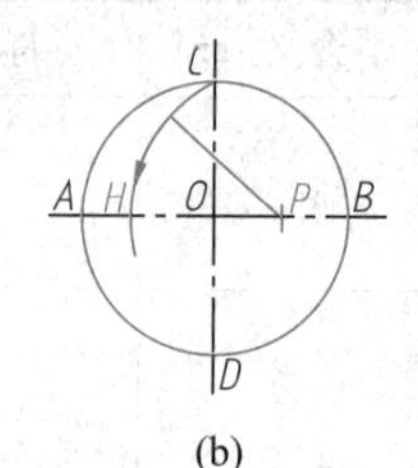

(b)

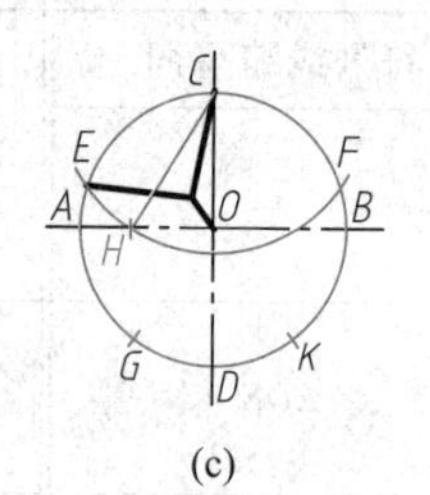

(c)

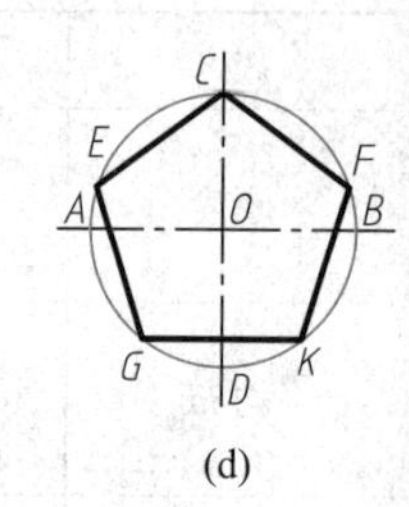

(d)

图 1-20　五等分圆周及作圆内接正五边形

F。再分别以点 *E*、*F* 为圆心、*CH* 为半径作圆弧，与圆分别交于点 *G*、*K*，由此，得五等分点 *C*、*E*、*G*、*K*、*F*(图 1-20c)。

(4) 连接圆周各等分点得正五边形(图 1-20d)。

3. 作正 *n* 边形

n 等分圆周及作圆内接正 *n* 边形(以 $n=7$ 为例)的步骤如下(图 1-21)：

(1) 将外接圆的垂直直径 *AN* 七等分，得到等分点 *A*、*1*、*2*、*3*、*4*、*5*、*6*、*N*(图 1-21a)。

(2) 以点 *N* 为圆心，*AN* 为半径画圆弧，与外接圆的水平中心线交于点 *P* 和 *Q*(图 1-21b)。

(3) 将点 *P* 和 *Q* 与直线 *AN* 上奇数点(或偶数点)相连并延长，与外接圆交于 *B*、*C*、*D*、*E*、*F*、*G* 各点，然后顺序连接各顶点得正七边形 *BCDENFG*(图 1-21c)。

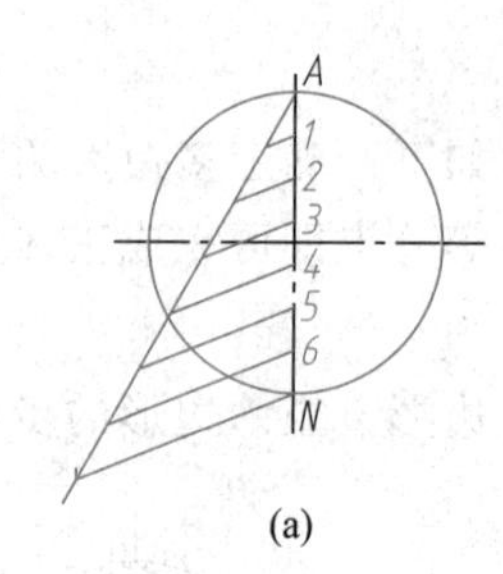

(a)

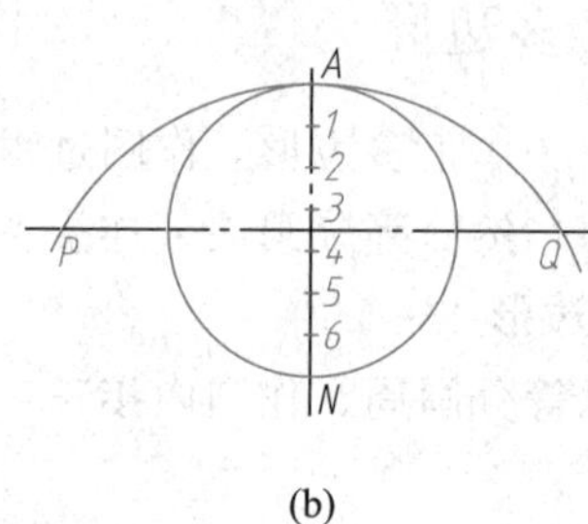

(b)

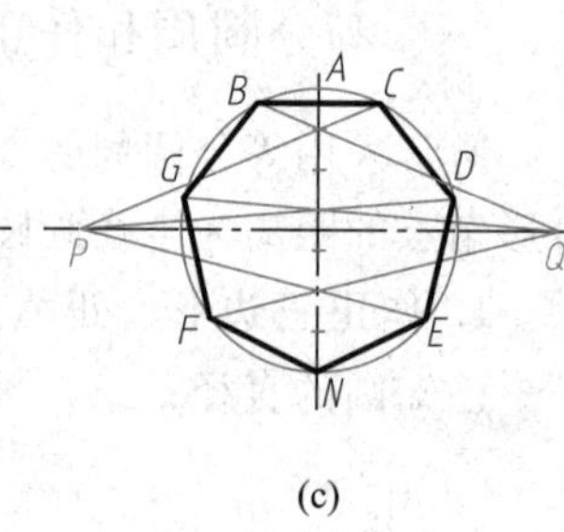

(c)

图 1-21　七等分圆周及作正七边形

二、斜度和锥度

1. 斜度

斜度是一直线(或平面)对另一直线(或平面)的倾斜程度，其大小用两者之间的夹角的正切值来表示(图 1-22a)。并把比值简化为 1：*n* 的形式，即斜度 = $\tan\alpha = BC/AB = 1:5$

标注斜度时，在比值前应加斜度符号，斜度符号用细实线绘制(图 1-22b)。斜度符号的斜线方向应与斜度方向一致(图 1-23a)。

绘制图 1-23a 所示图形，关键是斜度 1：6 的作图方法，其步骤如下(图 1-23b)：

(1) 自点 *A* 在水平线上取六个任意单位长度，得到点 *B*。

(2) 自点 *A* 在 *AB* 的垂线上取一个相同的单位长度得到点 *C*。

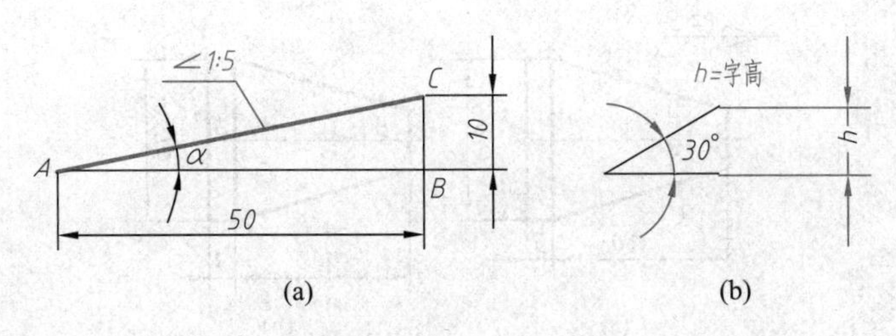

图 1-22　斜度和斜度符号

（3）连接 B、C 两点即得 1∶6 的斜度。

（4）过点 K 作 BC 的平行线，即得到斜度为 1∶6 的直线。

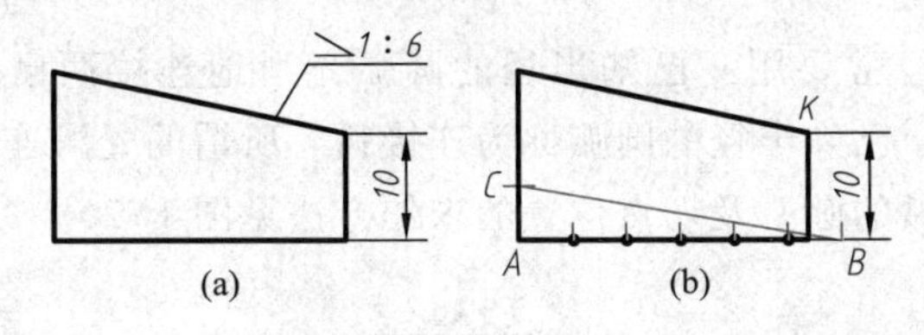

图 1-23　斜度的画法

2. 锥度

锥度是正圆锥体的底圆直径与锥体轴向长度的比值。如果是锥台，则为两底圆直径差与锥台轴向长度的比值(图 1-24a)，并把比值简化为 $1:n$ 的形式，即

$$\text{锥度}=\frac{D}{L}=\frac{D-d}{l}=2\tan\frac{\alpha}{2}=1:n\text{。}$$

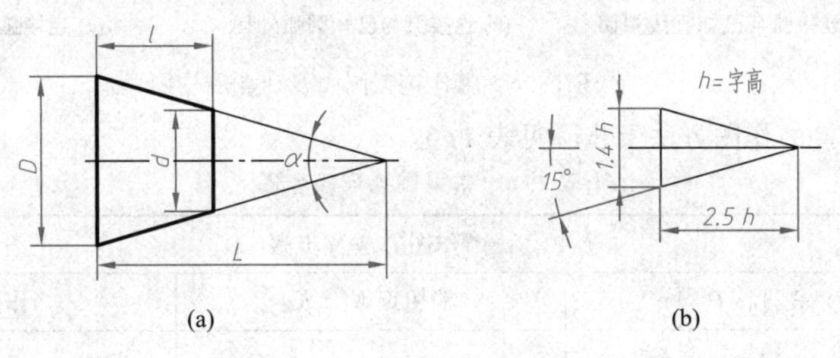

图 1-24　锥度和锥度符号

标注锥度时，在比值前应加锥度符号，锥度符号用细实线绘制(图 1-24b)，该符号应配置在基准线上，基准线应与圆锥的轴线平行，锥度符号的方向应与锥度的方向一致(图 1-25a)。

绘制图 1-25a 所示图形，关键是 1∶3 锥度的作图方法，其作图步骤如下(图 1-25b)：

（1）由点 A 沿轴线方向向左取三个任意单位长度得点 B。

（2）由点 A 沿垂线向上和向下分别量取 1/2 个相同单位长度，得点 C、C_1。

（3）连接 BC、BC_1，即得 1∶3 的锥度。

（4）分别过点 E、F 作 BC、BC_1 的平行线，即得所求圆锥台的锥度线。

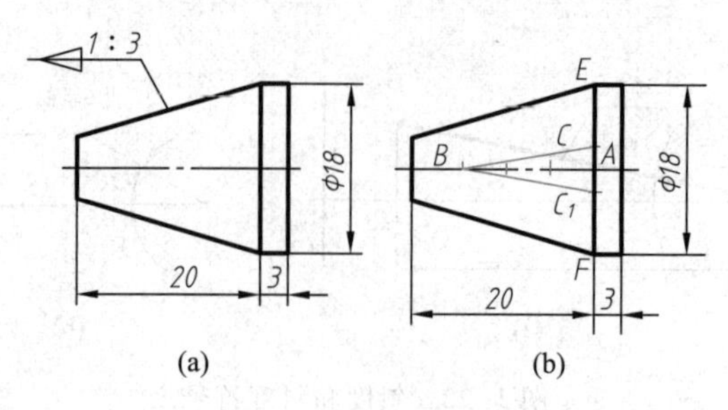

图 1-25　锥度的画法

三、圆弧连接

绘制工程图样时，经常要用一已知半径的圆弧光滑地连接两已知线段(直线或圆弧)，这种作图称为圆弧连接，已知半径的圆弧称为连接弧。所谓的光滑连接就是连接弧与被连接的已知线段相切，连接弧的圆心及切点位置的求作方法见图 1-26。

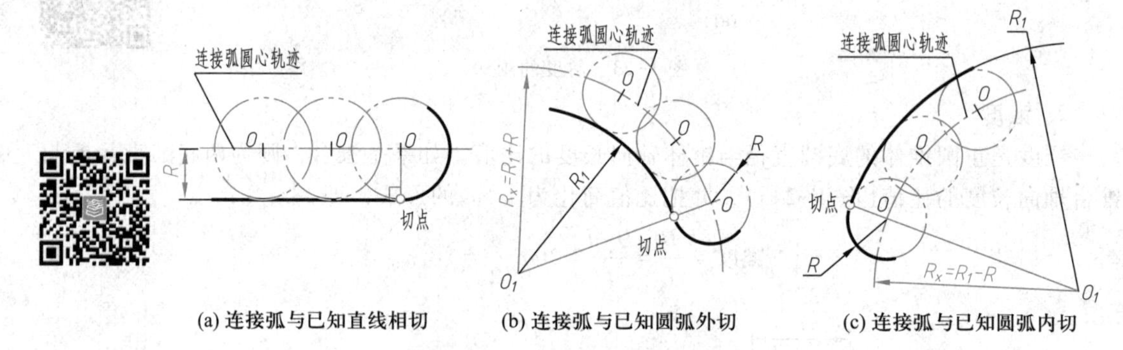

图 1-26　求连接弧圆心及切点的作图原理

常见圆弧连接的作图方法及步骤见表 1-6。

表 1-6　常见圆弧连接作图

连接要求		作图方法及步骤		
		求圆心 O	求切点 K_1、K_2	作连接弧
连接相交两直线	顶角为锐角	I R R R O II	I K2 O K1 II	I K2 O R II K1
	顶角为钝角	R I R O R II	I O K2 II K1	I O K2 II K1

续表

连接要求		作图方法及步骤		
		求圆心 O	求切点 K_1、K_2	作连接弧
连接一直线和一圆弧	内切圆弧	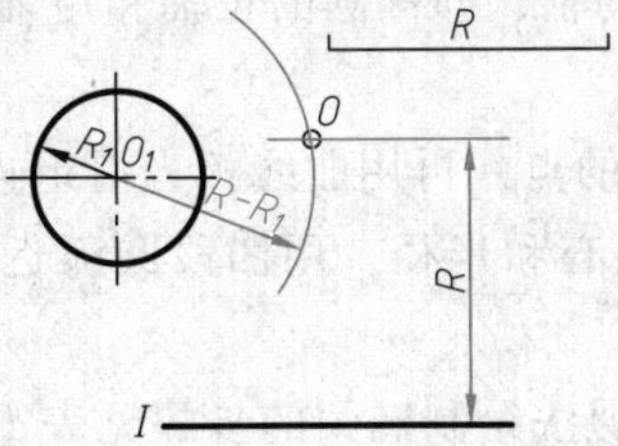 R　O　R_1　O_1　$R-R_1$　R　I	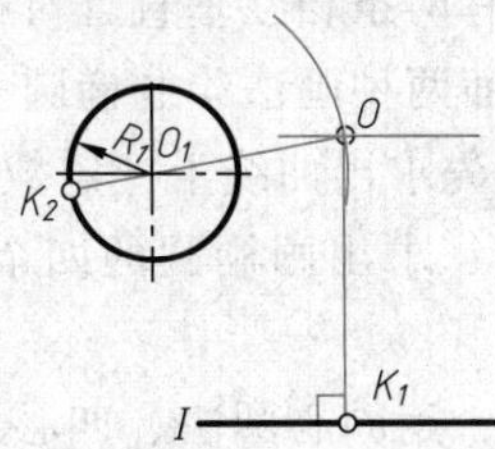 R_1　O_1　O　K_2　K_1　I	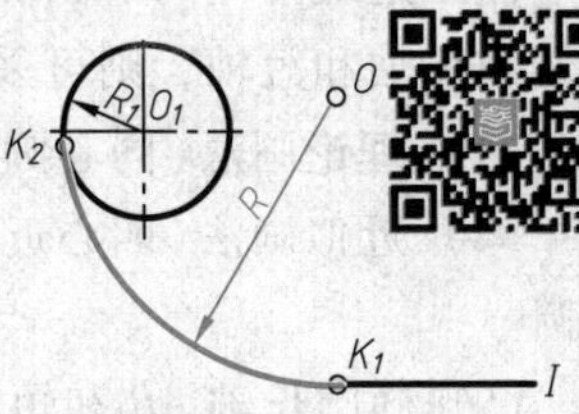 R_1　O_1　O　K_2　R　K_1　I　I
	外切圆弧	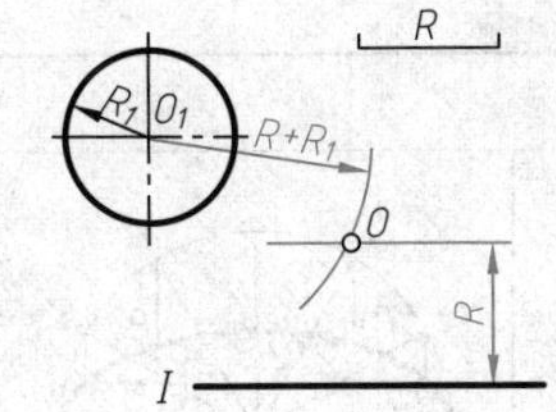 R　R_1　O_1　$R+R_1$　O　R　I	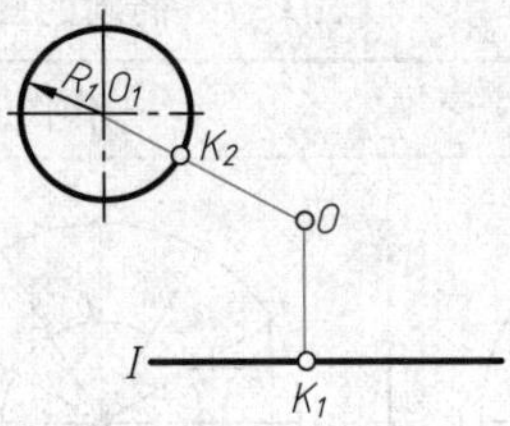 R_1　O_1　K_2　O　I　K_1	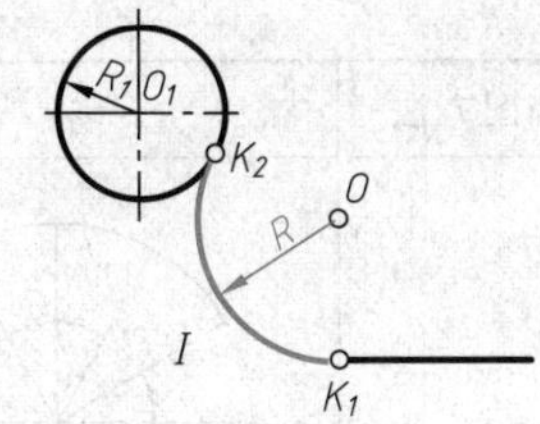 R_1　O_1　K_2　O　R　I　K_1
连接两圆弧	外切两圆弧	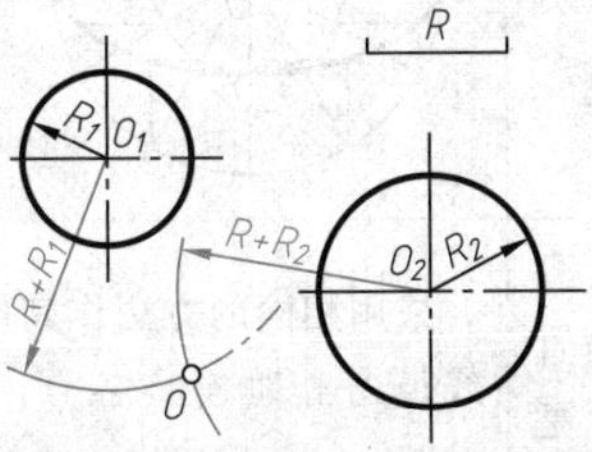 R　R_1　O_1　$R+R_1$　$R+R_2$　O_2　R_2　O	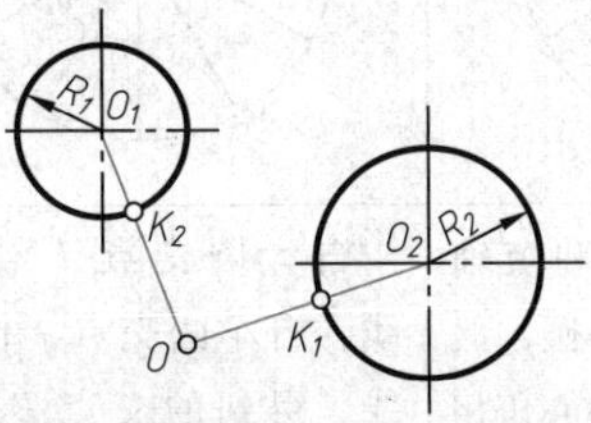 R_1　O_1　K_2　O_2　R_2　O　K_1	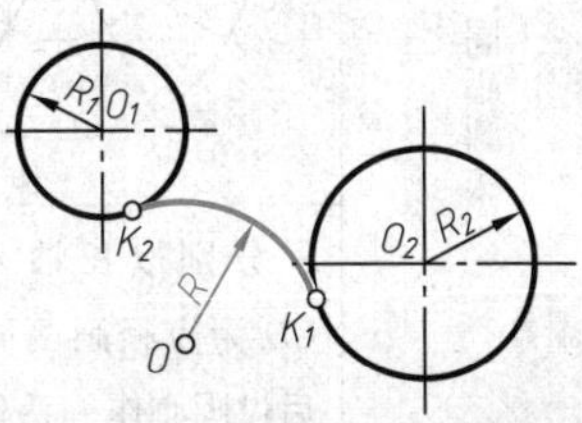 R_1　O_1　K_2　O_2　R_2　R　O　K_1
	内切两圆弧	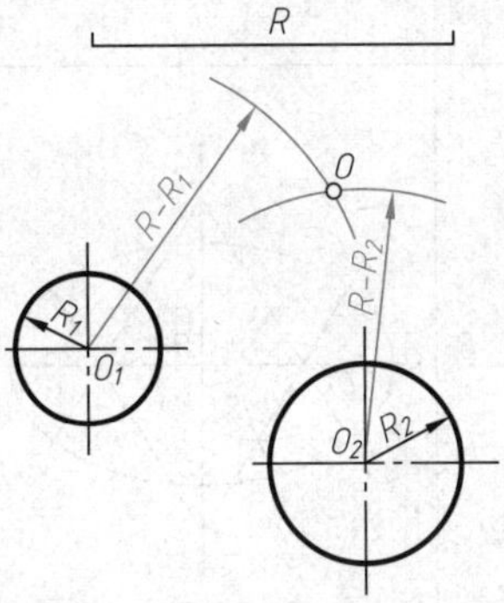 R　$R-R_1$　O　$R-R_2$　R_1　O_1　O_2　R_2	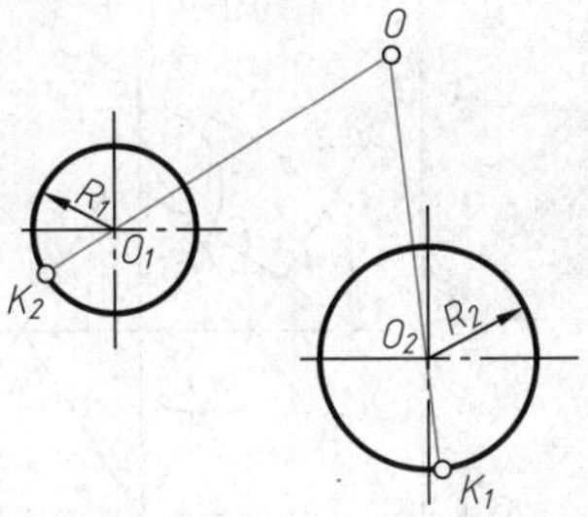 O　R_1　O_1　K_2　O_2　R_2　K_1	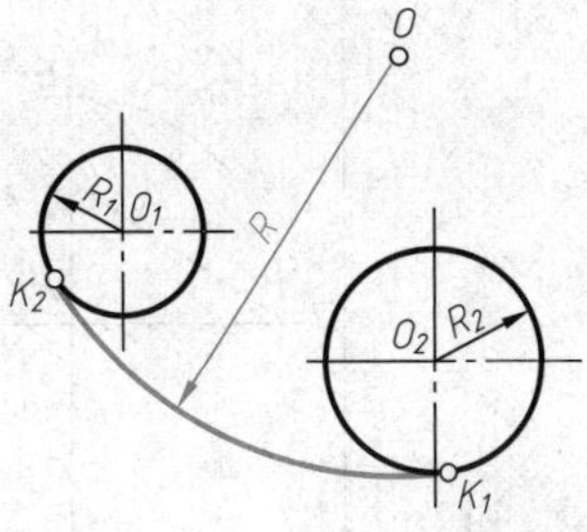 O　R_1　O_1　R　K_2　O_2　R_2　K_1
	外切圆弧和内切圆弧	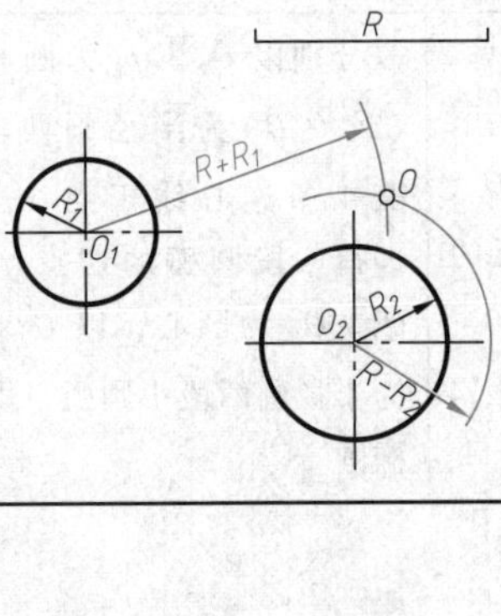 R　$R+R_1$　O　R_1　O_1　O_2　R_2　$R-R_2$	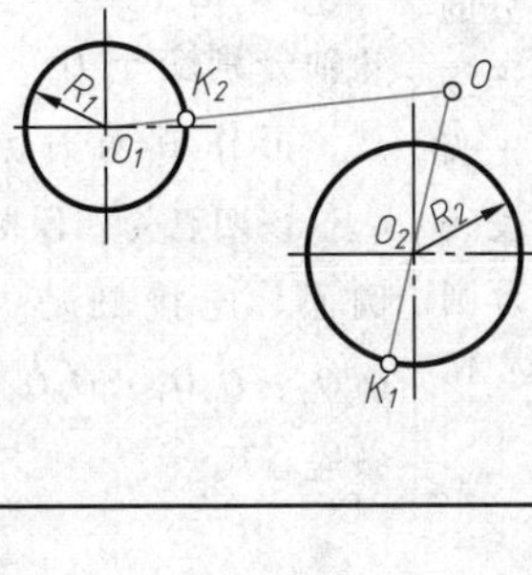 R_1　K_2　O　O_1　O_2　R_2　K_1	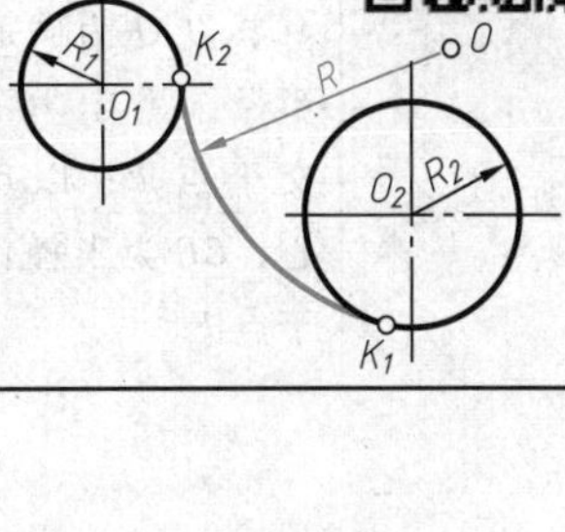 R_1　K_2　O　R　O_1　O_2　R_2　K_1

四、非圆曲线

1. 椭圆的画法

椭圆是最常见的非圆曲线，有两条相互垂直且对称的轴，即椭圆的长轴和短轴。若已知椭圆的长轴和短轴，则可采用下面两种画法绘制椭圆。

（1）理论画法(同心圆法)：先求出曲线上一定数量的点，再用曲线板光滑地连接起来。

（2）近似画法(四心近似法)：求出画椭圆的四个圆心和半径，用四段圆弧近似地代替椭圆。

已知椭圆长轴 AB 和短轴 CD，用同心圆法、四心近似法绘制椭圆的步骤见表 1–7。

表 1–7　椭圆的画法

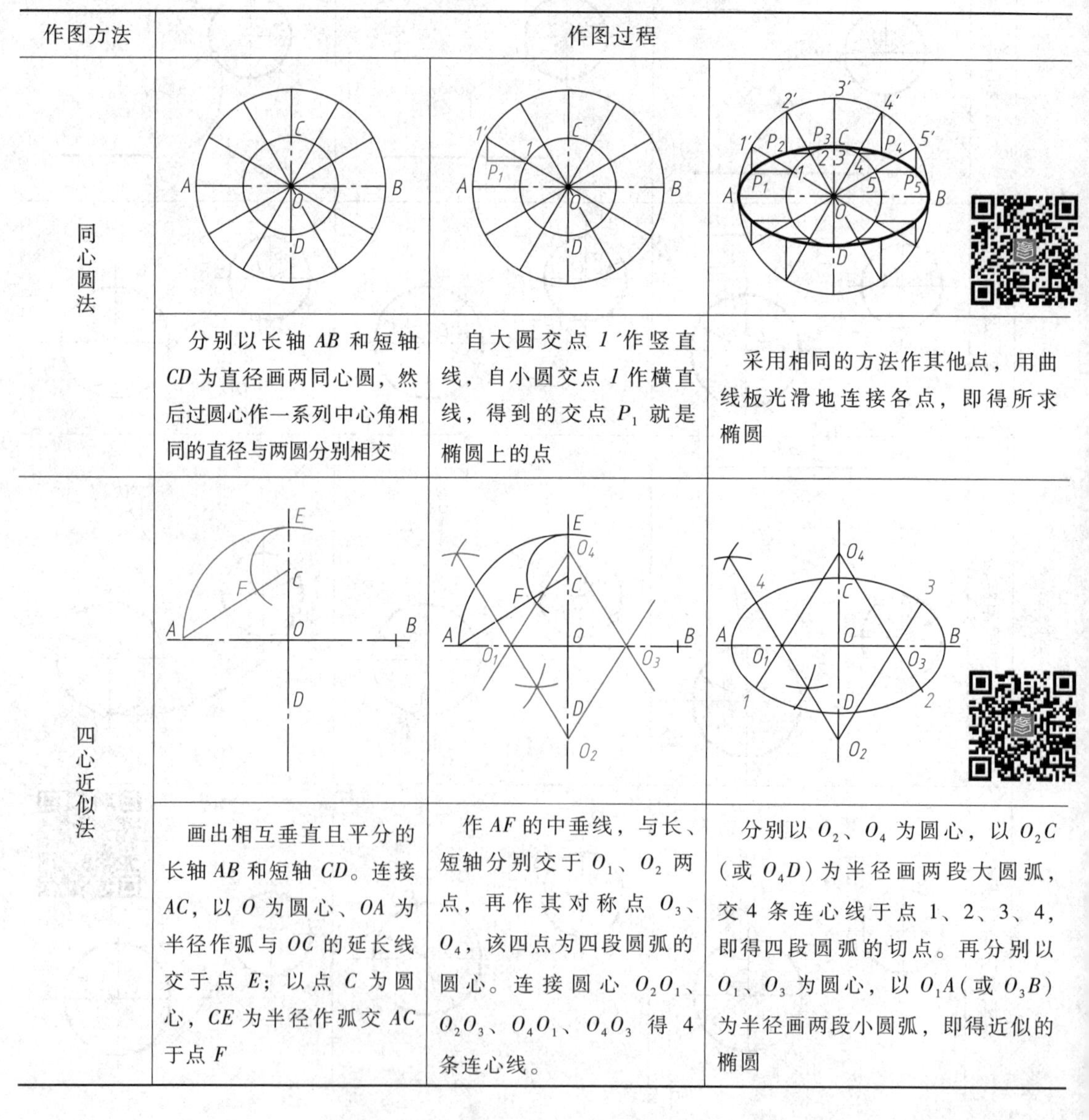

作图方法	作图过程		
同心圆法	分别以长轴 AB 和短轴 CD 为直径画两同心圆，然后过圆心作一系列中心角相同的直径与两圆分别相交	自大圆交点 1′作竖直线，自小圆交点 1 作横直线，得到的交点 P_1 就是椭圆上的点	采用相同的方法作其他点，用曲线板光滑地连接各点，即得所求椭圆
四心近似法	画出相互垂直且平分的长轴 AB 和短轴 CD。连接 AC，以 O 为圆心、OA 为半径作弧与 OC 的延长线交于点 E；以点 C 为圆心，CE 为半径作弧交 AC 于点 F	作 AF 的中垂线，与长、短轴分别交于 O_1、O_2 两点，再作其对称点 O_3、O_4，该四点为四段圆弧的圆心。连接圆心 O_2O_1、O_2O_3、O_4O_1、O_4O_3 得 4 条连心线	分别以 O_2、O_4 为圆心，以 O_2C（或 O_4D）为半径画两段大圆弧，交 4 条连心线于点 1、2、3、4，即得四段圆弧的切点。再分别以 O_1、O_3 为圆心，以 O_1A（或 O_3B）为半径画两段小圆弧，即得近似的椭圆

2. 圆的渐开线画法

当直线在某圆周上作无滑动的滚动时，直线上一点的运动轨迹即为该圆的渐开线，齿轮的齿形曲线大多数为渐开线。已知基圆直径，渐开线的作图步骤如下(表 1-8)：

表 1-8　渐开线作图步骤

作图方法	作图过程		
圆的渐开线		6 7 8 9 10 11 5 4 3 2 1 1 2 3 4 5 6 7 8 9 10 11 12	7 8 9 10 11 6 5 4 3 2 1 2 3 4 5 6 7 8 9 10 11 12
	先画基圆，并将基圆圆周分成任意等份，将基圆周长 πD 作相同等份(图中为 12 等份)	过圆周上各等分点作圆的切线，在第一条切线上，自切点起量取一个等分基圆周长得点 *1*；在第二条切线上自切点起量取两个等分基圆周长得点 *2*，依此类推得其余各点	用曲线板光滑连接点 *1* 到点 *12*；即得圆的渐开线

§1-4　平面图形的尺寸分析及作图步骤

如图 1-27 所示，平面图形由若干个封闭线框组成，各个线框又是由一条或若干条线段围成的，这些线段之间的大小与相对位置靠给定的尺寸和连接关系来确定，因此绘制平面图形的关键是通过分析平面图形的尺寸，弄清各线段的连接关系，从而确定作图顺序，正确画出组成平面图形的各条线段。

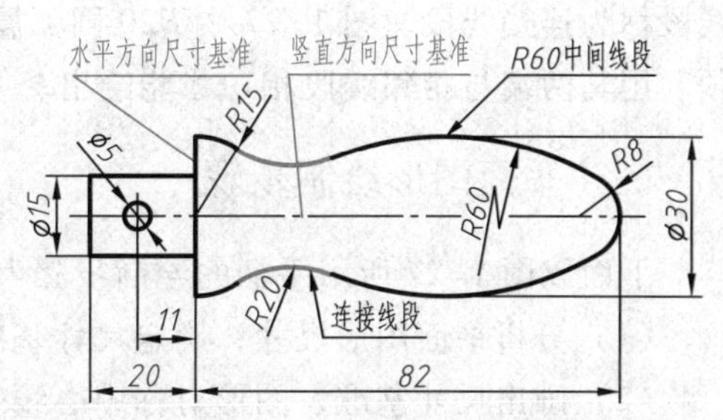

图 1-27　手柄

一、平面图形的尺寸分析

平面图形中的尺寸根据所起的作用不同，可分为定形尺寸和定位尺寸两类。此外要想确定平面图形中线段的上下、左右的相对位置，必须引入尺寸基准的概念。

1. 尺寸基准

尺寸基准是确定尺寸位置的几何元素。平面图形尺寸有水平和竖直两个方向的基准。常选择图形的对称中心线、较长的直线段、较大圆的中心线等作为尺寸基准。图 1-27 所示手柄图形的水平方向尺寸基准是较长的竖直线；竖直方向尺寸基准是图线的对称中心线。

2. 定形尺寸

确定平面图形中各部分形状大小的尺寸称为定形尺寸，如直线段的长度、倾斜线的角度、圆或圆弧的直径和半径等。图 1-27 中的 ϕ15、ϕ5、R15、R20、R60、R8、20、82 等均为定形尺寸。

3. 定位尺寸

确定平面图形中各组成部分与尺寸基准之间相对位置的尺寸称为定位尺寸，图 1-27 中的尺寸 11 用来确定小圆 ϕ5 水平方向位置，属于定位尺寸；尺寸 ϕ30 确定了圆弧 R60 的圆心在竖直方向上的位置，也是定位尺寸。特别应指出有些尺寸兼有定形和定位两种功能，如图 1-27 中的长度尺寸 82，它即是手柄的定形尺寸(定长)，又是 R8 圆弧圆心的定位尺寸。

二、平面图形的线段分析

根据平面图形中所标尺寸的多少，通常将平面图形中的线段分为三类。

1. 已知线段

具有足够的定形、定位尺寸，根据图形中标注的尺寸能直接画出的线段称为已知线段。图 1-27 中左端的矩形线框、ϕ5 小圆以及圆弧 R15、R8 均属于已知线段。

2. 中间线段

图形中线段所标尺寸不全，差一个尺寸，靠线段的一端与相邻线段间的相互关系(如相切)才能绘出的这类线段称为中间线段。图 1-27 中 R60 圆弧属于中间线段(常称中间弧)，它的圆心在与图形对称中心线相距 60-30/2=45 的平行线上，但具体位置不能确定，必须利用其一端与 R8 圆弧相切才能绘出。

3. 连接线段

图形中线段所标尺寸不全，差两个尺寸，靠线段的两端与相邻线段相切才能绘出的这类线段称为连接线段。图 1-27 中 R20 圆弧属于连接线段(常称连接弧)，圆心位置不确定，必须利用其两端与相邻线段相切才能绘出。

三、平面图形绘制步骤

下面以图 1-27 所示手柄的绘制步骤为例介绍平面图形的作图步骤：

(1) 分析平面图形尺寸，确定尺寸基准及各线段性质(图 1-27)。

(2) 画出尺寸基准、图形对称中心线等，布局图形(图 1-28a)。

(3) 画出所有的已知线段(图 1-28b)。

(4) 画出所有的中间线段(图 1-28c)，同理可画另一侧。

(5) 画出所有的连接线段(图 1-28d)。

（6）检查整理加粗图线（图 1-28d）。

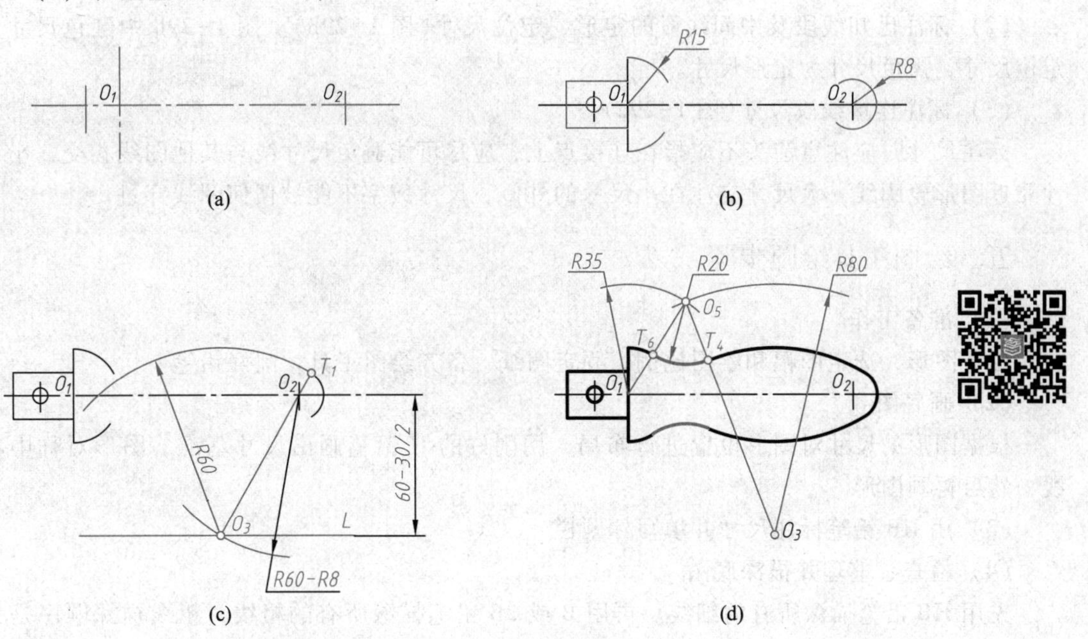

图 1-28　平面图形绘制步骤

四、平面图形的尺寸标注

平面图形尺寸标注的基本要求是：正确、完整、清晰。

下面以图 1-29a 所示平面图形的尺寸标注为例介绍平面图形尺寸标注的方法与步骤：

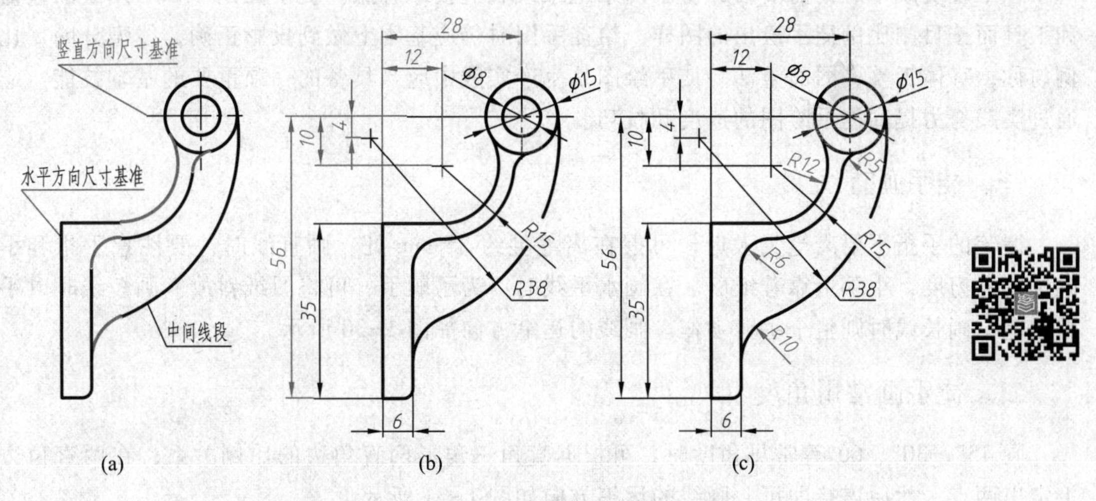

图 1-29　标注平面图形尺寸的步骤

（1）分析图形各部分的构成，确定线段性质及尺寸基准（图 1-29a）。图 1-29a 中红色线段为连接线段，黑色线段中右侧大圆弧为中间线段，其余黑色线段为已知线段。

（2）标注已知线段及中间线段的定形、定位尺寸(图 1-29b)。图 1-29b 中红色尺寸为定位尺寸，黑色尺寸为定形尺寸。

（3）标注连接线段尺寸(图 1-29c)。

标注尺寸时应注意箭头不应指在连接点上，应尽可能避免尺寸线与其他图线相交，小尺寸靠近图形轮廓线，大尺寸应注在小尺寸的外侧，尺寸数字不能被任何图线穿过。

五、绘图工具绘图步骤

（1）准备工作

分析图形，选定图幅和绘图比例，固定图纸，备齐绘图工具，削好铅笔。

（2）画底图

根据图形的尺寸对图形位置进行布局，用削好的 H 铅笔画出尺寸基准、图形对称中心线，然后再画图形。

（3）用 HB 铅笔标注尺寸并填写标题栏

（4）检查、整理并描深底图

先用 HB 铅笔描深所有的细线。再用 B 或 2B 铅笔描深所有的粗线，粗线描深顺序是先曲后直。曲线描深的顺序是先小后大再中等。直线描深的顺序是从上向下描深所有的横直线，从左到右描深所有的竖直线，最后再描深倾斜直线。

§1-5　徒手绘图的基本技能

在工程实践中经常需要借助徒手图来记录或表达技术思想。徒手图是一种不用绘图仪器和工具而按目测比例徒手绘出的图样。绘徒手图时仍应基本上做到投影正确，线型分明，比例匀称，字体工整，图面整洁。徒手绘图是生产实践中应当具备的一项重要的基本技能，应通过实践努力提高徒手绘图的速度和技巧。

一、徒手画直线

握笔的手指不要离笔尖太近，可握在离笔尖约 35 mm 处。画直线时，要注意手指和手腕执笔的力度，小手指靠着纸面。在画水平线时，为了顺手，可将图纸斜放。画短线时以手腕运笔，画长线时则整个手臂动作。画线的运笔方向如图 1-30 所示。

二、徒手画常用角度

画 45°、30°、60°等常见角度时，可根据直角三角形两直角边的比例关系，在两直角边上定出两点，然后连接即可。画线的运笔方向如图 1-31 所示。

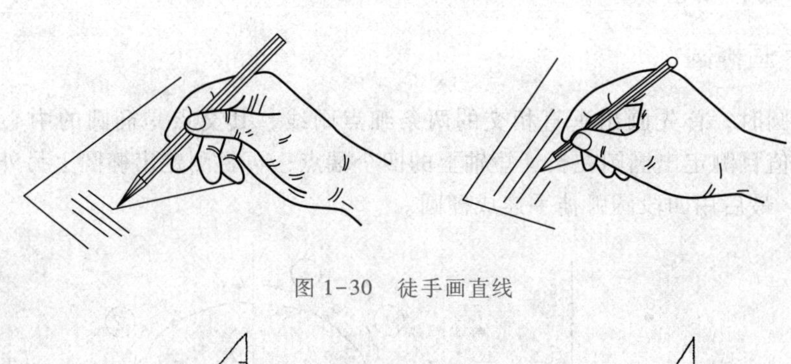

图 1-30　徒手画直线

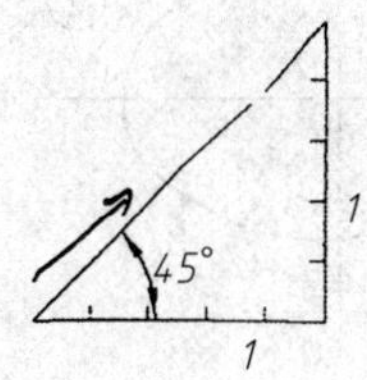

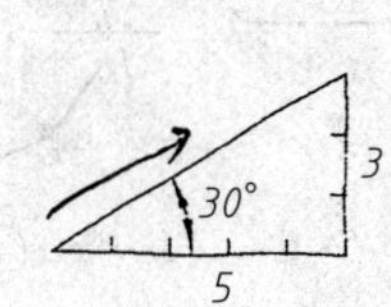

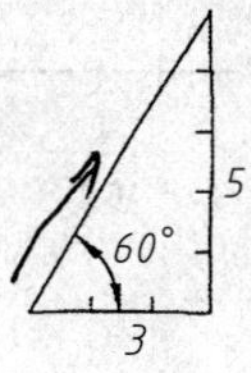

图 1-31　徒手画常用角度

三、徒手画圆

画小直径的圆时，首先画出垂直相交的两条细点画线，定出圆心。再按圆的半径大小在中心线上按半径目测定出四点，然后徒手将各点连接成圆。可以先画左半圆，再画右半圆，如图 1-32 所示。画直径较大的圆时，可过圆心加画一对十字线，按半径目测定出 8 个点，连接成圆，如图 1-33 所示。

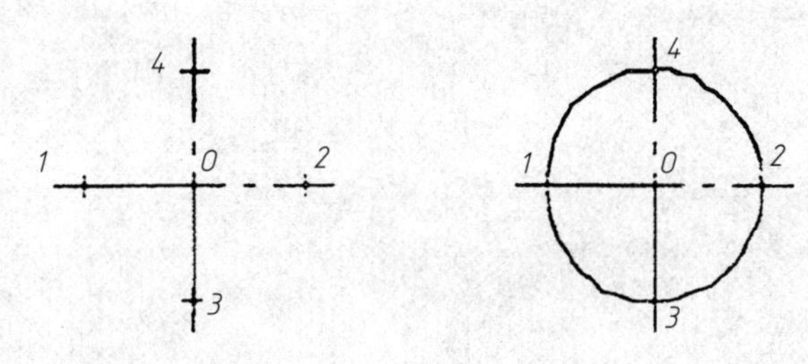

图 1-32　徒手画小圆

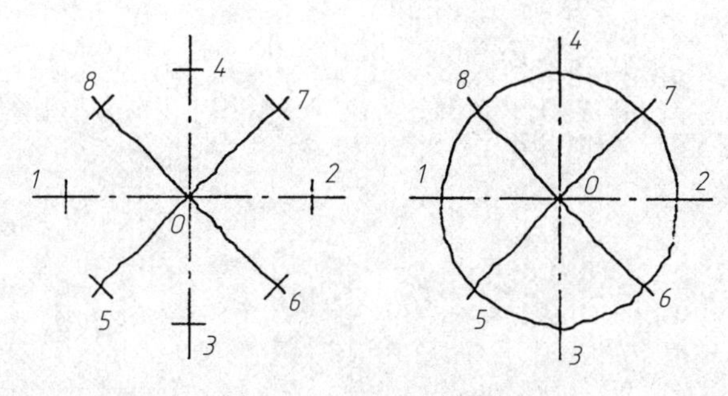

图 1-33　徒手画较大圆

四、徒手画椭圆

徒手画椭圆时，首先画出垂直相交的两条细点画线，其交点是椭圆的中心。按椭圆的长、短轴的数值目测定出椭圆在长、短轴上的四个端点，再目测定出椭圆上另外四个点，如图 1-34 所示，最后用四段圆弧徒手连成椭圆。

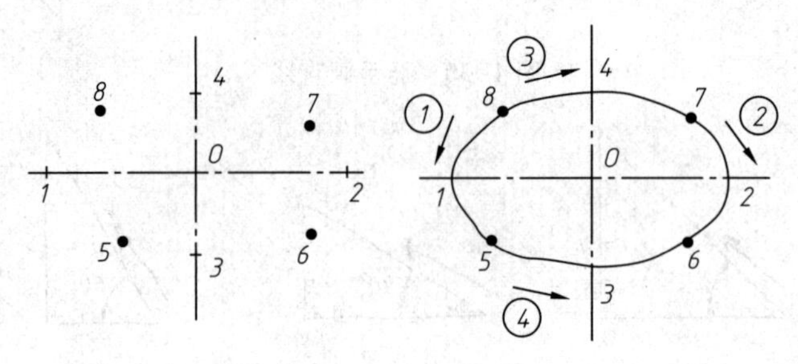

图 1-34　徒手画椭圆

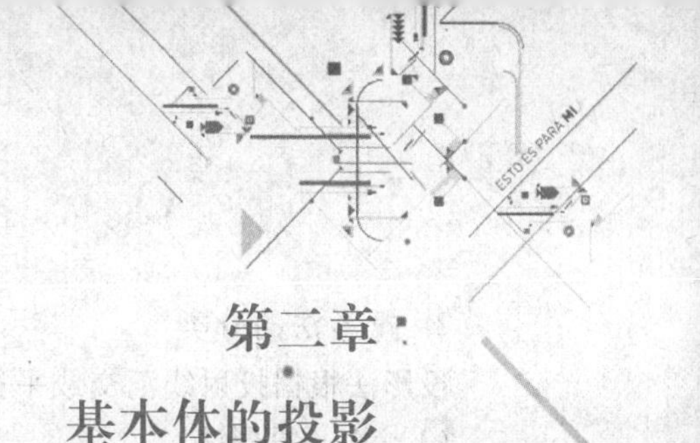

第二章 基本体的投影

正投影度量性好、作图简便，是绘制工程图样的基础。本章首先介绍正投影法的基本知识，再讨论基本体的构成要素(点、线、面)的正投影特征及基本体正投影的绘制。

§2-1 投影法基本知识

一、投影法的建立及其分类

1. 投影法的建立

物体在灯光或阳光的照射下，会在地面、桌面或墙壁上出现它的影子。如图 2-1a 所示，三角板在灯光的照射下，在桌面上出现了它的影子。影子是一种自然现象，将影子这种自然现象进行几何抽象概括就会得到一个平面图形(图 2-1b)。在图 2-1b 中，S 为投射中心，A、B、C 为空间点，平面 H 为投影面，S 与点 A、B、C 的连线为投射线，SA、SB、SC 的延长线与平面 H 的交点 a、b、c 称为空间点 A、B、C 在平面 H 上的投影，将投影 a、b、c 按其空间关系连线得一平面图形。这种将空间物体用平面图形(投影)表达的方法就称为投影法。

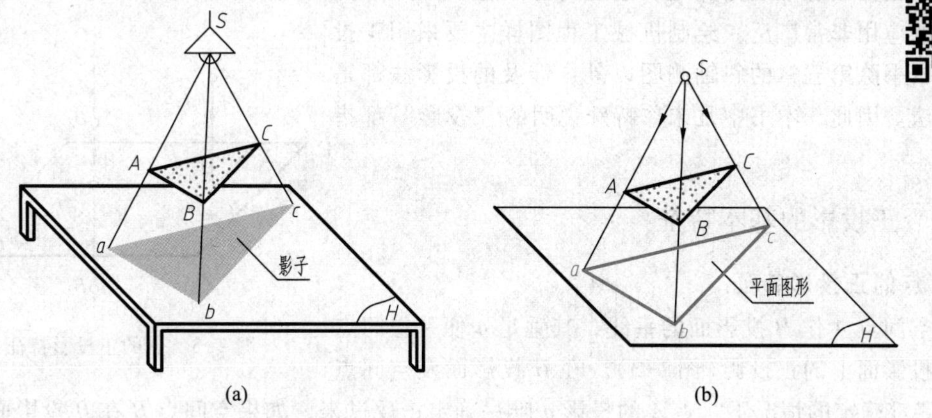

图 2-1 投影法的建立

2. 投影法的分类

投影法根据投射线汇交或平行可分为中心投影法和平行投影法。

(1) 中心投影法

如图 2-1b 所示，投射线汇交于一点 S(投射中心)的投影法称为中心投影法。用中心投影法得到的投影称为中心投影。

中心投影的大小随着投影面、物体和投射中心三者之间的相对距离不同而变化。在工程上中心投影法主要用于绘制建筑物的透视图，机械工程图样较少采用。

(2) 平行投影法

将图 2-1b 中的投射中心移至无穷远处时，所有的投射线都变成互相平行。投射线相互平行的投影法，称为平行投影法。用平行投影法得到的投影称为平行投影。

平行投影法根据投射线是否垂直于投影面又分为斜投影法与正投影法。

① 斜投影法　投射线倾斜于投影面的平行投影法称为斜投影法。用斜投影法得到的投影称为斜投影(图 2-2a)。

② 正投影法　投射线垂直于投影面的平行投影法称为正投影法。用正投影法得到的投影称为正投影(图 2-2b)。

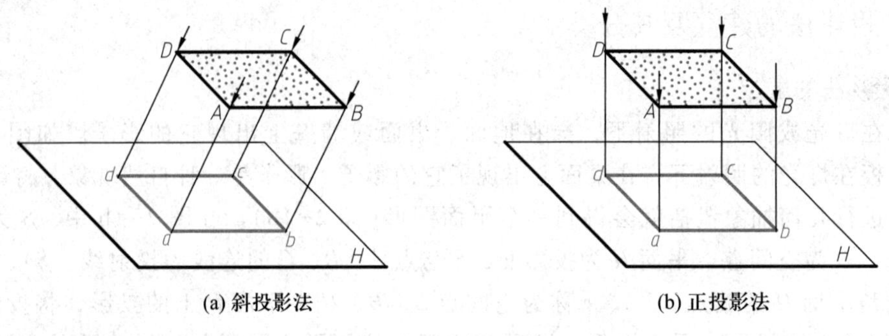

图 2-2　平行投影法

多面正投影能准确完整地表达空间物体的形状和大小，度量性好，作图简便，因此它在工程上的应用非常广泛。绘制机械工程图样主要采用正投影法，本书除第五章的斜轴测图以外，涉及的投影法都是正投影法。因此，本书中凡未作特殊说明的“投影”都指正投影。

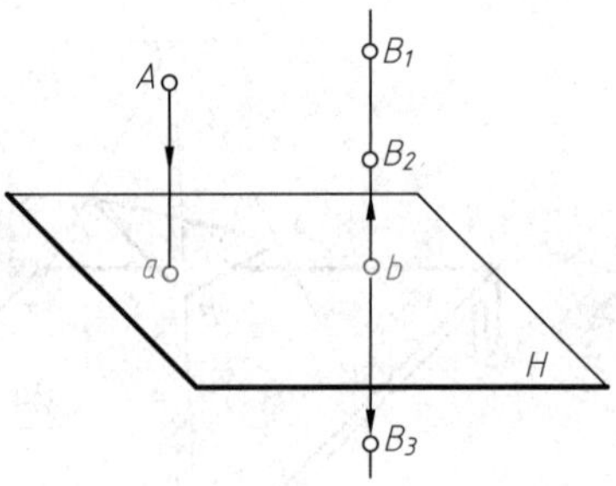

二、正投影的基本特征

1. 点的正投影特征

过空间点 A 作 H 投影面的垂线，其垂足 a 便是空间点 A 在 H 投影面上的正投影(图2-3)。在 H 投影面及空间点 A 的位置都确定的情况下，点 A 的投影 a 唯一确定；反过来，如果空间点 B 在 H 投影面上的投影 b 已知，则无法确定点 B 的空间位置(图 2-3)。

图 2-3　点的正投影特征

2. 直线、平面的正投影特征

（1）真实性

平面(或直线段)平行于投影面时，其正投影反映实形(或实长)，这种投影特征称为真实性或全等性(图 2-4a)。

（2）积聚性

平面(或直线段)垂直于投影面时，其正投影积聚为直线段(或一点)，这种投影特征称为积聚性(图 2-4b)。

（3）类似性

平面(或直线段)倾斜于投影面时，其正投影变小(或变短)，如平面是多边形，则该多边形的投影与多边形的形状类似(边数、平行关系、直曲形状相同)，这种投影特征称为类似性(图 2-4c)。

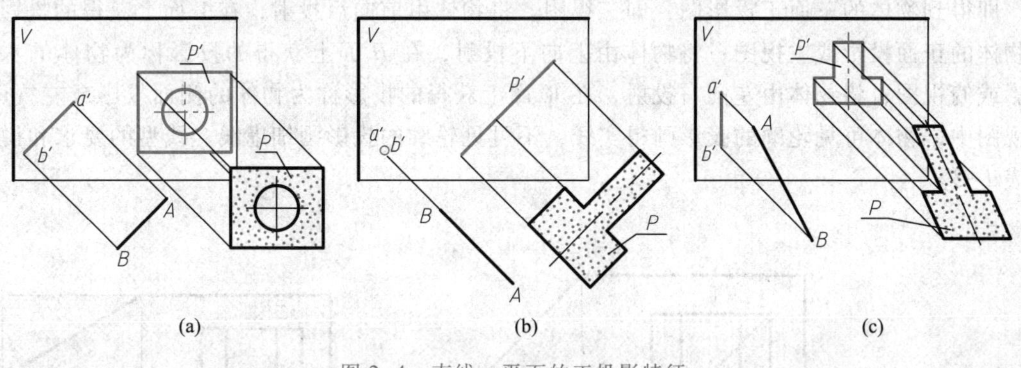

图 2-4 直线、平面的正投影特征

三、物体三视图的形成及其对应关系

由正投影的基本特征可知，点的一面投影不能确定该点的空间位置。同样，物体的一面投影也不能确定物体的空间形状(图 2-5a)。为使投影能唯一确定物体的空间形状，通常采用三面正投影图(图 2-5b)。国家标准规定：用正投影法绘制的物体多面正投影图称为视图。

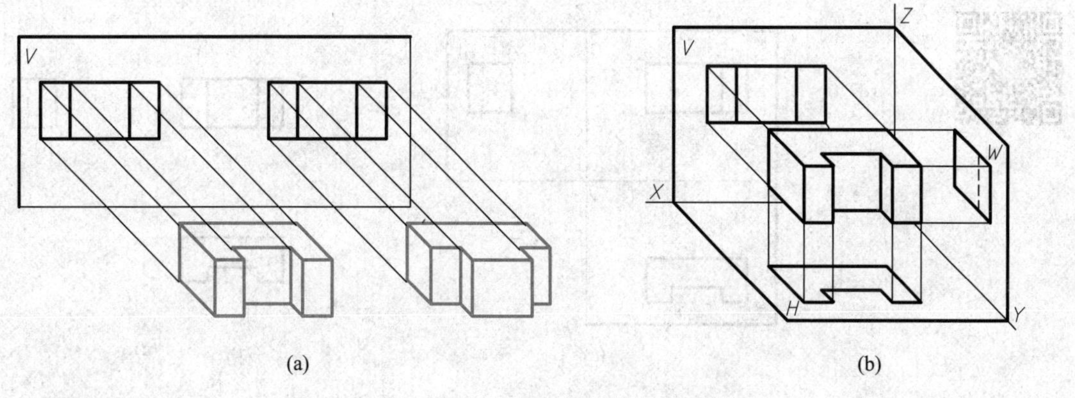

图 2-5 一面投影不能确定物体的空间形状

因此，物体的三面正投影图可称为物体的三视图。

1. 直角三投影面体系的建立

直角三投影面体系由三个相互垂直的投影面所组成(图 2-6)。其中，正立投影面简称正面，用 *V* 表示；水平投影面简称水平面，用 *H* 表示；侧立投影面简称侧面，用 *W* 表示。三个投影面的交线 *OX*、*OY*、*OZ* 称为投影轴，也互相垂直，分别代表长、宽、高三个方向。三根投影轴交于一点 *O*，称为原点。

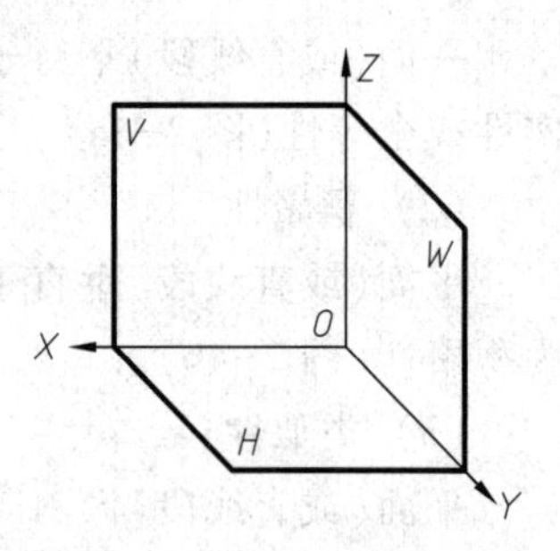

图 2-6　三投影面体系

2. 物体三视图的形成

(1) 物体的投影

如图 2-7a 所示，将物体放入三投影面体系中(使之处于观察者与投影面之间)，然后按正投影法将物体分别向各个投影面投射，即得到物体的三面正投影图，即三视图。将物体由前向后投射，在 *V* 面上获得的投影称为物体的正面投影或主视图；将物体由上向下投射，在 *H* 面上获得的投影称为物体的水平投影或俯视图；将物体由左向右投射，在 *W* 面上获得的投影称为物体的侧面投影或左视图。在视图中，物体可见轮廓的投影画粗实线，不可见轮廓的投影画细虚线。线型的要求和说明见表 1-3。

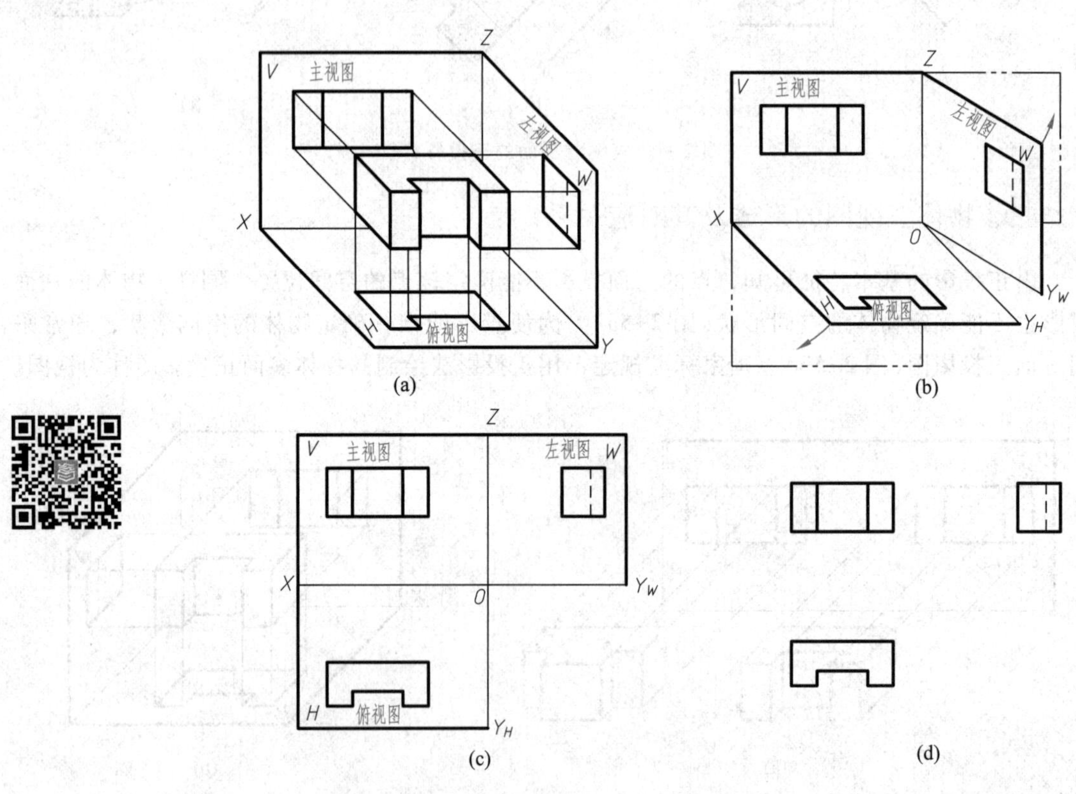

图 2-7　物体三视图的形成

(2) 三投影面体系的展开

为了画图、看图及图样管理的方便，需要将物体的三视图绘制在一个平面内。为此，将三投影面体系展开，展开的方法是：V 面保持不动，H 面绕 OX 轴向下旋转 90°，W 面绕 OZ 轴向右旋转 90°，在旋转过程中 OY 轴被分成了两部分，一部分 OY_H 随 H 面旋转，另一部分 OY_W 随 W 面旋转(图 2-7b、c)。

画物体三视图的目的是用一组平面图形(视图)来表达物体的空间形状。因此，画物体三视图时，不必画出投影面和投影轴，视图之间的距离也可自行确定(图 2-7d)。

3. 三视图之间的对应关系

(1) 尺寸与位置关系

从物体三视图的形成过程可以看出：俯视图在主视图的正下方，左视图在主视图的正右方。按此位置配置的三视图，不需注写其名称(图 2-7d)。

从物体三视图的形成过程可知：主视图反映物体的长和高，俯视图反映物体的长和宽，左视图反映物体的宽和高(图 2-8a)。由于投射过程中物体的大小、位置不变，因此三视图间有这样的对应关系(图 2-8b)：

主、俯视图等长，即“主、俯视图长对正”；

主、左视图等高，即“主、左视图高平齐”；

俯、左视图等宽，即“俯、左视图宽相等”。

三视图之间存在的“长对正、高平齐、宽相等”的“三等”对应关系，是物体三面正投影图的基本投影规律，它不仅适用于整个物体，也适用于物体的局部。画图、读图时都应遵循。

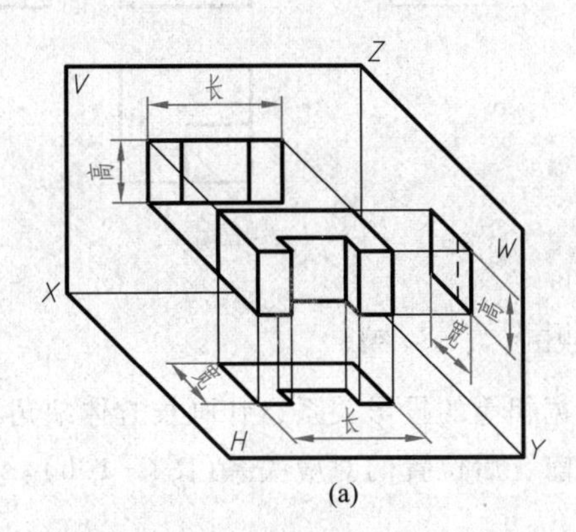

(a)

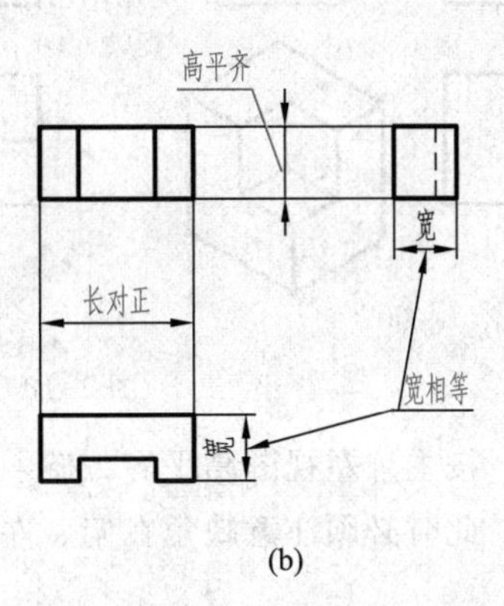

(b)

图 2-8 三视图的尺寸关系

(2) 方位关系

如图 2-9a 所示，物体具有上、下、左、右、前、后六个方位，分析图 2-9 可知：

主视图反映物体的上下、左右相对位置关系，不反映前后相对位置；

俯视图反映物体的前后、左右相对位置关系，不反映上下相对位置；

左视图反映物体的前后、上下相对位置关系，不反映左右相对位置。

因此，必须将两个视图联系起来才能表明物体六个方位的位置关系。画图和读图时，应

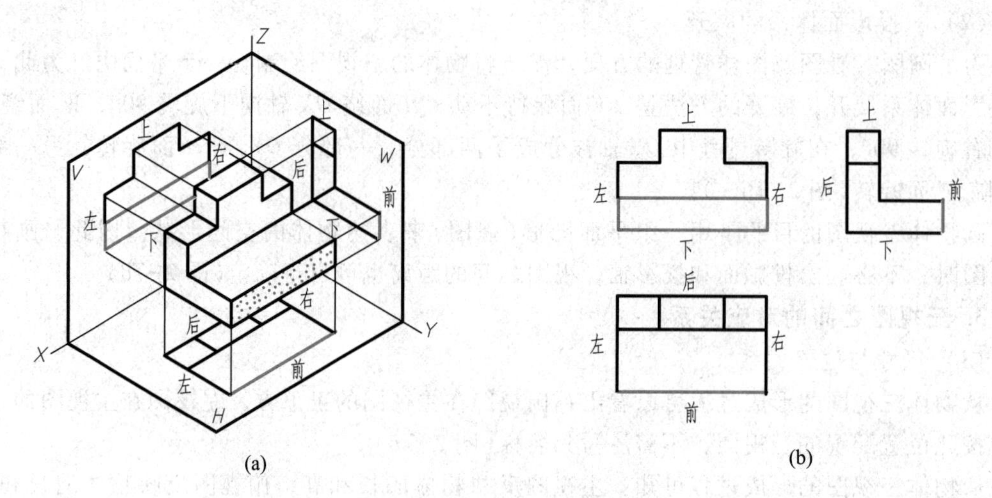

图 2-9 三视图的方位关系

特别注意俯视图与左视图之间的前、后对应关系。即在俯、左视图中，离主视图最近的图线，表示物体最后面的面或边的投影；离主视图最远的图线，则表示物体最前面的面或边的投影。

[例 2-1] 参照缺角长方体的立体示意图(图 2-10a)，补画左视图中漏画的图线。

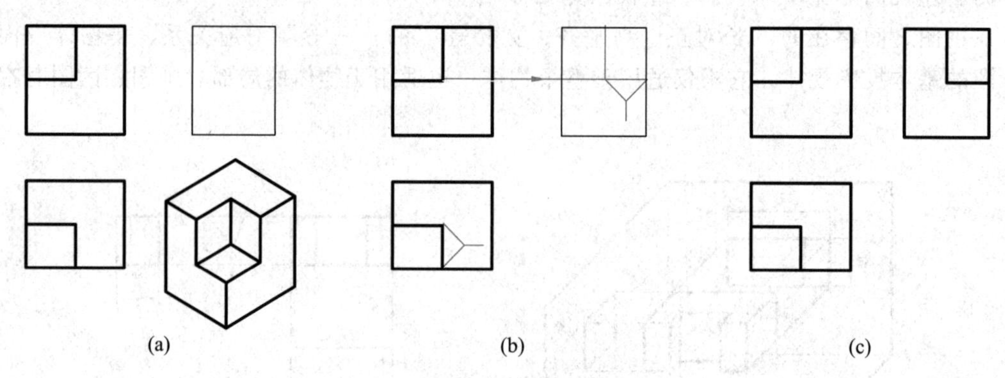

图 2-10 补画左视图中漏画的图线

作图：按主、左视图高平齐，俯、左视图宽相等的投影关系，补画长方体缺角在左视图中的投影。此时必须注意缺角在俯、左视图中前、后位置的对应关系(图 2-10b)。

§2-2 点、直线、平面的投影

任何物体的表面都是由点、线、面等几何元素组成的。如图 2-11 所示的三棱锥由四个平面、六条棱线和四个点组成。由于工程图样采用线框图形来表达，所以绘制三棱锥的三视图，实际上就是绘制构成三棱锥表面的这些点、棱线和平面的三面投影①。因此，要正确绘制和阅读物体的三视图，须掌握这些基本几何元素的投影规律。

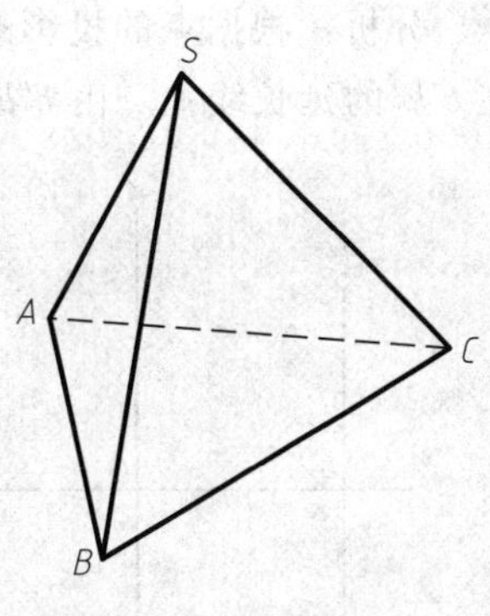

图 2-11　三棱锥

一、点的投影

1. 点的三面投影形成

如图 2-12a 所示，过空间点 A 分别向三个投影面作垂线，其垂足 a、a'、a''②即为点 A 在三个投影面上的投影。按前述三投影面体系的展开方法将三个投影面展开(图 2-12b)，去掉表示投影面范围的边框，即得点 A 的三面投影图(图 2-12c)。图中 a_X、a_Y、a_Z是由三投射线($A\,a'$、Aa、$A\,a''$)构成的三个平面与三根投影轴 OX、OY、OZ 的交点，点 a_Y在 OY 轴上，投影体系展开时 a_Y被分成 a_{Y_H}、a_{Y_W}。

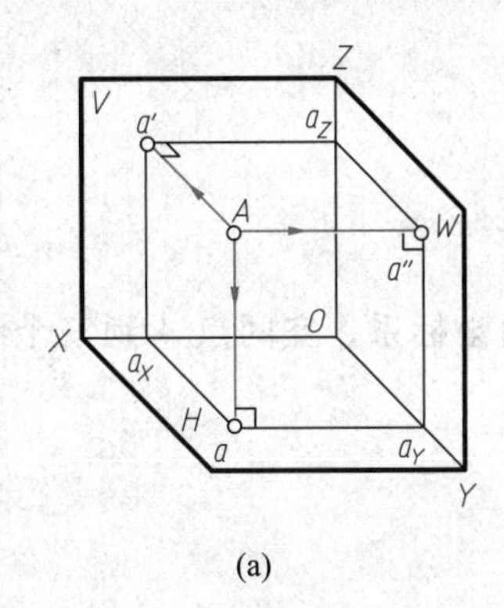

(a)

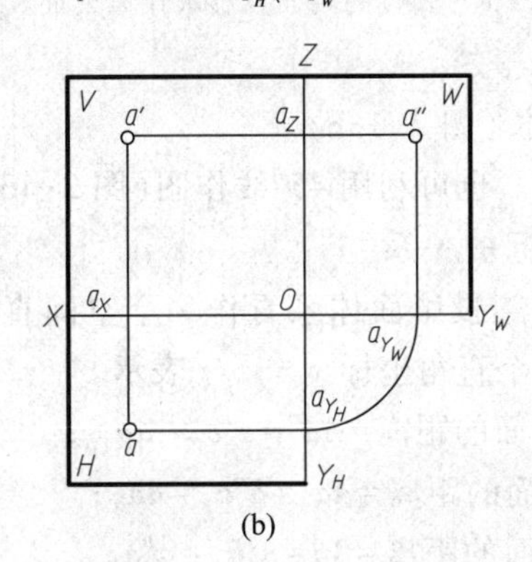

(b)

(c)

图 2-12　点的三面投影形成

2. 点的三面投影规律

从图 2-12 中点 A 三面投影的形成可得出点的三面投影规律：

(1) 点的正面投影与水平投影的连线垂直于 OX 轴，即 $a'a \perp OX$，交点为 a_X。

(2) 点的正面投影与侧面投影的连线垂直于 OZ 轴，即 $a'a'' \perp OZ$，交点为 a_Z。

(3) 点的水平投影到 OX 轴的距离等于点的侧面投影到 OZ 轴的距离，即 $aa_X = a''a_Z$。

此外，从图 2-12a 中还可看出点的投影到投影轴的距离分别等于空间点到相应投影面的距离。如 $a'a_Z = aa_{Y_H} = Aa''$，反映点 A 到 W 面的距离；$a'a_X = a''a_{Y_W} = Aa$，反映点 A 到 H 面的距离；$aa_X = a''a_Z = Aa'$，反映点 A 到 V 面的距离。

根据上述点的三面投影规律可知，只要知道点的任意两个面的投影，就可求出该点的第三面投影。

[例 2-2]　已知点 B 的 V 面投影 b'与 H 面投影 b，求作 W 面投影 b''(图 2-13a)。

① 本书中，体的多面投影一般称为视图。点、线、面等几何元素的投影一般称为投影图。

② 空间点用大写字母表示，H 面投影用相应的小写字母表示，V 面投影用相应的小写字母加“′”表示，W 面投影用相应的小写字母加“″”表示。

分析：根据点的投影规律可知，$b'b'' \perp OZ$，过 b' 作 OZ 轴的垂线 $b'b_Z$ 并延长，所求 b'' 必在 $b'b_Z$ 的延长线上。由 $b''b_Z = bb_X$ 可确定 b'' 的位置。

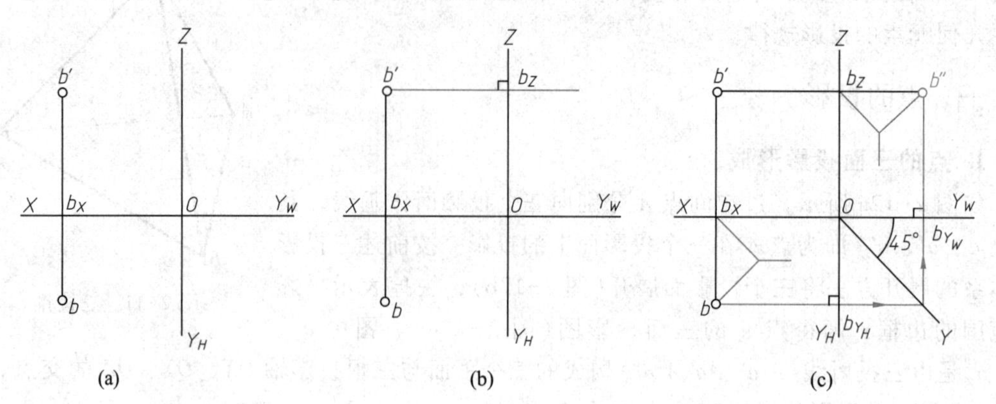

图 2-13　已知点的两面投影求作第三面投影

作图：

① 过 b' 作 $b'b_Z \perp OZ$，并延长（图 2-13b）。

② 量取 $b''b_Z = bb_X$，求得 b''。也可利用 45°线作图（图 2-13c）。

3. 点的三面投影与直角坐标的关系

在图 2-14a 中，如果将直角三投影面体系看作一个空间直角坐标系，空间点 A 到三个投影面的距离便可分别用它的三个直角坐标 x、y、z 表示。

点 A 的 X 坐标 x = 点 A 到 W 面的距离 $= Aa'' = a'a_Z = aa_{Y_H}$；

点 A 的 Y 坐标 y = 点 A 到 V 面的距离 $= Aa' = a''a_Z = aa_X$；

点 A 的 Z 坐标 z = 点 A 到 H 面的距离 $= Aa = a'a_X = a''a_{Y_W}$。

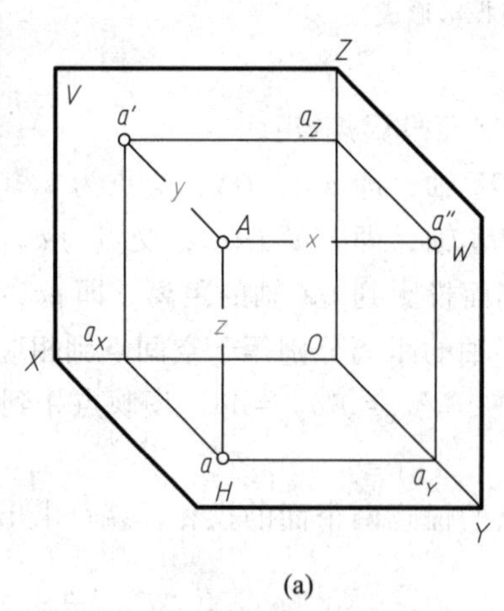

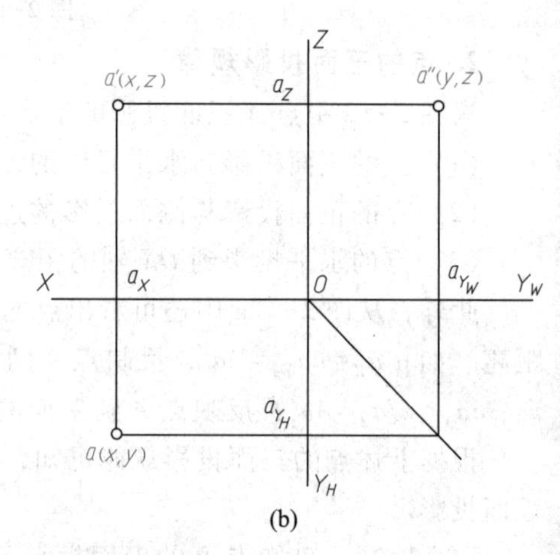

图 2-14　点的投影与直角坐标的关系

点的空间位置可由点的坐标 (x,y,z) 确定。如图 2-14b 所示，点 A 三面投影的坐标分别为 $a(x,y)$、$a'(x,z)$、$a''(y,z)$。任一面投影都反映点的两个坐标，所以一个点的两面投影就反映了确定该点空间位置的三个坐标，即确定了点的空间位置。

［例 2-3］ 已知点 $A(15,10,20)$[①]，试作其三面投影。

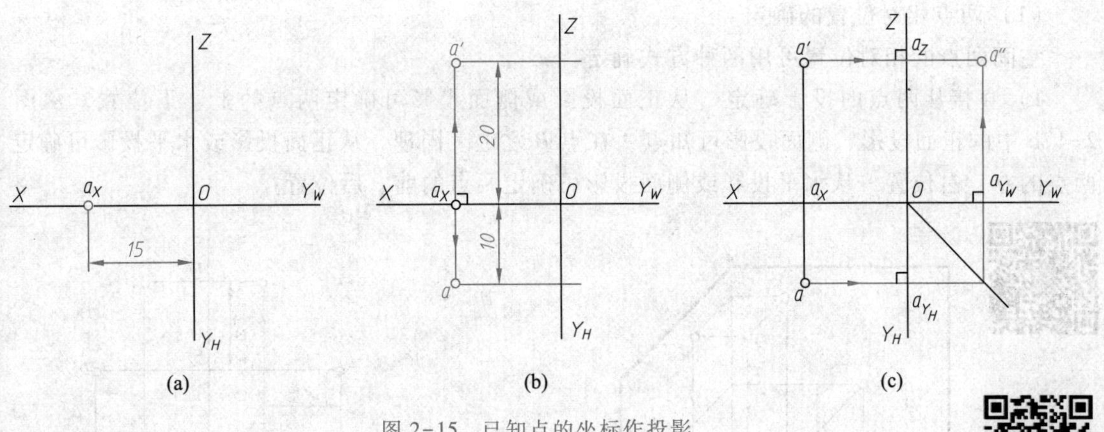

图 2-15 已知点的坐标作投影

作图：

① 作投影轴，在 OX 轴上向左量取 15，得 a_X（图 2-15a）。

② 过 a_X 作 OX 轴的垂线，在此垂线上沿 OY_H 方向量取 10 得 a，沿 OZ 方向量取 20 得 a'（图 2-15b）。

③ 由 a、a' 作出 a''（图 2-15c）。

［例 2-4］ 如图 2-16a 所示，已知点 B 的水平投影 b，并知点 B 到 H 面的距离为 0，试作出点 B 的其余两面投影。

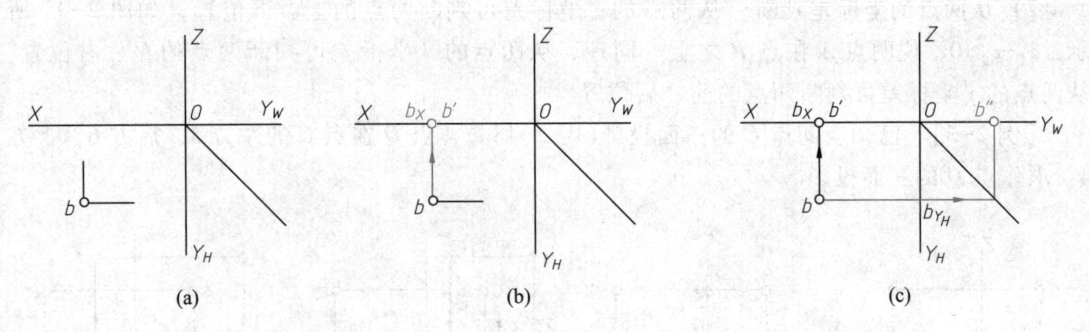

图 2-16 根据点的一面投影及点到该投影面的距离，求作点的其余投影

分析：从点 B 的水平投影可知点 B 的 x、y 坐标，点 B 到 H 面的距离即为点 B 的 z 坐标，z 坐标值等于 0 说明点 B 在 H 面上。因此，点 B 的 H 面投影 b 与点 B 重合，点 B 的 V 面投影 b' 在 OX 轴上，点 B 的 W 面投影 b'' 在 OY_W 轴上。

作图：

① 过 b 作 OX 轴的垂线，垂足即为 b_X，b' 与 b_X 重合（图 2-16b）。

② 在 OY_W 轴上量取 $Ob''=bb_X$ 得 b''，也可利用作 45°线确定 b''（图 2-16c）。

思考：在［例 2-4］中，能否在 OY_H 上量取 $Ob''=bb_X$ 确定 b''？为什么？

① 本书中，凡未注明单位的线性尺寸，其单位均为 mm。

4. 两点的相对位置

（1）两点相对位置的确定

空间两点的相对位置可用两种方式确定。

1）直接从两点的投影确定　从正面投影或侧面投影可确定两点的上、下位置，从图2-17b中的正面投影、侧面投影可知点 A 在点 B 之上。同理，从正面投影或水平投影可确定两点的左、右位置，从水平投影或侧面投影可确定两点的前、后位置。

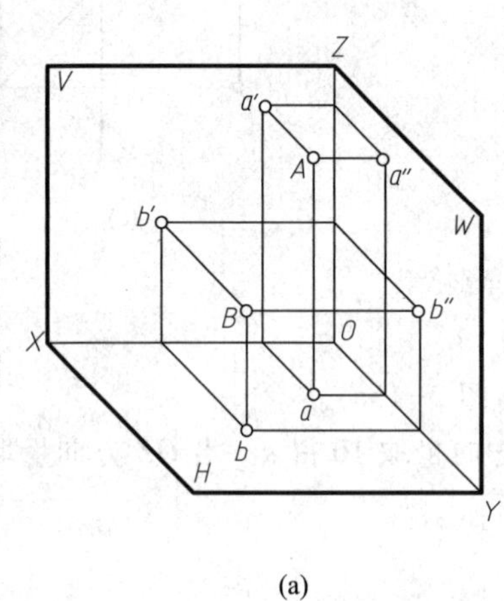

(a)

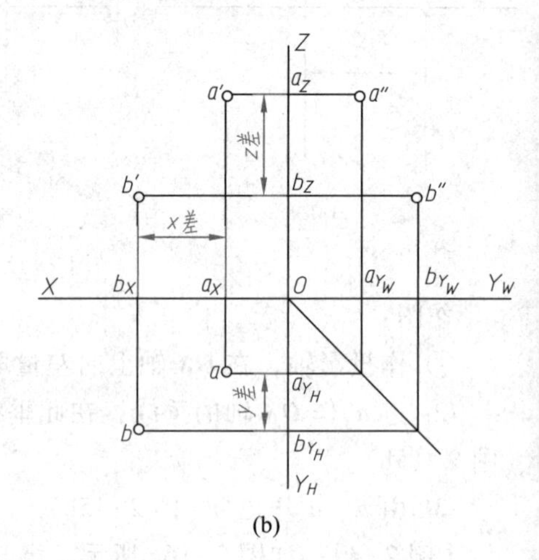

(b)

图 2-17　两点的相对位置

2）从两点的坐标差判断　从两点的 z 坐标差可判断两点的上、下位置，如图 2-17 所示，$z_A-z_B>0$，说明点 A 在点 B 之上。同理，从两点的 x 坐标差可判断两点的左、右位置，从两点的 y 坐标差可判断两点的前、后位置。

［例 2-5］　已知空间点 C 的三面投影(图 2-18a)，点 D 在点 C 的左方 5，后方 6，上方 4。求作点 D 的三面投影。

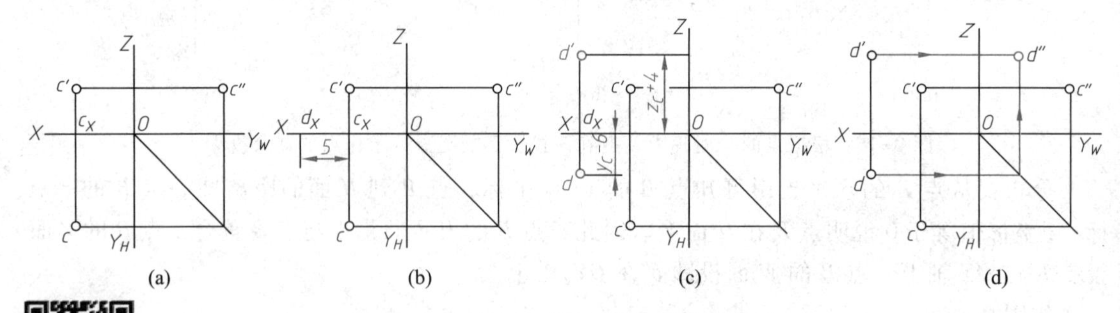

(a)　(b)　(c)　(d)

图 2-18　根据两点的相对位置作点的投影

作图：

① 在 OX 轴上的 c_X 处向左量取 5，得 d_X(图 2-18b)。

② 过 d_X 作 OX 轴的垂线。在该垂线上，从 d_X 开始，沿 OZ 方向量取 z_C+4 得 d'，沿 OY_H 方向量取 y_C-6 得 d(图 2-18c)。

③ 由 d'、d 作出 d''(图 2-18d)。

（2）重影点及其投影的可见性

如图 2-19a 所示，当空间两点 A、B 位于垂直于 H 面的同一投射线上时，这两个点在 H 面上的投影重合为一点，这两个点称为 H 面的重影点。同理，点 C、D 为 V 面重影点。

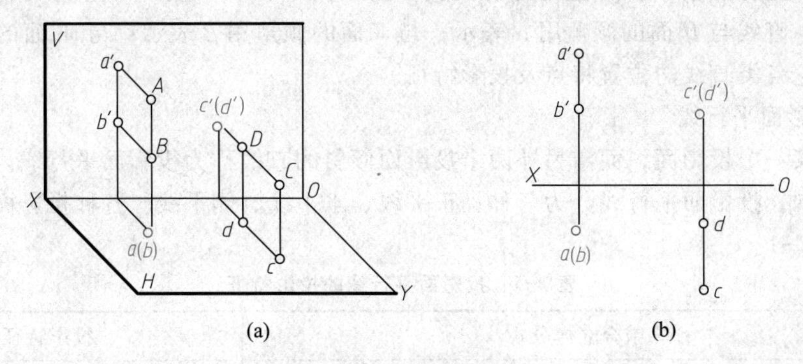

图 2-19　重影点的投影

点的一面投影能反映点的两个坐标，所以重影点必有两个坐标相等。H 面的重影点，其 x、y 坐标相等，即 $x_A=x_B$、$y_A=y_B$，z 坐标不等；V 面的重影点，其 x、z 坐标相等，即 $x_C=x_D$、$z_C=z_D$，y 坐标不等；同理，W 面的重影点，其 y、z 坐标相等，x 坐标不等。

重影点重合的投影存在遮挡关系，重影点投影的可见性由两点的不等坐标来判断，不等坐标大者可见，小者不可见。如图 2-19 所示，H 面的重影点 A、B，z 坐标不等，由于 $z_A>z_B$，所以 a 可见，b 不可见。当需要表明可见性时，不可见投影用字母外加括号表示，如图 2-19 中的(b)、(d')。

二、直线[①]的投影

1. 直线的三面投影形成

空间两点确定一条直线。因此，求直线的投影实质上仍是求点的投影。如图 2-20a 所示，在直线上任取两点(一般取端点)，作出该两点的三面投影(图 2-20b)，然后将该两点的同面投影(两点在同一个投影面上的投影)相连，即得该直线的三面投影(图 2-20c)。

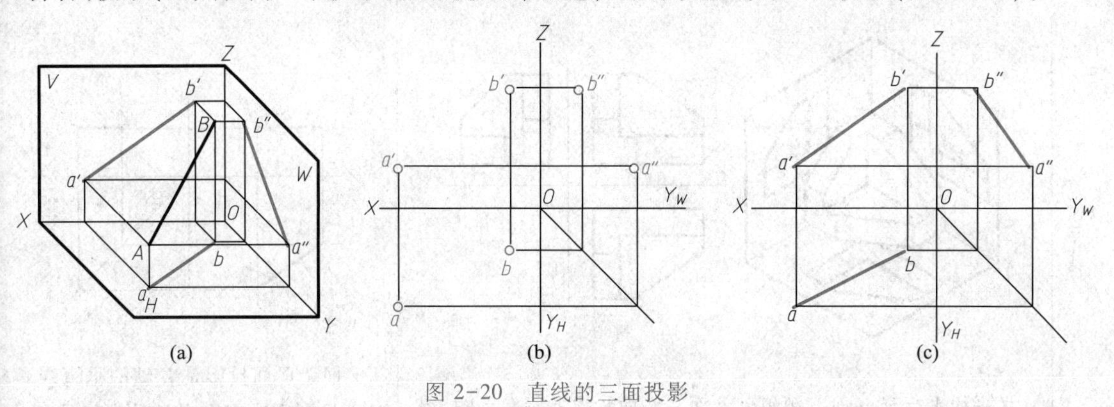

图 2-20　直线的三面投影

① 本书中直线均指直线段。

2. 各类直线的投影特征

直线相对于投影面的位置特点不同，它的投影特征亦不同(图 2-4)。根据直线在三投影面体系中的位置特点不同，将直线分为三类：投影面平行线、投影面垂直线、投影面倾斜线。并规定：直线与 H 面的倾角用 α 表示；与 V 面的倾角用 β 表示；与 W 面的倾角用 γ 表示。下面讨论各类直线的位置特点及投影特征。

(1) 投影面平行线

平行于某一个投影面，而与另外两个投影面倾斜的直线称为投影面平行线。根据所平行的投影面不同，投影面平行线分为三种：正平线、水平线、侧平线。各种投影面平行线的投影特征见表 2-1。

表 2-1　投影面平行线的投影特征

	结合立体分析	投影特征
正平线	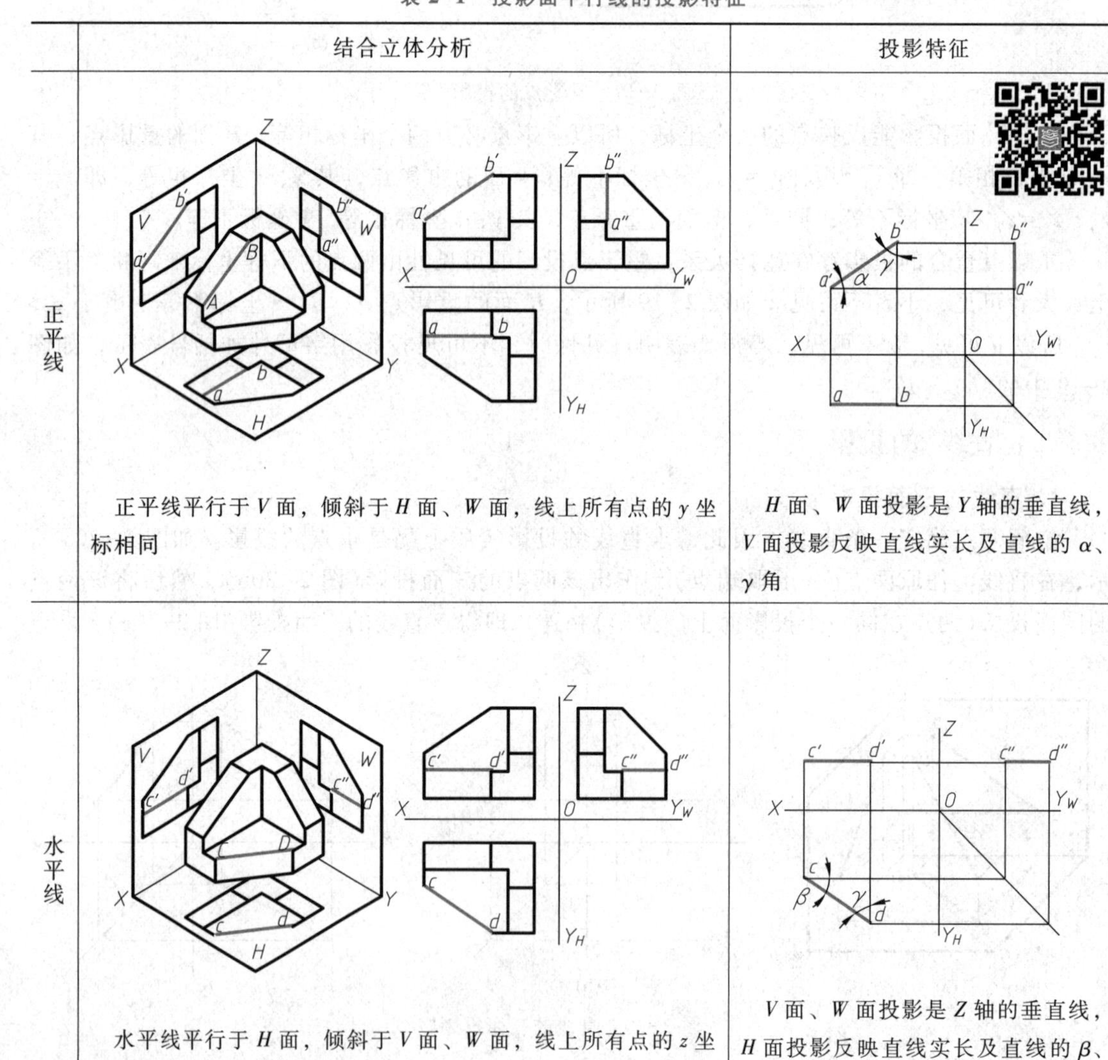 正平线平行于 V 面，倾斜于 H 面、W 面，线上所有点的 y 坐标相同	H 面、W 面投影是 Y 轴的垂直线，V 面投影反映直线实长及直线的 α、γ 角
水平线	水平线平行于 H 面，倾斜于 V 面、W 面，线上所有点的 z 坐标相同	V 面、W 面投影是 Z 轴的垂直线，H 面投影反映直线实长及直线的 β、γ 角

续表

	结合立体分析	投影特征
侧平线	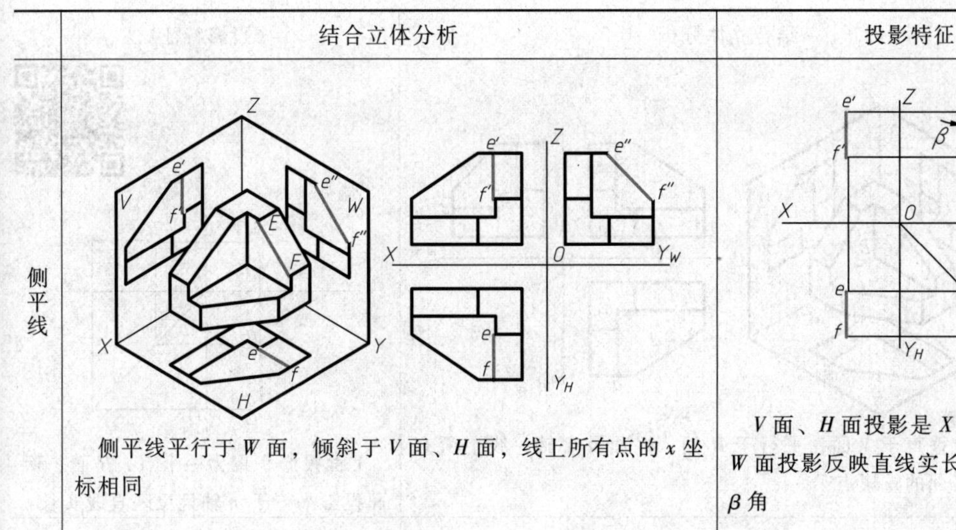 侧平线平行于 W 面，倾斜于 V 面、H 面，线上所有点的 x 坐标相同	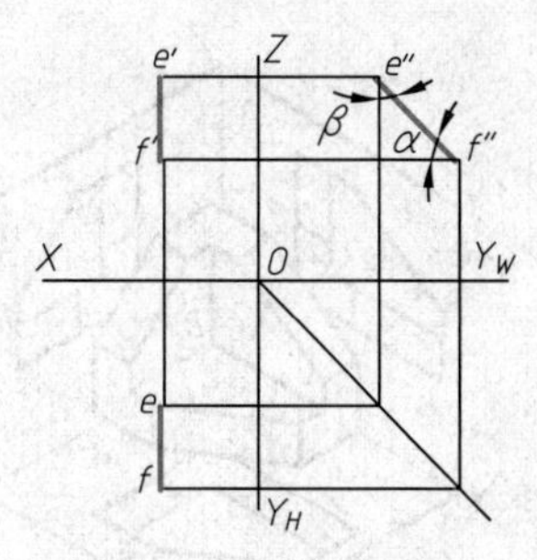 V 面、H 面投影是 X 轴的垂直线，W 面投影反映直线实长及直线的 α、β 角

由表 2-1 可知：投影面平行线上所有的点总有一个坐标相等（水平线的 z 坐标相等、正平线的 y 坐标相等、侧平线的 x 坐标相等），因此其投影特征是：其两面投影是投影轴的垂直线，一面投影反映直线实长及直线与不平行投影面的夹角。

（2）投影面垂直线

垂直于某一个投影面，而与另外两个投影面平行的直线称为投影面垂直线。根据所垂直的投影面不同，投影面垂直线又分为三种：正垂线、铅垂线、侧垂线。各种投影面垂直线的投影特征见表 2-2。

由表 2-2 可知：投影面垂直线垂直于某一投影面的同时，平行于某一投影轴（铅垂线 // Z 轴、正垂线 // Y 轴、侧垂线 // X 轴），因此其投影特征是：在与直线垂直的投影面上其投影积聚为一个点，另两面投影反映直线实长且平行于相应的投影轴。

思考：有一空间直线 AB，它平行于 V 面的同时又平行于 W 面（即 $AB // V$、$AB // W$），该直线 AB 是投影面平行线还是投影面垂直线？

（3）投影面倾斜线

倾斜于三个投影面的直线称为投影面倾斜线，如图 2-21a 所示。

投影面倾斜线的投影特征：

① 三面投影都倾斜于投影轴（主要特征），但它与投影轴的夹角不反映直线的 α、β、γ。

② 三面投影都缩短：$ab=AB\cos\alpha$，$a'b'=AB\cos\beta$，$a''b''=AB\cos\gamma$。

在后面学习中将投影面平行线、投影面垂直线统称为特殊位置直线，而将投影面倾斜线称为一般位置直线。

表 2-2　投影面垂直线的投影特征

	结合立体分析	投影特征
正垂线	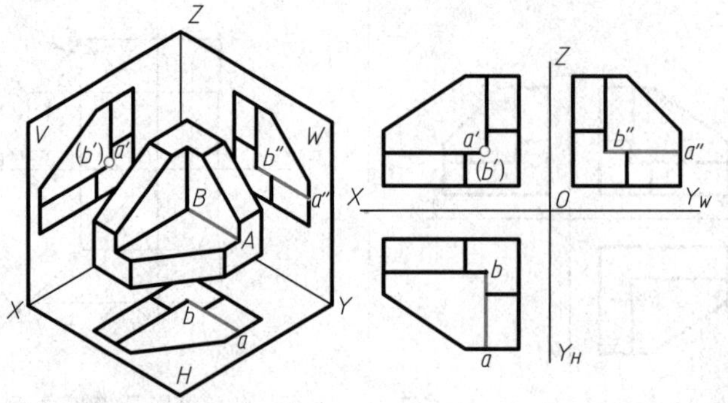 正垂线垂直于 *V* 面，平行于 *H* 面、*W* 面及 *Y* 轴，线上所有点都是 *V* 面的重影点	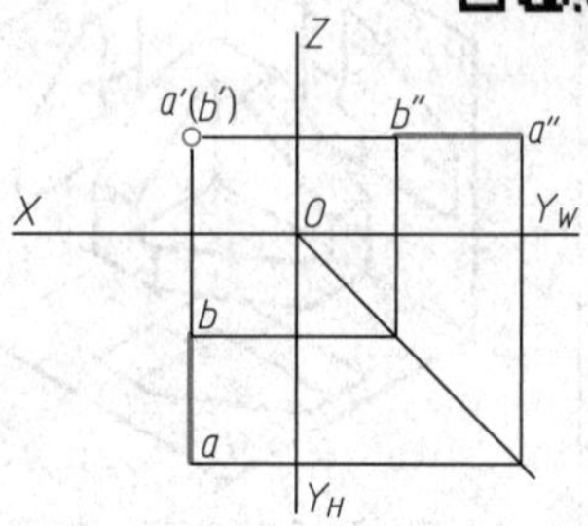 *V* 面投影积聚为一个点，*H* 面、*W* 面投影平行于 *Y* 轴且反映直线实长
铅垂线	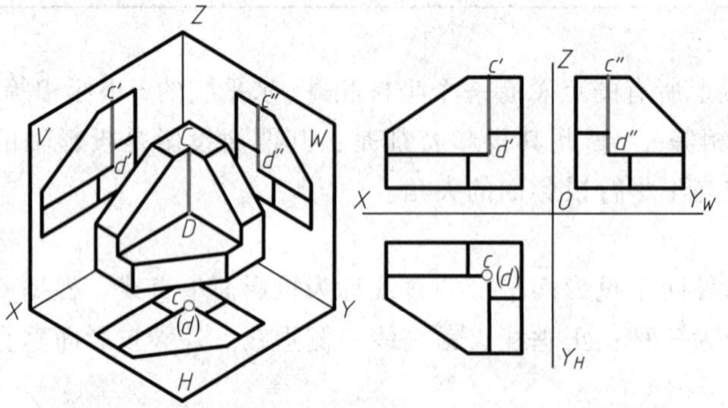 铅垂线垂直于 *H* 面，平行于 *V* 面、*W* 面及 *Z* 轴，线上所有点都是 *H* 面的重影点	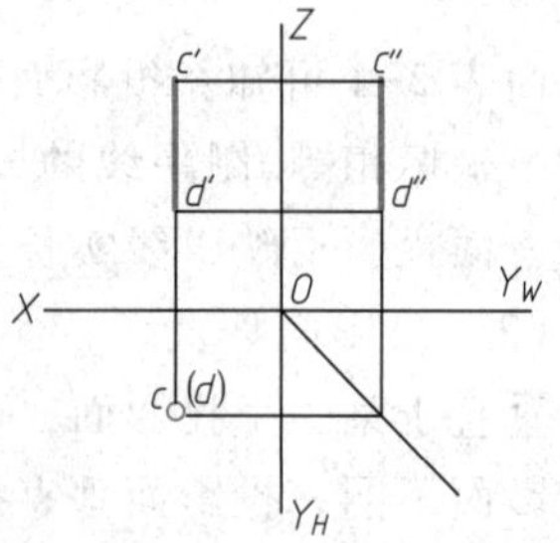 *H* 面投影积聚为一个点，*V* 面、*W* 面投影平行于 *Z* 轴且反映直线实长
侧垂线	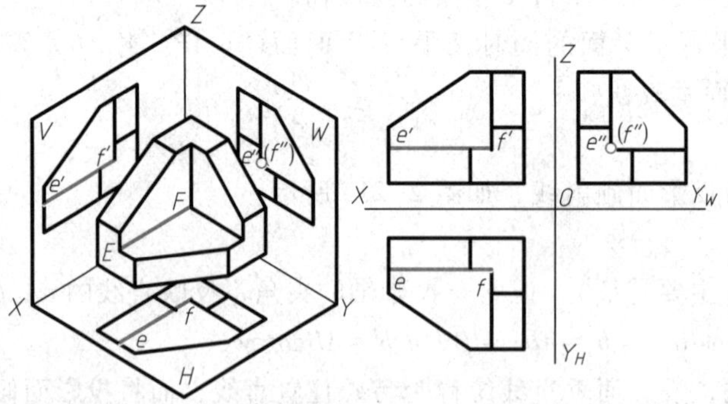 侧垂线垂直于 *W* 面，平行于 *V* 面、*H* 面及 *X* 轴，线上所有点都是 *W* 面的重影点	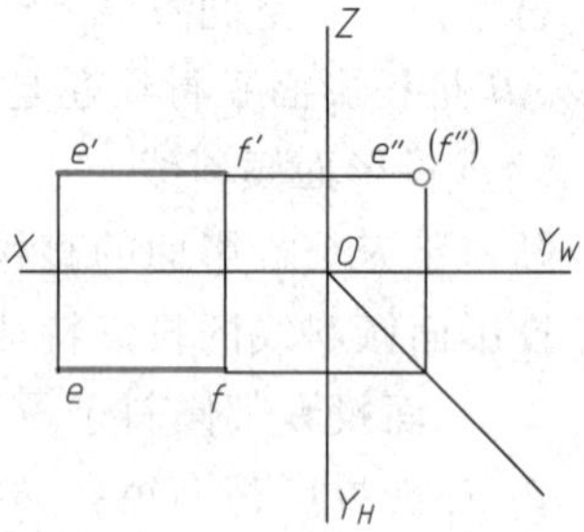 *W* 面投影积聚为一个点，*V* 面、*H* 面投影平行于 *X* 轴且反映直线实长

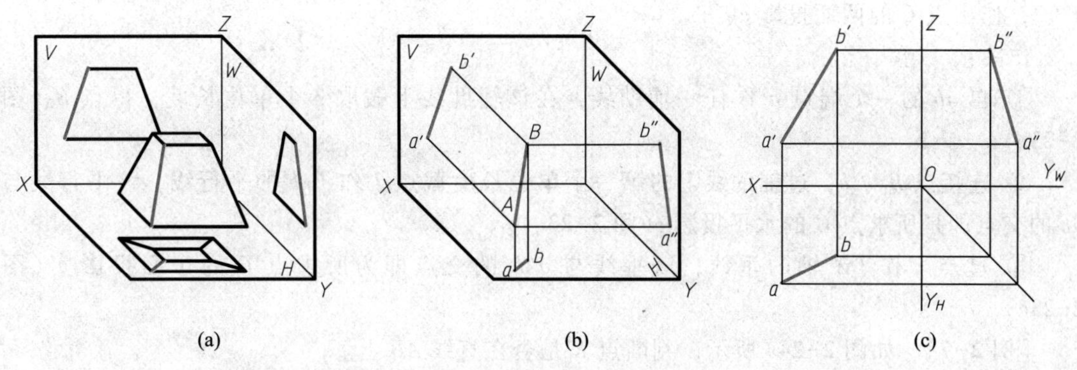

图 2-21　投影面倾斜线的投影特征

3. 直线上的点

点在直线上，则点的各面投影必在该直线的同面投影上。如图 2-22 所示，点 K 在直线 AB 上，k 必在 ab 上，k'必在 $a'b'$上，k''必在 $a''b''$上。

直线上的点将直线分为两段，并将直线的各个投影分割成和空间相同的比例(即简比不变)，如图 2-22 所示，$AK:KB=ak:kb=a'k':k'b'=a''k'':k''b''$。

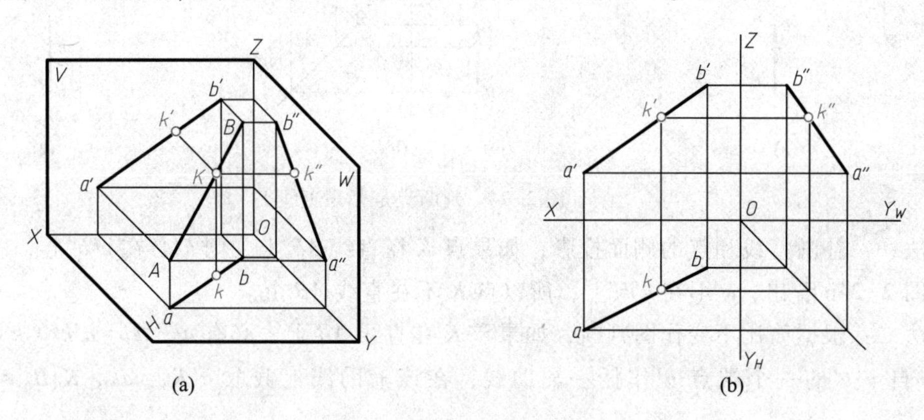

图 2-22　直线上的点

［例 2-6］　已知直线 AB 的两面投影(图 2-23a)，试在直线 AB 上取一点 C，使 $AC:CB=$

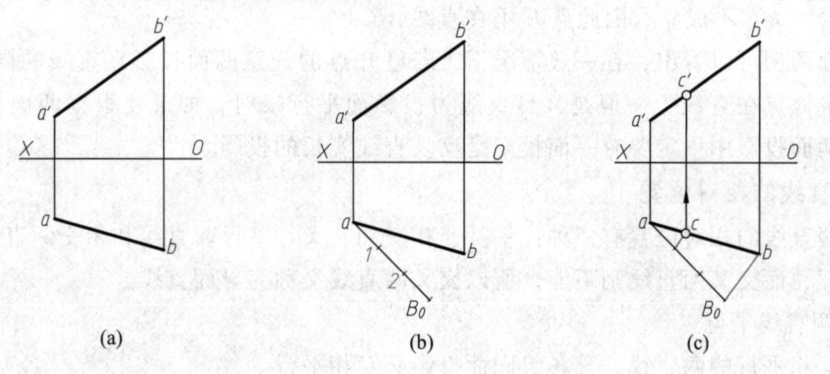

图 2-23　直线上取点

1∶2，作出点 C 的两面投影 c、c'。

作图：

① 自 ab 的一个端点 a 作任一辅助线，在该辅助线上截取 3 个单位长度，得点 B_0（图 2-23b）。

② 连接点 B_0、b，过辅助线上的第一个单位长度截点 *1* 作 B_0b 的平行线，该平行线与 ab 的交点即是所求点 C 的水平投影 c（图 2-23c）。

③ 过点 c 作 OX 轴的垂线，该垂线与 $a'b'$ 的交点即为所求点 C 的正面投影 c'（图 2-23c）。

［例 2-7］ 如图 2-24a 所示，判断点 K 是否在直线 AB 上。

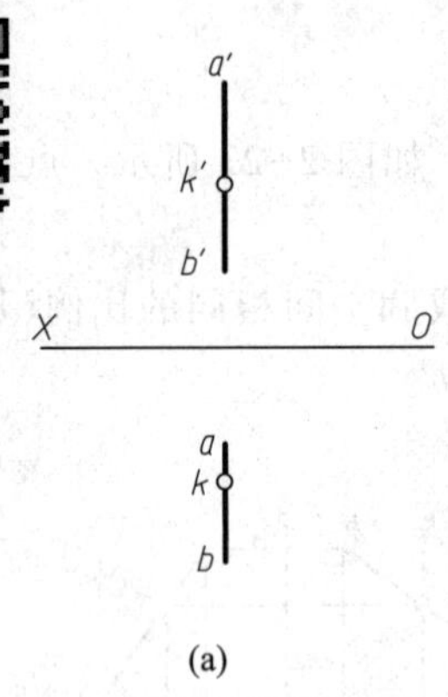

(a)

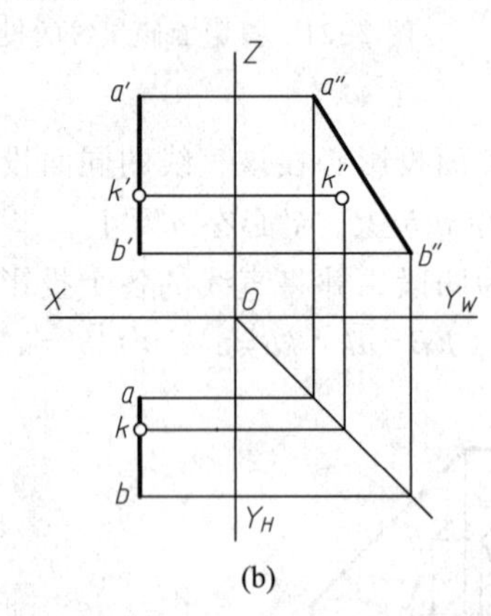

(b)

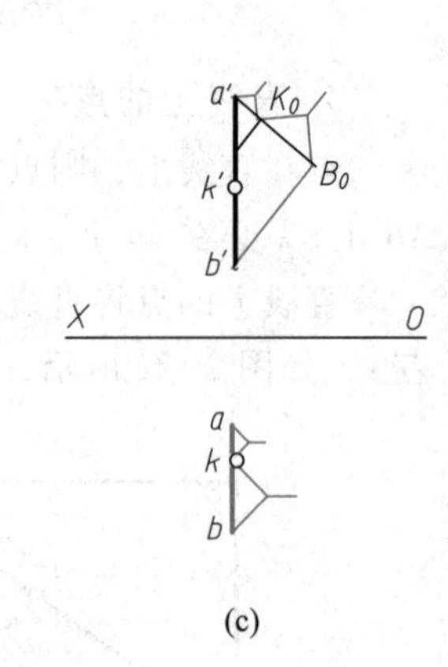

(c)

图 2-24　判断点是否在直线上

方法一：补画直线和点的侧面投影，如果点 K 在直线 AB 上，则 k'' 必在 $a''b''$ 上。

从图 2-24b 看出，k'' 不在 $a''b''$ 上，所以点 K 不在直线 AB 上。

方法二：根据简比不变作图判断，如果点 K 在直线 AB 上，必有 $ak:kb=a'k':k'b'$。

① 自 $a'b'$ 的一个端点 a' 作任一辅助线，在该辅助线上截取 $a'K_0=ak$、$K_0B_0=kb$（图 2-24c）。

② 连接 B_0b'，并过 K_0 作 B_0b' 的平行线交 $a'b'$ 于一点，该点与 k' 不重合，说明等式 $ak:kb=a'k':k'b'$ 不成立，因此点 K 不在直线 AB 上。

从上面两例可以看出，在一般情况下，若已知点的任意两面投影在直线的同面投影上，就可以断定该点在直线上。但是，当直线为投影面平行线时，如果要根据两面投影进行判断，则该两面投影中一定要有一面投影是反映直线实长的投影。

4. 两直线的相对位置

空间两直线的相对位置有三种：平行、相交和交叉。平行两直线和相交两直线都可以组成一个平面，而交叉两直线则不能，所以交叉两直线又称为异面直线。

（1）两直线平行

空间互相平行的两直线，其各组同面投影必互相平行。

如图 2-25 所示，$AB /\!/ CD$，则 $ab /\!/ cd$、$a'b' /\!/ c'd'$，W 面投影 $a''b''$ 必定平行于 $c''d''$。若空

间两直线的三组同面投影分别互相平行，则空间两直线必互相平行。

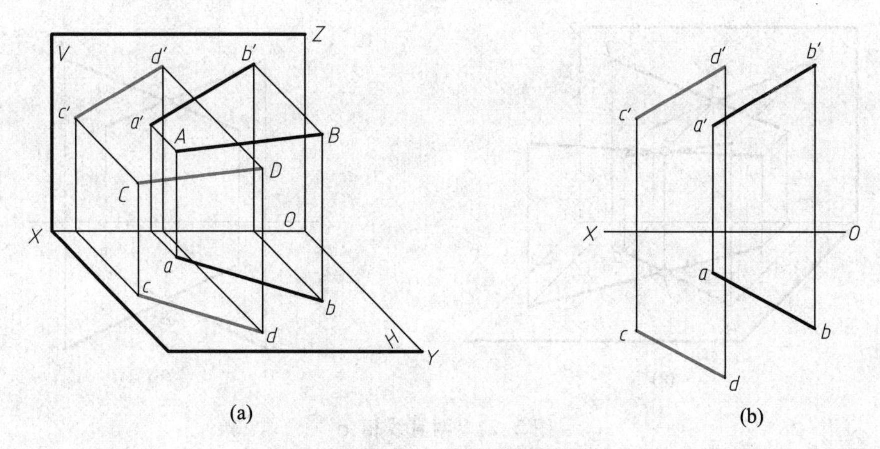

图 2-25　两直线平行

判断空间两直线是否平行，在一般情况下，只需判断两直线的任意两组同面投影是否分别平行即可(图 2-25b)。但是当两直线同为某一投影面平行线时，要判断它们是否平行，通常取决于该两直线所平行的那个投影面上的投影是否平行。如图 2-26a 所示，*EF*、*CD* 为侧平线，虽然 $ef /\!/ cd$、$e'f' /\!/ c'd'$，但求出侧面投影(图 2-26b)后，由于 $e''f''$不平行于 $c''d''$，故 *EF*、*CD* 不平行。

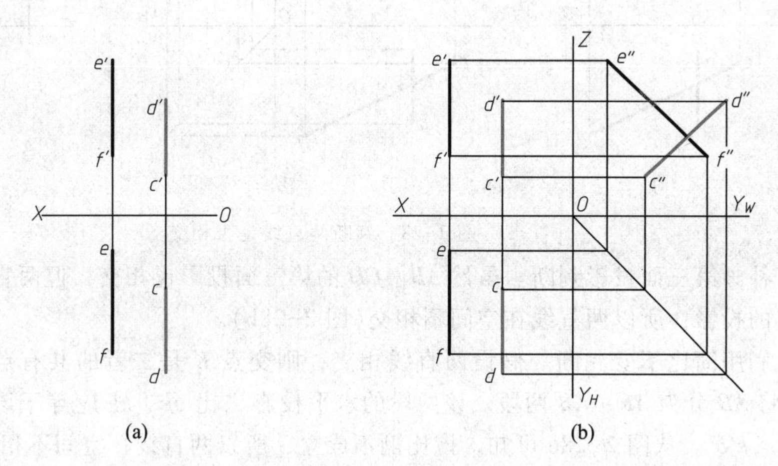

图 2-26　判断两直线是否平行

（2）两直线相交

空间两直线相交，则其各组同面投影必相交，且交点必符合空间点的投影规律；反之亦然。如图 2-27 所示，直线 *AB*、*CD* 相交于点 *K*，其投影 *ab* 与 *cd*、$a'b'$与 $c'd'$分别相交于点 k、k'，且 $kk' \perp OX$ 轴。

判断空间两直线是否相交，在一般情况下，只需判断任意两组同面投影是否相交，且交点符合点的投影规律即可(图 2-27b)。但是，当两条直线中有一条直线为投影面平行线时，要判断它们是否相交，则取决于直线投影的交点是否是同一点的投影。

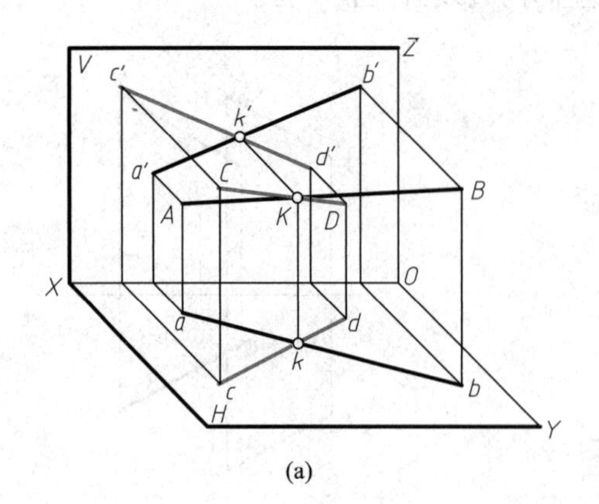

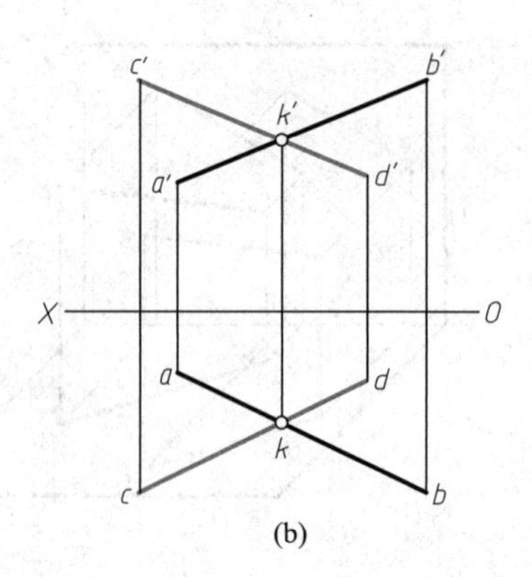

图 2-27　两直线相交

［例 2-8］　判断图 2-28a 中直线 *AB*、*CD* 是否相交。

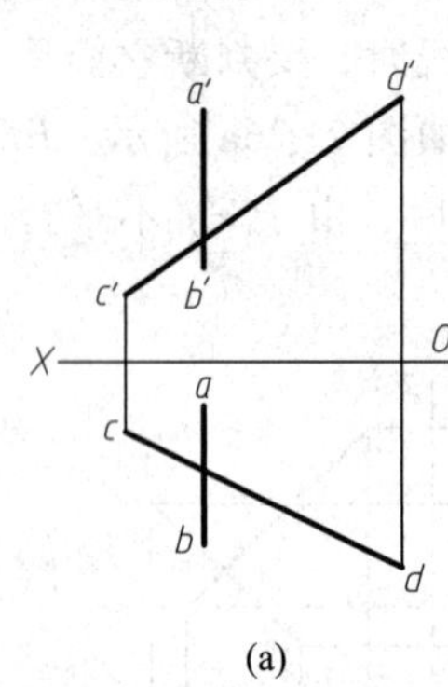

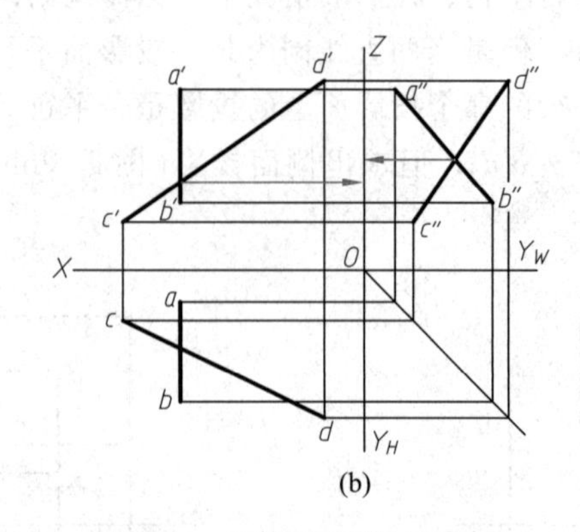

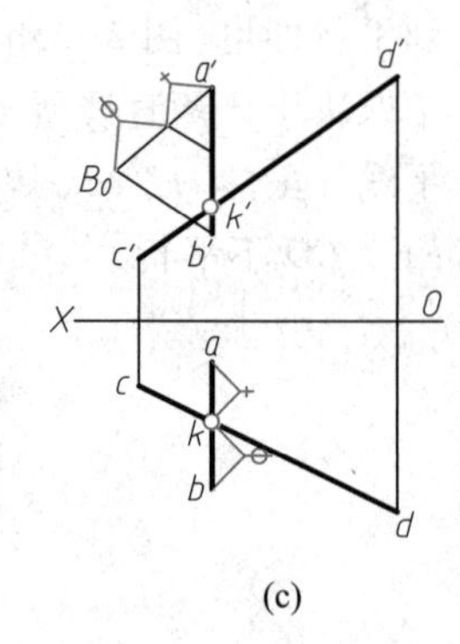

图 2-28　判断两直线是否相交

方法一：补画第三面投影判断。虽然 *AB*、*CD* 的第三面投影也相交，但两直线投影的交点不是同一点的投影，所以两直线在空间不相交(图 2-28b)。

方法二：利用简比不变判断。假设两直线相交，则交点 *K* 是二者的共有点，它位于直线 *AB* 上，它将 *AB* 分为 *AK*、*KB* 两段。该两段的水平投影之比 $ak:kb$ 应等于该两段的正面投影之比 $a'k':k'b'$。从图 2-28c 可知，该比例不成立，所以两直线在空间不相交。

(3) 两直线交叉

既不平行又不相交的两条直线称为两交叉直线。

如图 2-29 所示，直线 *AB* 和 *CD* 为两交叉直线，虽然它们的同面投影相交了，但“交点”不符合点的投影规律，该“交点”只是两直线的重影点。如 *ab*、*cd* 的交点 *1*(*2*)是直线 *AB* 上的点 Ⅰ 与直线 *CD* 上的点 Ⅱ 水平投影的重合；$a'b'$、$c'd'$的交点 $3'(4')$是直线 *AB* 上的点Ⅳ与直线 *CD* 上的点Ⅲ正面投影的重合。

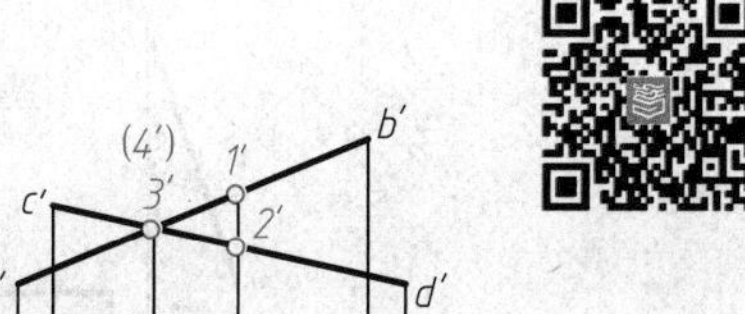

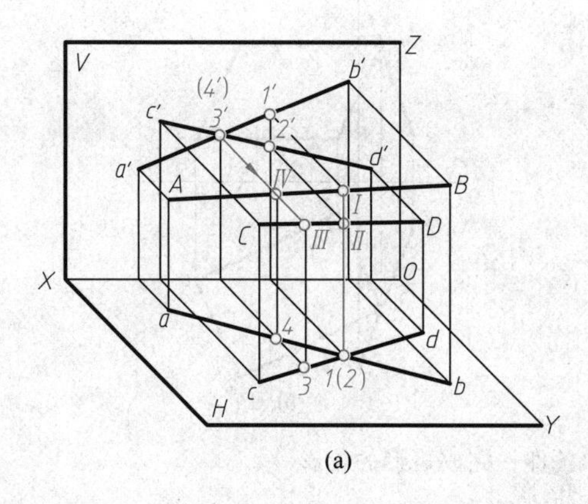

(a)

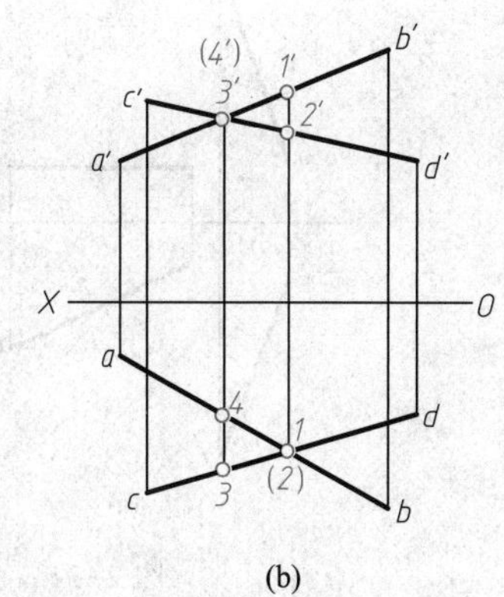

(b)

图 2-29　两直线交叉

5. 直角的投影

两直线垂直（相交垂直或交叉垂直），在一般情况下，其投影不反映直角。但如果垂直两直线中有一直线为投影面平行线，则该两直线在所平行的这个投影面上的投影反映直角。

如图 2-30 所示，已知水平线 AB 垂直于倾斜线 AC（相交垂直），求证 $ab \perp ac$。

证明如下（图 2-30）：由 $AB /\!/ H$ 面 得 $AB \perp Aa$（由正投影形成可知），又由 $AB \perp AC$ 得 $AB \perp$ 平面 $AacC$，又由 $AB /\!/ H$ 面得 $ab /\!/ AB$ 及 $ab \perp$ 平面 $AacC$，因此 $ab \perp ac$。

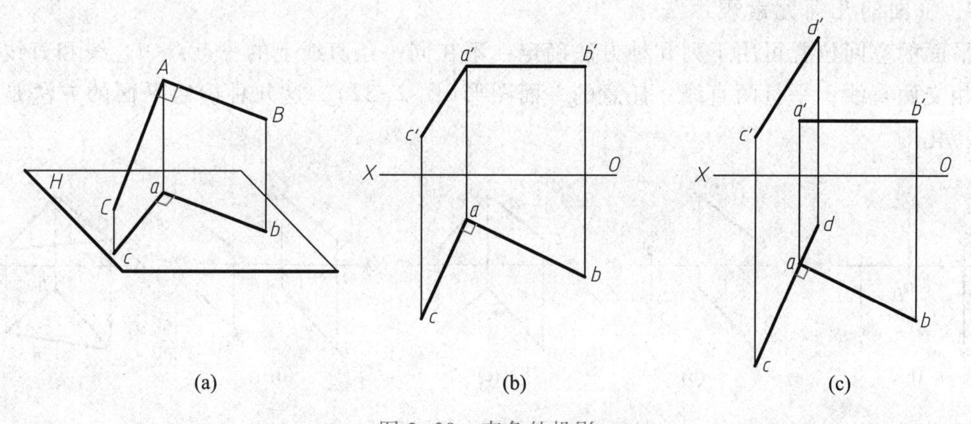

(a)　(b)　(c)

图 2-30　直角的投影

反之，如果相交两直线在某一投影面上的投影相互垂直，且其中一条直线又平行于该投影面，则该两直线在空间必相互垂直。这同样适用于交叉垂直，如图 2-30c 所示。

［例 2-9］　如图 2-31a 所示，已知矩形 $ABCD$ 的 AB 边的 H 面、V 面投影（$a'b' /\!/ OX$），并知其顶点 D 在已知直线 EF 上，试作出该矩形的两面投影。

分析：矩形的几何特性是各邻边相互垂直，对边平行且相等。由于 AB 与 AD 相邻，所以 $AB \perp AD$。又由于 AB 边是水平线，所以必有 $ab \perp ad$。点 D 在 EF 上，d 必在 ef 上。由 d 作出 d'，然后利用矩形各对边平行即可完成作图。

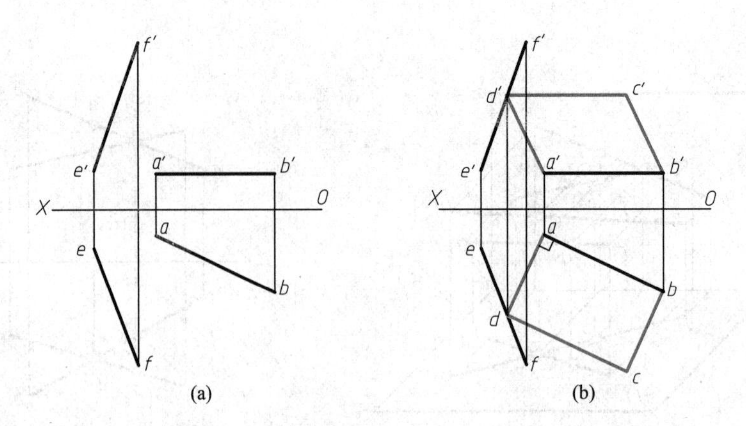

图 2-31　由已知条件，完成矩形的投影

作图(图 2-31b)：

① 作 $ad \perp ab$，交 ef 于点 d。

② 由 d 作出 d'，连接 $a'd'$。

③ 分别过 b、b' 作 ad、$a'd'$ 的平行线，过 d、d' 作 ab、$a'b'$ 的平行线，二者的交点即为顶点 C 的两面投影。

④ 顺序连接点 A、B、C、D 的同面投影，擦去多余作图线即得所求。

三、平面的投影

1. 平面的几何元素表示法

平面的空间位置可用下列几种方法确定：不在同一条直线上的三点；一直线和直线外一点；相交两直线；平行两直线；任意的平面图形(图 2-32)。这几种确定平面的方法是可以相互转化的。

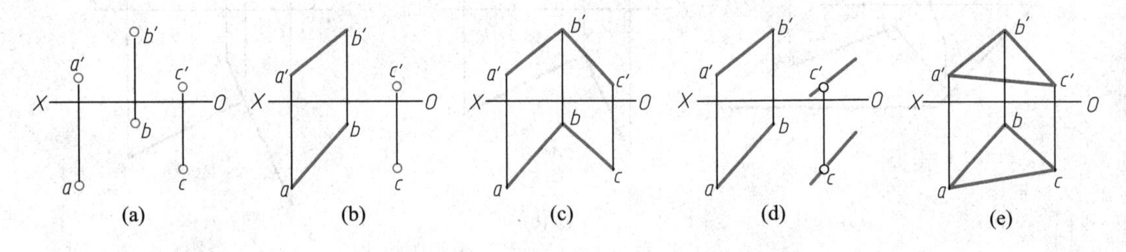

图 2-32　平面的几何元素表示法

平面的投影一般只用来表达平面的空间位置，并不限制平面的空间范围。因此没加特别说明时，平面都是可无限延伸的。

2. 各类平面的投影特征

与直线相类似，平面相对于投影面的位置特点不同，平面的投影特征亦不同(图 2-4)。因此，根据平面在三投影面体系中的位置特点不同，将平面分为三类：投影面平行面、投影面垂直面、投影面倾斜面。并规定：平面与 H 面的倾角用 α 表示；与 V 面的倾角用 β 表示；与 W 面的倾角用 γ 表示。下面讨论各类平面的位置特点及投影特征。

(1) 投影面平行面

平行于某一个投影面，而与另外两个投影面垂直的平面称为投影面平行面。根据所平行的投影面不同，投影面平行面又分为三种：正平面、水平面、侧平面。各种投影面平行面的投影特征见表 2-3。

表 2-3　投影面平行面的投影特征

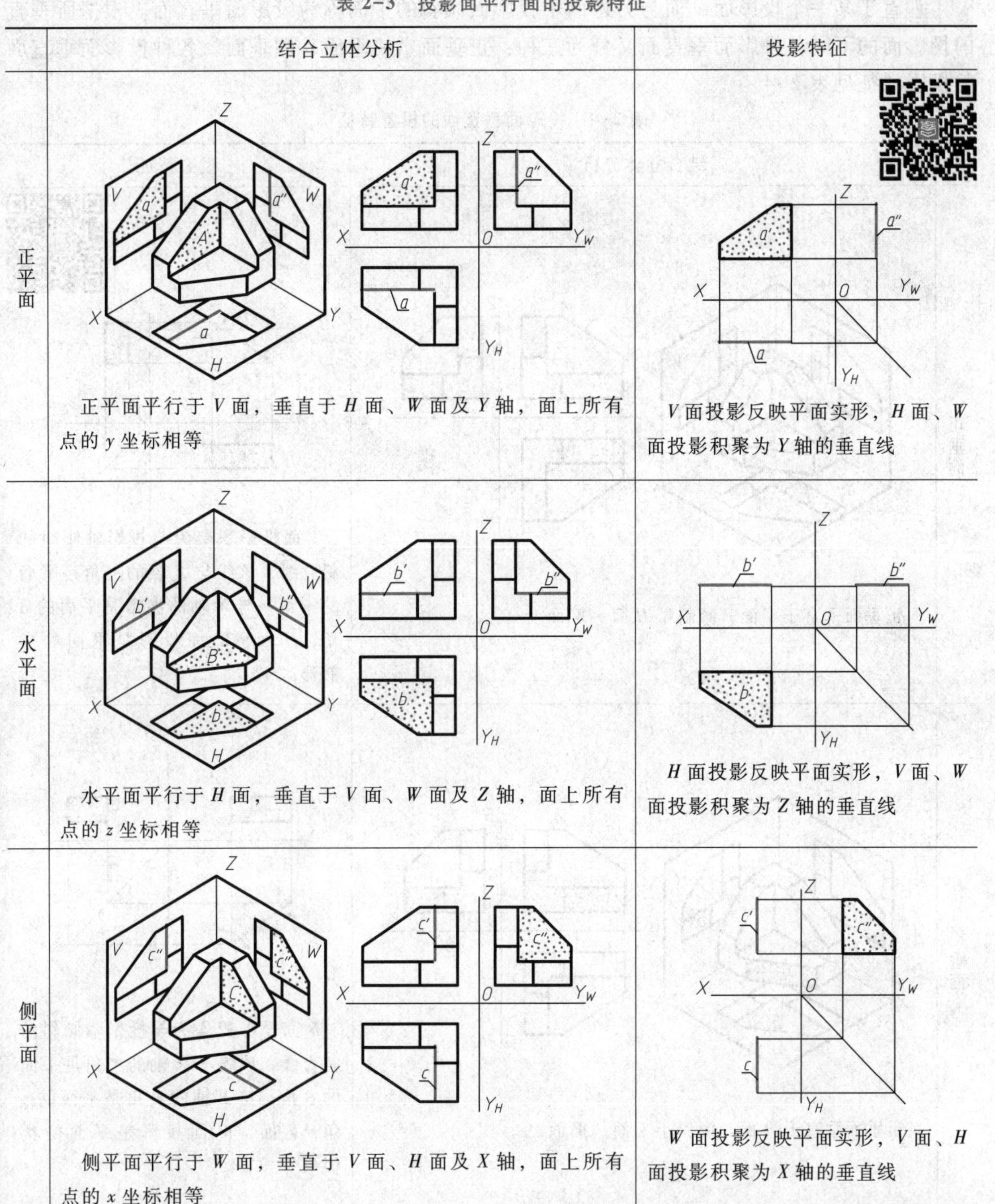

	结合立体分析	投影特征
正平面	正平面平行于 V 面，垂直于 H 面、W 面及 Y 轴，面上所有点的 y 坐标相等	V 面投影反映平面实形，H 面、W 面投影积聚为 Y 轴的垂直线
水平面	水平面平行于 H 面，垂直于 V 面、W 面及 Z 轴，面上所有点的 z 坐标相等	H 面投影反映平面实形，V 面、W 面投影积聚为 Z 轴的垂直线
侧平面	侧平面平行于 W 面，垂直于 V 面、H 面及 X 轴，面上所有点的 x 坐标相等	W 面投影反映平面实形，V 面、H 面投影积聚为 X 轴的垂直线

由表 2-3 可知：投影面平行面上所有的点总有一个坐标相等（水平面 z 坐标相等、正平面 y 坐标相等、侧平面 x 坐标相等），因此其投影特征是：在平行的投影面上的投影反映平面实形，另两面投影积聚为投影轴的垂直线。

（2）投影面垂直面

垂直于某一个投影面，而与另外两个投影面倾斜的平面称为投影面垂直面。根据所垂直的投影面的不同，投影面垂直面又分为三种：正垂面、铅垂面、侧垂面。各种投影面垂直面的投影特征见表 2-4。

表 2-4　投影面垂直面的投影特征

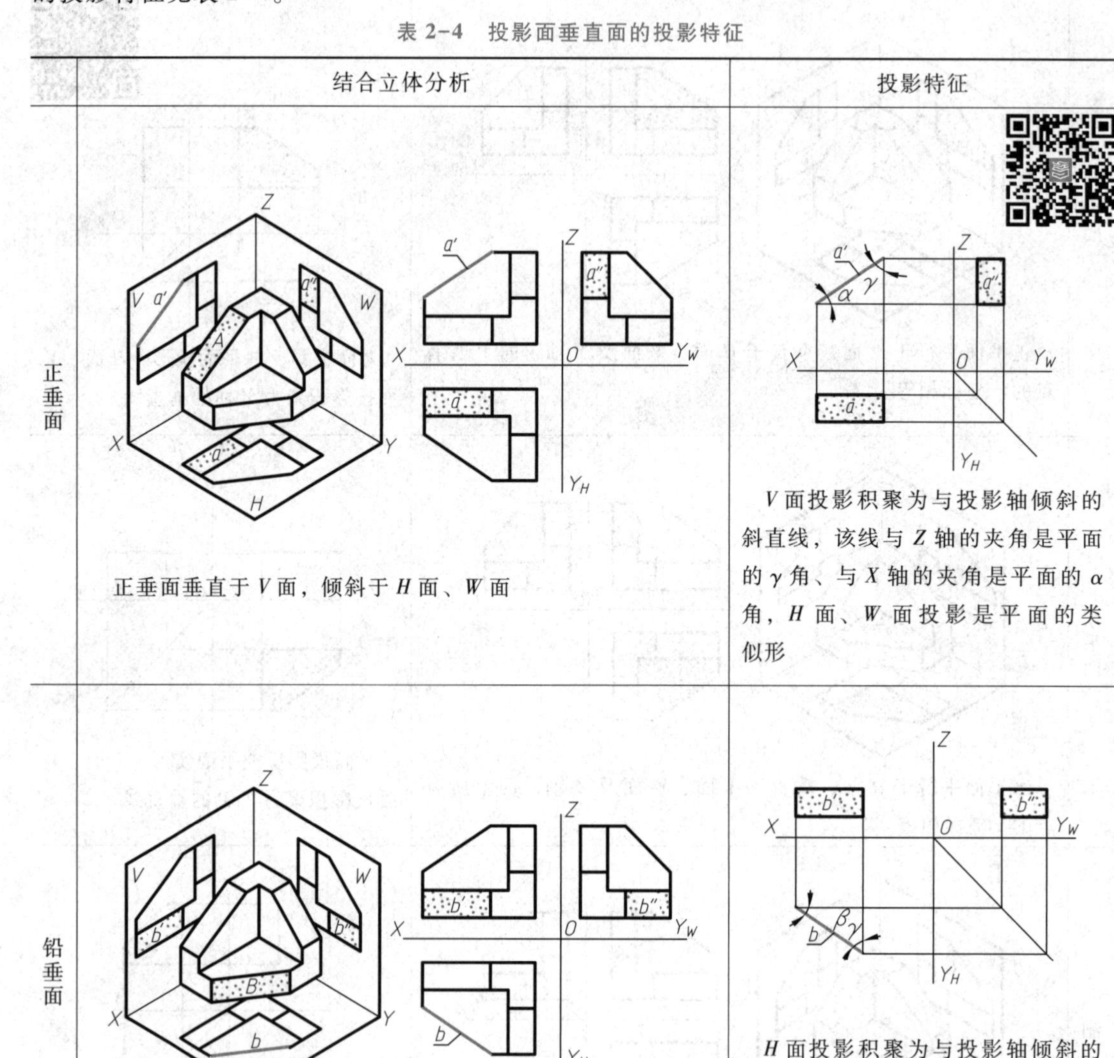

	结合立体分析	投影特征
正垂面	正垂面垂直于 V 面，倾斜于 H 面、W 面	V 面投影积聚为与投影轴倾斜的斜直线，该线与 Z 轴的夹角是平面的 γ 角、与 X 轴的夹角是平面的 α 角，H 面、W 面投影是平面的类似形
铅垂面	铅垂面垂直于 H 面，倾斜于 V 面、W 面	H 面投影积聚为与投影轴倾斜的斜直线，该线与 X 轴的夹角是平面的 β 角、与 Y 轴的夹角是平面的 γ 角，V 面、W 面投影是平面的类似形

续表

	结合立体分析	投影特征
侧垂面	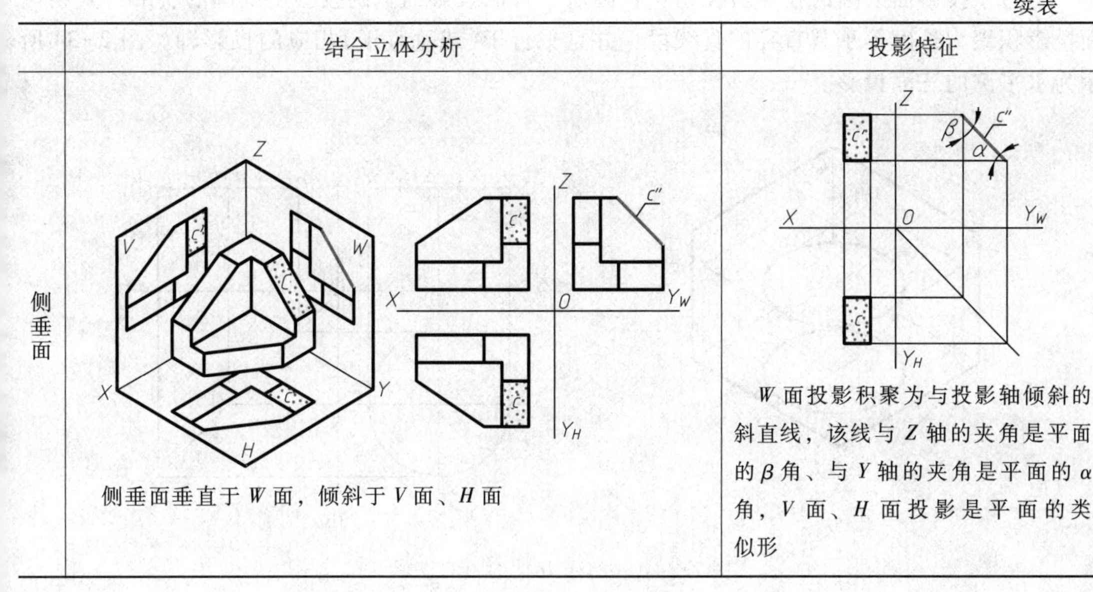 侧垂面垂直于 *W* 面，倾斜于 *V* 面、*H* 面	*W* 面投影积聚为与投影轴倾斜的斜直线，该线与 *Z* 轴的夹角是平面的 β 角、与 *Y* 轴的夹角是平面的 α 角，*V* 面、*H* 面投影是平面的类似形

由表 2-4 可知投影面垂直面的投影特征是：在所垂直的投影面上其投影积聚为一条斜直线，该斜直线与相应投影轴的夹角反映该平面对另两投影面的倾角，另两面投影为平面缩小的类似形。

（3）投影面倾斜面

倾斜于三个投影面的平面称为投影面倾斜面，如图 2-33a 所示的 *SAB* 棱面。

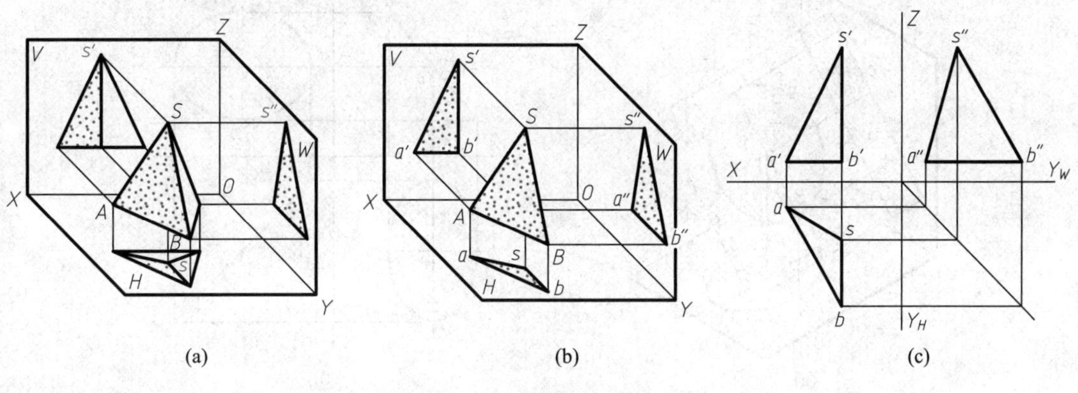

图 2-33　投影面倾斜面

投影面倾斜面的投影特征：三面投影都为缩小的类似形，其三面投影都不反映平面的 α、β、γ。

在后面学习中常将投影面平行面、投影面垂直面统称为特殊位置面，而将投影面倾斜面称为一般位置面。

（4）圆平面的投影

1）平行于投影面的圆的投影

平行于投影面的圆的投影特征是：在圆所平行的投影面上的投影反映圆的实形，其余两面投影积聚为长度等于其直径的直线段，并且平行于(或垂直于)相应的投影轴。图 2-34 所示为水平圆的三面投影。

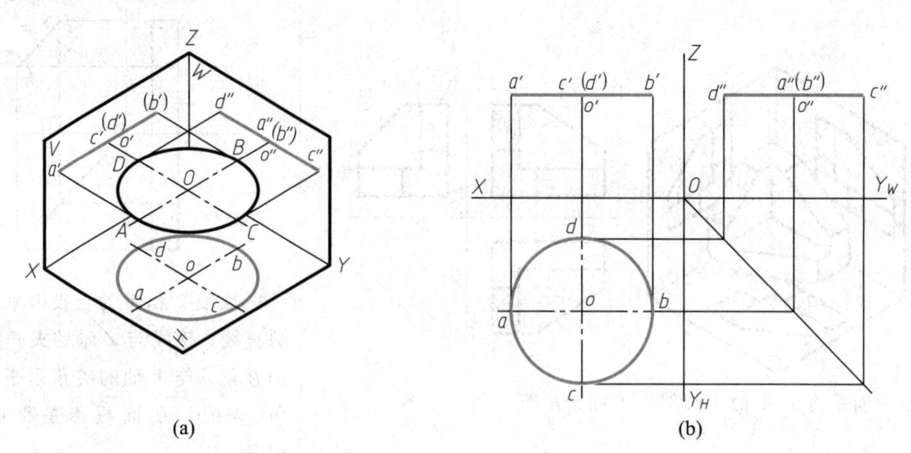

图 2-34　平行于 H 面的圆的投影

2）垂直于投影面的圆的投影

垂直于投影面的圆的投影特征是：在圆所垂直的投影面上的投影积聚为一长度等于直径的直线段，其余两面投影均为椭圆。图 2-35 所示为正垂圆的三面投影，正面投影积聚为一条斜直线，长度等于圆的直径，水平投影、侧面投影均为椭圆，椭圆的长轴是过圆心的正垂线(cd、$c''d''$)，椭圆的短轴是过圆心的正平线(ab、$a''b''$)。

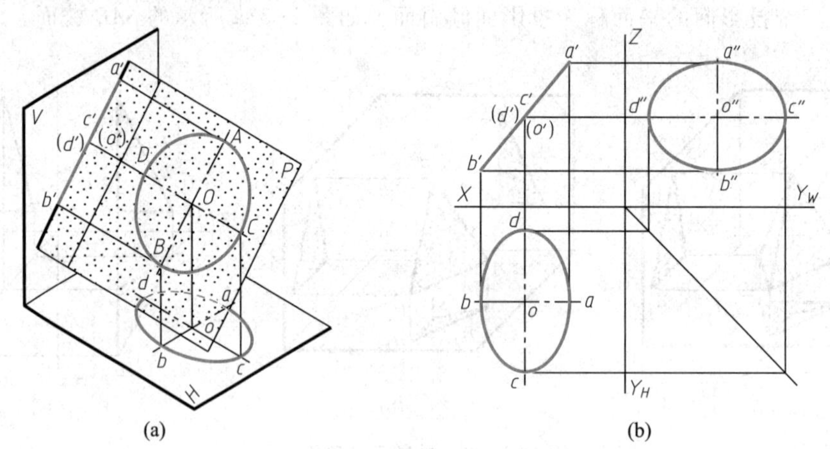

图 2-35　垂直于 V 面的圆的投影

3. 平面的迹线表示法

平面延伸后与投影面的交线称为平面的迹线，平面延伸后与 V、H、W 面的交线分别称为平面的正面迹线、水平面迹线、侧面迹线，并用平面名称(大写字母)加对应投影面字母为角标表示，如平面 P 的三条迹线表示为 P_V、P_H、P_W(图 2-36a)，用平面的三条迹线 P_V、P_H、P_W的投影来表示平面的空间位置，平面的这种表示法称为平面的迹线表示法。迹线是平面与投影面的共有线，如迹线 P_V 既位于 V 面上，同时也位于平面 P 上，因此它的 V 面投影与自身重合，其 H 面投影与 OX 轴重合，W 面投影与 OZ 轴重合。为了简化平面的迹线表示，一般不画迹线与投影轴重合的投影(图 2-36b)。

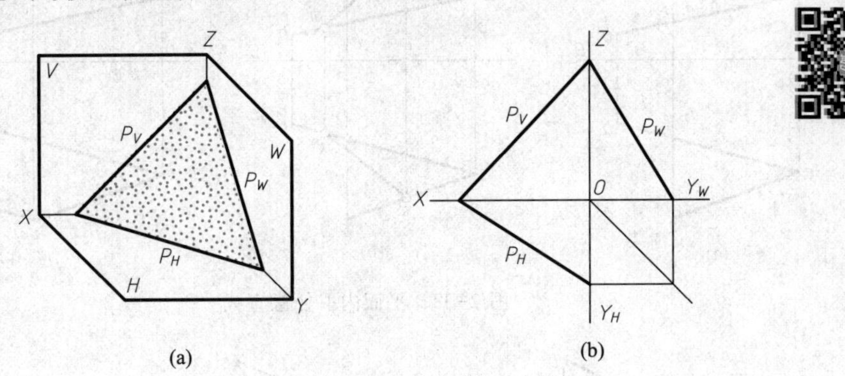

图 2-36 平面的迹线表示法

特殊位置面(投影面垂直面、投影面平行面)总有一面投影具有积聚性，该积聚性的投影与平面的某一迹线重合，它能唯一确定该平面的空间位置，因此在后面的学习中，常用平面有积聚性的一面投影来表达平面(图 2-37)。

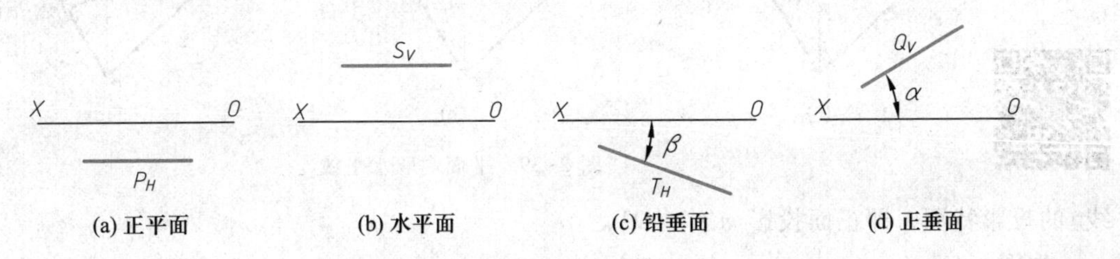

图 2-37 特殊位置平面的迹线表示

4. 平面内的直线和点

(1) 平面内取直线

直线位于平面内的几何条件是：直线通过一平面内的两个点，或通过平面内的一个点且平行于平面内的某条直线。

[例 2-10] 在相交两直线 AB、AC 确定的平面内(图 2-38a)任取一直线，完成该直线的两面投影。

方法一：在直线 AB 上任取一点 $M(m,m')$，在直线 AC 上任取一点 $N(n,n')$，将 M、N 的同面投影相连，$m'n'$、mn 即为所求，如图 2-38b 所示。

方法二：过 c 作直线 cm，使 $cm /\!/ ab$，过 c' 作直线 $c'm'$，使 $c'm' /\!/ a'b'$，cm、$c'm'$ 即为所求，如图 2-38c 所示。

[例 2-11] 在平面△ABC 内(图 2-39a)，取一条 z 坐标等于 16 的水平线 MN，作出该水平线 MN 的两面投影。

分析：所求直线 MN 既位于平面△ABC 内，又平行于 H 面(水平线)，因此它的投影应既满足直线位于平面内的几何条件(通过平面内的两个点)，又要满足投影面平行线(水平

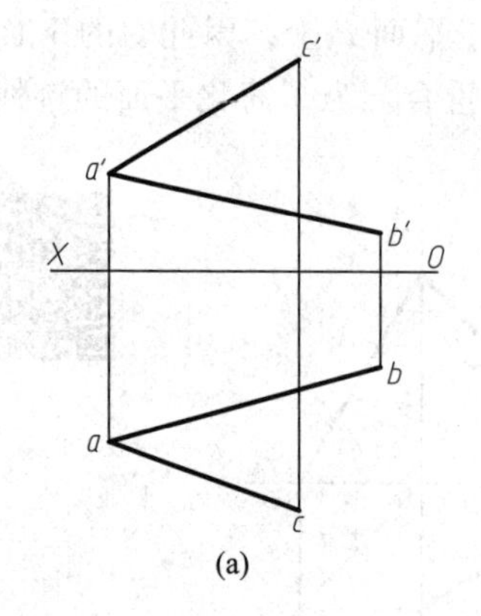

(a)

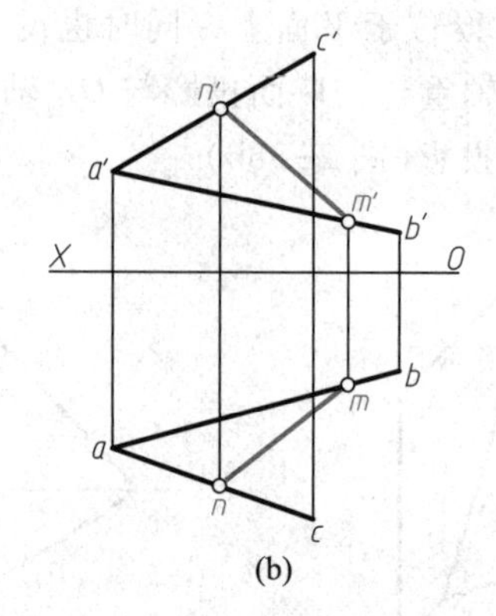

(b)

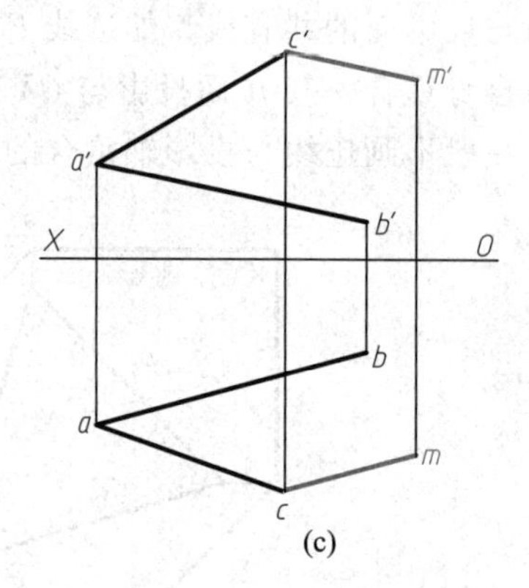

(c)

图 2-38　平面内取任意直线

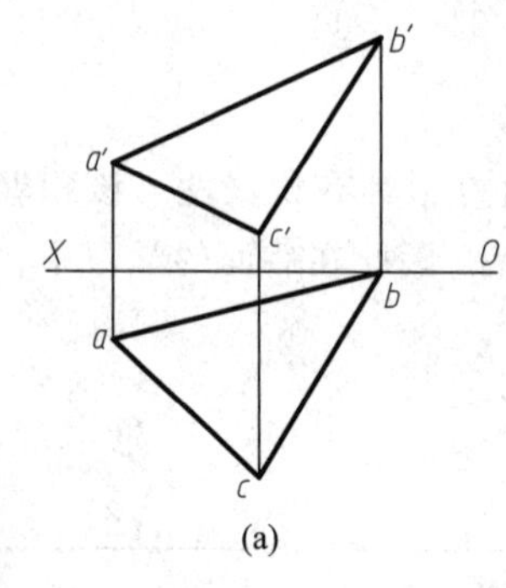

(a)

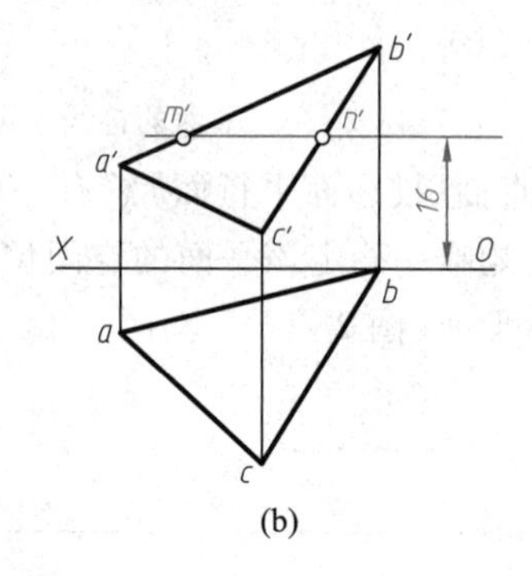

(b)

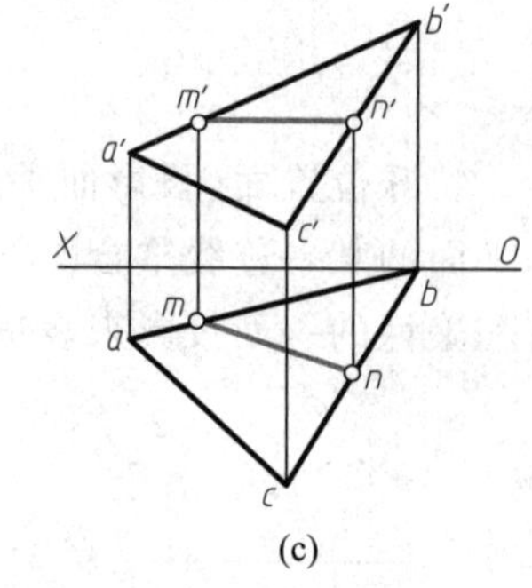

(c)

图 2-39　平面内取水平线

线）的投影特征，即正面投影 $m'n' /\!/ OX$。

作图：

① 在 OX 轴上方，作一条与 OX 轴相距 16 且平行于 OX 轴的直线（图 2-39b），该直线分别与$a'b'$、$b'c'$交于 m'、n'；

② 根据 m'、n'求出 m、n，连接 mn、$m'n'$即为所求（图 2-39c）。

（2）平面内取点

点位于平面内的几何条件是：若点在平面内的任一直线上，则点在此平面内。因此，在平面内取点应先在平面内取一直线，然后再在该直线上取符合要求的点。

［**例 2-12**］　已知点 E 位于平面△ABC 内（图 2-40a），求作点 E 的正面投影。

方法一：连接 ae 并延长交 bc 于 d，由 d 求 d'，连接 $a'd'$，由 e 求得 e'（图 2-40b）。

方法二：过 e 作 ac 的平行线，分别交 ba、bc 于 f 和 g；由 f、g 求 f'、g'；连接 $f'g'$；由 e 求得 e'（图 2-40c）。

［**例 2-13**］　四边形 $ABCD$ 剪去一个缺口 Ⅰ Ⅱ Ⅲ（图 2-41a），完成该缺口四边形的水平投影和侧面投影。

分析：完成缺口四边形投影的关键是求出点 Ⅰ、Ⅱ、Ⅲ 的 H、W 面投影。由于点 Ⅰ、Ⅱ、Ⅲ 位于四边形平面内，因此利用平面内取点即可求解此题。

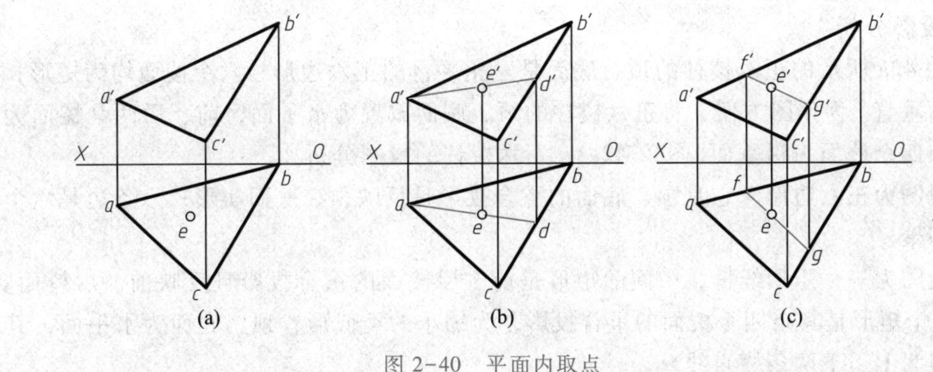

图 2-40　平面内取点

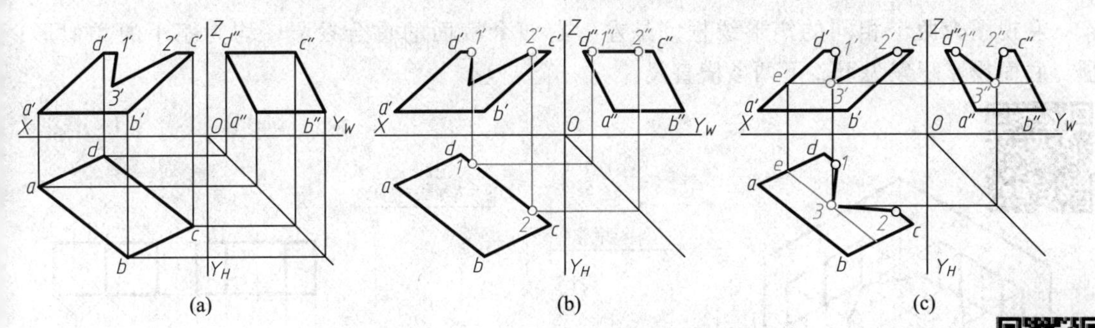

图 2-41　利用平面内取点完成平面投影

作图：

① 由于点*I*、*II*为 *CD* 边上的点，所以可以由 *1'*、*2'*直接求出 *1*、*2* 和 *1''*、*2''*(图 2-41b)。

② 过 *3'*作 *a'b'*的平行线交 *a'd'*于 *e'*(图 2-41c)。

③ 由 *e'*求出 *e*，过 *e* 作 *ab* 的平行线，由 *3'*求出 *3*(图 2-41c)。

④ 再由 *3*、*3'*求出 *3''*(图 2-41c)。

⑤ 分别连接 *13*、*23* 和 *1''3''*、*2''3''*，并加粗该平面图形的轮廓线即完成所求(图 2-41c)。

§2-3　平面体的投影

复杂物体都可以看成是由若干基本形体(简称为基本体)组合而成的。基本体有平面体和曲面体两类。表面都是平面的立体称为平面体，如棱柱、棱锥；表面含有曲面的立体称为曲面体，常见的曲面体是回转体，如圆柱、圆锥、球等。

立体的投影是立体各表面投影的总和。平面体的表面都是平面，平面与平面的交线都是直线，因此画平面体投影的实质就是画给定位置的若干平面和直线的投影。运用前面所学的点、直线及平面的投影特征，便可以完成平面体的投影作图。

一、棱柱的投影

下面以正六棱柱为例介绍棱柱的投影。

1. 投影分析

图2-42a所示的正六棱柱的顶、底面是互相平行的正六边形，六个棱面均为矩形，且与顶、底面垂直。为作图方便，将正六棱柱的顶、底面放置为水平面，前、后两个棱面为正平面，其余四个棱面为铅垂面(图2-42a)。正六棱柱的投影分析如下：

俯视图为正六边形，它是顶、底面的重合投影且反映顶、底面实形；六条边是六个棱面投影的积聚。

主视图为三个矩形线框，中间的矩形是前、后棱面的重合投影且反映前、后棱面实形；左、右两个矩形是其余四个棱面的重合投影，为缩小的类似形；顶、底面为水平面，其正面投影积聚为上、下两条横直线。

左视图为两个相同的矩形线框，是左、右四个棱面的重合投影，均为缩小的类似形；顶、底面投影积聚为上、下两条横直线。

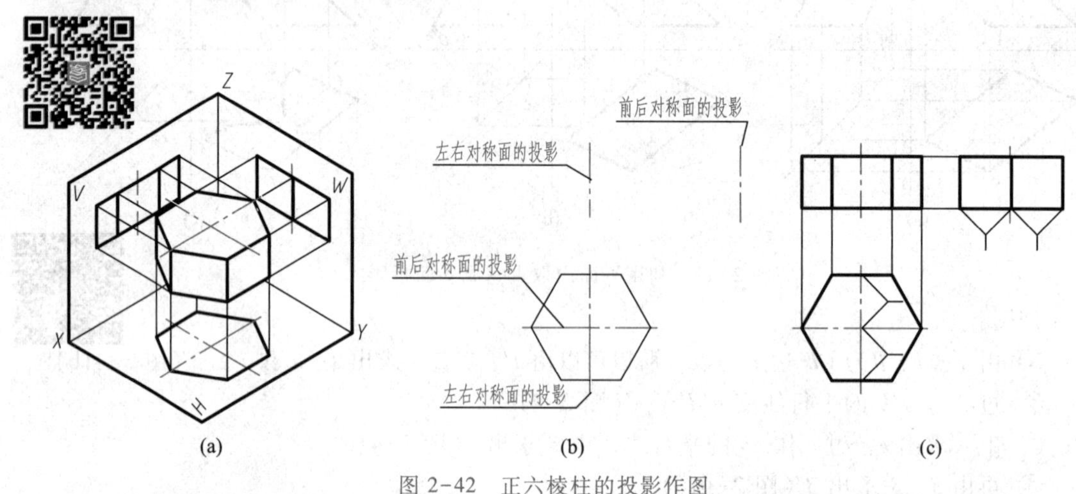

图2-42　正六棱柱的投影作图

2. 具体作图

① 用细点画线画出正六棱柱前后对称面、左右对称面有积聚性的投影，画出具有轮廓特征的俯视图——正六边形(图2-42b)。

② 按长对正的投影关系，并量取正六棱柱的高度画出主视图，再根据高平齐、宽相等的投影关系画出左视图(图2-42c)。

直棱柱的投影特征：一面投影为多边形，多边形的各边是各棱面投影的积聚，另两面投影均为一个或多个矩形线框拼成的矩形框(图2-43)。

3. 表面取点

平面体的表面都是平面，因此在平面体表面取点作图，与在平面上取点的作图方法相同。但由于平面体各表面的投影存在相互遮挡，因此在平面体表面取点后，需要判断点投影的可见性。若点所在的面的投影可见，则点在该投影面上的投影也可见。

[例2-14]　已知正六棱柱表面上点 M、点 N 的一面投影 m'、n(图2-44a)，求该两点的另两个投影。

作图：

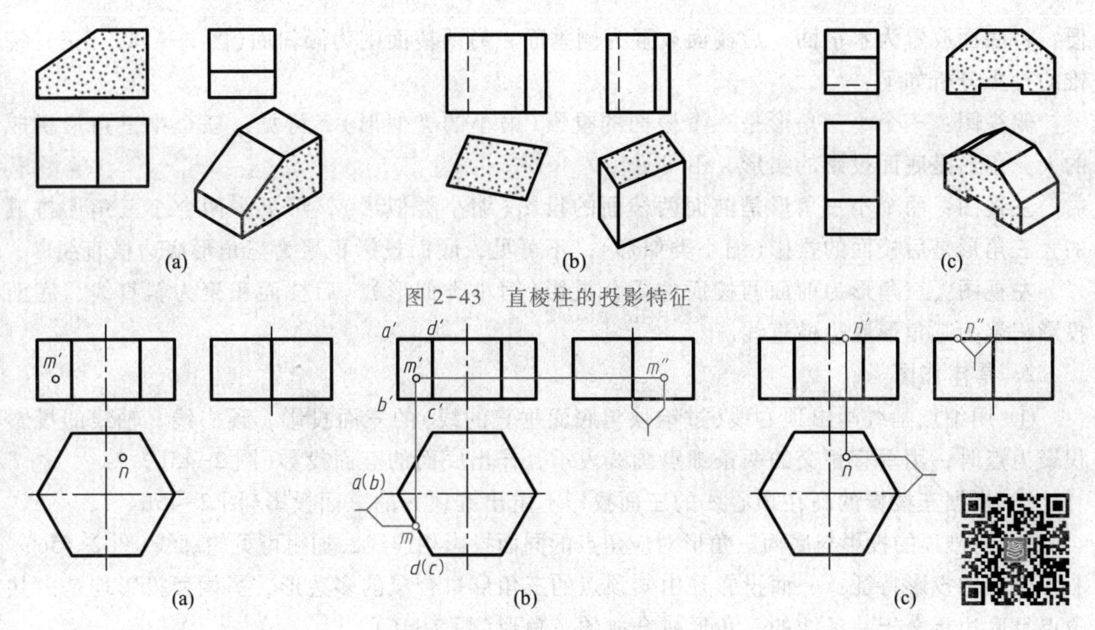

图 2-43　直棱柱的投影特征

图 2-44　六棱柱表面取点作图

① 求点 M 的另两个投影。点 M 所在的棱面是铅垂面，其水平投影积聚为直线 $a(b)d(c)$，因此点 M 的水平投影必在该直线上，由 m' 直接求出 m[①]，再由 m'、m 作出 m''。因为棱面 ABCD 的侧面投影可见，所以 m''可见（图 2-44b）。

② 求点 N 的另两个投影。点 N 位于正六棱柱的顶面上，顶面为水平面，其正面投影积聚为一横直线，由 n 可直接求出 n'，再由 n'、n 作出 n''（图 2-44c）。

二、棱锥的投影

下面以正三棱锥为例介绍棱锥的投影。

1. 投影分析

图 2-45a 所示的正三棱锥的底面是正三角形，三个棱面为全等的等腰三角形。为作图方

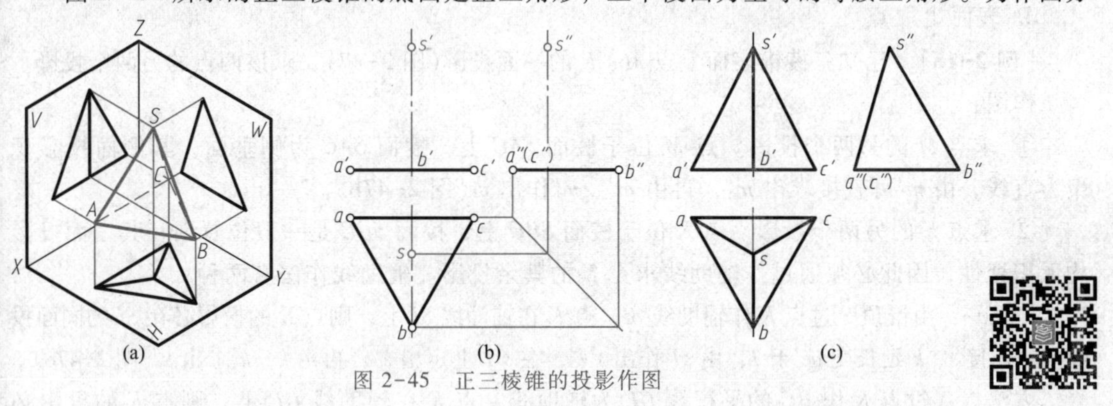

图 2-45　正三棱锥的投影作图

① 在具有积聚性投影的面上，不可见点的投影均可省略表示不可见的括号。此处 m 即为省略了括号的不可见投影。后文不再作说明。

便，将底面放置为水平面，后棱面放置为侧垂面，另两棱面则为倾斜面(图 2-45a)。正三棱锥的投影分析如下：

俯视图：三个小三角形是三个棱面的投影(缩小的类似形)，可见；三个小三角形拼成的大三角形是底面投影的实形，不可见。

主视图：两个小三角形是前面两棱面的投影(缩小类似形)，可见；两个小三角形拼成的大三角形是后棱面的投影(缩小类似形)，不可见；底面投影积聚为三角形底边横直线。

左视图：三角形为前面两棱面的重合投影(缩小类似形)，后棱面积聚为斜直线，底面投影积聚为三角形底边横直线。

2. 具体作图

① 用细点画线画出顶心线(过锥顶与底面垂直的线)的三面投影，顶心线、轴线的投影积聚为点时，用垂直相交的两条细点画线表示，作出底面的三面投影(图 2-45b)。

② 根据三棱锥的高在顶心线的三面投影上定出锥顶 S 的三面投影(图 2-45b)。

③ 将锥顶的投影与底面三角形对应角点的同面投影相连线，加粗可见轮廓线(图 2-45c)。

棱锥的投影特征：一面投影是由共顶点的三角形拼合成的多边形，另两面投影均是由共顶点且底边重合于一条线的三角形拼合成的三角形(图 2-46)。

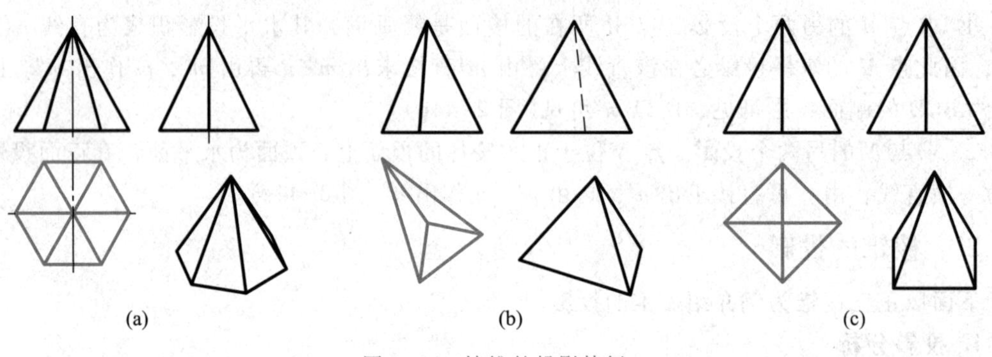

图 2-46　棱锥的投影特征

3. 表面上取点

［**例 2-15**］　已知三棱锥表面上点 M、K 的一面投影(图 2-47)，求该两点的另两个投影。

作图：

① 求点 M 的另两个投影。点 M 位于棱面 SAC 上，棱面 SAC 为侧垂面，其侧面投影积聚为直线，由 m' 可直接求出 m''，再由 m'、m'' 作出 m(图 2-47b)。

② 求点 K 的另两个投影。点 K 位于棱面 SBC 上，棱面 SBC 是一般位置面，其三面投影均无积聚性，因此必须通过作辅助线求点 K 的其余投影。辅助线作法有两种：

方法一：由锥顶 S 过点 K 作辅助线 SI，点 K 在辅助线 SI 上，则点 K 的投影必在 SI 的同面投影上。连接 s、k 延长交 bc 于 1，由 $s1$ 作出 $s'1'$，在 $s'1'$ 上定出 k'，再由 k、k' 求出 k''(图 2-47c)。

方法二：过点 K 作 BC 的平行线 GF 为辅助线，点 K 在辅助线 GF 上，则点 K 的投影必在 GF 的同面投影上。过 k 作 bc 的平行线交 sc 于 f，交 sb 于 g，由 f 求出 f'(f' 在 $s'c'$ 上)，过 f' 作 $f'g' /\!/ b'c'$，由 k 求出 k'(k' 在 $f'g'$ 上)，再由 k、k' 求出 k''(图 2-47d)。

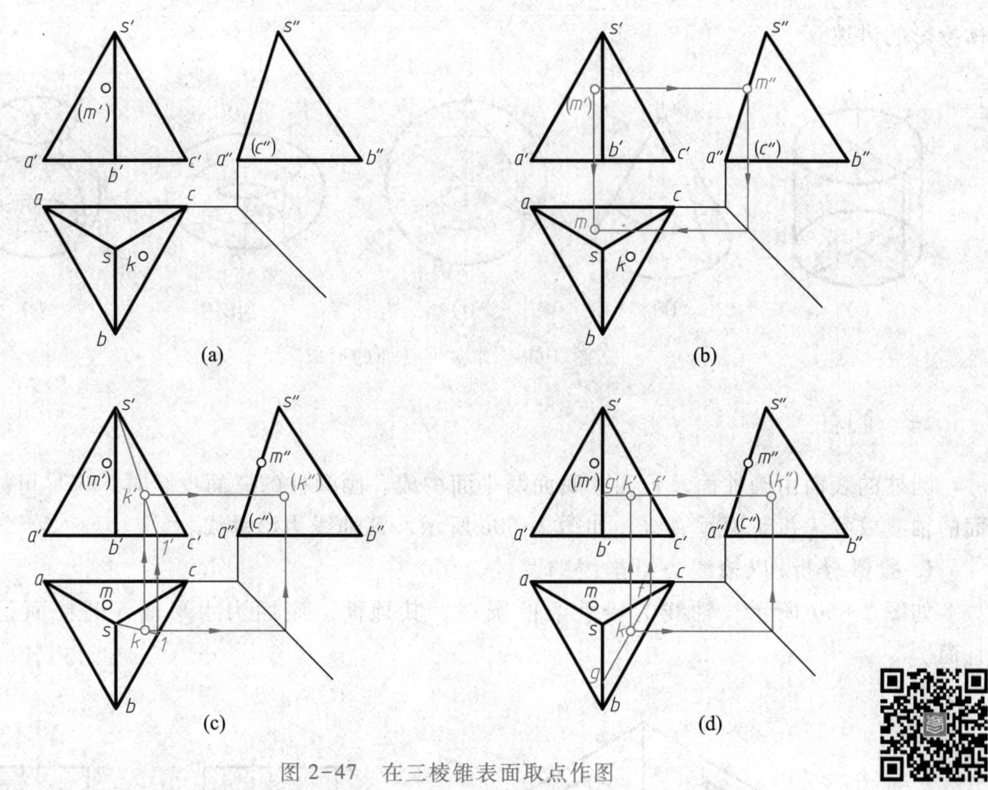

图 2-47　在三棱锥表面取点作图

③ 判断点 K 投影的可见性。棱面 SBC 的 V 面投影可见，k'可见；棱面 SBC 的 W 面投影不可见，所以 k''不可见。

§2-4　回转体的投影

回转体是由回转面或回转面与平面所构成的立体。如图 2-48 所示，回转面是由一条动线(直线或曲线)绕一条定直线旋转形成的曲面。定直线 OO 称为回转轴(简称轴线)，动线 AB 称为母线，母线位于任一位置时称为素线，母线上任一点绕轴线旋转一周的轨迹是一个垂直于轴线且圆心位于轴线上的圆，称为纬圆。

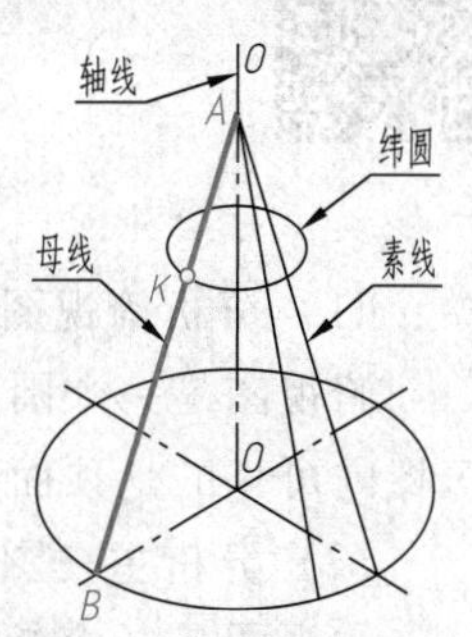

图 2-48　回转面的形成

常见回转面的形成如图 2-49 所示。

圆柱面：一条直母线绕平行于它的轴线旋转形成。

圆锥面：一条直母线绕与它斜交的轴线旋转形成。

圆球面：一条圆母线绕其直径旋转形成。

圆环面：一条圆母线绕不过母线圆圆心的轴线旋转形成。

组合型回转面：一组合线段绕轴线旋转形成。

作回转面的投影主要是作回转面转向轮廓线的投影，常见回转面的投影详见下述各回转体投影的讲述。

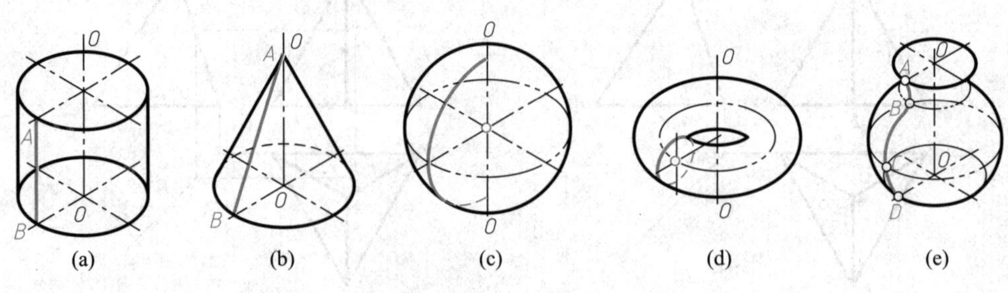

图 2-49　常见回转面的形成

一、圆柱

圆柱的表面由圆柱面及顶面、底面两平面构成。画圆柱的三面投影时，应尽可能将圆柱面的轴线放置为投影面垂直线，如图 2-50a 所示，其轴线为铅垂线。

1. 投影分析(以轴线为铅垂线的圆柱为例)

如图 2-50 所示，轴线为铅垂线的圆柱，其顶面、底面为水平面，圆柱面是铅垂圆柱面。

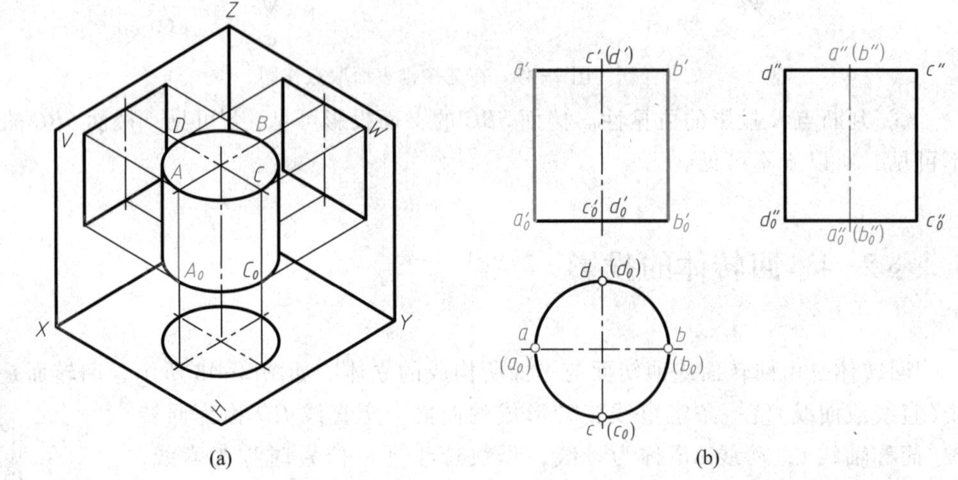

图 2-50　圆柱的三面投影

(1) 分析俯视图

俯视图是一个圆。该圆区域是圆柱顶面、底面投影的重合(反映顶面、底面实形)，该圆区域内可见的是顶面投影，不可见的是底面投影，圆周为圆柱面投影的积聚。

(2) 分析主视图

主视图是一个矩形。矩形的上、下边是圆柱顶面、底面投影的积聚，两侧边 $a'a'_0$、$b'b'_0$是圆柱面 V 面转向轮廓线 AA_0、BB_0 的投影。在矩形区域内可见的是前半圆柱面的投影，不可见的是后半圆柱面的投影。铅垂圆柱面 V 面转向轮廓线 AA_0、BB_0是圆柱面上最左、最右两素线，是前、后半圆柱面的分界线，它们在俯视图、左视图中不用绘制，但应注意它们

的投影 aa_0、bb_0、$a''a''_0$、$b''b''_0$的位置。

(3) 分析左视图

左视图是一个矩形。矩形的上、下边是圆柱顶面、底面投影的积聚，两侧边 $c''c''_0$、$d''d''_0$是圆柱面 W 面转向轮廓线 CC_0、DD_0的投影。在矩形区域内可见的是左半圆柱面的投影，不可见的是右半圆柱面的投影。铅垂圆柱面 W 面转向轮廓线 CC_0、DD_0是圆柱面上最前、最后两素线，是左、右半圆柱面的分界线，它们在俯视图、主视图中不用绘制，但应注意它们的投影 cc_0、dd_0、$c'c'_0$、$d'd'_0$的位置。

2. 作图

作图过程如图 2-50b 所示。

① 作出轴线的三面投影(轴线投影积聚成点时，应画成垂直相交的两条细点画线的交点)。

② 作出顶面、底面的三面投影(先作出反映实形的俯视图，再作出有积聚性的主视图、左视图)。

③ 作出圆柱面的三面投影(作出 AA_0、BB_0的 V 面投影，作出 CC_0、DD_0的 W 面投影)。

常见圆柱的三面投影如图 2-51 所示。

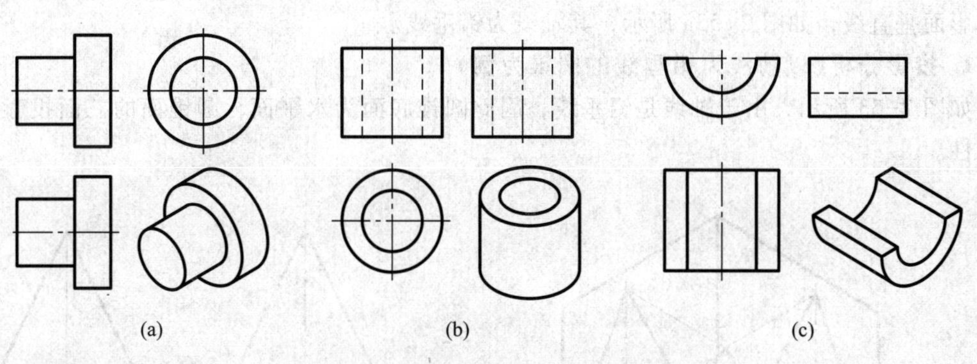

图 2-51 常见圆柱的三面投影

3. 表面上取点

轴线垂直于投影面的圆柱，其表面总有积聚性投影出现。如轴线铅垂的圆柱，其顶面、底面的 V 面、W 面投影具有积聚性，圆柱面的 H 面投影具有积聚性(图 2-50b)；轴线侧垂的圆柱，其左、右端面的 V 面、H 面投影具有积聚性，圆柱面的 W 面投影具有积聚性(图 2-52a)。因此，在圆柱表面上取点不用先作辅助线，可利用积聚性直接求解。

[例 2-16] 完成图 2-52a 所示的圆柱表面点 M、点 K 的其余投影。

分析：从 k'、(m)的位置可知，点 K 位于上半圆柱面上，点 M 位于圆柱 V 面转向轮廓线(前、后半圆柱面分界线)上。圆柱轴线是侧垂线，圆柱面的 W 面投影具有积聚性。因此，k''、m''均应位于圆柱面投影积聚的圆周上。

作图：

① 由 k'求出 k''，再由 k'、k''求出 k，k 可见。

② 由(m)求出 m'及 m''，m'可见。

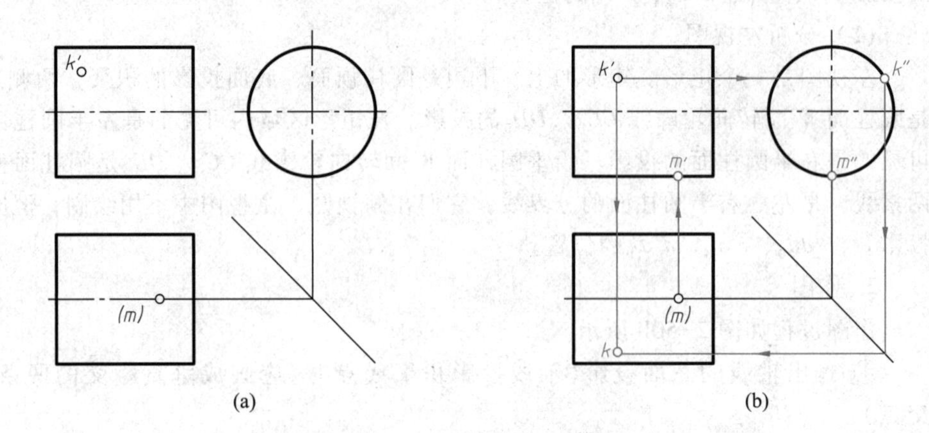

图 2-52　圆柱表面取点

二、圆锥

圆锥的表面由圆锥面及底面构成。作圆锥的三面投影时，应尽可能地将圆锥的轴线放置为投影面垂直线，如图 2-53a 所示，其轴线为铅垂线。

1. 投影分析（以轴线为铅垂线的圆锥为例）

如图 2-53 所示，由于轴线是铅垂线，因此圆锥底面为水平面，圆锥面的三面投影均无积聚性。

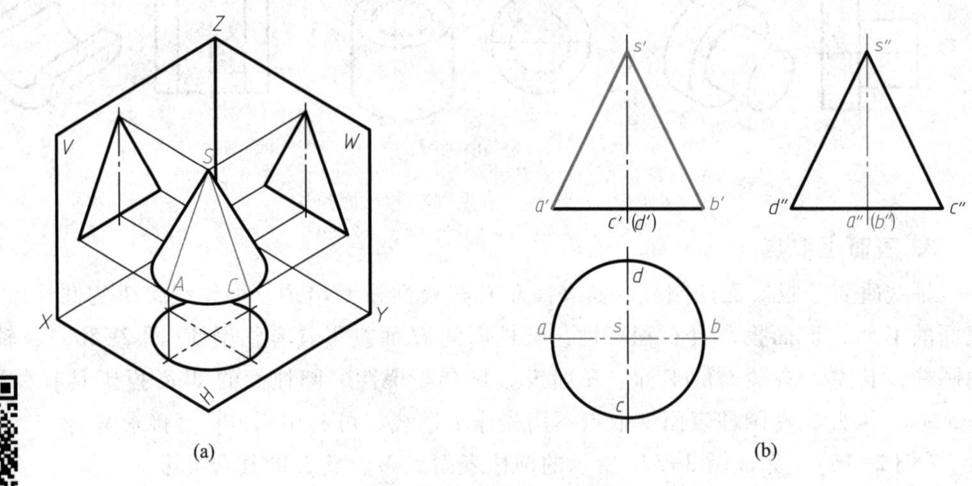

图 2-53　圆锥的三面投影

（1）分析俯视图

俯视图是一个圆。该圆区域是圆锥面与底面投影的重合（是底面实形），该圆区域内可见的是圆锥面的投影，不可见的是底面的投影。

（2）分析主视图

主视图是一个等腰三角形。三角形的底边是圆锥底面投影的积聚，三角形的两腰 $s'a'$、

$s'b'$是圆锥面 V 面转向轮廓线 SA、SB 的投影。在三角形区域内可见的是前半圆锥面的投影，不可见的是后半圆锥面的投影。该圆锥面 V 面转向轮廓线 SA、SB 是圆锥面上最左、最右两素线，是前、后半圆锥面的分界线，它们在俯视图、左视图中不用绘制，但应注意它们的投影 sa、sb、$s''a''$、$s''b''$的位置。

（3）分析左视图

左视图也是一个等腰三角形。三角形的底边是圆锥底面投影的积聚，三角形的两腰$s''c''$、$s''d''$是圆锥面 W 面转向轮廓线 SC、SD 的投影。在三角形区域内可见的是左半圆锥面的投影，不可见的是右半圆锥面的投影。该圆锥面 W 面转向轮廓线 SC、SD 是圆锥面上最前、最后两素线，是左、右半圆锥面的分界线，它们在俯视图、主视图中不用绘制，但应注意它们的投影 sc、sd、$s'c'$、$s'd'$的位置。

2. 作图

作图过程如图 2-53 所示。

① 作出轴线的三面投影。

② 作出底面的三面投影(先作出反映实形的俯视图,再作出有积聚性的主视图、左视图)。

③ 作出圆锥面的三面投影(作出 SA、SB 的 V 面投影,作出 SC、SD 的 W 面投影)。

常见圆锥的三面投影如图 2-54 所示。

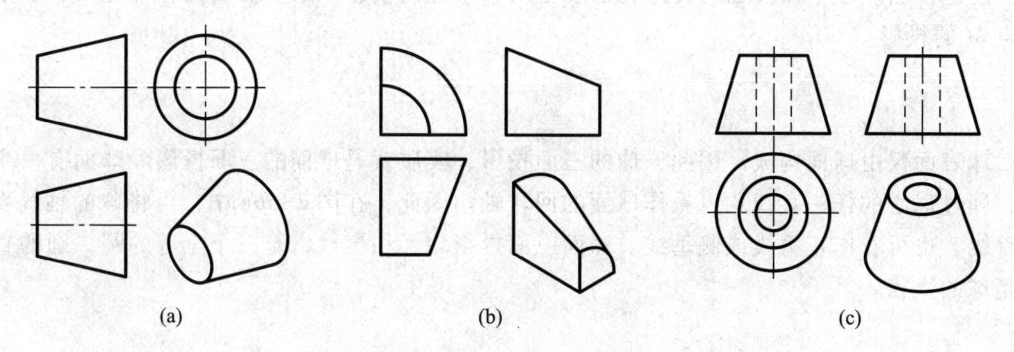

图 2-54　常见圆台的三面投影

3. 表面上取点

圆锥表面由圆锥面及底面构成，当圆锥轴线垂直于投影面时，底面的投影有积聚性，圆锥面三面投影均无积聚性。因此，在圆锥面上取点需要先作辅助线。

[**例 2-17**]　如图 2-55b 所示，已知 k'、m，完成圆锥面上点 K、点 M 的其余投影。

分析：从 k'、m 的位置可知，点 K 位于圆锥面上，定点需要先定线，选择纬圆作为辅助线来确定点 K 的投影。该圆锥面的轴线是铅垂线，因此纬圆应为水平圆(图 2-55a)。点 M 位于圆锥面的 W 面转向轮廓线上，因此求点 M 的投影不用作辅助线。

作图：

① 过 k'作轴线的垂线交圆锥面 V 面转向轮廓线于 f'，得所作纬圆的 V 面投影(图 2-55c)。

② 点 F 是所作纬圆与圆锥面 V 面转向轮廓线的交点，根据直线上点的投影特征，由 f'

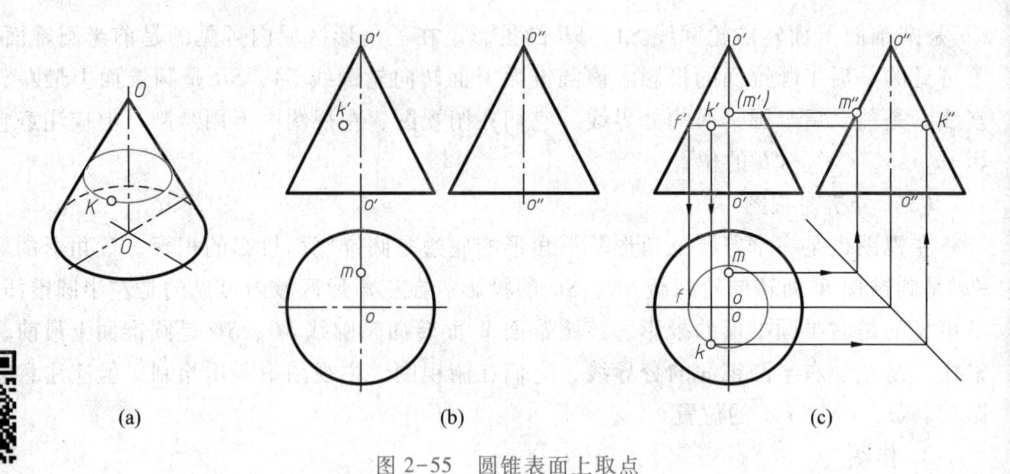

图 2-55　圆锥表面上取点

求出 f(图 2-55c)。

③ 以轴线水平投影 o 为圆心，以 of 为半径画圆，得纬圆的 H 面投影。

④ k'可见，所以点 K 位于左、前半圆锥面上，由 k'求出 k，再由 k、k'求出 k''。k、k''均可见(图 2-55c)。

⑤ 由 m 求出 m''，再由 m、m''求出 m'，m'不可见。

注意：当点位于回转面的转向轮廓线上时，求点的投影一般不需要先作辅助线，如上例中点 M 的投影。

三、球

球表面仅由球面构成。因此，球的三面投影，实质就是球面的三面投影。球面有一个特点，即过球心的任一直线均可看作球面的回转轴。因此，在图 2-56a 中，可将球的轴线看作铅垂线，也可看作正垂线或侧垂线。球面三面投影均无积聚性，是三个全等的圆，圆的直径就是球的直径。

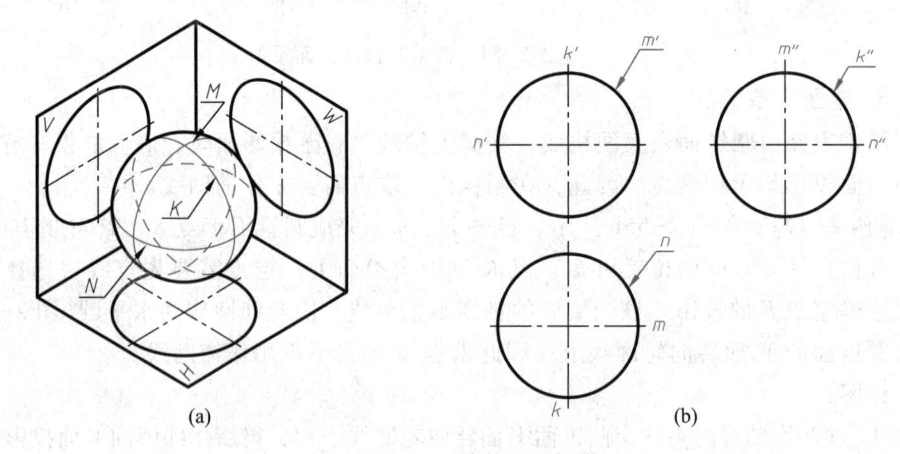

图 2-56　球的三面投影

1. 投影分析

(1) 分析主视图中的圆 m'

圆 m'是球面 V 面转向轮廓线 M 的投影。M 是球面上平行于 V 面的最大圆，是前、后半球面的分界圆。在圆 m'区域内可见的是前半球面的投影，不可见的是后半球面的投影。M 的 H 面投影 m、W 面投影 m''不用画，但应注意它们的位置(图 2-56b)。

(2) 分析左视图中的圆 k''

圆 k''是球面 W 面转向轮廓线 K 的投影。K 是球面上平行于 W 面的最大圆，是左、右半球面的分界圆。在圆 k''区域内可见的是左半球面的投影，不可见的是右半球面的投影。K 的 H 面投影 k、V 面投影 k'不用画，但应注意它们的位置(图 2-56b)。

(3) 分析俯视图中的圆 n

圆 n 是球面 H 面转向轮廓线 N 的投影。N 是球面上平行于 H 面的最大圆，是上、下半球面的分界圆。在圆 n 区域内可见的是上半球面的投影，不可见的是下半球面的投影。N 的 V 面投影 n'、W 面投影 n''不用画，但应注意它们的位置(图 2-56b)。

注意：球三面投影的三个圆的圆心即是球心的三面投影，垂直相交的细点画线可看作是球对称面投影的积聚。

2. 作图

作图过程如图 2-56b 所示。

① 作出球心的三面投影(用垂直相交的两条细点画线的交点表示球心的投影位置)。

② 作出球面的三面投影(三个直径等于球径的圆)。

常见球的三面投影如图 2-57 所示。

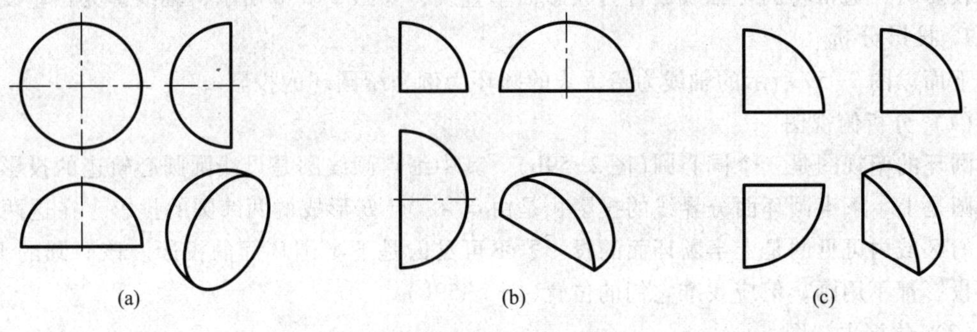

图 2-57 常见球的三面投影

3. 表面上取点

[例 2-18] 完成图 2-58a 所示的球表面上点 N、点 K 的其余投影。

分析：从 k'、(n)的位置可知，点 K 位于上、前、右半球面，点 N 位于球面 W 面转向轮廓线上。球面的三面投影均无积聚性，因此确定 k、k''必须先作辅助线(纬圆)。W 面转向轮廓线(左、右半球面分界线)三面投影位置确定，所以确定 n'、n''不必作辅助线。过球心的任一直线都可看作球的回转轴。在此例中，可将球的轴线看作铅垂线，用水平纬圆取点作图(显然也可将球的轴线看作正垂线,用正平纬圆来取点作图)。

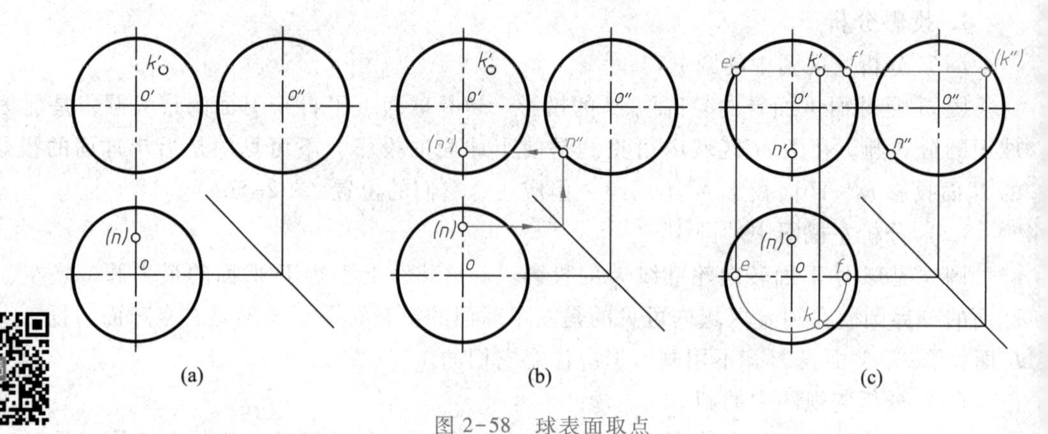

图 2-58　球表面取点

作图：

① 完成点 N 的其余投影。由(n)求出 n''，再由 n''求出 n'，n'不可见(图 2-58b)。

② 完成点 K 的其余投影。过 k'作水平纬圆的正面投影 $e'f'$，再作该纬圆的水平投影圆(以 o 为圆心,以 $e'f'$为直径画圆)。点 K 在该纬圆上，k 必在纬圆的水平投影上。由 k'求出 k，再由 k、k'求出 k''。从 k'的位置及可见性可知：点 K 位于右、上半球面上，所以 k 可见，k''不可见(图 2-58c)。

四、圆环

圆环的表面仅由圆环面构成。圆环的三面投影，实质就是圆环面的三面投影。画圆环的三面投影时，通常将圆环轴线放置为投影面垂直线，如图 2-59a 所示，轴线即为铅垂线。

1. 投影分析

下面以图 2-59 所示的轴线为铅垂线的圆环为例介绍圆环的投影。

(1) 分析俯视图

圆环的俯视图是三个同心圆(图 2-59b)。其中细点画线圆是母线圆圆心轨迹的投影，另两个圆是上、下半圆环面分界线的投影，是由点 A、点 B 形成的两纬圆的投影。在这两个圆之间的区域内可见的是上半圆环面的投影，不可见的是下半圆环面的投影。该两圆的 V 面、W 面投影都不用画，但应找准它们的位置(图 2-59b)。

(2) 分析主视图

圆环面的主视图是两个圆及与之相切的两直线(图 2-59c)。该两个圆是前、后半圆环面的分界线的投影。该两直线是内、外圆环面分界线的投影，是由点 C、点 D 形成的纬圆的投影(图 2-59c)。

(3) 分析左视图

圆环面的左视图是 V 面投影的全等形(图 2-59d)。该两个圆是左、右半圆环面的分界线的投影。该两直线是内、外圆环面分界线的投影，是由点 C、点 D 形成的纬圆的投影(图 2-59d)。

2. 作图

作图过程如图 2-59 所示。

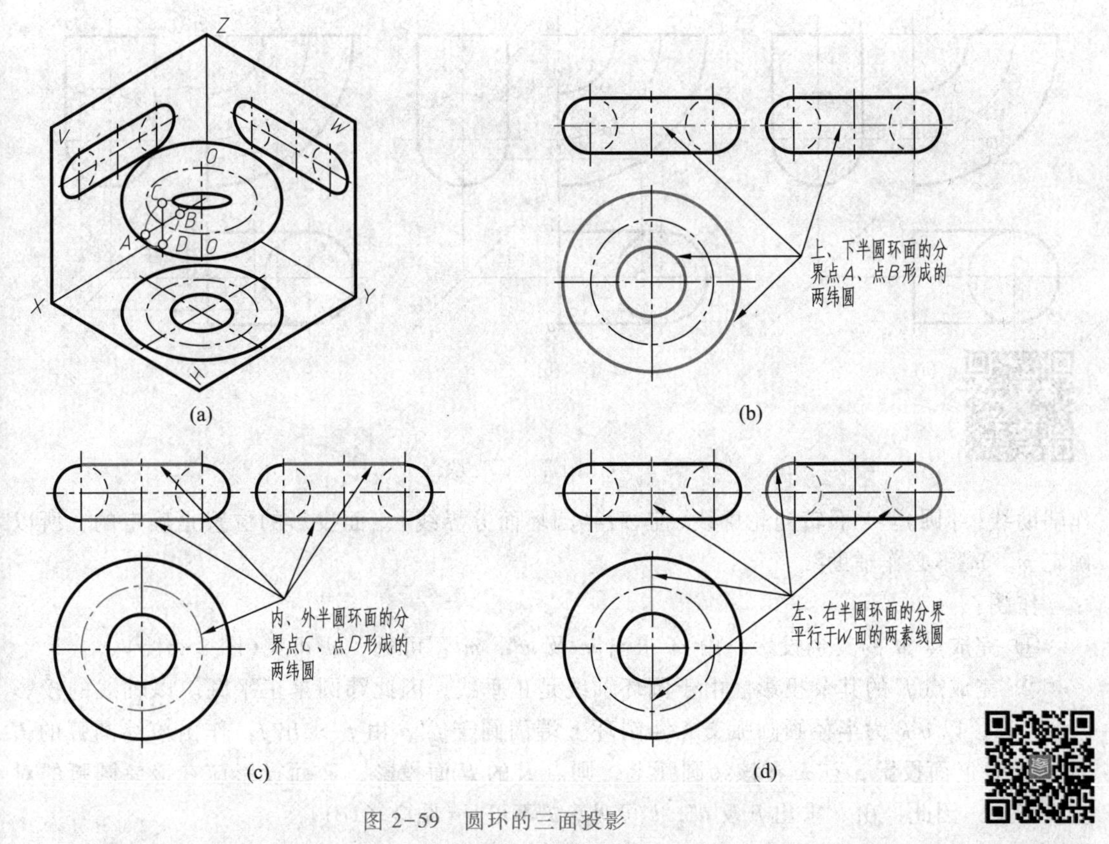

图 2-59　圆环的三面投影

① 画轴线及母线圆圆心轨迹的三面投影（轴线铅垂时，母线圆圆心轨迹是一个水平圆）。

② 画圆环面的三面投影。

常见圆环的三面投影如图 2-60 所示。

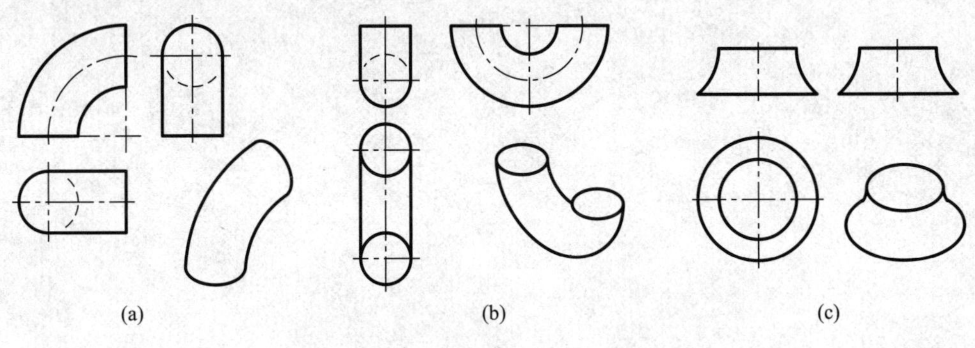

图 2-60　常见圆环的三面投影

3. 表面上取点

[**例 2-19**]　完成图 2-61a 所示的圆环表面上点 M、点 K 的其余投影。

分析：该立体是轴线垂直于 V 面的 1/4 圆环。从 k'、m'的位置可知，点 M 位于圆环面 V 面转向轮廓线上，点 K 位于内环面上。圆环面三面投影均无积聚性，因此确定 k、k''必须先

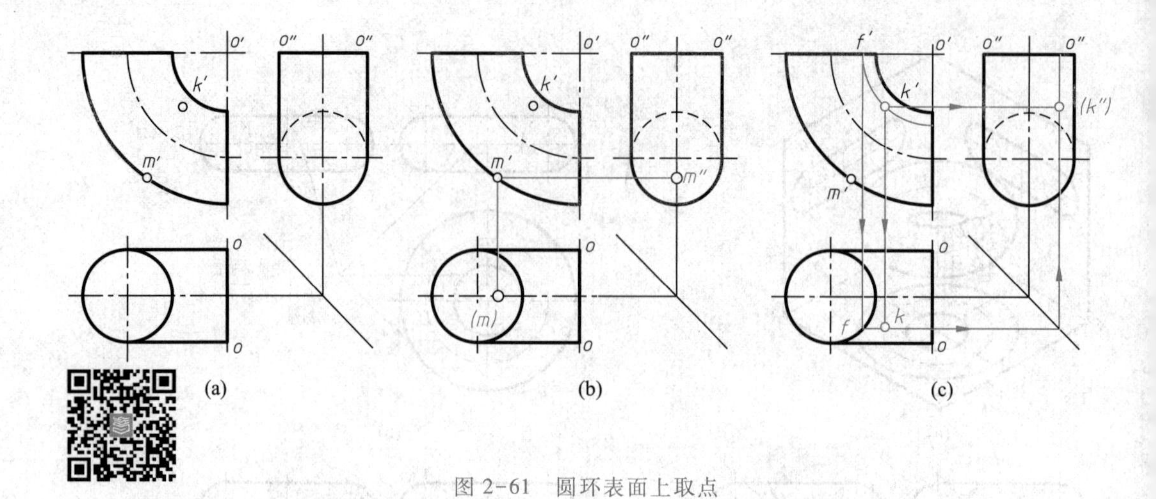

图 2-61 圆环表面上取点

作辅助线（纬圆）。V 面转向轮廓线（前、后半圆环面分界线）三面投影的位置是确定的，所以确定 m、m'' 不必作辅助线。

作图：

① 完成点 M 的其余投影。由 m' 求出 m 及 m''，m 不可见，m'' 可见（图 2-61b）。

② 完成点 K 的其余投影。由于圆环轴线是正垂线，因此纬圆是正平圆。以轴线的投影 o' 为圆心，以 $o'k'$ 为半径画圆弧交 1/4 圆环上端面圆于 f'，由 f' 求出 f。作出该纬圆弧的 H 面投影及 W 面投影，点 K 在该纬圆弧上，则点 K 的 H 面投影、W 面投影应在该纬圆弧的对应投影上。因此，由 k' 求出 k 及 k''，k 可见，k'' 不可见（图 2-61c）。

第三章 立体交线的投影

从几何角度看机器零件(常称机件)，多数是由基本体切割或多个基本体相交形成的。基本体被切割或基本体与基本体相交都会在立体的表面产生交线(图 3-1)，了解这些交线的性质并掌握这些交线投影的画法，有助于正确表达机件的结构形状以及读图时对机件进行形体分析。

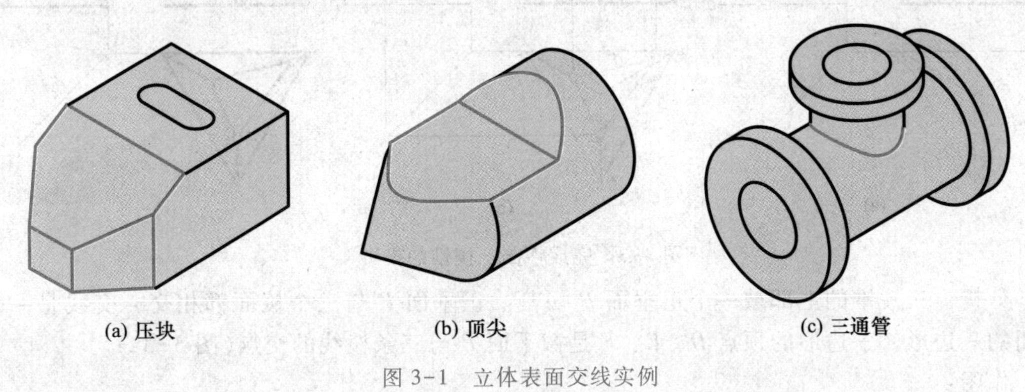

图 3-1 立体表面交线实例

§ 3-1 平面与平面体相交

平面与平面体相交(可看作平面体被平面切割)，在平面体表面产生的交线称为平面体的截交线，这个平面称为截平面，由截交线围成的平面图形称为截断面(图 3-2)。

一、平面体截交线的性质

分析图 3-2 可知，平面体截交线具有如下性质。

1. 共有性

平面体截交线是截平面和平面体表面的共有线，它既在截平面上，又在平面体表面上，为二者所共有。

2. 封闭性

由于平面体的表面及截平面都为平面，平面与平面

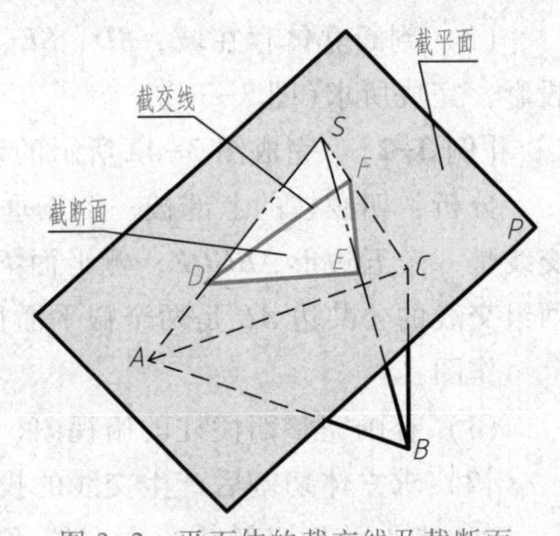

图 3-2 平面体的截交线及截断面

的交线是直线，因此，平面体的截交线是一封闭的平面折线，即截断面为一平面多边形。这个多边形的各条边是截平面与平面体各棱面的交线，各个顶点是截平面与平面体各棱线的交点(图 3-2)。

二、平面体截交线投影的求法

根据平面体截交线的性质可知，求平面体截交线的投影，实质就是求截平面与平面体棱线交点的投影，或者是求截平面与平面体棱面交线的投影。

[例 3-1] 完成图 3-3a 所示切割三棱锥的俯视图和左视图。

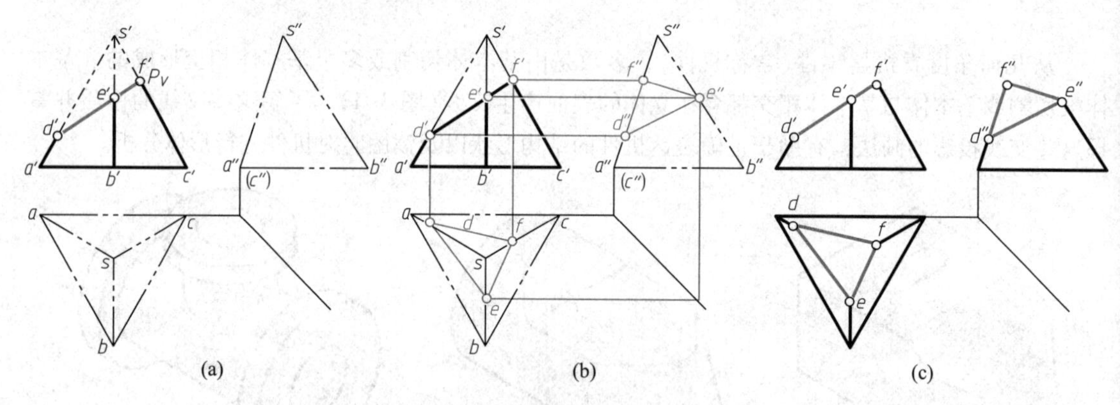

图 3-3 完成切割三棱锥的投影

分析：三棱锥的上部被一个正垂面 P 切割。正垂面 P 与三个棱面都相交，交线是一个封闭的三边形，三边形的顶点 D、E、F 是截平面 P 与三条棱线的交点(图 3-3a)。

作图：

(1) 补画完整三棱锥的俯视图和左视图(图 3-3a)。

(2) 求交线的投影。交线 DEF 构成的截断面是正垂面，其 V 面投影与截平面 P 积聚的直线 P_V 重合。P_V 与三棱线 $s'a'$、$s'b'$、$s'c'$的交点 d'、e'、f'是交线的三个顶点 D、E、F 的 V 面投影。根据直线上点的投影特征，由 d'、e'、f'求出 d''、e''、f''及 d、e、f。再将各棱面上两交点的同面投影按可见性依次相连，即得交线的三面投影(图 3-3b)。

(3) 判断立体存在域，SD、SE、SF 被切割掉，擦去它的三面投影，加粗可见轮廓线的投影，完成所求(图 3-3c)。

[例 3-2] 完成图 3-4a 所示的切割四棱柱的俯视图和左视图。

分析：四棱柱的上部被一个正垂面 Q 和一个侧平面 P 切割。正垂面 Q 与四个棱面相交，交线是一个五边形 $ABCDE$；侧平面 P 与右侧两棱面及顶面相交，交线是一个四边形 $GAEF$；两组交线的公共边 AE 是两个截平面彼此的交线(图 3-4a)。

作图：

(1) 补画完整四棱柱的俯视图、左视图(图 3-4a)。

(2) 求立体切割后产生交线的投影。

① 求平面 P 切割所产生交线 $GAEF$ 的投影　交线 $GAEF$ 构成的截断面是侧平面。因

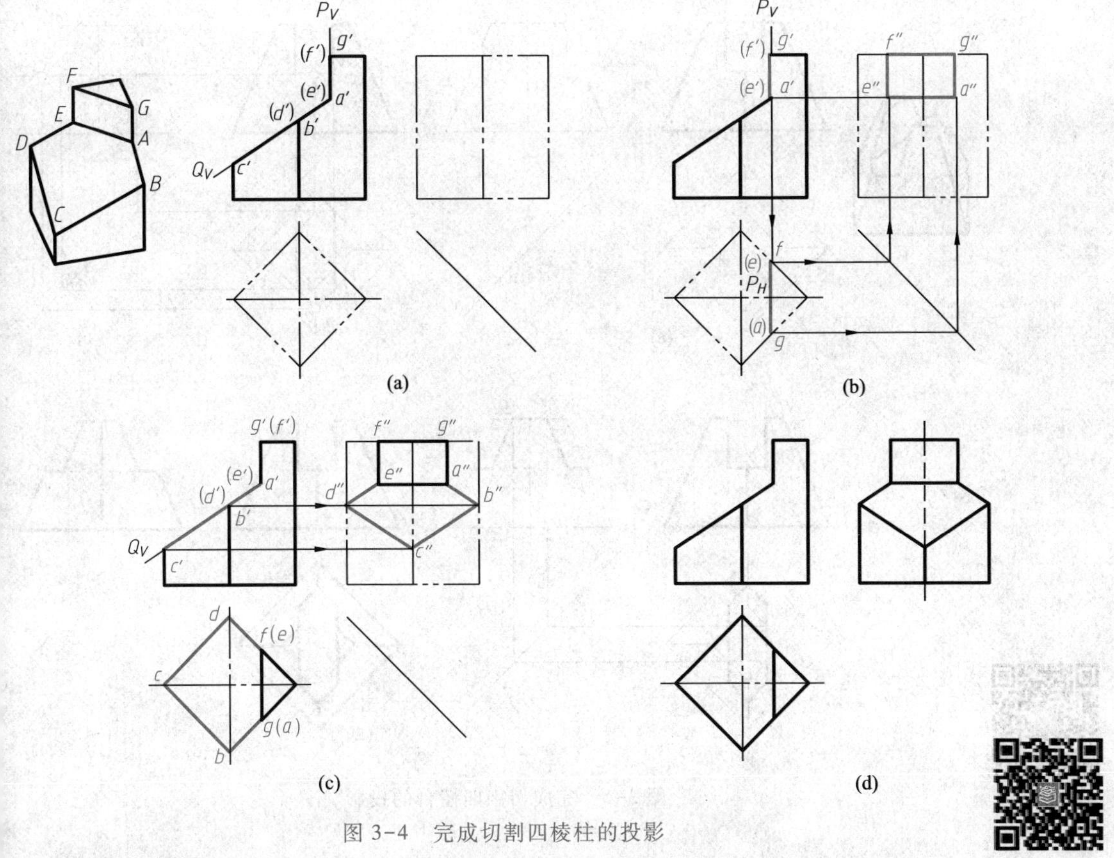

图 3-4　完成切割四棱柱的投影

此，交线的 V 面投影与 P_V 重合，H 面投影与 P_H 重合。由交线的 V 面投影($g'f'$、$g'a'$、$f'e'$、$a'e'$)和 H 面投影(gf、ga、fe、ae)求出交线的 W 面投影 $g''f''$、$g''a''$、$f''e''$、$a''e''$，W 面投影可见(图 3-4b)。

② 求平面 Q 切割所产生交线 $ABCDE$ 的投影　交线 $ABCDE$ 构成的截断面是正垂面。因此，交线的 V 面投影与 Q_V 重合，交线的 H 面投影与四个棱面的 H 面投影重合。由交线的 V 面投影($a'b'$、$b'c'$、$c'd'$、$d'e'$)和 H 面投影(ab、bc、cd、de)求出交线的 W 面投影 $a''b''$、$b''c''$、$c''d''$、$d''e''$，W 面投影可见(图 3-4c)。交线 AE 的投影上述已求。

(3) 判断切割后立体的存在域。该四棱柱被切割后，左侧棱线及前、后棱线的上部被切掉不存在。因此，擦去 V 面投影及 W 面投影中相应部分的投影，加粗其余可见轮廓线的投影完成所求(图 3-4d)。注意：由于 W 面投影中左侧棱线与右侧棱线的投影重合，因此在左侧棱线的切割部分，右侧棱线的投影应用细虚线画出。

[例 3-3]　完成图 3-5a 所示的切割四棱台的俯视图和左视图。

分析：四棱台的顶部被两个左右对称的侧平面 P_1、P_2 和一个水平面 Q 切割出一通槽。水平面 Q 与四棱台底面平行，因此它与四个棱面的交线是水平线，分别平行于四棱台底面四边形的四条边。侧平面 P_1、P_2 与棱面的交线是侧平线，分别平行于前、后棱线；与顶面的交线是正垂线(图 3-5a)。

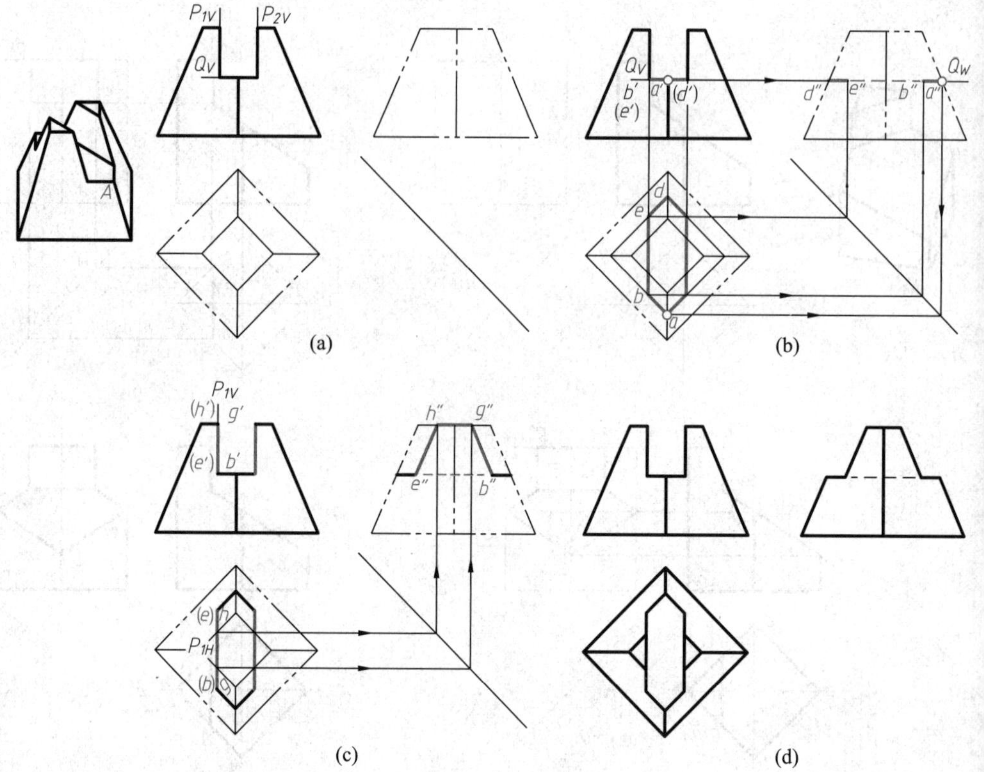

图 3-5　完成切割四棱台的投影

作图：

（1）补画完整四棱台的俯视图、左视图（图 3-5a）。

（2）求立体切割后产生交线的投影。

① 求平面 Q 切割所产生交线的投影　由平面 Q 切割所产生的交线是一六边形（其截断面为水平面），该交线的 V 面投影与 Q_V 重合，W 面投影与 Q_W 重合，H 面投影反映实形。将平面 Q 与前棱线的交点记为 A，由 a'、a'' 求出 a，过 a 作四棱台底面四边形四条边的平行线，由此可完成该交线的 H 面投影（图 3-5b）。

② 求平面 P_1、P_2 切割所产生交线的投影　由平面 P_1 切割所产生的交线是一四边形（其截断面为侧平面），该交线的 V 面投影与 P_{1V} 重合，H 面投影与 P_{1H} 重合。由上述平面 Q 切割所产生交线的端点 B、E 的 W 面投影 b''、e'' 作前、后棱线的平行线，可完成该交线的 W 面投影（图 3-5c）。同理可求平面 P_2 产生交线的投影。注意：由于平面 P_1、P_2 对称，因此产生的交线的 W 面投影完全重合（图3-5d）。

（3）判断立体切割后的存在域。擦去切割后不存在的棱线、棱面投影，加粗可见轮廓线的投影，完成所求（图 3-5d）。注意：水平面 Q 的侧面投影 $b''e''$ 段不可见，应画成细虚线。

§3-2　平面与回转体相交

平面与回转体相交(可看作回转体被平面切割)，在回转体表面产生的交线称为回转体截交线，这个平面称为截平面，由截交线围成的平面图形称为截断面(图 3-6)。

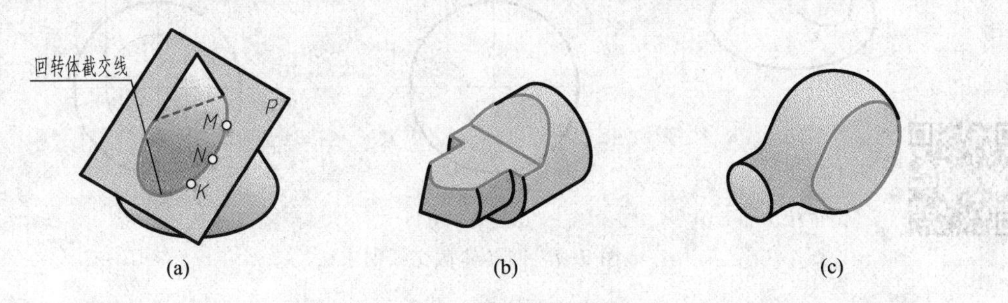

图 3-6　回转体的截交线及截断面

一、回转体截交线的性质

1. 共有性

回转体截交线是截平面与回转体表面的共有线，截交线的每个点都是截平面与回转体表面的共有点(图 3-6a)。

2. 封闭性

一般情况下，回转体截交线是一封闭的平面曲线或平面曲线和直线围成的封闭平面图形，其形状取决于回转面的几何特征及截平面与回转面的相对位置(图 3-6b、c)。

二、回转体截交线投影的求法

截交线是截平面与回转体表面的共有线。将截交线看成截平面上的线，当截平面投影出现积聚时，截交线的投影就与截平面投影积聚的直线重合，成为已知。如图 3-7a 所示，圆锥被正垂面 P 切割，其截交线的 V 面投影就与正垂面 V 面投影积聚的直线 P_V 重合，成为已知。再将截交线看成回转体表面上的线，该线的一面投影已知，利用回转体表面取点的方法(如用纬圆取点 K)就可作出其余投影(图 3-7b)。求截交线投影的作图步骤如下：

(1) 分析截交线的形状。

(2) 求截交线上的特殊点。

回转面转向轮廓线上的点是截交线投影可见与不可见的分界点。截交线自身的特殊点有椭圆的长、短轴端点，抛物线、双曲线的顶点等。上述特殊点的投影确定了截交线投影的范围，求出这些点是准确求出截交线投影所必需的。

(3) 求适当的一般点，即求出特殊点之间的若干一般点。

(4) 按可见性依次光滑地连接各点的同面投影。

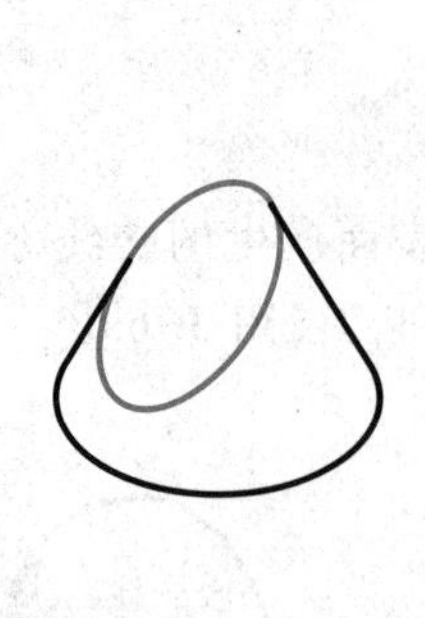

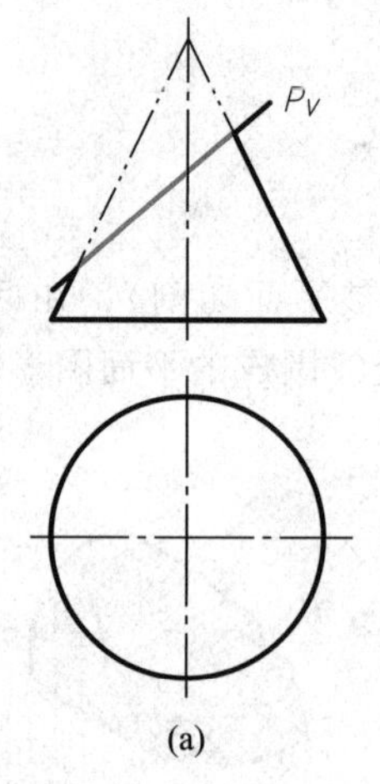

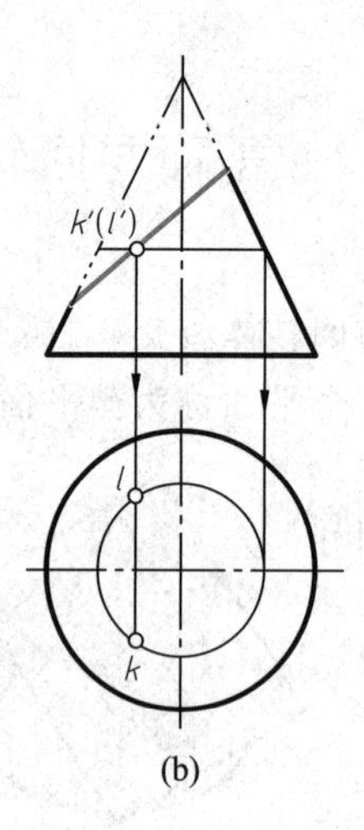

图 3-7　回转体截交线的求法

三、常见回转体的截交线

1. 圆柱的截交线

根据截平面与圆柱轴线的相对位置不同，圆柱截交线的空间形状有表 3-1 所示的三种。

表 3-1　圆柱的截交线

截平面位置	直观图	投影图
截平面垂直于圆柱轴线	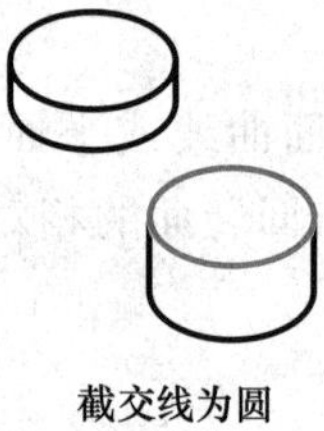 截交线为圆	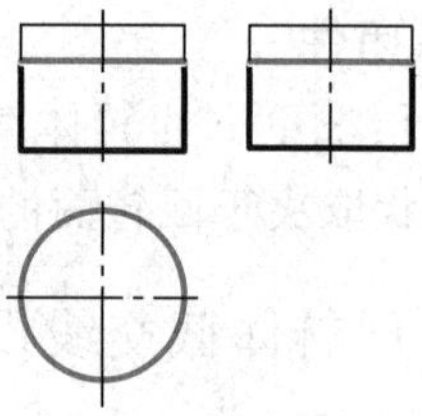
截平面平行于圆柱轴线	 截交线为矩形	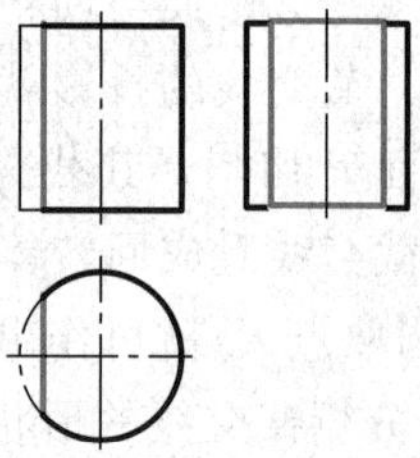
截平面倾斜于圆柱轴线	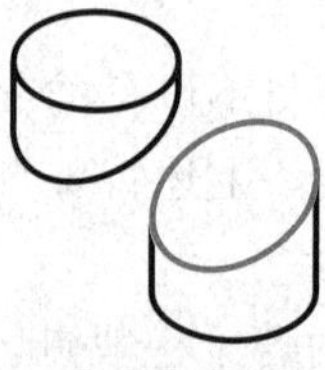 截交线为椭圆	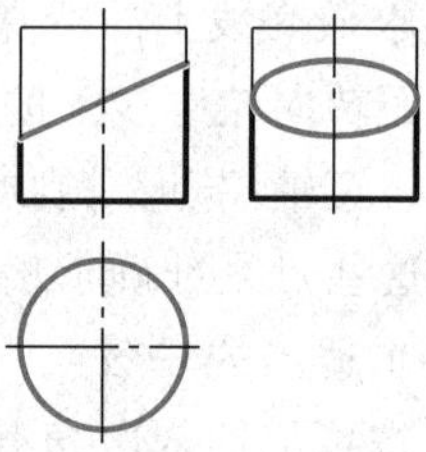

[例 3-4] 完成图 3-8a 所示切割圆柱的左视图。

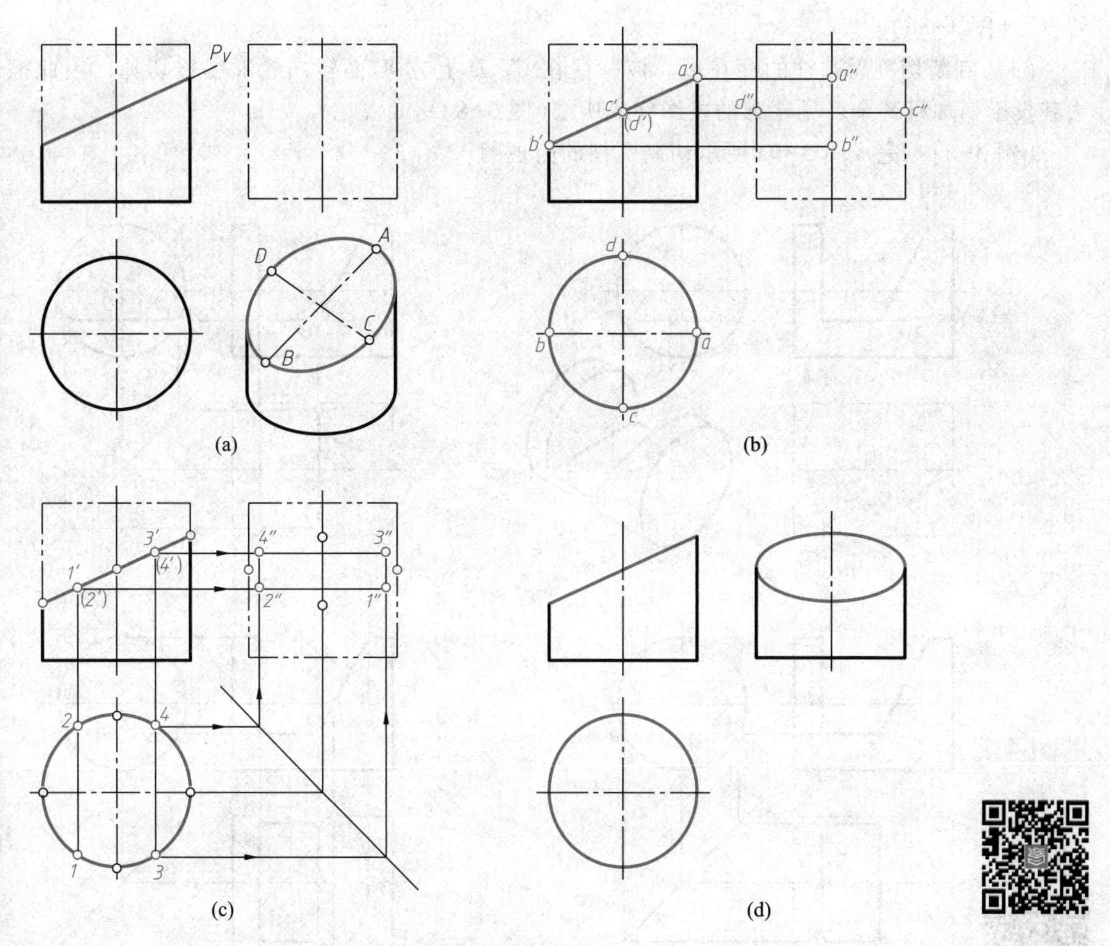

图 3-8　求圆柱截交线实例（一）

分析：该圆柱被截平面 P（正垂面）切去上部，由于截平面 P 与圆柱轴线倾斜，所以截交线为一椭圆。该椭圆的 V 面投影与 P_V 重合，H 面投影与圆柱面投影积聚的圆周重合，W 面投影仍为椭圆，但不反映实形（图 3-8a）。

作图：

（1）补画完整圆柱的左视图（图 3-8a）。

（2）补画截交线椭圆的投影。

① 求截交线特殊点　椭圆长、短轴端点 A、B、C、D 分别是圆柱面 V 面转向轮廓线及 W 面转向轮廓线与截平面 P 的交点。由 a'、b'、c'、d' 求出 a、b、c、d 及 a''、b''、c''、d''（图 3-8b），c''、d'' 是椭圆与圆柱面 W 面转向轮廓线投影的切点。

② 求截交线一般点　在椭圆长、短轴端点之间取适当的一般点 Ⅰ、Ⅱ、Ⅲ、Ⅳ，由 $1'$、$2'$、$3'$、$4'$ 求出 1、2、3、4，再由 $1'$、$2'$、$3'$、$4'$ 和 1、2、3、4 求出 $1''$、$2''$、$3''$、$4''$（图 3-8c）。

③ 判断可见性，并按相邻点连线原则依次光滑地连接交线各点的同面投影，即完成交线投影(图 3-8d)。

(3) 判断切割后圆柱的存在域。该圆柱在 *C*、*D* 上方 *W* 面转向轮廓线被切掉，因此擦去其投影，加粗其余可见轮廓的投影完成所求(图 3-8d)。

[**例 3-5**]　完成图 3-9a 所示切割圆柱的俯视图。

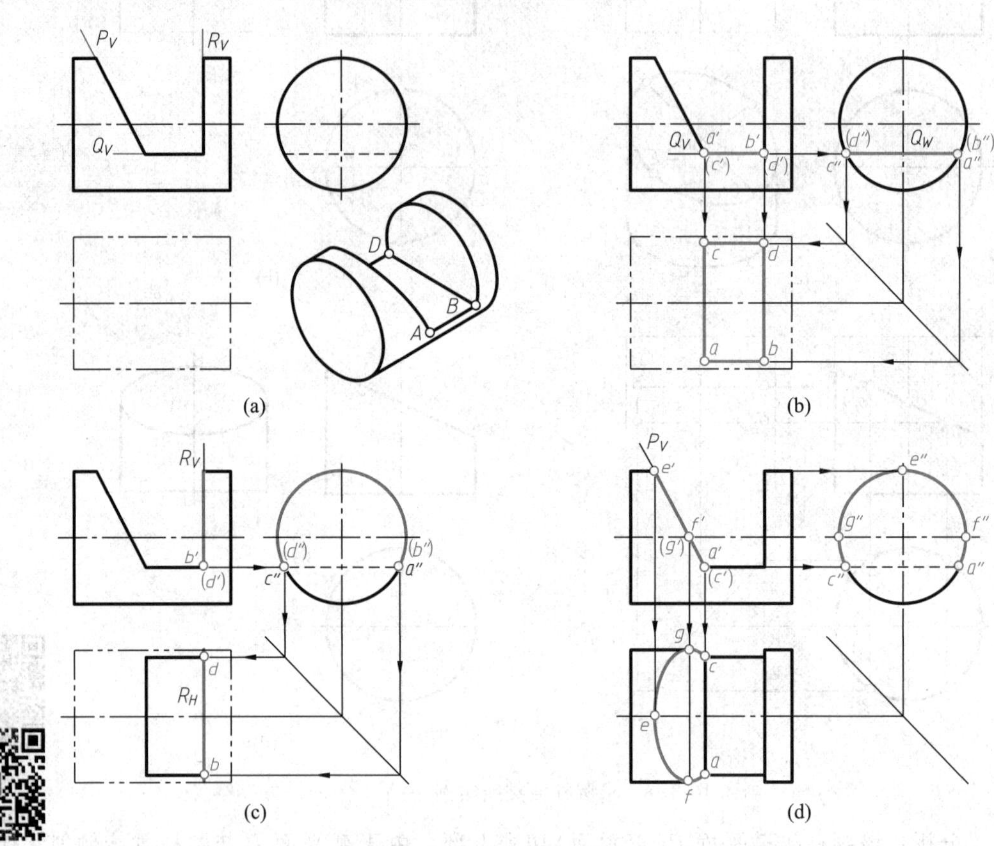

图 3-9　求圆柱截交线实例(二)

分析：侧垂圆柱被正垂面 *P*、水平面 *Q* 及侧平面 *R* 三个平面结合切去一通槽。

作图：

(1) 补画完整圆柱的俯视图(图 3-9a)。

(2) 补画三个截平面切割产生交线的投影。

① 求平面 *Q* 切割所产生交线的投影　平面 *Q* 与圆柱轴线平行，交线为一矩形 *ABDC*(截断面为水平面)。矩形的 *AB*、*CD* 边是平面 *Q* 与圆柱面的交线(两侧垂线)；*AC*、*BD* 边是平面 *Q* 与另两截平面 *P*、*R* 的交线(两正垂线)。该矩形的 *V* 面投影与 Q_V 重合，*W* 面投影与 Q_W 重合，*H* 面投影反映截断面实形且可见(图 3-9b)。

② 求平面 *R* 切割所产生交线的投影　平面 *R* 垂直于圆柱轴线，交线由一段圆弧和直线 *BD* 构成(截断面为侧平面)。圆弧是平面 *R* 与圆柱面的交线，直线 *BD* 是平面 *R* 与截平面 *Q* 的交线(*BD* 投影上述已求)。圆弧的 *V* 面投影与 R_V 重合，*W* 面投影与圆柱面积聚的圆周重

合，H 面投影与 R_H 重合（图 3-9c），点 B、D 是圆弧的最低点。

③ 求平面 P 切割所产生交线的投影　平面 P 与圆柱轴线倾斜，交线由一段椭圆弧和直线 AC 构成（截断面为正垂面）。椭圆弧是平面 P 与圆柱面的交线，直线 AC 是平面 P 与截平面 Q 的交线（AC 投影上述已求）。椭圆弧的 V 面投影与 P_V 重合，W 面投影与圆柱面积聚的圆周重合，H 面投影仍是段椭圆弧。先求平面 P 与圆柱面 V 面转向轮廓线的交点 E 的三面投影；再求平面 P 与圆柱面 H 面转向轮廓线的交点 G、F 的三面投影，椭圆弧的最低点 A、C 即是截平面 Q 产生交线的最左点。由于槽口被切去，所以该椭圆弧可见。将上述各点的 H 面投影光滑连接，即得该椭圆弧的 H 面投影（图 3-9d）。

（3）判断圆柱切割后的存在域。该圆柱在 F、G 的右侧槽口处，圆柱面的 H 面转向轮廓线被切掉，因此擦去其投影，加粗其余可见轮廓的投影完成所求（图 3-9d）。

［例 3-6］　完成图 3-10a 所示切割圆柱的左视图。

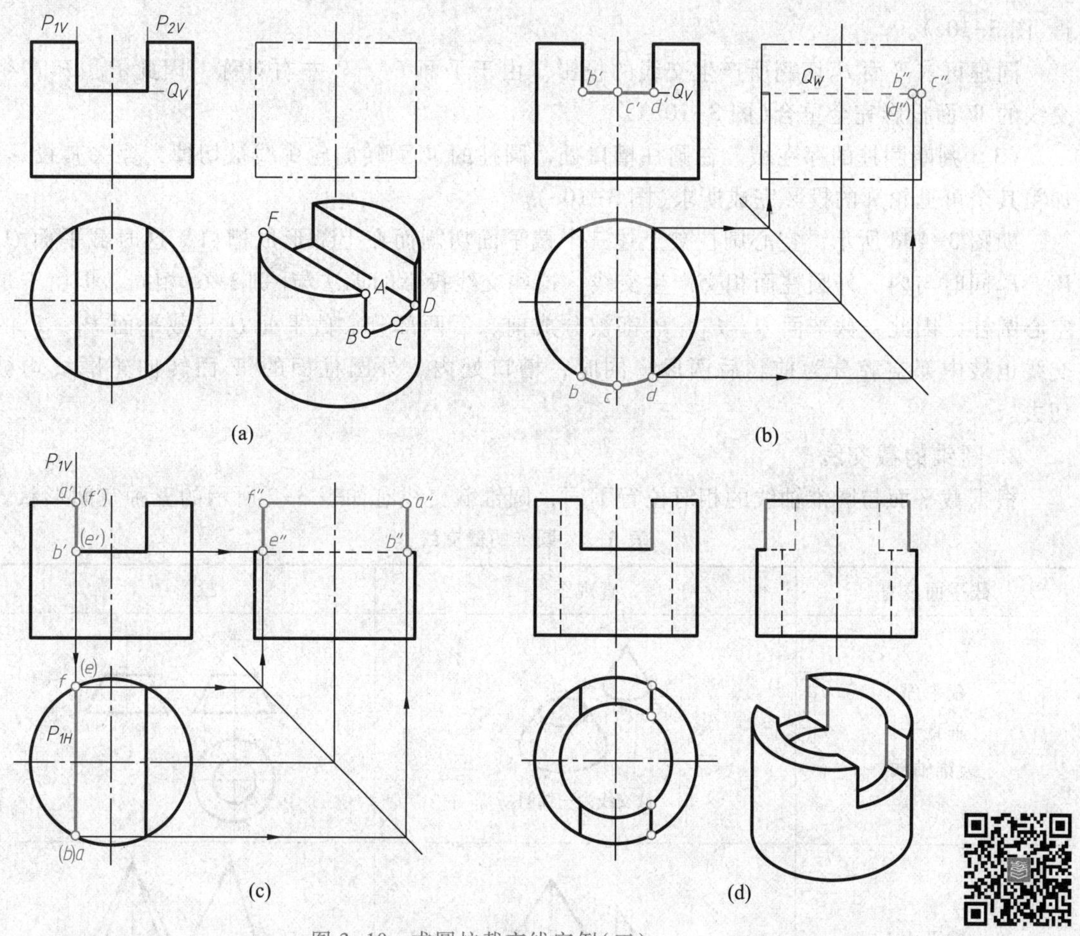

图 3-10　求圆柱截交线实例（三）

分析：该圆柱上部被两个左、右对称的侧平面 P_1、P_2 和一个水平面 Q 切去一通槽。

作图：

(1) 补画完整圆柱的左视图(图 3-10a)。

(2) 补画三个截平面切割产生的交线的投影。

① 求平面 Q 切割所产生交线的投影　平面 Q 垂直于圆柱轴线，交线由两段圆弧与两段直线构成(截断面为水平面)。两段圆弧是平面 Q 与圆柱面的交线，两段直线是平面 Q 与截平面 P_1、P_2的交线。交线的 V 面投影与 Q_V 重合，W 面投影与 Q_W 重合，H 面投影反映截断面实形(图 3-10b)。

作图时请注意圆弧 BCD 三面投影的位置。

② 求平面 P_1 切割所产生交线的投影　平面 P_1 平行于圆柱轴线，交线是一矩形 $ABEF$(截断面为侧平面)。矩形的 AB、FE 边是平面 P_1 与圆柱面的交线(铅垂线)，AF 边是平面 P_1 与圆柱顶面的交线(正垂线)，BE 边是平面 P_1 与截平面 Q 的交线(正垂线)。矩形的 V 面投影与 P_{1V} 重合，H 面投影与 P_{1H} 重合，W 面投影反映截断面实形，由 a'、b'、e'、f' 及 a、b、e、f 求得(图 3-10c)。

同理可求平面 P_2 切割所产生交线的投影。由于平面 P_1、P_2 左右对称，因此 P_1、P_2 产生交线的 W 面投影完全重合(图 3-10c)。

(3) 判断圆柱的存在域。在圆柱槽口处，圆柱的 W 面转向轮廓线被切掉，擦去其投影，加粗其余可见轮廓的投影完成所求(图 3-10c)。

如图 3-10d 所示，空心圆柱被上述三个截平面切割而在上部形成槽口，这时截平面 Q、P_1、P_2 同时与内、外圆柱面相交产生交线。这些交线投影的求法与[例 3-6]相同。但由于是空心圆柱，因此，截平面 Q、P_1、P_2 都被分成前、后两部分，截平面 Q 与截平面 P_1、P_2 的交线也被中部空腔分为前、后两段。同时，槽口处内、外圆柱面的 W 面转向轮廓线均被切去。

2. 圆锥的截交线

根据截平面与圆锥轴线的相对位置不同，圆锥截交线有如表 3-2 所示的五种空间形状。

表 3-2　圆锥的截交线

截平面位置	直观图	投影图
截平面垂直于圆锥轴线	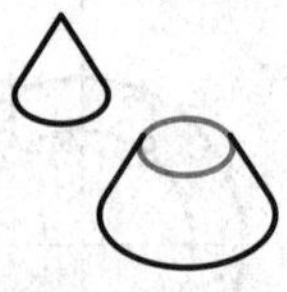 截交线为一纬圆	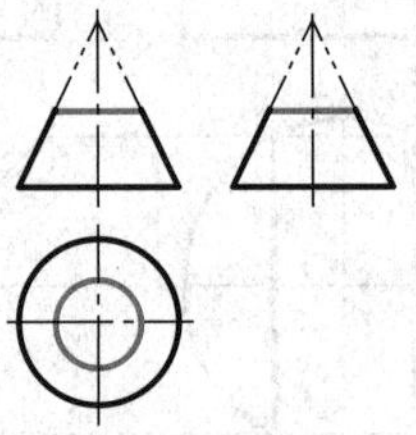
截平面过锥顶	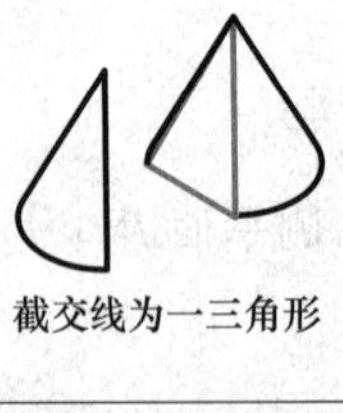 截交线为一三角形	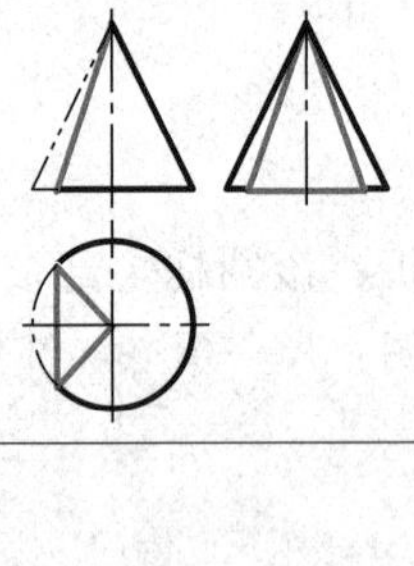

续表

截平面位置		直观图	投影图
截平面倾斜于圆锥轴线	$\theta>\alpha$	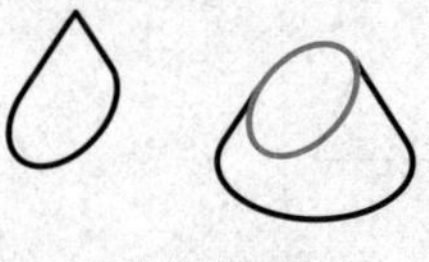 截交线为一椭圆	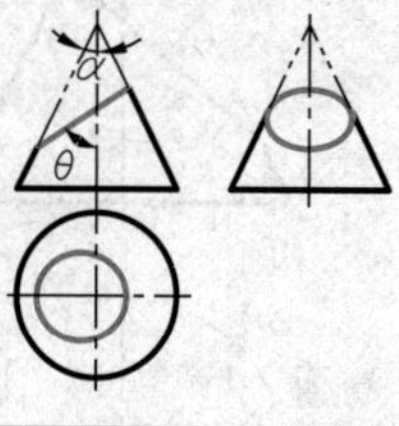
	$\theta=\alpha$	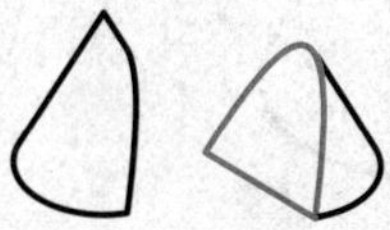 截交线为抛物线和一直线	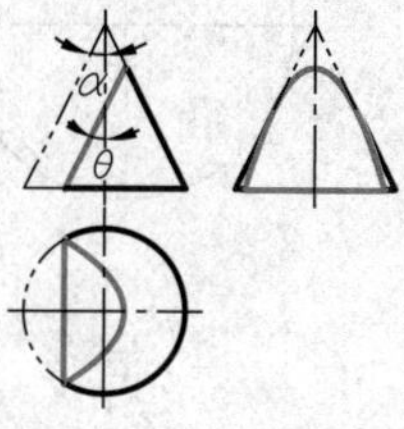
	$\theta<\alpha$ 截平面平行于轴线 $\theta=0$	 截交线为双曲线和一直线	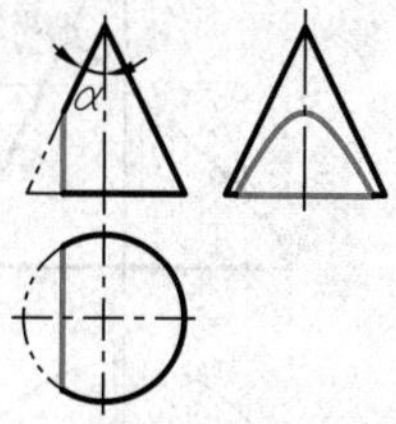

[例 3-7] 完成图 3-11a 所示切割圆锥的俯视图、左视图。

分析：该圆锥被截平面 P(正垂面)切去头部，由于截平面 P 倾斜于圆锥轴线，且 $\theta>\alpha$，所以它与圆锥面的交线为一椭圆，该椭圆的 V 面投影与 P_V 重合；H 面投影、W 面投影仍为椭圆。

作图：

(1) 补画完整圆锥的俯视图、左视图(图 3-11a)。

(2) 补画交线椭圆的 H 面、W 面投影。

① 椭圆长轴端点 A、B 是圆锥 V 面转向轮廓线与截平面 P 的交点，由 a'、b' 求出 a、b 及 a''、b''；长轴 AB 是正平线，短轴 CD 即为正垂线，短轴端点 C、D 的 V 面投影 c'、d' 位于 $a'b'$ 的中点，过 $c'd'$ 作纬圆可求出 C、D 的 H 面投影 c、d 及 W 面投影 c''、d''(图 3-11b)。

② 求圆锥 W 面转向轮廓线上的点 E、F 的投影。由 e'、f' 求出 e''、f''，再由 e'、f' 及 e''、f'' 求出 e、f(图 3-11c)。

③ 在上述各特殊点之间用纬圆取若干个一般点，如图 3-11d 所示的点 Ⅰ、Ⅱ，求其投影。

④ 判断可见性，并按相邻点连线原则依次光滑地连接交线各点的同面投影，即完成交线投影(图 3-11d)。

(3) 判断圆锥切割后的存在域。该圆锥在 E、F 上方 W 面的转向线被切掉，因此擦去

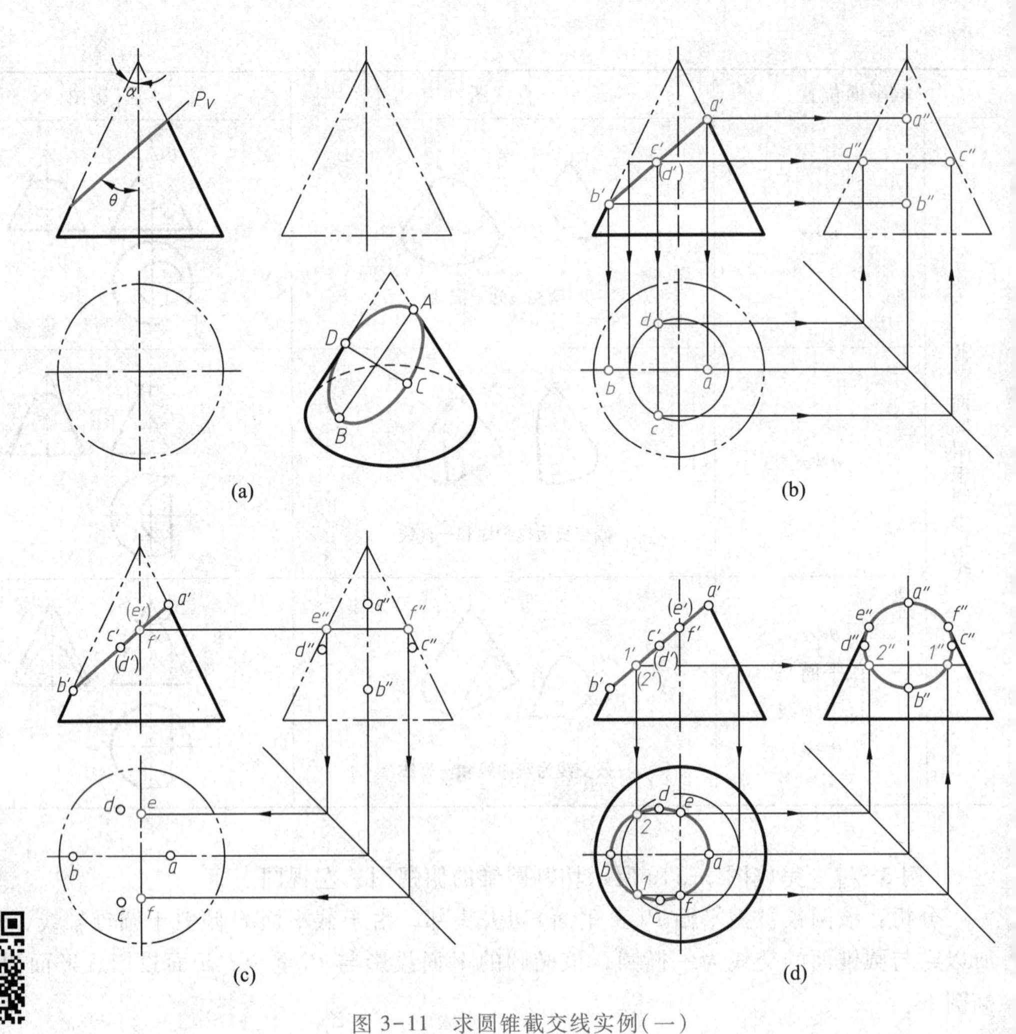

图 3-11　求圆锥截交线实例(一)

其投影，加粗其余可见轮廓的投影完成所求(图 3-11d)。

[**例 3-8**]　完成图 3-12a 所示穿孔圆锥的俯视图、左视图。

分析：该圆锥被两个正垂面 P、R 和一个水平面 Q 切割形成一个三角形通孔。

作图：

(1) 补画完整圆锥的俯视图、左视图(图 3-12a)。

(2) 补画三个截平面切割产生交线的投影。

① 求平面 Q 切割所产生交线的投影　平面 Q 垂直于圆锥轴线，交线由同一水平圆周上的两段圆弧和两直线构成(截断面为水平面)。交线的 V 面投影与 Q_V 重合，交线的 W 面投影与 Q_W 重合；交线的 H 面投影反映截断面实形，可用纬圆法求得(图 3-12b)。两段圆弧的 H 面投影可见，W 面投影部分可见($a''b''$ 段可见)。

② 求平面 R 切割所产生交线的投影　平面 R 通过圆锥锥顶，交线为四边形 $DCNE$(截断面为正垂面)，四边形的 DC、EN 边是平面 R 与圆锥面的交线(过锥顶的两直素线)，DE、

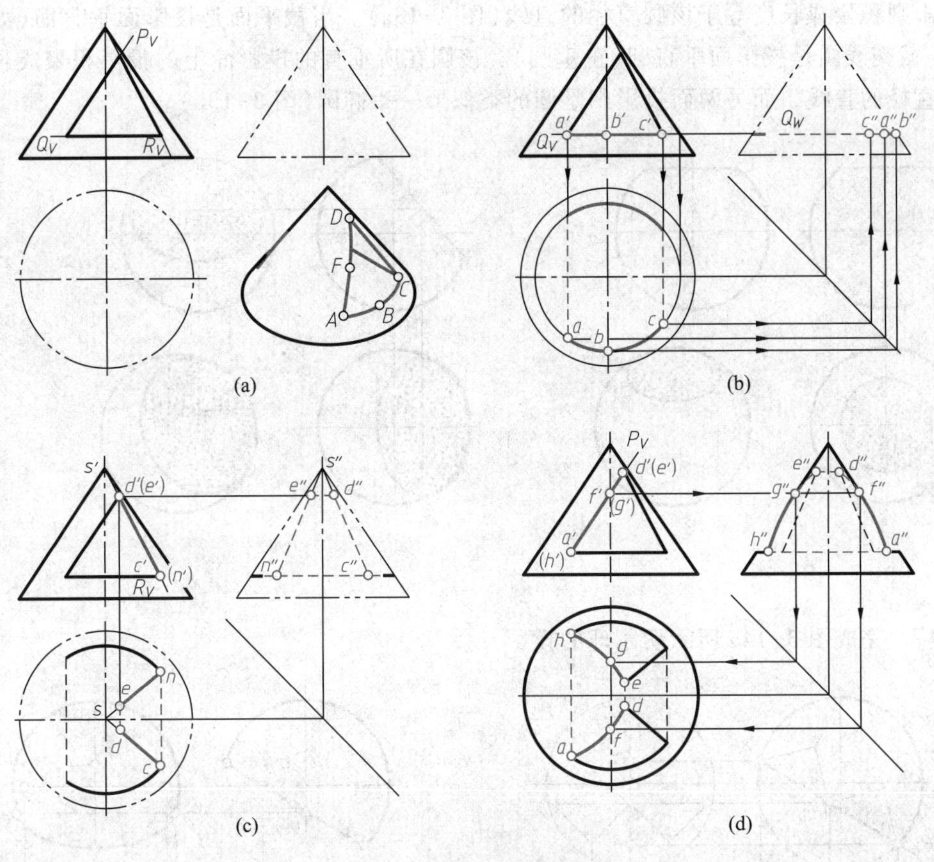

图 3-12　求圆锥截交线实例(二)

CN 边是平面 R 与截平面 P、Q 的交线(正垂线)。交线的 V 面投影与 R_V重合，交线的 H 面、W 面投影可利用圆锥锥顶 S 的投影及前述 ABC 弧的端点直接求得(图 3-12c)。DC、EN 边的 H 面投影可见，W 面投影不可见；DE、CN 边的 H 面、W 面投影均不可见。

③ 求平面 P 切割所产生交线的投影　平面 P 倾斜于圆锥轴线且 $\theta=\alpha$，交线由同一抛物线上的两抛物线段和两直线段构成(截断面为正垂面)。两直线段 DE、AH 是平面 P 与截平面 R、Q 的交线，其三面投影已求出；两抛物线线段是平面 P 与圆锥面的交线，两抛物线线段的最高点 D、E，最低点 A、H 已求出；求出平面 P 与圆锥面 W 面转向轮廓线的交点 F、G 的三面投影（图 3-12d）。两抛物线段的 H 面投影可见，W 面投影以 f''、g''为界，下部可见，上部不可见。

(3) 判断切割后圆锥的存在域。该圆锥 W 面转向轮廓线在 F、G 下部至 Q_W部分被切掉，因此擦去其投影，加粗其余可见轮廓的投影完成所求(图 3-12d)。

3. 球的截交线

平面与球相交，不论截平面与球的相对位置如何，其截交线的空间形状总是圆。但截平面对投影面的相对位置不同，所得截交线圆的投影亦不同。当截平面是投影面平行面(如水平面)时，截交线圆是投影面平行圆(水平圆)，该圆在所平行的投影面上的投影反映实形，而另两面投影则积聚成长度等于该圆直径的直线(图 3-13a)。当截平面是投影面垂直面(如正垂面)时，截交线圆是投影面垂直圆(正垂圆)，该圆在所垂直的投影面上的投影积聚成长度等于该圆直径的直线，而另两面投影则是圆的类似形——椭圆(图 3-13b)。

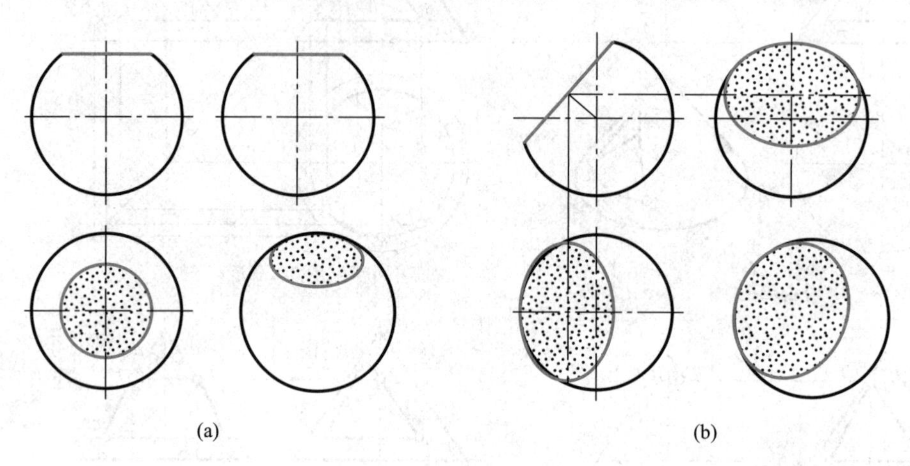

图 3-13　球截交线

[**例 3-9**]　完成图 3-14a 所示切割球的投影。

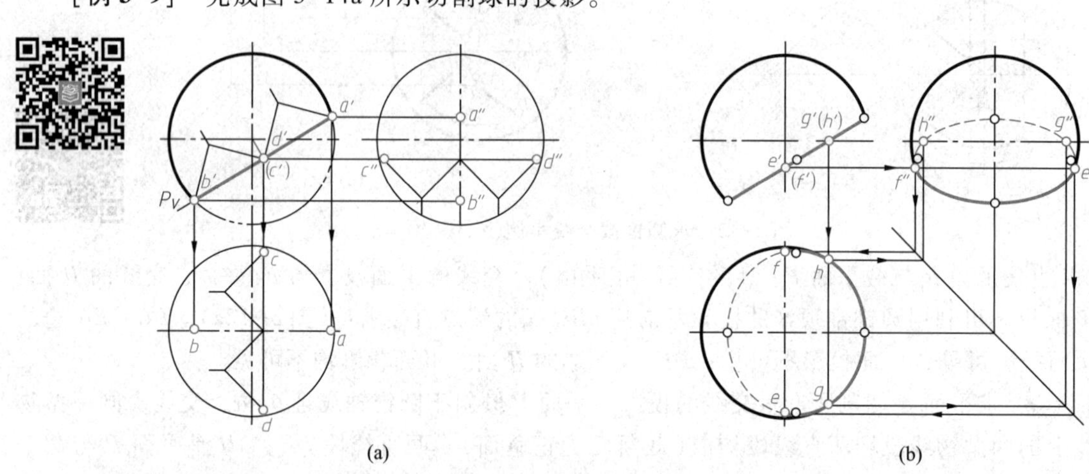

图 3-14　求球截交线实例(一)

分析：截平面 P 是一正垂面，所以截交线圆是一正垂圆，该圆的 V 面投影与 P_V 重合，其长度等于该圆的直径，它的 H 面投影、W 面投影都为椭圆。

作图：

(1) 补画交线圆的三面投影。

① 求投影椭圆的长、短轴端点　球 V 面转向轮廓线与截平面的交点 A、B 是正垂圆 H 面投影及 W 面投影椭圆的短轴端点，由 a'、b'可直接求出 a、b 及 a''、b''(图 3-14a)。$a'b'$的中点 c'、d'是正垂圆 H 面投影及 W 面投影椭圆的长轴端点 C、D 的 V 面投影。CD 是正垂线，其 H 面投影 cd、W 面投影 $c''d''$都反映实长(即圆的直径 $a'b'$)，可用分规量取作图(图 3-14a)。

② 求球 W 面转向轮廓线上的点 E、F 的投影　由 e'、f' 可直接求出 e''、f''，再由 e'、f' 及 e''、f'' 求出 e、f(图 3-14b)。

③ 求球 H 面转向轮廓线上的点 G、H 的投影　由 g'、h' 可直接求出 g、h，再由 g'、h' 及 g、h 求出 g''、h''(图 3-14b)。

④ 判断可见性，依次光滑地连接交线各点的同面投影，即完成交线投影(图 3-14b)。

(2) 判断球切割后的存在域。由于球下部被切割，因此球 V 面转向轮廓线的投影在 a'、b' 下部不存在，W 面转向轮廓线的投影在 e''、f'' 下部不存在，H 面转向轮廓线的投影在 g、h 右侧不存在。擦去不存在轮廓线的投影，加粗可见轮廓的投影，完成所求(图 3-14b)。

[**例 3-10**]　完成图 3-15a 所示切割半球的俯视图及左视图。

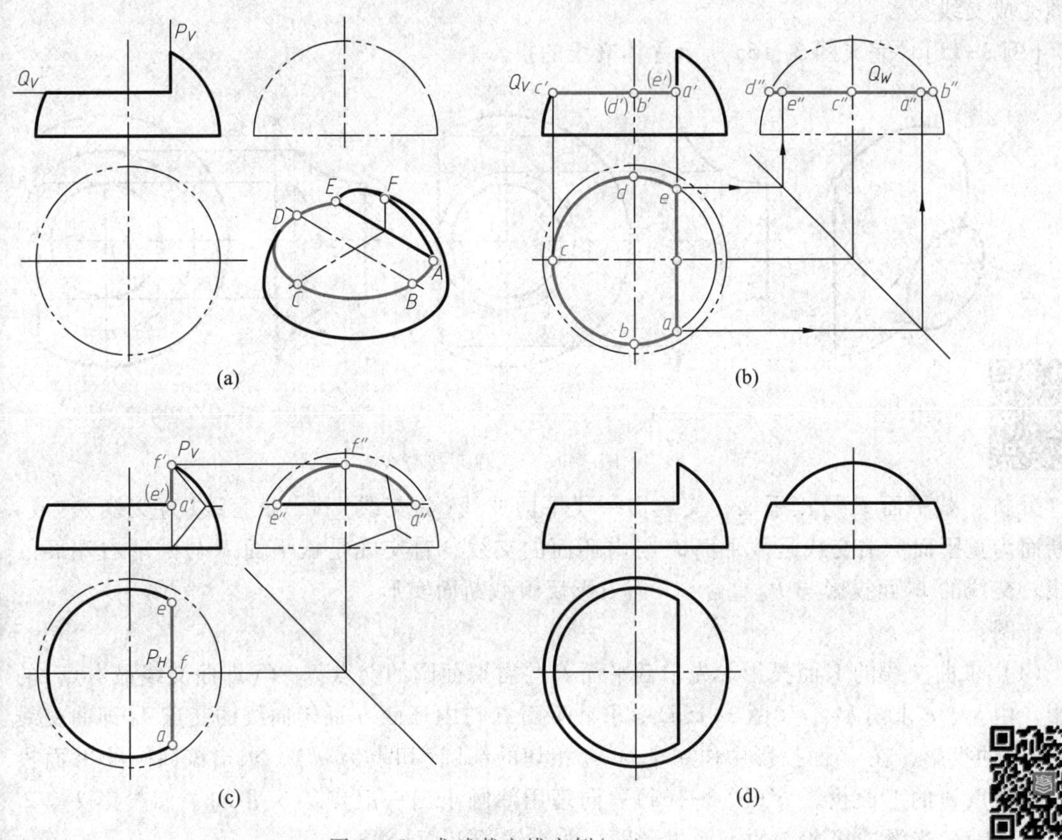

图 3-15　求球截交线实例(二)

分析：该半球被水平面 Q 及侧平面 P 切去左上部。

作图：

(1) 补画完整半球的俯视图及左视图(图 3-15a)。

(2) 补画两个截平面切割产生交线的投影。

① 求平面 Q 切割所产生交线的投影　平面 Q 是水平面，交线由水平圆弧 $ABCDE$ 和直线 AE 构成(截断面为水平面)。水平圆弧 $ABCDE$ 是平面 Q 与球面的交线；直线 AE 是平面 Q 与截平面 P 的交线(正垂线)。交线的 V 面投影与 Q_V 重合，W 面投影与 Q_W 重合，H 面投影反

映截断面实形，其半径由 V 面投影确定(图 3-15b)。

② 求平面 P 切割所产生交线的投影　平面 P 是侧平面，交线由一段侧平圆弧 AFE 和直线 AE 构成(截断面为侧平面)。侧平圆弧 AFE 是平面 P 与球面的交线，直线 AE 是平面 P 与截平面 Q 的交线(AE 投影上述已求)。侧平圆弧 AFE 的 V 面投影与 P_V重合，H 面投影与 P_H重合，W 面投影反映实形，其半径由 V 面投影确定(图 3-15c)。

(3) 判断半球切割后的存在域。半球 W 面转向轮廓线在 Q_W上部不存在，擦去其投影，加粗可见轮廓的投影，完成所求(图 3-15d)。

4. 圆环的截交线

平面与圆环相交，其截交线是一般平面曲线。由于圆环面是回转面，同样可用纬圆取点作图完成交线投影。

[**例 3-11**]　完成图 3-16a 所示立体交线的投影。

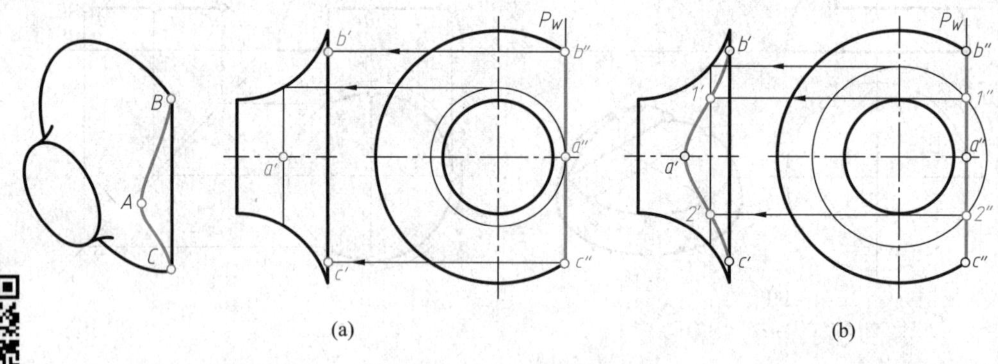

图 3-16　求圆环截交线

分析：截平面 P 是正平面，交线由一段平面曲线(曲交线)和一条直线(直交线)构成，截断面为正平面。曲交线是截平面 P 与内环面的交线，直交线是截平面 P 与圆环右端面的交线。交线的 W 面投影与 P_W重合，V 面投影反映截断面实形。

作图：

(1) 求曲交线的 V 面投影。先求截平面 P 与右端面圆的交点 B、C(即曲交线最右点)的投影。由 b″、c″求出 b′、c′(图 3-16a)。求截平面 P 与内环面 H 面转向线的交点 A(即曲交线最左点)的投影，在 W 面投影中作一个与 P_W相切的纬圆(切点为 a″)，求出该纬圆的 V 面投影，即得点 A 的 V 面投影 a′(图 3-16a)。同理用纬圆求出一般点 Ⅰ 、Ⅱ 的 V 面投影 1′、2′(图 3-16b)。光滑连接各点的 V 面投影即得曲交线的 V 面投影。

(2) 求直交线的 V 面投影。直交线 BC 的 V 面投影 b′c′与立体右端面 V 面投影积聚的直线重合。

5. 组合型回转体的截交线

由多个共轴线的基本回转体组合而成的立体称为组合型回转体。求组合型回转体截交线的步骤如下：

(1) 分析该组合型回转体由哪些基本回转体组成，找出它们的分界纬圆。

(2) 分别求出各基本回转体的截交线，各部分截交线的连接点在分界纬圆上。

[例 3-12]　完成图 3-17a 所示立体交线的投影。

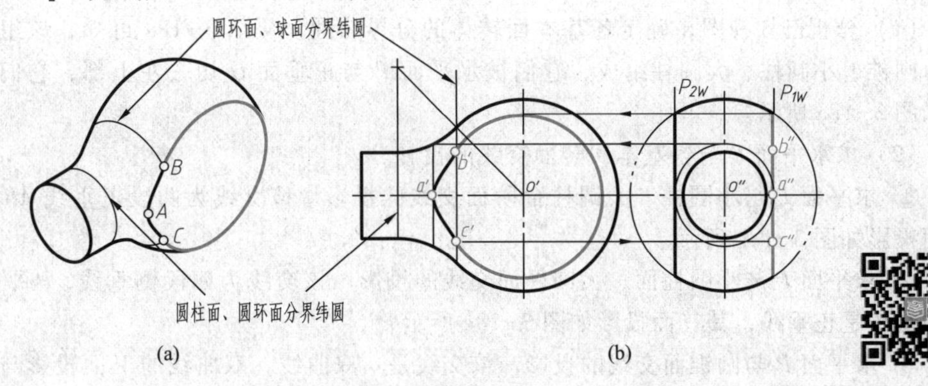

图 3-17　求组合型回转体截交线实例(一)

(1) 确定各基本回转面的分界纬圆。从图 3-17 可知，该组合型回转面由圆柱面、内圆环面、球面组成，它们的分界纬圆如图 3-17 所示。

(2) 分段求各基本回转面上的交线。平面 P 与球面的交线为正平圆弧。该圆弧的 W 面投影与 P_W 重合；V 面投影反映实形，其半径由 W 面投影确定。该圆弧最左点 B、C 位于内圆环面与球面的分界纬圆上。平面 P 与内圆环面交线投影的求法与[例 3-11](图 3-16)相同。

注意：该回转体被前、后对称的两截平面截切，因此两截平面产生的截交线的正面投影完全重合。

[例 3-13]　完成图 3-18a 所示立体的俯视图。

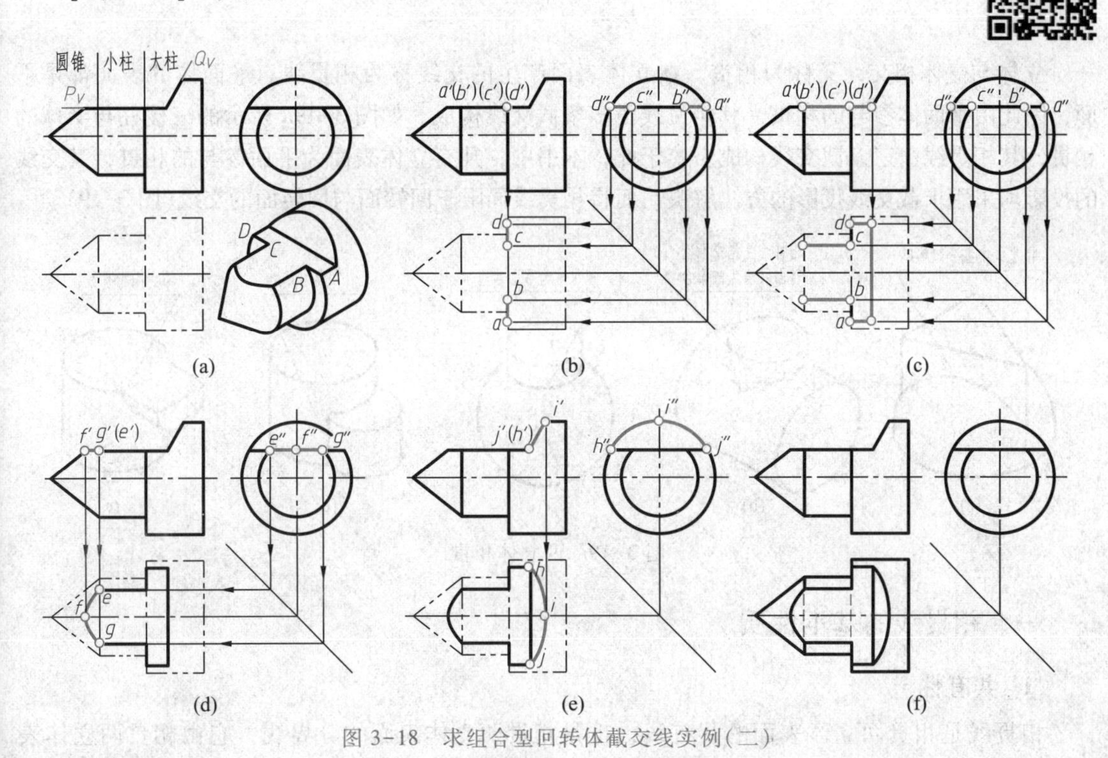

图 3-18　求组合型回转体截交线实例(二)

作图：

（1）分析已知视图，确定各基本回转体的分界纬圆。从图 3-18a 可知，该组合型回转体由圆锥、小圆柱、大圆柱组成，它们被水平面 P 与正垂面 Q 切去左上部，它们的分界纬圆如图 3-18a 所示。

（2）求水平面 P 与各基本回转面交线的投影。

① 求平面 P 与小圆柱、大圆柱台阶面交线的投影　该交线为两段正垂线 AB、CD，其三面投影如图 3-18b 所示。

② 求平面 P 与小圆柱面、大圆柱面交线的投影　该交线为四段侧垂线，P 平面与 Q 平面的交线是正垂线，其三面投影如图 3-18c 所示。

③ 求平面 P 与圆锥面交线的投影　该交线是一双曲线，双曲线的 V 面投影与 P_V 重合，W 面投影与 P_W 重合，H 面投影反映实形(图 3-18d)。

（3）求正垂面 Q 与大圆柱面交线的投影。由于平面 Q 倾斜于大圆柱面的轴线，其交线为椭圆弧，该椭圆弧的正面投影与 Q_V 重合，侧面投影与大圆柱面积聚的圆周重合，水平投影仍为椭圆弧(图 3-18e)。

注意：圆锥与小圆柱的分界纬圆、小圆柱与大圆柱的台阶面上部均被切掉。因此，H 面投影中有部分不可见，应画成细虚线(图 3-18f)。

§3-3　回转体与回转体相交

立体与立体相交，又称为相贯，在立体表面产生的交线称为相贯线。平面体的表面都是平面，因此由平面体参与的相贯，其相贯线由多条截交线构成。如图 3-19a 所示的三棱柱与半球的相贯，其相贯线由三条截交线构成。鉴于此，本书中，凡有立体表面为平面参与的相贯，其交线的投影均采用求截交线投影的方法解决，而将相贯线局限于回转面与回转面的交线(图 3-19)。

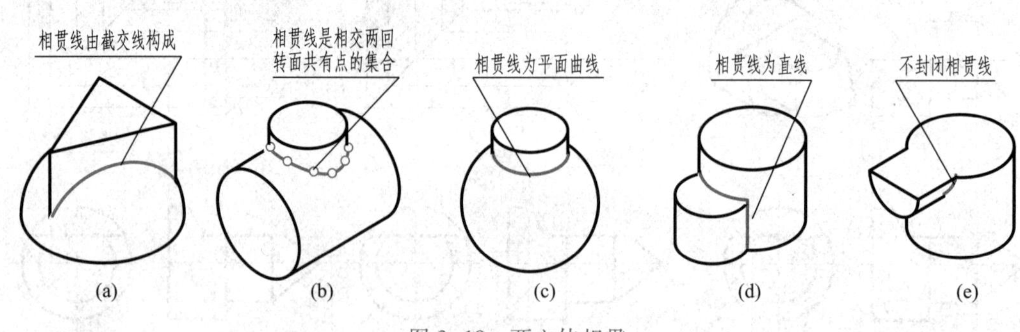

图 3-19　两立体相贯

一、相贯线的基本性质

1. 共有性

相贯线是相贯两立体表面的共有线，也是相贯两立体表面的分界线，它由相贯两立体表面的一系列共有点组成(图 3-19b)。

2. 封闭性

因为立体都是由一些表面所围成的封闭空间，因此在一般情况下，相贯线是一封闭的空间曲线，在特殊情况下，可不封闭或为平面曲线或直线(图 3-19c、d、e)。

二、相贯线投影的求法

相贯线是相交两立体表面的共有线，求相贯线的投影实质就是求相贯两立体表面一系列共有点的投影。常用的方法有表面取点法、辅助平面法。

1. 表面取点法

(1) 适用范围

表面取点法只适用于两相贯体中，至少有一个是轴线垂直于投影面的圆柱。

(2) 求解原理

如求轴线为正垂线的圆柱与轴线为铅垂线的圆台的相贯线(图 3-20a)。由于相贯线是相交两立体表面的共有线，将相贯线看成圆柱面上的线，相贯线的 V 面投影与圆柱面 V 面投影积聚的圆弧重合，成为已知(图 3-20a)；将相贯线看成圆台面上的线，根据这一已知投影，就可在圆台面上取点作图完成相贯线的其余投影(图 3-20b)。因此，此法称为表面取点法。

[**例 3-14**] 完成图 3-20a 所示相贯两立体的三视图。

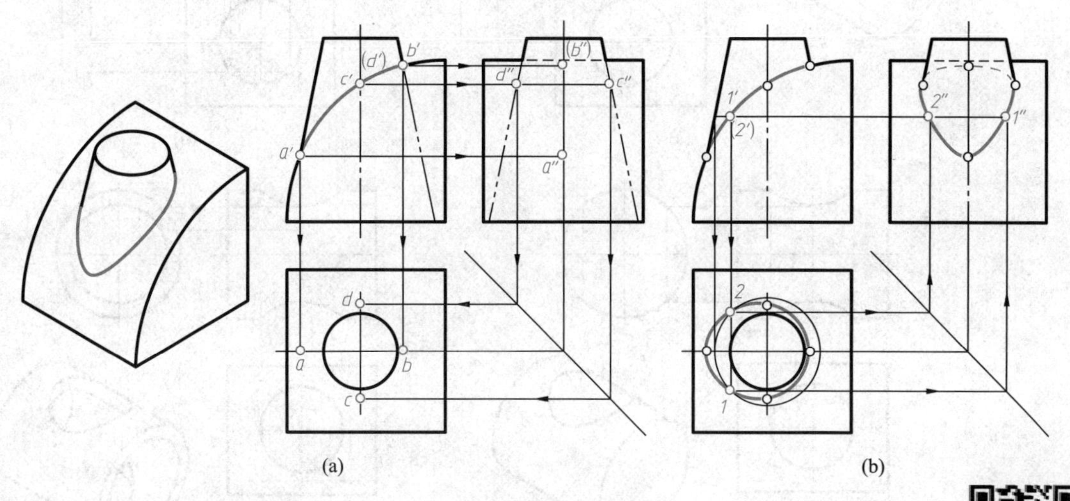

图 3-20 圆柱、圆台相贯

分析：见上述表面取点法的求解原理。

作图：

(1) 求特殊点。回转面转向轮廓线上的点、相贯线的极限位置点都属于相贯线上的特殊点，这些点的投影确定相贯线的投影范围和变化趋势，应首先求出。该圆台面 V 面转向轮廓线上的点 A、B，W 面转向轮廓线上的点 C、D，它们既是回转面转向轮廓线上的点，也是相贯线的极限位置点。由 a'、b'、c'、d'求出 a''、b''、c''、d''，再由 a'、b'、c'、d'及 a''、b''、

c''、d''求出 a、b、c、d(图 3-20a)。

(2) 求一般点。在圆台面上用纬圆取点作图,求出一般点 Ⅰ 、Ⅱ 的三面投影(图 3-20b)。

(3) 按可见性光滑连接各点的同面投影。当相贯两立体表面都是外表面,且相贯两立体表面在某一个投影面上的投影都可见时,相贯线在该投影面上的投影可见,否则不可见。圆柱面、圆台面的 H 面投影都可见,因此该相贯线的 H 面投影可见;圆柱面、左半圆台面的 W 面投影可见,因此该相贯线的 W 面投影以 c''、d''为界,下半部投影可见,上半部投影不可见,画细虚线(图 3-20b)。

(4) 整体检查。立体相交后融为一体,在相交的区域内无表面存在。因此,圆台面 V 面转向轮廓线、W 面转向轮廓线在交点的下部都不存在,擦去其投影,加粗可见轮廓投影即完成所求(图 3-20b)

[**例 3-15**] 完成图 3-21a 所示相贯两立体的三视图。

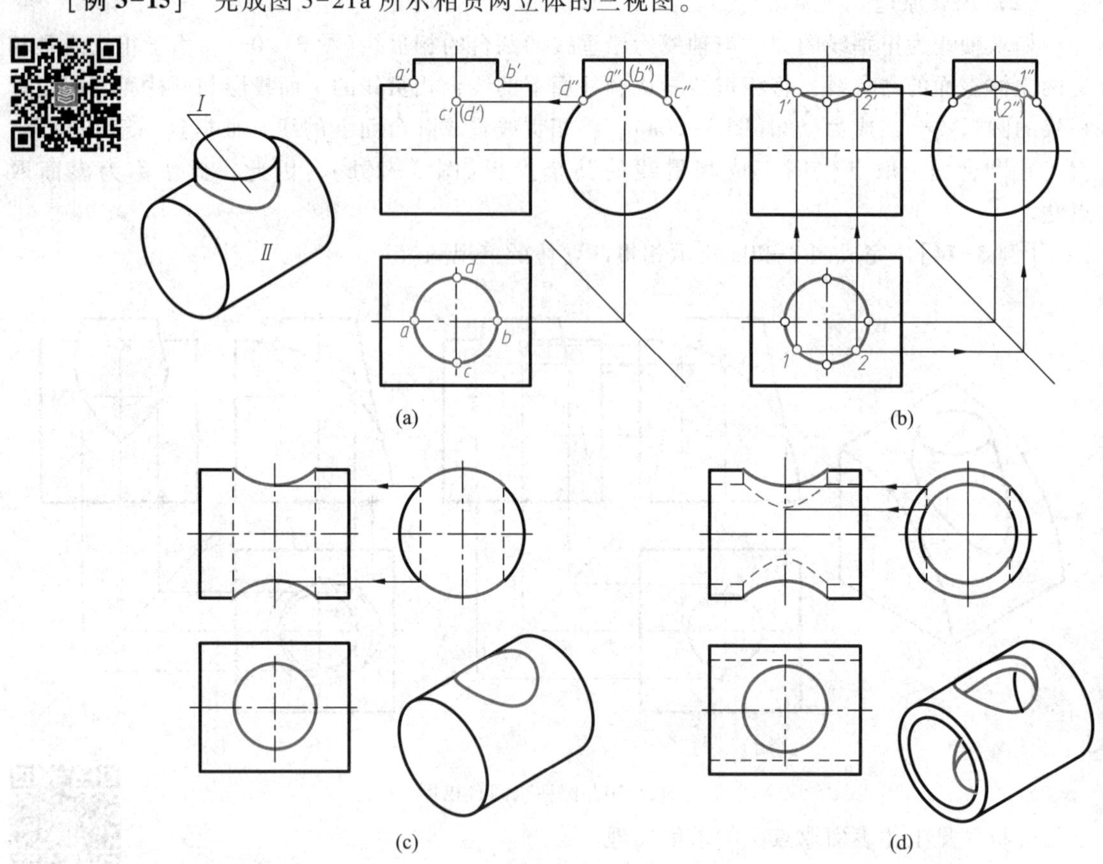

图 3-21 圆柱、圆柱相贯

分析:图 3-21a 为直径不等、轴线垂直相交的两圆柱相贯。将相贯线看成圆柱 Ⅰ 圆柱面上的线,则相贯线的 H 面投影与圆柱 Ⅰ 圆柱面的 H 面投影积聚的圆周重合;将相贯线看成圆柱 Ⅱ 圆柱面上的线,则相贯线的 W 面投影与圆柱 Ⅱ 圆柱面的 W 面投影积聚的 $d''a''c''$弧重合。这里只需求相贯线的 V 面投影。

作图：

(1) 求特殊点。由于圆柱 Ⅰ 全部贯入圆柱 Ⅱ，因此圆柱 Ⅰ 的 V 面转向轮廓线上的点 A、B 及 W 面转向轮廓线上的点 C、D 既是回转面转向轮廓线上的点，也是相贯线的极限位置点。由 a、b、c、d 求出 a''、b''、c''、d''，再由 a、b、c、d 及 a''、b''、c''、d''求出 a'、b'、c'、d'(图 3-21a)。

(2) 求一般点。在相贯线的 H 面投影上任取点 1、2，由 1、2 求出 $1''$、$2''$，再由 1、2 及 $1''$、$2''$求出 $1'$、$2'$(图 3-21b)，同理可取一系列的一般点。

(3) 判别可见性，依次光滑连接各点的 V 面投影，即得相贯线的 V 面投影(图 3-21b)。

(4) 整体检查。圆柱 Ⅰ 的 V 面转向轮廓线在 A、B 的下方不存在，W 面转向轮廓线在 C、D 的下方也不存在，圆柱 Ⅱ 的 V 面转向轮廓线在点 A、B 之间的部分不存在，擦去其投影，加粗可见轮廓线的投影即完成所求(图 3-21b)。

注意：该相贯体前后对称，因此相贯线也前后对称，它前、后两部分的 V 面投影重合。

若图 3-21a 中的铅垂圆柱 Ⅰ 不是实体，而是一圆柱孔，它与侧垂圆柱 Ⅱ 相交后，同样产生相贯线，该相贯线投影的求法与图 3-21a、b 完全相同(图 3-21c)。

若图 3-21a 中的侧垂圆柱 Ⅱ 不是实心体，而是一圆筒，这时铅垂圆柱孔 Ⅰ 将同时与侧垂圆筒 Ⅱ 的内、外圆柱面相交而分别产生四段相贯线(图 3-21d)，该四段相贯线投影求法仍与图 3-21a、b 相同，不同的是内圆柱面上的两条相贯线的 V 面投影不可见，应画成细虚线(图 3-21d)。

[**例 3-16**] 完成图 3-22a 所示相贯两立体的三视图。

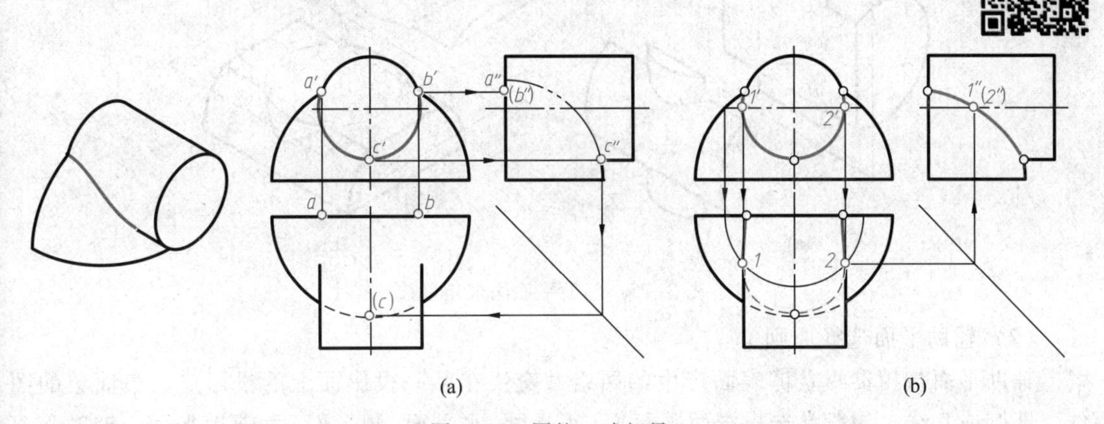

图 3-22 圆柱、球相贯

分析：图 3-22a 所示为 1/4 球与轴线正垂的圆柱相贯。将相贯线看成圆柱面上的线，则相贯线的 V 面投影与圆柱面 V 面投影积聚的圆弧 $a'c'b'$重合；将相贯线看成球面上的线，在球面上利用纬圆取点作图可完成相贯线的 H 面投影及 W 面投影。

作图：

(1) 求特殊点。求球 V 面转向轮廓线与圆柱面的交点 A、B 的投影。由 a'、b'直接求出 a、b 及 a''、b''(图 3-22a)。球 W 面转向轮廓线与圆柱面 W 面转轮廓向线的交点 C 的投影，

可由 c'、c''求出（图 3-22a）。求圆柱面 H 面转向轮廓线与球面的交点Ⅰ、Ⅱ的投影时，可过 $1'$、$2'$作水平纬圆，求出该纬圆的水平投影与圆柱面 H 面转向轮廓线水平投影的交点 1、2，再由 $1'$、$2'$及 1、2 求出 $1''$、$2''$（图 3-22b）。

（2）判别可见性，依次光滑连接各点的同面投影，即得相贯线的 H 面、W 面投影（图 3-22b）。

（3）整体检查。球面 W 面转向轮廓线与圆柱面 W 面转向轮廓线在相交区域内不存在，圆柱面 H 面转向轮廓线在Ⅰ、Ⅱ后方相交区域内不存在，擦去其投影，加粗可见轮廓线的投影完成所求（图 3-22b）。

注意：相贯线的特殊点足够多，根据其投影依次光滑连线时可省去求一般点的投影，如［例 3-16］。

2. 辅助平面法

（1）基本原理

如图 3-23 所示，假想用一个辅助平面在相贯两立体的相贯区域内去切割相贯两立体，两立体表面便产生两组截交线。由于两组截交线在同一辅助平面上，因此两组截交线必定相交，其交点 A、B、C、D 就是两立体表面与辅助平面三者的共有点，即为相贯线上的点。作一系列辅助平面，求相贯线上一系列点的投影，然后按可见性依次光滑连接各点的同面投影，即得相贯线的投影。

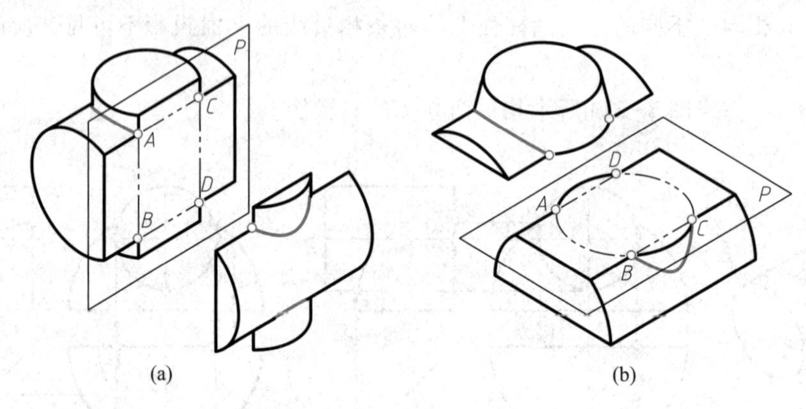

图 3-23　辅助平面法求相贯线

（2）辅助平面选择原则

辅助平面与相贯两立体表面产生的两组截交线在某一投影面上的投影应为最简单的图线，即圆或直线。一般常选投影面平行面（正平面、水平面、侧平面）为辅助平面。辅助平面与哪一个投影面平行，一般就先求两组截交线在那个投影面上的投影。

［例 3-17］　完成图 3-24b 所示圆台与半球相交后相贯线的投影。

分析：由于相贯两立体表面投影都无积聚，因此用辅助平面法求解。

作图：

（1）选择辅助平面。根据辅助平面选择原则，对于圆台面，应选过锥顶或垂直于轴线的特殊位置平面为辅助平面，对于球面应选择投影面平行面为辅助平面。因此，本例选一系

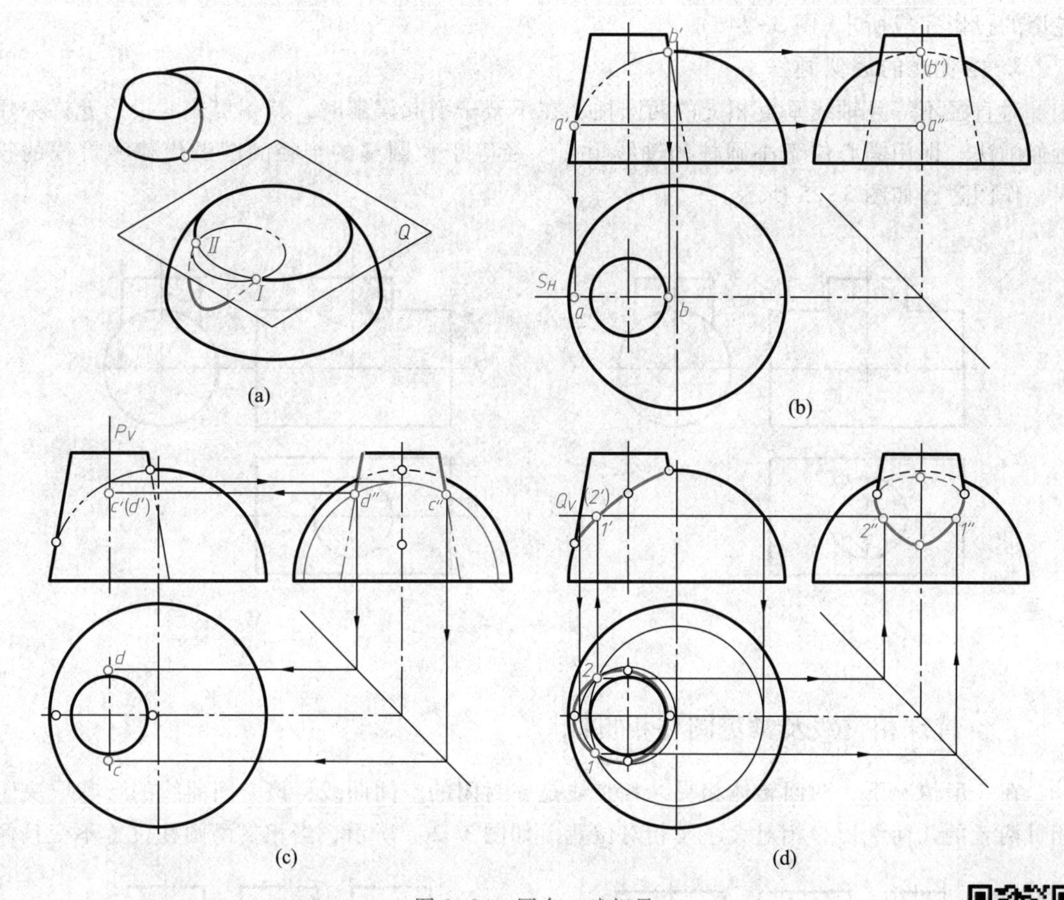

图 3-24　圆台、球相贯

列水平面为辅助平面，也可选过锥顶的正平面或侧平面作为辅助平面。

（2）求特殊点。

① 圆台面 V 面转向轮廓线与球面的交点 A、B　取一个过圆台轴线的正平面 S 去切割相贯两立体，所得两截交线分别是圆台面、球面的 V 面转向轮廓线，求出二者 V 面投影的交点 a'、b'，再由 a'、b'求出 a、b 和 a''、b''（图 3-24b）。

② 圆台面 W 面转向轮廓线与球面的交点 C、D　取一个过圆台轴线的侧平面 P 去切割相贯两立体，它与圆台面的交线是圆台面的 W 面转向轮廓线，与球面的交线是一侧平圆弧（其半径由 V 面投影确定），求出二者 W 面投影的交点 c''、d''，再由 c''、d''求出 c、d 及 c'、d'（图 3-24c）。

（3）求一般点 Ⅰ、Ⅱ。取水平面 Q 为辅助平面，Q 与圆台面、球面的交线均为水平圆，求出两水平圆水平投影的交点 1、2，再由 1、2 求出 $1'$、$2'$（$1'$、$2'$在 Q_V上）。然后再由 1、2 和 $1'$、$2'$求出 $1''$、$2''$（图 3-24d）。

（4）判别可见性，依次光滑连接各点的同面投影，即得相贯线的三面投影（图 3-24d）。

（5）整体检查。相交区域内相交二者的转向轮廓线均不存在，擦去其投影，加粗可见

轮廓的投影完成所求(图 3-24d)。

3. 相贯线的近似画法

对直径不等且轴线垂直相交的两圆柱，在不至于引起误解时，其相贯线的投影允许采用近似画法。即用圆心位于小圆柱的轴线上、半径等于大圆柱的半径的圆弧代替相贯线的投影，作图过程如图 3-25 所示。

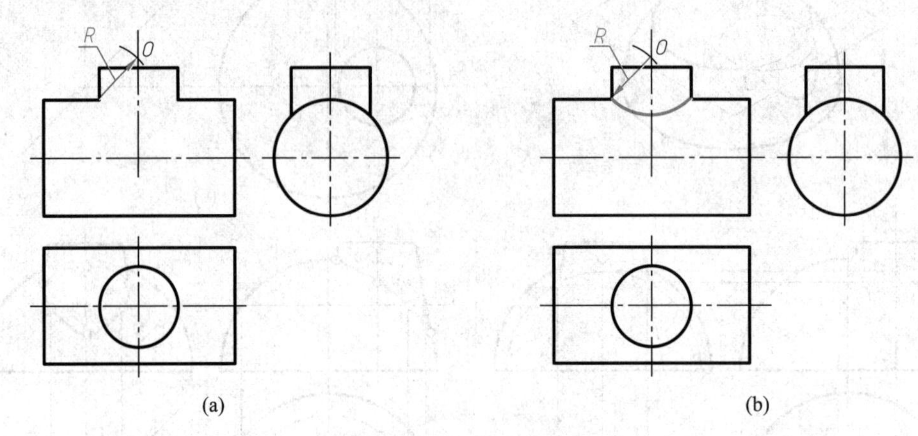

图 3-25 相贯线的近似画法

三、特殊相贯线及常见圆柱相贯线

在一般情况下，两回转体相贯，相贯线是一封闭的空间曲线，该空间曲线的形状取决于相贯两者的几何性质、相对大小及相对位置。如图 3-26a 所示，当相贯两圆柱位置不变且侧

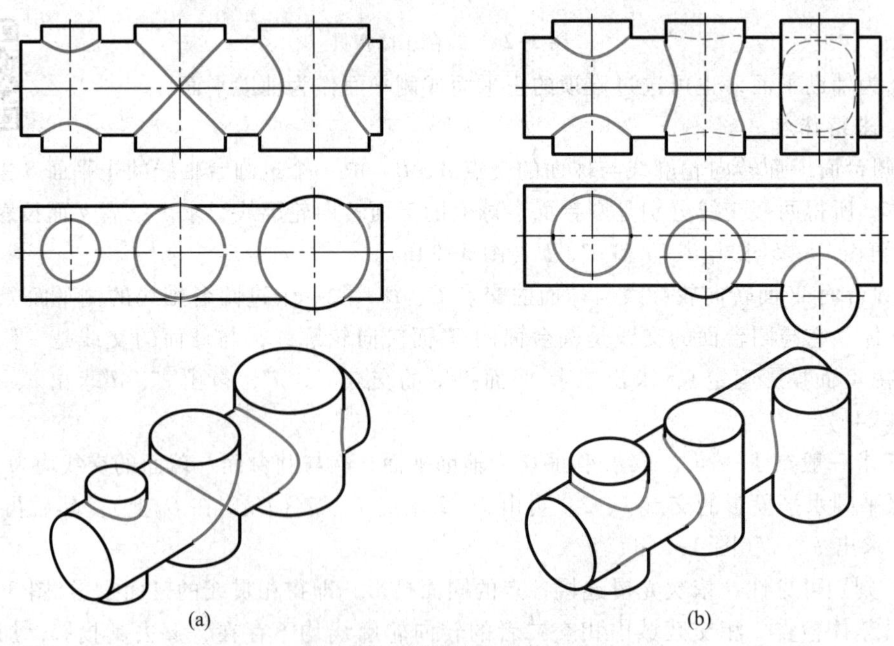

图 3-26 相贯线的形状变化

垂圆柱直径不变时，随着铅垂圆柱的直径变化，相贯线的空间形状发生变化；如图 3-26b 所示，当相贯两圆柱的直径不变且侧垂圆柱位置不变时，随着铅垂圆柱的位置变化，相贯线的空间形状也发生变化。当相贯两者的相对大小、相对位置处于某个特定位置时，相贯线就会变成平面曲线或直线，这类相贯线称为特殊相贯线。

1. 两回转体同轴线的相贯

相贯两回转体的轴线重合时，其相贯线为垂直于公共轴线的圆(图 3-27)。

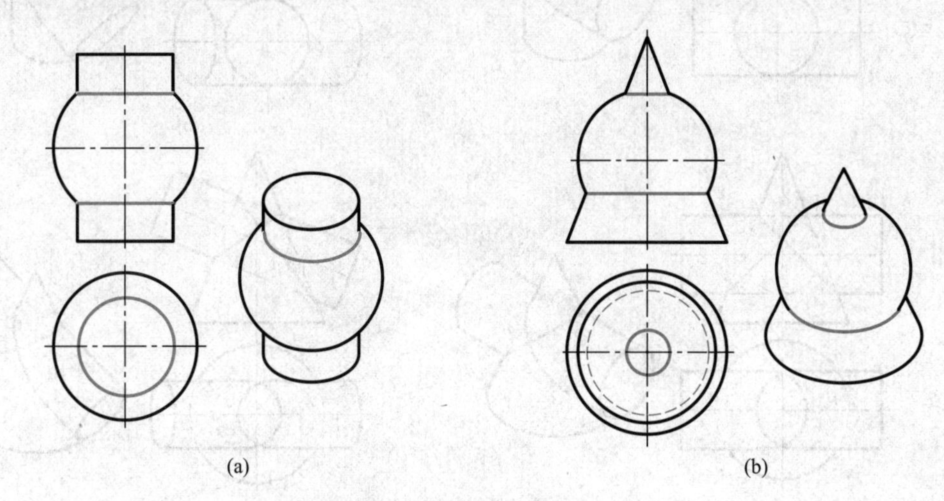

图 3-27　两回转体同轴线的相贯

2. 两回转体公切于一球的相贯

当轴线相交的两圆柱或圆柱与圆锥公切于一个球时，其相贯线是平面曲线椭圆，椭圆所在的平面垂直于两轴线所确定的平面。当两轴线确定的平面是投影面平行面时，椭圆在该投影面上的投影就积聚为直线(图 3-28)。

3. 轴线平行的两圆柱相贯、共锥顶的两圆锥相贯

这两种相贯的相贯线为直素线(图 3-29)。

4. 常见圆柱相贯线

常见圆柱相贯线如图 3-30 所示。

四、多形体相贯

上面讨论的是两个基本立体相贯时相贯线的求法。在工程中，常常还会遇到多个基本立体相贯的情况，称为多形体相贯。求多形体相贯线投影的步骤如下：

(1) 分析该相贯体由哪些基本立体相贯组成，产生了几段交线，各段交线的分界在哪里，找出各段交线的结合点(分界点)。

(2) 运用前面所学相贯线投影的求法，逐段求出各交线的投影。

[例 3-18]　完成图 3-31a 所示立体表面交线的投影。

分析：该立体由侧垂圆柱、铅垂圆柱及半球相交组成，半球与铅垂圆柱相切，无交线产生。侧垂圆柱上半部与半球同轴线相贯，相贯线为半个侧平圆。侧垂圆柱下半部与大圆柱相

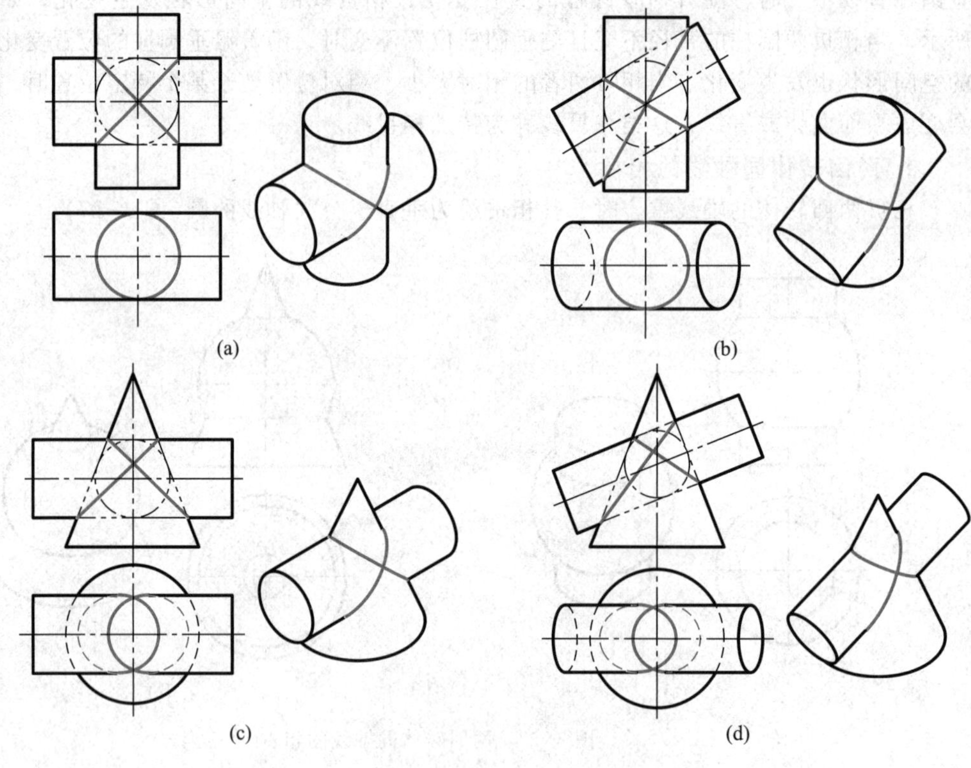

图 3-28　两回转面公切于一球面的相贯

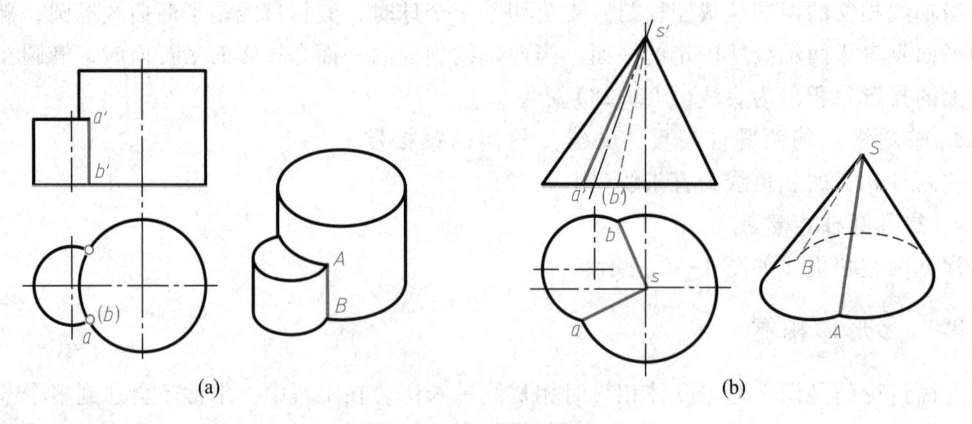

图 3-29　相贯线为直线

贯，其相贯线为一条空间曲线。

作图：

（1）找出半球面与铅垂圆柱面的分界(图 3-31a)。

（2）求出侧垂圆柱面与半球面的交线投影(图 3-31a)。

（3）求出侧垂圆柱面与铅垂圆柱面的交线投影(图 3-31b)。

[**例 3-19**]　求图 3-32a 所示立体交线的投影。

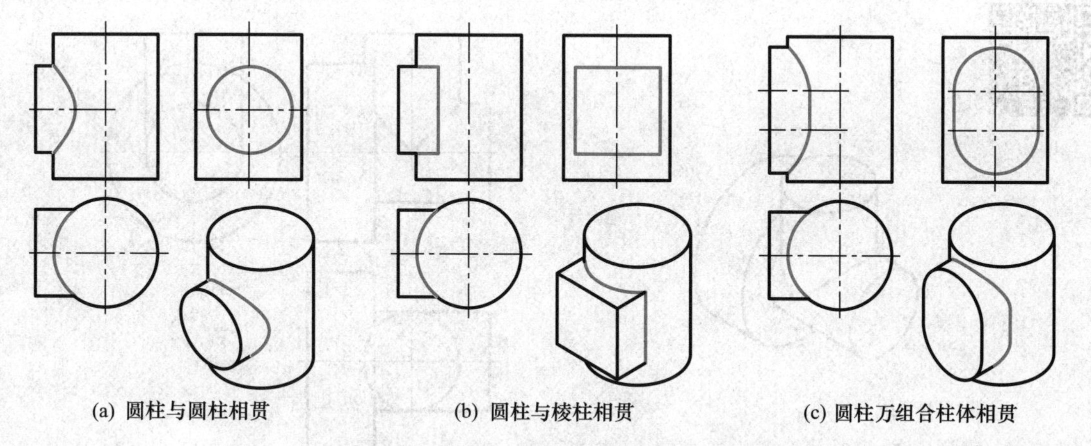

图 3-30　常见圆柱相贯线

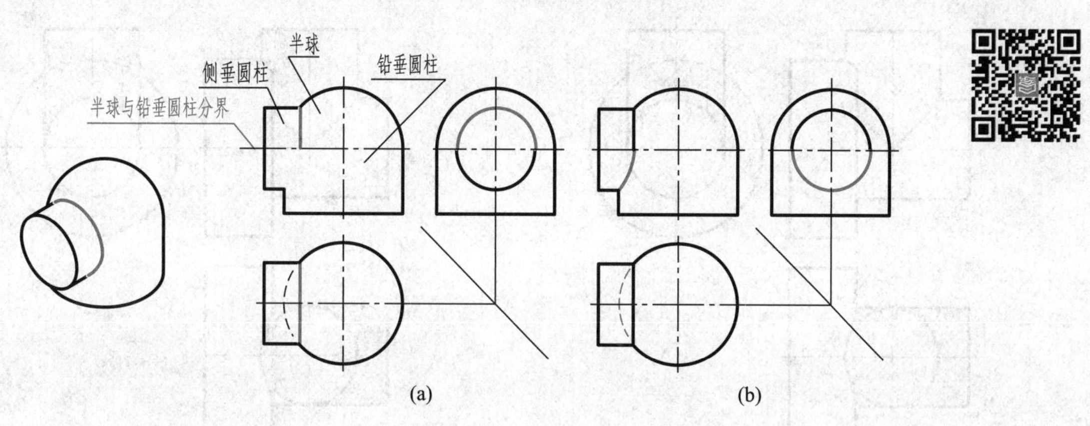

图 3-31　多形体相贯的相贯线投影实例(一)

分析：该立体由三个圆柱相交组成，铅垂圆柱不但与侧垂的大、小圆柱相交产生相贯线，还与侧垂大、小圆柱的台阶面(简称台阶面)相交产生交线。因此，该立体的相贯线由三组交线构成。

作图：

(1) 求铅垂圆柱面与台阶面的交线。由于台阶面是侧平面，平行于铅垂圆柱的轴线，因此其交线为两铅垂线，该交线的 H 面投影为铅垂圆柱面 H 面投影积聚的圆周与台阶面 H 面投影积聚的直线的交点，V 面投影与台阶面 V 面投影积聚的直线重合，W 面投影为台阶面 W 面投影区域内的两条细虚线(图 3-32a)。

(2) 求铅垂圆柱面与侧垂小圆柱面的交线。铅垂圆柱面与侧垂小圆柱面是公切于一球面的特殊相贯，因此相贯线为部分椭圆弧，该椭圆弧的 H 面投影与铅垂圆柱面 H 面投影积聚的圆周重合，W 面投影与侧垂小圆柱面 W 面投影积聚的圆周重合，V 面投影为直线，因为椭圆弧确定的平面与相交二者轴线构成的平面(正平面)垂直(图 3-32b)。

(3) 求铅垂圆柱面与侧垂大圆柱面的交线。该交线为一条空间曲线，其投影如图 3-32c 所示。

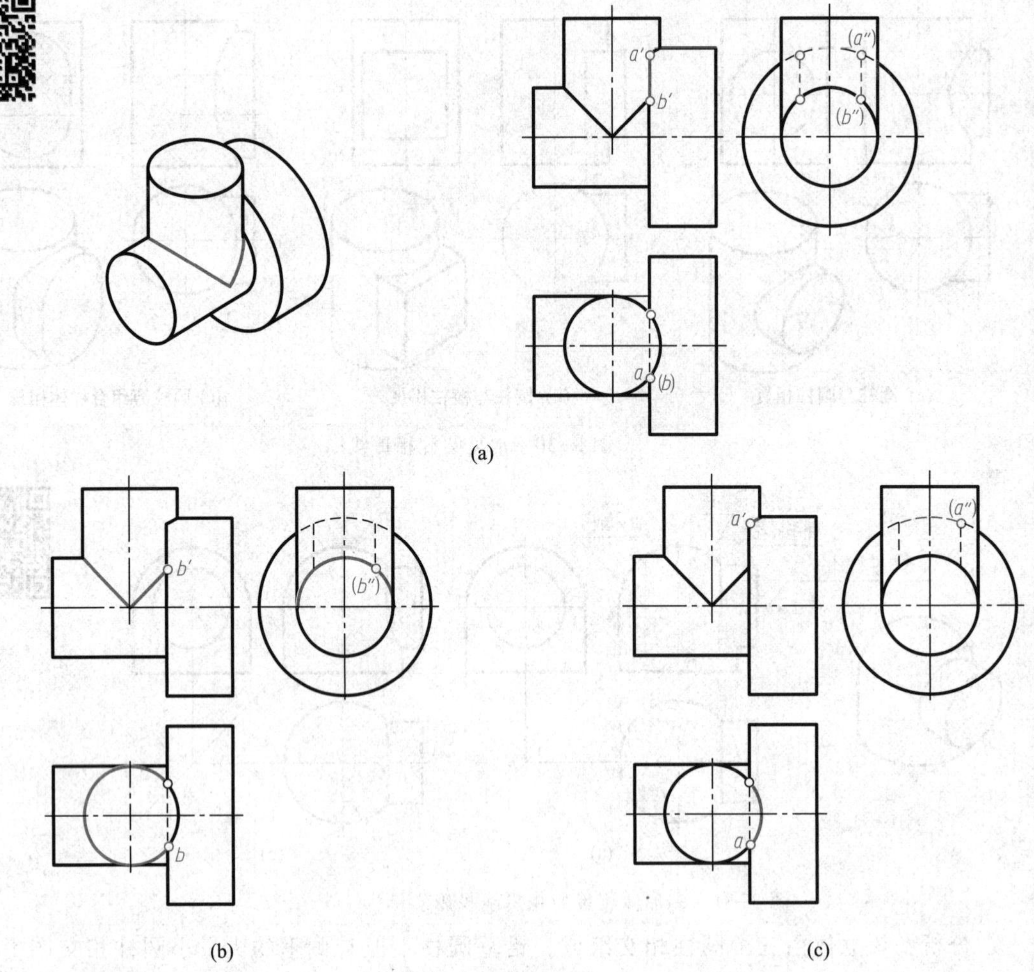

图 3-32　多形体相贯的相贯线投影实例(二)

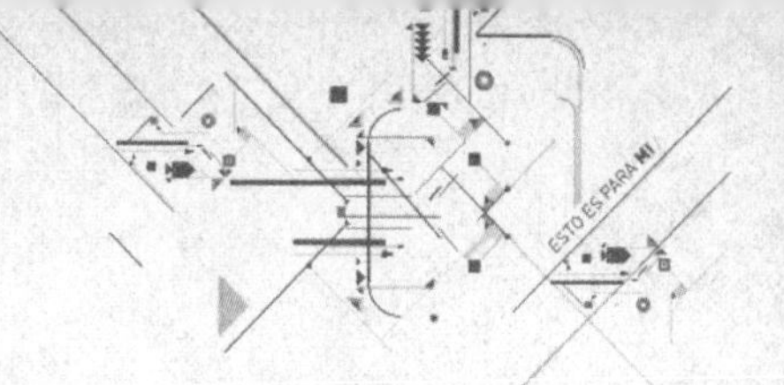

第四章 组合体及其投影

机器零件(简称机件)从形体的角度来分析，都可以看作是由一些简单的基本体经过叠加、切割或穿孔等方式组合而成的。这种由两个或两个以上的基本体组合构成的立体称为组合体。组合体大多数是由机件抽象而成的几何模型。掌握组合体的画图与读图方法，将为阅读和绘制机械工程图样打下坚实基础。本章主要讨论组合体的画图与读图方法及尺寸标注。

§4-1　组合体的组成分析

一、组合体的组成方式

组合体根据组成方式不同通常分为叠加型和切割型两种。叠加型组合体是由若干基本体叠加而成的，如图 4-1a 所示螺栓(毛坯)由六棱柱、圆柱和圆台叠加而成。切割型组合体可看成由基本体经过切割或穿孔后形成，如图 4-1b 所示顶块(模型)是由四棱柱经过切割再穿孔以后形成的。多数组合体是既有叠加又有切割的综合型，如图 4-1c 所示。

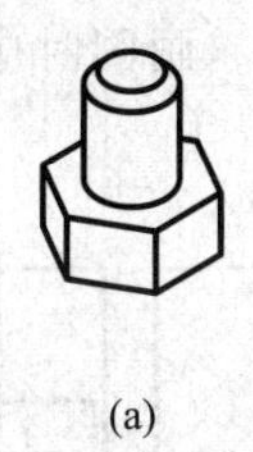
(a)

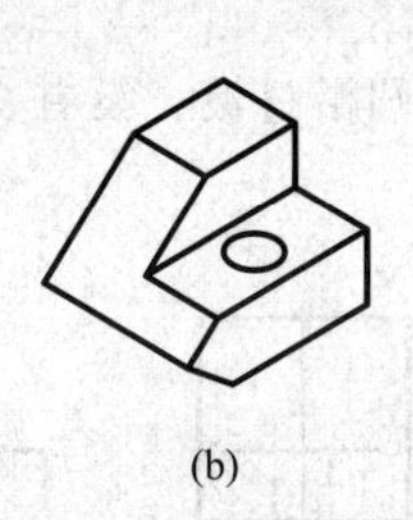
(b)

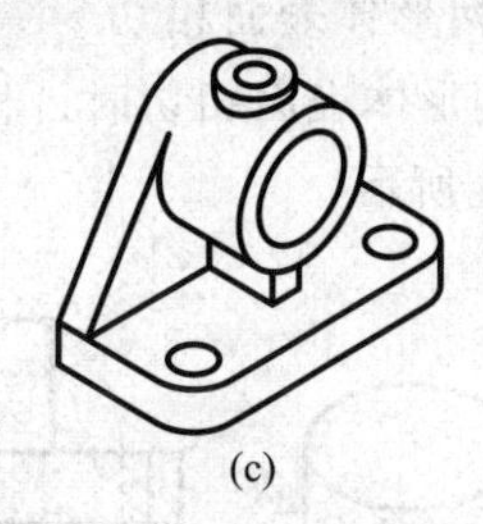
(c)

图 4-1　组合体的组成方式

二、组合体中相邻形体之间表面过渡关系的投影特征

组合体中的几个形体经过叠加、切割后，相邻形体的表面存在着共面、不共面(平行)、相切或相交的四种过渡关系。掌握各种表面过渡关系的投射特征是正确绘制组合体视图以及正确阅读组合体视图的保证。

1. 相邻两形体表面不共面

当相邻两形体表面不共面时，中间常有台阶面存在，如图 4-2 中的形体 *I* 与形体 *II* 的两表面 *A*、*B* 不共面，有台阶面 *C* 存在，画图时应注意该台阶面的投影，不要漏画。

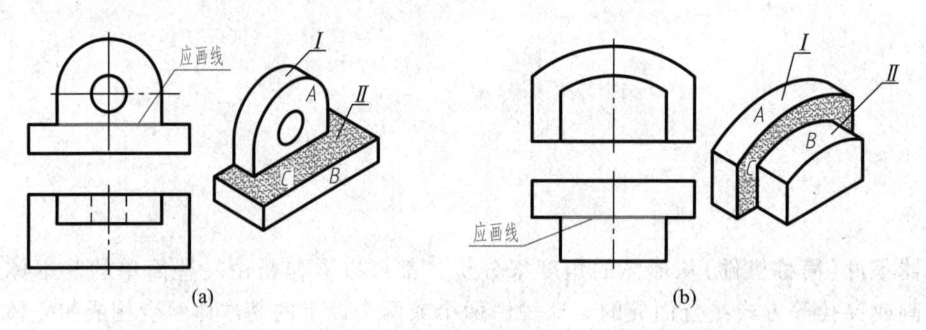

图 4-2 相邻形体之间表面过渡关系的投影特征(一)

2. 相邻两形体表面共面

当相邻两形体表面共面时，中间无台阶面存在，如图 4-3 中的形体 *I* 与形体 *II* 的两表面 *A*、*B* 共面，中间无台阶面存在，画图时应注意不要多线。

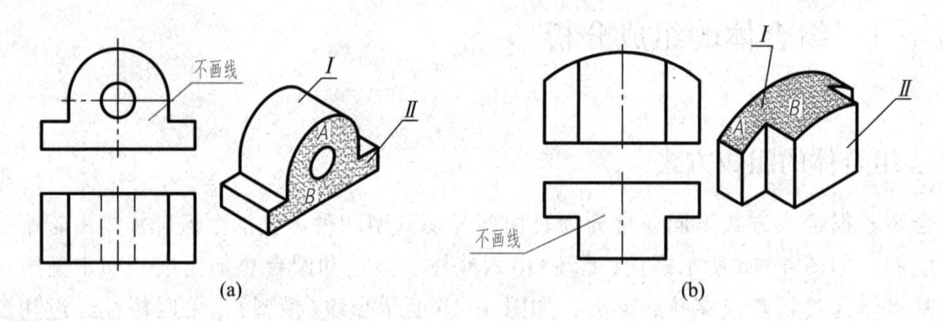

图 4-3 相邻形体之间表面过渡关系的投影特征(二)

3. 相邻两形体表面相切

当相邻两形体表面相切时，相切处为圆滑过渡，没有交线产生，画图时应注意不要多线，如图 4-4 所示。

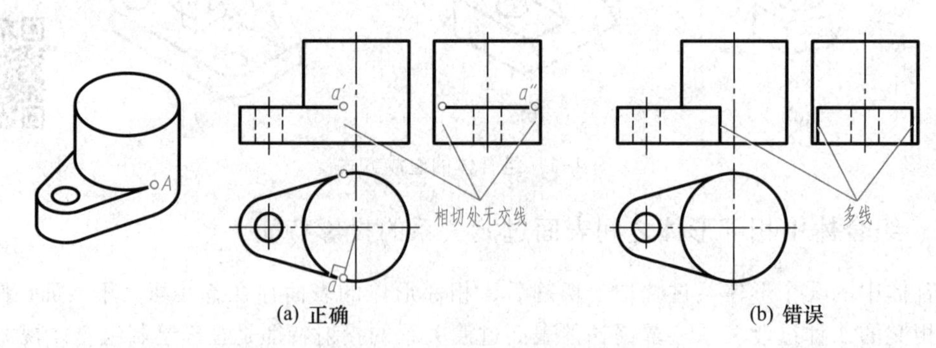

图 4-4 相邻形体之间表面过渡关系的投影特征(三)

4. 相邻两形体表面相交

当相邻两形体表面相交时，相交处必有交线（截交线、相贯线）产生，画图时应注意交线的投影，不要漏画，如图 4-5 所示。

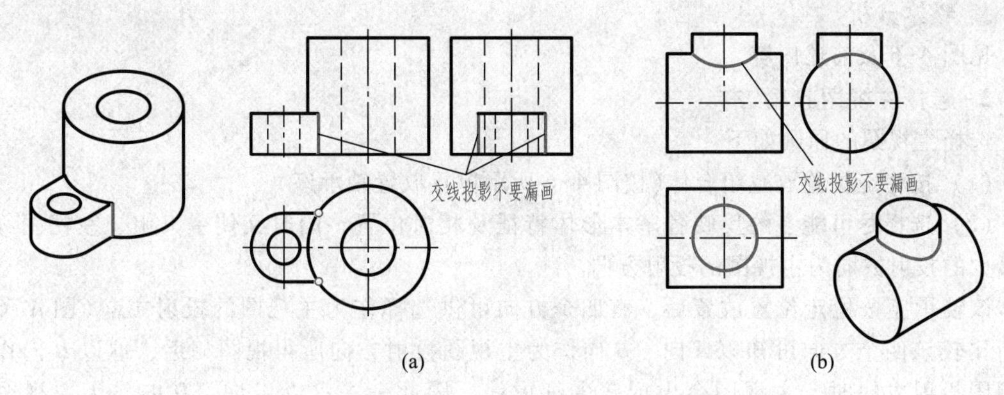

图 4-5　相邻形体之间表面过渡关系的投影特征（四）

§4-2　组合体视图的画法

一、组合体的形体分析

假想把组合体分解为若干个简单的基本形体，然后再分析各基本形体之间的相对位置、组成方式以及相邻基本形体之间的表面过渡关系。如图 4-6 所示轴承座，可假想将其分解为 5 个基本形体，支承板 *III* 位于底板 *V* 的正上方，二者后面平齐；圆筒 *II* 位于支承板 *III* 的上方，支承板 *III* 的两侧面与圆筒 *II* 的外圆柱面相切；凸台 *I* 位于圆筒 *II* 的正上方，并与之垂直相交、两孔接通；肋板 *IV* 位于支承板 *III* 的正前方、底板 *V* 的正上方、圆筒 *II* 的正下方，两侧面与圆筒 *II* 的外圆柱面相交。这样的一个假想分解分析过程就称为组合体的形体分析。组合体的形体分析是人们绘图、读图和标注尺寸的一种最基本方法，应熟练掌握使用。

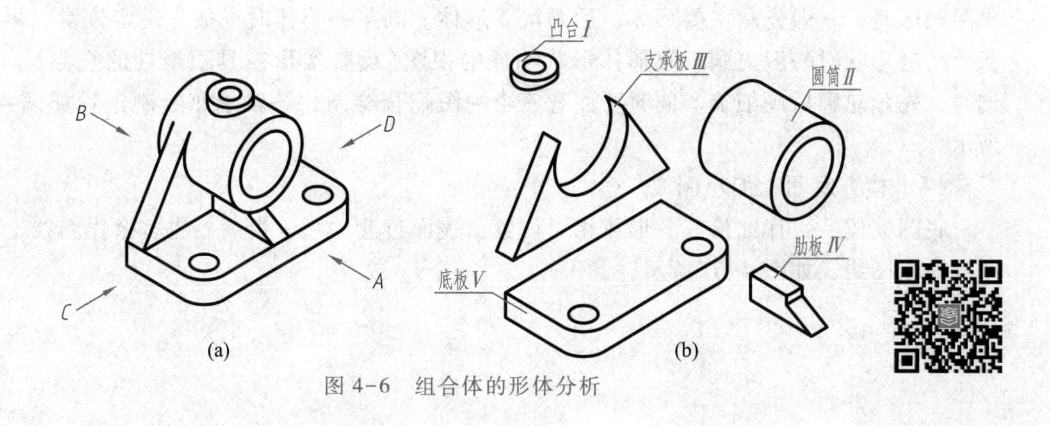

图 4-6　组合体的形体分析

二、叠加型组合体视图的画法

以图 4-6 所示轴承座为例，介绍叠加型组合体视图的画法。

1. 形体分析

见图 4-6 及前述内容。

2. 选择主视图投射方向

选择主视图的原则如下：

(1) 按稳定位置放置组合体(按图 4-6 所示位置放置轴承座)。

(2) 选择尽可能多的反映各基本形体特征及相对位置，同时又使主、俯、左视图细虚线最少的投射方向为主视图的投射方向。

该轴承座按稳定位置放置后，有四个方向可供选择作为主视图的投射方向(图 4-6)。分析比较该四个方向可知以 *A* 向、*B* 向作为主视图投射方向所得视图相近，但以 *B* 向作为主视图投射方向时，主视图会出现较多细虚线，因此舍去；以 *C* 向、*D* 向作为主视图投射方向所得视图相近，但以 *C* 向作为主视图投射方向时，左视图会出现较多细虚线，因此舍去；*A* 向、*D* 向都接近主视图选择原则，均可选作主视图的投射方向，但以 *A* 向作为主视图投射方向时，形体长度尺寸较大，更便于布图，所以该例选 *A* 向为主视图投射方向。

3. 画图

(1) 选比例、定图幅

根据组合体的长、宽、高计算出三个视图所占面积，并在视图之间留出适当的间距，据此选用合适的比例及图幅。

(2) 画基准线、合理布局三个视图

图纸固定后，根据各视图的大小和位置画出基准线。基准线是指画图时测量尺寸的基准，每个视图需要确定两个方向的基准线。通常以对称中心线、轴线和大端面的投影作为基准线，如图 4-7a 所示。

(3) 逐个画出各形体的三视图

根据形体分析，按各基本形体的主次及相对位置，用细实线逐个画出它们的三面投影。画图顺序是：一般先画主要形体，后画次要形体。画某一形体时一般先确定位置，再绘其形状。绘制形状时一般先画反映形体形状特征的视图(反映实形或具积聚性的投影)。具体绘制时，先画轮廓后画细节。同时要注意三个视图配合绘制，该轴承座绘制过程如图 4-7b～f 所示。

(4) 检查底图、加粗图线

底图完成后，仔细检查各形体相对位置、表面过渡关系，最后擦去多余作图线，按规定线型加粗图线，如图 4-7f 所示。

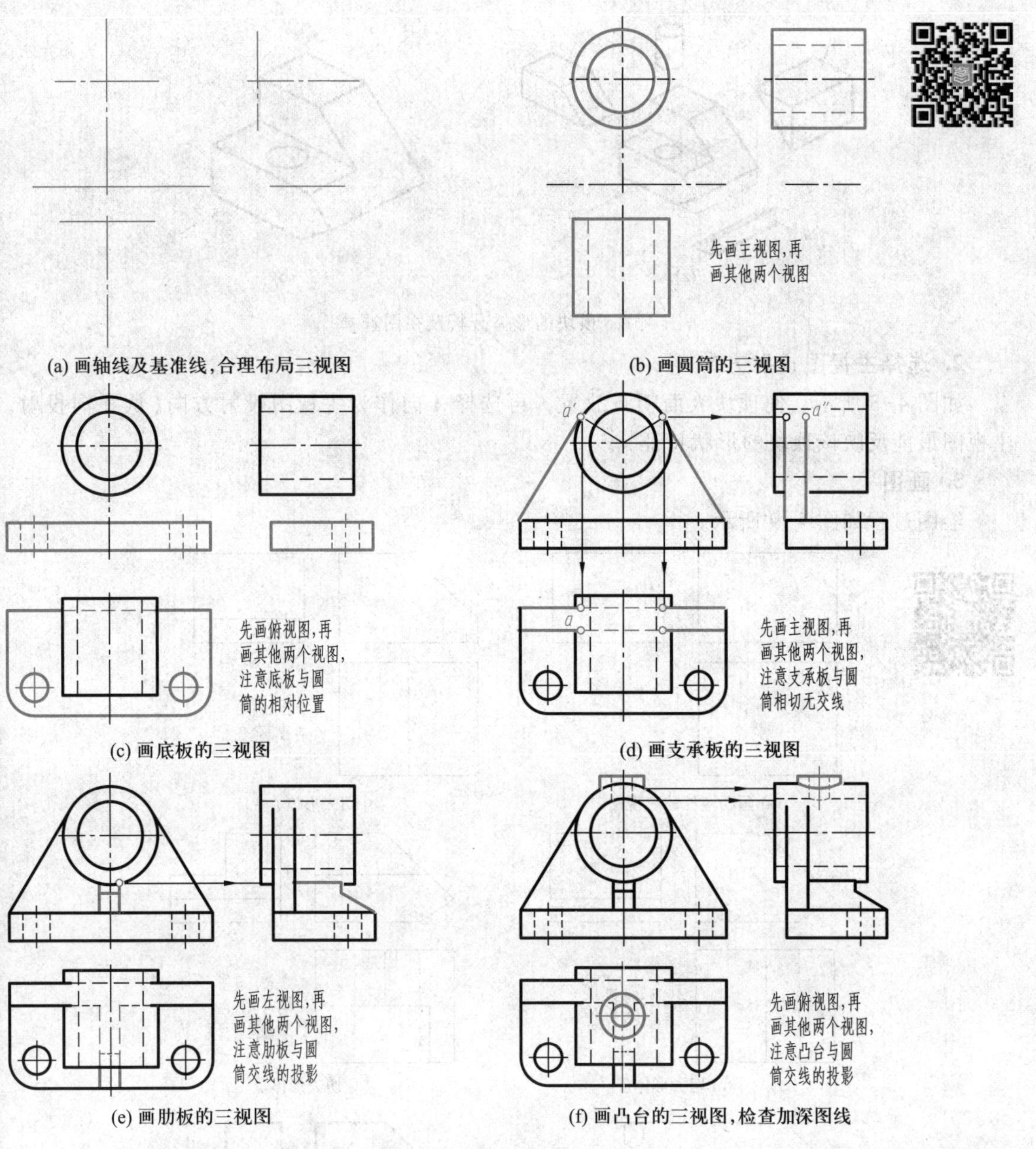

图 4-7　叠加型组合体视图的画法

三、切割型组合体视图的画法

以图 4-8 所示顶块为例，介绍切割型组合体视图的画法。

1. 形体分析

该顶块可以看作是由四棱柱切去形体 Ⅰ 、Ⅱ 、Ⅲ 并穿一个孔 Ⅳ 构成的(图 4-8)。它的形体分析方法和上面叠加型组合体基本相同，不同的是切割型组合体的各形体不是一块块叠加上去，而是一块块切割下来。

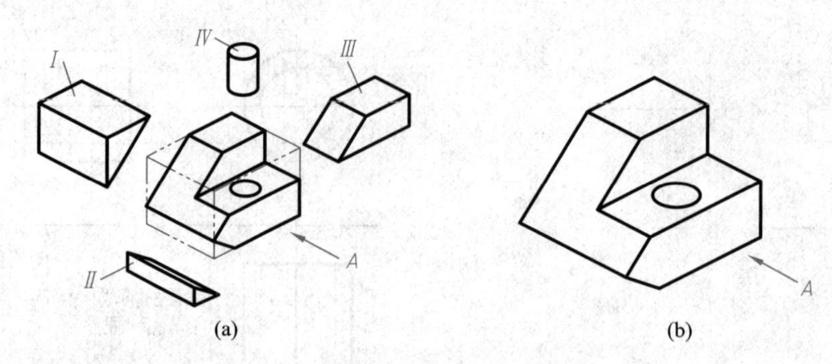

图 4-8　顶块的形体分析及视图选择

2. 选择主视图投射方向

如图 4-8 所示，使顶块大面朝下放置，再选择 A 向作为主视图投射方向（从 A 向投射，主视图最能反映该顶块的形状特征）。

3. 画图

绘图过程如图 4-9 所示。

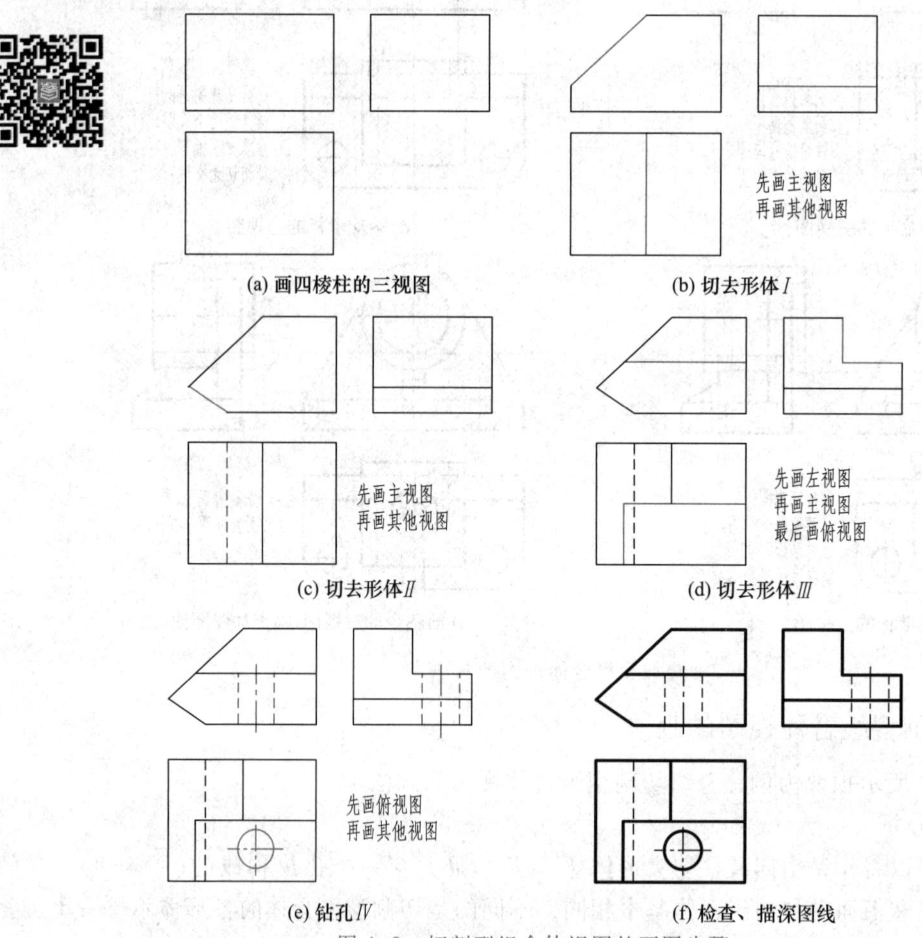

图 4-9　切割型组合体视图的画图步骤

画切割式组合体视图时应注意两个问题：

（1）作每一个切口的投影时，应先从反映其形体特征的轮廓且具有积聚性投影的视图开始，然后再按投影关系画出其他视图，如上例中切去形体 *Ⅰ*、*Ⅱ* 时先画主视图，而切去形体 *Ⅲ* 时则先画左视图。

（2）画切割式组合体视图时，应用线、面投射特征对视图进行分析、检查，以确保绘制正确。

§4-3 组合体的尺寸标注

视图表达立体的结构形状，尺寸则表达立体的真实大小。因此，尺寸是工程图样的重要组成部分。尺寸标注的基本要求是：

正确：尺寸数值应正确无误，符合《机械制图》国家标准中有关尺寸注法的规定。

完整：标注尺寸要完整，不允许遗漏，一般也不允许重复。

清晰：尺寸的安排要整齐、清晰、醒目、便于阅读查找。

一、基本体的尺寸标注

1. 平面体

棱柱标注底面尺寸和高(图 4-10a、b)；棱锥标注底面尺寸和高(图 4-10c)；棱台标注大、小端面尺寸及高(图 4-10d)。

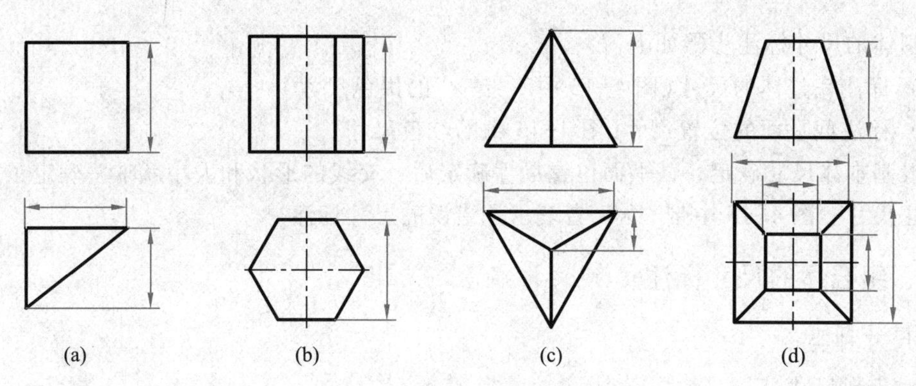

图 4-10 平面体的尺寸标注

2. 回转体

圆柱标注底面直径和高(图 4-11a)；圆锥标注底面直径和高，圆台标注顶、底面直径及高(图 4-11b)；圆环标注母线圆直径及母线圆圆心轨迹直径(图 4-11c)；球标注球径，球径数字前加注 $S\phi$(图 4-11d)。

3. 其他基本体

常见其他基本体的尺寸标注如图 4-12 所示。

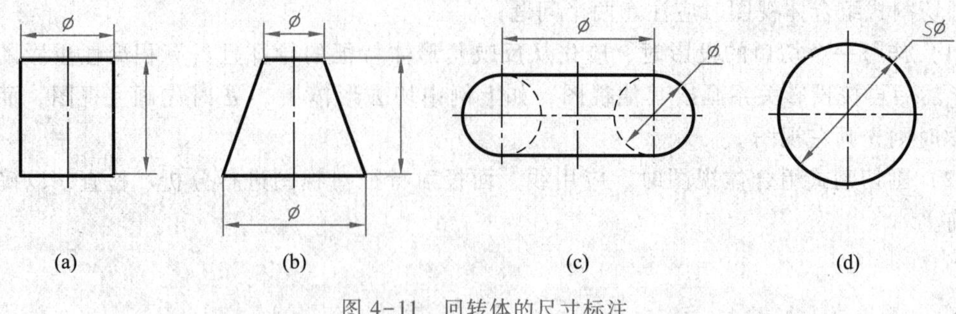

图 4-11　回转体的尺寸标注

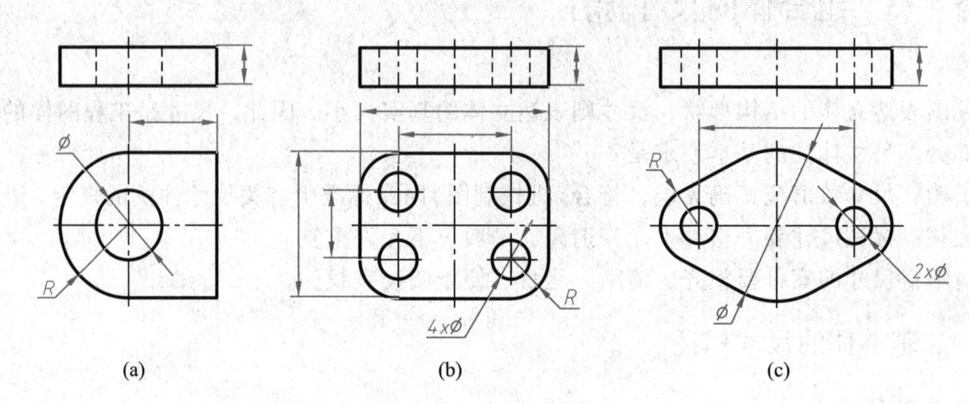

图 4-12　常见其他基本形体的尺寸标注

二、切割体的尺寸标注

切割体的尺寸标注步骤如下：

（1）标注完整体的尺寸(图 4-13 中不带“×”的黑色尺寸)。

（2）标注截平面的位置尺寸(图 4-13 中的红色尺寸)。

一般基本体尺寸确定，截平面位置尺寸确定后，交线的形状和大小就唯一确定了，所以交线不注尺寸。图 4-13 中带“×”者表示是错误的尺寸标注。

三、组合体的尺寸标注

1. 尺寸种类

（1）定形尺寸

确定组合体各组成部分形状大小的尺寸为定形尺寸，如图 4-14 所示的尺寸 106，17，52，16，*R*15，*R*24，ϕ25，2×ϕ16。

（2）定位尺寸

确定组合体各组成部分之间相对位置的尺寸，如图 4-14 所示的尺寸 37，76，40，6。

（3）总体尺寸

确定组合体外形的总长、总宽、总高的尺寸，如图 4-14 所示的尺寸 106，52，40+24。注意当组合体的一端为回转体时，通常不以回转面的外轮廓线为界标注总体尺寸。如

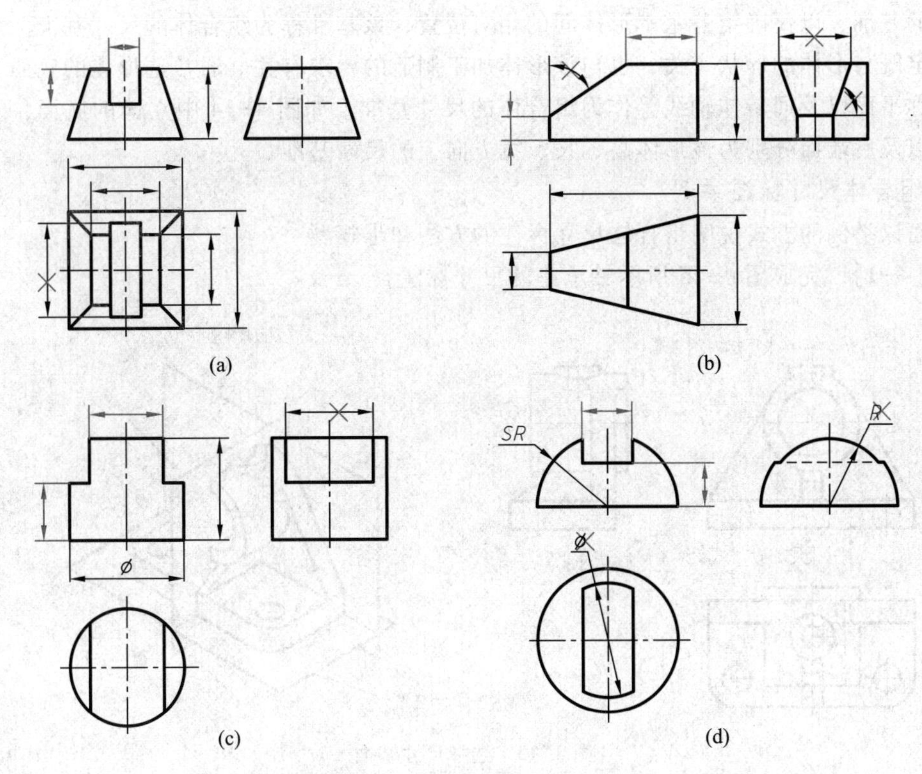

图 4-13　切割体的尺寸标注

图 4-14 所示的组合体，其总高由 40+24 间接确定，而不直接标注 64。

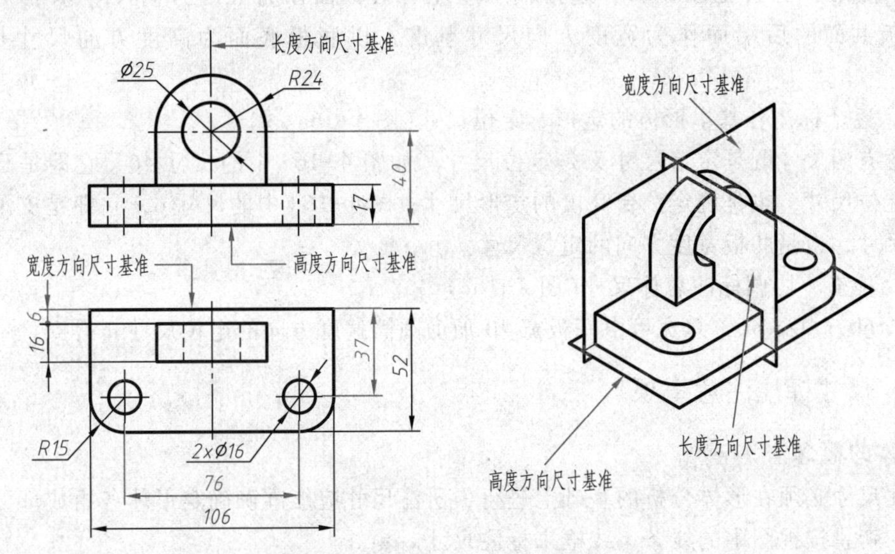

图 4-14　组合体的尺寸种类及尺寸基准

2. 尺寸基准

位置都是相对而言的，在标注定位尺寸时，必须在长、宽、高三个方向分别选出标注定位尺寸的基准，以便确定各基本形体间的相对位置，该基准称为组合体的尺寸基准。尺寸基准的确定既与形体的形状有关，也与该形体加工制造的要求有关。通常选形体的底面、大端面、对称平面以及回转体轴线等作为组合体的尺寸基准。如图 4-14 中立体的底面，左、右对称面以及后端面分别为该形体高、长、宽方向上的尺寸基准。

3. 组合体尺寸标注举例

下面以举例的方式说明组合体尺寸标注的方法和步骤。

[**例 4-1**]　完成图 4-15 所示轴承座的尺寸标注。

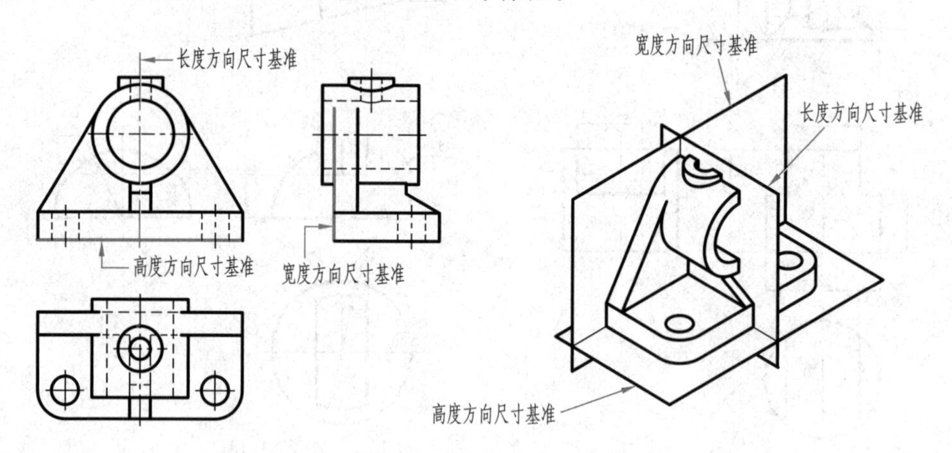

图 4-15　选择尺寸基准

（1）形体分析，确定尺寸基准

轴承座形体分析见图 4-6。选择轴承座左右对称面作为长度方向尺寸基准，以底板及支承板共面的后端面作为宽度方向尺寸基准，以底板底面为高度方向尺寸基准(图 4-15)。

（2）逐个标注各基本形体的定形、定位尺寸(图 4-16a ~ d)

注意有的尺寸既是定形尺寸又是定位尺寸。如图 4-16c 中的尺寸 46，它即是凸台高度方向的定位尺寸，也是确定凸台高度的定形尺寸；图 4-16d 中的尺寸 6，它即是支承板宽度的定形尺寸，也是肋板宽度方向的定位尺寸。

（3）检查、协调标注总体尺寸(图 4-16e)

总长 60，总高 46，总宽可由底板宽 30 加上圆筒宽度方向的定位尺寸 4 得到。

四、尺寸标注注意事项

1. 体的概念

标注尺寸必须在形体分析的基础上进行，所注尺寸应能准确确定形体各组成部分的形状和位置。切忌按视图中的线条、线框来标注尺寸。

2. 突出特征

尺寸应尽量标注在表示形体特征最明显的视图上。如上述轴承座底板的定形尺寸 60、30、$R8$、$2\times\phi8$ 及定位尺寸 44、22，标注在反映底板形体特征最明显的俯视图上(图 4-16a)。

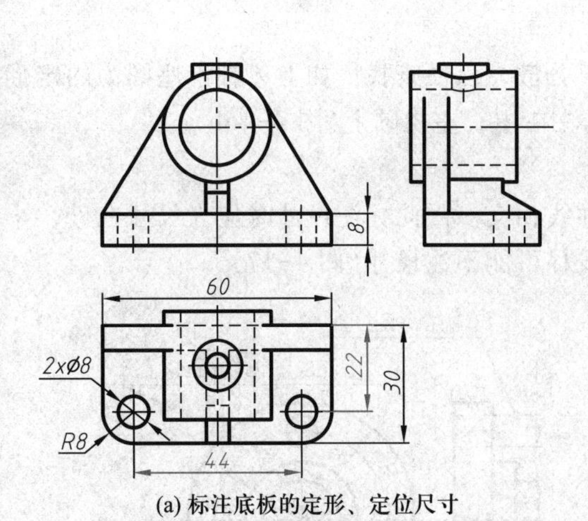

(a) 标注底板的定形、定位尺寸

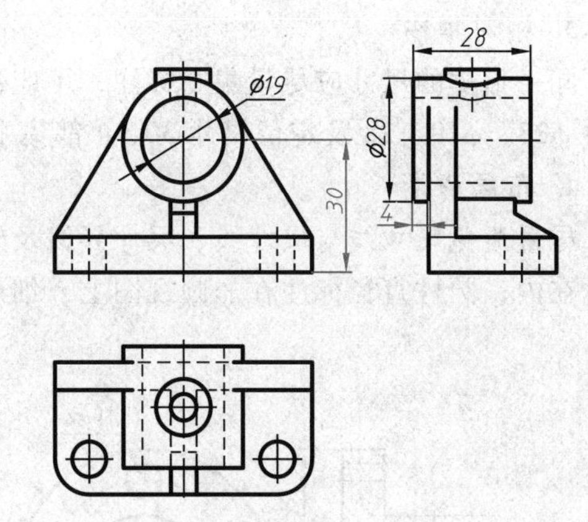

(b) 标注圆筒的定形、定位尺寸

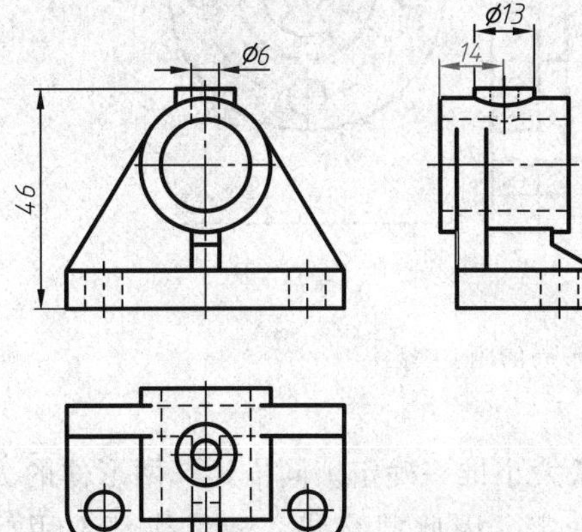

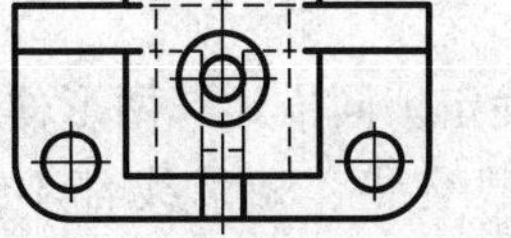

(c) 标注凸台的定形、定位尺寸

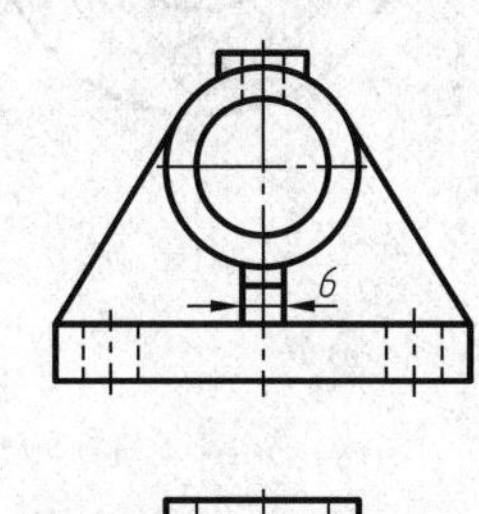

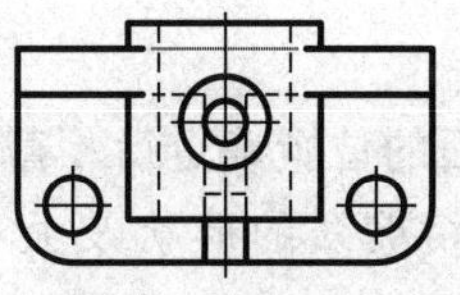

(d) 标注支承板及肋板的定形、定位尺寸

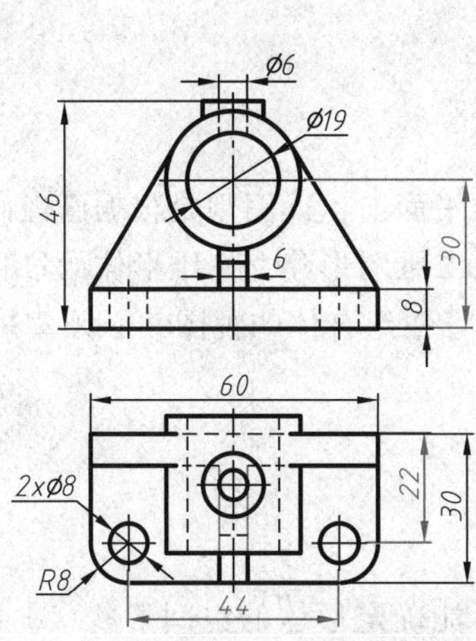

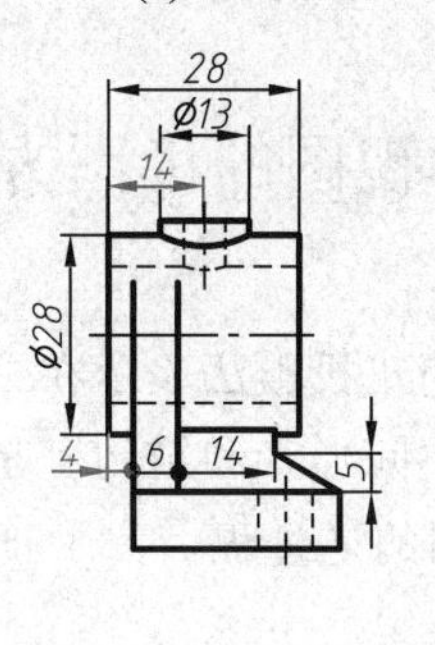

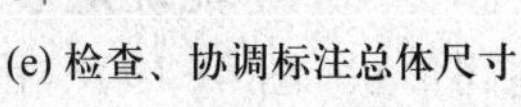

(e) 检查、协调标注总体尺寸

图 4-16　组合体的尺寸标注

3. 相对集中

同一形体的尺寸应尽量集中标注，不应过于分散，以便查找。如上述轴承座圆筒的定形尺寸 $\phi28$、$\phi19$、28 及定位尺寸 30、4 都集中标注在主、左视图上(图 4-16b)。

4. 布局清晰

尽量避免尺寸线与尺寸线、尺寸界线及轮廓线相交。因此标注尺寸时应大尺寸在外，小尺寸在内；圆柱直径标注在非圆视图上；细虚线尽可能不注尺寸(图 4-17)。

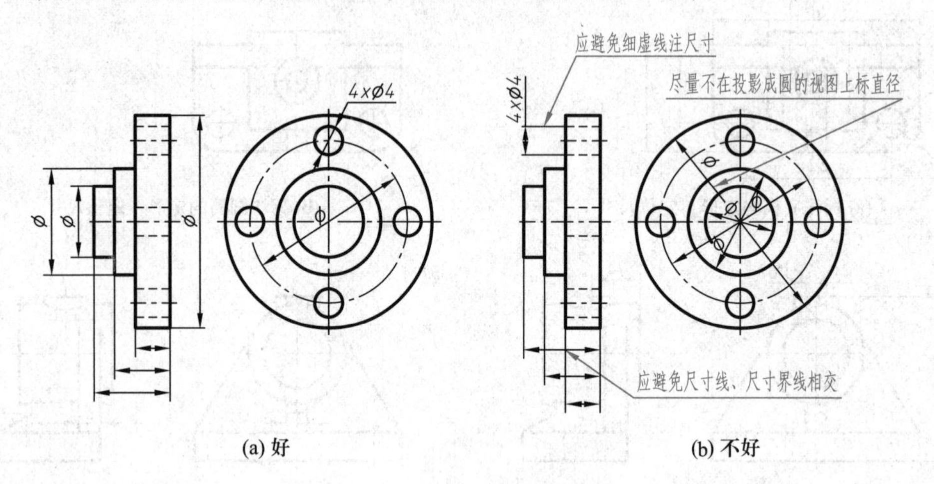

图 4-17 尺寸标注应布局清晰

5. 交线不注尺寸

形体大小及截平面的位置确定后，截交线的形状大小惟一确定。同样地，两形体的大小及相对位置确定后，相贯线的形状及大小也惟一确定。因此截交线、相贯线都不用标注尺寸。

§4-4 组合体视图的读图方法

画图是将空间形体用正投影法表示在二维平面上，读图则是根据已经画出的视图，通过投影分析想象出形体的空间形状和结构，是从二维图形建立三维形体的过程。画图与读图是相辅相成的，读图是画图的逆过程。为了正确读懂组合体的视图，必须掌握读图的要点和基本方法。

一、读图的要点

1. 要将几个视图联系起来识读

在没有标注尺寸的情况下，由一个视图不能确定形体的空间形状(图 4-18)。选择不当时，两个视图也不能确定形体的空间形状(图 4-19)。因此在读图时，必须注意到所给的全部视图并把它们联系起来进行分析。

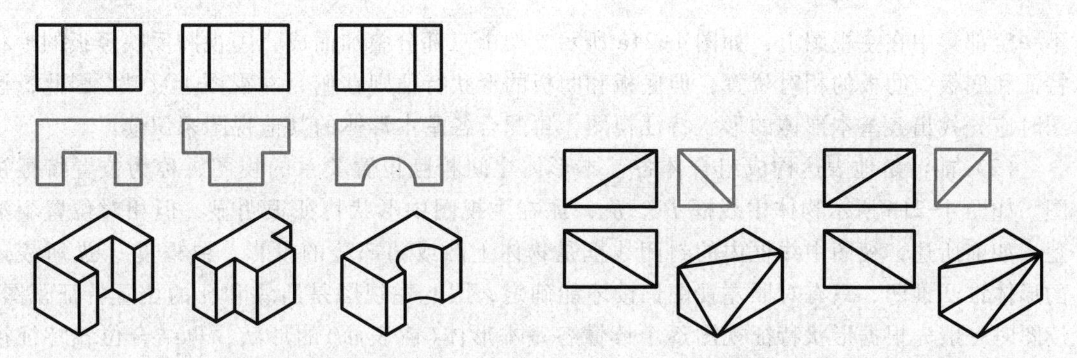
图 4-18　一个视图不能确定形体的形状　　图 4-19　两个视图不能确定形体的形状

2. 要认真分析视图中图线和线框的含义

（1）视图中的图线（粗实线或细虚线），可能是形体表面有积聚性的投影（图 4-20a 中的图线 *1*），或者是两个表面交线的投影（图 4-20a 中的图线 *2*），也可能是曲表面转向轮廓线的投影（图 4-20a 中的图线 *3*）。

（2）视图中的每个封闭线框，可能是一个简单形体的投影（图 4-20b 中的线框 *1*、*A*、*6*），或者是形体某个表面（平面、曲面或平面与曲面相切的组合表面）的投影（图 4-20b 中的线框 *2*、*3*、*4*）。

（3）视图中相邻两个封闭线框，可能是形体上相邻两形体的投影，或者是形体上相交两表面的投影（图 4-20b 中的线框 *2*、*3*），也可能是形体上同向错位两表面的投影，如图 4-20b 中相邻线框 *2*、*4* 是前、后错位两表面的投影，相邻线框 *5*、*6* 则是上、下错位两表面的投影。

（4）视图中封闭线框内的封闭线框，是物体上凸或凹部分的投影（图 4-20b 中的线框 *A* 及线框 *B*）。

读图时应根据视图中图线、线框的含义认真分析形体间相邻表面的相互位置。

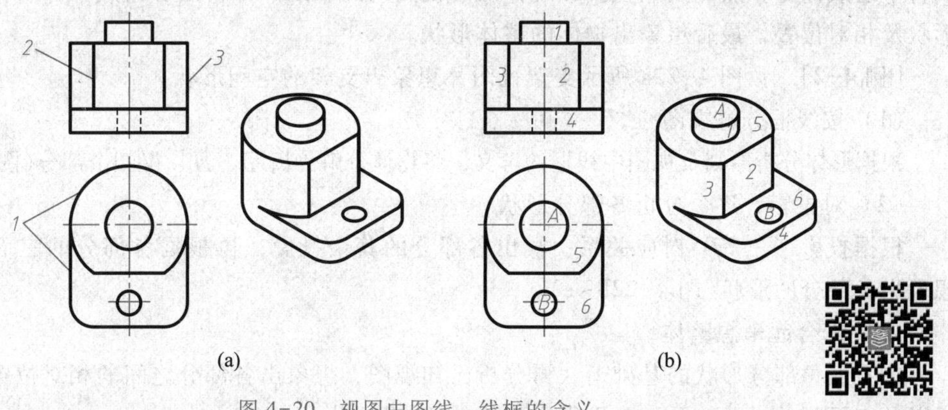

图 4-20　视图中图线、线框的含义

3. 要从反映形体特征的视图入手

（1）能清楚地表达物体形状特征的视图，称为形状特征视图。通常主视图能较多地反映组合体的整体形状特征，所以读图时常从主视图入手。但组合体中各基本形体的形状特征不一定都集中在主视图上，如图 4-21a 所示支架由三部分叠加而成，主视图反映竖板的形状特征和底板、肋板的相对位置，但底板和肋板的形状特征则在俯、左视图上反映。因此，读图时应先找出各基本形体的形状特征视图，再配合各基本形体的其他视图来识读。

（2）能清楚地表达构成组合体各基本形体之间相互位置关系的视图，称为位置特征视图。如图 4-21b 所示物体中线框 *Ⅰ*、*Ⅱ*、*Ⅲ* 在主视图中形状特征很明显，但相对位置不清楚。如前所述，视图中线框内的封闭线框是物体上凸或凹部分的投影，线框 *Ⅱ*、*Ⅲ* 所表述的形体谁凸谁凹，只有对照左视图识读才能确定，因此左视图是凸块和孔的位置特征视图。读图时一般先根据形状特征视图逐个读懂各基本形体（或表面）的形状，再结合位置特征视图分析各基本形体的相对位置，从而综合想象出组合体的整体形状。

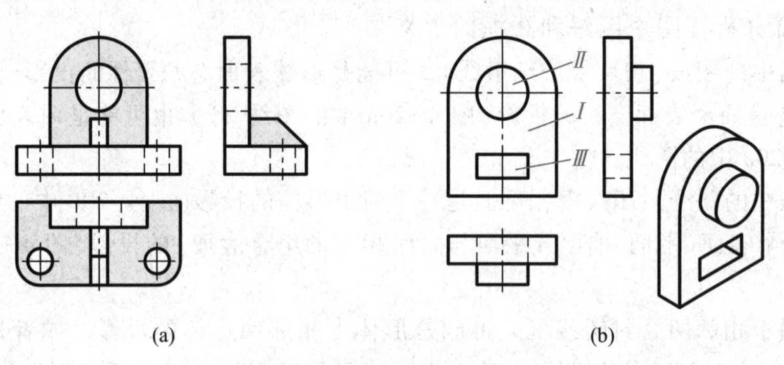

图 4-21　分析特征视图

二、读图的方法

1. 形体分析法

形体分析法是读图的一种基本方法，基本思路是根据形体分析的原则，将已知视图分解成若干组成部分，然后按照正投影规律及各视图间的联系，分析出各组成部分所代表的空间形状及相对位置，最后想象出物体的整体形状。

［例 4-2］ 读图 4-22a 所示支架视图，想象出支架的空间形状。

（1）按线框分解视图

根据形体分析原则及视图中线框的含义，将物体分解为*Ⅰ*、*Ⅱ*、*Ⅲ*、*Ⅳ*四个部分（图 4-22a）。

（2）对投影，逐个分析各部分形状

根据投影“三等”对应关系，找出各部分的其余投影，再根据各部分的三面投影逐个想象出各部分的形状（图 4-22b～e）。

（3）综合起来想整体

在看懂每部分形状的基础上，再分析已知视图，想象出各部分之间的相对位置、组合方式以及表面间的过渡关系，从而得出物体的整体形状。

分析支架的三视图可知，形体 *Ⅱ* 位于形体 *Ⅰ* 上方正中位置；形体 *Ⅲ* 位于形体 *Ⅱ* 的正前方与之相交，两内孔接通；形体 *Ⅳ* 位于形体 *Ⅰ* 上方与形体 *Ⅱ* 的左右两侧相交；由此综合想象出该支架形状（图 4-22f）。

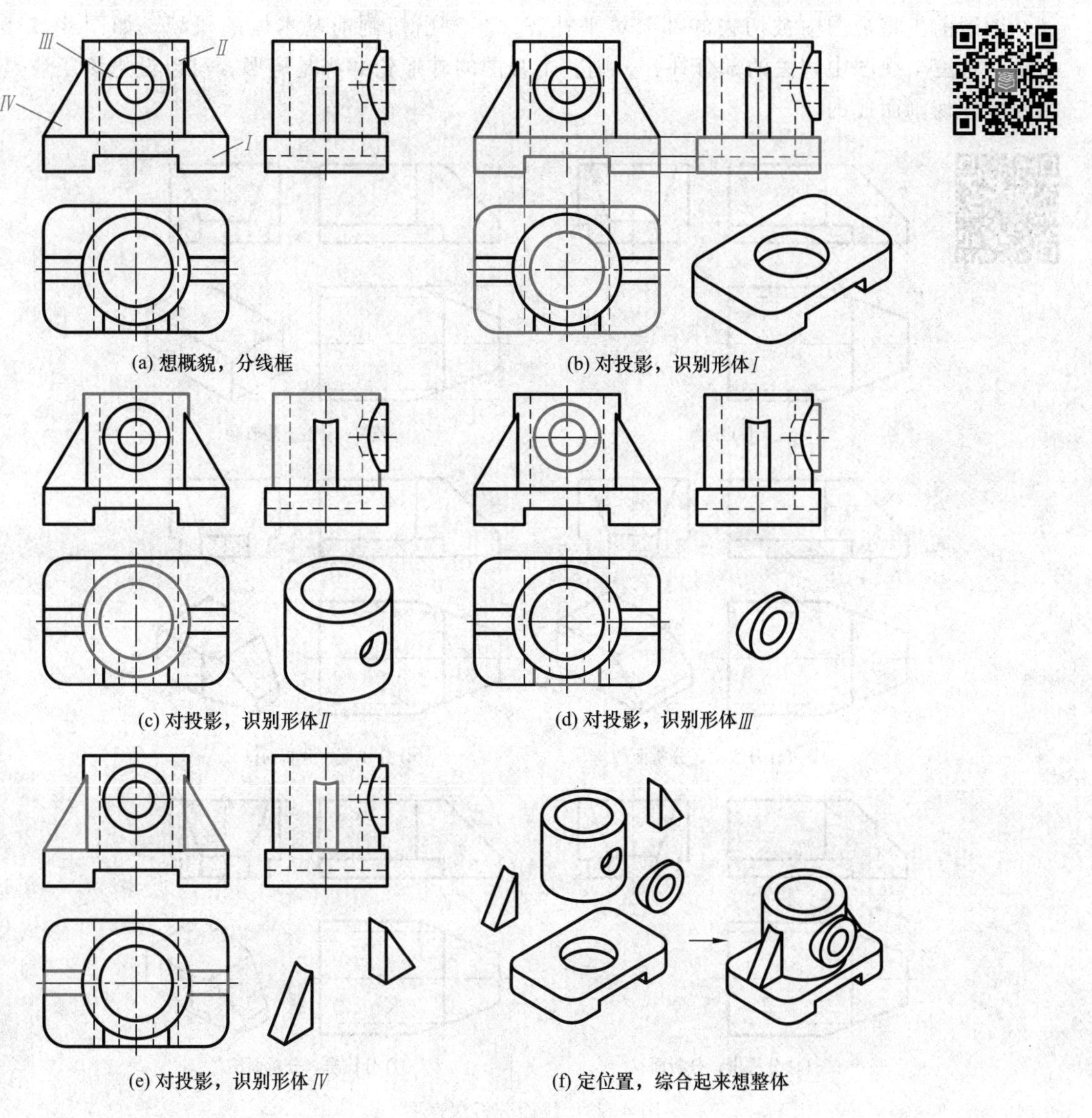

图 4-22　形体分析法读图

2. 线面分析法

线面分析法是形体分析法读图的补充，当形体被切割、形体不规则或形体投影相重合时，尤其需要这种辅助手段。线面分析法读图的基本思路是：根据线面的投影特征及视图中图线、线框的含义分析物体表面的形状及相对位置，从而构思物体的形成。读图时要注意面(平面或曲面)的投影特征是：要么投影积聚为线(面与投影面垂直)，要么投影是一封闭线框(面与投影面平行或倾斜)；当一个面的多面投影都是封闭线框时，则这些封闭线框必为类似形。

［**例 4-3**］　读图 4-23a 所示压块视图，想象出压块的空间形状。

(1) 填平，补齐，想概貌

读图前先将视图中被切去的部分填平补齐，想象出切割前基本体的概貌。如图 4-23b 所示，将三个视图中切去的部分补齐，则三个视图的外形轮廓都是矩形，可以设想该压块是由四棱柱切割而成的。

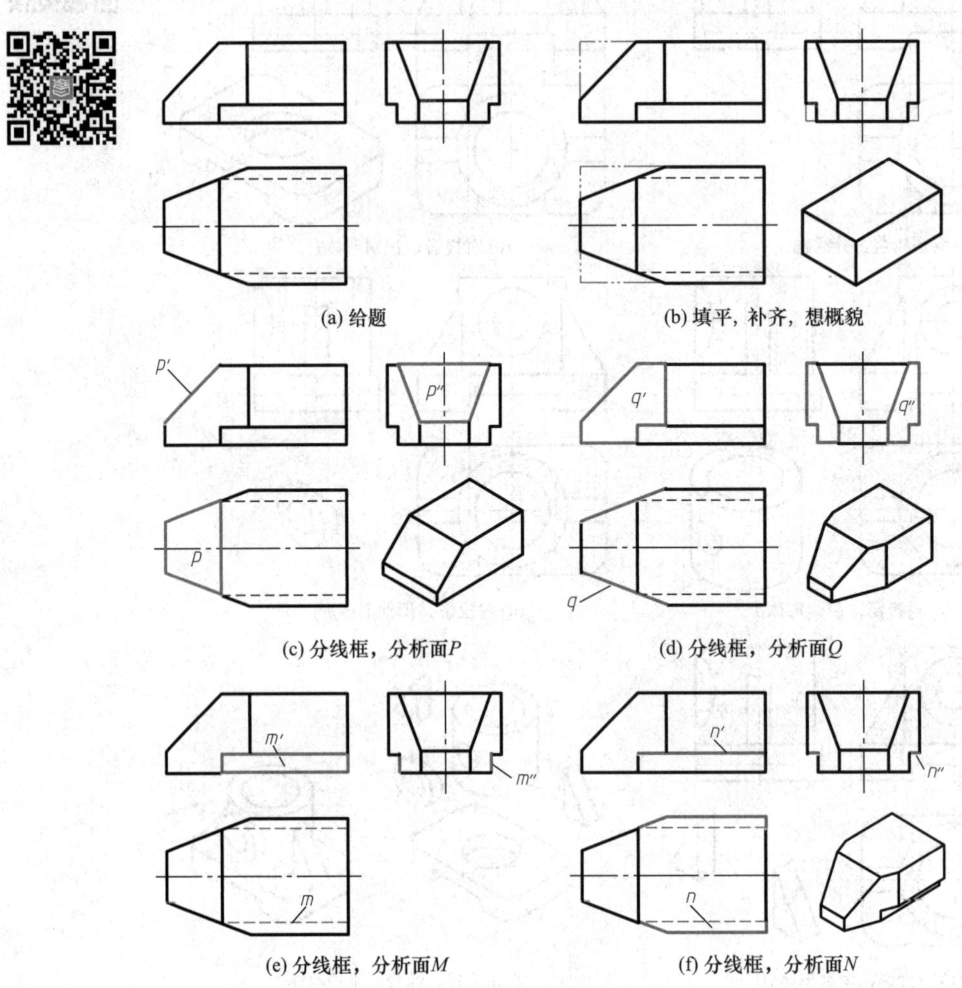

图 4-23　线面分析法读图

（2）分线框，对投影，逐步构思物体的形成

从俯视图的梯形线框 p 看起，在“长对正”区域内，主视图中没有类似的梯形，它对应的 V 面投影只可能为斜线 p'，再由“高平齐、宽相等”找到它的 W 面投影 p''。由此可知该四棱柱被一正垂面切去左上角(图 4-23c)。

从主视图的七边形 q' 看起，在“长对正”区域内，俯视图中没有类似的七边形，它对应的 H 面投影只可能为斜线 q，再由“高平齐、宽相等”得到它的 W 面投影 q''。由此可知该四棱柱还被两铅垂面前、后对称地切去左前角、左后角(图 4-23d)。

主视图中的矩形线框 m'，它对应的 H 面投影是细虚线 m，W 面投影是 m''，M 是一正平面(图 4-23e)。俯视图中四边形线框 n，其对应的 V 面投影是直线 n'，对应的 W 面投影是直

线 n''，N 是一水平面。从左视图可知，M 平面结合 N 平面前、后对称地各切去一小的四棱柱(图 4-23f)。

综上可知压块结构形状如图 4-23f 所示。

三、读、画图举例

1. 补画视图举例

由物体的两面视图补画第三面视图，一般分两步进行。首先是看懂视图，想象出物体的结构形状；然后在看懂视图的基础上，再根据投影规律画出第三面视图。

[例 4-4] 已知物体的主、俯视图(图 4-24a)，补画其左视图。

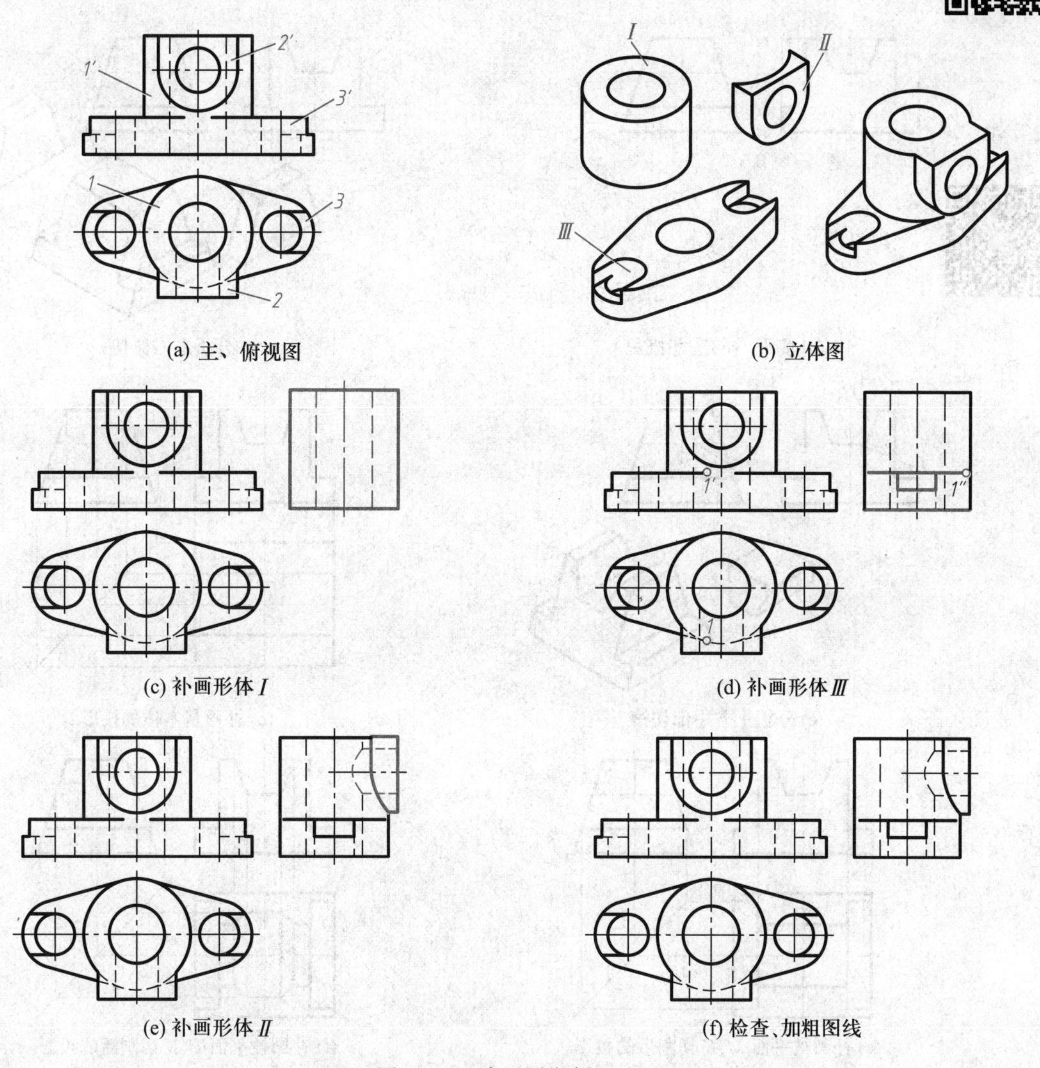

(a) 主、俯视图　(b) 立体图　(c) 补画形体 I　(d) 补画形体 III　(e) 补画形体 II　(f) 检查、加粗图线

图 4-24　读画图举例(一)

(1) 看懂视图，想象出物体的形状

① 按线框分解视图　从主视图入手将其分解为 $1'$、$2'$、$3'$ 三个部分。

② 对投影，逐个分析各部分形状　根据“长对正”关系，找出三部分在俯视图中的对应投影 *1*、*2*、*3*(图 4-24a)，根据基本体的投影特征可知，形体 *I* 是轴线铅垂的空心圆柱；形体 *II* 是位于形体 *I* 正前方的马蹄形凸台，凸台上有一轴线正垂的圆柱孔与形体 *I* 的内孔接通，凸台顶面与形体 *I* 顶面共面；形体 *III* 是位于形体 *I* 正下方的底板，底板的前后表面与形体 *I* 的外圆柱面等径共面，左右 4 个棱面与该圆柱面相切，底板两侧有圆柱孔，孔的上部为宽等于孔径的横槽。根据这三部分的相对位置，想象出物体的形状如图 4-24b 所示。

(2) 补画物体的左视图(图 4-24c～f)

[例 4-5]　已知物体的主、左视图(图 4-25a)，补画其俯视图。

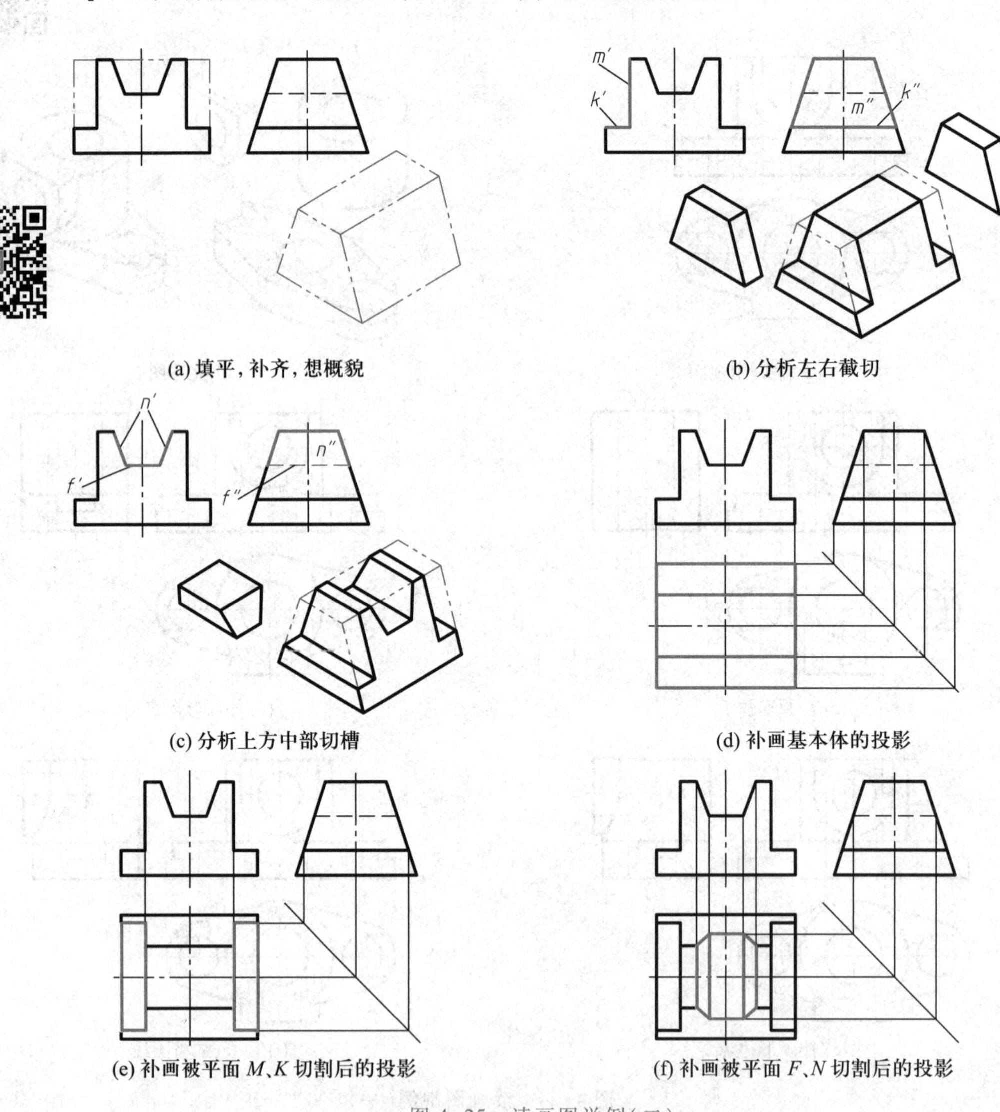

(a) 填平，补齐，想概貌　(b) 分析左右截切

(c) 分析上方中部切槽　(d) 补画基本体的投影

(e) 补画被平面 M、K 切割后的投影　(f) 补画被平面 F、N 切割后的投影

图 4-25　读画图举例(二)

(1) 看懂视图，想象出物体的形状

① 填平，补齐，想概貌　该物体 W 面投影是一梯形，V 面投影可填成一矩形，由此可知它是由四棱柱切割而成的(图 4-25a)。

② 分线框，对投影，逐步构思物体的形成　分析线框 m''可知，M 是一侧平面，K 是一水平面，四棱柱被平面 M、K 左右对称地各切去一梯形块(图 4-25b)；分析线框 n''可知，N 是两正垂面，F 是一水平面，四棱柱上方中部被切去一通槽，物体形状如图 4-25c 所示。

(2) 补画物体的俯视图(图 4-25d~f)

[例 4-6]　已知物体的主、俯视图(图 4-26a)，补画其左视图。

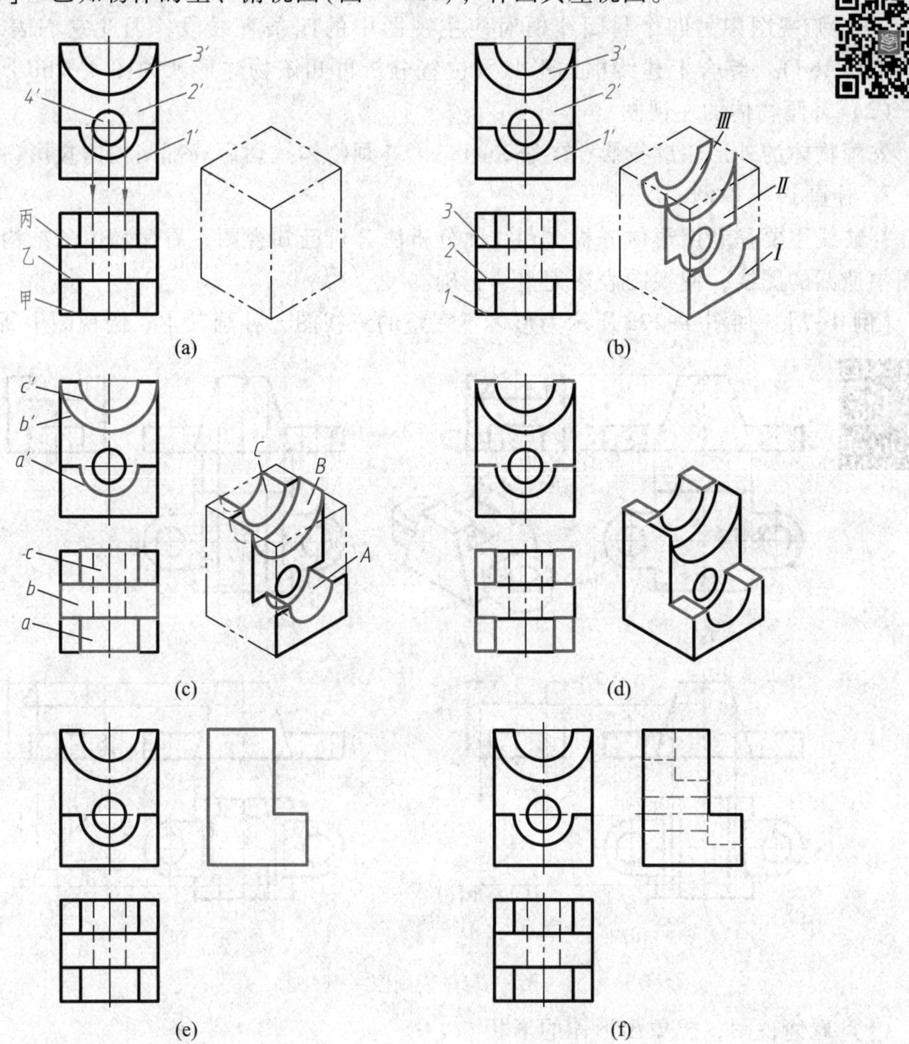

图 4-26　读画图举例(三)

(1) 看懂视图，想象出物体的形状

① 填平，补齐，想概貌　该物体的 H 面投影是一矩形，V 面投影可填补成一矩形，两个

矩形不是全等形，且无侧垂轴线，因此可知该物体是由一正四棱柱切割而成的(图 4-26a)。

② 分线框，对投影，逐步构思物体的形成　主视图由 *1′*、*2′*、*3′*、*4′*四个封闭线框组成，线框 *4′*对应俯视图中两条细虚线，可知该处是一圆孔。在俯视图中均无同线框 *1′*、*2′*、*3′*类似的线框存在，与之对应的是甲、乙、丙三线段。线框 *2′*内含了线框 *4′*，因此它对应的线段乙是一正平面的 *H* 面投影；线框 *1′*在主视图中位置最低且又可见，因此它对应的线段甲也是一正平面的 *H* 面投影；线框 *3′*对应线段丙，同样为正平面。该三个正平面的形状和位置如图4-26b所示。

俯视图中的封闭线框 *a*、*b*、*c* 对应主视图中的三条圆弧线段，因此是三个半圆槽(图 4-26c)。俯视图中另四个封闭线框对应主视图中的四条直线段，因此它们表示四个水平面(图 4-26d)。综合上述线框的形状及位置分析可知该物体形状如图 4-26d 所示。

(2) 补画物体的左视图

先画物体的外形轮廓投影(图 4-26e)，再补画物体挖切后局部结构的投影(图 4-26f)。

2. 补画缺线举例

补缺线主要是利用形体分析法和线面分析法分析已知视图，看懂物体的结构形状，补全视图中遗漏的图线，使视图表达完整、正确。

[例 4-7]　如图 4-27a 所示为形体不完整的三视图，补画其主、俯视图中所缺图线。

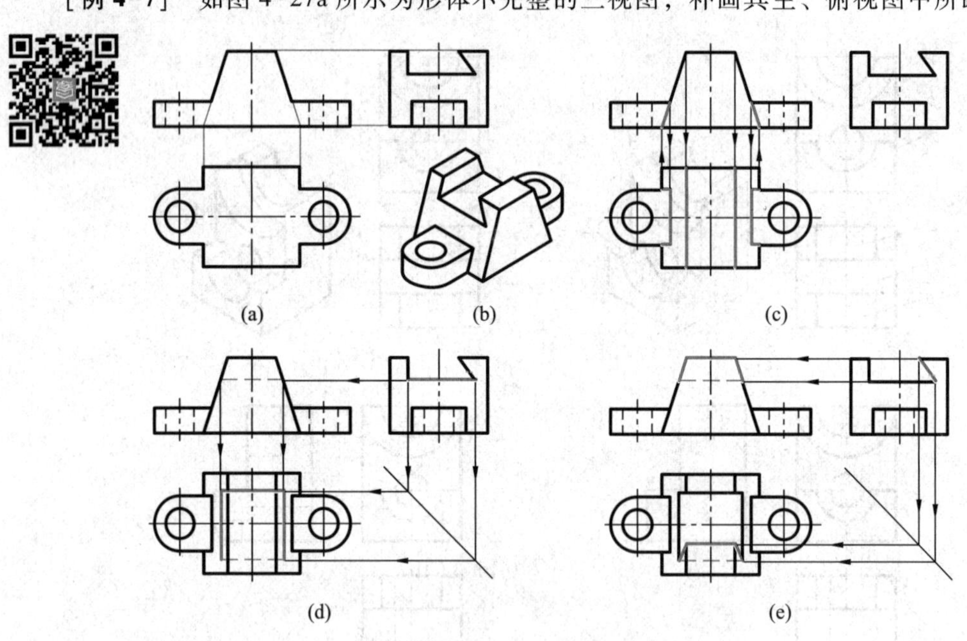

图 4-27　读画图举例(四)

(1) 看懂视图，想象出形体的形状

将主视图中梯形两腰向下延伸至底面，该梯形分别对应俯视图及左视图中一矩形(图 4-27a)，因此它是一梯形四棱柱，从左视图可看出四棱柱上部被切去一侧垂梯形通槽，从俯视图可看出四棱柱的左右两侧对称分布着两个带圆孔的耳板，形体结构形状如图 4-27b 所示。

（2）补画主、俯视图中所缺图线

① 补画四棱柱及耳板在主、俯视图中的漏线(图 4-27c)。

② 补画侧垂梯形通槽在主、俯视图中的漏线。该通槽由三个平面截切形成，先补画水平面(槽底面)的投影(图 4-27d)，再补画正平面(后截面)的投影，最后补画侧垂面(前截面)的投影(图 4-27e)，注意擦去通槽区域内四棱柱棱线的投影。

第五章 轴测图

工程上应用最广泛的图样是多面正投影图，正投影图的特点是作图简便、度量性好；但立体感不强，直观性较差。因此工程上常采用直观性较强，富有立体感的轴测图作为辅助图样，用以补充表达物体的结构形状。

§5-1 轴测图的基本知识

一、轴测图的形成

用平行投影法（正投影法或斜投影法）将物体连同确定物体各部分形状位置的直角坐标轴（O_0Y_0、O_0Z_0、O_0X_0）一起沿不平行于任一坐标平面的方向投射到单一投影面 P 上，所得到的图形称为轴测投影图（简称轴测图，如图 5-1a 所示）。

投影面 P 称为轴测投影面；确定物体各部分形状位置的三根直角坐标轴在轴测投影面上的投影（OX、OY、OZ）称为轴测轴；相邻两轴测轴之间的夹角（$\angle XOY$、$\angle YOZ$、$\angle ZOX$）称为轴间角；物体上与三根直角坐标轴平行的线段称为轴向线段（如 A_0D_0、A_0B_0、A_0F_0等），如图 5-1a 所示。

轴向线段的轴测投影长与对应实长之比称为轴测图的轴向伸缩系数，即

$$轴向伸缩系数=\frac{轴向线段的轴测投影长}{对应的轴向线段的实长}$$

OX、OY、OZ 轴的轴向伸缩系数分别用 p、q、r 表示，$p=AD/A_0D_0$、$q=AB/A_0B_0$、$r=AF/A_0F_0$，如图 5-1a 所示。

二、轴测图的分类

(1) 根据投射方向（S）与轴测投影面的相对位置不同，轴测图分为两大类。

正轴测图：投射方向与轴测投影面垂直所得的轴测图，如图 5-1a 所示。

斜轴测图：投射方向与轴测投影面倾斜所得的轴测图，如图 5-11a 所示。

由此可知，正轴测图是由正投影法得到的，斜轴测图则是由斜投影法得到的。

(2) 根据轴向伸缩系数是否相等每一类轴测图又分成三种。

① 三个轴向伸缩系数都相等（$p=q=r$）时，称为正（或斜）等轴测图。

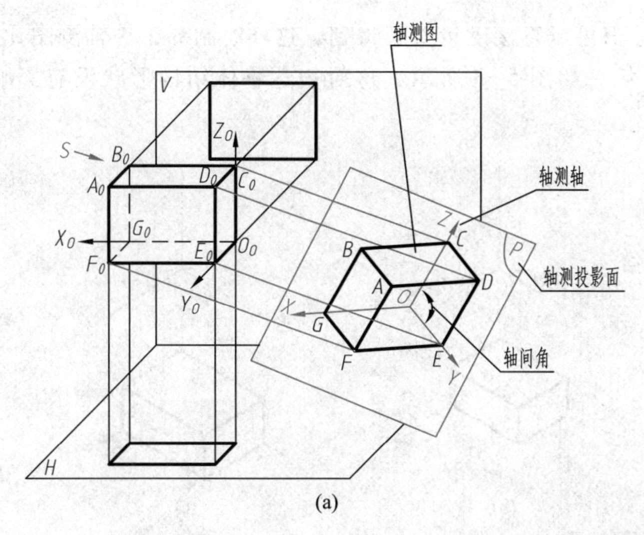

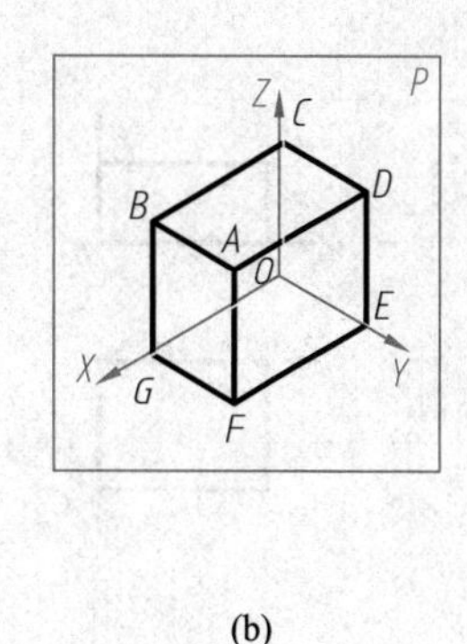

图 5-1　轴测图的形成

② 只有两个轴向伸缩系数相等($p=r\neq q$)时，称为正(或斜)二轴测图。

③ 三个轴向伸缩系数都不相等($p\neq r\neq q$)时，称为正(或斜)三轴测图。

综上可知轴测图可分为六种，工程上常用的轴测图是正等轴测图、斜二轴测图。

三、轴测图的基本性质

由于轴测图是用平行投影法获得的单面投影图，因此它具备平行投影的特性。

1. 平行性

物体上相互平行的线段，在轴测图中也相互平行。因此，物体上与直角坐标轴平行的线段，其轴测投影必平行于相应的轴测轴。

2. 定比性

轴测轴及其相对应的轴向线段有着相同的轴向伸缩系数。

§5-2　正等轴测图

一、正等轴测图的轴间角和轴向伸缩系数

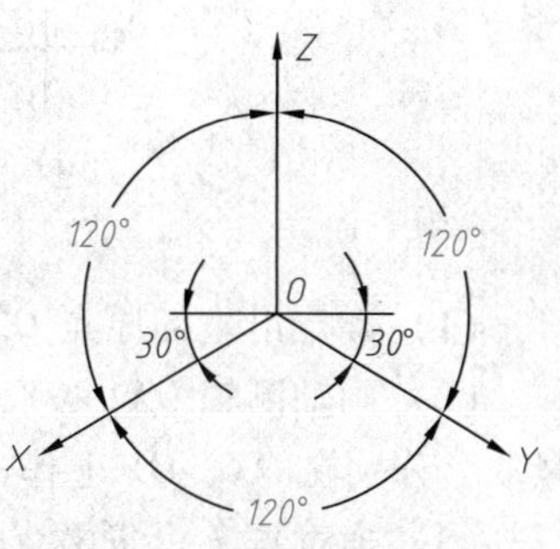

图 5-2　正等轴测图的轴间角

正等轴测图是斜着放(三根坐标轴都与轴测投影面成等倾角倾斜)、正着投(投射方向垂直于轴测投影面)获得的。因此，正等轴测图的三个轴间角相等，即 $\angle XOY=\angle YOZ=\angle ZOX=120°$；轴向伸缩系数相等，即 $p=q=r\approx 0.82$。作图时，一般将 OZ 轴画成竖直位置，使 OX、OY 轴与水平线成 30°，如图 5-2 所示。采用简化轴向伸缩系数 $p=q=r=1$ 绘制

正等轴测图时，所有轴向线段的尺寸都可以直接度量实长得到，这样绘制的正等轴测图比按理论轴向伸缩系数作图放大了 1.22 倍，如图 5-3 所示，这对表达物体结构形状没有影响，因此常按简化轴向伸缩系数作图。

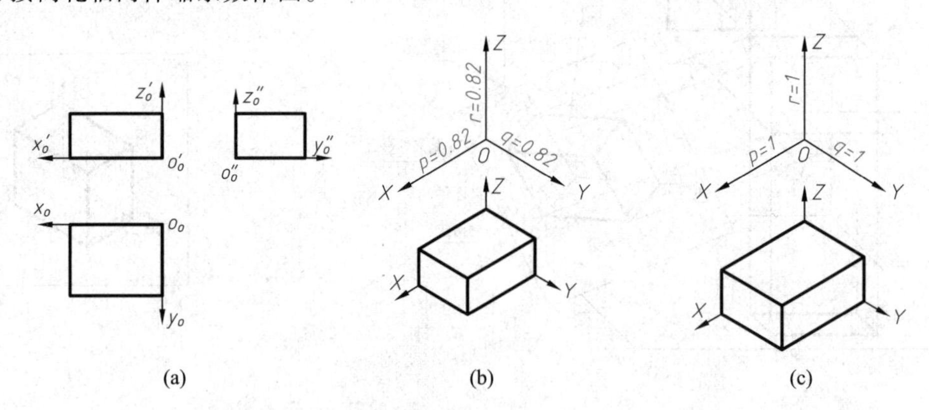

图 5-3　轴向伸缩系数和简化轴向伸缩系数作图比较

二、平面立体正等轴测图画法

1. 坐标法

坐标法是根据坐标关系，画出物体表面各顶点的轴测投影，然后连线形成物体的轴测图。坐标法是画轴测图的基本方法。

[例 5-1]　作出图 5-4a 所示的正六棱柱的正等轴测图。

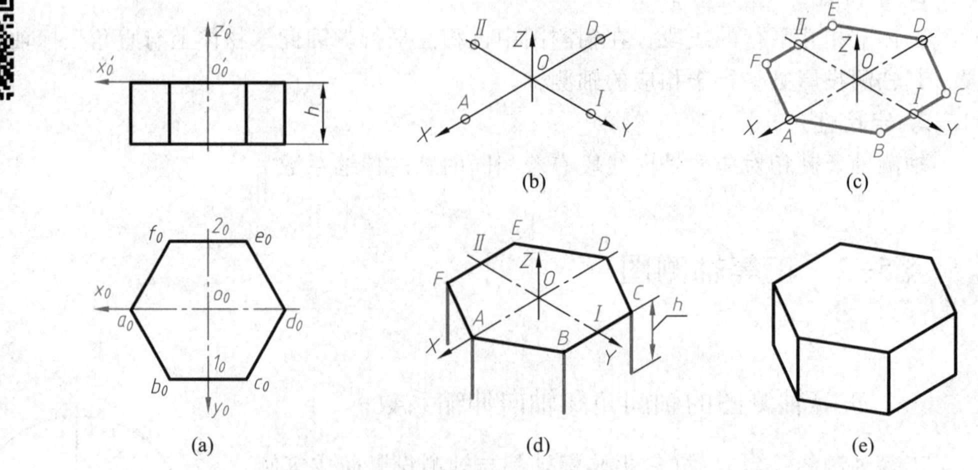

图 5-4　正六棱柱的正等轴测图画法

（1）确定出坐标原点 O_0 及三根直角坐标轴 O_0X_0、O_0Y_0、O_0Z_0（图 5-4a）。

（2）画轴测轴 OX、OY、OZ，由于 A_0、D_0 和 I_0、II_0 分别在 O_0X_0、O_0Y_0 轴上，可直接量取，分别在 OX、OY 上作出点 A、D 和 Ⅰ、Ⅱ（图 5-4b）。

（3）通过点 Ⅰ、Ⅱ 作 OX 轴的平行线，在该平行线上，根据 b_0、c_0 和 e_0、f_0 的 X 坐标

截取得点 B_0、C_0、E_0、F_0 的轴测投影 B、C、E、F，并连接 A、B、C、D、E、F 各点，即得六棱柱顶面正六边形的轴测图(图 5-4c)。

(4) 过 A、B、C、F 各点向下作 OZ 轴的平行线，并在其上截取高度 h 作出六棱柱底面上可见点的轴测投影(图 5-4d)。

(5) 连接六棱柱底面可见点，擦去作图线，描深，完成正等轴测图(图 5-4e)。

由于轴测图只画出可见轮廓线，因此将直角坐标系原点取为六棱柱顶面上的中心作图，可使作图过程简化。

2. 切割法

对于不完整的物体，可先按完整物体画出，然后再利用轴测投影的特性(平行性)对切割部分进行作图，这种作图方法称为切割法。实际作图时，往往是将坐标法、切割法两种方法综合使用。

[例 5-2] 图 5-5 所示为一切割体的三视图，绘制其正等轴测图。

分析：分析三视图可知该物体是由一个四棱柱切割构成。一个水平面、一个正垂面切去四棱柱左上角；两个正平面、一个侧平面在四棱柱左下部切去一个方槽；两个侧垂面、一个水平面在四棱柱的右侧切去一个 V 形槽。

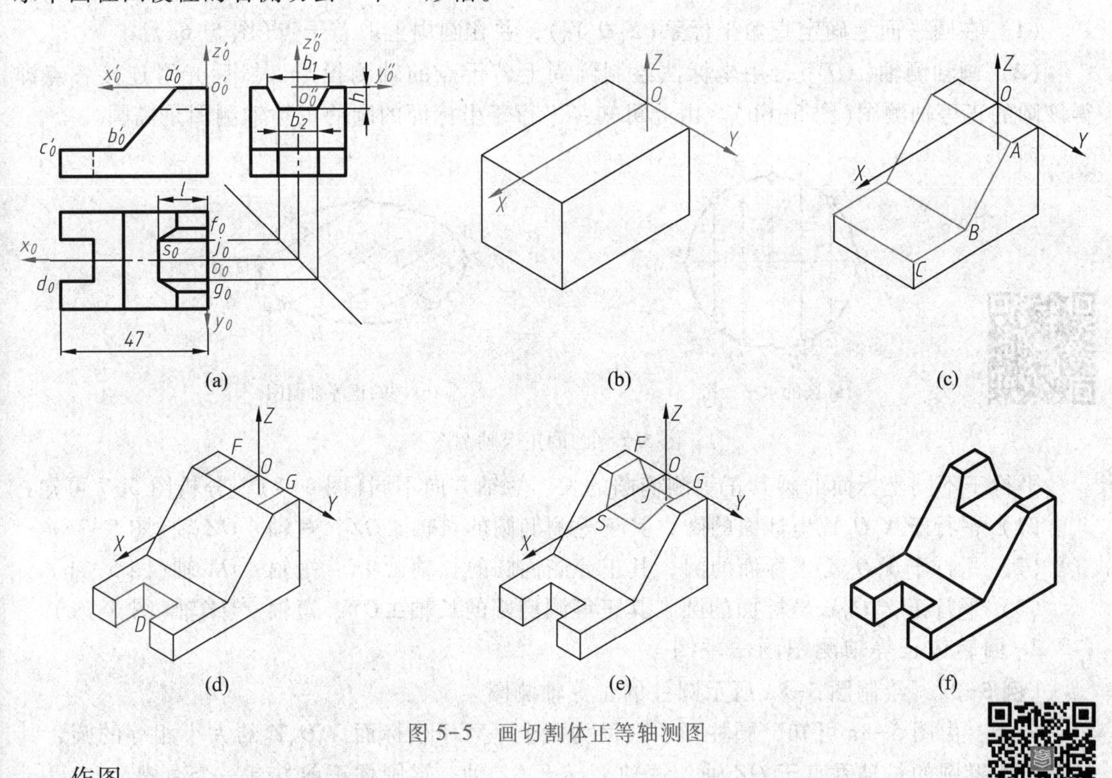

图 5-5　画切割体正等轴测图

作图：

(1) 设置直角坐标轴(图 5-5a)。

(2) 画轴测轴及基本体(四棱柱)的轴测图(图 5-5b)。

(3) 用坐标确定物体上点 A_0、B_0、C_0 的轴测投影 A、B、C，再利用轴测投影特性(平行性)完成切割部分的轴测投影(图 5-5c)。

(4) 用坐标确定物体上点 D_0 的轴测投影 D，再利用轴测投影特性(平行性)完成左侧方槽的轴测投影(图 5-5d)。

(5) 用坐标确定物体上点 G_0、F_0 的轴测投影 G、F，过点 G、F 作 X 轴的平行线(图 5-5d)。

(6) 过原点 O 沿 Z 轴负向截取槽深 h，过截点作 Y 轴平行线，在该平行线上过截点沿 Y 轴负向截取槽底半宽 $b_2/2$ 得点 J(图 5-5e)，过点 J 作 X 轴平行线，截取槽底长 l 得点 S，再利用轴测投影特性(平行性)完成 V 形槽的轴测投影。

注意：视图中与轴测轴不平行的图线，在轴测图中不能直接量取作图，一般用坐标确定端点后连线绘制，如该例中线段 AB 的绘制。

三、曲面体正等轴测图画法

1. 平行于坐标面的圆的正等轴测图

坐标法是绘制轴测图的基本方法，圆平面的轴测投影也可采用坐标法绘制。

作图：

(1) 在圆平面上确定直角坐标系($X_0O_0Y_0$)，并在圆周上取若干点(图 5-6a)。

(2) 画轴测轴(XOY)，用坐标法绘制圆周上若干点的轴测投影，然后光滑连接各点即得该圆的正等轴测图(图 5-6b)。由此可知：平行于坐标面的圆的正等轴测图是椭圆。

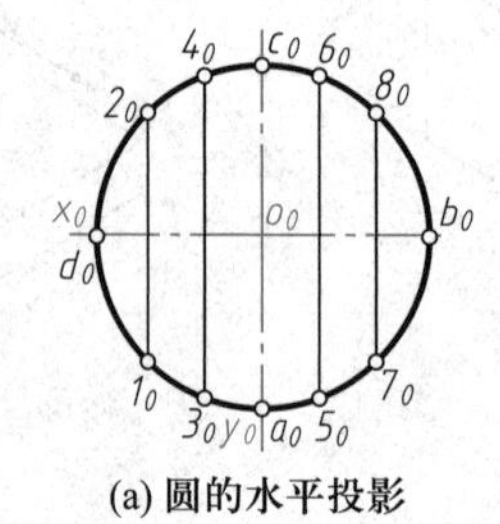

(a) 圆的水平投影

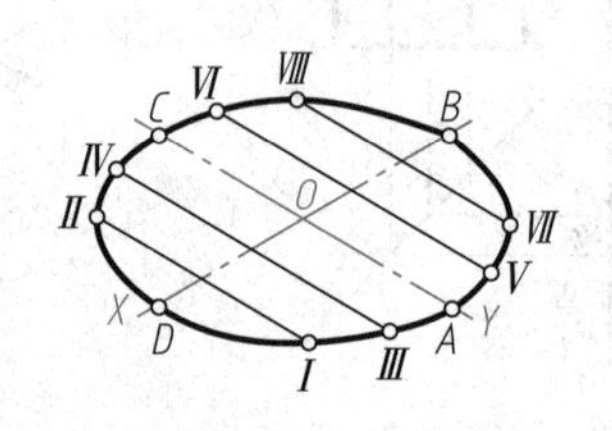

(b) 圆的正等轴测图

图 5-6 圆的正等轴测图

平行于不同坐标面的圆其正等测椭圆的长、短轴方向不同(图 5-7)，分析图 5-7 可知：

(1) 平行于 $X_0O_0Y_0$ 坐标面的圆，其正等测椭圆的长轴 $\perp OZ$，短轴 $/\!/ OZ$ 轴(图 5-7a)。

(2) 平行于 $Y_0O_0Z_0$ 坐标面的圆，其正等测椭圆的长轴 $\perp OX$，短轴 $/\!/ OX$ 轴(图 5-7b)；

(3) 平行于 $Z_0O_0X_0$ 坐标面的圆，其正等测椭圆的长轴 $\perp OY$，短轴 $/\!/ OY$ 轴(图 5-7c)。

2. 回转体正等轴测图画法举例

[例 5-3] 绘制图 5-8a 所示圆柱的正等轴测图。

分析：由图 5-8a 可知，圆柱顶、底面为两个平行于坐标面 $X_0O_0Y_0$ 的大小相等的圆，其轴测投影椭圆的长轴垂直于 OZ 轴，短轴平行于 OZ 轴。该圆柱正前方有一个通槽。

作图：

(1) 确定直角坐标轴 O_0X_0、O_0Y_0、O_0Z_0 及原点 O_0，并作顶圆的外切正方形，得切点投影 a_0、b_0、c_0、d_0(图 5-8a)。

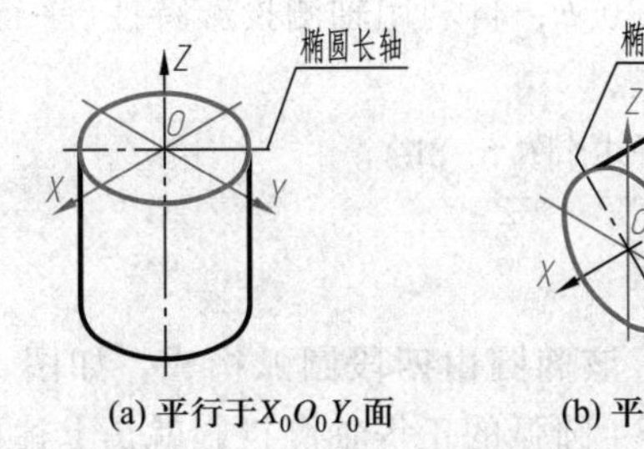

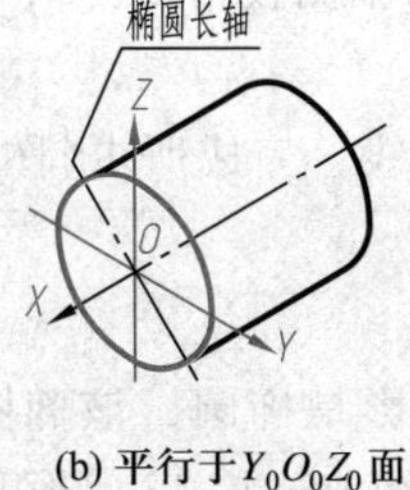

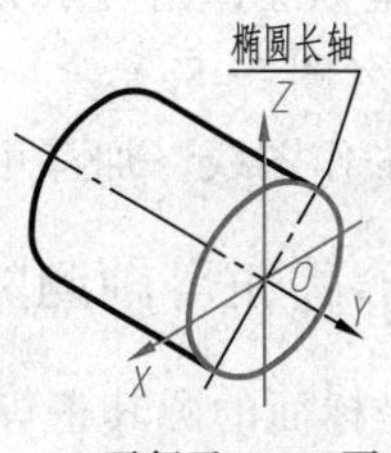

(a) 平行于$X_0O_0Y_0$面　(b) 平行于$Y_0O_0Z_0$面　(c) 平行于$X_0O_0Z_0$面

图 5-7　平行于不同坐标面的圆的正等轴测图

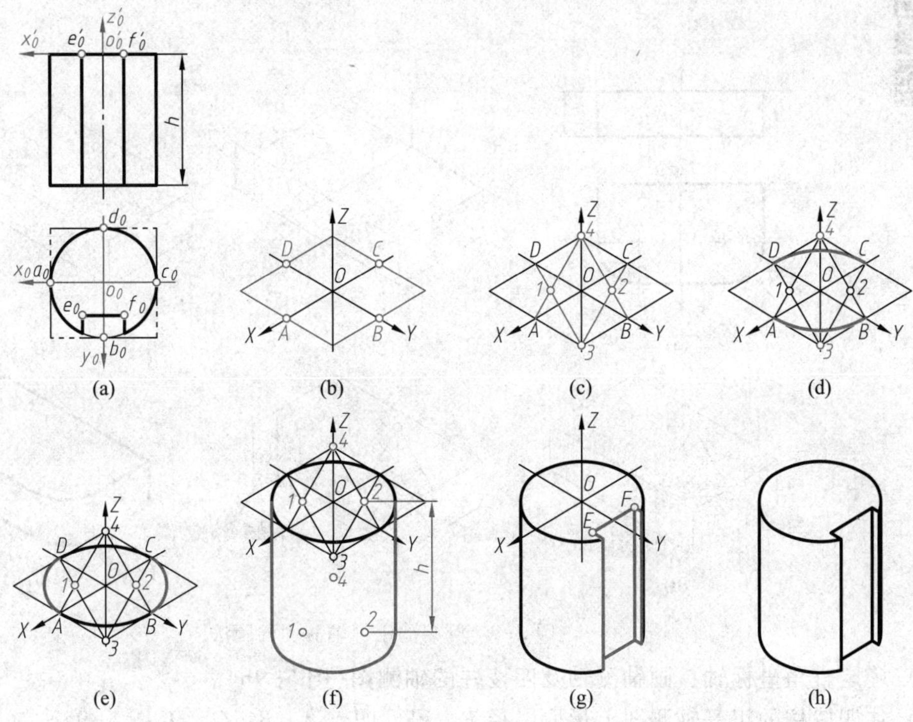

图 5-8　圆柱的正等轴测图的画法

(2) 画轴测轴及四个切点 A_0、B_0、C_0、D_0 的轴测投影 A、B、C、D，过 B、D 作 OX 轴的平行线，过 A、C 作 OY 轴的平行线，得顶圆外切正方形的轴测投影菱形(图 5-8b)。

(3) 将菱形顶点 *3* 与点 C、D 相连，菱形顶点 *4* 与点 A、B 相连，得交点 *1*、*2*，则 *1*、*2*、*3*、*4* 点即为近似椭圆四段圆弧的圆心(图 5-8c)。

(4) 分别以点 *3*、*4* 为圆心，以 $3C$ 为半径画$\overset{\frown}{CD}$和$\overset{\frown}{AB}$(图 5-8d)；分别以点 *1*、*2* 为圆心，以 $2B$ 为半径画$\overset{\frown}{BC}$和$\overset{\frown}{DA}$(图 5-8e)，即完成顶面圆的轴测投影(椭圆)。

(5) 将三个圆心 *1*、*2*、*4* 沿 OZ 轴负向平移高度 h，作出圆柱底圆的轴测投影(即移心法画底圆的轴测投影)，画两椭圆公切线，底圆不可见椭圆弧不必画出(图 5-8f)。

(6) 用坐标法作出两点 E_0、F_0的轴测投影 E、F，再利用轴测投影特性(平行性)完成缺口的轴测投影(图 5-8g)。

(7) 擦去作图线，加深可见轮廓线，完成所求(图 5-8h)。

四、组合体正等轴测图画法

平行于坐标面的圆其正等轴测投影是椭圆，该椭圆由四段圆弧构成，如图 5-8d、e 所示。工程中平板上的圆角由 1/4 圆弧构成，该 1/4 圆弧的正等轴测投影就是上述椭圆中的四段圆弧之一。该圆角正等轴测图的画法见下例。

[例 5-4] 绘制图 5-9a 所示带圆角平板的正等轴测图。

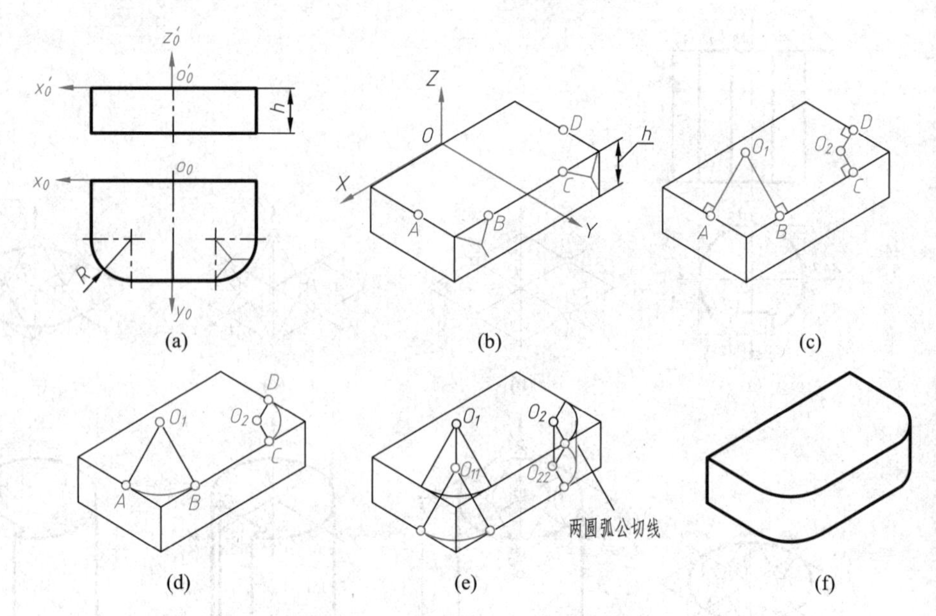

图 5-9 圆角的正等轴测图的画法

(1) 确定直角坐标轴，画轴测轴及四棱柱的轴测图(图 5-9b)。

(2) 在四棱柱的正等轴测图上量取半径 R，得到四点 A、B、C、D(图 5-9b)。

(3) 过点 A、B、C、D 分别作所在边的垂线，求出圆心 O_1、O_2(图 5-9c)。

(4) 以 O_1为圆心、O_1A 为半径画$\widehat{AB}$，以 O_2为圆心、O_2C 为半径画$\widehat{CD}$(图 5-9d)。

(5) 将$\widehat{AB}$、$\widehat{CD}$沿 OZ 轴负向平移板厚 h 得底面圆角轴测投影，在两小圆弧处作公切线(图 5-9e)。

(6) 擦去作图线，加深可见轮廓线，完成所求(图 5-9f)。

[例 5-5] 绘制图 5-10a 所示组合体的正等轴测图。

分析：该组合体由底板、竖板及肋板叠加构成，底板为带圆角的四棱柱，竖板带有圆孔。下面按各基本形体逐一叠加的方法画其轴测图。

作图：

（1）设置直角坐标轴（图 5-10a），画轴测轴及底板的轴测图（图 5-10b）。（注：底板轴测图画法见［例 5-4］）

（2）用坐标确定竖板前、后端面圆心的轴测投影位置 O_1、O_2（在 OZ 轴上量取圆心高得 O_1，过 O_1 作 OY 轴的平行线，量取竖板厚度得 O_2）（图 5-10b）。

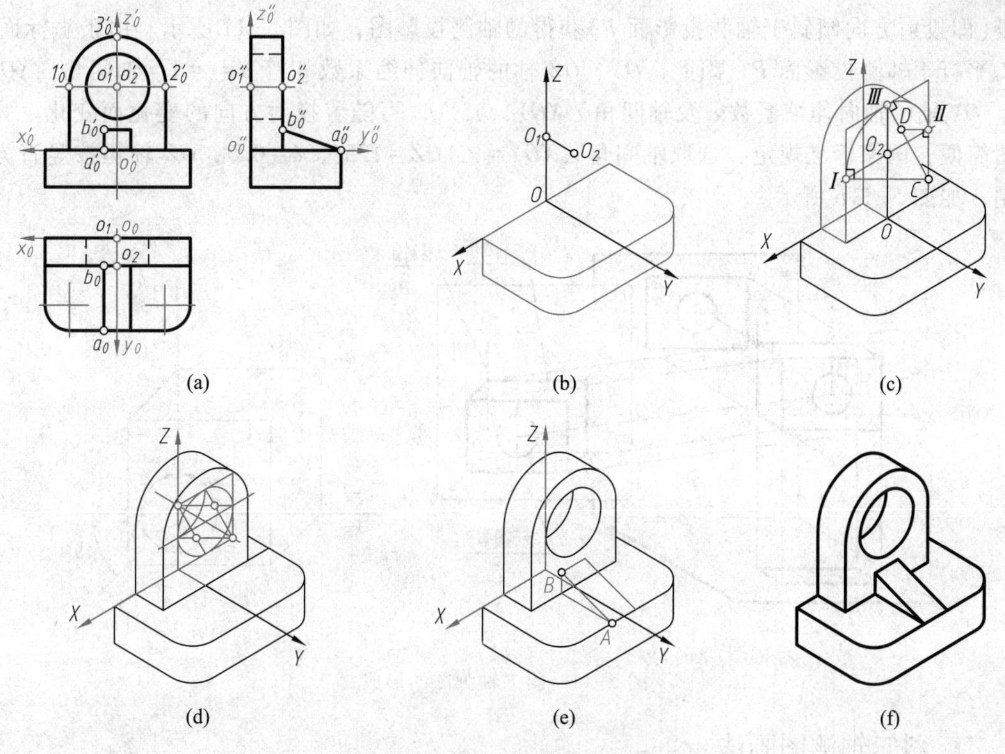

图 5-10　支架的正等轴测图的画法

（3）利用坐标确定竖板前端面半圆三个切点 $Ⅰ_0$、$Ⅱ_0$、$Ⅲ_0$ 的轴测投影 Ⅰ、Ⅱ、Ⅲ（图 5-10c），过点 Ⅰ、Ⅱ 作 OZ 轴的平行线，过点 Ⅲ 作 OX 轴的平行线，再过点 Ⅰ、Ⅱ、Ⅲ 分别作各自边的垂线，得交点 C、D。以 C、D 为圆心，CⅢ、DⅡ 为半径画圆弧，得竖板前端面半圆的轴测投影。将圆心 C、D 沿 OY 轴负向平移竖板厚，画竖板后端面半圆的轴测投影，作竖板前、后端面圆弧公切线，完成竖板外轮廓的轴测投影（图 5-10c）。

（4）绘制竖板圆孔的轴测投影（图 5-10d）。

（5）用坐标法作出组合体上点 A_0、B_0 的轴测投影 A、B，再利用轴测投影特性（平行性）完成肋板轴测投影（图 5-10e）。

（6）擦去作图线，加深可见轮廓线，完成所求（图 5-10f）。

§5-3 斜二轴测图

一、斜二轴测图的轴间角、轴向伸缩系数

从前述轴测图分类可知，斜二轴测图是正着放(即坐标面 $X_0O_0Z_0$ // 轴测投影面 P)，斜着投(即投射方向倾斜于轴测投影面 P)获得的轴测投影图，如图 5-11 所示。由于坐标面 $X_0O_0Z_0$平行于轴测投影面 P，因此，OX、OZ 轴的轴向伸缩系数相等 $p=r=1$，轴间角 $\angle XOZ=90°$。OY 轴的轴向伸缩系数 q 及轴间角 $\angle XOY$、$\angle YOZ$ 可随着投射方向的变化而变化。为了绘图简便，国家标准规定，选取轴间角 $\angle XOY=\angle YOZ=135°$，$q=0.5$，$OZ$ 轴仍按竖直方向绘制，如图 5-11b 所示。

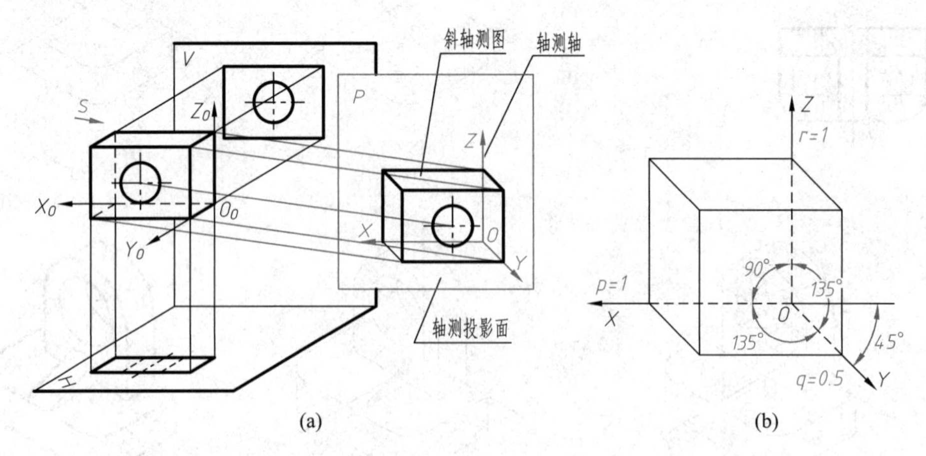

(a) (b)

图 5-11 斜二轴测图的形成

二、斜二轴测图画法

由于斜二轴测图的轴向伸缩系数 $p=r=1$，所以物体上凡平行于 $X_0O_0Z_0$坐标面的平面，其轴测投影都反映实形。因此，一个方向有较多圆或圆弧的物体特别适合绘制斜二轴测图，可将物体上圆或圆弧较多的平面放置为 $X_0O_0Z_0$面的平行面，使其轴测投影仍为圆或圆弧，以简化作图。对于物体上不平行于 $X_0O_0Z_0$面的圆或圆弧可采用坐标法完成其轴测投影。

物体的斜二轴测图画法与正等轴测图的画法类似，均可采用坐标法、切割法及叠加法绘制，只是二者的轴间角和轴向伸缩系数不同而已。

[例 5-6] 绘制图 5-12a 所示物体的斜二轴测图。

作图：

(1) 确定直角坐标轴(图 5-12a)。

(2) 画轴测轴及半个正垂圆筒(图 5-12b)。

(3) 画竖板，注意竖板前端面与圆筒外柱面的交线(图 5-12c)。

（4）画竖板的圆角和小孔(图 5-12d)。

（5）擦去作图线，加深可见轮廓线，完成所求(图 5-12e)。

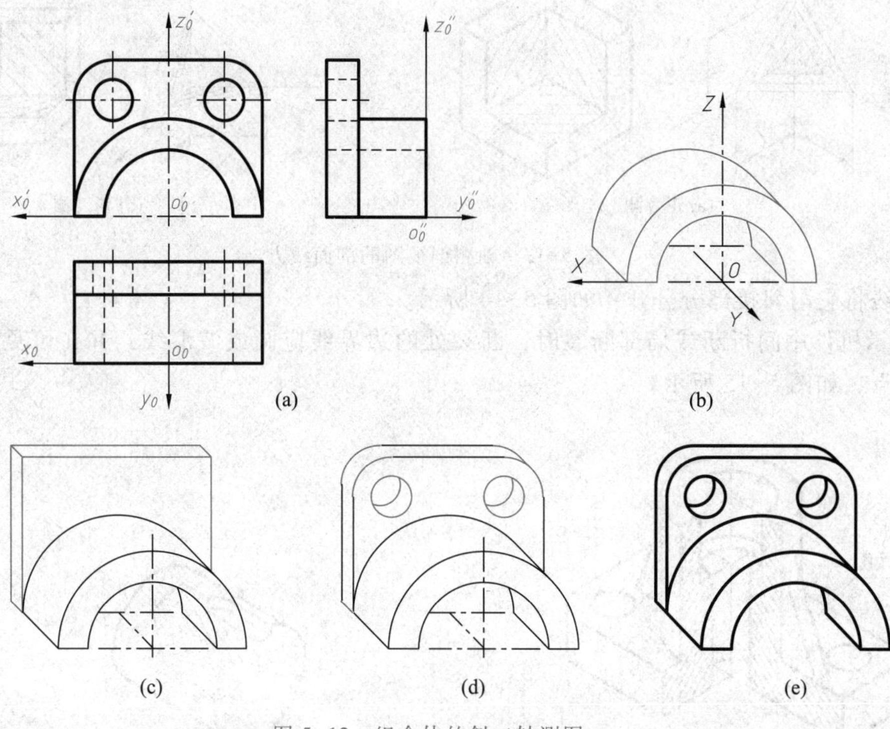

图 5-12　组合体的斜二轴测图

§5-4　轴测剖视图的画法及尺寸标注

为了能在轴测图上清楚表达机件内部的结构形状，可假想用剖切平面将机件的一部分剖去，这种剖切后的轴测图称为轴测剖视图。

一、轴测剖视图的画法

1. 剖切平面和剖切位置的确定

在轴测剖视图中，剖切平面应平行于坐标面，通常用平行于坐标面的两个互相垂直的平面来剖开机件，一般只剖切机件的 1/4，避免破坏机件的完整性。

剖切平面一般应通过机件的对称平面或通过内部孔等结构的轴线。

2. 剖面线的画法

（1）用剖切平面剖开机件时，剖切平面与机件的接触部分(截断面)应画上剖面线，剖面线应画成等距、平行的细直线，其方向如图 5-13 所示。

（2）当剖切平面通过机件的肋或薄壁的纵向对称面进行剖切时，这些结构不画剖面线，

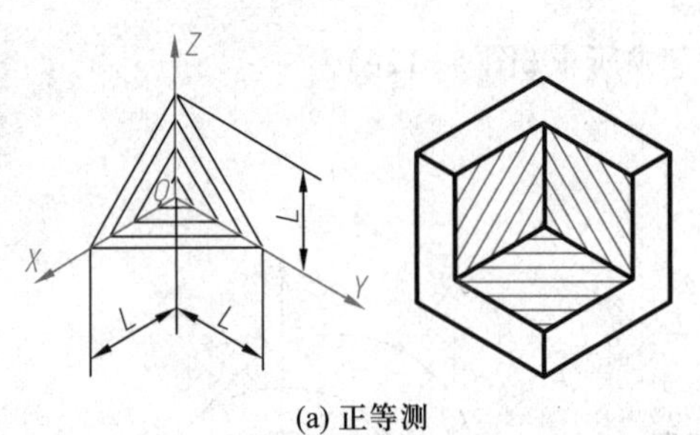

(a) 正等测

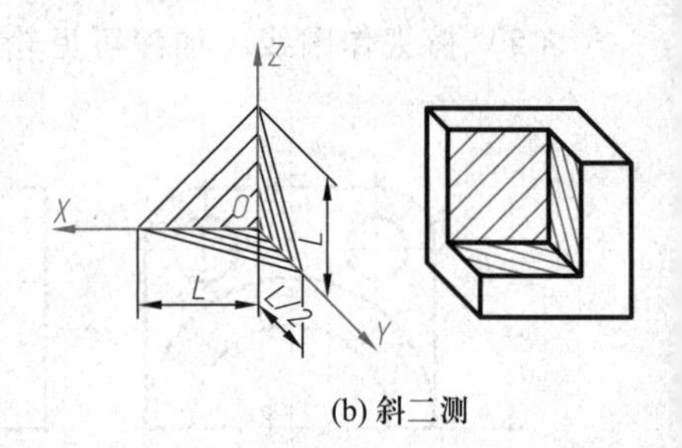

(b) 斜二测

图 5-13　轴测剖视图的剖面线方向

而是用粗实线将它与邻接部分分开，如图 5-14 所示。

（3）表示机件中间折断或局部断裂时，断裂处的边界线应画成波浪线，并在可见断裂面内加画细点，如图 5-15 所示。

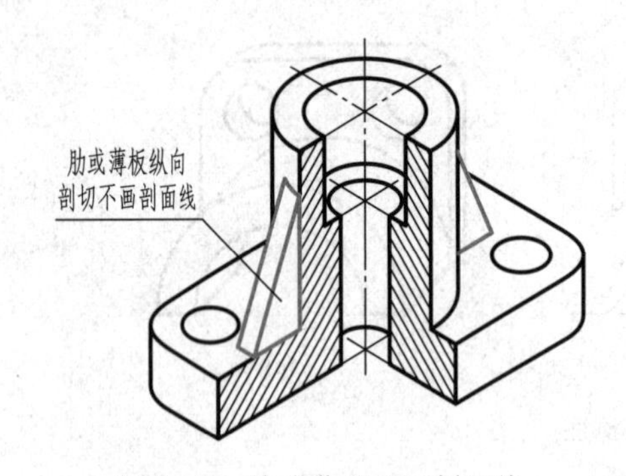

图 5-14　肋或薄壁不画剖面线

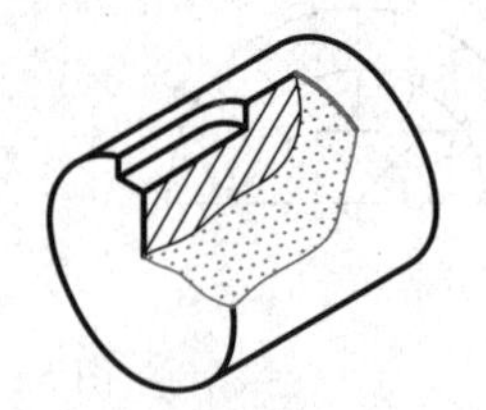

图 5-15　折断或局部断裂处画细点

3. 轴测剖视图的画法

方法一：先画机件的完整轴测图，然后按选定的剖切位置画出断面轮廓的轴测投影，将剖去部分擦掉，在截断面轴测投影上画上剖面线。

[例 5-7] 根据机件的视图（图 5-16a），画出其正等轴测剖视图。

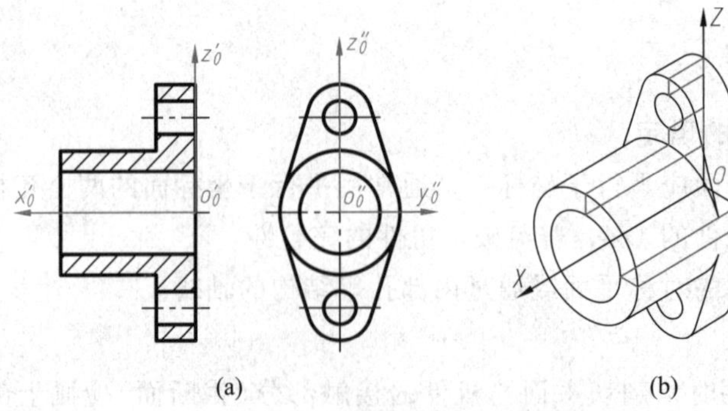

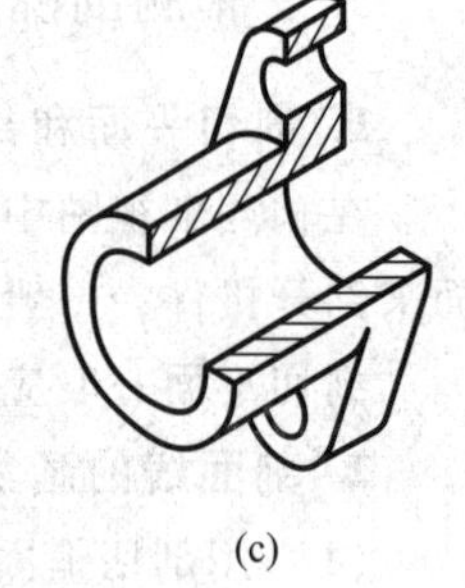

图 5-16　轴测剖视图画法（一）

作图：

(1) 在视图上确定直角坐标轴(图 5-16a)。

(2) 画轴测轴及机件完整正等轴测图，确定剖切位置，画出剖切后的截断面的轴测投影(图 5-16b)。

(3) 擦去被剖切掉的部分，在截断面轴测投影上画出剖面线及其他可见部分的轴测投影，描深可见轮廓线(图 5-16c)。

方法二：先画出截断面的轴测投影，然后再画出机件内、外部可见轮廓线的轴测投影，该方法可减少不必要的作图线。

[**例 5-8**] 根据机件的视图(图 5-17a)，画出其斜二轴测剖视图。

(1) 在视图上确定直角坐标轴(图 5-17a)。

(2) 画轴测轴，确定剖切位置，画出剖切后截断面的轴测投影(图 5-17b)。

(3) 画出内外部分可见轮廓线的轴测投影，描深即得该机件的斜二轴测剖视图(图 5-17c)。

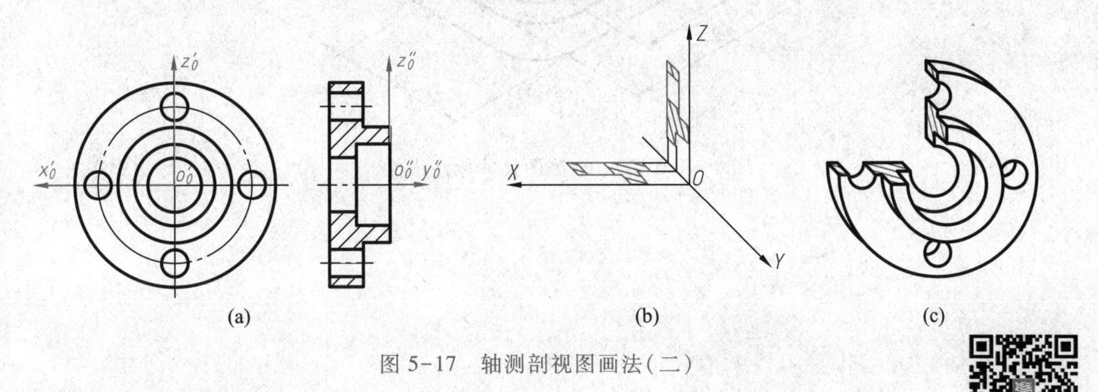

图 5-17 轴测剖视图画法(二)

二、轴测图的尺寸标注

(1) 轴测图的线性尺寸一般应沿轴测轴方向标注。尺寸数字应按相应的轴测图形标注在尺寸线的上方，尺寸线必须与所标注的线段平行，尺寸界线一般应平行于该线段所在平面的某一投影轴。当图中出现字头向下的情况时，应引出标注，将尺寸数字引出水平注写(图 5-18)。

(2) 标注角度尺寸时，尺寸线应画成与该坐标平面相应的椭圆弧，角度数字一般注写在尺寸线的中断处，字头向上(图 5-19)。

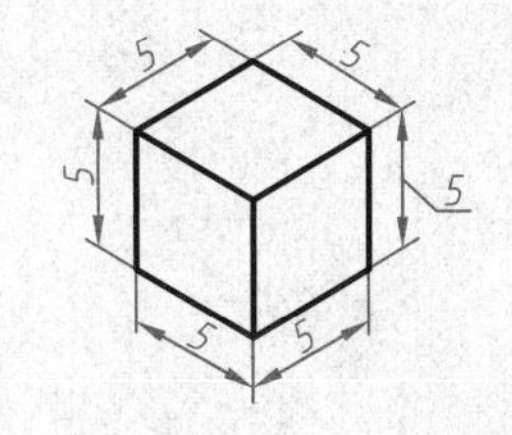

图 5-18 轴测图线性尺寸的注法

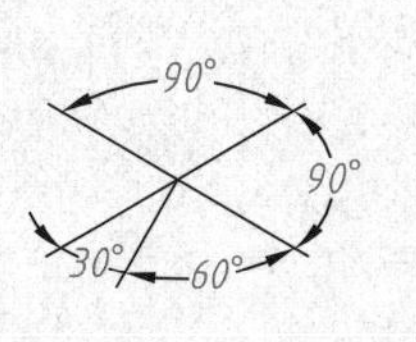

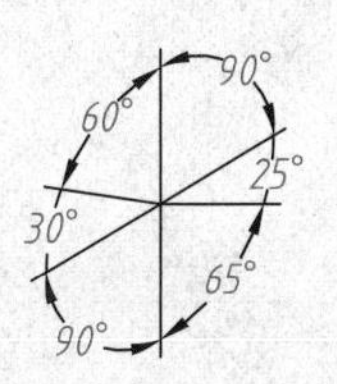

图 5-19 轴测图角度尺寸的注法

（3）标注圆的直径时，尺寸线和尺寸界线应分别平行于圆所在平面内的轴测轴。标注圆弧半径或较小圆的直径时，尺寸线可从(或通过)圆心标注，但注写尺寸数字的横线必须平行于轴测轴(图 5-20)。

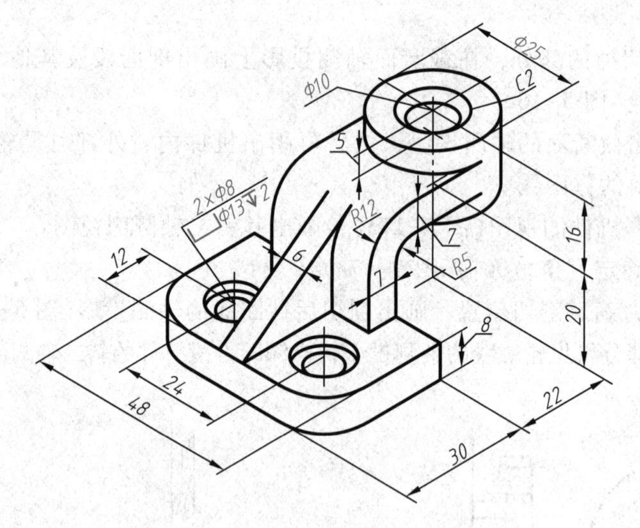

图 5-20　轴测图尺寸标注示例

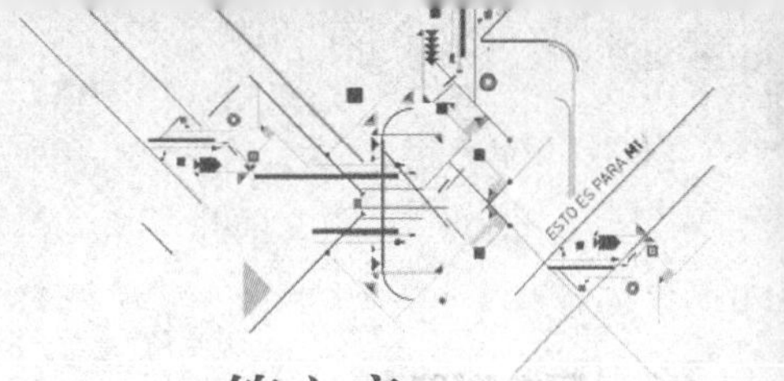

第六章 机件常用表达方法

在工程实际中，为了清楚表达结构复杂的机件(机器零件)，《技术制图》与《机械制图》国家标准规定了绘制机件技术图样的基本方法，包括视图、剖视图、断面图及简化画法等。掌握这些表达方法是正确绘制和阅读机械图样的基本前提。灵活运用这些表达方法，清楚、简洁地表达机件是绘制机械图样的基本原则。

§6-1 视图

视图(GB/T 17451—1998、GB/T 4458.1—2002)主要用于表达机件外部结构形状。视图分为基本视图、向视图、局部视图和斜视图四种。视图一般只画可见部分，必要时才用细虚线表达不可见部分。

一、基本视图

为了分别表达机件上下、左右、前后六个方向的结构形状，国家标准中规定：用正六面体的六个面作为六个投影面，称为基本投影面。将机件置于六面体中间，分别向各投影面投射，得到六个基本视图：主视图——由机件的前方向后投射得到的视图；俯视图——由机件的上方向下投射得到的视图；左视图——由机件的左方向右投射得到的视图；右视图——由机件的右方向左投射得到的视图；仰视图——由机件的下方向上投射得到的视图；后视图——由物体的后方向前投射得到的视图。

为了在同一平面上表示机件，必须将六个投影面展开到一个平面上。展开时规定正立投影面不动，其余各投影面按图 6-1 所示，展开到正立投影面所在的平面上。

投影面展开后，六面基本视图的位置如图 6-2 所示，一旦机件的主视图被确定后，其他基本视图与主视图的位置关系也随之确定，此时，可不标注视图的名称。

六个基本视图在度量上，满足“三等”对应关系：主、俯、仰视图“长对正”；主、左、右、后视图“高平齐”；俯、左、仰、右视图“宽相等”。这是读图、画图的依据和出发点。在反映空间方位上，俯、左、仰、右视图中靠近主视图的一侧是机件的后方，远离主视图的一侧是机件的前方。

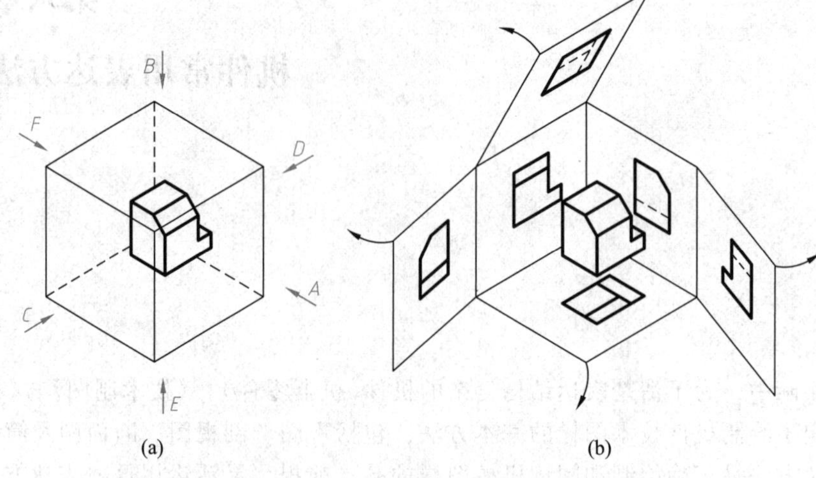

图 6-1　六个基本视图的形成及展开

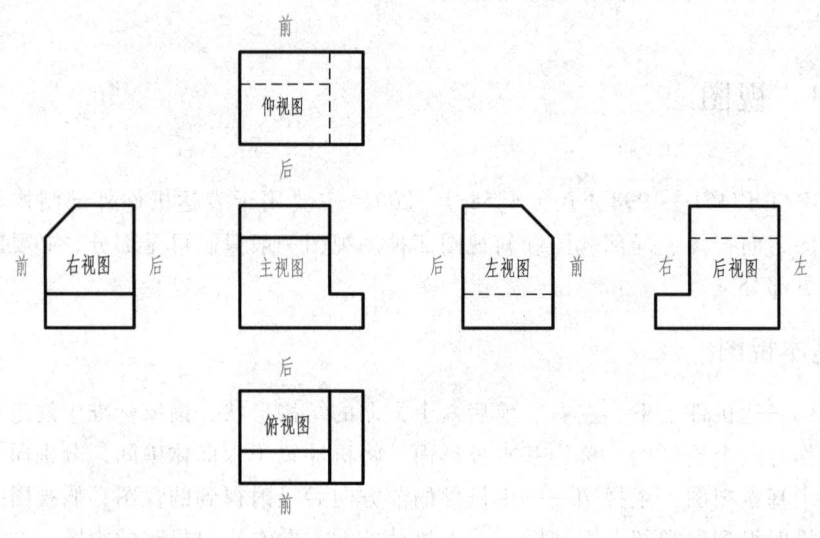

图 6-2　基本视图的配置

二、向视图

向视图是可以自由配置的基本视图。向视图必须进行标注，标注方法为：在向视图的上方标注大写拉丁字母“×”；在相应视图附近用箭头指明投射方向，并标注相同字母（图 6-3）。

采用向视图的目的是便于利用图纸空间。向视图是基本视图的另一种表达方式，是移位（不旋转）配置的基本视图。向视图的投射方向应与基本视图的投射方向一一对应。表示投射方向的箭头应尽可能配置在主视图或左、右视图上，以便所获视图与基本视图一致。

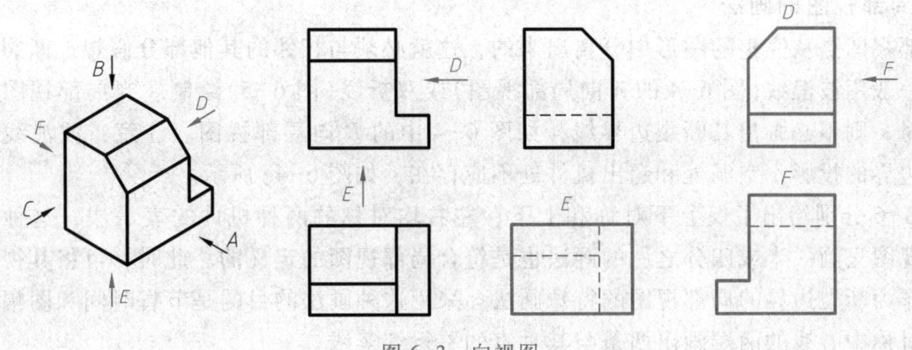

图 6-3　向视图

三、局部视图

局部视图是将机件的某一部分向基本投影面投射所得的视图。当机件在平行于某基本投影面的方向上仅有某局部形状需要表达，而又没有必要画出其完整的基本视图时，可采用局部视图局部地表达机件的外形。如图 6-4 所示的 *A* 向和 *B* 向视图，分别表达了左右两个凸台的形状。

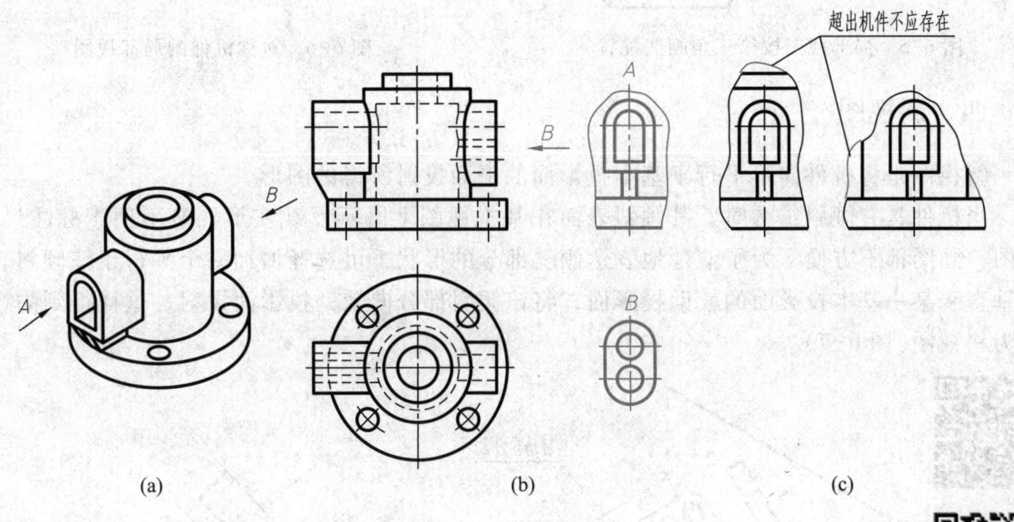

图 6-4　局部视图

1. 局部视图的配置及标注

局部视图按以下三种形式配置，并进行必要的标注。

(1) 按基本视图的配置形式配置，当与相应的另一视图之间没有其他图形隔开时，则不必标注，如图 6-4 中的 *A* 向局部视图。

(2) 按向视图的配置形式配置和标注，如图 6-4 中的 *B* 向局部视图。

(3) 按第三角画法(第三角画法请参照本章 6-6 节)配置在视图上所需表示的局部结构的附近，并用细点画线将两者相连，无中心线的图形也可用细实线联系两图，此时，无需另行标注(图 6-5)。

2. 局部视图的画法

局部视图是从完整的图形中分离出来的，这就必须与相邻的其他部分假想地断裂，其断裂边界一般用波浪线(图 6-4 的 *A* 向局部视图)或双折线(图 6-5)绘制。当局部视图的外轮廓封闭时，则不必画出其断裂边界线，如图 6-4 中的 *B* 向局部视图。注意：波浪线表示物体断裂边界的投影，空洞处和超出机件处不应存在，如图 6-4c 所示。

图 6-6 分别给出了仅上下对称和上下、左右均对称的两种机件的表示法，这种将对称机件的视图只画一半或四分之一的画法也是符合局部视图的定义的。此时，可将其视为以细点画线作为断裂边界的局部视图的特殊画法。采用这种画法的目的是节省时间和图幅，作图时应在对称中心线的两端画出两条与其垂直的平行细实线。

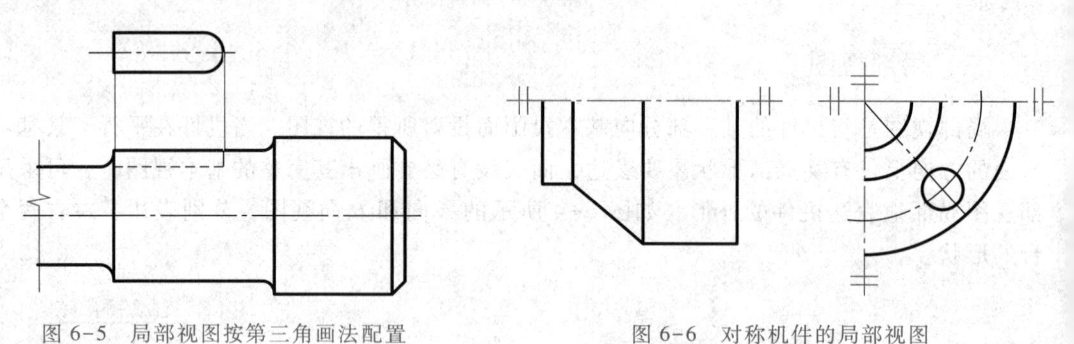

图 6-5 局部视图按第三角画法配置

图 6-6 对称机件的局部视图

四、斜视图

斜视图是将机件向不平行于基本投影面的平面投射所得的图形。

当机件具有倾斜结构时，其倾斜表面在基本视图上既不反映实形，又不便于标注尺寸，读图、画图都不方便。为了清楚地表达倾斜部分的形状，可选择增加一个平行于该倾斜表面且垂直于某一基本投影面的辅助投影面，将该倾斜部分向辅助投影面投射，这样得到的视图称为斜视图(图 6-7)。

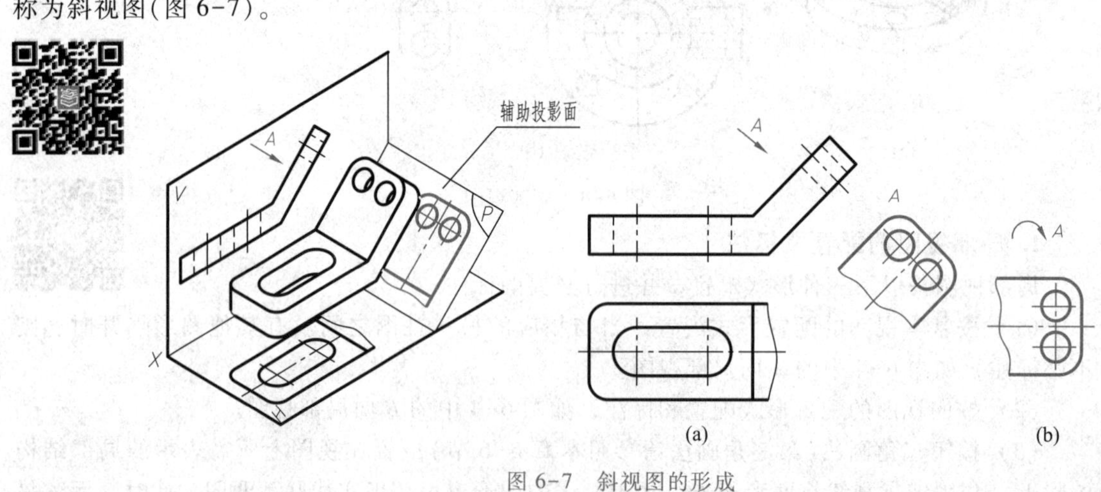

图 6-7 斜视图的形成

斜视图中只画倾斜部分的投影，用波浪线或双折线断开，其他部分省略不画。作图时注意：斜视图的尺寸大小必须与相应的视图保持联系，严格按投影关系作图。斜视图通常按向视图的配置形式配置及标注。按箭头方向配置在相应视图的附近，在斜视图的上方水平地注写与箭头处相同的字母以表示斜视图的名称。在相应视图附近用垂直于倾斜表面的箭头指明投射方向，如图 6-7a 中的 *A* 向斜视图。必要时允许将斜视图旋转配置，如图 6-7b 所示。旋转的角度不大于 90°。此时应加注旋转符号，旋转符号为半径等于字体高的半圆弧，用细实线绘制。旋转符号的方向要与实际旋转方向一致，表示斜视图名称的大写拉丁字母应靠近旋转符号的箭头端，也允许将旋转角度标注在字母之后。

图 6-8 所示为视图表达的应用(压紧杆的表达)。思考：该压紧杆用三视图表达存在的弊端。

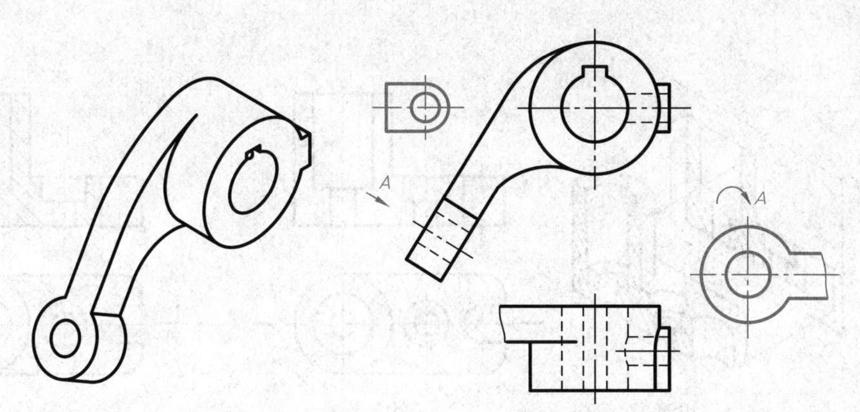

图 6-8　压紧杆的斜视图和局部视图

§6-2　剖视图

一、剖视图的基本概念

当机件的内部结构比较复杂时，在视图中就会出现较多的细虚线，显得内部结构层次不清，不便于读图、标注尺寸。为了清晰地表达机件内部结构形状，国家标准(GB/T 4458.6—2002)规定采用剖视图来表达。

如图 6-9 所示，假想用剖切面剖开机件，将位于观察者和剖切面之间的部分移去，而将余下部分向投影面投射所得的图形，称为剖视图(图 6-9e)，可简称为剖视。

二、剖视图的画法及标注

1. 剖视图的画法

(1) 确定剖切面及剖切面的位置。画剖视图的目的是为了表达机件内部结构的真实形状，因此剖切面一般应通过机件内部结构的对称平面或孔的轴线去剖切物体(图 6-9b)。

(2) 用粗实线画出剖切面剖切到的机件断面轮廓和其后面所有可见轮廓线的投影，不

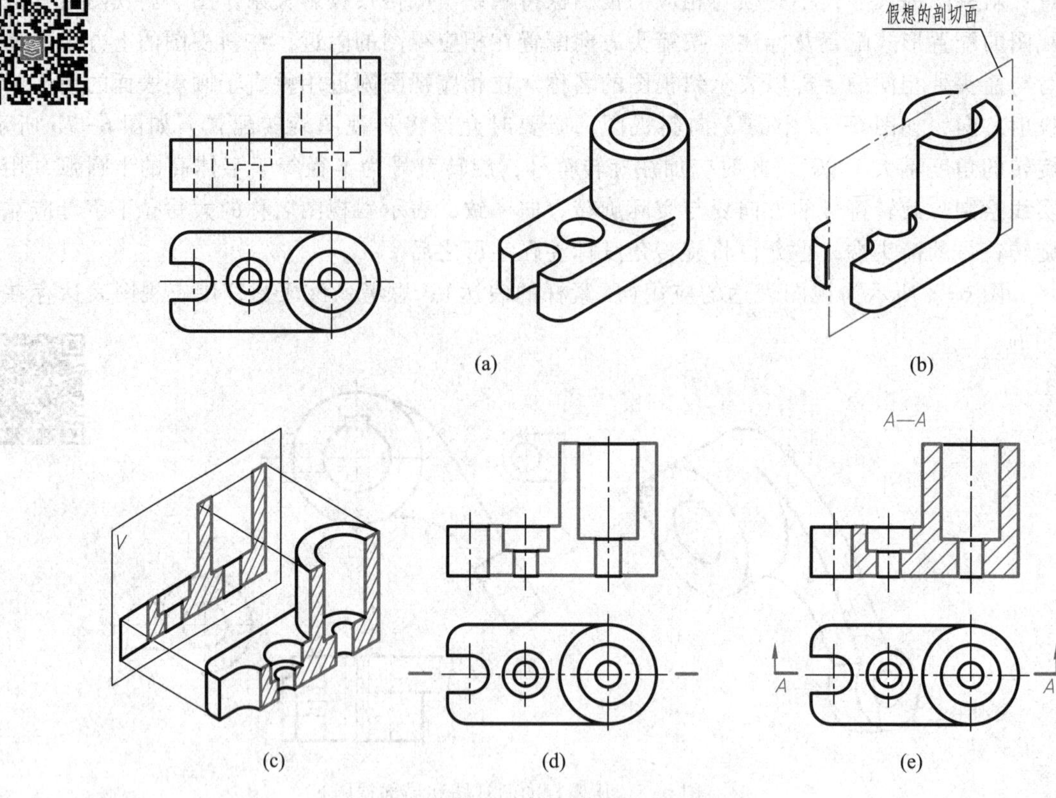

图 6-9　剖视图的形成及画法

可见的轮廓线一般不画(图 6-9d)。

(3) 在剖切面剖切到的断面轮廓内画出剖面符号，以区分机件的实体部分和空心部分(图 6-9e)。不同类别的材料一般采用不同的剖面符号(表 6-1)。金属材料的剖面符号称为剖面线，若未特别注明，一般图样中的剖面线应用细实线画成间隔相等、方向相同而且与水平方向成 45°的平行线族(图 6-10a)。当图样中的主要轮廓线与水平方向成 45°时，该图样的剖面符号则应画成与水平方向成 30°或 60°的平行线，其倾斜方向仍与其他图形的剖面线一致(图6-10b)。

表 6-1　剖面符号(摘自 GB/T 4457.5—2013)

材料名称	剖面符号	材料名称		剖面符号
金属材料 (已有规定剖面符号者除外)		木质胶合板(不分层数)		
非金属材料 (已有规定剖面符号者除外)		木材	纵剖面	
型砂、粉末冶金、陶瓷、 硬质合金等			横剖面	

续表

材料名称	剖面符号	材料名称	剖面符号
线圈绕组元件		玻璃及其他透明材料	
		格网(筛网、过滤网等)	
转子、变压器等的迭钢片		液体	

注：1. 剖面符号仅表示材料的类别，材料的名称和代号必须另行注明。

2. 迭钢片的剖面线方向，应与束装中迭钢片的方向一致。

3. 液面用细实线绘制。

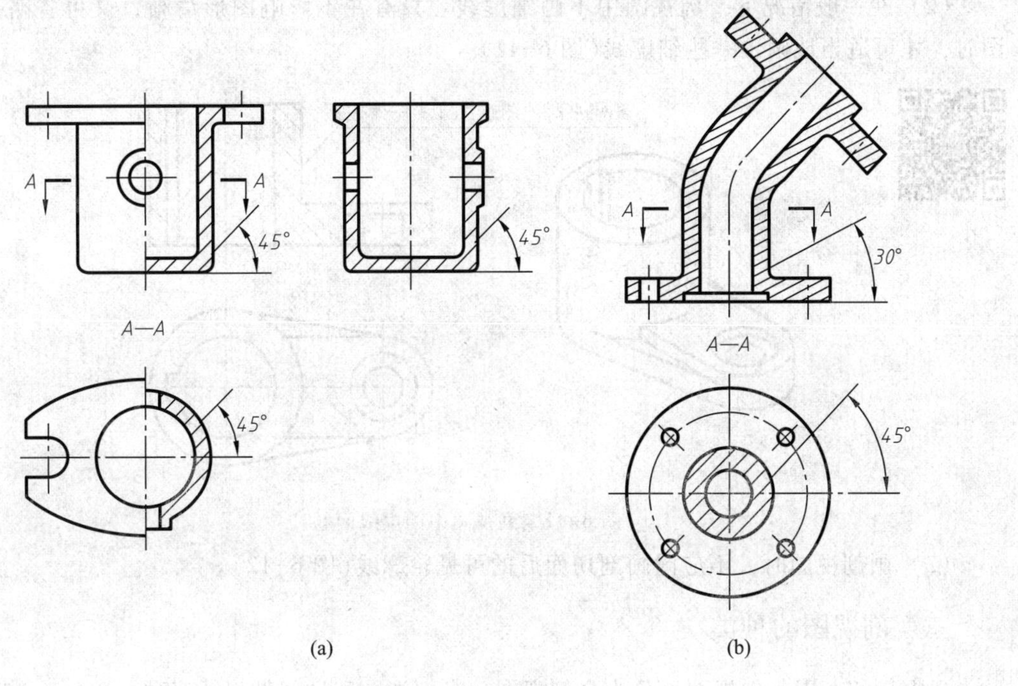

图 6-10　剖面线画法

2. 剖视图的标注

剖视图标注的目的是帮助读图者判断剖切面通过的位置和剖切后的投射方向，以便找出各相应视图之间的投射关系。

(1) 标注的内容

① 剖视图名称　在剖视图的上方水平注写“*X—X*”(“*X*”为大写拉丁字母)表示剖视图的名称。不同的剖视图其名称不得重复(图 6-9e)。

② 剖切位置及投射方向　在与剖切面垂直的视图中，剖切面的投影积聚为线，称为剖切线(用细点画线绘制或省略)，在剖切线的起止和转折处画上剖切符号。剖切符号由粗短

画和箭头组成，粗短画(长约5~10 mm)用来表示剖切位置，箭头(只在剖切线起止的粗短画外端绘制,并与粗短画垂直)用来表示投射方向。在剖切符号附近还应注写与剖视图名称相同的大写拉丁字母“*X*”。图6-9e为省略了剖切线的剖视图标注。

(2) 标注的简化或省略

① 当剖视图按投影关系配置，中间没有其他图形隔开时，可省略箭头(图6-9e中箭头可省去)。

② 当单一剖切面通过机件的对称平面或基本对称面，且剖视图按投影关系配置，中间又没有其他图形隔开时，则不必标注(图6-9e、图6-11均可不必标注)。

3. 绘制剖视图的注意事项

(1) 由于剖切是假想的，所以当机件的一个视图画成剖视后，其他视图并不受影响，仍应完整地画出。

(2) 在一般情况下，剖视图中不画细虚线。只有在不影响图形清晰，又可省略一个视图时，才可适当地画出一些细虚线(图6-11)。

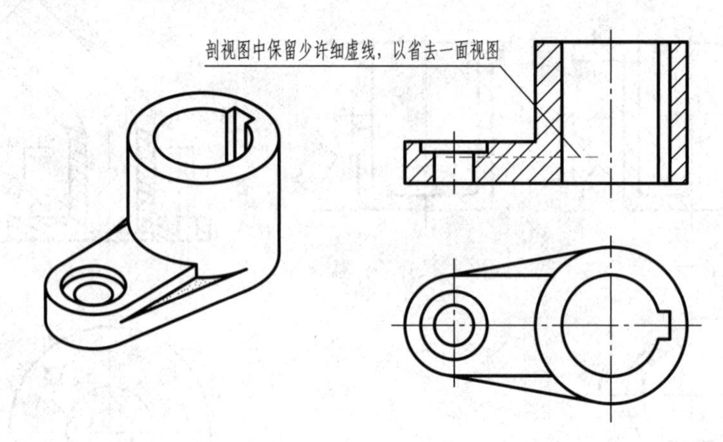

图6-11 剖视图中的虚线问题

(3) 画剖视图时，不应漏画剖切面后的可见轮廓线(图6-12)。

三、剖视图的种类

根据剖切范围，剖视图可分为全剖视图、半剖视图和局部剖视图三种。

1. 全剖视图

用剖切面将机件完全剖开后所得的剖视图称为全剖视图。全剖视图可由单一的或组合的剖切面完全地剖开机件得到。

全剖视图主要用于表达复杂的内部结构，它不能够表达同一投射方向上的外部形状，所以适用于内形复杂、外形简单的机件(图6-13)。

2. 半剖视图

当机件具有对称平面时，在垂直于对称平面的投影面上所得的图形，可以对称中心线为分界线，一半画成剖视图以表达内形，另一半画成视图以表达外形，称为半剖视图(图6-14)。

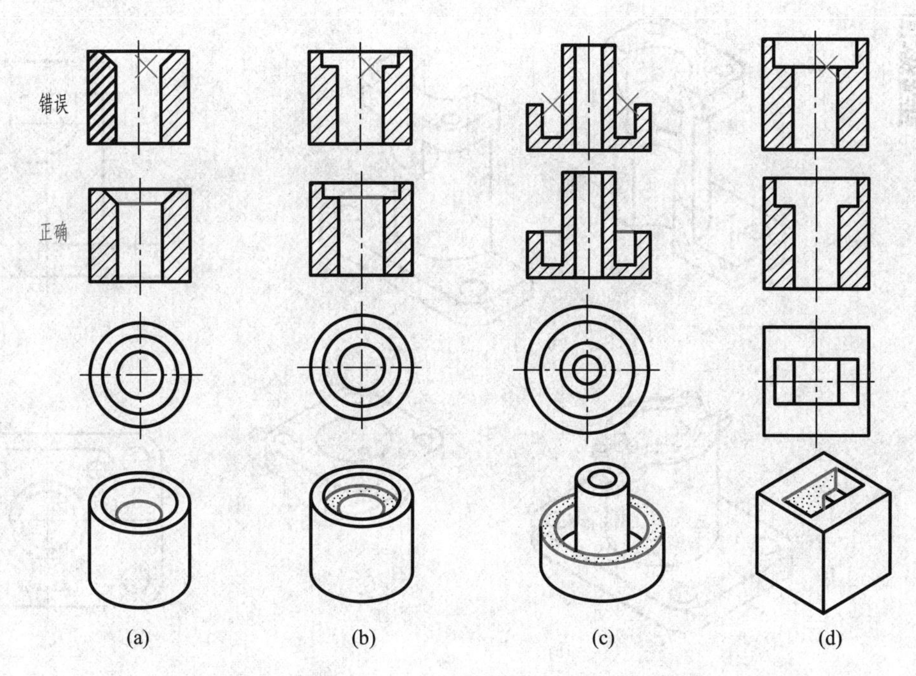

图 6-12　正误剖视图对比

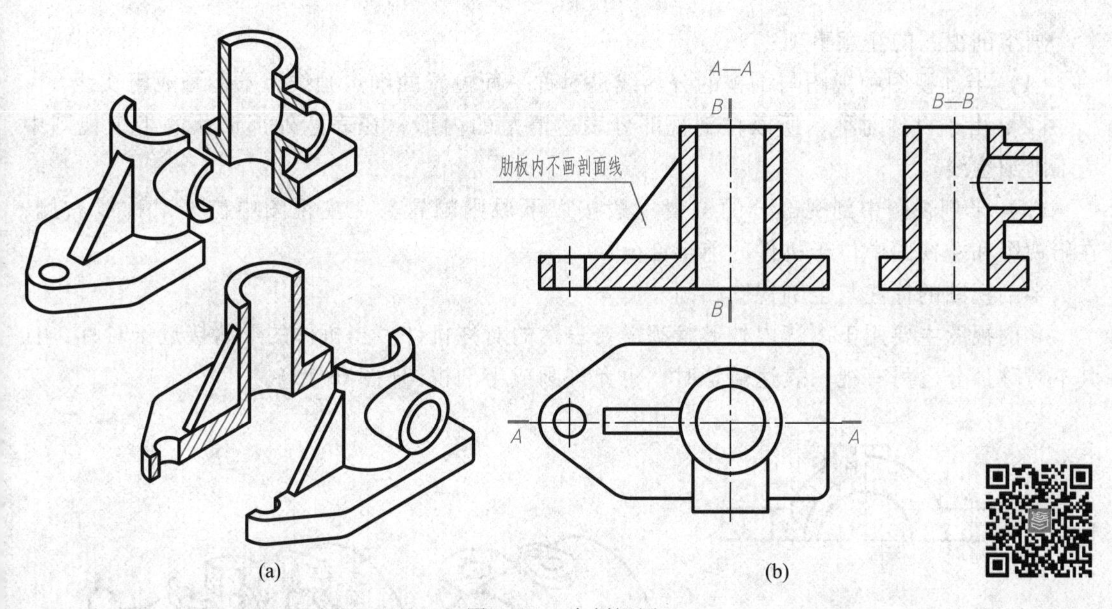

图 6-13　全剖视图

图 6-14 所示机件具有左右对称平面，在垂直于该对称平面的投影面（V 面）上，可以画成半剖视图以同时表达前方耳板的外形和中部铅垂孔的穿通情况；同时，这个机件具有前后对称平面，在垂直于这一对称平面的投影面 H 面上，也画成了半剖视图。H 面的投影是由通过耳板上小孔轴线的剖切平面剖切产生的 $A—A$ 半剖视图，它同时表达了顶部和底部带圆角的长方形板的外形和耳板上小孔与中部圆筒相通的内部结构。

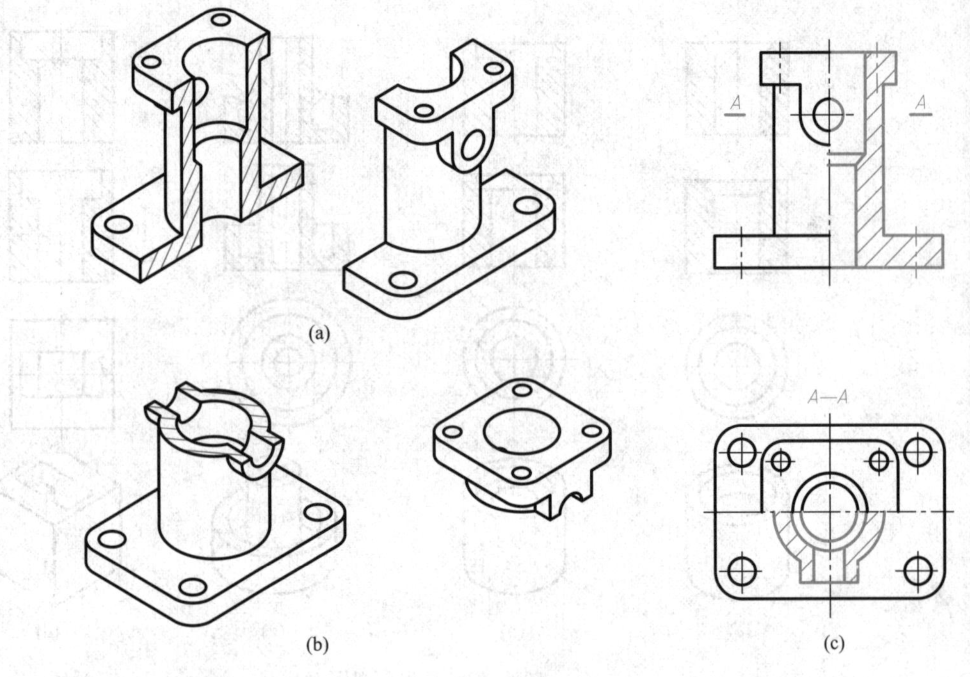

图 6-14　半剖视图(一)

画半剖视图的注意事项：

(1) 半剖视图中视图与剖视的分界线是对称平面位置的细点画线，不能画成粗实线。

(2) 由于机件对称，所以在剖视部分表达清楚的内形，在表达外部形状的半个视图中应不画细虚线。

(3) 半剖视图中剖视部分的位置一般按以下原则配置：在主视图中位于对称线右侧；在俯视图和左视图中位于机件的前半部分。

半剖视图的标注与全剖视图相同。

半剖视图主要用于表达内外形状都需要表达的对称机件。当机件的形状接近于对称，且其不对称部分已另有视图表达清楚时，也允许画成半剖视图(图 6-15)。

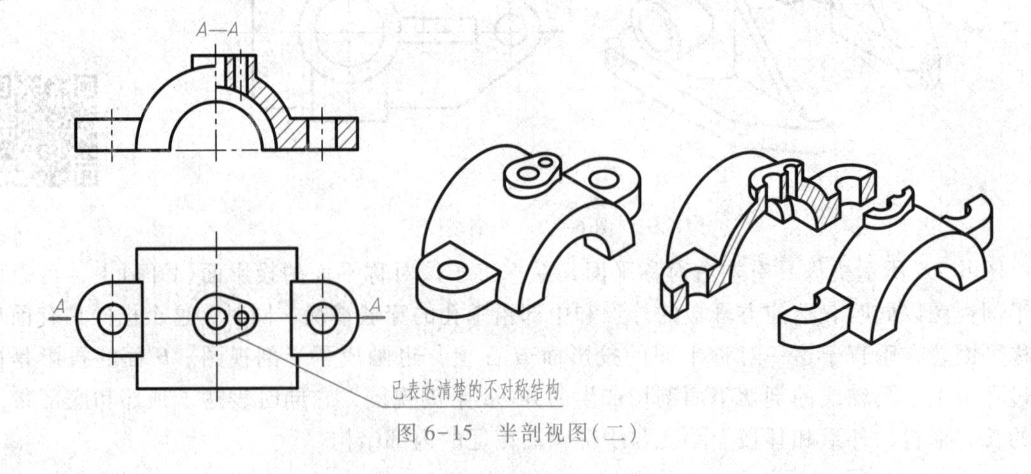

图 6-15　半剖视图(二)

3. 局部剖视图

用剖切面将机件局部剖开，并通常用波浪线表示剖切范围，所得的剖视图称为局部剖视图(图 6-16)。

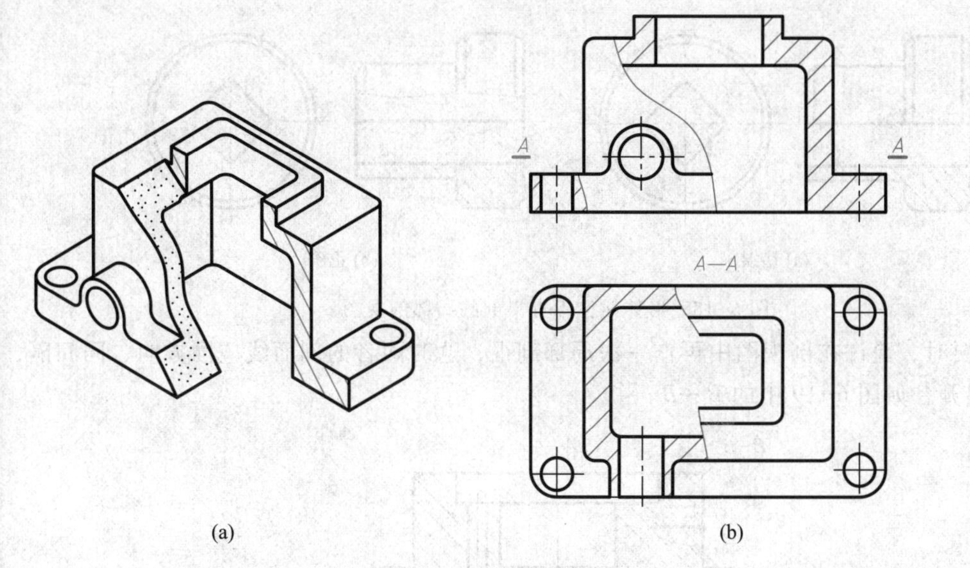

图 6-16　箱体的局部剖视图

图 6-16a 表示一箱体，该箱体顶部有一矩形孔，底部是一块具有四个安装孔的底板，左下方有一圆形凸台，上有圆孔。这个箱体上下、左右、前后都不对称。为了使箱体的内部和外部都能表达清楚，既不宜用全剖视，也不适用半剖视，而应以局部剖视的方式来表达。主视图上两处局部剖视同时表达箱体的壁厚、上方的矩形孔和底板上的小孔；俯视图上的局部剖视是通过左下方凸台上圆孔的轴线进行剖切得到的，清楚地表示出左下方通孔与箱体内腔的穿通情况以及箱体的左端壁厚的变化。这样的表达既表示出凸台的外形和位置，也反映出箱体中空结构的内形，内外兼顾，表达完整。

(1) 局部剖视的应用

① 当机件的局部内形需要表达，而又不必或不宜采用全剖视或半剖视的情况时，可采用局部剖视。如图 6-17 中的拉杆，左右两端有中空的结构需要表达，而中间部分为实心

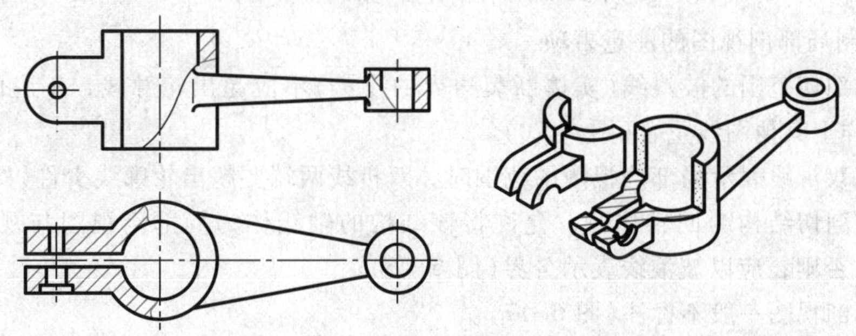

图 6-17　拉杆的局部剖视图

杆，没有必要去剖开，所以采用局部剖视。

② 当对称机件的轮廓线与对称中心线重合时，不宜采用半剖视图(图 6-18a)，可采用局部剖视图(图 6-18b)。

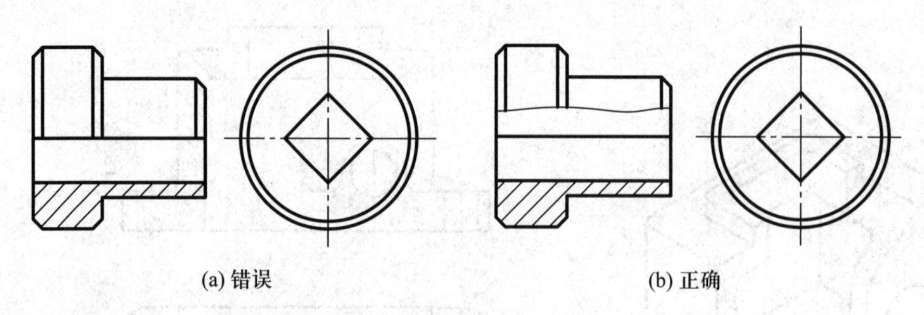

图 6-18　形体对称不宜半剖的局部剖视图

③ 必要时，允许在剖视图中再作一次局部剖视，这时两者的剖面线应同方向、同间隔，但要相互错开，如图 6-19 中的 *B*—*B*。

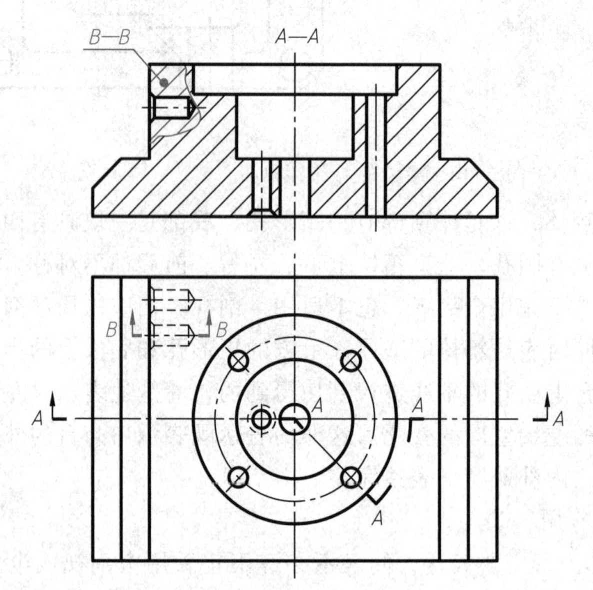

图 6-19　在剖视图上作局部剖视

(2) 绘制局部剖视图的注意事项

① 表示剖切范围的波浪线(实体断裂边界的投影)不应超出轮廓线，不应画在中空处，也不应与图样上其他图线重合(图 6-20)。

② 当用双折线表示局部剖视图的范围时，双折线两端要超出轮廓线少许(图 6-21)。

③ 当被剖切结构为回转体时，允许将该结构的轴线作为局部剖视图与视图的分界线(图 6-22)。否则，应以波浪线表示分界(图 6-23)。

④ 局部剖视图一般不标注(图 6-17)。

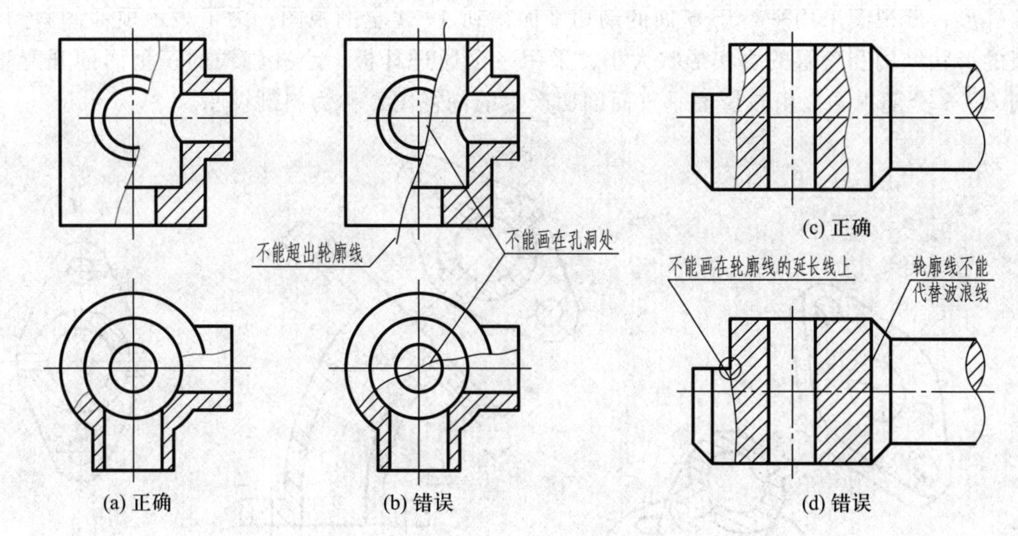

图 6-20　局部剖视图中波浪线的画法

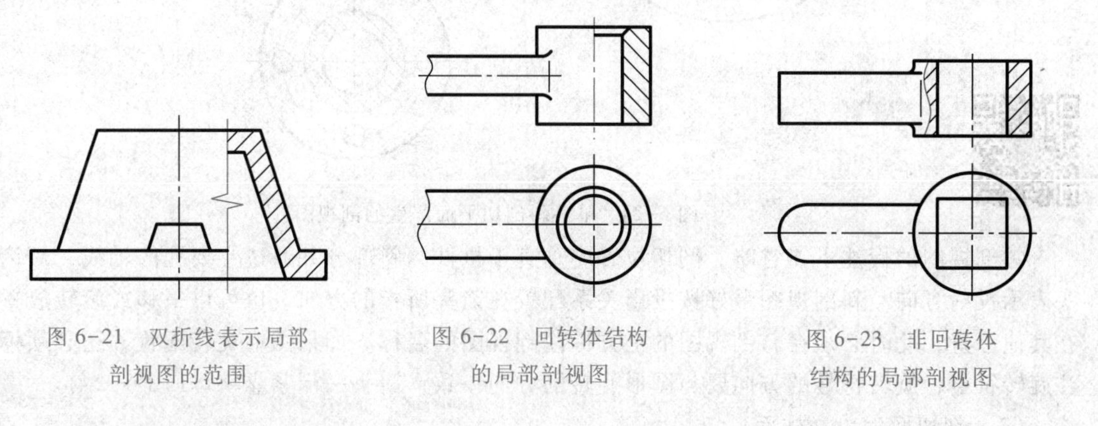

图 6-21　双折线表示局部剖视图的范围

图 6-22　回转体结构的局部剖视图

图 6-23　非回转体结构的局部剖视图

四、剖切面的种类

根据机件的结构特点，国家标准 GB/T 17452—1998 中规定可选择以下三种剖切面剖开机件以获得上述三种剖视图：单一剖切面；几个平行的剖切平面；几个相交的剖切面。

1. 单一剖切面

单一剖切面有三种情况：

（1）剖切面为投影面平行面

前面介绍的图例，如图 6-9、图 6-13、图 6-14、图 6-16、图 6-17 中剖切面均为投影面平行面。

（2）剖切面为投影面垂直面

图 6-24 所示图样表示一个弯管。主视图采用局部剖视，表示弧形弯管的内形和上部耳

板的外形，俯视图采用平行于 H 面的剖切平面得到 $A—A$ 全剖视图。为了表示顶部倾斜的连接板的形状结构和弯管的真实形状大小，采用一个通过耳板上小孔轴线的正垂面剖开弯管，得到 $B—B$ 全剖视图。由投影面垂直面剖切产生的剖视图常称为斜剖视图。

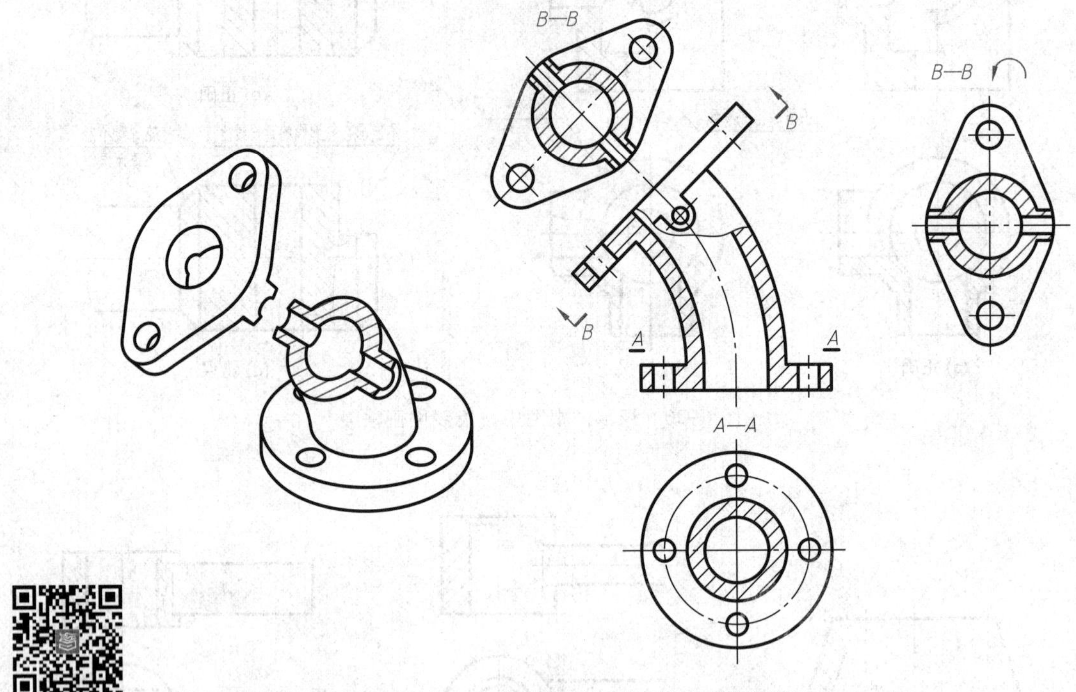

图 6-24　单一斜剖切平面产生的剖视图

斜剖视图的标注不能省略。剖切位置应垂直于机件倾斜部分并通过主要孔的轴线，用箭头表示投射方向。斜剖视图最好按投影关系配置在箭头所指的方向，也可以平移或旋转放置在其他位置，此时必须在斜剖视图的上方标注剖视图的名称。如果图形旋转配置，还必须标注旋转符号，旋转符号的方向要与图形旋转的方向一致，箭头一端紧靠字母(图 6-24)。

(3) 剖切面为单一柱面

图 6-25 表示用单一柱面剖开得到的全剖视图，主要用于表达呈圆周分布的内部结构，

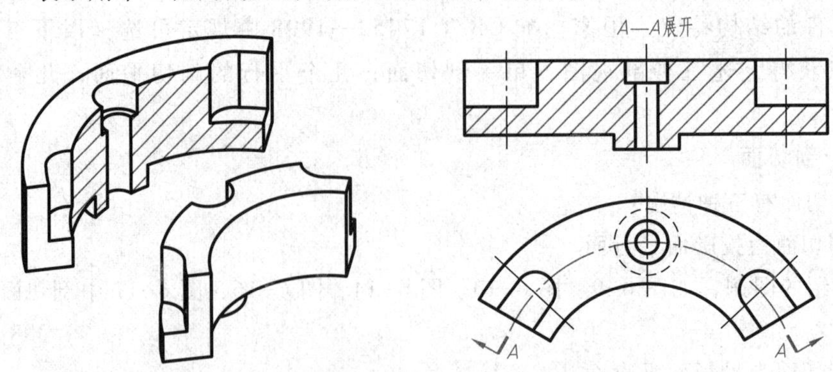

图 6-25　单一剖切柱面剖开得到的全剖视图

通常采用展开画法，并在剖切标注中加注“展开”二字。

2. 几个平行的剖切平面

几个平行的剖切平面可能是两个或两个以上，各剖切平面的转折处必须是直角。当机件的内形层次较多，用单一剖切面不能将机件的各内部结构都剖切到，这时可以采用几个平行的剖切平面(图 6-26)。采用几个平行的剖切平面剖切时的注意事项：

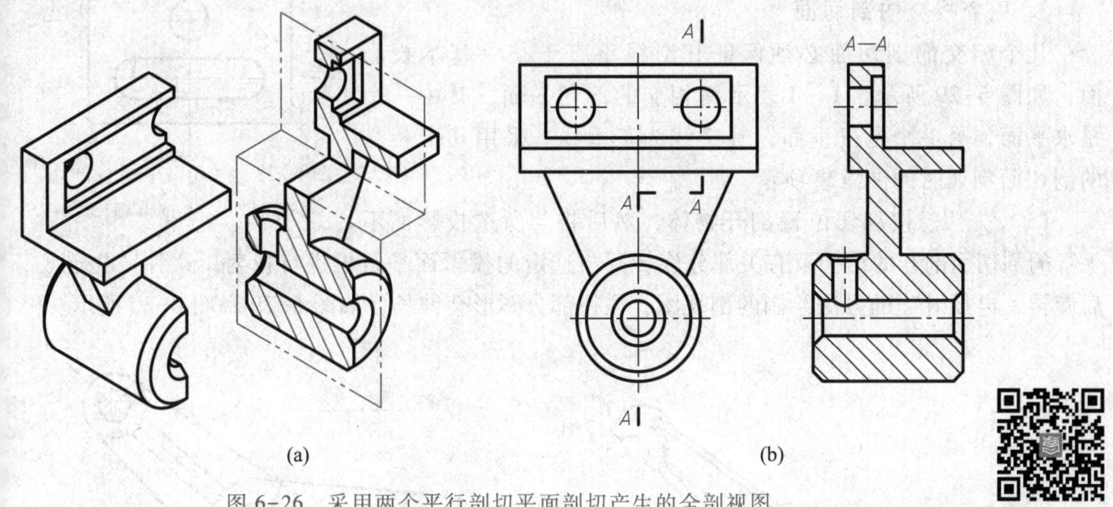

图 6-26　采用两个平行剖切平面剖切产生的全剖视图

(1) 由于剖切是假想的，因此在采用几个平行的剖切平面剖切所获得的剖视图上，不应画出各剖切平面转折面的投影，即在剖切平面的转折处不应产生新的轮廓线(图 6-27a)。

(2) 要正确选择剖切平面的位置，剖切平面的转折处不应与视图中的粗实线或细虚线重合(图 6-27b)，在图形内不应出现不完整的要素(图 6-27c)。

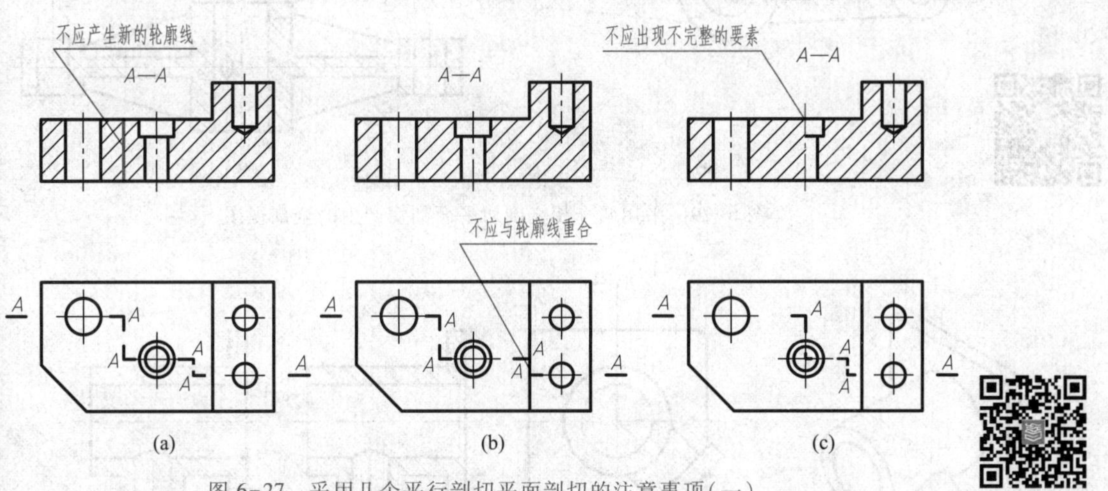

图 6-27　采用几个平行剖切平面剖切的注意事项(一)

(3) 当机件上的两个要素具有公共对称面或公共轴线时，剖切平面可以在公共对称面或公共轴线处转折(图 6-28)。

（4）采用几个平行的剖切平面剖切时，必须加以标注。在几个剖切平面的起、止和转折处都应标注剖切符号，写上相同的字母，当转折处位置不够时，允许省略转折处字母。同时用箭头标明投射方向。但当剖视图的配置符合投影关系，中间又无图形隔开时，可以省略箭头(图 6-28)。

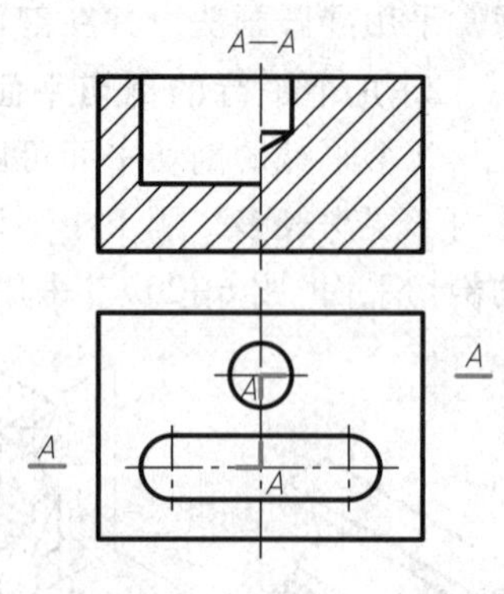

图 6-28 采用几个平行剖切平面剖切的注意事项(二)

3. 几个相交的剖切面

几个相交的剖切面必须保证其交线垂直于某一基本投影面，如图 6-29 所示。*A*—*A* 表示两相交的剖切平面，其中一个是水平面，另一个是正垂面，其交线为正垂线。采用几个相交的剖切面剖切时的注意事项：

（1）先假想按剖切位置剖开物体，然后将与所选投影面不平行的剖切面剖开的结构及有关部分旋转到与选定的投影面平行再进行投射。这种“先剖切，后旋转，再投射”的方法绘制的剖视图，往往部分图形会伸长，如图 6-29 和图 6-30 所示。

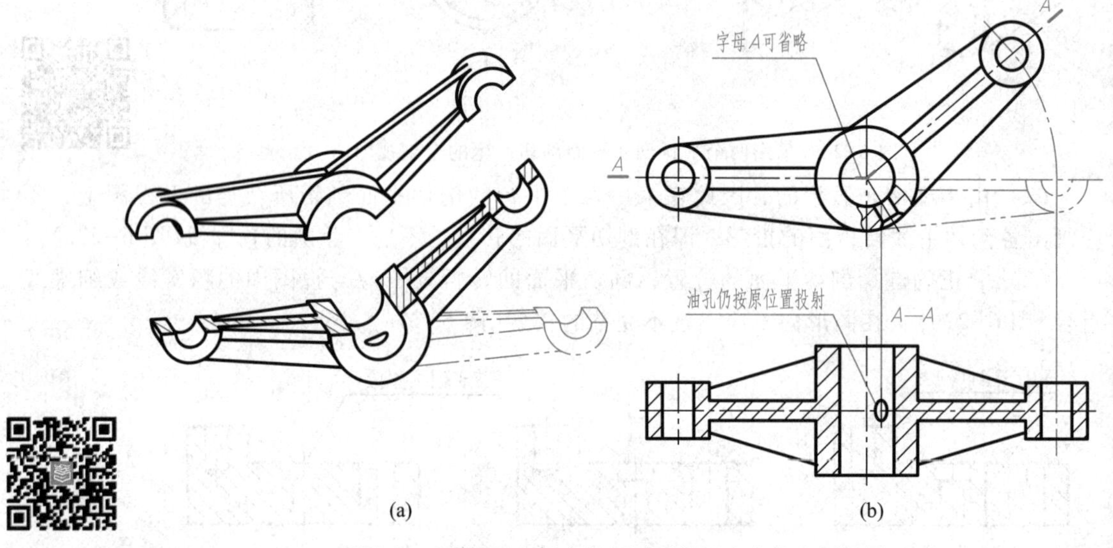

图 6-29 采用两个相交剖切平面剖切产生的全剖视图

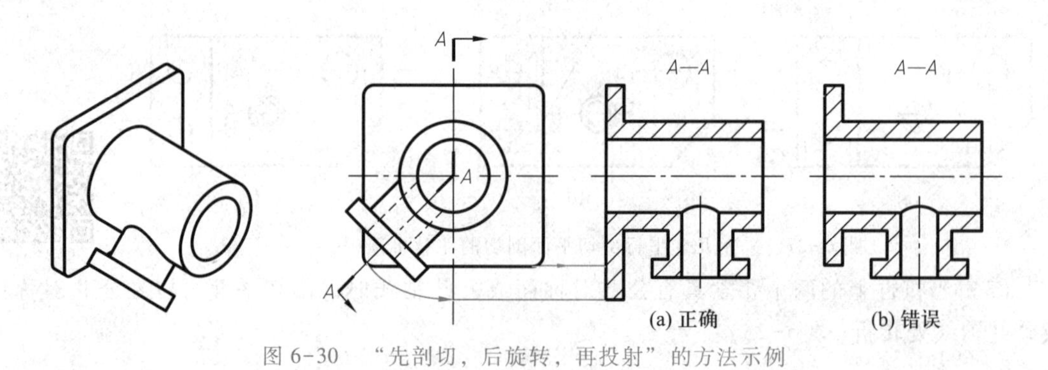

图 6-30 “先剖切，后旋转，再投射”的方法示例

（2）在剖切面后的其他结构一般仍按原来的位置投射，如图 6-29 中的油孔所示。这里所指的其他结构是指位于剖切面后与所剖切的结构关系不甚密切的结构，或一起旋转容易引起误解的结构。

（3）几个相交的剖切面，可以是几个相交的剖切平面，也可以是平面与柱面的组合(图 6-31)。

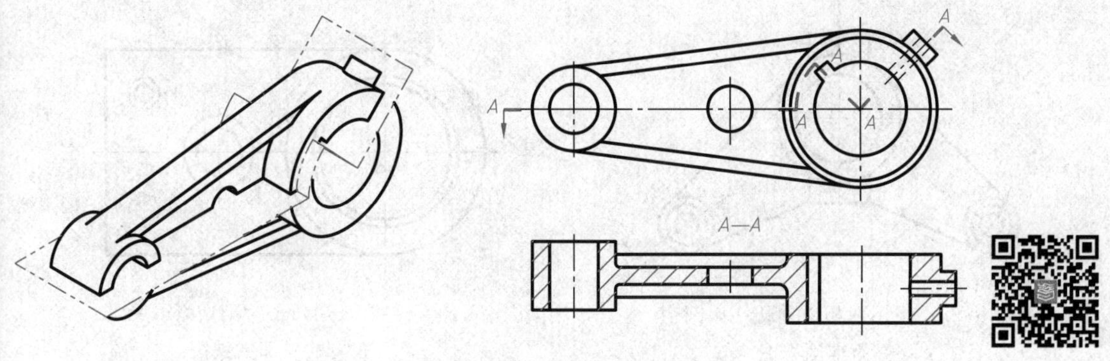

图 6-31　采用平面和柱面组合剖切示例

（4）采用几个相交的剖切面剖开物体时，往往难以避免出现不完整的要素。当剖切后产生不完整的要素时，应将此部分按不剖绘制(图 6-32)。

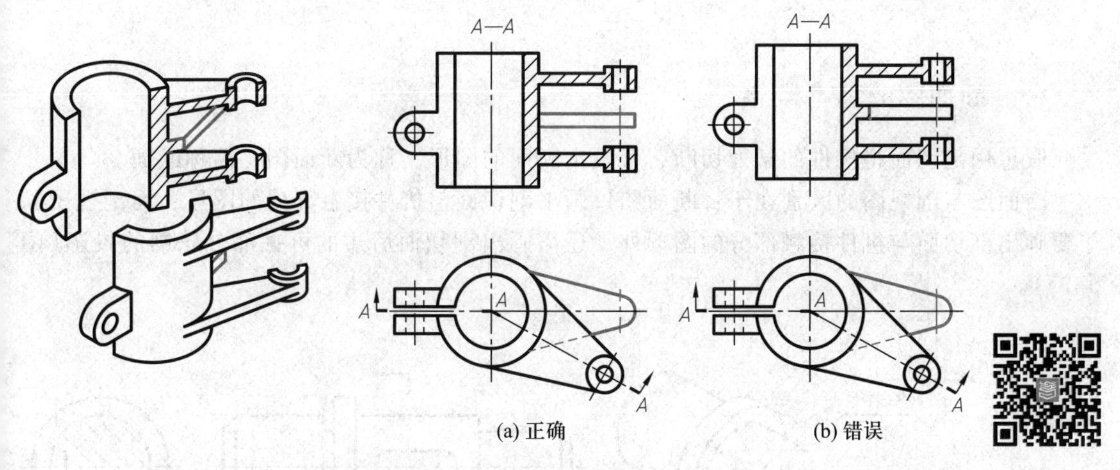

图 6-32　采用几个相交的剖切面剖切无孔臂板

（5）采用几个相交剖切面剖切时，必须加以标注。在剖切面的起、止和转折处用剖切符号表示剖切位置，并在剖切符号附近注写相同的字母(图 6-30)；当图形拥挤时，转折处可省略字母；同时用箭头标明投射方向。但当剖视图的配置符合投影关系，中间又无图形隔开时，可以省略箭头(图 6-29)。

上述三种剖切面实质就是解决如何去剖切，以得到所需的充分表达内形的剖视图。由三种剖切面均可产生全剖、半剖和局部剖视图。如图 6-25 所示就是采用单一剖切柱面剖开得到的全剖视图；图 6-33 所示是用两相交剖切平面剖切获得的半剖视图；图 6-34 所示是用两平行剖切平面剖切获得的局部剖视图。

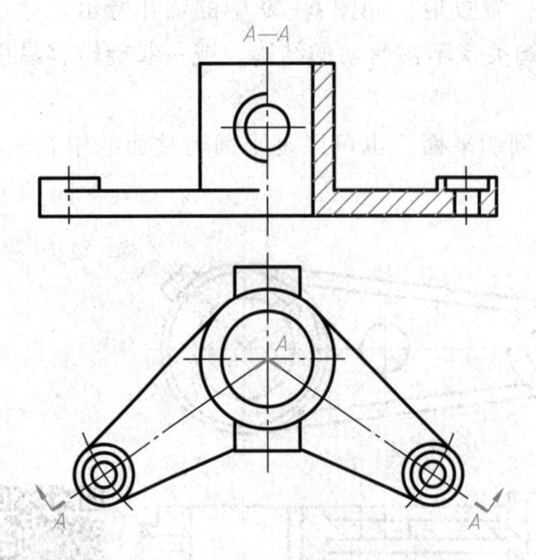

图 6-33　采用两相交剖切平面剖切获得的半剖视图

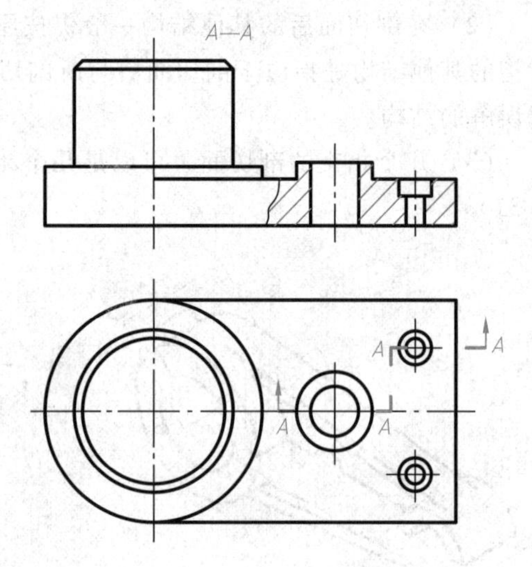

图 6-34　采用两平行剖切平面剖切获得的局部剖视图

§6-3　断面图

一、断面图的基本概念

假想用剖切面将机件的某处切断，仅画出断面的图形，称为断面图，简称断面。

断面图与剖视图的区别在于：断面图仅画出剖切面与机件接触部分的图形；而剖视图除了要画出剖切面与机件接触部分的图形外，还需画出剖切面后边的可见部分轮廓的投影（图6-35）。

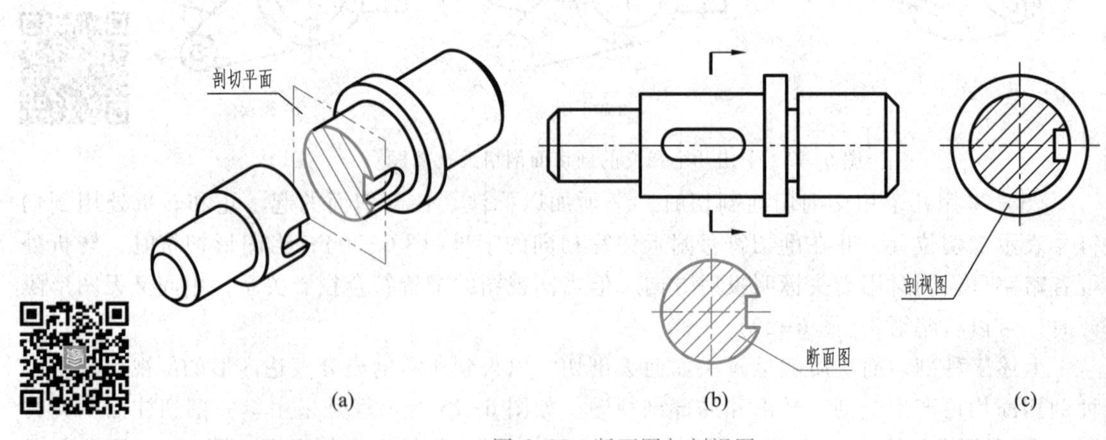

图 6-35　断面图与剖视图

二、断面图的分类及其画法

根据断面图所配置的位置不同，断面图分为移出断面图和重合断面图两种。

1. 移出断面图

移出断面图是画在视图之外，轮廓线用粗实线绘制的断面图。

（1）移出断面图的配置与绘制

1）单一剖切面、几个平行剖切平面和几个相交剖切面同样适用于剖切断面图。

2）移出断面图应尽可能配置在剖切符号或剖切线的延长线上（图 6-35b、图 6-36）；由两个或多个相交的剖切面剖切所获得的移出断面图一般应断开绘制（图 6-37）。

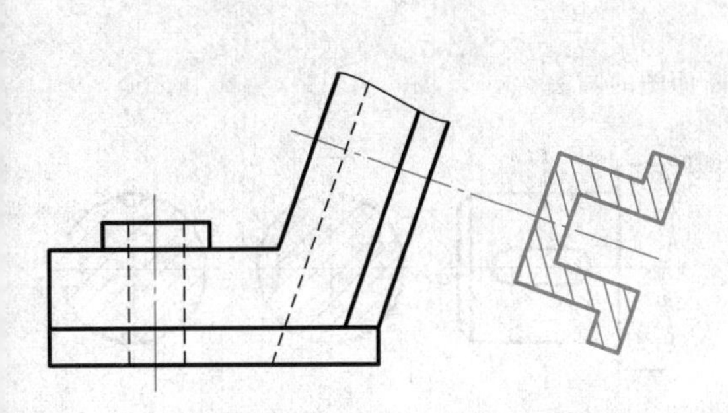

图 6-36　移出断面图配置在剖切线的延长线上

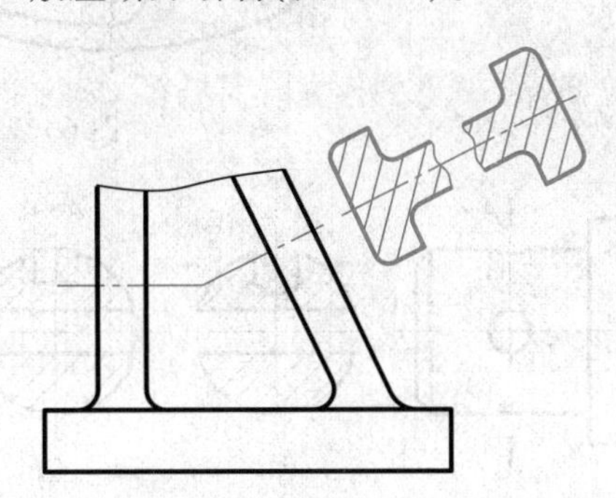

图 6-37　采用两个相交剖切平面剖切的断面图画法

3）当断面图对称时，可配置在视图的中断处，如图 6-38 所示。

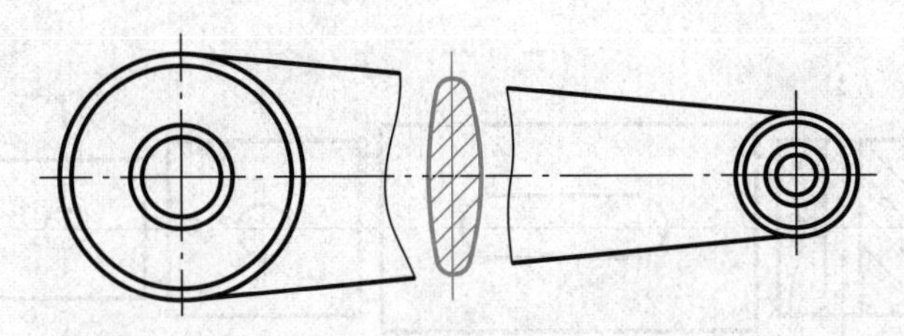

图 6-38　断面图画在视图中断处

4）必要时可将移出断面图配置在其他适当的位置。在不致引起误解时，允许将图形旋转后画出，如图 6-39 中的 *A—A* 断面。

（2）移出断面图画法的特殊规定

1）当剖切面通过由回转面形成的孔或凹坑的轴线进行剖切时，孔或凹坑的结构应按剖视图绘制（图 6-40）。

2）当剖切面通过非圆孔进行剖切，导致断面图完全分离时，该非圆孔按剖视图绘制（图 6-39）。

（3）移出断面图的标注

1）完整标注　用大写拉丁字母在断面图的上方注出断面图的名称，在相应视图上画剖切符号表明剖切位置和投射方向，并在剖切符号附近注写相同字母，如图 6-41d 所示。剖切符号间的剖切线可省略（图 6-41d）。

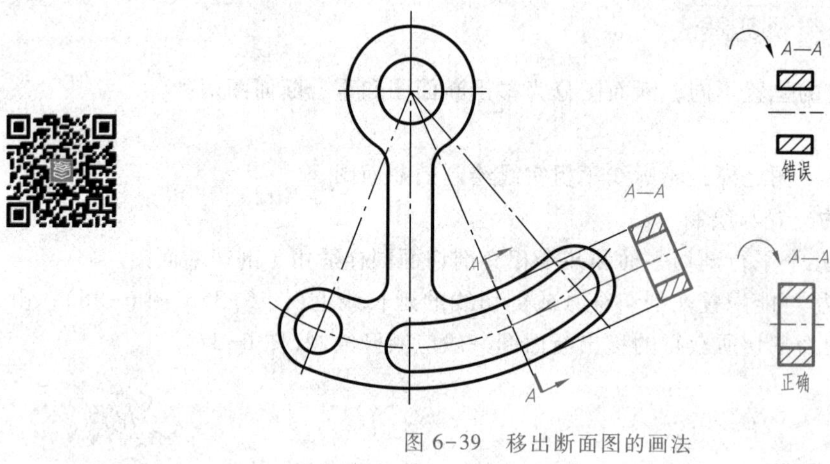

图 6-39　移出断面图的画法

图 6-40　移出断面图画法正误对比

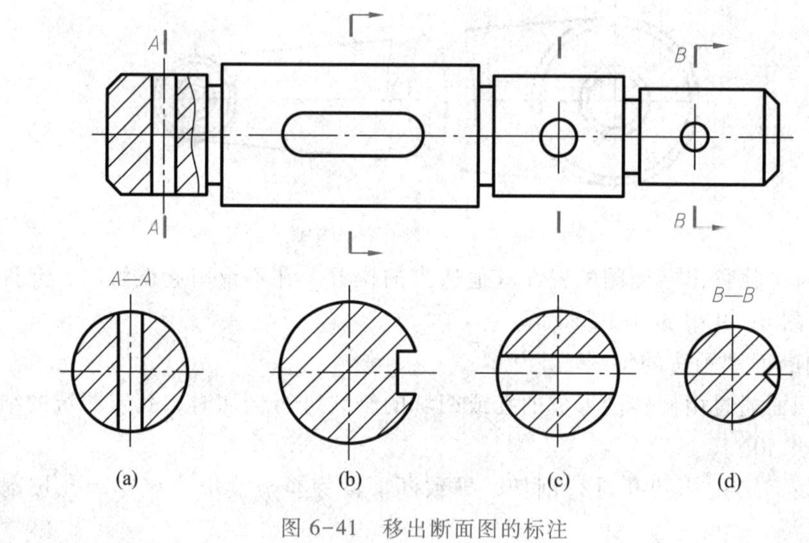

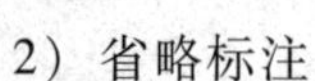

图 6-41　移出断面图的标注

2）省略标注

① 省略名称　配置在剖切线延长线上的移出断面图，可以省略名称(图 6-41b、c)。

② 省略箭头　对称移出断面不管配置在何处均可省略箭头(图 6-41a)，不对称移出断面按投影关系配置时可省略箭头。

③ 完全省略标注　配置在剖切线延长线上的对称移出断面图则不必标注(图 6-41c)。

2. 重合断面图

重合断面图是画在视图之内，轮廓线用细实线绘制的断面图(图 6-42)。

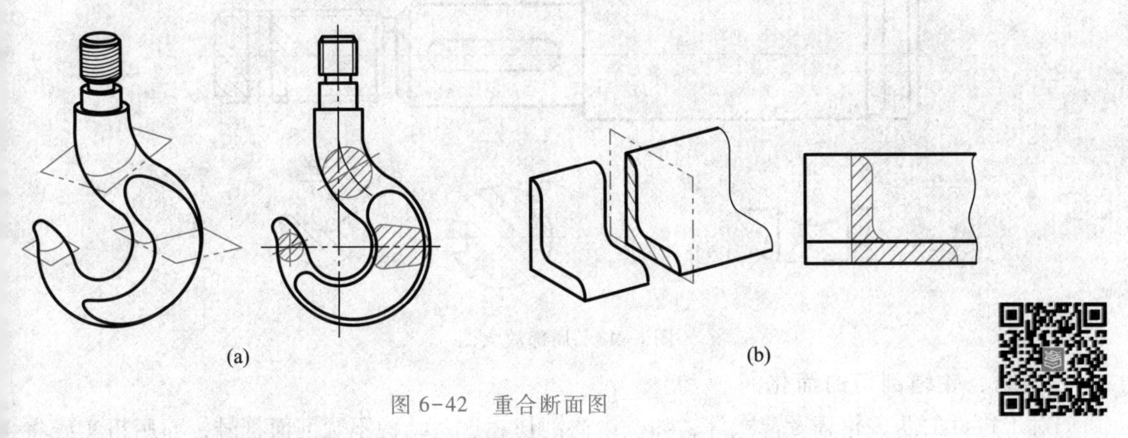

(a)　(b)

图 6-42　重合断面图

(1) 重合断面图的画法

当视图中轮廓线与重合断面图的图形重叠时，视图中的轮廓线(粗实线)仍应连续画出，不可间断(图 6-42b)。

(2) 重合断面图的标注

配置在剖切符号上不对称的重合断面图，可省略标注(图 6-42b)；对称的重合断面图则不必标注，只用对称中心线作为剖切线(图 6-42a)。

§6-4　其他表达方法

一、局部放大图

为了把机件上某些细小结构在视图上表达清楚，可以将这些结构用大于原图形所采用的比例画出，这种图形称为局部放大图(图 6-43)。局部放大图可以画成视图、剖视图、断面图，它与被放大部分的表达方式无关。局部放大图应尽量配置在被放大部位附近，其标注如图 6-43 所示，用细实线(圆)圈出被放大的部位。当同一机件上有几个被放大的部分时，必须用罗马数字依次标明放大的部位，并在局部放大图的上方标注相应的罗马数字和所采用的比例。

二、简化画法

简化画法是在不妨碍将机件的形状和结构表达完整、清晰的前提下，力求制图简便、看图方便而制定的，以减少绘图工作量，提高设计效率及图样的清晰度。国家标准 GB/T 16675.1—2012 中规定了一些简化画法，主要有以下几种。

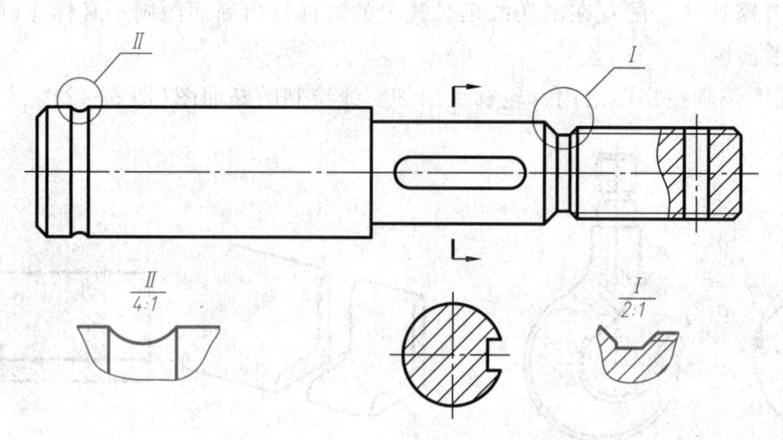

图 6-43　局部放大图

1. 肋、轮辐剖切的简化

对于机件的肋、轮辐及薄壁等，如按纵向剖切，这些结构不画剖面符号，而用粗实线将它与其邻接部分区分开。但当剖切平面按横向剖切肋板和轮辐时，这些结构仍应画上剖面符号(图 6-44)。

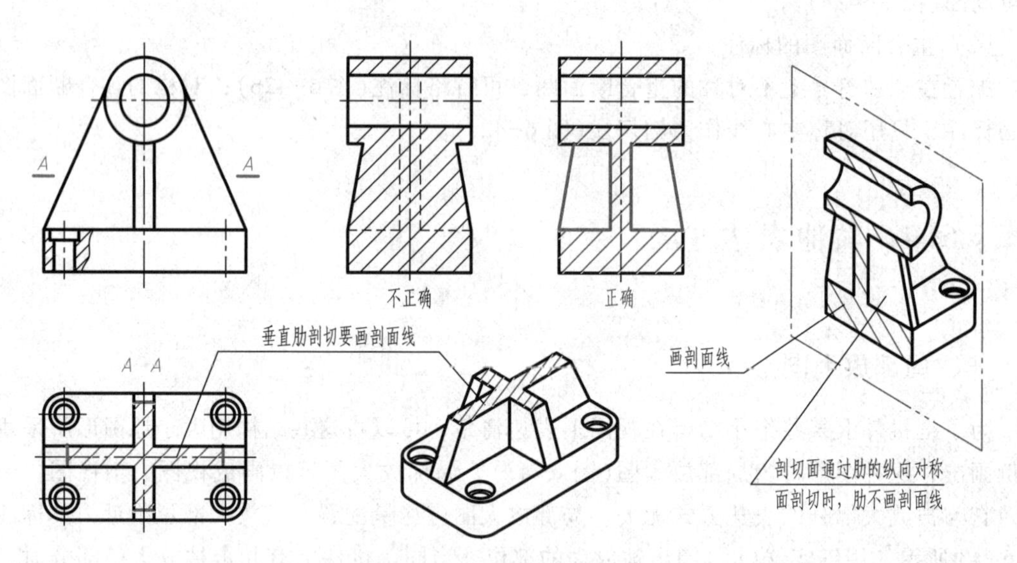

图 6-44　肋板剖切后的画法

当回转体机件上均匀分布的肋、轮辐、孔等结构不处于剖切平面上时，可将这些结构旋转到剖切平面上画出，而不需加任何标注(图 6-45、图 6-46)。

2. 相同结构的简化

(1) 当机件上具有若干相同结构(齿、槽等)并按一定规律分布时，只需画出几个完整结构，其余用细实线连接表示其范围，并在图样中注明该结构个数(图 6-47)。

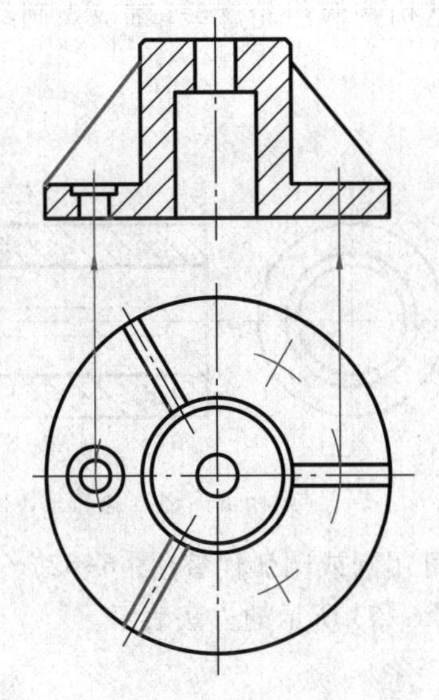

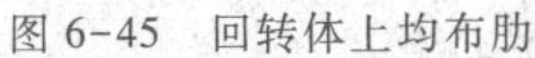

图 6-45　回转体上均布肋

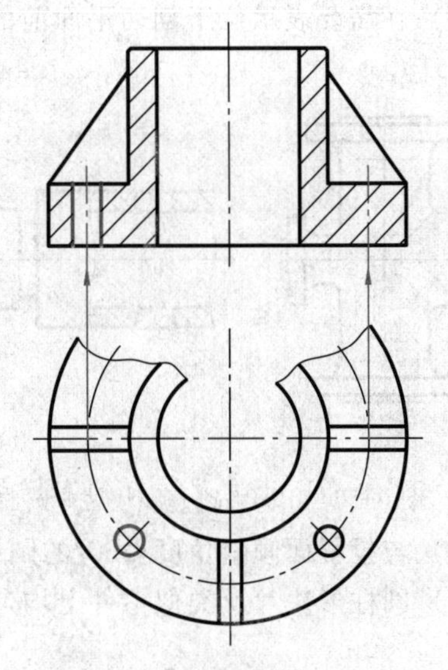

图 6-46　回转体上均布孔

（2）在同一机件中，对于尺寸相同的孔、槽等成组要素，若呈规律分布，可以仅画出一个或几个，其余用细点画线表示其中心位置，并在一个要素上注出其尺寸和数量(图 6-48)。

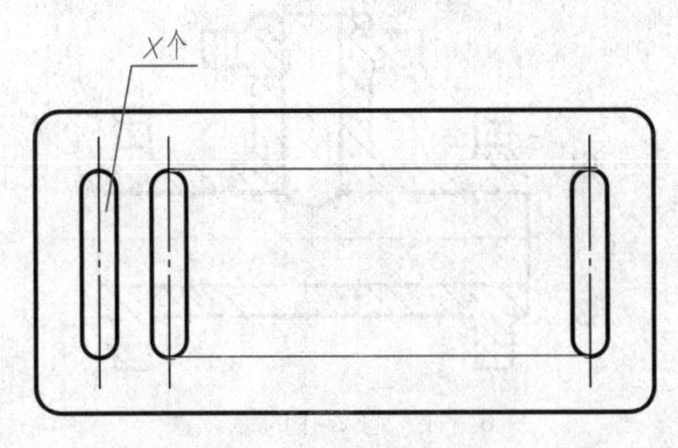

图 6-47　规律分布的相同结构的槽

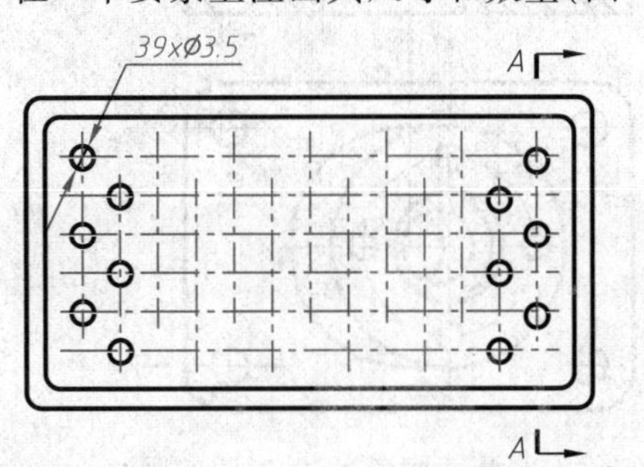

图 6-48　规律分布的等径孔

3. 对图形和交线的简化

（1）当图形不能充分表达平面时，可用平面符号(相交的两条细实线)表示(图 6-49)。

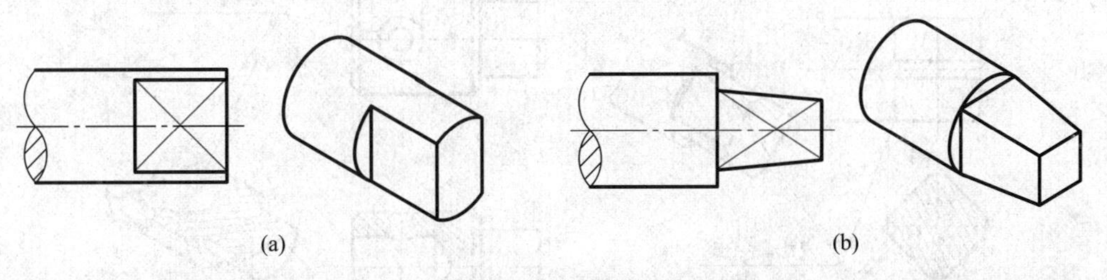

图 6-49　平面符号

（2）在不致引起误解时，图形中的过渡线、相贯线允许简化，例如用圆弧或直线代替非圆曲线(图 6-50)。

（3）在需要表示位于剖切平面前的结构时，这些结构按假想轮廓线（细双点画线）绘制（图 6-51）。

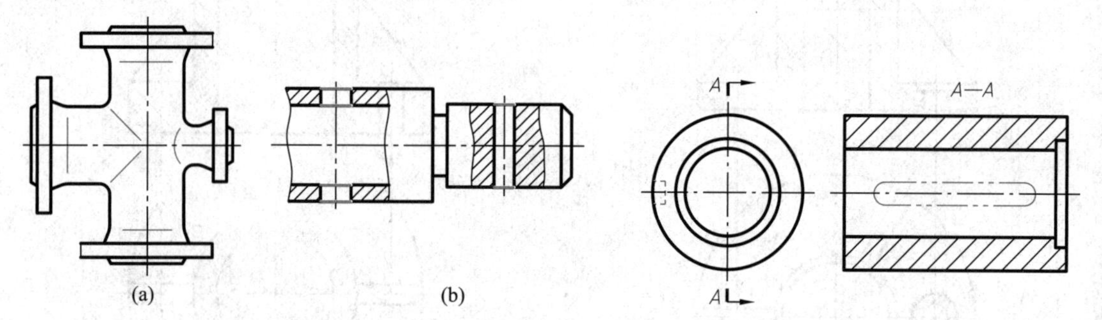

图 6-50　用圆弧或直线代替非圆曲线　　　图 6-51　剖切平面前结构的规定画法

（4）与投影面倾斜角度≤30°的圆或圆弧，其投影可用圆或圆弧代替（图 6-52）。

（5）圆柱形法兰及类似零件上均匀分布的孔可按图 6-53 所示的方法表示。

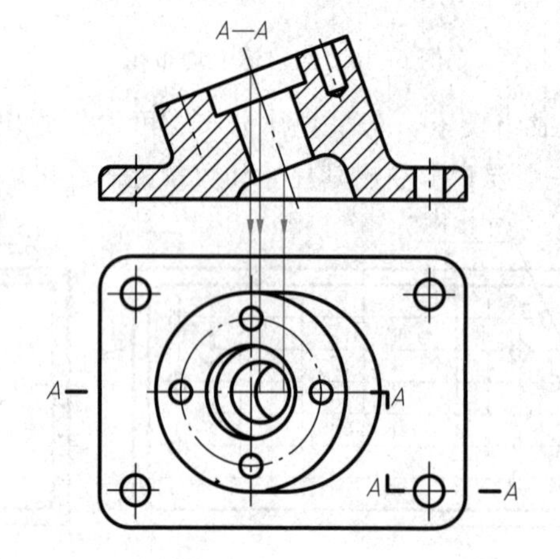

图 6-52　与投影面倾角≤30°时圆的画法

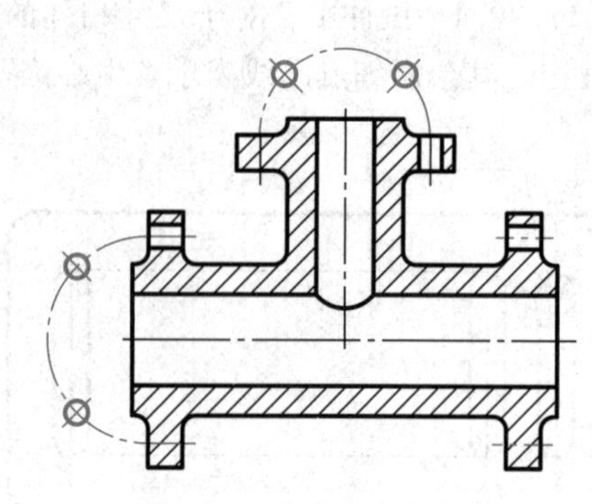

图 6-53　均布孔的表示法

4. 小结构的简化

（1）类似图 6-54 所示机件上的较小结构，如在一个图形中已表示清楚时，在其他图形

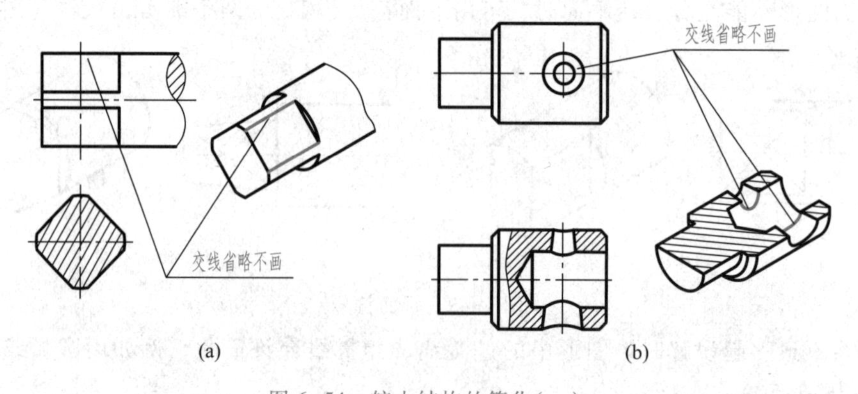

图 6-54　较小结构的简化（一）

中可以简化画出或省略不画。

(2) 在不致引起误解时，图样中的小圆角、锐边的小倾角或45°小倒角允许省略不画，但必须注明尺寸或在技术要求中加以说明(图6-55)。

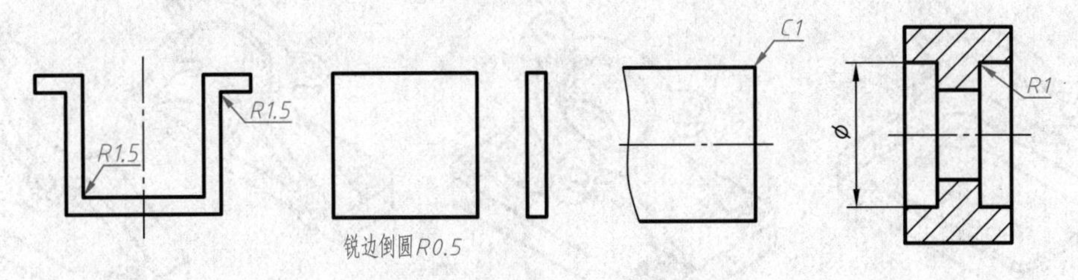

图6-55 较小结构的简化(二)

(3) 当机件上较小的结构及斜度等已在一个图形中表达清楚时，在其他图形中应当简化画出或省略不画(图6-56)。

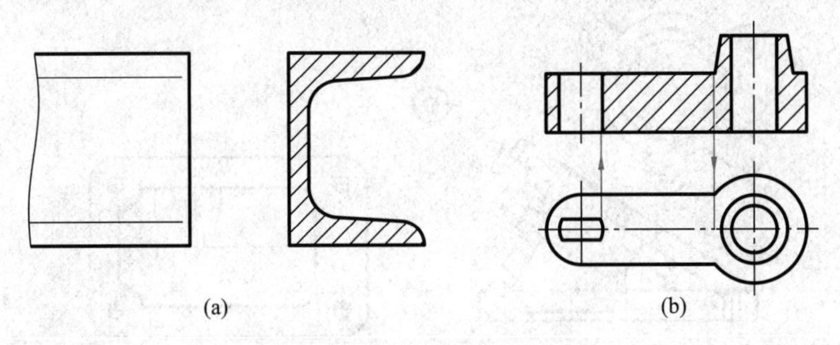

图6-56 小斜度结构的简化

5. 较长机件的简化

较长机件(轴、杆、型材、连杆等)沿长度方向的形状一致或按一定规律变化时，可断开后缩短绘制，但须标注实际尺寸。图6-57表示断裂边界形式不同的较长机件的缩短画法。

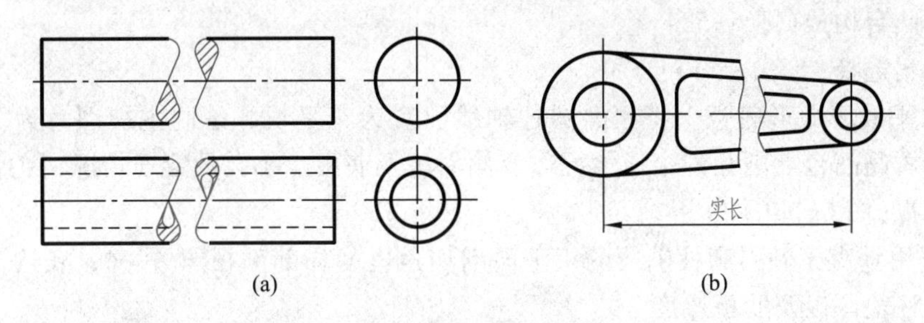

图6-57 较长机件的缩短画法

§6-5 表达方法的综合应用举例

在实际设计工作中，设计人员可以根据机件的复杂程度选取适当的表达方法，画出一组图形，完整清楚地把机件的内外形状表达出来，越简洁越好。

［**例 6-1**］ 选用适当的表达方法，表达图 6-58a 所示角座。

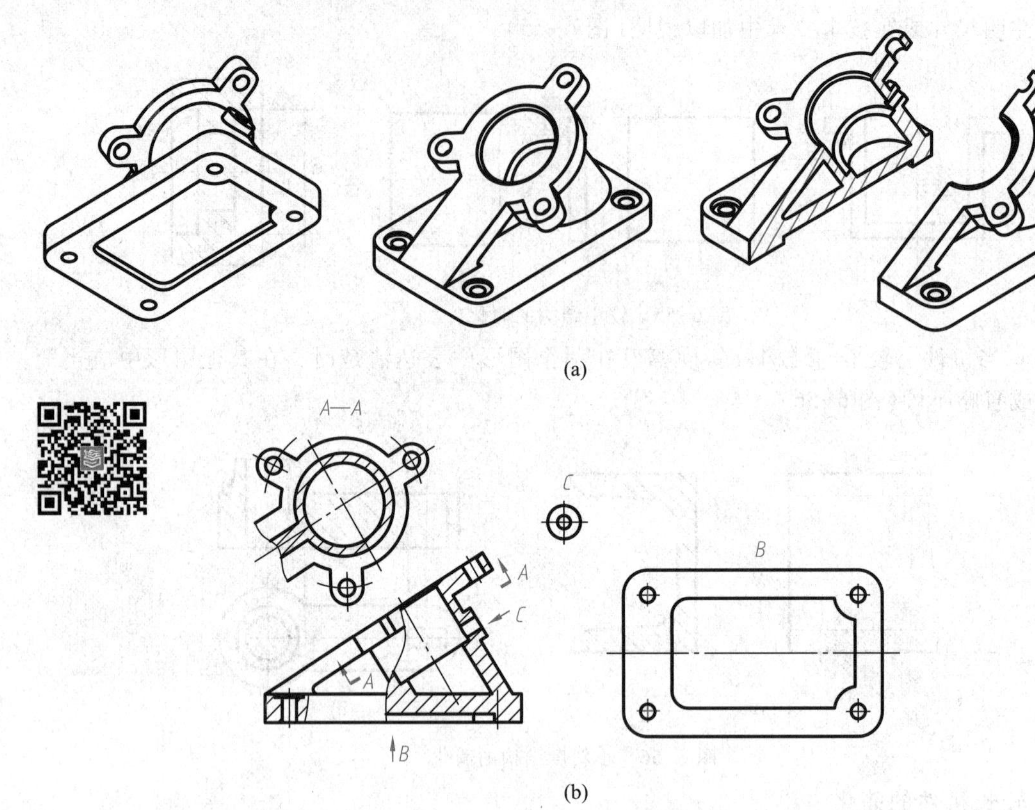

图 6-58 表达方法综合应用举例(一)

形体分析：该角座由矩形底板、倾斜圆柱、倾斜板以及底板与倾斜板之间的肋板，倾斜圆柱右侧圆凸台构成(图 6-58a)。

表达方案选择：

(1) 水平放置矩形底板，将倾斜圆柱轴线放置为正平线，绘制主视图。为了表达倾斜圆柱沉孔与右侧凸台上圆孔的穿通情况以及倾斜板及底板上小孔的穿通情况，主视图采用了两处局部剖视(图 6-58b)。

(2) 采用垂直于倾斜圆柱轴线的正垂面剖切角座的局部剖视图 *A—A*，表达了倾斜板形状、倾斜圆柱壁厚以及肋板厚度。

(3) 采用仰视方向 *B* 向视图表达矩形底板的形状、小孔的分布以及矩形底板下端凹坑的形状。

(4) 采用斜视图 *C* 表达倾斜圆柱右侧凸台的形状。

［**例 6-2**］ 选取适当的表达方法，表达图 6-59a 所示四通管接头的内外形状。

形体分析：该四通管接头由铅垂管孔和两水平管孔组成，每一管孔的出口处均有带小孔的凸缘。

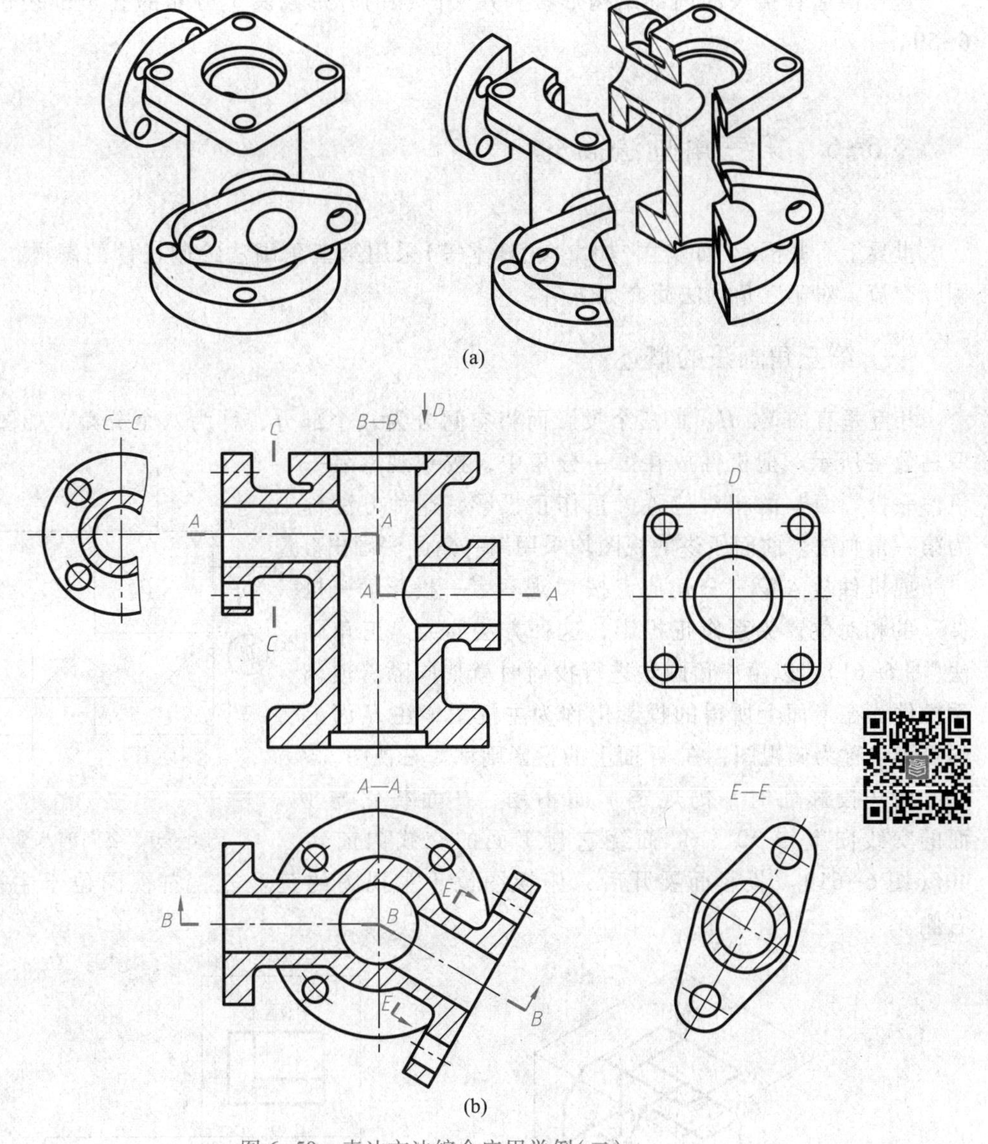

图 6-59　表达方法综合应用举例(二)

表达方案选择:

(1) 采用两个相交的剖切平面剖切绘制全剖的主视图 *B—B*，以同时表达左右管孔与铅垂管孔相交的情况。

(2) 采用两个通过两个水平管孔轴线的平行平面剖切绘制全剖的俯视图 *A—A*，以表达左右两水平管孔的相互位置和下端凸缘的形状及其小孔的分布。

(3) 对未表达清楚的左、右管孔凸缘，采用局部剖视图 *C—C* 及斜剖剖视图 *E—E* 来表达。

(4) 对上端凸缘，采用 *D* 向视图来表达。

这样四通管接头的内部结构形状和几个凸缘的外形及其上分布的孔全部表达清楚(图6-59)。

§6-6　第三角画法简介

世界上有些国家(如美国、加拿大、日本等)采用第三角画法绘制机件的图样，为了便于国际交流，对第三角画法简介如下。

一、第三角画法的概述

相互垂直的 *V*、*H*、*W* 三个投影面将空间分为八个部分，称为八个分角，如图 6-60 中罗马数字所示。把机件放在第一分角中，按“观察者—机件—投影面”的相对位置关系作正投影，这种方法称为第一角画法。前面所讲的视图均采用第一角画法画出。

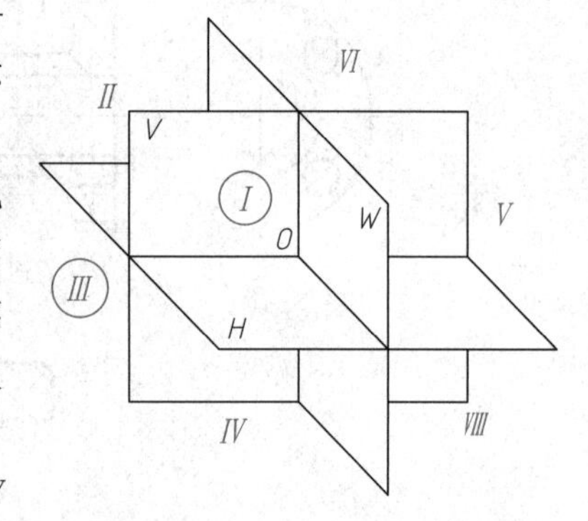

图 6-60　空间的八个分角

把机件放入第三分角中，按“观察者—投影面—机件”的相对位置关系作正投影，这种方法称为第三角画法(图 6-61)。以第三角画法进行投射时就如同隔着玻璃看机件，在 *V* 面上所得的投影仍称为主视图，在 *H* 面上的投影仍称为俯视图，在 *W* 面上的投影则称为右视图。

展开投影面时，仍规定 *V* 面不动，*H* 面绕它与 *V* 面的交线向上转 90°，*W* 面绕它与 *V* 面的交线向前转 90°(图 6-61)。投影面展开后，俯视图位于主视图的正上方，右视图位于主视图的正右侧。

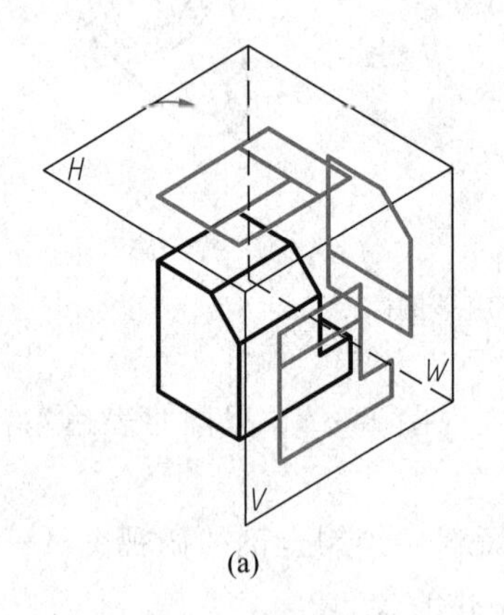

(a)

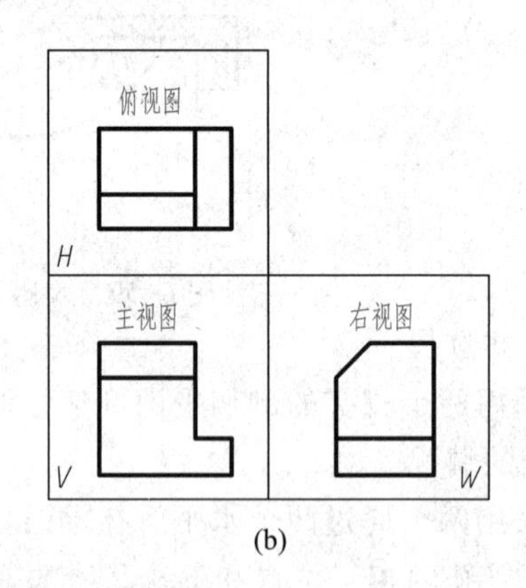

(b)

图 6-61　第三角画法的形成

如将机件置于六投影面体系中，就好像机件被置于透明的正六面体中，正六面体的六个面就是六个基本投影面，按“观察者—投影面—机件”的相对位置关系分别向六个投影面作正投影，得到六个基本视图，然后再把各个投影面展开到与 *V* 面同一平面上，如图 6-62

所示，即可得到第三角画法中六个基本视图的配置(图 6-63a)。

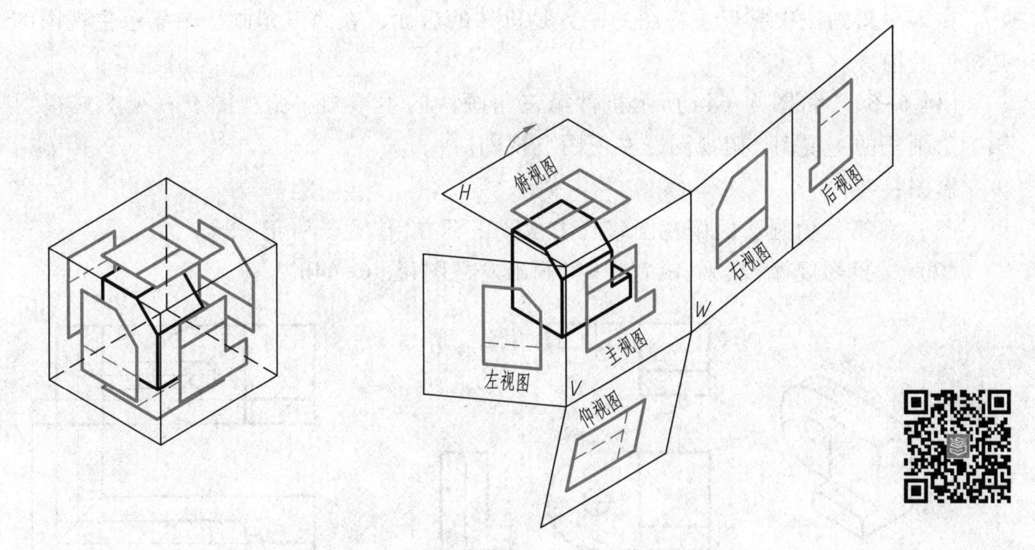

图 6-62　第三角画法中六面基本视图的展开

二、第三角画法与第一角画法的比较

1. 视图配置的对比

第三角画法与第一角画法均采用正投影法，都具有正投影的基本特征，视图之间满足“长对正、高平齐、宽相等”的三等对应关系。

但由于第三角画法与第一角画法投影的形成不同，即第一角画法的形成是“人——机件——面”，第三角画法的形成是“人——面——机件”，因此两种画法中各视图的位置关系和对应的方位关系有所不同。

从图 6-63 所示两种画法的对比中，可以很清楚地看到：第三角画法的俯视图和仰视图与第一角画法的俯视图和仰视图的位置对换；第三角画法的左视图和右视图与第一角画法的左视图和右视图的位置对换；第三角画法的主视图、后视图与第一角画法的主视图、后视图

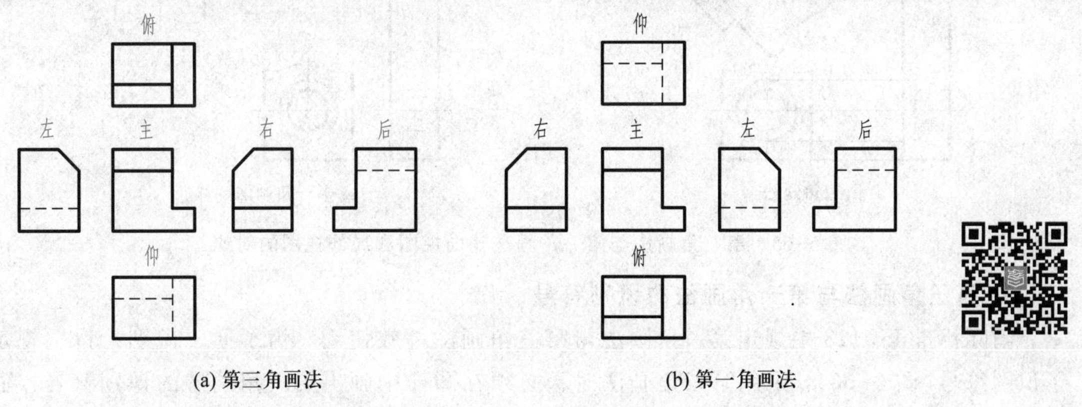

(a) 第三角画法　　(b) 第一角画法

图 6-63　第三角画法与第一角画法的六面视图的对比

的位置一致。

在第一角画法中靠近主视图的一方是机件的后面，在第三角画法中靠近主视图的一方则是机件的前方。

［例 6-3］ 将图 6-64a 所示机件第三角画法的主视图、俯视图、右视图三视图转画成第一角画法的主视图、俯视图、左视图三视图。

作图：

（1）将第三角画法的俯视图移到主视图正下方(注意长对正)。

（2）按投影规律(高平齐、宽相等)画出左视图(图 6-64b)。

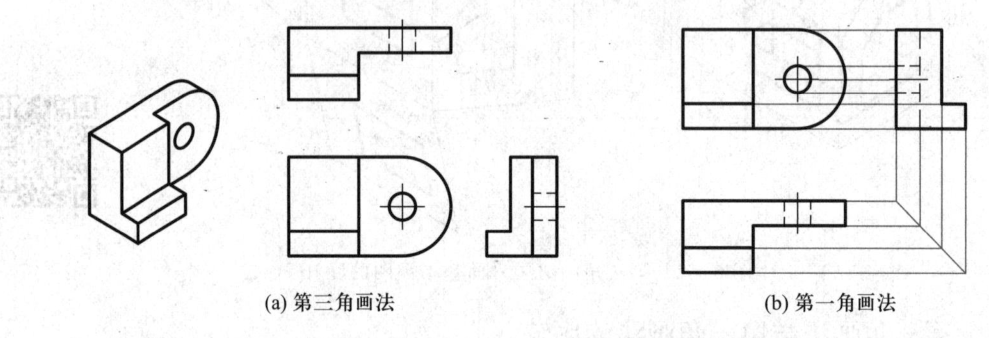

(a) 第三角画法　　(b) 第一角画法

图 6-64　第三角画法与第一角画法三视图转换

2. 辅助视图和局部视图的对比

在第一角画法中的斜视图和局部视图，在第三角画法中称为辅助视图和局部视图。第三角画法中的辅助视图和局部视图均采用就近配置原则，不必标注。局部结构的断裂处画粗波浪线(图 6-65)。

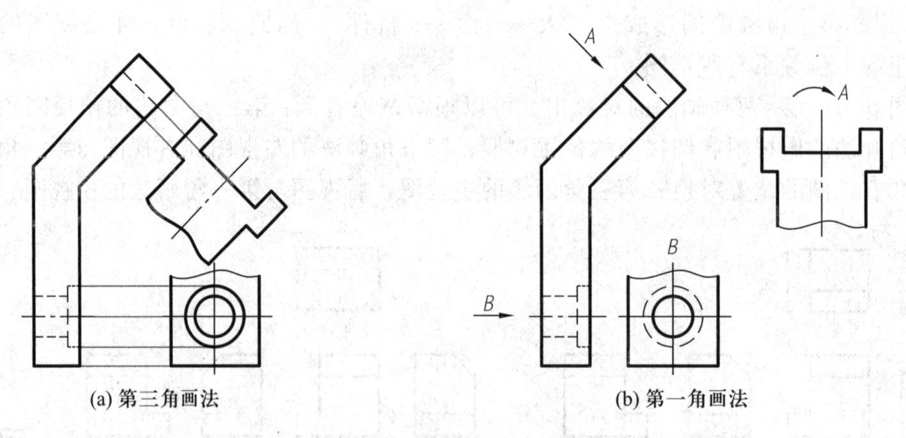

(a) 第三角画法　　(b) 第一角画法

图 6-65　第三角画法与第一角画法辅助视图和局部视图的对比

3. 第三角画法与第一角画法的识别符号

国际标准 ISO128 中规定第一角画法与第三角画法等效使用。为了便于识别，特别规定了识别符号(图 6-66)。采用第三角画法时，必须在图样中画出第三角画法的识别符号，而在国内采用第一角画法时，通常省略识别符号。

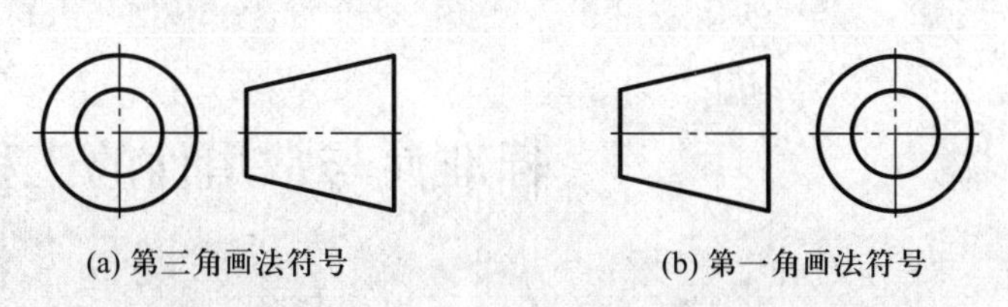

图 6-66　第三角画法与第一角画法的识别符号

三、第三角画法中的剖视图

在第三角画法中，剖视图和断面图统称为“剖面图”，并分为全剖面图、半剖面图、破裂剖面图、旋转剖面图和移出剖面图等。如图 6-67 所示，主视图采用(阶梯状)全剖面，左视图取半剖面。在主视图中，左边的肋板也不画剖面线，肋板移出断面在断裂处画粗波浪线。剖面的标注与第一角画法也不同，剖切线用粗双点画线表示，并以箭头指明投射方向。剖面图的名称写在剖面图的下方。

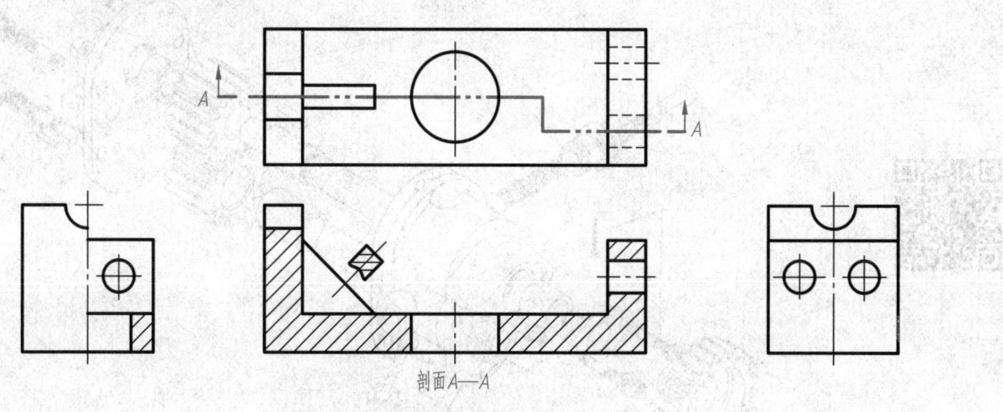

图 6-67　第三角画法中的剖面图

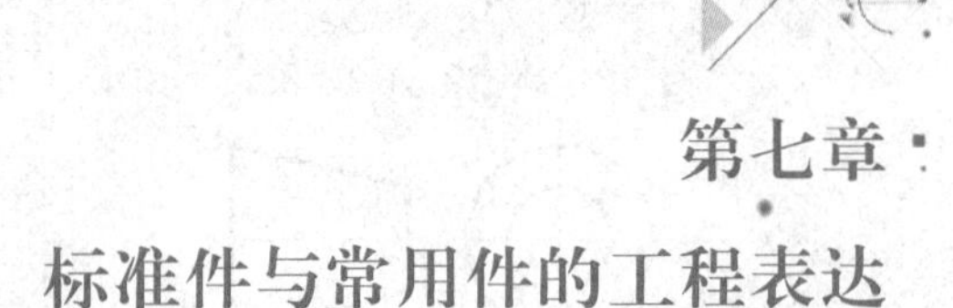

第七章 标准件与常用件的工程表达

机器或部件都是由零件装配而成的，零件可以分为三类：标准件、常用件和一般零件，如图 7-1 所示。

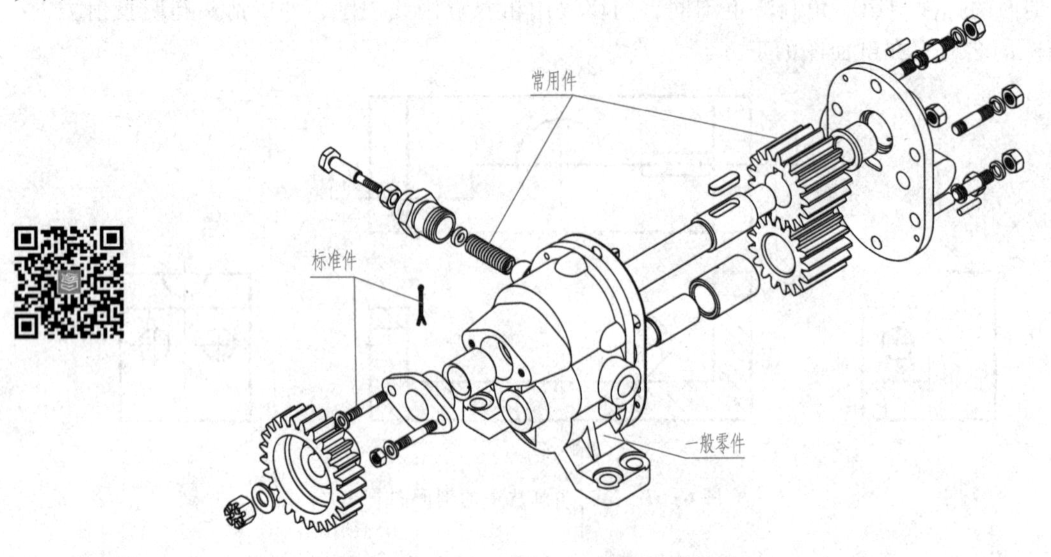

图 7-1　齿轮泵的组成

标准件和常用件在工程中使用广泛，一般由专门的厂家生产。零件结构形状、尺寸大小都由国家标准统一规定，这类零件称为标准件，如螺栓、螺钉、螺母、键等。零件结构形状比较固定，部分尺寸参数符合国家标准，这类零件称为常用件，如齿轮、弹簧等。在工程上标准件及常用件采用规定画法、规定标记。本章将介绍标准件及常用件的工程表达。

§7-1　螺纹

一、螺纹结构

1. 螺纹形成及加工

与圆柱面或圆锥面轴线共面的平面图形沿圆柱面或圆锥面上的螺旋线运动形成的螺旋体

称为螺纹。在圆柱或圆锥外表面上形成的螺纹，称为外螺纹(图 7-2a)；在空腔圆柱或圆锥内表面上形成的螺纹，称为内螺纹(图 7-2a、b)。

加工螺纹的方法很多，最常用的是车削螺纹，圆柱形工件夹在车床卡盘上绕轴线等速旋转，刀具沿轴线方向作等速移动即可车削出螺纹(图 7-2a、b)。螺孔孔径较小时，常先用钻头钻孔，然后再用丝锥攻制螺纹(图 7-2c)。由于钻头前端是 118°的切削面，因此在盲孔(没穿通的孔)的底部自然形成 118°的圆锥面，称为钻头角，国标规定钻头角画成 120°。内、外螺纹配对使用，可用于各种机械连接。

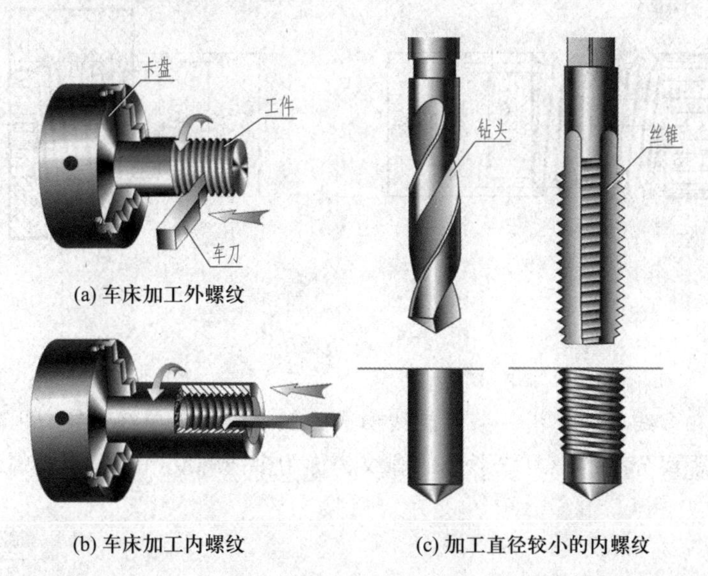

(a) 车床加工外螺纹

(b) 车床加工内螺纹

(c) 加工直径较小的内螺纹

图 7-2　螺纹的形成及加工

2. 螺纹的要素

(1) 牙型

在通过螺纹轴线的断面上，螺纹的轮廓形状称为螺纹牙型。常见的螺纹牙型有三角形、梯形、锯齿形、矩形等。不同牙型的螺纹有不同的用途，并有相对应的名称及特征代号(图 7-3)。

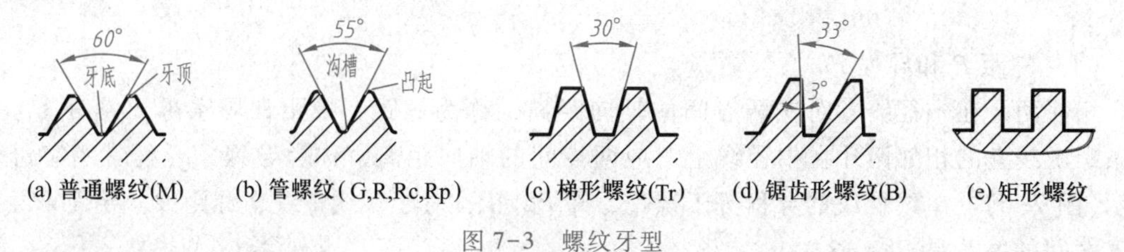

(a) 普通螺纹(M)　(b) 管螺纹(G,R,Rc,Rp)　(c) 梯形螺纹(Tr)　(d) 锯齿形螺纹(B)　(e) 矩形螺纹

图 7-3　螺纹牙型

在图 7-3 所示的螺纹牙型中，矩形螺纹尚未标准化，其余牙型的螺纹均为标准螺纹。

(2) 螺纹的直径

螺纹的直径分为大径、中径和小径(外螺纹直径代号为小写 d,内螺纹直径代号为大写 D)，见图 7-4。

① 与外螺纹牙顶或与内螺纹牙底相重合的假想圆柱面的直径称为大径(d 或 D)。

② 与外螺纹牙底或与内螺纹牙顶相重合的假想圆柱面的直径称为小径(d_1或 D_1)。

③ 一个假想圆柱，该圆柱的母线通过牙型上沟槽和凸起宽度相等的地方，该圆柱面的直径称为中径(d_2或 D_2)。

外螺纹的大径和内螺纹的小径又称为顶径，顶径是加工螺纹之前圆柱面的直径。除管螺纹外，螺纹大径就是螺纹的公称直径。

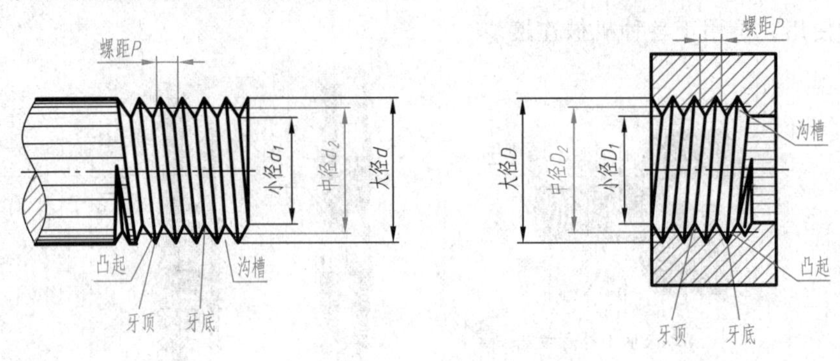

图 7-4　螺纹的直径

(3) 线数 n

螺纹有单线和多线之分。沿一条螺旋线形成的螺纹，称为单线螺纹(图 7-5)；沿两条或两条以上轴向等距离分布的螺旋线形成的螺纹，称为多线螺纹(图 7-6)。螺纹的线数用字母 n 表示。

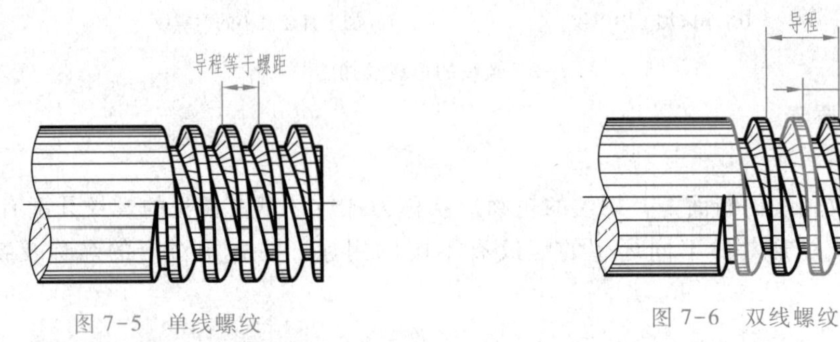

图 7-5　单线螺纹　　图 7-6　双线螺纹

(4) 螺距 P 和导程 Ph

相邻两牙在中径线上对应两点间的轴向距离，称为螺距，螺距常用字母 P 表示。在同一条螺旋线上的相邻两牙在中径线上对应两点间的轴向距离，称为导程，导程常用字母 Ph 表示(图 7-6)。单线螺纹的导程等于螺距，即 $Ph=P$；对于多线螺纹，螺距 P、导程 Ph、线数 n 之间的关系是 $Ph=n\times P$。

(5) 旋向

螺纹分左旋和右旋两种。顺时针旋转旋入的螺纹，称为右旋螺纹(图 7-7)；逆时针旋转旋入的螺纹，称为左旋螺纹(图 7-8)。常用的螺纹是右旋螺纹。

内、外螺纹必须成对配合使用，当螺纹的牙型、大径、螺距、线数和旋向这五个要素完全相同时，内、外螺纹才能相互旋合，正常使用。

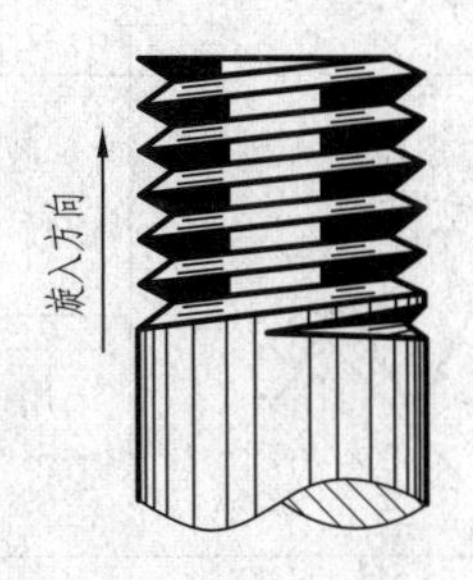

图 7-7　右旋螺纹

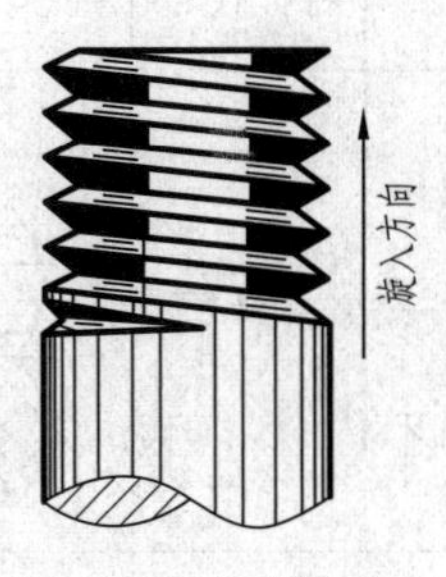

图 7-8　左旋螺纹

3. 螺纹端部结构

螺纹端部常见的结构有倒角、螺尾、退刀槽。

(1) 倒角

为了便于内、外螺纹的旋合，避免螺纹端部碰伤，在螺纹的端部常制有倒角(图 7-9)。

(2) 螺尾

在车床上加工螺纹时，由于退刀的缘故，在螺纹尾部会形成部分较浅的螺纹(图 7-10)，这种不完整的螺纹称为螺尾。

(3) 退刀槽

为了避免螺尾的形成，车削螺纹前先在螺纹的尾部切削一个槽，车削螺纹时在该槽处退刀，就不会形成螺尾，该槽称为螺纹退刀槽(图 7-9)。

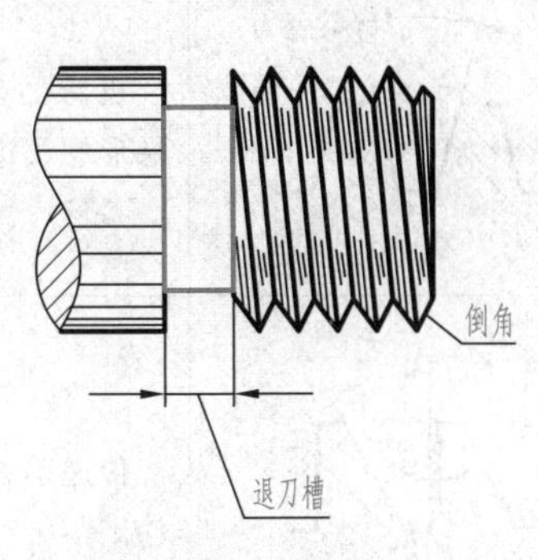

图 7-9　螺纹的倒角和退刀槽

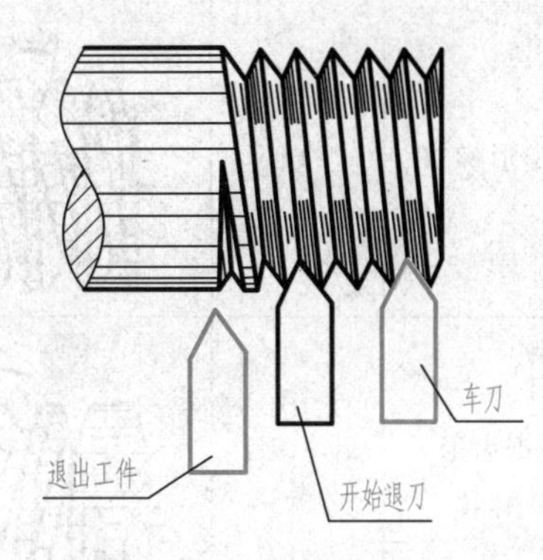

图 7-10　切削螺纹时退刀过程

二、螺纹的种类

1. 按牙型不同分类

螺纹按牙型不同，可分为普通螺纹、梯形螺纹、锯齿形螺纹、管螺纹(见前述)。

2. 按用途不同分类

螺纹按用途不同，可分为连接螺纹和传动螺纹两大类，见表 7-1。

表 7-1　常用的标准螺纹

螺纹种类			特征代号	外形图	牙型图	用途
连接螺纹	普通螺纹	粗牙	M	60°	60°	最常用的连接螺纹
		细牙				用于细小的精密零件或薄壁零件
	55°非密封管螺纹		G	55°	55°	用于水管、油管、气管等一般低压管路的连接
	55°密封管螺纹		R_1 R_2 Rc Rp	Rp 55°	55°	用于水管、油管、气管等较大压力管路的连接
传动螺纹	梯形螺纹		Tr	30°	30°	机床的丝杠采用梯形螺纹进行传动
	锯齿形螺纹		B	33°	30° 3°	传递单方向的力

3. 按结构要素是否符合国家标准分类

螺纹的牙型、直径和螺距都符合国家标准的螺纹，称为标准螺纹；只有牙型符合国家标准，而直径或螺距不符合国家标准的螺纹，称为特殊螺纹；三者都不符合国家标准的螺纹，称为非标准螺纹。

三、螺纹的规定画法

1. 外螺纹的规定画法

外螺纹大径 d 和螺纹终止线用粗实线表示。小径 d_1 用细实线表示，小径尺寸 $d_1=0.85d$。规定：在与轴线平行的视图上小径的细实线应画入倒角内；与轴线垂直的视图上，小径的细实线圆只画 3/4 圈；螺杆端面的倒角圆，在投影成圆的视图上必须省略不画(图 7-11)。

外螺纹一般不用剖切，如果需要作剖视图，一定要有需要表达的内部结构。图 7-12 所示为管道上的外管螺纹沿轴线剖切后的局部剖视图，螺纹终止线有两部分，视图部分画到波浪线，剖视部分仅从大径画到小径，即一小段。剖视图中的剖面线应画到表示螺纹的粗实线。

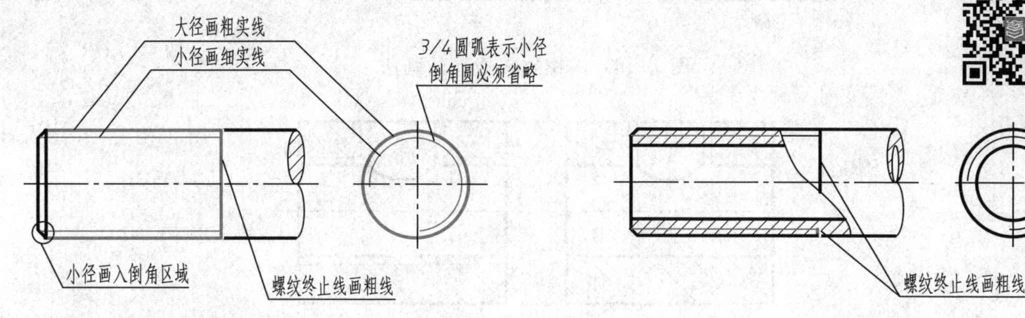

图 7-11　外螺纹的规定画法　　　　图 7-12　外螺纹的剖视图画法

2. 内螺纹的规定画法

大径 D 用细实线表示，小径 D_1 用粗实线表示，螺纹终止线用粗实线表示，剖面线画到小径的粗实线处，左视图中大径的细实线圆只画 3/4 圈，左视图中螺孔端部倒角投影的圆必须省略不画(图 7-13)。小径尺寸 $D_1=0.85D$。

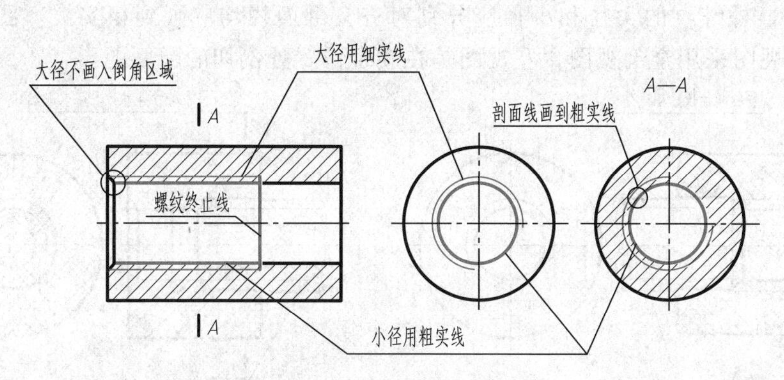

图 7-13　内螺纹的剖视图画法

盲孔上的螺纹，加工时先钻孔，加工出盲孔来，盲孔底部出现的钻头角应画成 120°，盲孔端部应有倒角(图 7-14)。再攻丝螺孔，盲孔深度通常比螺孔深度长 0.5D(图 7-14)。

螺孔相贯的交线画法如图 7-15 所示，图 7-15a 所示是光孔与螺孔相贯，图 7-15b 所示为两个螺孔相贯，要点是相贯线只画到螺孔的小径。

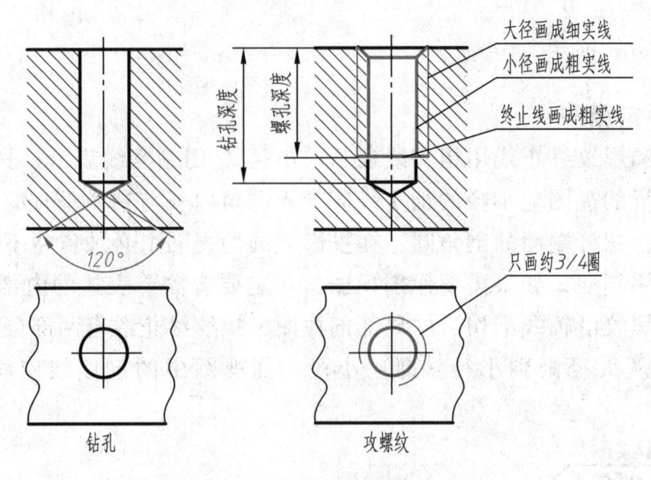

图 7-14　内螺纹未通孔的画法

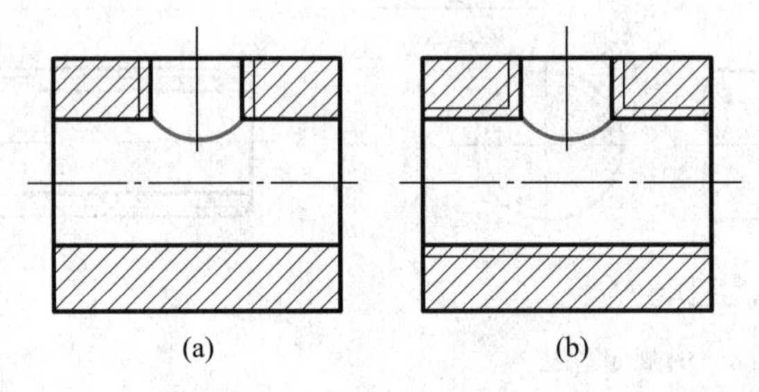

图 7-15　内螺纹的相贯线的画法

3. 螺纹连接画法

在剖视图中，内、外螺纹旋合部分按外螺纹的画法绘制，其余部分按各自的规定画法绘制。螺杆是实心件时，过螺杆轴线剖切，在与螺杆轴线平行的视图中，螺杆按不剖绘制(图 7-16a)。此时，内、外螺纹的大径和小径应分别对齐，剖面线均应画到粗实线。图 7-16b 是管螺纹连接，主视图采用全剖视图，左视图是在旋合位置处剖切的断面图。

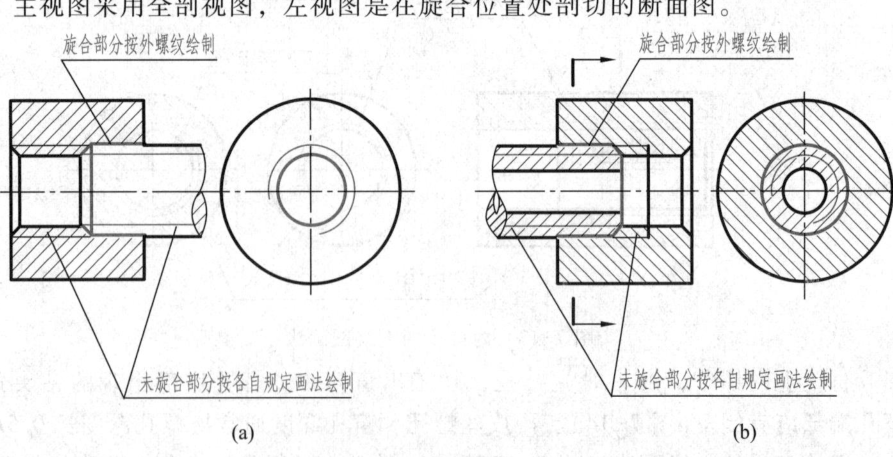

图 7-16　内、外螺纹连接时的画法

四、螺纹标记

各种螺纹都按规定画法绘制，在图样上并未表明牙型、公称直径、螺距、线数和旋向等要素，因此绘制螺纹图样后，必须通过标注的方式来说明螺纹的种类和要素。

1. 普通螺纹 M 的标记

普通螺纹必须标注在螺纹大径的尺寸线上，其标注内容及格式如下：

普通螺纹标记

特征代号 公称直径[×螺距] - 中径、顶径公差带代号 - [旋合长度] - [旋向]

其中：

特征代号 公称直径[×螺距]——普通螺纹特征代号 M，公称直径即为螺纹大径。普通螺纹有粗牙、细牙之分，粗牙普通螺纹一个大径对应一个螺距，因此粗牙普通螺纹的螺距不标注。

中径、顶径公差带代号——表示螺纹的加工精度，用数字和字母表示，如 7H6G、5h6f 等，大写字母用于表示内螺纹，小写字母用于表示外螺纹。当顶径公差带与中径公差带代号相同时，可以只写一组公差带代号，如 7G、7h。

[旋合长度]——旋合长度代号用字母 L、N、S 表示，L 为长旋合、N 为中等旋合(可省略标注)、S 为短旋合。

[旋向]——用 LH 表示左旋螺纹，右旋螺纹旋向(RH)省略不标。

在工程上优先使用粗牙普通螺纹，普通螺纹一般都是单线，如果要设计特殊用途的多线普通螺纹，螺纹线数需要同时用导程、螺距的组合来表示，其格式如下：

特征代号 公称直径×*Ph* 导程(P 螺距) - 中径、顶径公差带代号 - [旋合长度] - [旋向]

2. 梯形螺纹 Tr 及锯齿形螺纹 B 的标记

梯形螺纹 Tr 及锯齿形螺纹 B 必须标注在螺纹大径的尺寸线上。

单线梯形螺纹 Tr 及锯齿形螺纹 B 的标注内容及格式如下：

梯形及锯齿形螺纹标记

特征代号 公称直径×导程[旋向] - 中径公差带代号 - [旋合长度]

多线梯形螺纹 Tr 及锯齿形螺纹 B 的标注内容及格式如下：

特征代号 公称直径×导程(P 螺距)[旋向] - 中径公差带代号 - [旋合长度]

梯形螺纹 Tr 及锯齿形螺纹 B 的标注格式中符号的含义与普通螺纹相同。

管螺纹标记

3. 管螺纹的标记

管螺纹必须从螺纹大径引出指引线进行标注，其标注内容及格式如下：

特征代号 尺寸代号[精度等级] - [旋向]

管螺纹的特征代号有五种：非螺纹密封的圆柱管螺纹 G，螺纹密封的与圆柱内螺纹配合的圆锥外螺纹 R_1，与圆锥内螺纹配合的圆锥外螺纹 R_2，螺纹密封的圆锥内螺纹 Rc，螺纹密封的圆柱内螺纹 Rp。管螺纹的尺寸代号不是螺纹大径，而是管螺纹所在管子的孔径(单位为英制）。管螺纹中的非螺纹密封圆柱外螺纹 G 需要标注精度等级 A 或 B，其余的管螺纹都不需要标注精度等级。

4. 螺纹标记图例

表 7-2 列出了常用螺纹的各种标记形式。

表 7-2 常见螺纹的标记

螺纹类型		标记要求	标记示例
普通螺纹	粗牙	普通螺纹，公称直径 24，单线，粗牙，螺距为 3，右旋，中径公差带代号 5g，顶径公差带代号 6g，中等旋合长度	M24-5g6g
	细牙	普通螺纹，公称直径 24，单线，细牙，螺距为 2，左旋，中径和顶径公差带代号均为 7H，长旋合长度	M24x2-7H-L-LH
梯形螺纹	单线	梯形螺纹，公称直径 40，导程为 5，左旋，中径公差带代号 7e，长旋合长度	Tr40x5LH-7e-L
	多线	梯形螺纹，公称直径 40，双线，导程为 10，螺距为 5，左旋，中径公差带代号 7e，长旋合长度	Tr40x10(P5)LH-7e-L
锯齿形螺纹		锯齿形螺纹，公称直径 80，双线，导程为 20，螺距为 10，右旋，中径公差带代号 8e，长旋合长度	B80x20(P10)-8e-L
55°非密封管螺纹		55°非密封管螺纹，尺寸代号为 3/4。其中外螺纹公差等级为 A 级，左旋	G3/4A-LH　G3/4-LH
55°密封管螺纹		55°密封管螺纹，尺寸代号为 1/2 R_1：圆锥外螺纹（与 Rp 旋合） R_2：圆锥外螺纹（与 Rc 旋合） Rc：圆锥内螺纹 Rp：圆柱内螺纹	$R_1$1/2　Rc1/2　Rp1/2

如图 7-17 所示，外螺纹 B16×2-5g、内螺纹 B16×2-6H，该内外螺纹旋合后的标注如图 7-17c 所示。

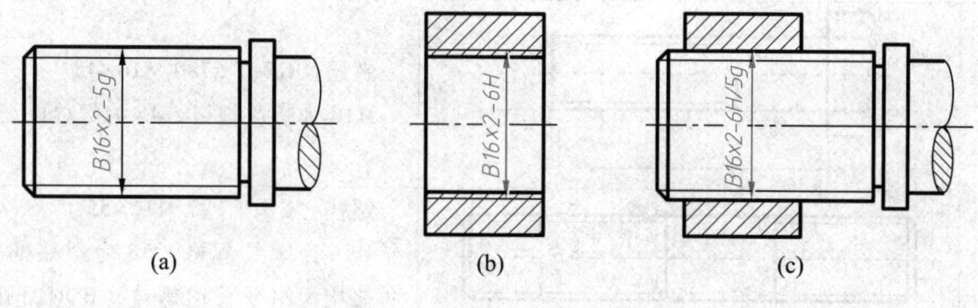

图 7-17　螺纹旋合标注

§7-2　螺纹紧固件及其连接

一、螺纹紧固件的标记

螺纹紧固件包括螺栓、螺柱、螺钉、螺母和垫圈等(图 7-18)，它们都是标准件，其结构和尺寸可按其规定标记在相应的国家标准中查出。

螺纹紧固件是标准件，使用时按规定标记直接外购即可。其规定标记格式为：

名称　　国家标准编号　　类型规格

标记格式中，国家标准编号确定标准件结构形状，类型规格确定标准件大小。在标记后面还可带性能等级或材料及热处理、表面处理等技术参数。由螺纹紧固件的标记查阅机械设计手册中相应国家标准可得该螺纹紧固件的详细规格尺寸和各种技术参数。表 7-3 给出了常用螺纹紧固件的结构及标记。

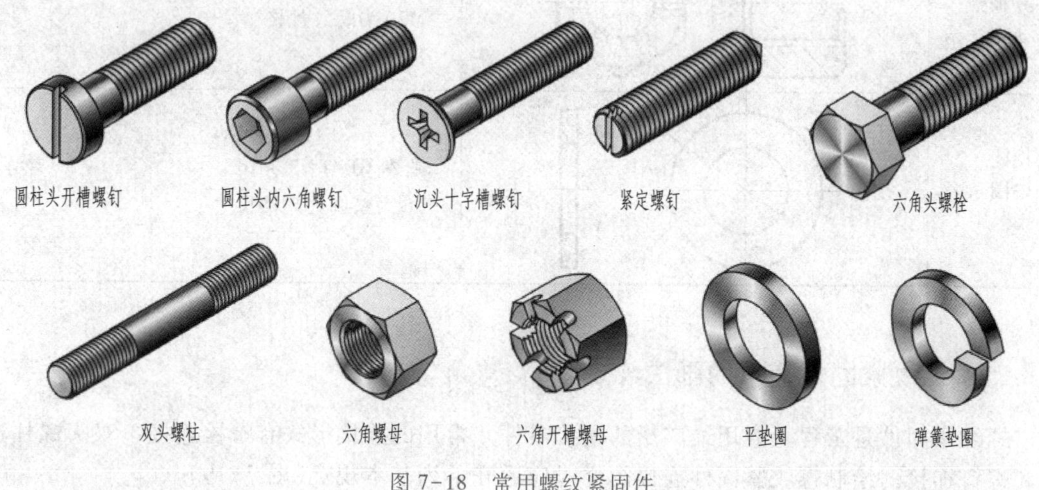

图 7-18　常用螺纹紧固件

表 7-3 常用螺纹紧固件标记示例

名称	简图	规定标记及说明
六角头螺栓	M16 45	螺栓 GB/T 5780 M16×45 M16 为螺纹规格，45 为螺栓的公称长度
双头螺柱	M16 b_m 55	螺柱 GB/T 897 M16×55 M16 为螺纹规格，55 为螺柱的公称长度，两端均为粗牙普通螺纹，B 型，旋入端长度 $b_m=1d$，不标注类型
开槽沉头螺钉	M12 40	螺钉 GB/T 68 M12×40 M12 为螺纹规格，40 为螺钉的公称长度
开槽锥端紧定螺钉	M12 45	螺钉 GB/T 71 M12×45 M12 为螺纹规格，45 为螺钉的公称长度
1 型六角螺母	M16	螺母 GB/T 6170 M16 M16 为螺纹规格
1 型六角开槽螺母——C 级	M20	螺母 GB/T 6179 M20 M20 为螺纹规格
平垫圈 A 级	ϕ17	垫圈 GB/T 97.1 16 16 为垫圈的规格尺寸

二、螺纹紧固件连接的画法规定

螺纹紧固件是工程上应用最广泛的连接零件。常用的连接形式有螺栓连接、双头螺柱连接和螺钉连接。绘制螺纹紧固件连接图样时应遵守下列基本规定(图 7-19)。

(1) 相邻两零件的接触表面只画一条线，非接触表面画两条线，如果间隙太小，可夸大画出。

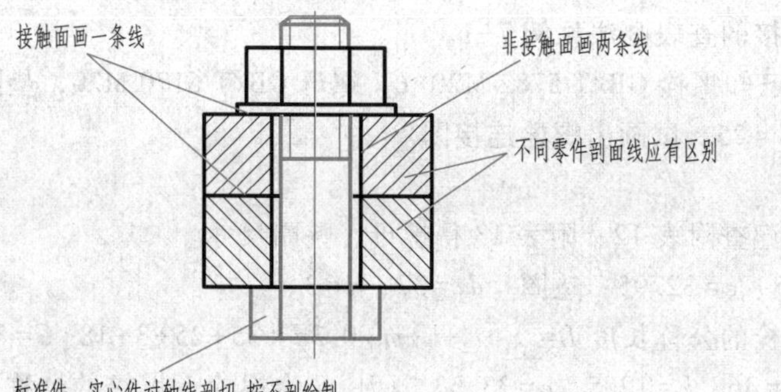

图 7-19　螺纹连接的基本规定

（2）在剖视图中，相邻两被连接件的剖面线方向应相反，或者间距不等。而同一零件的剖面线在各个剖视图中应一致，即方向相同、间距相等。

（3）在剖视图中，当剖切平面通过螺纹紧固件和实心件（螺钉、螺栓、螺母、垫圈、键、球及轴等）的基本轴线时，这些零件按不剖绘制。

三、螺纹紧固件的连接画法

绘制螺纹紧固件的连接图时，允许省略六角头螺栓头部和六角螺母上的截交线、零件的工艺结构（如倒角、退刀槽等）。

1. 螺栓连接

螺栓连接适用于被连接件都不太厚，能加工成通孔且受力较大的情况。通孔的大小根据装配精度的不同查阅机械设计手册确定，一般通孔直径按 1.1 倍的螺纹大径绘制。

（1）螺栓连接的比例简化画法如图 7-20 所示。

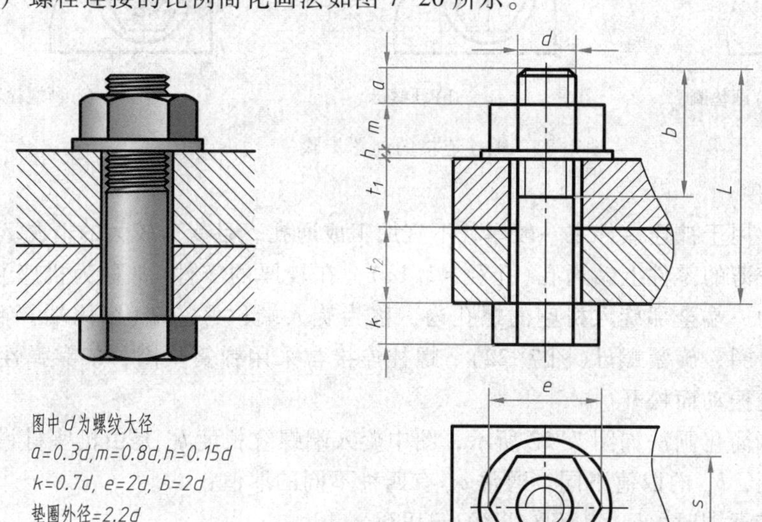

图 7-20　螺栓连接的比例简化画法

（2）螺栓连接的查表画法见例 7-1。

[例 7-1] 已知螺栓 GB/T 5782 M20×L，螺母 GB/T 6170 M20，垫圈 GB/T 97.1 20，两零件厚 $t_1=35$、$t_2=25$，试画出螺栓连接图。

作图：

（1）根据标记查附表 12、附表 13 得螺母、垫圈尺寸。

螺母 $m=18$、$e=32.95$；垫圈 $d_2=37$、$h=3$。

（2）计算螺栓的公称长度 $L=t_1+t_2+h+m+0.3d=35+25+3+18+6=87$，查附表 6 修正为标准值 $L=90$、$b=46$、$k=12.5$、$e=33.53$。（注：d 为螺栓上螺纹的公称直径，h 为垫圈厚度，m 为螺母高度）

（3）画图（画图过程如图 7-21 所示）。

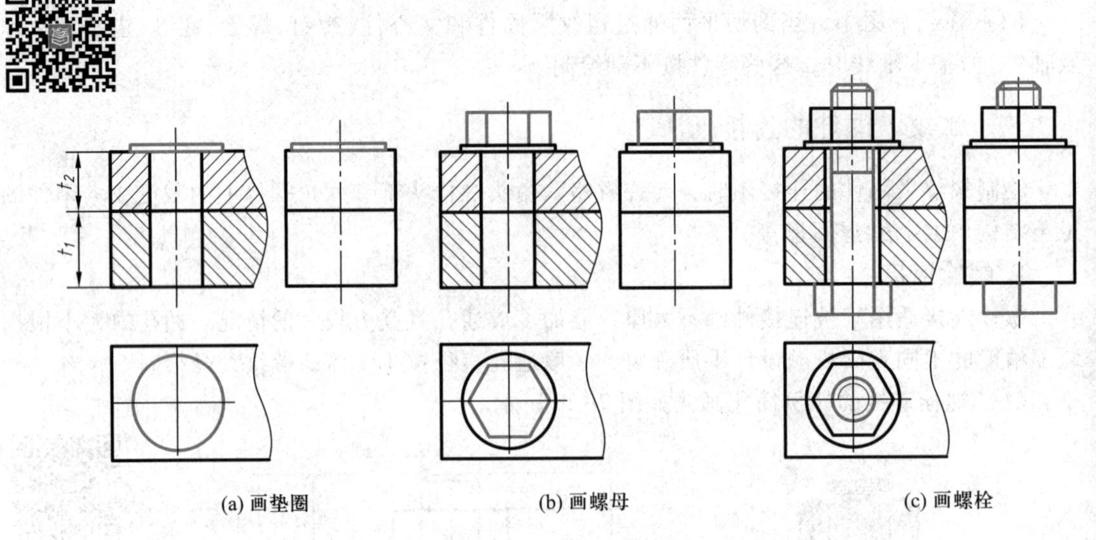

(a) 画垫圈　　(b) 画螺母　　(c) 画螺栓

图 7 21　螺栓连接的画图步骤

2. 双头螺柱连接

双头螺柱连接常用于被连接件之一较厚，不宜加工成通孔，且受力较大的情况。采用双头螺柱连接时，在较薄的零件上钻通孔（孔径 = 1.1d），在较厚的零件（常称为机座）上制出螺纹孔。双头螺柱的一端全部旋入机座的螺孔内，称为旋入端；另一端（紧固端）穿过被连接件的通孔，加上垫圈，旋紧螺母（图 7-22）。螺柱连接常采用弹簧垫圈，依靠弹性增加摩擦力，防止螺母因受振动而松开。

螺柱连接的比例简化画法如图 7-22 所示，图中旋入端螺纹长度 b_m 是由机座材料来决定的，机座的材料不同，b_m 的取值不同。通常 b_m 有四种不同的取值：

机座材料为钢或青铜时，$b_m=d$（GB/T 897—1988）；

机座材料为铸铁时，$b_m=1.25d$（GB/T 898—1988）；

机座材料为铸铁或铝合金时，$b_m=1.5d$（GB/T 899—1988）；

机座材料为铝合金时，$b_m=2d$（GB/T 900—1988）。

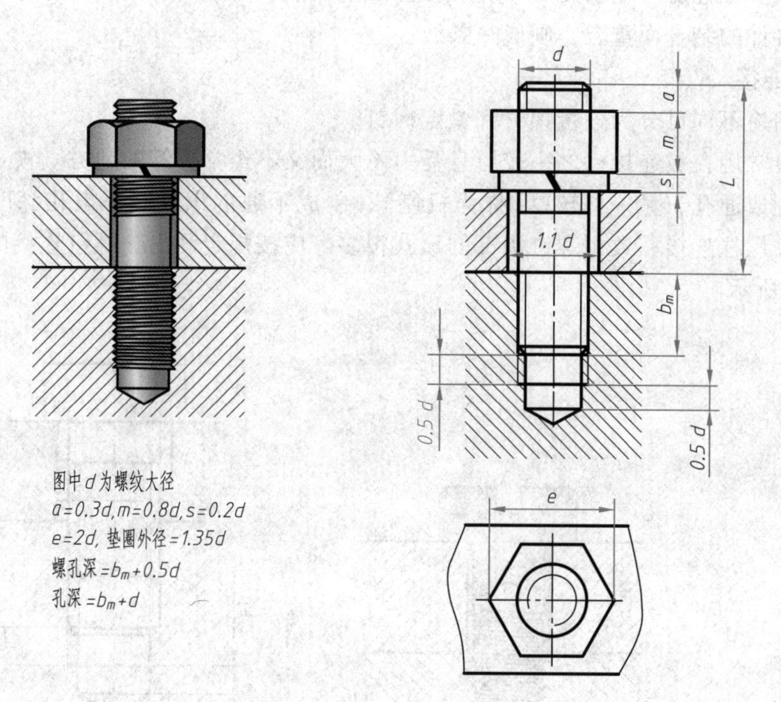

图 7-22　螺柱连接的比例简化画法

螺柱连接的画图步骤如图 7-23 所示。

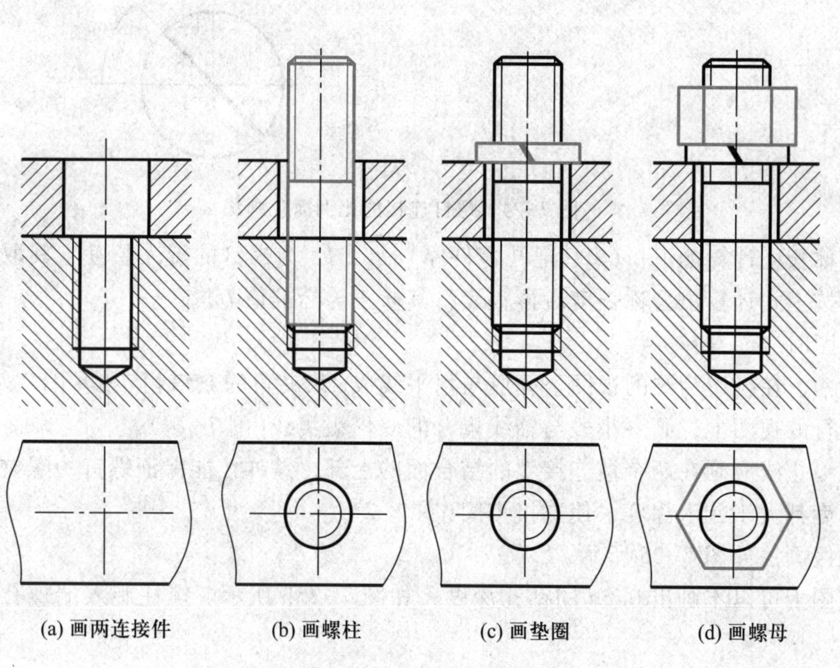

图 7-23　螺柱连接的画图步骤

注意：双头螺柱旋入端长度 b_m 应全部旋入螺孔内，即双头螺柱旋入端的螺纹终止线应与两个被连接件的结合面重合，画成一条线。

3. 螺钉连接

螺钉按用途不同可分为连接螺钉和紧定螺钉。

螺钉连接常用在被连接件之一较厚且受力不大而又不经常拆卸的地方。被连接零件中一件比较薄，制成通孔，另一件较厚(称为机座)，制成不通的螺纹孔。螺孔深度和旋入深度的确定与双头螺柱连接一致，螺钉头部的形式很多，应按规定画出。螺钉连接的比例简化画法如图 7-24 所示。

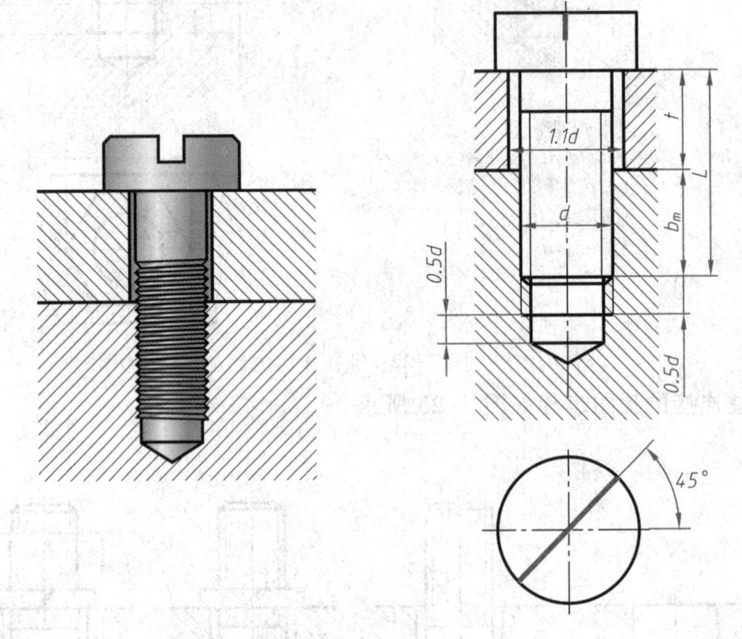

图 7-24 螺钉连接的比例简化画法

该螺钉的公称长度计算如下：$L \geqslant t$(通孔零件厚)$+b_m$，b_m 为螺钉的旋入长度，其取值与螺柱连接一致。按上式计算出公称长度后再查表将其修正为标准值 L。

画螺钉连接图时应注意：

螺钉一字形槽，在投影为圆的视图上画成与水平线成 45°夹角的双倍粗实线(图 7-24)。在与螺钉轴线平行的视图上，画一小段与轴线重合的双倍粗实线(图 7-24)。

螺钉的螺纹终止线应画在两个被连接件的结合面的上部，这样才能保证螺钉的螺纹长度与螺孔的螺纹长度都大于旋入深度，使连接牢固(图 7-24)。

常见螺钉连接画法如图 7-25 所示。

在螺钉连接图上可以不画出 0.5d 的钻孔深度，如图 7-25b 所示。螺柱旋入端螺孔也可以这样简化。

紧定螺钉连接的画法如图 7-26 所示，紧定螺钉主要用于定位或防松。

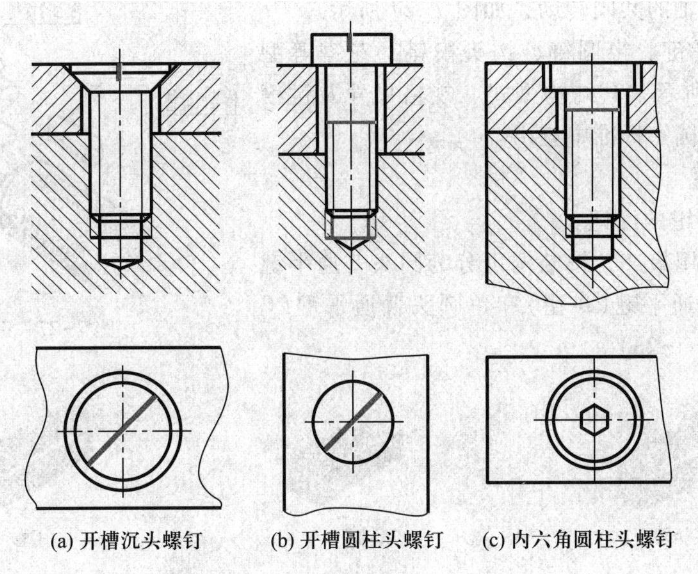

图 7-25　各种类型螺钉连接图

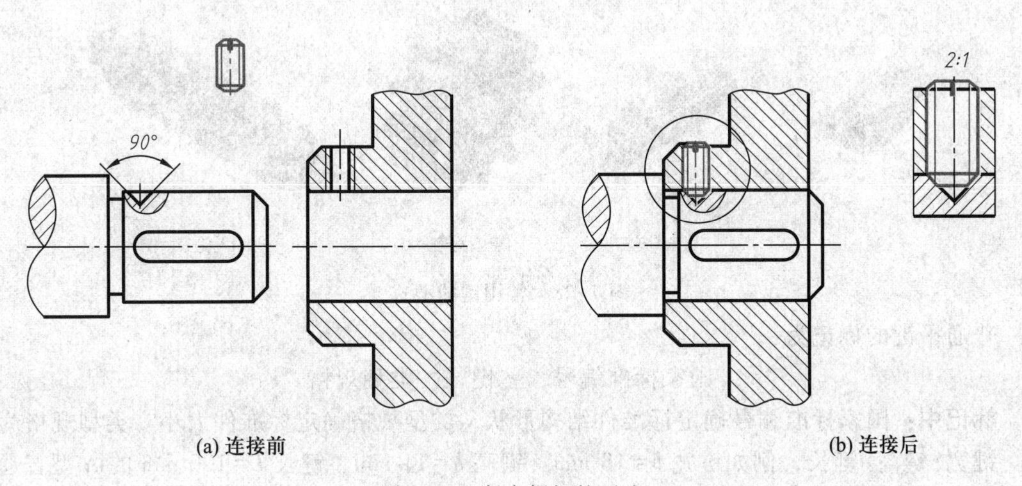

图 7-26　紧定螺钉的画法

§7-3　键、销连接

一、键连接

1. 常用键的功用与种类

键是标准件，通常用来连接轴和轴上的传动零件，如齿轮、带轮等，起传递扭矩的作用。在轮和轴上先分别加工出键槽，将键装入轴的键槽内，再将嵌入键的轴插入轮的孔中，由此可实现轮和轴的共同转动，如图 7-27 所示。

键有普通平键、半圆键、钩头楔键、花键等型式，如图 7-28 所示。其结构型式、规格尺寸及键槽尺寸等可从相应国家标准中查出。

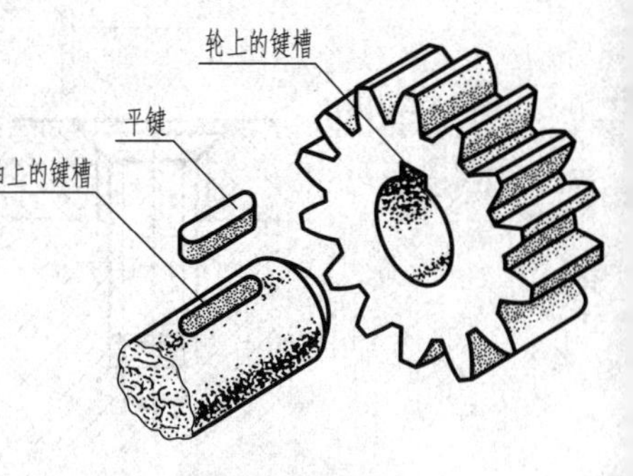

图 7-27 键连接

2. 普通平键

(1) 普通平键的标记

普通平键应用最广，按结构可分为圆头普通平键(A 型)、方头普通平键(B 型)和单圆头普通平键(C 型)三种型式(图 7-28)。

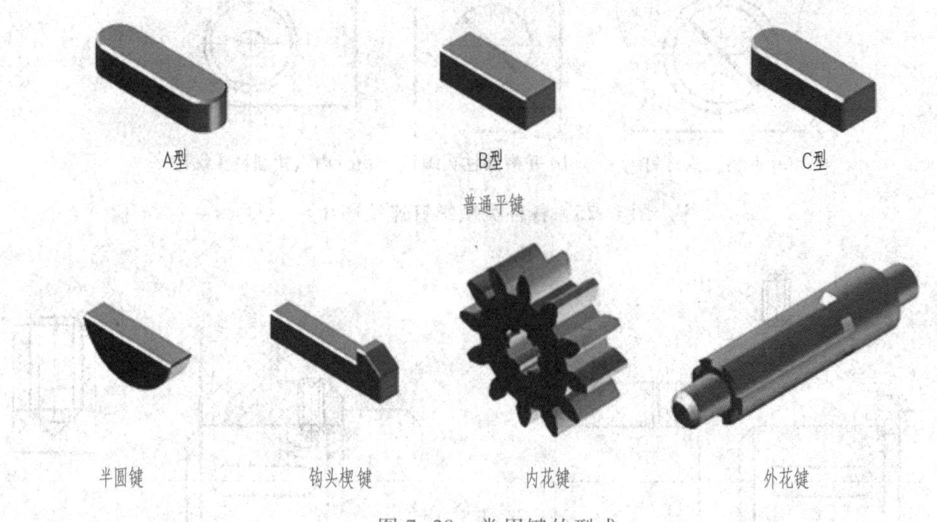

图 7-28 常用键的型式

普通平键的标记为：

国家标准编号　　键　　类型规格

标记中：国家标准编号确定标准件结构形状，类型规格确定标准件大小。类型规格为型号 键宽×键高×键长，例如键宽 $b=18$ mm、键高 $h=11$ mm、键长 $L=100$ mm 的 A 型普通平键(图 7-29)，其标记为 GB/T 1096 键 18×11×100(A 型不标注,B 型和 C 型要加标注)。

(2) 普通平键键槽的尺寸及画法

采用键连接轴和轮，其上都应有键槽存在。键槽是标准结构，尺寸按轴径 d 查附录中附表 18、附表 19 确定，键槽尺寸标注见图7-30。

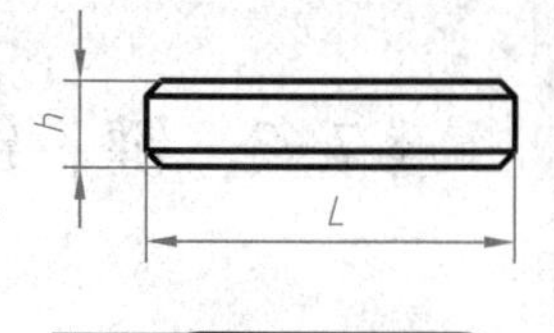

图 7-29 A 型普通平键

(3) 普通平键连接的画法

普通平键连接画法如图 7-31 所示，在主视图中，键和轴均按不剖绘制。为了表达键在轴上的装配情况，主视图又采用了局部剖视。在左视图上，键的两个侧面是工作面，只画一条线。键的顶面与键槽顶面不接触，应画两条线(图 7-31)。

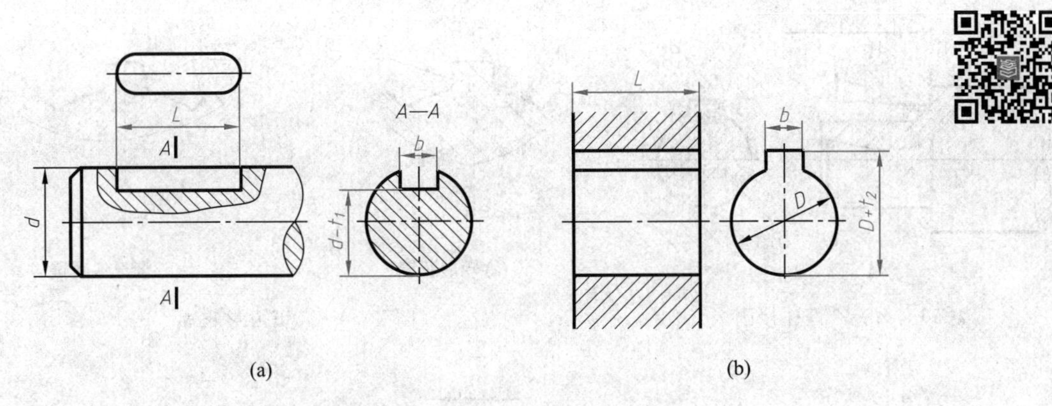

图 7-30　键槽的画法和尺寸标注

3. 半圆键及钩头楔键连接的画法

半圆键的连接画法如图 7-32 所示，钩头楔键的连接画法如图 7-33 所示。

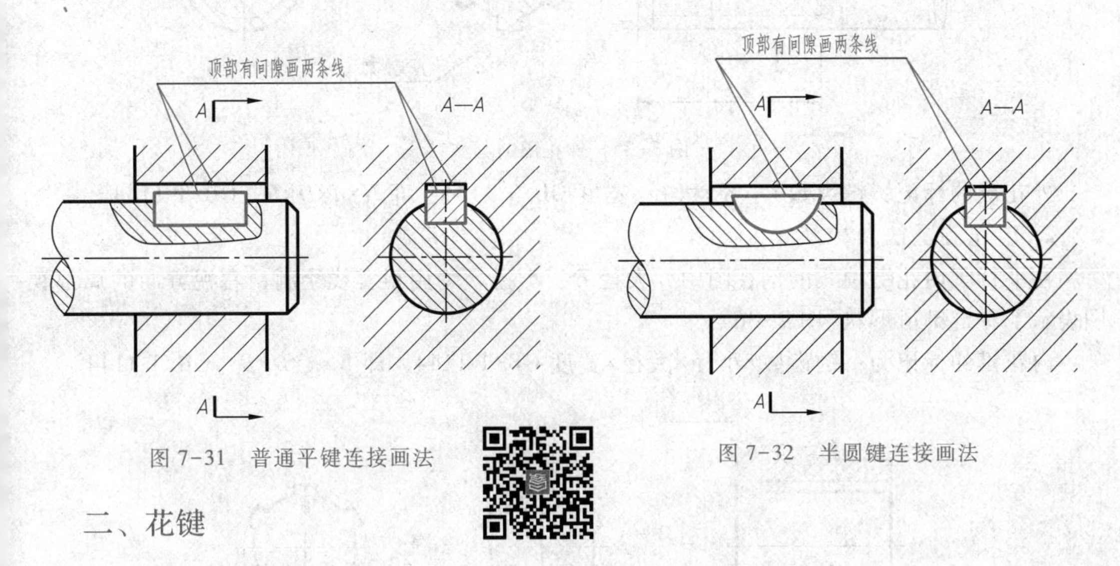

图 7-31　普通平键连接画法

图 7-32　半圆键连接画法

二、花键

花键连接是一种轴与轮毂孔之间的连接，轴上的花键称为外花键，轮毂的花键称为内花键，内、外花键是一种标准结构，如图 7-28 所示。外花键上有多个键齿，内花键上有多个键槽，所以又称为多键槽连接。花键连接与键连接相比较，减少了标准件，轴线同心度高，是一种高精度的连接。

花键的结构已标准化，按键齿可分为矩形花键、渐开线花键(图 7-34)。矩形花键应用最广泛，此节只讨论矩形花键的表达。

1. 外花键画法及标注

在平行于花键轴线的视图中，大径 D 用粗实线绘制，小径 d 用细实线绘制，花键工作长度的终止线和尾部长度的末端均用细实线绘制，尾部的斜细实线与轴线成 30°夹角。键齿形状用断面图 A—A 表示(图 7-35)。

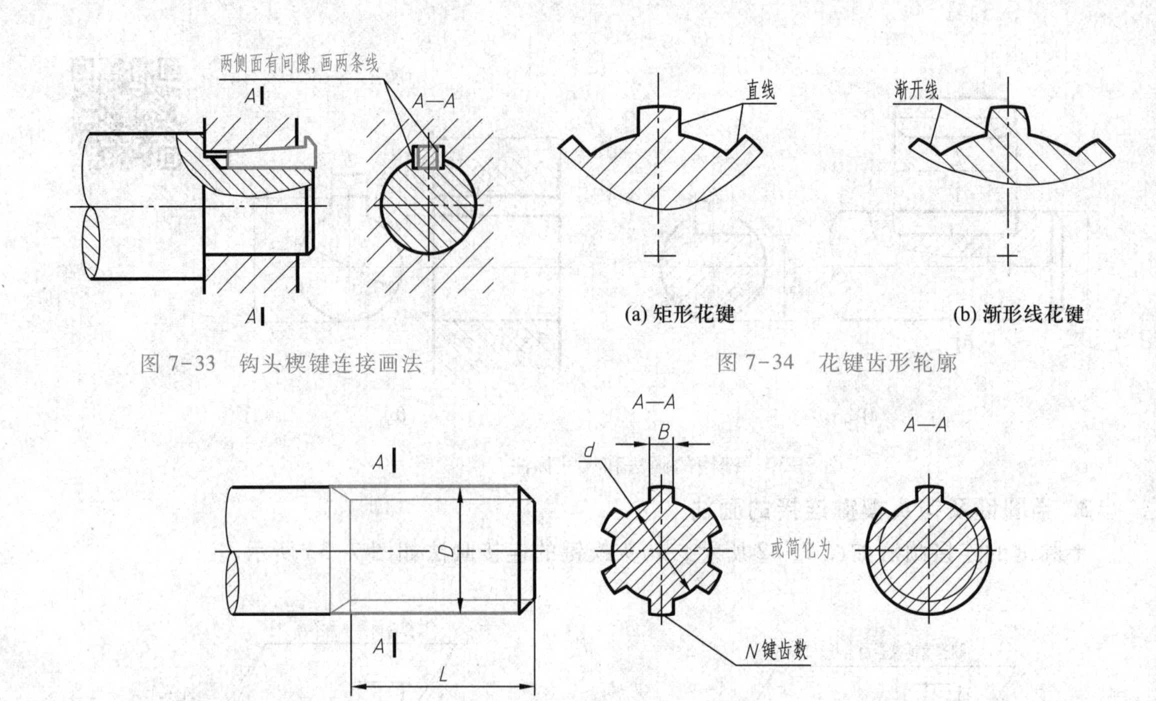

图 7-33　钩头楔键连接画法

图 7-34　花键齿形轮廓

图 7-35　外花键的画法

外花键的标记：键齿数×小径×大径×宽度 GB/T 1144，即 $N\times d\times D\times B$　GB/T 1144。

2. 内花键画法及标注

在平行于内花键轴线的剖视图中，大径 D、小径 d 均用粗实线绘制，右视方向的局部视图表示了花键键齿形状(图 7-36)。

内花键的标记为：键齿数×小径×大径×宽度 GB/T 1144，即 $N\times d\times D\times B$　GB/T 1144。

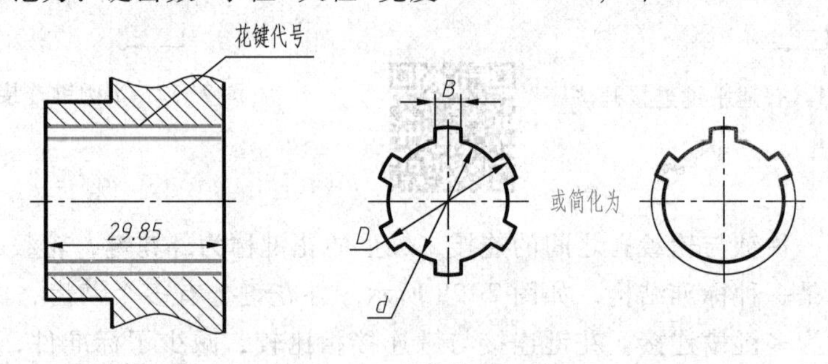

图 7-36　内花键的画法

3. 内外花键连接的画法

花键连接通常用剖视图和断面图表示，如图 7-37 所示。主视图全剖，花键连接处按外花键绘制；断面图 A—A 也是在花键连接处剖切的，故按外花键绘制。可以在花键连接图中标注花键标记的代号。

花键连接的标记为：键齿数×小径(配合尺寸)×大径(配合尺寸)×宽度(配合尺寸)GB/T 1144，即 $N\times d$(配合尺寸)$\times D$(配合尺寸)$\times B$(配合尺寸)GB/T 1144。

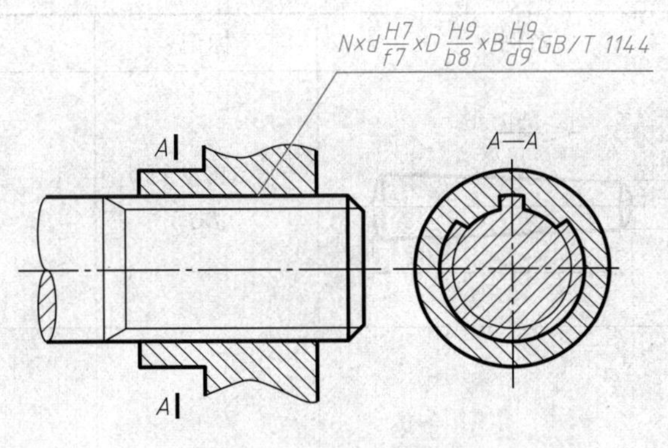

图 7-37　花键连接画法

三、销连接

1. 销的种类及功用

销是标准件，常用的销有圆柱销、圆锥销、开口销等(图 7-38)。

图 7-38　销的种类

圆柱销和圆锥销主要用于零件间的连接或定位；开口销用来防止螺母松动或固定其他零件。

2. 销的标记及连接画法

表 7-4 为以上三种销连接的标记和画法。各种销的尺寸可以根据连接零件的大小以及受力情况查国家标准得到，参见附表 15、附表 16、附表 17。

表 7-4　销的画法及标注

名称及标准	图例	标记	连接画法
圆柱销 GB/T 119.1—2000	d l	销 GB/T 119.1 $d \times l$	

续表

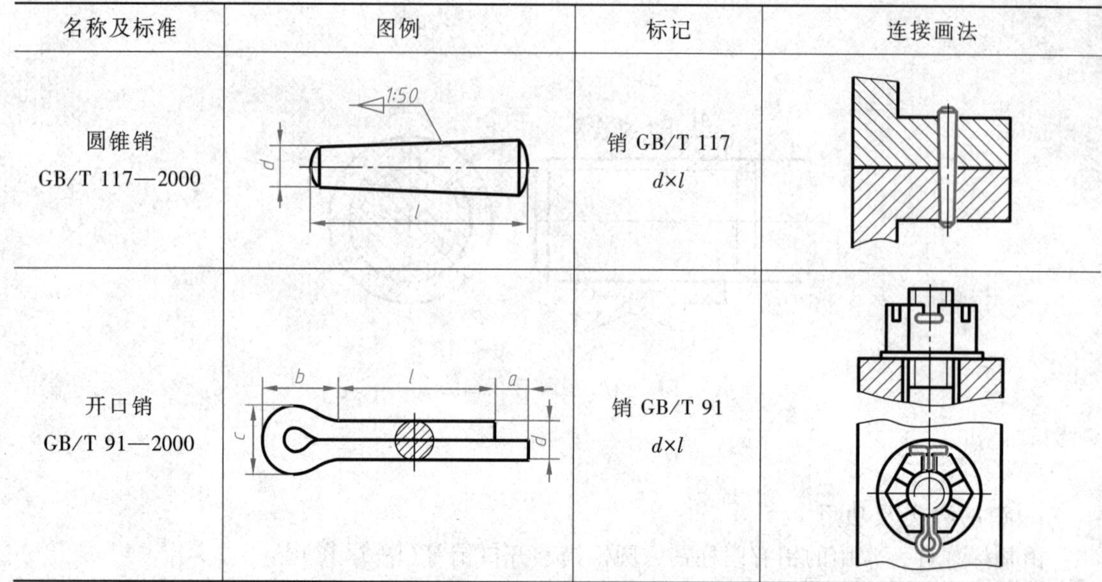

名称及标准	图例	标记	连接画法
圆锥销 GB/T 117—2000		销 GB/T 117 $d\times l$	
开口销 GB/T 91—2000		销 GB/T 91 $d\times l$	

对圆柱销和圆锥销的装配要求较高，其销孔一般要在被连接零件装配时加工，并在零件图上加以注明。

§7-4　齿轮

齿轮是机械设备中应用广泛的一种零件，通过齿轮传动可实现动力传递、转速控制、转向调整。根据运动传递方式不同，齿轮传动分为圆柱齿轮传动、锥齿轮传动、蜗轮蜗杆传动(图 7-39)。

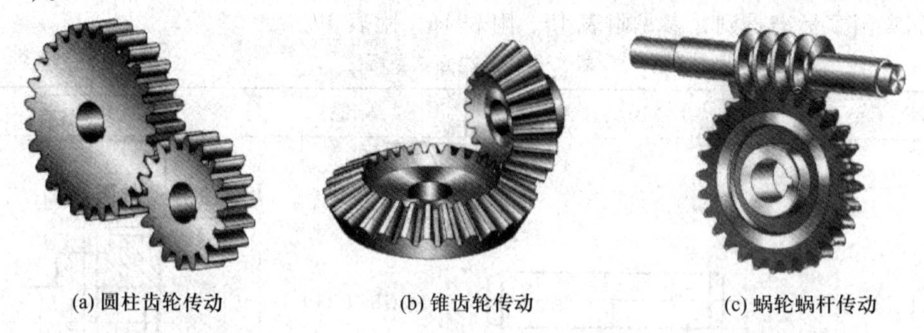

(a) 圆柱齿轮传动　(b) 锥齿轮传动　(c) 蜗轮蜗杆传动

图 7-39　齿轮传动方式

根据齿轮的结构特点不同，齿轮可分为实心式、辐板式和轮辐式齿轮(图 7-40)。

本节主要介绍标准圆柱齿轮(齿廓曲线为渐开线的齿轮称为标准齿轮)的几何要素及其画法。

(a) 实心式

(b) 辐板式

(c) 轮辐式

图 7-40 齿轮结构图

一、直齿圆柱齿轮各部分名称和主要参数

圆柱齿轮分为直齿、斜齿、人字齿(图 7-41)，图中直齿齿轮是实心式齿轮，斜齿齿轮是辐板式齿轮，人字齿齿轮是开孔辐板式齿轮。

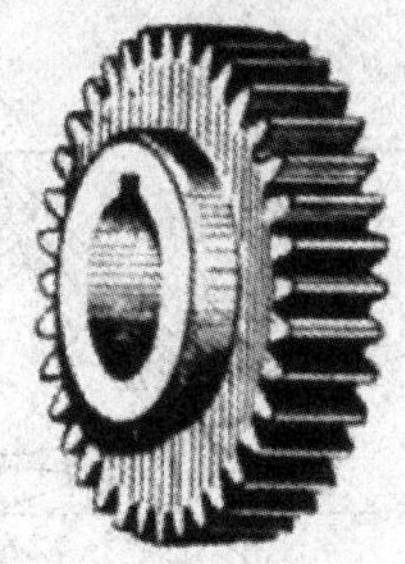

(a) 直齿

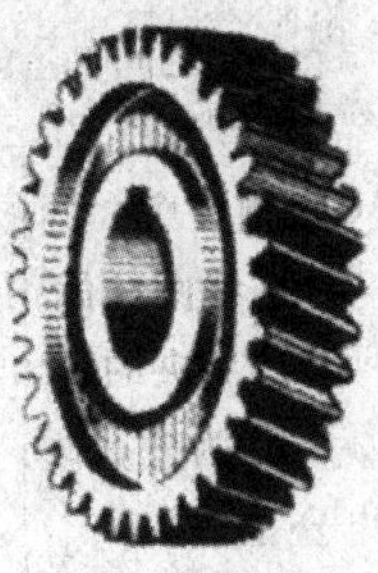

(b) 斜齿

(c) 人字齿

图 7-41 三种齿向的圆柱齿轮

1. 直齿圆柱齿轮各部分名称和主要参数(图 7-42)

(1) 齿顶圆 通过齿轮轮齿顶端的圆，其直径用 d_a 表示。

(2) 齿根圆 通过齿轮轮齿根部的圆，其直径用 d_f 表示。

(3) 分度圆 在齿顶圆与齿根圆之间假想的一个圆，是齿轮设计和加工时计算尺寸的基准圆，在该圆上，齿厚 s 与齿槽宽 e 相等。分度圆直径用 d 表示。

(4) 齿顶高 分度圆到齿顶圆之间的径向距离，用 h_a 表示。

(5) 齿根高 分度圆到齿根圆之间的径向距离，用 h_f 表示。

(6) 齿高 齿顶圆到齿根圆之间的径向距离(又称全齿高)，用 h 表示，$h=h_a+h_f$。

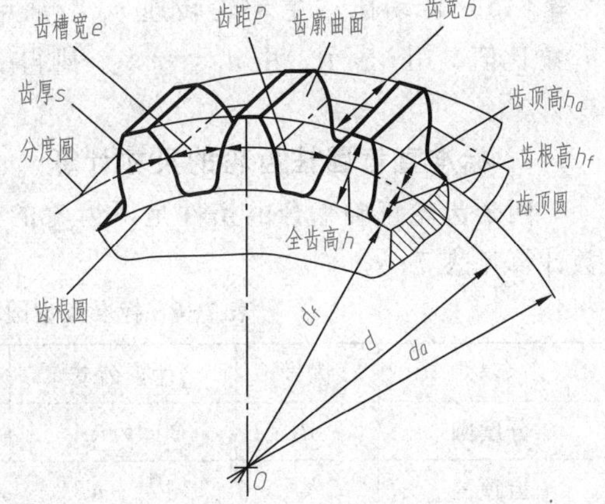

图 7-42 齿轮名称

(7) 齿厚 在分度圆上，同一齿两侧齿廓之间的弧长称为齿厚，用 s 表示。

(8) 齿槽宽 在分度圆上，表示齿槽宽度的一段弧长，用 e 表示。

(9) 齿距 在分度圆上，相邻两齿同侧齿廓之间的弧长，用 p 表示。

（10）模数　齿距 p 与 π 的比值，用 m 表示。为了便于设计和制造齿轮，减少齿轮加工的刀具数量，模数已标准化，其系列值见表 7-5（单位为 mm）。

表 7-5　齿轮标准模数系列（GB/T 1357—2008）　　mm

第一系列	1	1.25	1.5	2	2.5	3	4	5	6
	8	10	12	16	20	25	32	40	50
第二系列	1.125	1.375	1.75	2.25	2.75	3.5	4.5	5.5	(6.5)
	7	9	11	14	18	22	28	36	45

注：优先选用第一系列，其次选用第二系列，括号内的模数尽可能不用。

（11）齿数　齿轮的轮齿个数，用 z 表示。

（12）节圆　如图 7-43 所示，两齿轮啮合时，齿廓的接触点 C 称为节点。节点 C 将齿轮的连心线分为两段。分别以 O_1、O_2 为圆心，以 O_1C、O_2C 为半径所画的圆称为节圆，其直径用 d'_1、d'_2 表示。（标准直齿圆柱齿轮节圆与分度圆重合）

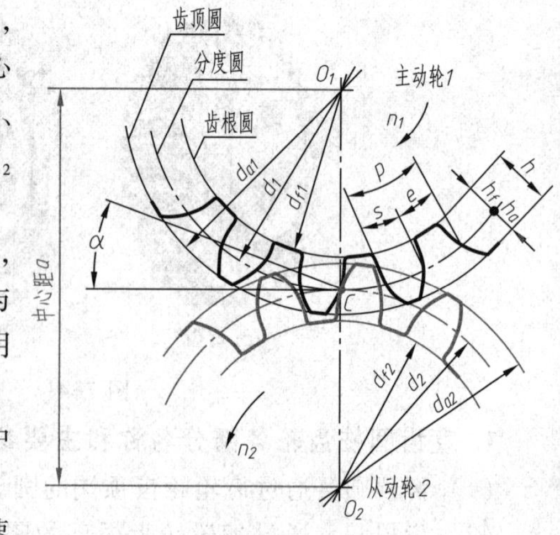

图 7-43　齿轮啮合时名称

（13）压力角　渐开线圆柱齿轮压力角为 20°，它等于两齿轮啮合时齿廓在节点 C 处的公法线与两节圆的公切线所夹的锐角，又称为啮合角，用字母 α 表示。

（14）中心距　两齿轮回转中心的距离称为中心距，用 a 表示。

（15）传动比　主动轮转速 n_1 与从动轮转速 n_2 之比值，用 i 表示。由 $n_1z_1=n_2z_2$，则得 $i=n_1/n_2=z_2/z_1$。

2. 标准直齿圆柱齿轮的尺寸计算

两个齿轮正确啮合的条件是两齿轮的模数必须相等，即 $m_1=m_2$。标准齿轮各部分的参数计算见表 7-6。

表 7-6　标准直齿圆柱齿轮各部分参数的计算公式

名称	代号	计算公式	计算举例（$m=2, z_1=29, z_2=47$）
分度圆	d	$d=mz$	$d_1=58$，$d_2=94$
齿顶高	h_a	$h_a=m$	$h_a=2$
齿根高	h_f	$h_f=1.25\ m$	$h_f=2.5$
齿高	h	$h=h_a+h_f$	$h=4.5$
齿顶圆	d_a	$d_a=d+2h_a$	$d_{a1}=62$，$d_{a2}=98$

续表

名称	代号	计算公式	计算举例($m=2, z_1=29, z_2=47$)
齿根圆	d_f	$d_f=d-2h_f$	$d_{f1}=53$，$d_{f2}=89$
齿距	p	$p=m\pi$	$p=6.2831$
齿厚	s	$s=p/2$	$s=3.1416$
中心距	a	$a=m(z_1+z_2)/2$	$a=76$
传动比	i	$i=z_2/z_1$	$i=1.6207$

二、圆柱齿轮的规定画法

1. 单个圆柱齿轮的规定画法

单个齿轮的表达一般采用两个视图，一般将与轴线平行的视图画成剖视图(全剖或半剖)，与轴线垂直的视图应将键槽的位置和形状表达出来(图 7-44)。齿顶圆和齿顶线用粗实线绘制；分度圆和分度线用细点画线绘制。在视图中，齿根圆和齿根线用细实线绘制，也可省略不画。在剖视图中，当剖切平面通过齿轮轴线时，齿根线用粗实线绘制，轮齿按不剖绘制，即轮齿部分不画剖面线(图 7-44a、b)。

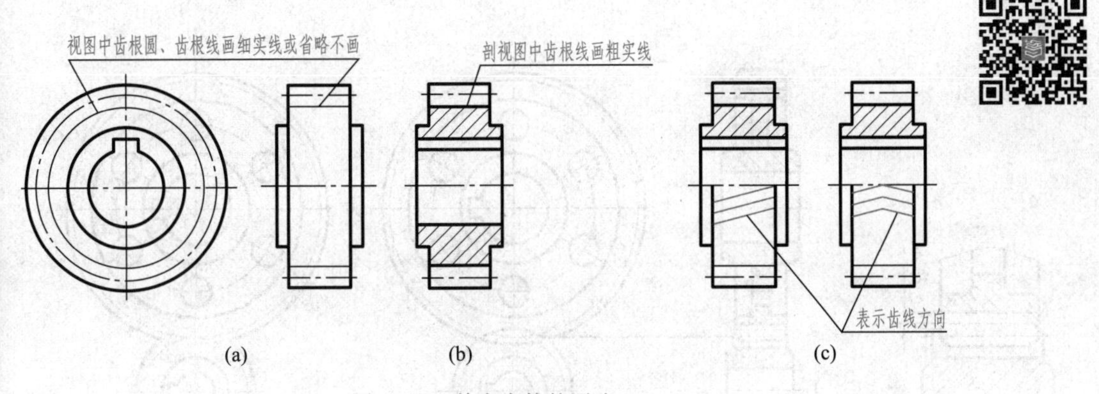

图 7-44　单个齿轮的画法

对于斜齿、人字齿齿轮，常采用半剖视图，并在半个视图中用三条细实线表示齿线方向(图 7-44c)。

齿轮的零件图除具有零件图的全部内容外，还需在零件图的右上角画出有关齿轮的啮合参数和检验精度的表格，并注明有关参数(图 7-45)。

2. 圆柱齿轮啮合后的规定画法

在与齿轮轴线平行的视图(常画成剖视图)中，啮合区内的两条节线重合为一条，用细点画线绘制。两条齿根线都用粗实线画出，两条齿顶线，其中一条用粗实线绘制，而另一条用细虚线绘制(图 7-46b)。由于齿根高和齿顶高相差 0.25 m，因此一个齿轮的齿顶线与另一个齿轮的齿根线之间应有 0.25 倍模数的间隙(图 7-46a)。

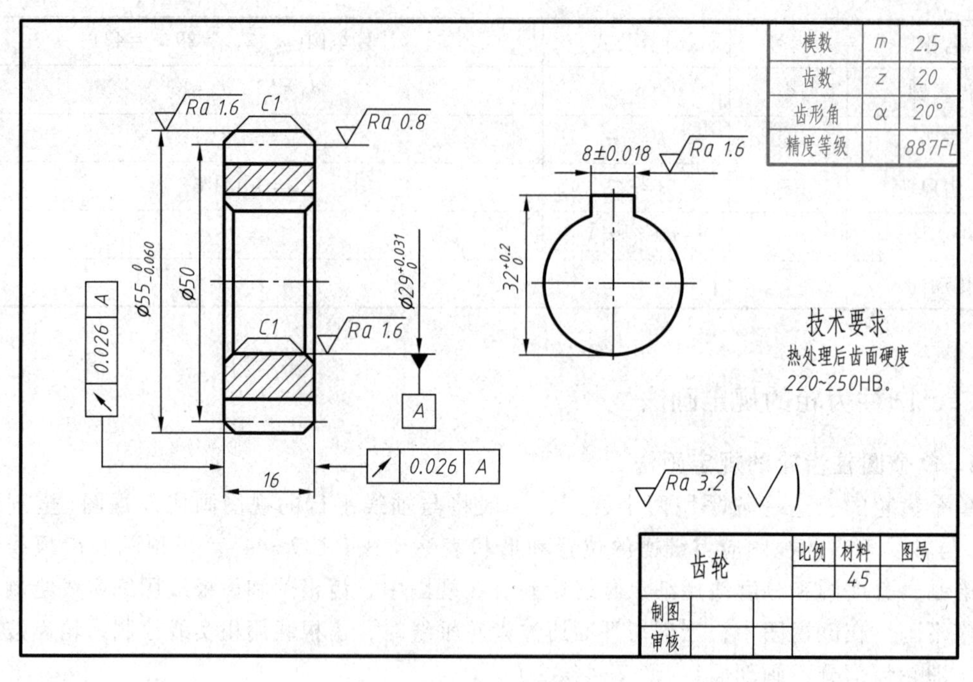

图 7-45　齿轮零件图

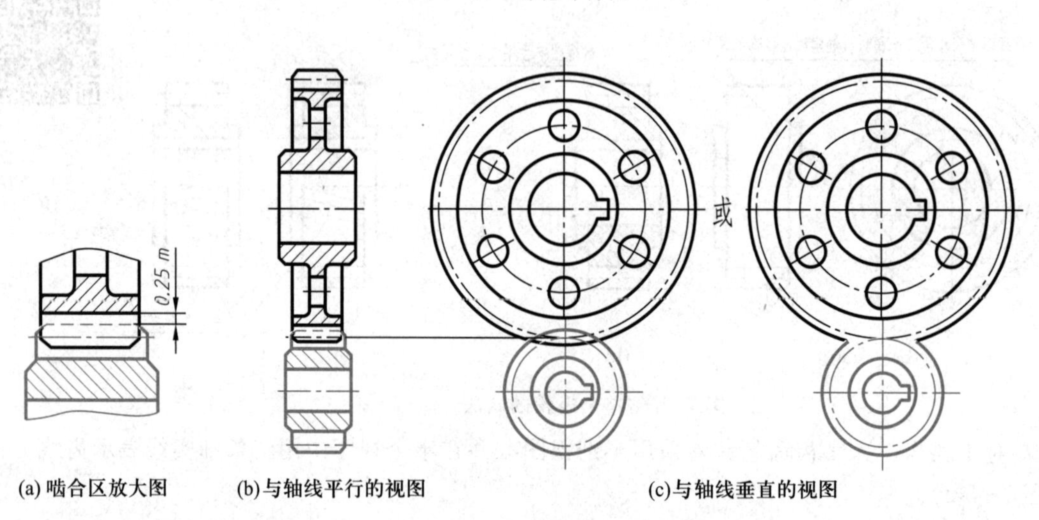

图 7-46　齿轮啮合的画法(一)

在与齿轮轴线垂直的视图中，啮合区内的齿顶圆均用粗实线绘制，也可省略不画(图 7-46c)。两分度圆用细点画线画成相切，两齿根圆省略不画。

与齿轮轴线平行的视图若不画成剖视图，啮合区内的齿顶线和齿根线都不必画出，节线用粗实线绘制(图 7-47)。

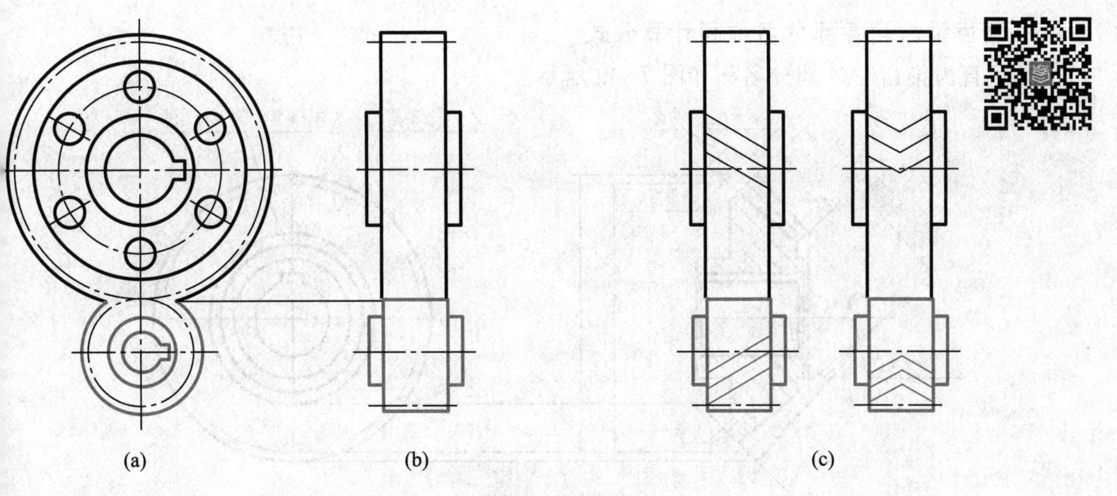

图 7-47　齿轮啮合的画法(二)

3. 齿轮、齿条的啮合画法

当齿轮的直径无限大时，齿轮就成为齿条，如图 7-48a 所示。齿条的齿顶圆、分度圆、齿根圆和齿廓曲线都成为直线。齿轮与齿条啮合时，齿轮旋转，齿条作直线运动。齿轮、齿条的啮合画法如图 7-48b 所示。

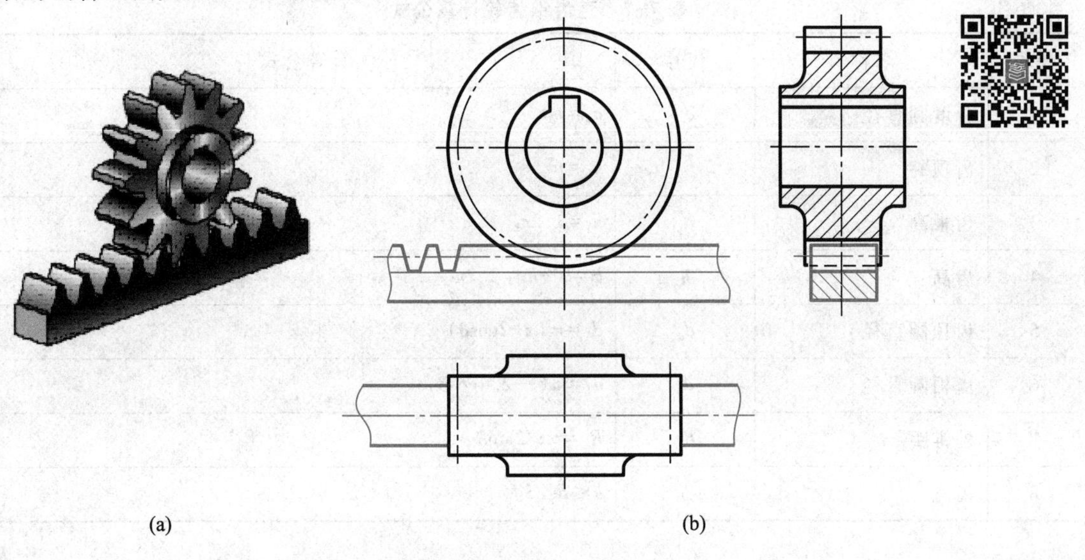

图 7-48　齿轮与齿条的啮合画法

三、直齿锥齿轮

直齿锥齿轮用于两相交轴之间的传动，常见两轴心线在同一平面内成直角相交。直齿锥齿轮是在圆锥面上制造出轮齿，沿圆锥素线方向的轮齿一端大、一端小，齿厚、齿槽宽、齿高及模数也随之变化。为了设计与制造的方便，规定以大端模数为标准模数，用来计算和决定齿轮的其他各部分尺寸。

1. 直齿锥齿轮各部分名称和计算公式

（1）直齿锥齿轮各部分名称如图 7-49 所示。

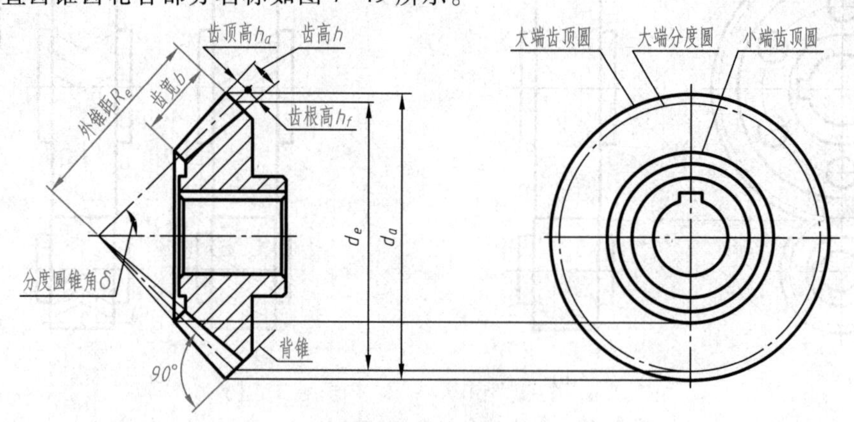

图 7-49　直齿锥齿轮

（2）直齿锥齿轮的计算公式见表 7-7。

直齿锥齿轮的基本参数有：大端模数 m，齿数 z，分度圆锥角 δ，齿顶高系数 h_a^*，齿根高系数 h_f^*。

表 7-7　直齿锥齿轮计算公式

序号	名称	代号	计算公式
1	分度圆直径	d_e	$d_e = mz$
2	齿顶高	h_a	$h_a = m$
3	齿根高	h_f	$h_f = 1.2m$
4	齿高	h	$h = h_a + h_f = 2.2m$
5	齿顶圆直径	d_a	$d_a = m(z+2\cos\delta)$
6	齿根圆直径	d_f	$d_f = m(z-2.4\cos\delta)$
7	外锥距	R_e	$R_e = mz/2\sin\delta$
8	齿宽	b	$b \leqslant R_e/3$

2. 锥齿轮的画法

锥齿轮的规定画法与圆柱齿轮基本相同。单个锥齿轮画法如图 7-49 所示。主视图画成剖视，当剖切平面通过齿轮轴线时，轮齿按不剖处理，用粗实线画出齿顶线及齿根线，用细点画线画出分度线。在反映各圆的左视图上，规定用粗实线画出齿轮大端和小端的齿顶圆，用细点画线画出大端的分度圆，小端的分度圆不画，齿根圆不画。

3. 锥齿轮啮合的画法

锥齿轮啮合的画法与圆柱齿轮啮合的画法基本相同，如图 7-50 所示。

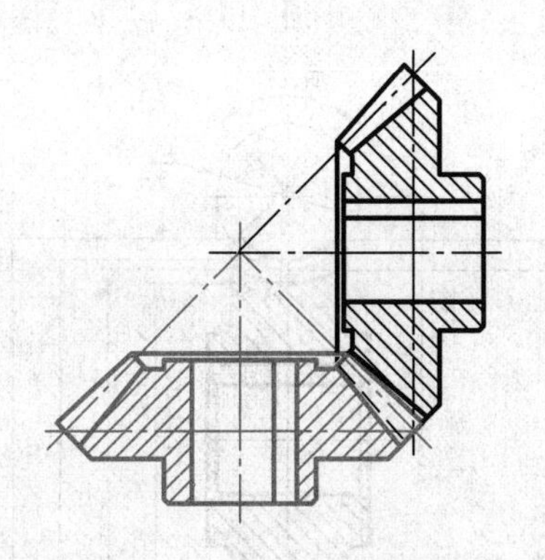

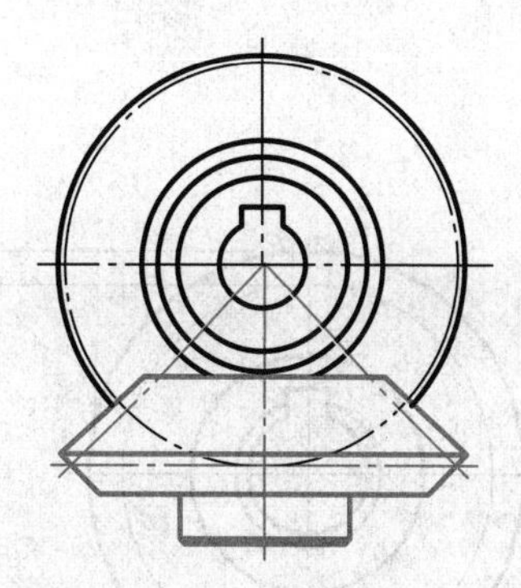

图 7-50　锥齿轮啮合画法

四、蜗杆和蜗轮

蜗杆和蜗轮一般用于垂直交错两轴之间的运动传递。在一般情况下，蜗杆是主动件，蜗轮是从动件。蜗杆蜗轮传动的最大特点是传动比大，一般传动比 $i=20\sim80$，且结构紧凑，传动平稳。

蜗杆的外形与梯形螺纹相似，有单头、多头之分(单头蜗杆转动一圈，蜗轮转过一个轮齿)。最常用的蜗杆形状为长圆柱形，蜗杆的规定画法与圆柱齿轮的规定画法基本相同。

蜗轮的外形类似斜齿圆柱齿轮，蜗轮轮齿部分的主要尺寸以垂直于轴线的中间平面为准。

1. 蜗杆的画法

与圆柱齿轮的画法相同，为了表明蜗杆的牙型，一般采用局部剖视图或放大图画出几个齿，如图 7-51 所示。

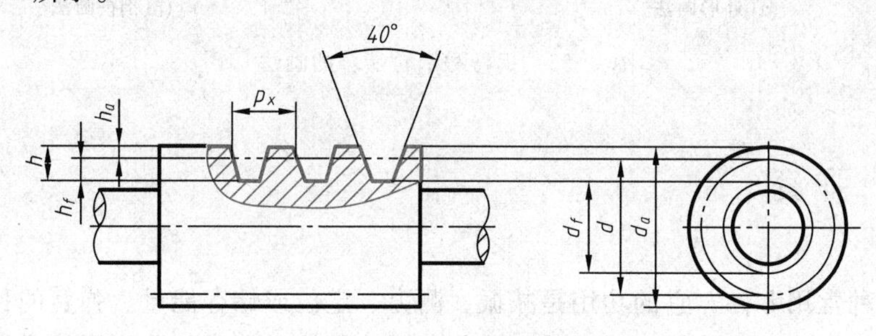

图 7-51　蜗杆的画法

2. 蜗轮的画法

在剖视图上，轮齿的画法与圆柱齿轮相同；在投影为圆的视图上只画出分度圆和外圆，齿顶圆与齿根圆不画，如图 7-52 所示。

3. 蜗杆和蜗轮啮合的画法

蜗杆与蜗轮的啮合画法如图 7-53 所示。其中图 7-53a 采用了两个外形视图；图 7-53b 采用了全剖视和局部剖视图。在全剖视图中，蜗轮在啮合区被遮挡部分的细虚线省略不画，局部剖视图中啮合区内蜗轮的齿顶圆和蜗杆的齿顶线也可省略不画。

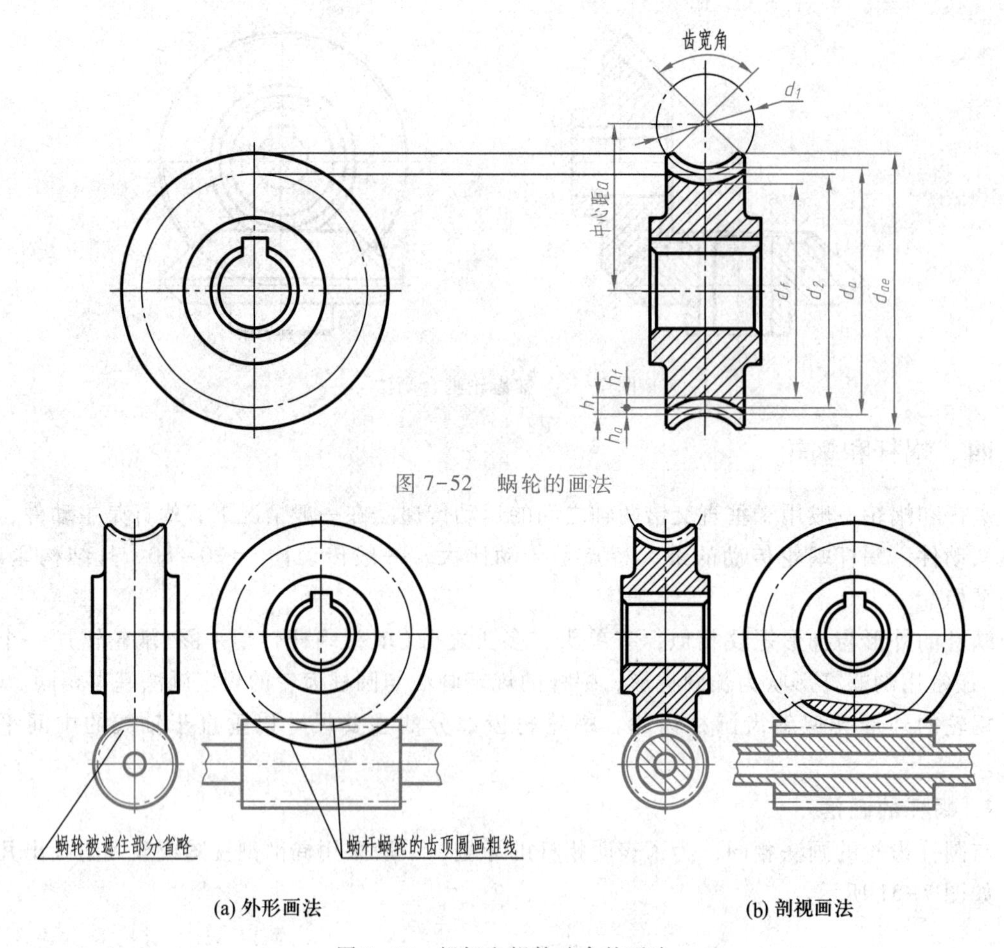

图 7-52　蜗轮的画法

图 7-53　蜗杆和蜗轮啮合的画法

§7-5　弹簧

弹簧是一种常用零件，它的功用是减振、测力、定位或储存能量。弹簧的种类很多，常见的有螺旋弹簧和涡卷弹簧等。根据受力情况不同，螺旋弹簧又可分为压缩弹簧、拉伸弹簧和扭转弹簧等(图 7-54)。本节仅介绍就圆柱螺旋压缩弹簧。

一、圆柱螺旋压缩弹簧主要参数及计算

圆柱螺旋压缩弹簧的主要参数及计算如图 7-55 所示。

(1) 簧丝直径 d　弹簧钢丝的直径。

(2) 弹簧外径 D_1　弹簧的最大直径。

(3) 弹簧内径 D_2　弹簧的最小直径，$D_2=D_1-2d$。

(4) 弹簧中径 D　弹簧内径和外径的平均值，$D=(D_1+D_2)/2=D_1-d$。

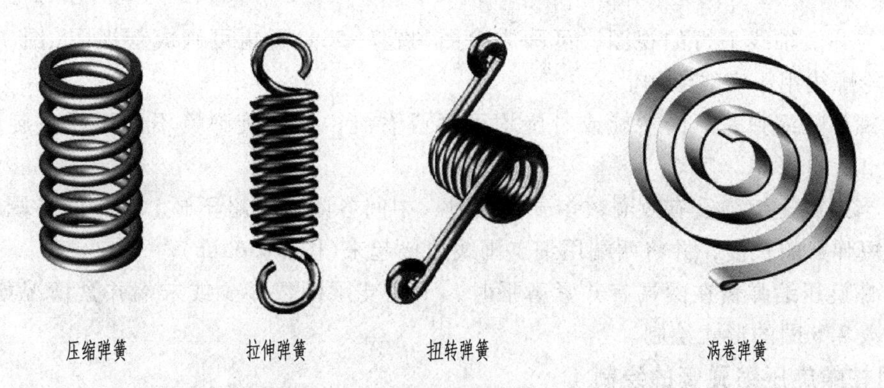

图 7-54　常用弹簧的种类

（5）节距 t　除支承圈外，相邻两圈的轴向距离。

（6）支承圈数 n_2　为了使压缩弹簧工作时受力均匀，保证轴线垂直于支承面，通常将弹簧的两端并紧磨平，这部分圈数只起支承作用。常见的支承圈有 1.5 圈、2 圈、2.5 圈三种，其中 2.5 圈用得最多。

（7）有效圈数 n　弹簧能保持相同节距的圈数。

（8）总圈数 n_1　有效圈数与支承圈数之和，即 $n_1=n+n_2$

（9）自由高度 H_0　弹簧不受载荷时的高度，$H_0\approx nt+(n_2-0.5)d$

（10）弹簧展开长度 L　弹簧丝展开后的长度，计算公式为：$L=n_1[(\pi D)^2+t^2]^{0.5}$。

（11）旋向　弹簧有左旋和右旋之分，常用右旋，图 7-55 所示是右旋弹簧。

（12）弹簧旋绕比 C　中径 D 与钢丝直径 d 之比。

二、圆柱螺旋压缩弹簧的规定画法

1. 圆柱螺旋压缩弹簧的规定画法

圆柱螺旋压缩弹簧常见的画法有剖视图、视图和示意画法（图 7-56）。其规定画法如下：

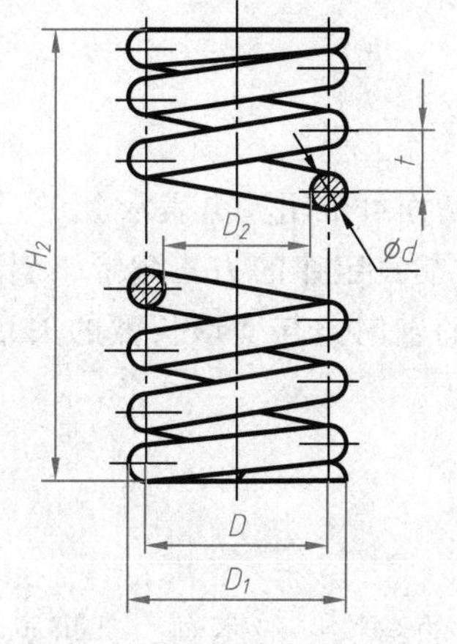

图 7-55　弹簧各部分名称

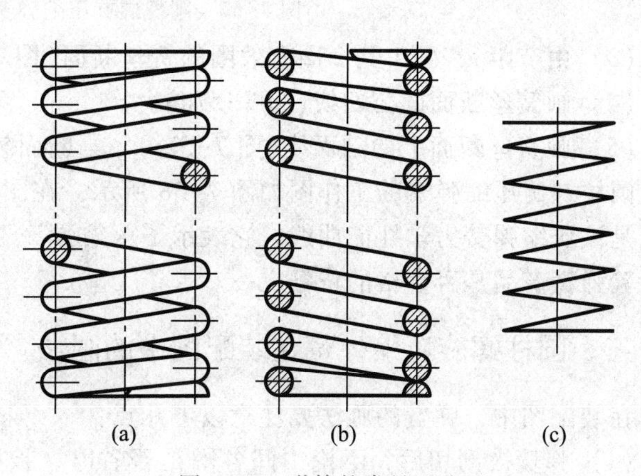

图 7-56　弹簧的常见画法

（1）与弹簧轴线平行的视图，可画成视图(图 7-56a)，也可画成剖视图(图 7-56b)，其各圈的轮廓线用粗实线绘制。

（2）螺旋压缩弹簧不论左旋或右旋均可画成右旋，但左旋弹簧不论画成左旋或右旋，一律要注出旋向“左”字。

（3）当螺旋压缩弹簧有效圈数多于四圈时，中间各圈可省略不画。当中间各圈省略后，可适当缩短弹簧的长度，并将两端用细点画线连接起来(图 7-56a、b)。

（4）螺旋压缩弹簧在两端有并紧磨平时，不论支承圈数多少或末端并紧情况如何，均按支承圈数 2.5 圈的形式绘制。

2. 圆柱螺旋压缩弹簧的绘制

绘制圆柱螺旋压缩弹簧时，已知的尺寸参数包括自由高度 H_0、簧丝直径 d、弹簧中径 D、节距 t 即可。下面以图 7-57 说明圆柱螺旋压缩弹簧的绘制方法。

（1）以自由高度 H_0、弹簧中径 D 画出弹簧的作图基准线(图 7-57a)。

（2）按 $n_2=2.5$ 绘制支承圈，由簧丝直径 d 在压缩弹簧的两端画支承圈的投影(图 7-57b)。

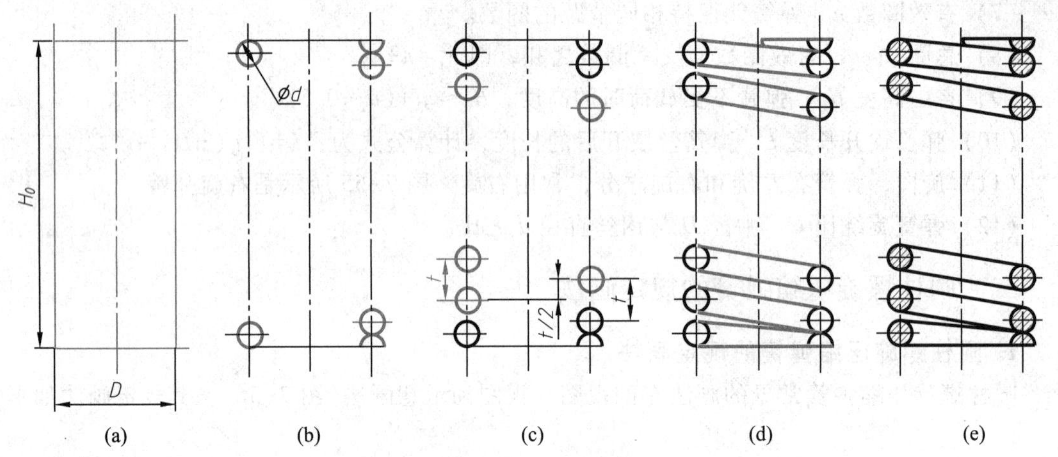

图 7-57　圆柱螺旋压缩弹簧的画法

（3）由节距 t，画 1 到 2 圈有效圈的簧丝断面(图 7-57c)。

（4）画簧丝断面的公切线(图 7-57d)。

（5）画簧丝断面上的剖面线(图 7-57e)，当断面较小时，断面可采用涂黑表示。

圆柱螺旋压缩弹簧的工作图如图 7-58 所示，在图中有一个胡克定律的力三角形，斜粗实线是该压缩弹簧力学性能曲线，它表示了压缩弹簧不同大小的轴向力与变形长度的关系，是检验弹簧产品是否合格的依据之一。

三、圆柱螺旋压缩弹簧在装配图中的画法

在装配图中，弹簧的画法要注意以下几点：

（1）弹簧被剖切后，不论中间各圈是否省略，被弹簧挡住的结构一般不画，其可见部分应从弹簧的中径画起(图 7-59)。

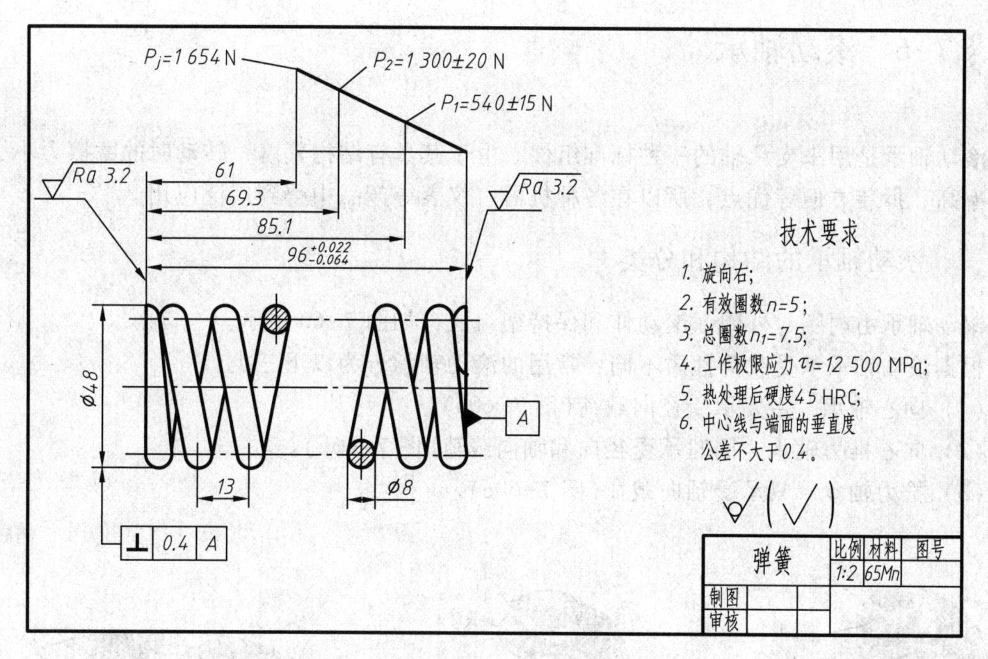

图 7-58　圆柱螺旋压缩弹簧的工作图

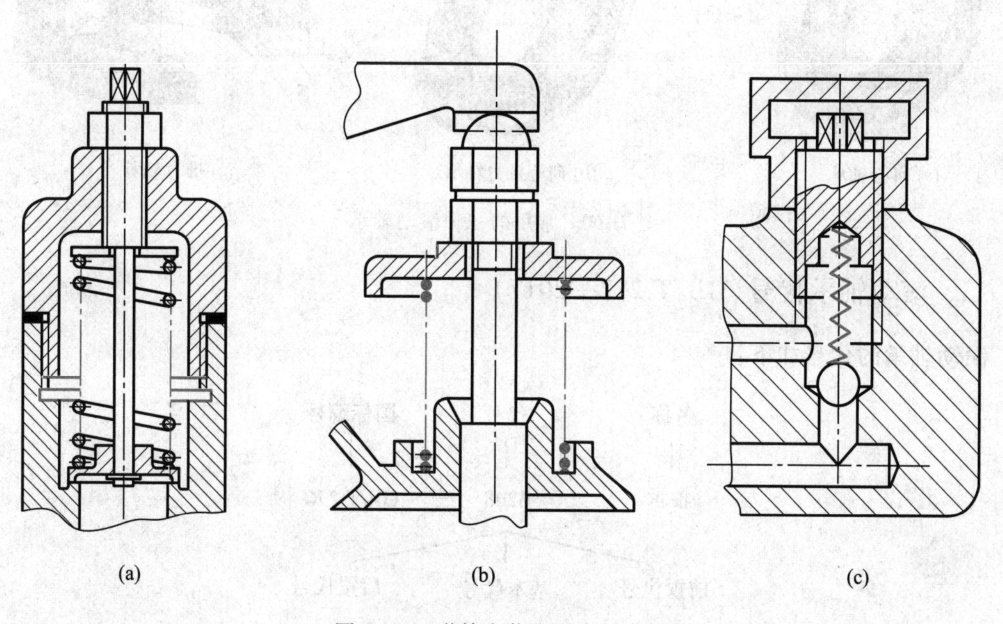

图 7-59　弹簧在装配图中的表示

（2）当簧丝直径在图形上小于或等于 2 mm 时，其断面可以涂黑表示(图 7-59b)。

（3）当簧丝直径在图形上小于或等于 1 mm 时，允许采用示意画法(图 7-59c)。

§7-6　滚动轴承

滚动轴承是用来支承轴的一种标准组件。由于其具有结构紧凑、转动时的摩擦力小、机械效率高、拆装方便等优点，所以在各种机器、仪表等产品中得到广泛应用。

一、滚动轴承的结构和分类

滚动轴承由内圈、外圈、滚动体和保持架组成，如图 7-60 所示。

根据滚动轴承承受载荷性质不同，常用的滚动轴承分为以下三类：

（1）向心轴承　主要承受径向载荷(图 7-60a)。

（2）向心推力轴承　同时承受径向和轴向载荷(图 7-60b)。

（3）推力轴承　只承受轴向载荷(图 7-60c)。

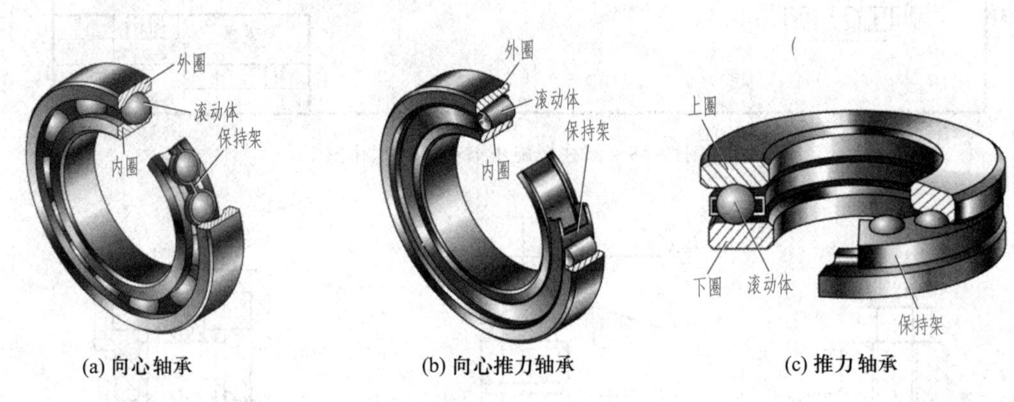

(a) 向心轴承　(b) 向心推力轴承　(c) 推力轴承

图 7-60　常用的三种滚动轴承

二、滚动轴承代号(GB/T 272—2017)

滚动轴承的代号如下：

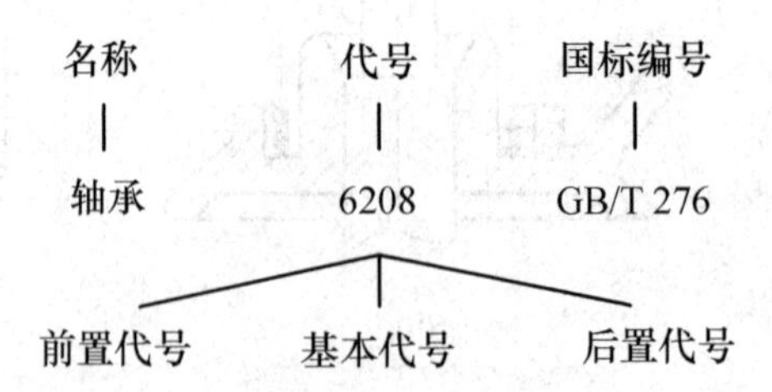

前置代号和后置代号是对轴承在结构形式、尺寸、公差和技术要求等方面有特殊要求时才需要给出的补充代号。基本代号是必需的，滚动轴承的基本代号表示轴承的基本类型、结构和尺寸，是滚动轴承代号的基础。滚动轴承基本代号由轴承类型代号、尺寸系列代号、内径代号三部分构成。表 7-8 列出了部分滚动轴承类型代号和尺寸系列代号。类型代号由数

字或字母表示(表中括号中的数值,在注写时省略)；尺寸系列代号由轴承宽(高)度系列代号和直径系列代号组合而成，用两位数字表示，其中左边一位数字为宽(高)度系列代号(表中括号中的数值,在注写时省略)，右边一位数字为直径系列代号；内径代号的意义及注写示例见表7-9。

表 7-8 滚动轴承类型代号和尺寸系列代号

轴承类型名称	类型代号	尺寸系列代号	标准编号
双列角接触球轴承	(0)	32 33	GB/T 296
调心球轴承	1	(0)2 (0)3	GB/T 281
调心滚子轴承 推力调心滚子轴承	2	13 92	GB/T 288 GB/T 5859
圆锥滚子轴承	3	02 03	GB/T 297
双列深沟球轴承	4	(2)2	GB/T 276
推力球轴承 双向推力球轴承	5	11 22	GB/T 301
深沟球轴承	6	18 (0)2	GB/T 276
角接触球轴承	7	(0) 2	GB/T 292
推力圆柱滚子轴承	8	11	GB/T 4663
外圈无挡边圆柱滚子轴承 双列圆柱滚子轴承	N NN	10 30	GB/T 283 GB/T 285
圆锥孔外球面球轴承	UK	2	GB/T 3882
四点接触球轴承	QJ	(0)2	GB/T 294

表 7-9 轴承内径代号

轴承公称内径/mm	内径代号	注写示例及说明
0.6~10 (非整数)	用公称内径(mm)直接表示，在其与尺寸系列代号之间用“/”分开	618/2.5　深沟球轴承，类型代号 6，尺寸系列代号 18，内径 $d=2.5$ mm

续表

轴承公称内径/mm		内径代号	注写示例及说明
1~9(整数)		用公称内径(mm)直接表示，对深沟及角接触球轴承直径系列7、8、9，内径与尺寸系列代号之间用“/”分开	618/5 深沟球轴承，类型代号6，尺寸系列代号18，内径 d=5 mm； 725 角接触球轴承，类型代号7，尺寸系列代号(0)2，内径 d=5 mm
10~17	10	00	6201 深沟球轴承，类型代号6，尺寸系列代号(0)2，内径 d=12 mm
	12	01	
	15	02	
	17	03	
20~480 (22、28、32除外)		公称内径除以5的商数，商数只有一位数时，需在商数前加“0”	23208 调心滚子轴承，类型代号2，尺寸系列代号32，内径代号08，则内径 d=5×8 mm=40 mm
≥500以及 22、28、32		用公称内径(mm)直接表示，在其与尺寸系列代号之间用“/”分开	230/500 调心滚子轴承，类型代号2，尺寸系列代号30，内径 d=500 mm

滚动轴承代号示例如下：

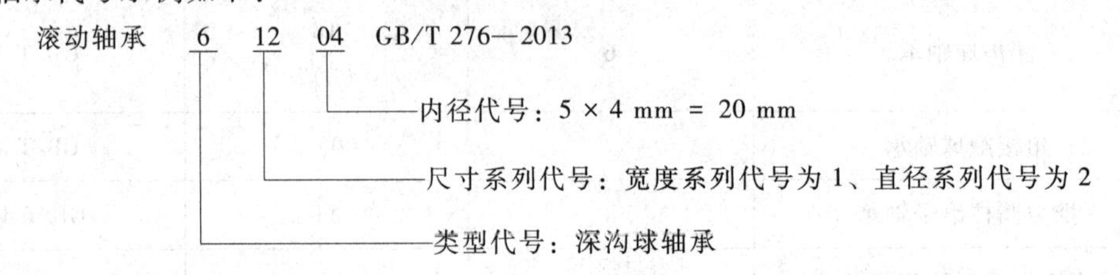

三、滚动轴承的画法

滚动轴承是标准组件，不需要绘制零件图，国家标准规定在装配图中采用简化画法和规定画法来表示。

简化画法又分为通用画法和特征画法两种。在装配图中，若不必确切地表示滚动轴承的外形轮廓、载荷特征和结构特征时，可采用通用画法来表示；若要较形象地表示滚动轴承的载荷特征，可采用特征画法来表示；若要较详细地表达滚动轴承的主要结构形状，可采用规定画法来表示。在规定画法中，轴承的保持架及倒角省略不画，滚动体不画剖面线，内外圈的剖面线应一致。一般只在轴的一侧用规定画法表达轴承，在轴的另一侧则按通用画法表示。常用滚动轴承的三种画法见表7-10。

表 7-10　常用滚动轴承的三种画法

轴承名称	结构型式	应用	规定画法	特征画法	通用画法
深沟球轴承 6000 型（绘图时需查 D、d、B）	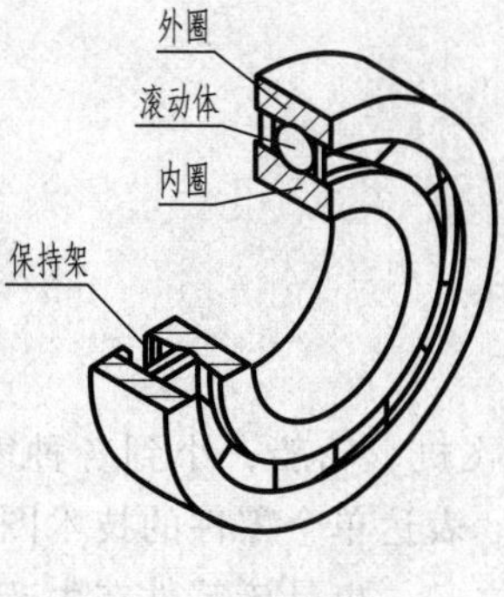 外圈 滚动体 内圈 保持架	主要承受径向力	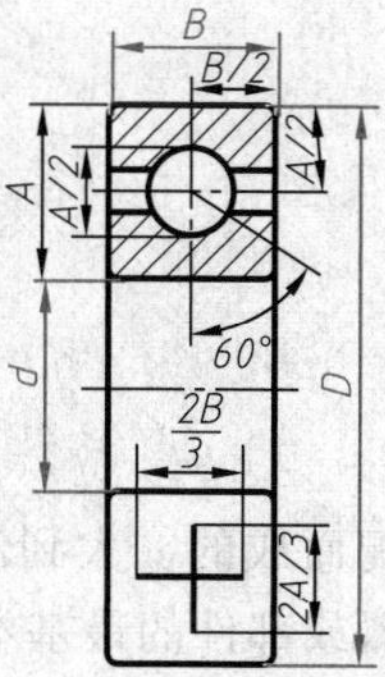	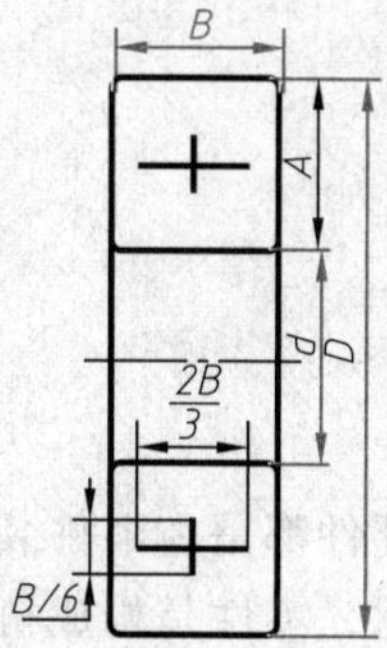	
圆锥滚子轴承 3000 型（绘图时需查 D、d、T、C、B）	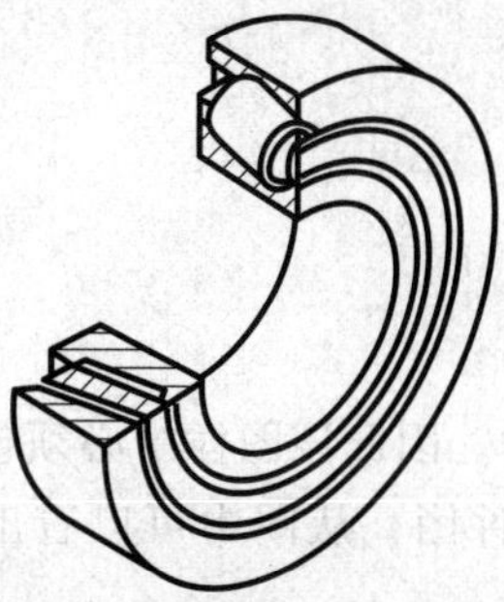	可同时承受径向力和轴向力	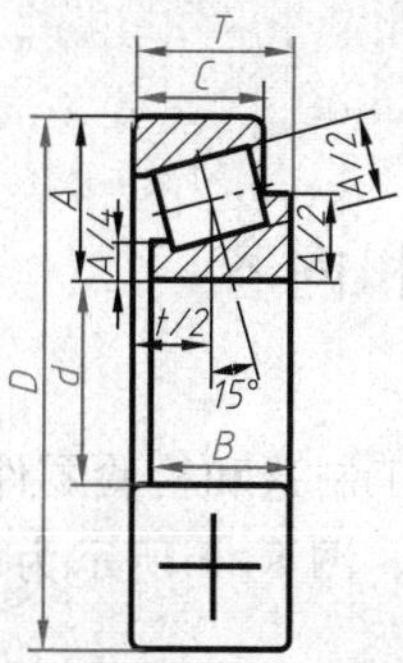	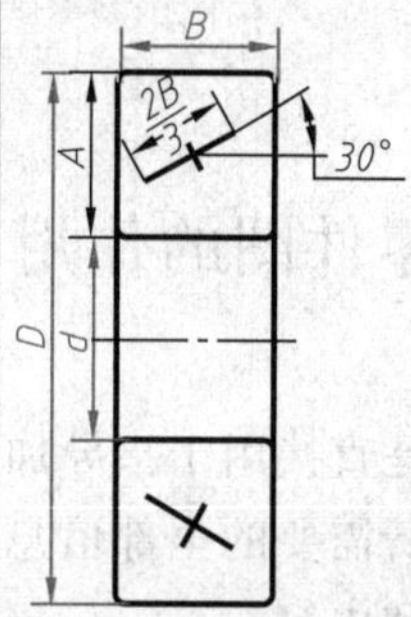	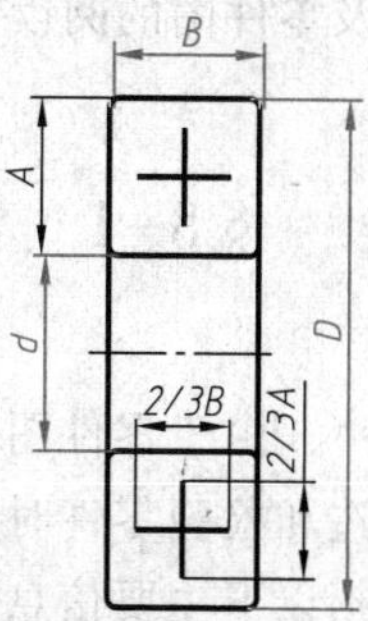
平底推力球轴承 5000 型（绘图时需查 D、d、T）	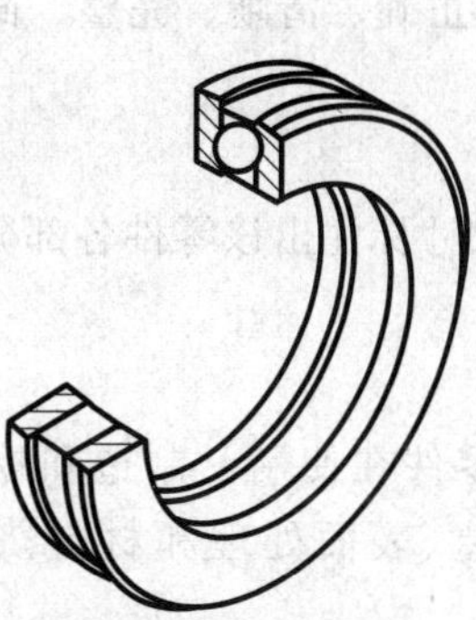	承受单向的轴向力	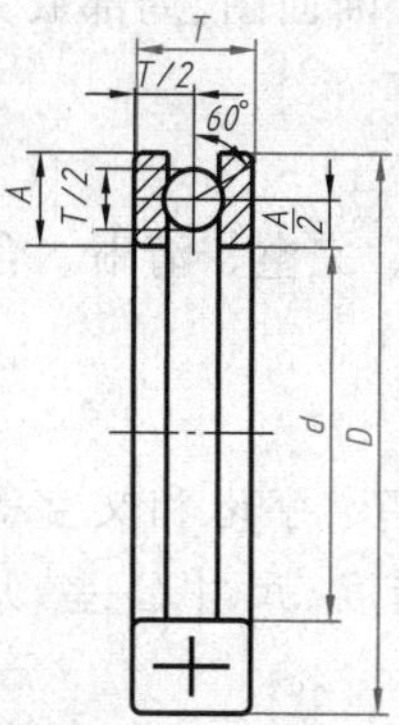	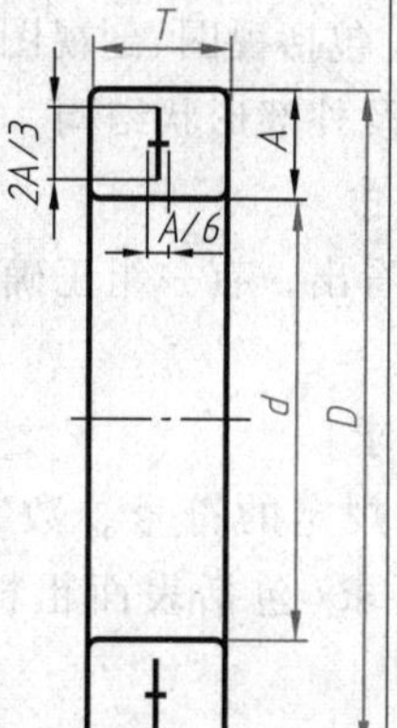	

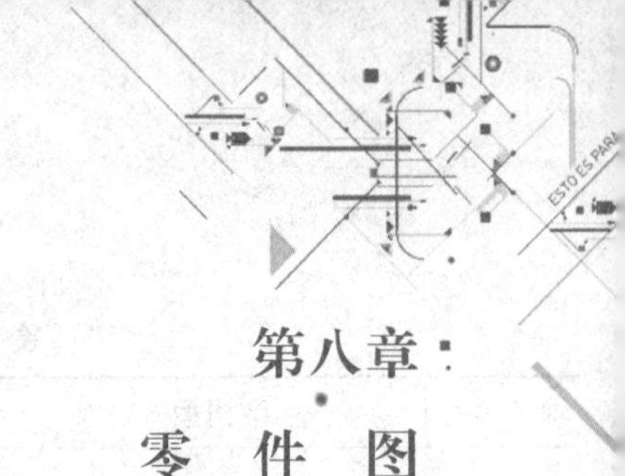

第八章
零　件　图

任何机器或部件都是由零件装配而成的，大到汽车、飞机、轮船，小到各种家用电器，均无一例外。因此，零件是构成机器或部件的最基本单元。表达单个零件的技术图样称为零件图，它是设计人员提交给产品制造部门的重要技术文件之一，也是该零件在生产制造检验过程中的重要依据。本章将讨论零件图的主要内容、零件图的视图选择、零件图的尺寸标注及零件图的阅读。

§8-1　零件图的作用和内容

由于零件图是直接用于指导加工制造和检验零件的图样。因此该图样中必须包括加工制造和检验零件时所需要的全部信息。图 8-1 所示为端盖零件图，从图中可以看出零件图包括以下主要信息和内容。

(1) 一组表达零件内、外形状的图样

用一组图样(包括视图、剖视图、断面图、局部放大图等)正确、清晰、完整、简捷地表达出该零件的内部及外部形状结构。

(2) 全部尺寸

从图中可以看出，有一组正确、完整、清晰、合理的尺寸标注出该零件各部分的大小及其相互位置关系。

(3) 技术要求

用国家标准规定的符号、数字、字母和文字等给出零件在使用、制造和检验时应达到的一些技术要求(包括表面粗糙度、尺寸公差、几何公差、表面处理和材料热处理的要求等)。

(4) 标题栏

用标题栏明确地填写出零件的名称、材料、数量、图样的编号、比例、制图人与校核人的姓名、日期等。

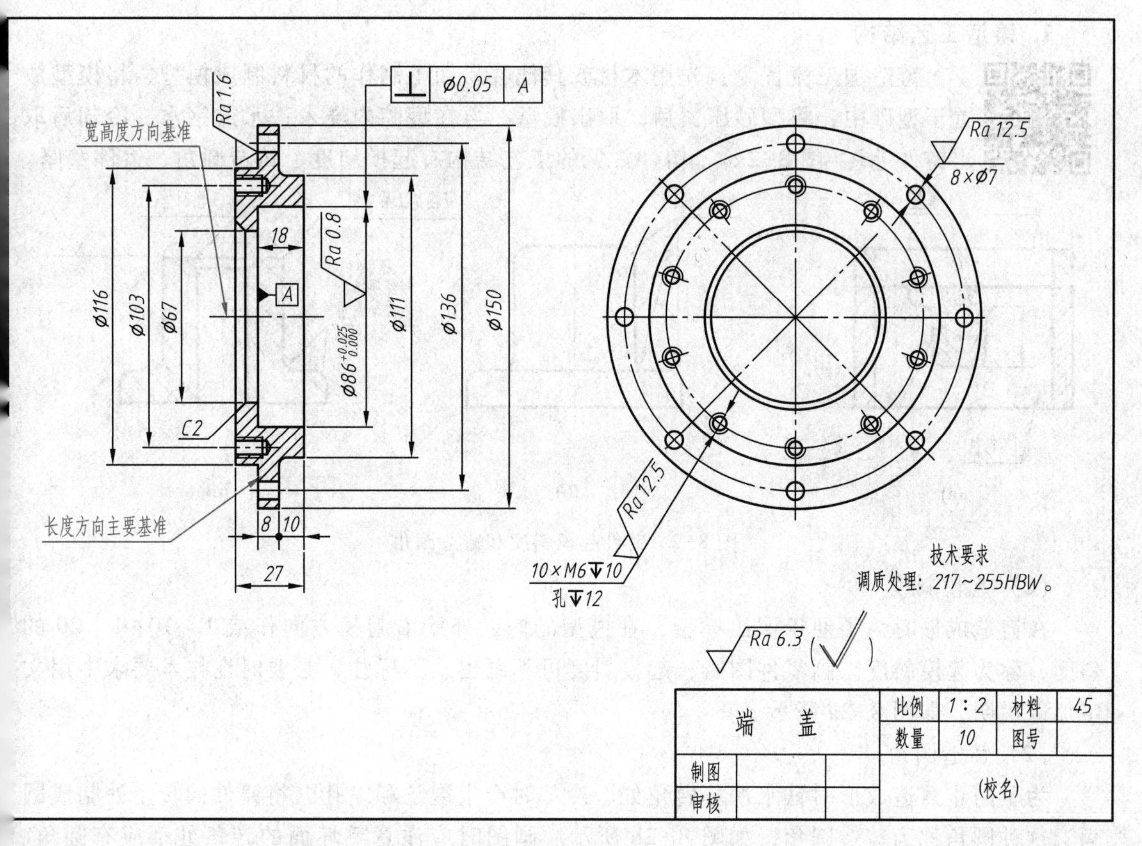

图 8-1　端盖零件图

§8-2　零件的结构分析

零件的结构形状，不仅要满足零件在机器中使用的要求，而且在零件制造时还要符合制造工艺的要求。下面对零件的一些常见结构作简要分析。

一、零件的功能结构

零件要满足在机器或部件中的使用要求而形成的形状和结构称为零件的功能结构。如轴类零件上通常加工有键槽，这说明在该处要通过键来连接其他零件；轴类零件通常由不同的轴径段构成，因为在不同的轴径段上要装上直径和长度不等的零件，如齿轮、轴承、垫圈、端盖等零件。较为复杂的箱体形零件通常在其箱壁上需要加工出孔，并设计出凸台、筋、肋等结构，以增强此处承受载荷的能力。上述这些均属于零件的功能结构。

二、零件的工艺结构

为便于零件加工、测量、装配、检验及使用所需的一些细小结构称为零件的工艺结构。

1. 铸造工艺结构

铸造加工流程为：先用木材或其他容易加工制作的材料制成模型，将模型放置于型砂中，将型砂压紧后，取出模型，再在型腔内浇入铁水或钢水，冷却后取出铸件毛坯(图 8-2a)。铸件常见的工艺结构有起模斜度、铸造圆角、铸件壁厚。

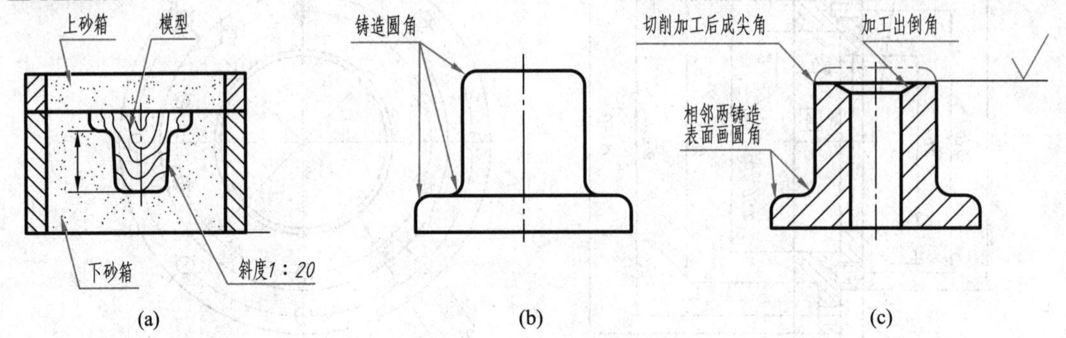

图 8-2　铸件起模斜度和铸造圆角

(1) 起模斜度

在铸造成形时为了便于取出模型，在模型的内、外壁沿起模方向作成 1 : 10~1 : 20 的斜度，称为起模斜度。画零件图时，起模斜度可不画出、不标注，必要时在技术要求中用文字加以说明，如图 8-2a 所示。

(2) 铸造圆角

为了防止铸造成形时铁水冲坏转角处、冷却时产生裂纹和缩孔，将铸件的转角处制成圆角，这种圆角称为铸造圆角，如图 8-2b 所示。画图时应注意毛坯面的转角处都应有圆角。若为加工面，由于圆角在加工时被切削掉，因此要画成尖角，如图 8-2c 所示。图 8-3 所示是由于铸造圆角设计不当造成的裂纹和缩孔情况。在图中一般应画出铸造圆角，圆角半径一般取壁厚的 0.2~0.4 倍，同一铸件铸造圆角半径大小应尽量相同或接近。铸造圆角可以不标注尺寸，而在技术要求中加以说明。

(3) 铸件壁厚

铸件的壁厚要尽量做到基本均匀，如果壁厚不均匀，就会使铁水冷却速度不同，导致铸件内部产生缩孔和裂纹，在壁厚不同的地方可逐渐过渡，如图 8-4 所示。

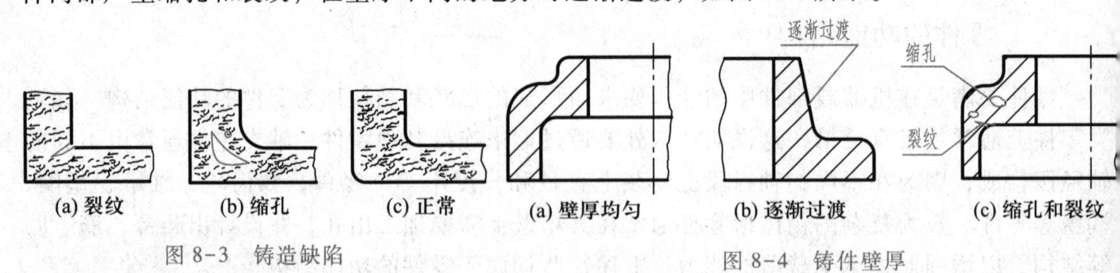

图 8-3　铸造缺陷

图 8-4　铸件壁厚

(4) 过渡线

由于铸件毛坯表面的转角处有圆角，其表面交线模糊不清，为了看图时能区分零件的不同表面，仍然要用细实线画出交线来，但交线两端空出而不与轮廓线的圆角相交，这种交线称为过渡线。图 8-5 为常见过渡线的画法。

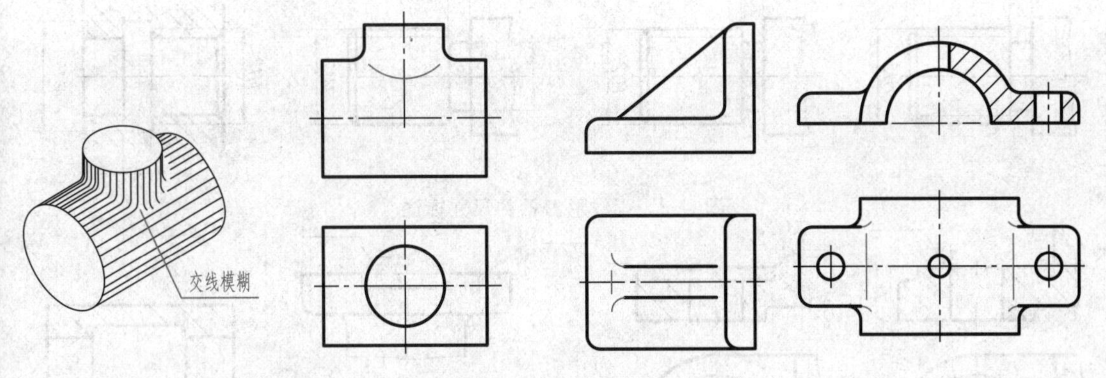

图 8-5　过渡线的画法

2. 机械加工工艺结构

零件的加工面是指切削加工得到的表面，即通过车、钻、铣、刨或镗等去除材料的方法加工形成的表面。

（1）倒角和倒圆

为了便于装配及去除零件的毛刺和锐边，常在轴、孔的端部加工出倒角。常见倒角为 45°，也有 30°或 60°的倒角。为避免阶梯轴轴肩的根部因应力集中而容易断裂，故在轴肩根部加工成圆角过渡，称为倒圆。倒角和倒圆的尺寸标注方法如图 8-6 所示，其中 C 表示 45°倒角，n 表示倒角的轴向长度。倒角和倒圆的大小可根据轴(孔)直径查阅《机械零件设计手册》得到。

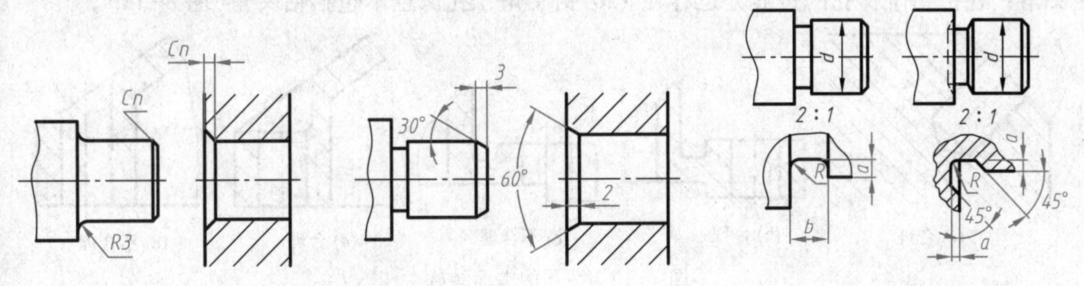

图 8-6　倒角和倒圆的尺寸标注

图 8-7　砂轮越程槽

（2）砂轮越程槽和退刀槽

在磨削加工时，为了使砂轮能稍微超过磨削部位，常在被加工部位的终端加工出砂轮越程槽，如图 8-7 所示，其结构和尺寸可根据轴(孔)直径查阅《机械零件设计手册》得到，其尺寸标注如图 8-7 所示。在车削螺纹时，为了便于退出刀具，常在零件的待加工表面的末端车出螺纹退刀槽，退刀槽的尺寸一般按“槽宽×直径”或“槽宽×槽深”的形式标注，如图 8-8 所示。

（3）凸台与凹坑

机器上零件与零件接触的表面一般都要经过机械加工，为保证零件表面接触的可靠性和减少加工面积，可在接触处做出凸台或锪平成凹坑，如图 8-9 所示。

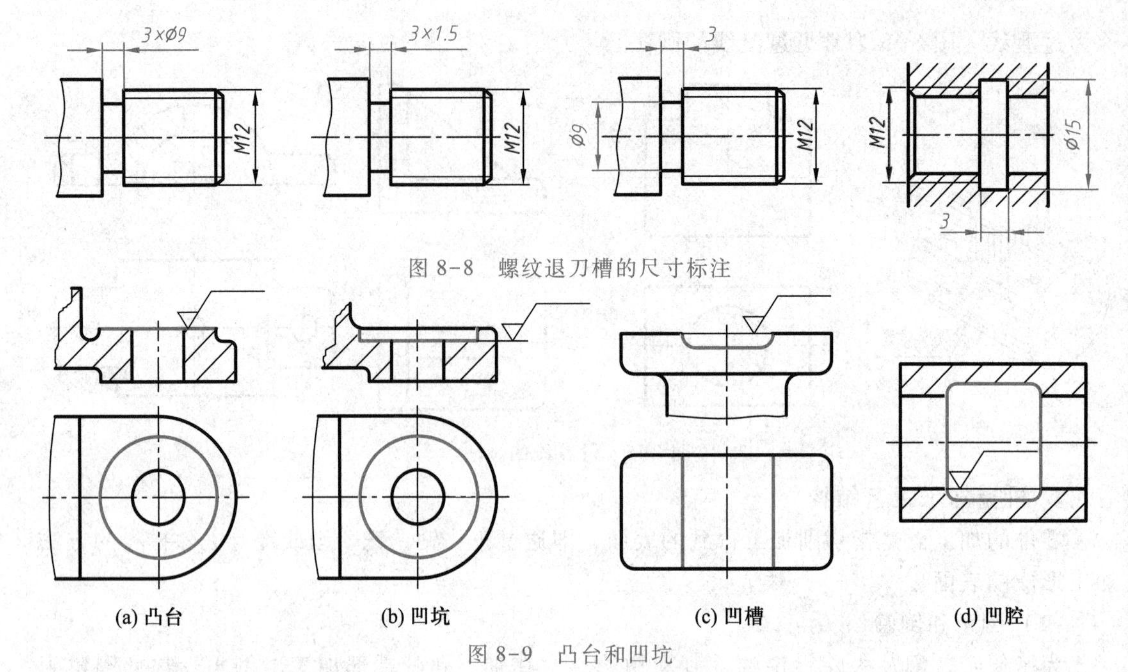

图 8-8　螺纹退刀槽的尺寸标注

(a) 凸台　(b) 凹坑　(c) 凹槽　(d) 凹腔

图 8-9　凸台和凹坑

（4）钻孔结构

钻孔时，要求钻头尽量垂直于孔的端面，以保证钻孔准确并避免钻头折断(图 8-10a)；对斜面上的孔，应先制成与钻头垂直的凸台或凹坑(图 8-10b、d)；钻头单边工作时容易折断，应加以避免(图 8-10c、e)。钻削盲孔时，在孔的底部有 120°钻头角，钻孔深度不包括钻头角；在扩钻阶梯孔的过渡处也存在 120°钻头角，孔深也不包括钻头角(图 8-11)。

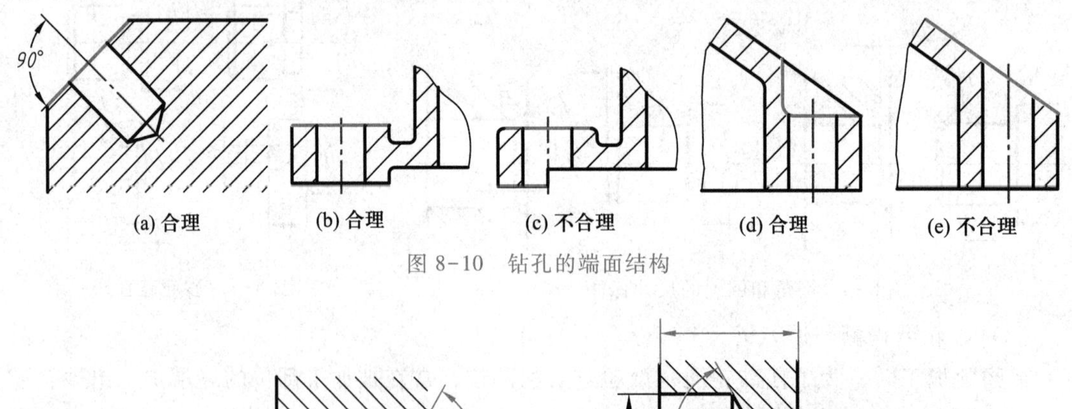

(a) 合理　(b) 合理　(c) 不合理　(d) 合理　(e) 不合理

图 8-10　钻孔的端面结构

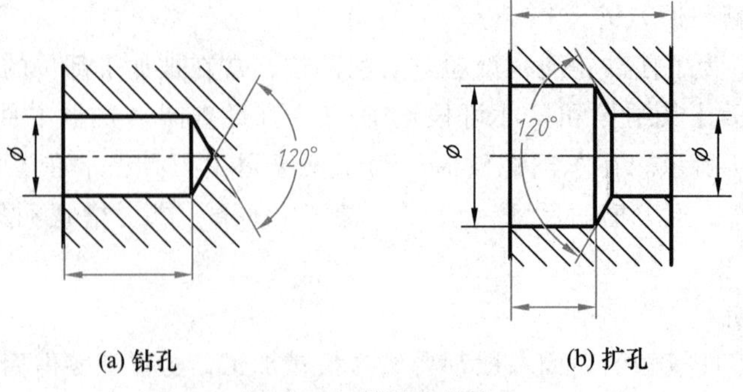

(a) 钻孔　(b) 扩孔

图 8-11　钻孔与扩孔

§8-3　零件图表达方案选择

零件图表达方案选择的总原则是正确、完整、清晰地表达零件的全部结构形状，并符合设计和制造的要求，便于读图，且作图简便。零件的结构形状复杂或简单是决定视图多少的主要因素。要清楚地表达零件，关键在于分析零件的结构特点，了解零件的用途和主要加工方法，在此基础上灵活地选用视图、剖视图、断面图等来进行表达。

一、主视图的选择

主视图是表达零件最主要的一个视图，主视图选择合理，则使读图和作图变得容易。选择主视图主要从以下两个方面进行考虑。

1. 零件的放置位置

（1）尽可能按零件的主要加工位置放置，这样便于工人加工时进行图、物对照和测量尺寸。轴、套、轮等回转体零件主要在车床和磨床上进行加工，因此常使这类零件的轴线水平放置画主视图，如图 8-12 传动轴的视图所示。

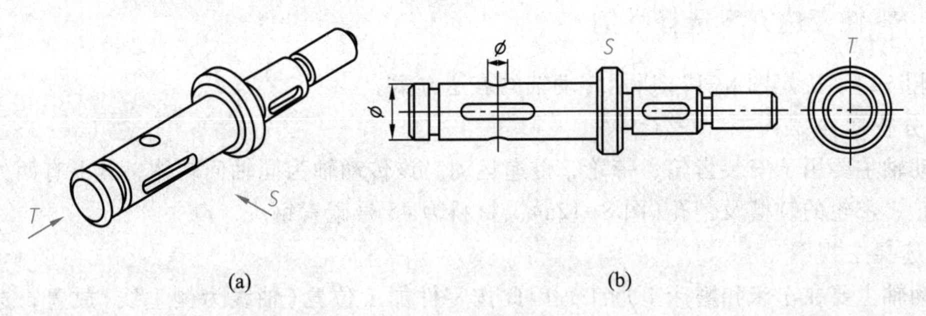

图 8-12　传动轴

（2）尽可能按零件在机器或部件中的工作位置放置，这样放置便于对照装配图来读图和画图。支架及箱体类零件的结构形状比较复杂，加工零件不同表面时其加工位置不同，因此这类零件常按工作位置放置来绘制主视图，如图 8-13 阀体的视图所示。

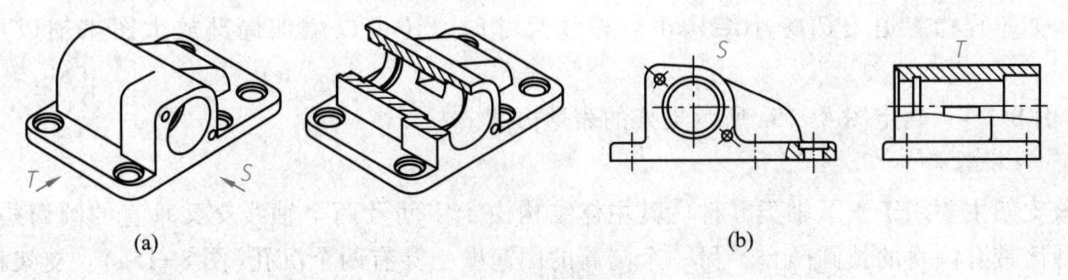

图 8-13　阀体

（3）当零件的加工位置和工作位置都不确定时（如运动的叉架类零件），常按零件的几何形状特征选择较为稳定的自然位置放置，并使零件表面尽可能多的与投影面平行或垂直，如图 8-15 支架视图所示。

2. 主视图的投射方向

选择能充分反映零件形状特征以及各组成部分相对位置的方向作为主视图的投射方向。如图 8-12、图 8-13 所示零件，显然从 S 向投射比从 T 向投射更能反映零件的形状特征及各组成部分的相对位置，因此宜选择 S 向为主视图的投射方向。此外，选择主视图投射方向时，还应考虑使其他视图细虚线较少和合理利用图纸幅面等。

二、其他视图的选择

其他视图的选择原则：①在准确、完整、清晰地表达出零件内外结构形状的前提下，视图的数量力求较少，以达到便捷绘图的目的。②尽量避免使用细虚线表达零件的轮廓形状。③尽量避免不必要的重复表达，如形状简单的回转体类零件，一个视图加上尺寸标注就能清楚表达零件的结构形状，因此就不必再选择其他视图。

其他视图选择步骤：①分析已确定的主视图，找出主视图中没有表达清楚的结构形状。②增加视图来补充表达主视图中没有表达清楚的结构形状。注意每增加一个视图必须要有一个表达目的，下面通过举例来进行进一步说明。

三、零件表达方案选择举例

[例 8-1] 确定图 8-12a 所示传动轴的表达方案。

1. 分析零件

传动轴主要用于安装齿轮、带轮，传递运动。该传动轴为同轴回转体，其上有两处用于安装齿轮、带轮的键槽及销孔(图 8-12a)。材料为 45 号碳素钢。

2. 选择主视图

传动轴主要在车床和磨床上加工，因此按零件加工位置(轴线为侧垂线)放置，选择图 8-12所示 S 向为主视图投射方向。

3. 选择其他视图

主视图配上尺寸标注，已将零件的主体结构(各段轴径及长)表达清楚，销孔的穿通情况及两处键槽的深度还未知，因此增加两个移出断面图进行表达(图 8-14)。具体绘制零件图时，如越程槽、退刀槽等小结构不好标注尺寸时，还可以增加局部放大图来辅以尺寸标注。

[例 8-2] 确定图 8-15a 所示支架的表达方案。

1. 分析零件

该支架主要用于支承轴类零件。其主体结构由十字肋及两个轴线交叉垂直的圆筒构成。一个圆筒带有倾斜的长圆凸台，另一个圆筒的圆筒壁上穿有两个沉孔(图 8-15a)。支架材料为铸铁。

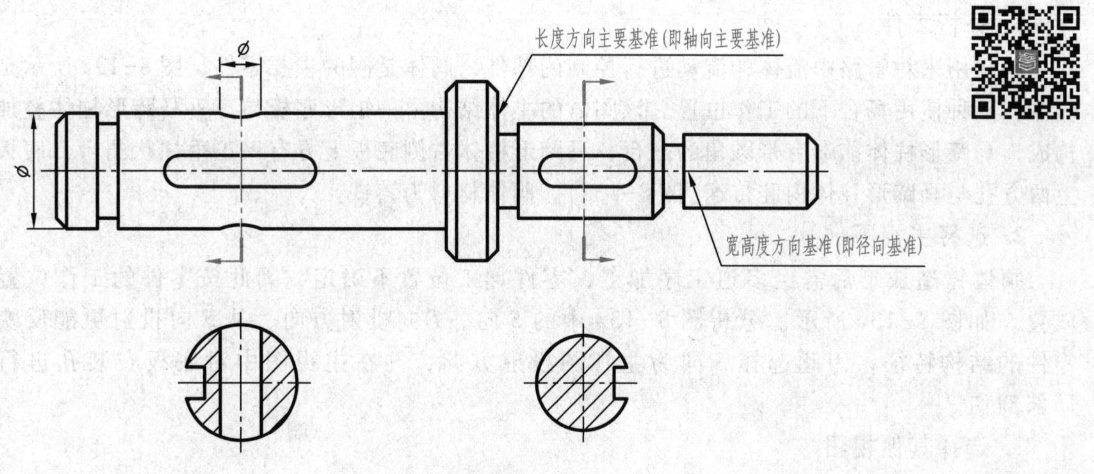

图 8-14 传动轴的表达

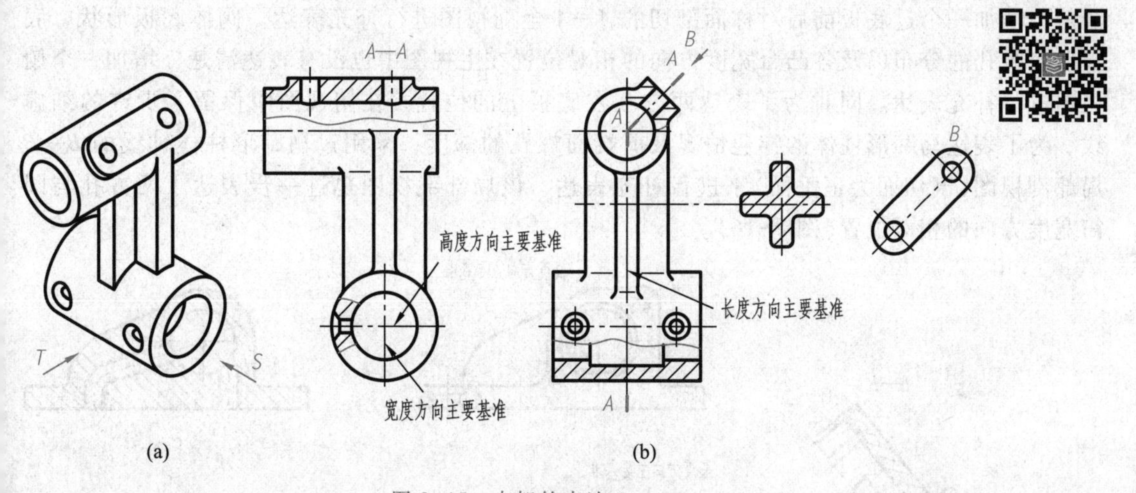

(a) (b)

图 8-15 支架的表达

2. 选择主视图

支架铸造成形后需经多道工序加工，零件加工位置不确定。支架用于支承轴，其工作位置往往也不确定。因此按圆筒轴线垂直于投影面的自然位置放置，如图 8-15a 所示。分析图 8-15a 的 *S* 向、*T* 向投射方向，从 *T* 向投射能更多地反映零件的结构特征，因此选择 *T* 向为主视图投射方向。

3. 选择其他视图

分析主视图可知，支架上方圆筒的穿通情况、长圆凸台宽度方向的位置、下方圆筒上两沉孔的穿通情况、十字肋与两圆筒宽度方向的相对位置在主视图中没有表达清楚，因此增加一个采用了两处局部剖的右视图进行补充表达。采用 *B* 向斜视图表达长圆凸台形状，采用移出断面图表达十字肋的断面形状(图 8-15b)。

[例 8-3] 确定图 8-13a 所示阀体的表达方案。

1. 分析零件

阀是用来对管路中流体的流动进行控制的部件，阀体是阀的主要零件，图 8-13a 所示是阀体在某种使用场合下的工作位置。该阀体的主体结构由一矩形底板与正垂马蹄形柱体叠加构成，马蹄形柱体前端有带圆角的凸台，马蹄形柱体右侧底板上方有一正垂柱状凸台，底板上两方孔与马蹄形柱体内腔接通（图 8-13a）。阀体材料为铸铁。

2. 选择主视图

阀体铸造成形后需经多道工序加工，零件加工位置不确定，因此按零件的工作位置放置，如图 8-13a 所示。分析图 8-13a 中的 *S* 向、*T* 向投射方向，从 *S* 向投射更能反映零件的结构特征，因此选择 *S* 向为主视图投射方向，并在主视图中对底板安装孔进行局部剖切。

3. 选择其他视图

分析主视图可知，阀体的内部结构两方孔与马蹄形柱体的穿通情况在主视图中没有表达清楚，增加一个过底板前后对称面剖切的 *A*—*A* 全剖视图进行补充表达。阀体底板形状、底板上安装孔的分布以及各凸台宽度方向的相对位置在主视图中也没有表达清楚，增加一个俯视图进行补充表达。同时为了表达两方孔在底板上的位置，在俯视图中保留了少许的细虚线。为了表达马蹄形柱体的穿通情况及前端面螺孔的深度，采用过马蹄形柱体轴线的 *B*—*B* 局部剖视图（剖切面为正垂面）来进行补充表达，该局部剖视图也进一步表达了两方孔与圆筒宽度方向的相对位置（图 8-16）。

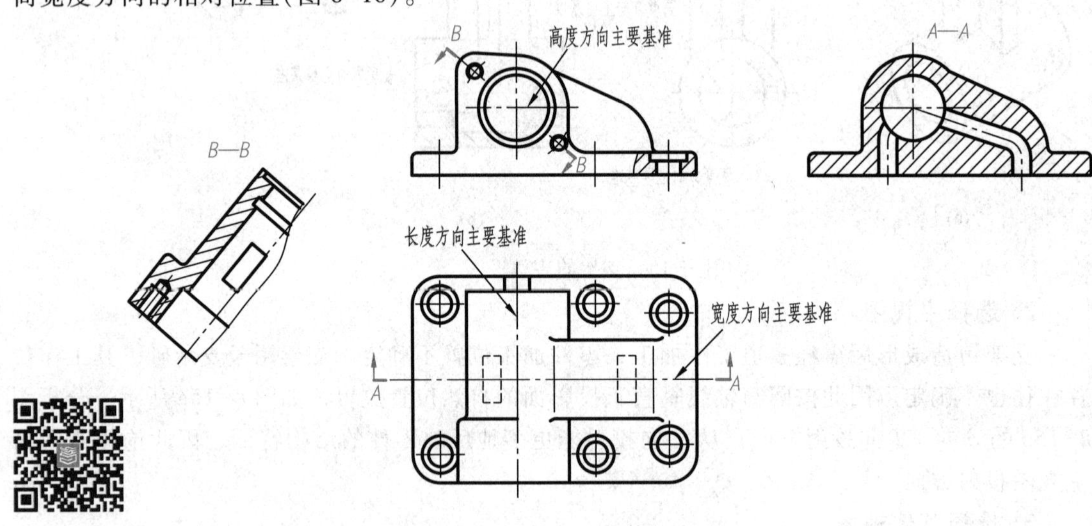

图 8-16　阀体的表达

[例 8-4]　确定图 8-17a 所示减速器箱体的表达方案。

1. 分析零件

该零件为蜗杆蜗轮减速器箱体，它主要用于容纳蜗杆蜗轮，完成减速器的安装。它的主体结构由矩形底板、马蹄形壳体、套筒、肋板叠加构成，壳体、套筒及底板上又分别具有凸台、通孔、圆弧槽等结构（图 8-17a）。该箱体材料为铸铁。

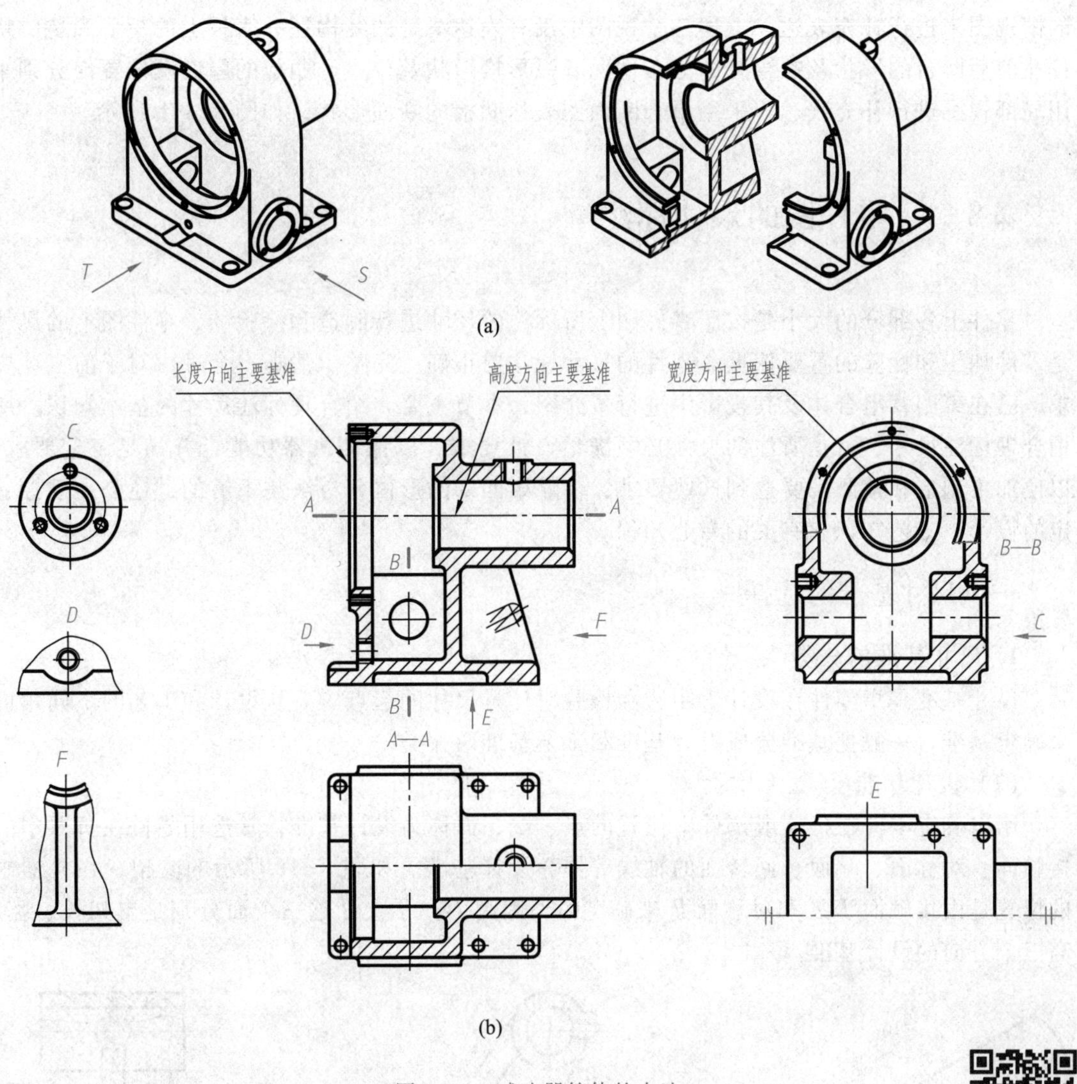

图 8-17 减速器箱体的表达

2. 选择主视图

箱体的主要加工方法为铸造成形，然后经多道工序加工而成，零件加工位置不确定，因此按图 8-17a 所示零件的工作位置放置。分析图 8-17a 中的 *S* 向、*T* 向投射方向，显然 *S* 向全剖视图配上尺寸标注更能反映箱体零件的内部结构特征(蜗杆蜗轮孔的相对位置等)，因此选择 *S* 向全剖视图为主视图。

3. 选择其他视图

主视图没有表达清楚的结构有壳体的外形、下方蜗杆孔的穿通情况、蜗杆孔前后凸台上螺纹孔的深度以及壳体左端面的螺孔分布，因此增加一个采用了 *B*—*B* 局部剖的左视图来进行补充表达。主视图中没有表达清楚的结构还有底板的形状、底板上安装孔的分布、套筒上方凸台的形状和位置、壳体及套筒的壁厚变化等，由于该箱体前后对称，因此增加一个半剖的俯视图来进行补充表达。上述三个视图中没有表达清楚的结构还有底板上的矩形凹坑、蜗杆孔前后凸台的形状及螺纹孔的分布情况、弧形槽形状及位置、肋板的厚度及位置，分别采用局部视图进行补充表达，采用重合断面图表达肋板的断面形状，如图 8-17b 所示。

§8-4　零件图的尺寸标注

零件上各部分的大小是按照零件图上所标注的尺寸进行制造和检验的，零件图上的尺寸是零件加工和检验的重要依据。零件的尺寸标注要正确、完整、清晰、合理，对于前三项要求，已在第四章组合体及其投影中进行了介绍，本节主要介绍合理标注尺寸的基本知识。所谓合理标注尺寸，就是所注的尺寸必须满足设计要求，以保证机器功能；并满足工艺要求，以便加工制造和检测。要达到这些要求，仅靠第四章的形体分析法是不够的，还必须掌握一定的设计、工艺知识和有关的专业知识。

一、尺寸基准的选择

1. 尺寸基准的分类

尺寸基准是指零件在设计、制造和检验时计量尺寸的起点。要从设计和工艺的不同角度来确定基准，一般把基准分成设计基准和工艺基准两大类。

（1）设计基准

用以确定零件在机器或部件中位置的点、线、面称为设计基准，常选用零件在机器中的接触面、对称面、端面、回转面的轴线等作为设计基准。如图 8-18 所示的支架，在机器中的位置是由接触面 *Ⅰ Ⅲ* 和对称面 *Ⅱ* 来确定的，因此 *Ⅰ*、*Ⅱ*、*Ⅲ* 这三个面分别是支架长、宽、高三个方向的设计基准。

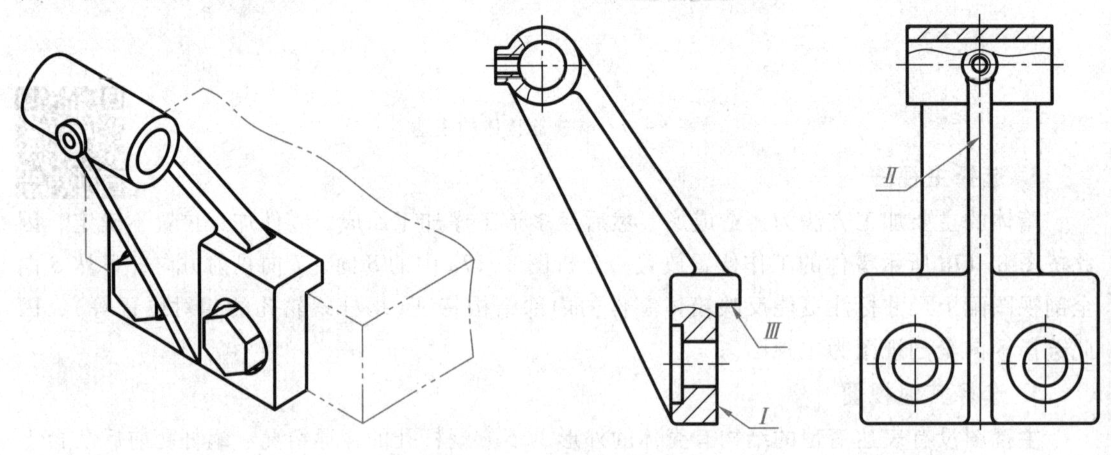

图 8-18　支架设计基准

（2）工艺基准

零件在加工或测量、检验时所选定的基准称为工艺基准。图 8-19 所示轴套在车床上加工时，用左端大圆柱面作为径向定位面(加工定位基准)，而测量有关轴向尺寸 a、b、c 时，则以右端面为起点(测量基准)，因此这两个面是轴套的工艺基准。

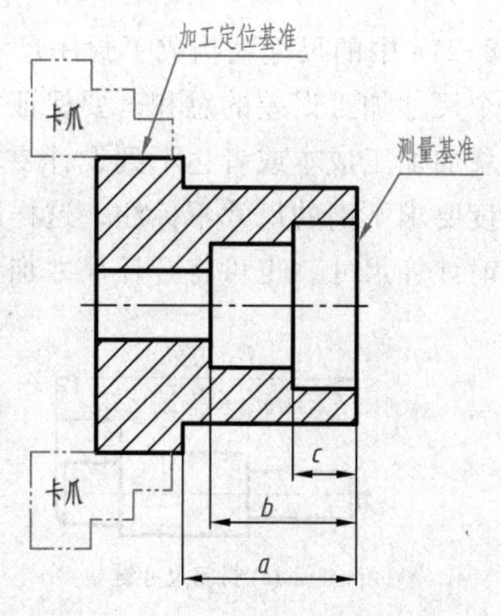

图 8-19　轴套工艺基准

2. 尺寸基准的选择

要合理标注尺寸，一定要正确选择尺寸基准，这对保证产品质量和降低成本有重要作用。在选择基准时，最好使设计基准与工艺基准重合，如不能重合，零件的功能尺寸(影响产品工作性能、装配精度和互换性的尺寸称为功能尺寸)从设计基准开始标注，非功能尺寸从工艺基准开始标注或按形体分析法标注。

当零件较为复杂时，一个方向只选一个基准往往不够用，还需要附加一些基准。其中起主要作用的称为主要基准，起辅助作用的称为辅助基准。主要基准与辅助基准或两辅助基准之间都应有直接的尺寸联系。

二、零件尺寸标注的合理性

1. 考虑设计要求

设计要求是对零件加工完成后要达到预期的使用性能的要求，尺寸标注是否合理直接影响零件的使用性能。

(1) 功能尺寸必须直接注出

由于零件在加工制造时总会产生尺寸误差，为了保证零件质量，避免不必要的产品成本，在加工时，图样中所标注的尺寸都必须保证其精度要求，没有注出的尺寸则不检测，因此功能尺寸必须直接注出。图 8-20a 是从设计基准出发标注的支架功能尺寸，图 8-20b 中的标注是错误的。

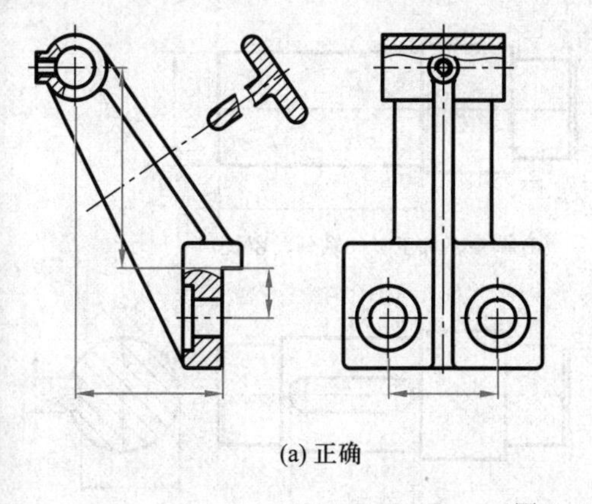
(a) 正确　　(b) 错误

图 8-20　支架功能尺寸

(2) 不要注成封闭尺寸链

封闭尺寸链是首尾相接的尺寸形成的一组尺寸，每个尺寸称为尺寸链中的一环。图

8-21a 中的尺寸就构成了封闭尺寸链，分析图中尺寸可知 113 这个尺寸的加工误差是另外三个尺寸加工误差的总和，要保证 113 这个尺寸的精度，势必提高另外三个尺寸的精度，这将增加加工成本或者达不到设计要求。因此尺寸标注一般都应留有开口环(图 8-21b)，即对精度要求不高的尺寸不标注，这样既保证了设计要求，又可节约加工成本。有时为了避免加工时计算尺寸，也可将开环尺寸加上括号标注出来，称为“参考尺寸”（图 8-21c）。

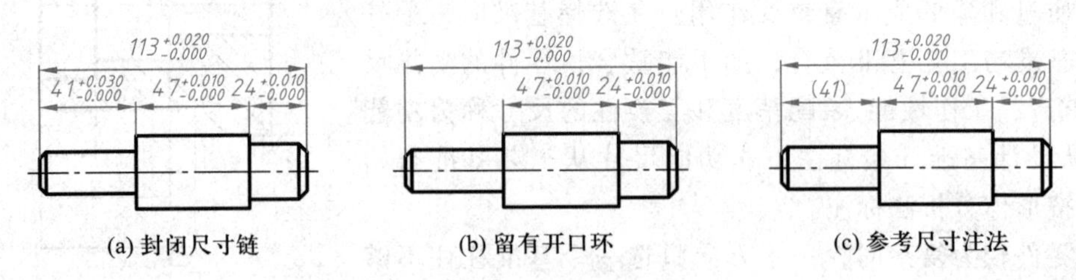

(a) 封闭尺寸链　(b) 留有开口环　(c) 参考尺寸注法

图 8-21　避免注成封闭尺寸链

2. 便于加工测量

（1）轴类零件标注尺寸应符合加工顺序

按加工顺序标注尺寸既符合加工过程，又便于测量。图 8-22 中的轴，仅尺寸 51 是长度方向的功能尺寸，要直接注出，其余尺寸按加工顺序标注。为了便于备料，注出轴的总长 128

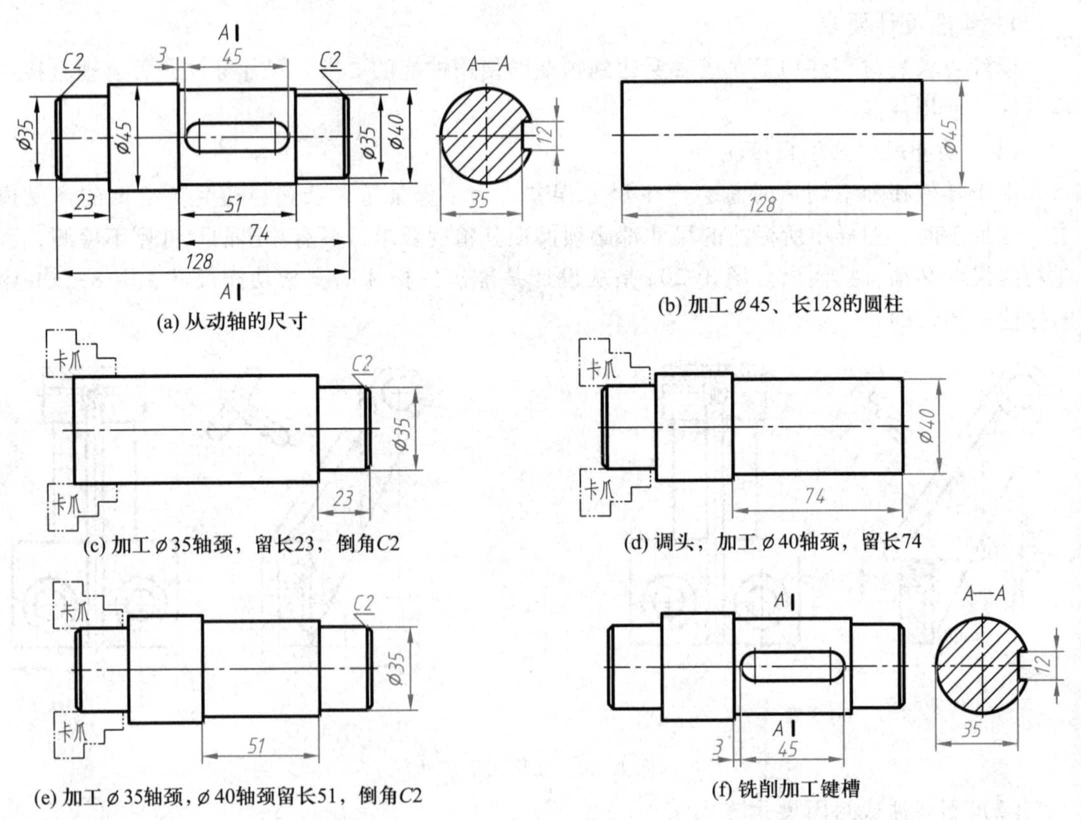

(a) 从动轴的尺寸　(b) 加工 ϕ45、长128的圆柱

(c) 加工 ϕ35轴颈，留长23，倒角 $C2$　(d) 调头，加工 ϕ40轴颈，留长74

(e) 加工 ϕ35轴颈，ϕ40轴颈留长51，倒角 $C2$　(f) 铣削加工键槽

图 8-22　轴类零件按加工顺序标注尺寸

(图 8-22b)；为加工左端 $\phi35$ 的轴颈，注出尺寸 23(图 8-22c)；调头加工 $\phi40$ 的轴段，应直接注出尺寸 74(图 8-22d)；在加工右端 $\phi35$ 轴颈时，应保证功能尺寸 51(图 8-22e)。这样标注既满足了设计要求，又符合加工顺序。图 8-23 所示是轴段的尺寸标注正误对比，图 8-23a 的标注符合加工顺序，为正确注法。

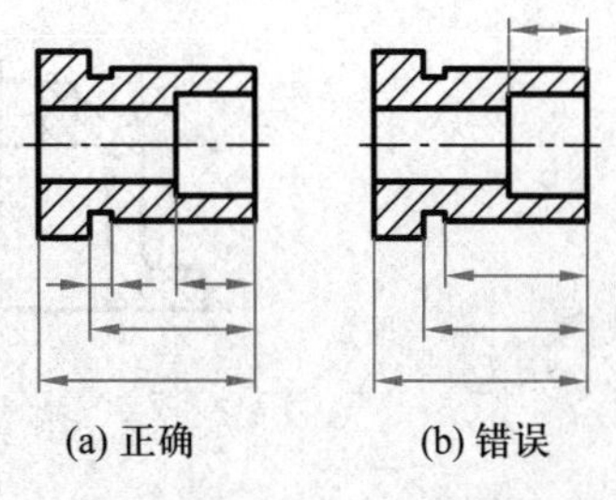

(a) 正确　　(b) 错误

图 8-23　轴段的尺寸注法

(2) 标注尺寸要便于测量

图 8-24b 所示图例是由设计基准注出的中心至某面的尺寸，但不易测量。如果这些尺寸对设计要求影响不大，应考虑便于测量，如图 8-24a 所示进行标注。图 8-25 所示的阶梯孔，应如图 8-25a 所示从端面标注孔的深度尺寸，以便于测量。

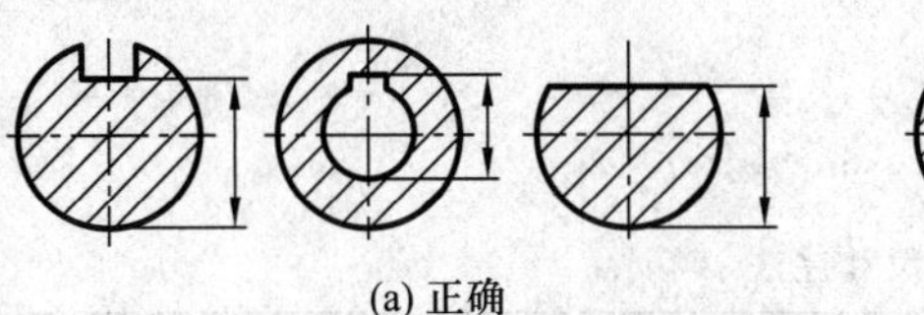

(a) 正确　　(b) 错误

图 8-24　标注尺寸要便于测量(一)

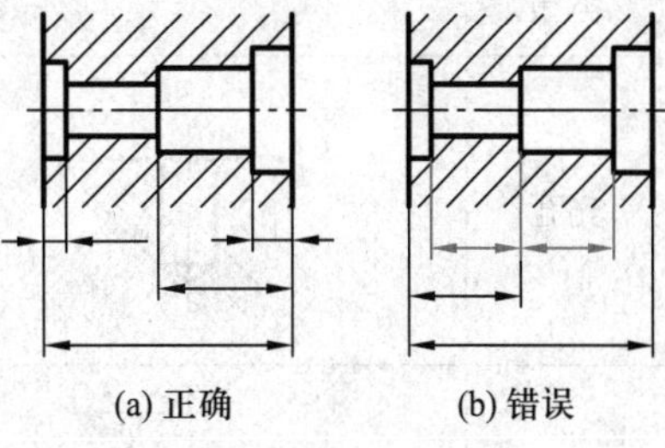

(a) 正确　　(b) 错误

图 8-25　标注尺寸要便于测量(二)

(3) 考虑尺寸的合理布局

为使零件图上尺寸清晰，便于读图。标注尺寸时应将尺寸适当地分组注写，使之布局合理。图 8-26a 所示是按零件加工方法分组标注尺寸，上方为铣削加工尺寸，下方为车削加工尺寸。图 8-26b 所示是按零件内、外结构分组标注尺寸。图 8-26c 所示是按加工(机制)和不加工(铸造面)分组标注尺寸。

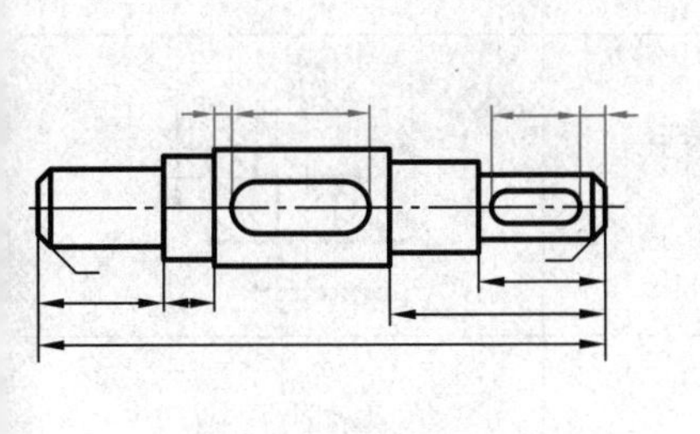

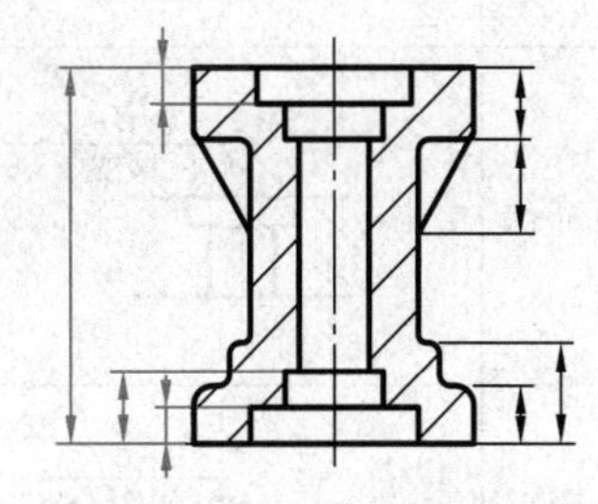

(a) 按加工方法分组标注尺寸　(b) 按内外结构分组标注尺寸　(c) 按加工(机制)和不加工(铸造面)分组标注尺寸

图 8-26　分组标注尺寸

(4) 毛面(不加工表面)的尺寸注法

标注零件上毛面的尺寸时，在同一方向上，加工面与毛面之间只能有一个尺寸联系，其余则为毛面与毛面之间或加工面与加工面之间的尺寸联系。图 8-27a 所示零件的上、下端面为加工面，其余都是毛面，尺寸 12 为加工面与毛面的联系尺寸。图 8-27b 中的注法是错误的，由于毛面制造误差大，尺寸 50 如果铸造成了 51，底部加工面不可能同时保证对 12、62 这两个毛面的尺寸要求。

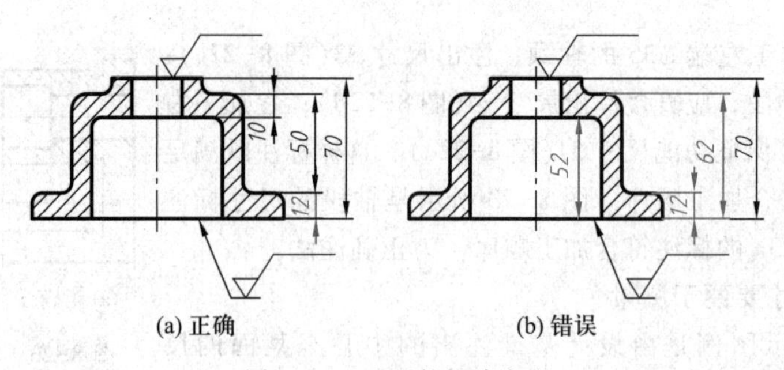

(a) 正确　　(b) 错误

图 8-27　毛面的尺寸注法

三、常见孔结构的尺寸注法

常见孔的尺寸标注方法见表 8-1。

表 8-1　常见孔结构的尺寸注法

结构类型	标注方法		
	旁　注　法		普通注法
光孔	4×Ø5↧10	4×Ø5↧10	4×Ø5 10
螺孔	4×M6-7H ↧10	4×M6-7H ↧10	4×M6-7H 10
柱形沉孔	4×Ø6.4 ⌴Ø12↧3.5	4×Ø6.4 ⌴Ø12↧3.5	Ø12 3.5 4×Ø6.4
锥形沉孔	4×Ø7 ⌵Ø13×90°	4×Ø7 ⌵Ø13×90°	90° Ø13 4×Ø7
锪形沉孔	4×Ø7 ⌴Ø15锪平	4×Ø7 ⌴Ø15锪平	Ø15锪平 4×Ø7

四、典型零件分析

工程上的零件由于其功用不同，结构形状千差万别。根据工程上零件的结构特征不同可将零件分为轴套类、盘盖类、叉架类、箱体类。同类零件的视图选择及尺寸基准选择都有一些共性，熟悉这些共性将有助于我们选择零件表达方案和确定零件尺寸基准。

1. 轴套类零件

轴套类零件一般是同轴回转体(轴向尺寸远大于径向尺寸)，主要是在车床上加工成形。因此，常将轴线水平放置，垂直于轴线的投射方向作为主视图投射方向，然后再增加局部视图、断面图或局部放大图对轴上键槽、小孔等进行补充表达。常选用零件的轴线作为径向尺寸基准(即宽度、高度方向尺寸基准)，某一重要端面作为轴向尺寸基准(即长度方向尺寸基准)，如图 8-14 所示。

2. 盘盖类零件

盘盖类零件是扁平的盘状结构，多数属于同轴回转体(径向尺寸远大于轴向尺寸)。一般是在车床上加工成形或铸造成形后再经多道工序加工而成。常将轴线水平放置，以过轴线剖切的全剖视图作为主视图，然后再用左视图或右视图表达其上分布的孔或槽。常选轴线作为径向尺寸基准(即宽度、高度方向尺寸基准)，选择经过加工的较大端面作为轴向尺寸基准(即长度方向尺寸基准)，如图 8-1 所示。

3. 叉架类零件

叉架类零件常由一个或多个圆筒加上板状体支承或连接形成，一般都是铸造或锻造成形后再经多道工序加工而成。其加工位置不确定，常按工作位置放置(工作位置不固定时按自然位置放置)，并选择最能反映零件形状特征的投射方向绘制主视图，除主视图外一般还需 2~3 个其他视图或断面图等来进行补充表达。常选用重要轴线、对称面和较大的加工面(接触面)作为尺寸基准，如图 8-15 所示。

4. 箱体类零件

箱体类零件是工程上较复杂的一类零件，其结构特征是：内空呈箱状，箱壁常有支承运动件的孔、凸台等结构。一般是铸造成形后再经多道工序加工而成。其加工位置不确定，常按工作位置放置，并选择最能反映零件形状特征的投射方向绘制主视图，除主视图外一般还需 3~4 个其他视图等来进行补充表达。常选用孔的轴线、对称面、安装面(装配时接触面)和较大的加工面为尺寸基准，如图 8-16、图 8-17 所示。

除上述这四类零件外，工程上还有冲压件、注塑件、镶嵌件、薄片类零件等，这些零件专业属性较强，这里不展开讨论。

五、零件尺寸标注举例

[**例 8-5**]　标注图 8-28a 所示支架的尺寸。

(1) 分析零件，确定尺寸基准。从零件的名称“支架”可知，该零件用于支承传动轴；从零件的材料(HT200 铸铁)可知，该零件的主要加工方法为铸造成形，然后再经多道工序

加工而成。该支架属于叉架类零件，主要由四部分组成：带有凸台的轴承、安装板、连接板和肋板。安装板台阶处为安装接触面，选择该接触面为零件长度方向和高度方向的尺寸基准，零件的前后对称面为宽度方向尺寸基准(图 8-28a)。

(2) 按照形体分析逐个标注各部分的定形、定位尺寸(图 8-28b、c、d)。

(3) 按照设计要求、工艺要求检查协调尺寸，在零件图的技术要求中给出铸造圆角 R 值。

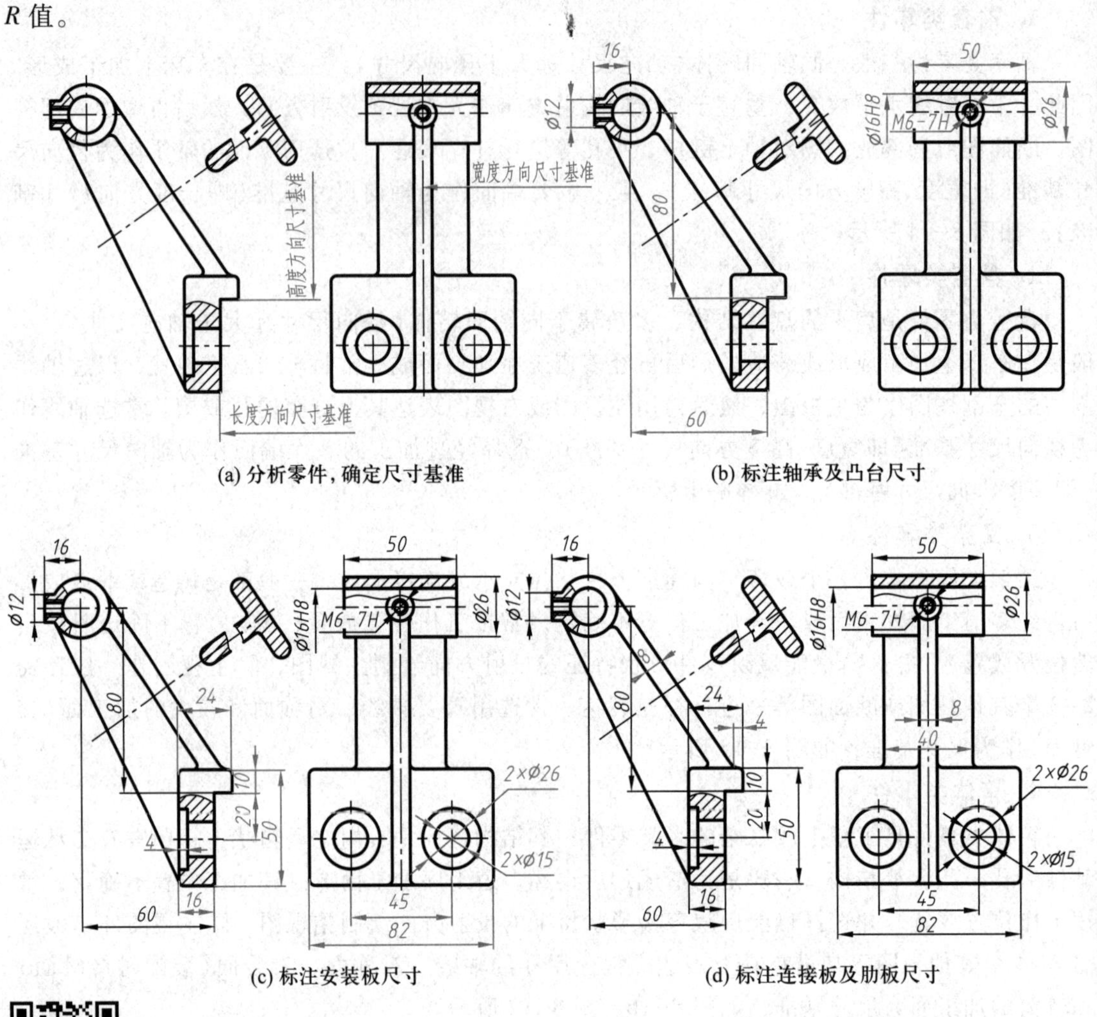

图 8-28　支架的尺寸标注

§ 8-5　零件图的技术要求

零件图的技术要求涉及机械设计中的一些基础的、最常用的知识和标准，如极限与配合、几何公差及其应用、表面结构的表示法以及机械零件常用材料及其他要求的标注方法。

一、极限与配合

为了组织规模生产，提高设计、制造和使用的效率和经济性，在装配时，从一批相同零件中任取一个，不经修配，不经分组或其他加工就能装配成产品，并能达到所规定的使用要求，这种性质称为互换性。互换性给产品设计、制造、使用和维修带来很大的方便，已成为现代机械制造业中一个普遍遵守的原则。

1. 尺寸公差

由于设备、工装夹具及测量误差等因素的影响，零件不可能制造得绝对准确。为了保证零件的互换性，就必须对零件的尺寸规定一个允许的变动范围，这个允许的变动范围就是通常所说的尺寸公差。有关术语的含义如图 8-29 所示，为了讨论问题的方便，均把尺寸的变动作单边变动来讨论。

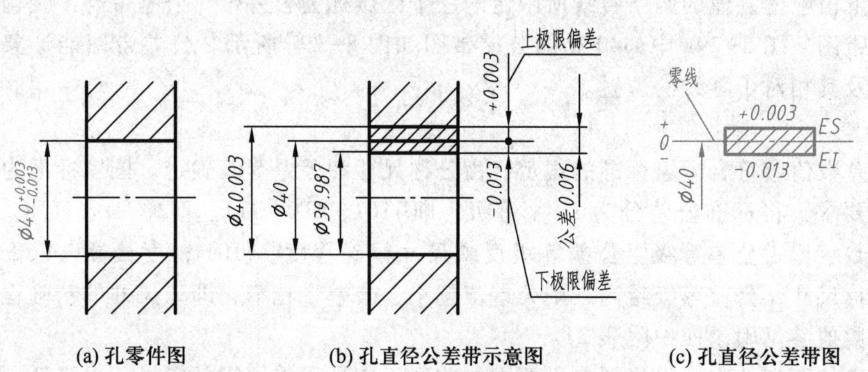

(a) 孔零件图　　(b) 孔直径公差带示意图　　(c) 孔直径公差带图

图 8-29　尺寸公差与术语

（1）公称尺寸

由图样规范确定的理想形状要素的尺寸，如图 8-29a 中的 $\phi40$。

（2）极限尺寸

尺寸要素允许的尺寸的两个极端。它以公称尺寸为基数来确定，较大的一个尺寸为上极限尺寸，如 40.003 mm，它限定了实际要素（尺寸）的最大值；较小的一个为下极限尺寸，如 39.987 mm，它限定了实际要素(尺寸)的最小值。

（3）极限偏差

极限尺寸减公称尺寸所得的代数差。极限偏差分为上极限偏差和下极限偏差。孔的上、下极限偏差代号分别用大写字母 ES、EI 表示；轴的上、下极限偏差代号分别用小写字母 es、ei 表示。

上极限偏差=上极限尺寸-公称尺寸

下极限偏差=下极限尺寸-公称尺寸

极限偏差值可以为正、负或零。图 8-29b 中孔的 ES=(40.003-40) mm=+0.003 mm，

EI=(39.987-40) mm=-0.013 mm。

实际偏差是实际要素(尺寸)与公称尺寸的代数差。实际偏差在上、下极限偏差之间,则该尺寸合格。

(4) 尺寸公差(简称公差)

尺寸公差是零件尺寸允许的变动量。公差=上极限尺寸-下极限尺寸=上极限偏差-下极限偏差。如图 8-29b 中孔的公差=(40.003-39.987) mm=[+0.003-(-0.013)] mm=0.016 mm。尺寸公差是一个没有符号的绝对值。

(5) 零线

在极限与配合图解中,零线是表示公称尺寸的一条直线,以其为基准确定偏差和公差,即偏差值为0的一条基准直线。通常用公称尺寸的尺寸界线作为零线。一般零线水平布置,位于零线之上的偏差值为正,位于零线之下的偏差值为负,如图 8-29c 所示。

(6) 公差带

由代表上、下极限偏差值的两条直线所限定的一个区域称为公差带。公差带与零线构成的图形称为公差带图。图 8-29a 中 ϕ40 孔的公差带图如图 8-29c 所示。公差带图能形象地表示公差带大小及其相对于零线的位置。

(7) 标准公差

零件标准公差数值应符合国家标准的规定,由公称尺寸和公差等级确定。国家标准为了满足不同零件的要求,将标准公差分为 20 个等级,即 IT01、IT0、IT1、IT2、…、IT18。IT 代表标准公差,数字代表公差等级。公差等级反映尺寸精确程度,IT01 精度最高,以下逐级降低。同一公称尺寸,公差等级越高,则公差值越小,公差带越窄,即该尺寸的精确程度越高。标准公差数值参见附录四中附表 21。

选用公差等级的原则:在满足机器使用要求的前提下应尽量采用较低等级,以降低制造成本。通常,IT01~IT1 用于精密量块和计量器具等的尺寸公差;IT2~IT5 用于精密零件的尺寸公差;IT5~IT12 用于有配合要求的一般机器零件的尺寸公差;IT12~IT18 用于不重要或没有配合要求的零件的尺寸公差。

(8) 基本偏差

在极限与配合中,标准公差确定公差带大小,但不能确定公差带相对于零线的位置,如再知任一极限偏差,公差带图就能唯一确定。因此,一般把在公差带图中离零线最近的那个极限偏差称为基本偏差,用以确定公差带相对于零线的位置。

基本偏差系列:公差带不同的位置就形成不同的基本偏差。根据机器中零件间结合关系的不同要求,国家标准规定了 28 种基本偏差,这 28 种基本偏差就构成了基本偏差系列,每种基本偏差都规定了相应的基本偏差代号。这 28 个基本偏差代号由 26 个拉丁字母去掉了容易相混的 I、i、L、l、O、o、Q、q、W、w 这些字母,加入 CD、cd、EF、ef、FG、fg、JS、js、ZA、za、ZB、zb、ZC、zc 组成。其中大写字母表示孔,小写字母表示轴,如图 8-30 所示。

轴的基本偏差从 a~h 为上极限偏差,且为负值,其中 h 的上极限偏差为零。js 在各级标准公差带里完全对称地分布在零线的两侧,其基本偏差可以是上极限偏差(+IT/2)或下极限偏差(-IT/2)。从 j 到 zc 为下极限偏差，其中 j 为负值而 k 到 zc 为正值。k 表示了两种不同位置的基本偏差，分别适用于不同的公差等级。

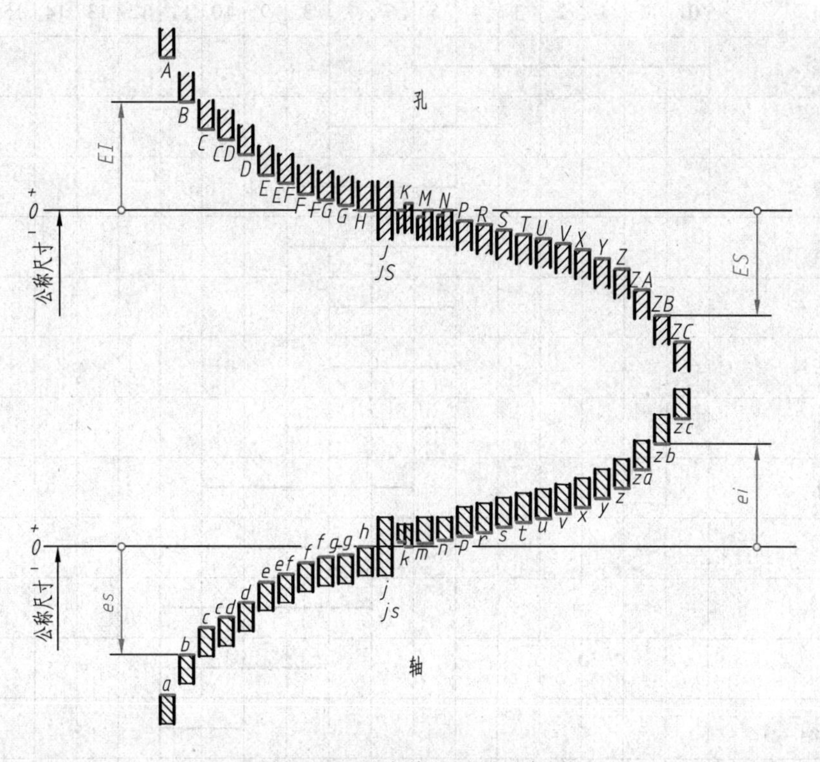

图 8-30　基本偏差系列示意图

孔和轴的基本偏差呈对称地分布在零线的两侧，所以孔的基本偏差与轴的基本偏差的含义相同。图中公差带一端画成开口，表示不同公差等级的公差带宽度有变化。

(9) 公差等级的选择

合理地选择公差等级，就是为了更好地解决机械零、部件的使用要求与制造工艺成本之间的矛盾。

1) 选择公差等级时应首先满足使用要求，各个等级标准公差的应用范围没有严格的划分，选择时请参照相关资料。

2) 对于公称尺寸至 500 mm 的配合，由于孔比轴加工困难，所以当公差等级较高(标准公差≤IT8)时，国标规定选用异级(轴比孔高一级)配合；当公差等级要求较低时，推荐采用同级配合。

3) 在满足使用要求的前提下，尽量采用较大的公差值，以降低生产成本，同时也要考虑工艺上的可行性。

加工精度(公差等级)与各种加工方法的关系见表 8-2。

表 8-2　各种加工方法的加工精度(公差等级)

加工方法	公差等级(IT)																			
	01	0	1	2	3	4	5	6	7	8	9	10	11	12	13	14	15	16	17	18
研磨	—	—	—	—	—	—	—													
珩磨						—	—	—	—											
圆磨							—	—	—	—										
平磨							—	—	—	—										
金刚石车							—	—	—											
金刚石镗							—	—	—											
拉削							—	—	—	—										
铰孔								—	—	—	—	—								
车									—	—	—	—	—							
镗									—	—	—	—	—							
铣										—	—	—	—							
刨、插												—	—							
钻孔												—	—	—	—					

2. 配合

公称尺寸相同的相互结合的孔与轴(也包括非圆表面)公差带之间的关系称为配合。通俗地讲，配合就是指“公称尺寸”相同的孔与轴结合后的松紧程度。配合是装配图中才有的一种尺寸表达方法，不涉及零件图，但公差带代号与零件图有关，所以在此介绍。

(1) 配合的种类

由于机器或部件在工作时有各种不同的要求，因此，零件间配合的松紧程度也不一样。国家标准把配合分为以下三大类。

1) 间隙配合　公称尺寸相同的孔与轴结合时，孔的实际要素(尺寸)大于轴的实际要素(尺寸)的这类配合称为间隙配合。它的特点是孔与轴结合后有间隙存在(包括最小间隙为零)，二者可作相对运动，属可动结合。孔的公差带始终位于轴的公差带上方，如图 8-31 所示。

2) 过盈配合　公称尺寸相同的孔与轴结合时，孔的实际要素(尺寸)小于轴的实际要素(尺寸)的这类配合称为过盈配合。它的特点是孔与轴结合后有过盈存在(包括最小过盈为零)，二者不能作相对运动，属刚性结合，轴的公差带始终位于孔的公差带上方，如图 8-32 所示。

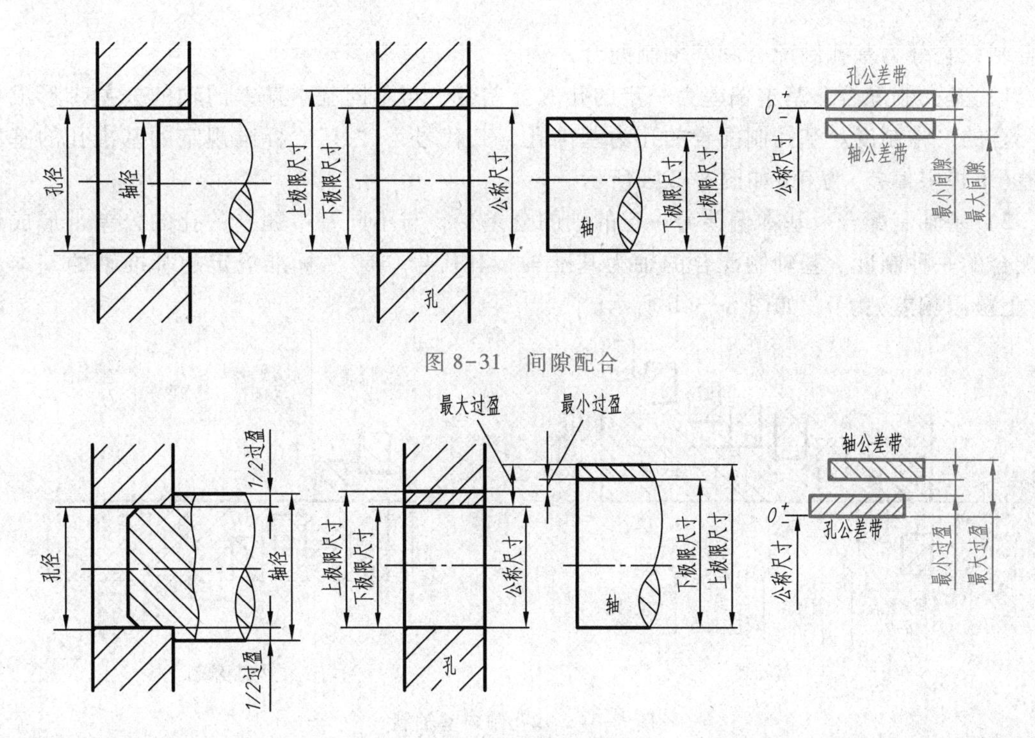

图 8-31　间隙配合

图 8-32　过盈配合

3）过渡配合　公称尺寸相同的孔与轴结合时，孔与轴之间可能出现间隙，也可能出现过盈的这类配合称为过渡配合。它的特点是孔的实际要素（尺寸）可能大于也可能小于轴的实际要素（尺寸），孔与轴的公差带相互交叠，如图 8-33 所示。

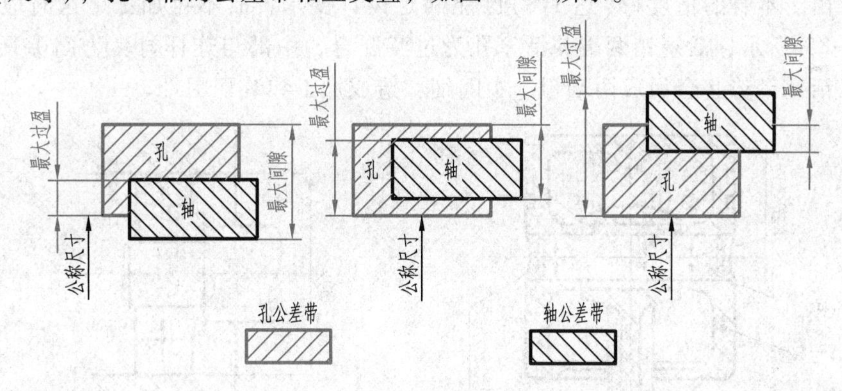

图 8-33　过渡配合

上述三种配合中，由于过渡配合具有的间隙或过盈都较小，相互结合的孔与轴的同轴度较好，因此使用较为广泛。

（2）配合制（基准制）

同一极限制的孔和轴组成配合的一种制度称为配合制（基准制）。由于国家标准规定了 28 种基本偏差和 20 个等级的标准公差，对给定公称尺寸的孔或轴就可以形成大量的公差带。如果任意选配，情况变化极多，这样不便于零件的设计与制造。为此，国家标准规定了配合制，它分为基孔制配合和基轴制配合。

1）基孔制配合　基本偏差为一定的孔的公差带，与不同基本偏差的轴的公差带形成各种配合的一种制度。基孔制配合的孔为基准孔，其代号为“H”。标准规定的基准孔的基本偏差(下极限偏差)为 0，如图 8-34a 所示。

2）基轴制配合　基本偏差为一定的轴的公差带，与不同基本偏差的孔的公差带形成各种配合的一种制度。基轴制配合的轴为基准轴，其代号“h”。标准规定的基准轴的基本偏差(上极限偏差)为 0，如图 8-34b 所示。

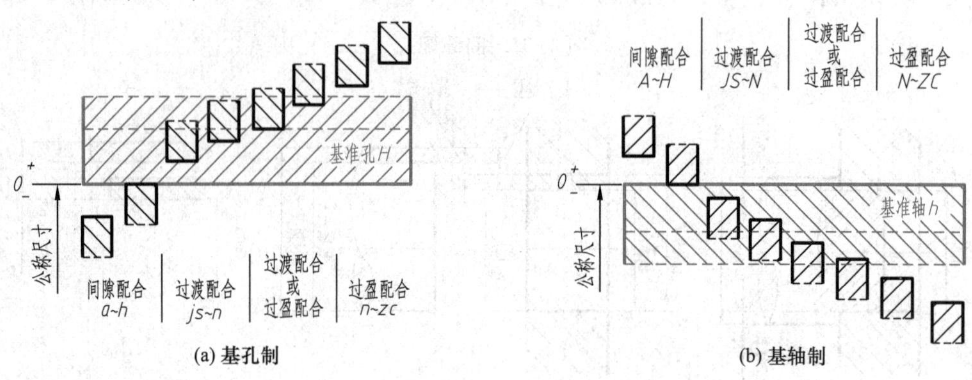

图 8-34　基孔制与基轴制

3）配合的选择　一般优先采用基孔制，因为加工相同精度等级的孔要比轴困难，而且可以减少定值刀具和量具的规格数量，有利于刀、量具的标准化、系列化，经济合理，使用方便。在特殊情况下采用基轴制，在有些情况下，采用基轴制比较经济合理。例如用冷拉钢材做轴时，由于本身的精度(可达 IT8)已能满足设计要求，故不再加工，这时应采用基轴制。如图8-35a所示，活塞销两端与活塞孔为过渡配合，中部与连杆衬套为间隙配合。若采用基孔制，活塞销势必会做成两端粗、中间细，造成加工和装配困难。

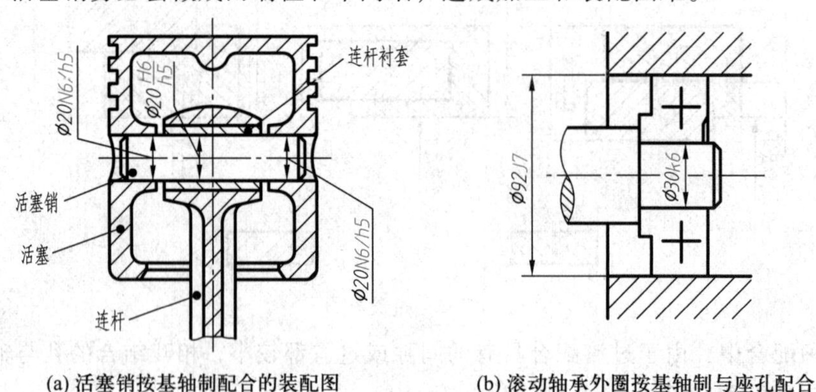

图 8-35　基轴制选用示例

根据标准件选择基准制。当设计的零件与标准件相配时，基准制的选择应依标准件而定。如图 8-35b 中，与滚动轴承内圈相配的轴应选用基孔制，而与滚动轴承外圈配合的孔应选用基轴制。

如有特殊需要，允许将任一孔、轴公差带组成非基准制配合。

国家标准在极大地满足各行各业使用要求的前提下，规定了优先、常用和一般用途的公差带和与之相应的优先、常用的配合，可参见附录中附表 24、附表 25。选用时首先采用优先配合，其次选用常用配合。在实际生产中，通常多采用类比法，为此首先必须掌握各种基本偏差的特点，并了解它们的应用实例，然后再根据具体要求加以选择，参见附录中附表 26。

3. 尺寸公差与配合的标注

（1）公差带代号

孔、轴公差带代号由基本偏差代号与公差等级代号组成。孔的基本偏差代号用大写拉丁字母表示，轴用小写拉丁字母表示，公差等级用阿拉伯数字表示。如 ϕ50F8 和 ϕ50f7 的含义为：

（2）配合代号

配合代号用孔、轴公差带代号组合表示，写成分数形式，分子为孔公差带代号，分母为轴公差带代号。如$\frac{\mathrm{H8}}{\mathrm{f7}}$或 H8/f7 表示公差等级 8 级的基准孔 H 与公差等级 7 级、基本偏差 f 的轴配合。

（3）极限与配合的标注

如图 8-36、图 8-37 所示，装配图上一般标注配合代号，零件图上可注公差带代号或极限偏差数值，也可以两者都注。

标注极限偏差时，极限偏差数值比公称尺寸数字的字体要小一号；在极限偏差数值前必须注出正负号(偏差为零时例外)；当某一极限偏差为“0”时，此“0”应与另一极限偏差的个位数字对齐；极限偏差数值的单位必须是 mm(注意表上查到的是 μm)；下极限偏差数值与公称尺寸数值应在同一底线上。

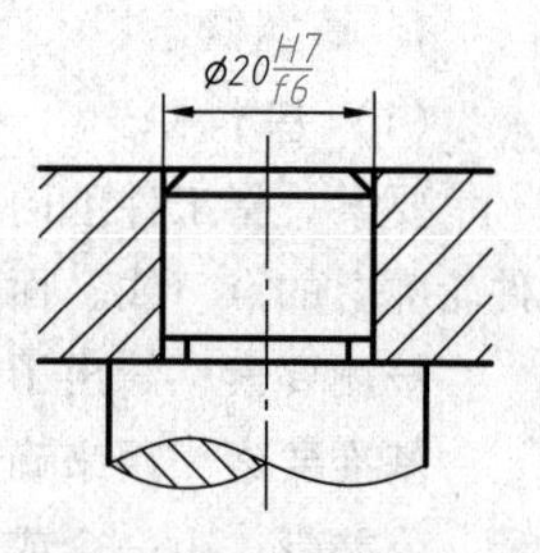

图 8-36 装配图中零件间配合的标注

当上下极限偏差的数值相同而符号相反时，则在公称尺寸后面注上“±”号，再写上极限偏差数值，其数字大小与公称尺寸数字相同，如 30±0.01，如图 8-37d 所示。

标注标准件、外购件与零件(轴或孔)的配合代号时，可以仅标注相配零件的公差带代号，如图 8-35b 所示。

（4）极限偏差值的查表方法

根据零件轴或孔的公称尺寸、基本偏差和公差等级，可由附录中附表 22、附表 23 分别查得轴或孔的极限偏差值，例如：

ϕ50H8 查孔的极限偏差表，由公称尺寸大于 40 至 50 一行以及与公差带 H8 一列中查得$^{+39}_{0}$ μm，但标注的单位必须是 mm，经换算后即得孔的偏差 $\phi 50^{+0.039}_{0}$。

ϕ50f7 查轴的极限偏差表，由公称尺寸大于 40 至 50 一行与公差带 f7 一列中查得$^{-25}_{-50}$μm，经换算后得轴的偏差为 $\phi 50^{-0.025}_{-0.050}$。

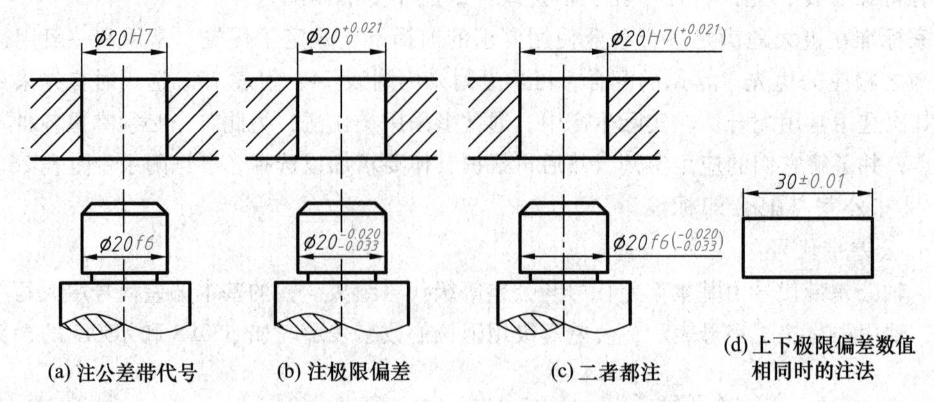

图 8-37　零件图中尺寸公差的标注

二、几何公差

零件尺寸不可能制造得绝对准确，同样也不可能加工出绝对准确的形状和表面间的相对位置。尺寸可由尺寸公差加以限制，同样，形状、方向、位置等也可由几何公差来限制。因此，对精度要求高的零件，不仅要注明尺寸公差，还要注出几何公差。

1. 基本概念

(1) 基本术语

要素　指工件上的特定部分，例如点要素、线要素或面要素。要素可以是实际存在的工件轮廓上的点、线、面要素，也可以是由实际要素取得的导出要素，如轴线或中心面等。

被测要素　给出了几何公差的要求的要素，是检测的对象。

基准要素　用来确定被测要素方向、位置或跳动的要素。

公差带　由一个或两个理想的几何线要素或面要素所限定的、由一个或多个线性尺寸表示公差值的区域。公差带有形状、方向、位置、跳动、大小(公差数值)的属性。公差带主要形状有两平行直线之间的区域、两平行平面之间的区域、一个圆内的区域、两同心圆之间的区域、一个圆柱面内的区域、两同轴圆柱面之间的区域、一个球内的区域、两等距曲线之间的区域和两等距曲面之间的区域等(详见附录六附表 30)。

(2) 形状公差

指被测要素的实际形状对其理想形状所允许的变动全量(如平面度、直线度、圆度等)。

(3) 方向、位置公差

指被测要素的位置对基准要素所允许的变动全量(如平行度、同轴度等)。

(4) 跳动公差

指被测要素的位置对基准要素所允许的变动全量(如圆跳动、全跳动)。

显然，基准要素本身的几何误差对被测要素的方向、位置、跳动公差是有影响的。因此，被测要素的理想位置应由基准要素理想形状的位置或方向来确定。基准要素的理想形状称为位置、方向、跳动公差的基准。

2. 几何特征符号

几何公差的几何特征符号见表 8-3。

表 8-3　几何特征符号(GB/T 1182—2018)

公差类型	几何特征	符号	有无基准
形状公差	直线度	⏤	无
	平面度	⏥	无
	圆度	○	无
	圆柱度	⌭	无
形状、方向或位置公差	线轮廓度	⌒	形状无 方向、位置有
	面轮廓度	⌓	形状无 方向、位置有
方向公差	平行度	∥	有
	垂直度	⊥	有
	倾斜度	∠	有
位置公差	位置度	⌖	有或无
	同轴(同心)度	◎	有
	对称度	⌯	有
跳动公差	圆跳动	↗	有
	全跳动	⌰	有

3. 几何公差的标注

当对零件几何要素的几何公差有特殊要求时，应正确而完整地标注在图样上。规定几何公差一般应采用代号标注，当无法采用代号标注时，允许在技术要求中用文字说明。

(1) 几何公差代号

1) 公差框格及填写的内容　如图 8-38 所示，公差框格在图样上一般应水平放置，若有必要，也允许竖直放置。对于水平放置的公差框格，应由左往右依次填写几何特征符号、公差值及有关符号、基准字母及有关符号。基准可多至三个，但先后有别，从第三格至第五格，分别为第一基准、第二基准和第三基准。由两个要素组成的公共基准，用由横线隔开的两个大写字母表示，如图 8-38d 所示。对于竖直放置的公差框格，应该由下往上填写有关内容。为了避免混淆和误解，基准所使用的字母不建议采用字母 I、O、Q、X。

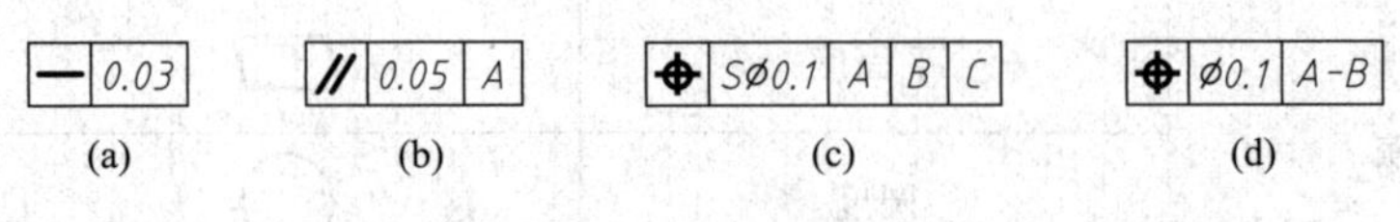

图 8-38　公差框格

公差值采用线性值，以 mm 表示。如果公差带为圆形或圆柱形，则在公差值前加注“ϕ”；如果是球形的，则在公差值前加注“$S\phi$”。

框格中的字高与图中尺寸数字相同，框格高为字高的两倍，框格中第一格宽度与高度相等，其他格的宽度视需要而定。框格线宽与字符的笔画宽相同，笔画宽度为字高的 1/14 或 1/10。

2）指引线　指引线是连接公差框格与指示箭头或基准符号的连线。指引线可自框格的左端或右端引出，也可以由框格的侧边直接连接；指引线可以曲折，但不得多于两次，如图 8-39所示。

3）基准　有方向、位置及跳动公差要求的零件，在图样上必须注明基准。与被测要素相关的基准用一个大写字母表示。字母标注在基准方框内，与一个涂黑的或空白的三角形相连以表示基准(图 8-40)；表示基准的字母还应标注在公差框格内。涂黑的和空白的基准三角形含义相同。

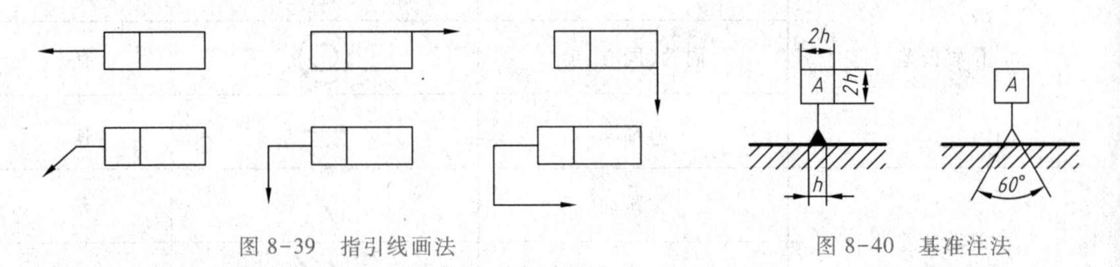

图 8-39　指引线画法　　　　图 8-40　基准注法

（2）几何公差的标注方法

1）被测要素的标注方法　标注被测要素时，要特别注意公差框格的指引线箭头所指的位置和方向。当被测要素为零件的体表要素时，指引线的箭头应置于该要素的轮廓线上或它的延长线上，并且箭头指引线必须明显地与尺寸线错开，如图 8-41a、b 所示。对于实际的被测表面，还可以用带点的参考线把该表面引出(这个点指在该表面上)，指引线的箭头置于这条参考线上，如图8-41c 所示的被测圆平面的标注方法。当被测要素为由尺寸要素确定的轴线、对称平面或中心点时，指引线的箭头与该尺寸要素的尺寸线对齐；若指引线的箭头与尺寸线的箭头方向一致，可合并为一个，如图8-42所示。

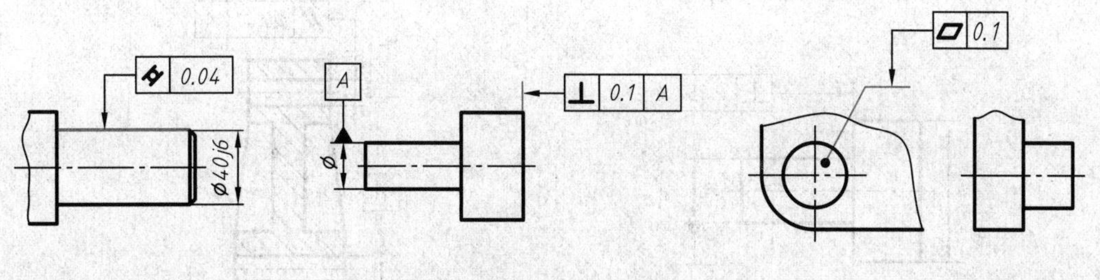

(a) 指引线箭头置于轮廓线上　(b) 指引线箭头置于轮廓线的延长线上　(c) 指引线箭头置于带点的参考线上

图 8-41　被测组成要素的标注示例

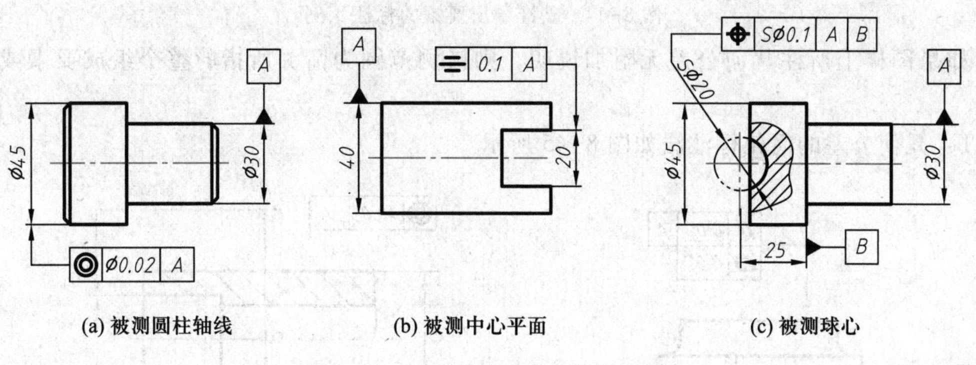

(a) 被测圆柱轴线　(b) 被测中心平面　(c) 被测球心

图 8-42　被测导出要素的标注示例

2）基准要素的标注方法　当基准要素是轮廓线或轮廓面时，基准三角形放置在要素的轮廓线或其延长线上(与尺寸线明显错开)，如图 8-43a、b 所示；基准三角形也可以放置在该轮廓面引出线的水平线上，如图 8-43c 所示。

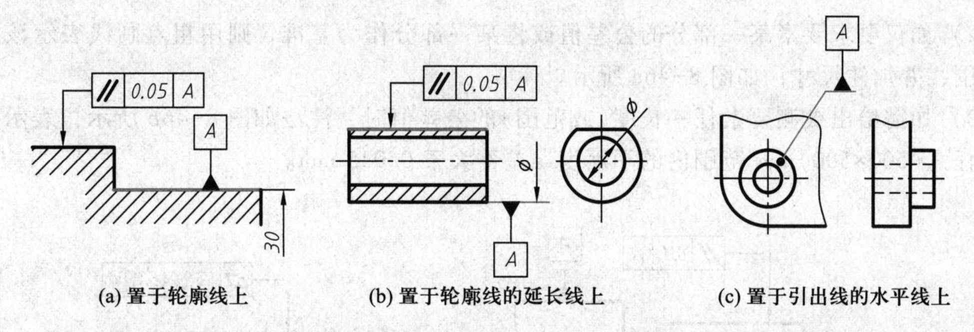

(a) 置于轮廓线上　(b) 置于轮廓线的延长线上　(c) 置于引出线的水平线上

图 8-43　基准组成要素的标注示例

当基准要素是由尺寸要素确定的轴线、对称平面或中心点时，基准三角形应放置在该尺寸要素尺寸线的延长线上(图 8-44a)。如果没有足够的位置标注基准要素尺寸的两个尺寸箭头，则其中一个箭头可用基准三角形代替，如图 8-44b 所示。

(3) 简化标注和局部限制的规定

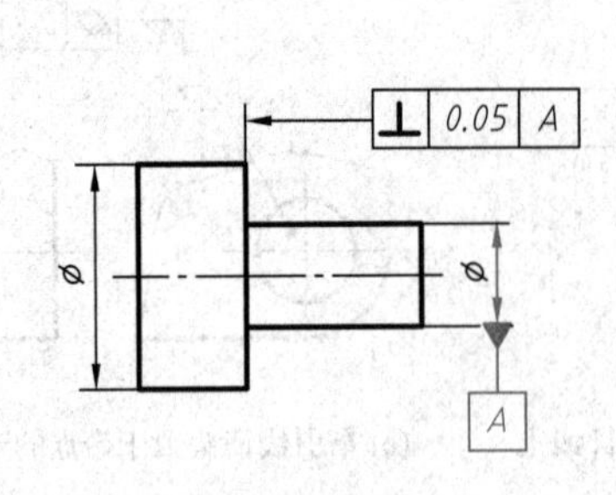

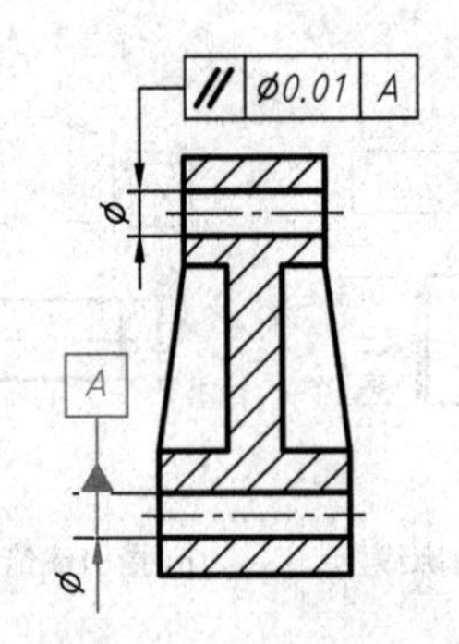

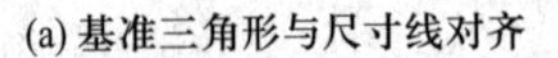

(a) 基准三角形与尺寸线对齐　　(b) 尺寸线的一个箭头用基准三角形代替

图 8-44　基准导出要素的标注示例

如果图样上所注几何公差无附加说明，则被测范围为箭头所指的整个组成要素或导出要素。

1）几何公差的简化标注法如图 8-45 所示。

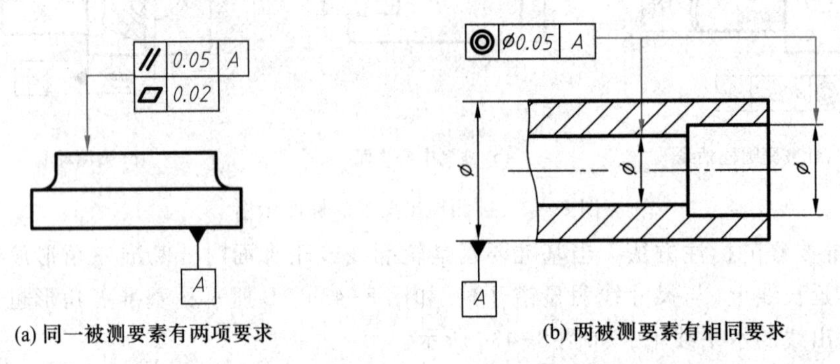

(a) 同一被测要素有两项要求　　(b) 两被测要素有相同要求

图 8-45　几何公差的简化标注

2）如仅要求要素某一部分的公差值或将某一部分作为基准，则用粗点画线表示该局部的范围，并加注尺寸，如图 8-46a 所示。

3）如需给出被测要素任一长度（或范围）的公差值时，注法如图 8-46b 所示，表示被测要素任意$(500\times500)\,\mathrm{mm}^2$范围内的平面度误差不大于 0.045 mm。

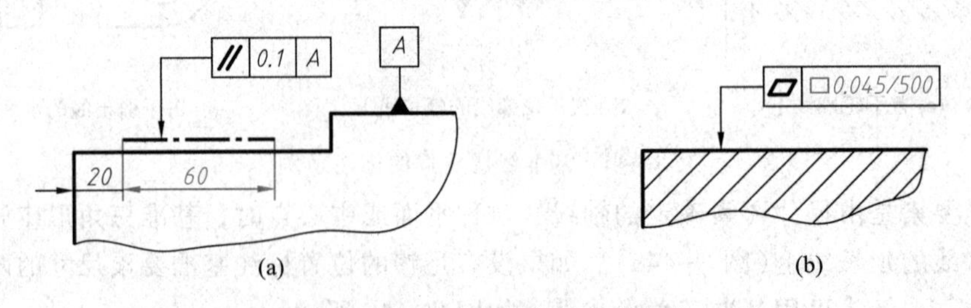

(a)　　(b)

图 8-46　几何公差局部限制的标注

（4）理论正确尺寸的标注

当给出一个或一组要素的位置、方向或轮廓度公差时，分别用来确定其理论正确位置、方向或轮廓的尺寸称为理论正确尺寸。

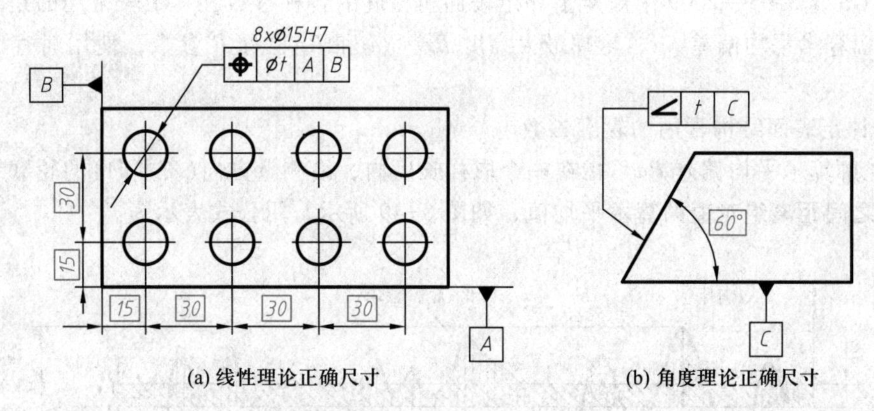

(a) 线性理论正确尺寸　(b) 角度理论正确尺寸

图 8-47　理论正确尺寸

理论正确尺寸应围以框格，零件实际要素(尺寸)仅由公差框格中的位置度、轮廓度或倾斜度公差来限定，如图 8-47 所示。

更多的几何公差标注示例请参见附录中附表 30。

三、表面结构要求的图样表示法

在机械图样上，为保证零件装配后的使用要求，除了对零件各部分结构的尺寸、形状和位置给出公差要求，还需要根据功能对零件的表面质量——表面结构给出要求。表面结构是表面粗糙度、表面波纹度、表面缺陷、表面纹理和表面几何形状的总称。表面结构的各项要求在图样上的表示法在 GB/T 131—2006 中均有具体规定。这里主要介绍常用的表面粗糙度表示法。

1. 表面粗糙度的基本概念

零件表面加工得再精细，经放大后观察，还是可以看到高低不平的状况，如图 8-48 所示。这是由于零件在加工过程中，受机床和刀具的振动、材料的不均匀性及切削时表面金属的塑性变形等因素影响，使零件表面存在着较小间距的轮廓峰谷。这种表面上具有较小间距的峰谷所组成的微观几何形状特性，称为表面粗糙度。表面粗糙度反映零件表面的光滑程度。由于机器或部件对零件的各个表面有着不同的要求(如配合性质、耐磨性、抗腐蚀性、密封性等)，因此，对零件表面粗糙度的要求也各不相同。

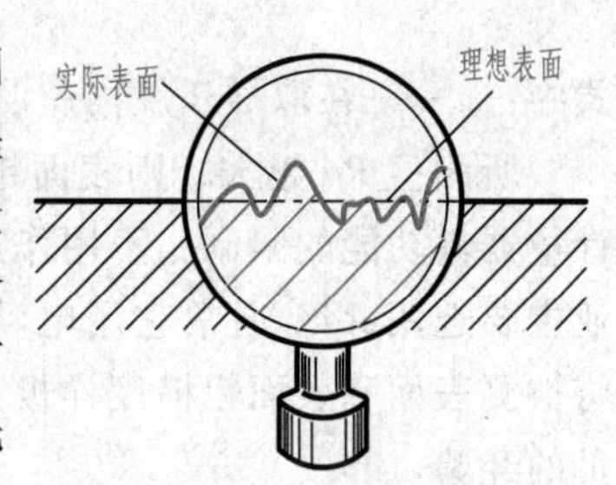

图 8-48　零件表面微观不平程度

表面粗糙度是评定零件表面质量的一个重要技术指标。一般来说，凡零件上有配合或相对运动的表面，都要求其耐磨、抗腐蚀，因此表面粗糙度参数值要小。而表面粗糙度参数值越小，表示对零件表面粗糙度要求越高，则其加工成本也越高。因此，应在满足零件表面功能的前提下，合理选用表面粗糙度参数。

2. 表面粗糙度的评定

国标 GB/T 3505—2009 中规定了评定表面粗糙度的各种参数，其中较常用的是两种高度参数：轮廓算术平均偏差 *Ra*、轮廓最大高度 *Rz*。*Ra* 和 *Rz* 也称 *R* 参数，使用时宜优先选用 *Ra* 参数。

(1) 评定表面结构常用的轮廓参数

1) 轮廓算术平均偏差 *Ra*　指在一个取样长度内，沿测量方向(*Z* 方向)的轮廓线上的点与基准线之间距离绝对值的算术平均值，如图 8-49 所示，用公式表示为

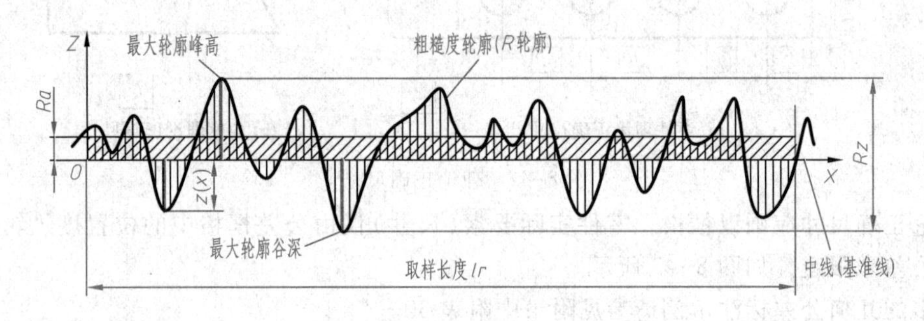

图 8-49　轮廓的算术平均偏差 *Ra* 和轮廓最大高度 *Rz*

$$Ra = \frac{1}{lr}\int_{0}^{lr} |z(x)| \mathrm{d}x$$

式中：*lr*——取样长度(一段基准线长度)；

　　z——轮廓偏距(表面轮廓上点至基准线的距离)。

Ra 也可近似表示为

$$Ra = \frac{1}{n}\sum_{i=1}^{n} |z_i|$$

式中：*n*——在取样长度内所测点的数目。

所测值 *Ra* 越大，则表面越粗糙。*Ra* 能客观地反映表面微观几何形状的特性，但因受到计量器具功能的限制，不用作过于粗糙或太光滑的表面的评定参数。目前，一般机械制造工业主要选用 *Ra*，通常它用电动轮廓仪测量，运算过程由仪器自动完成；也可用“比较法”将被测表面和表面粗糙度样板直接进行比较，此法评定的准确性在很大程度上取决于检验人员的经验。

2) 轮廓最大高度 *Rz*　指在一个取样长度 *lr* 内，最大轮廓峰高和最大轮廓谷深之和，如图 8-49 所示。

测得的 *Rz* 值越大，则表面加工痕迹越深。*Rz* 只能反映轮廓的峰高，不能反映峰顶的尖锐或平钝的几何特性。当被测表面很小，不宜采用 *Ra* 时，也常采用 *Rz* 值。

(2) 有关检验规范的基本术语

检验评定表面结构的参数值必须在特定条件下进行，国家标准中规定，图样中注写参数代号及其数值要求的同时，还应明确其检验规范。

有关检验规范方面的基本术语有“取样长度”“评定长度”“极限值判断规则”等。

1）取样长度和评定长度　以表面粗糙度高度参数的测量为例，由于表面轮廓的不规则性，测量结果与测量段的长度密切相关。当测量段过短时，各处的测量结果会产生很大差异；但当测量段过长时，则测得的高度值中将不可避免的包含了波纹度(在工作表面所形成的不平度间距比粗糙度大得多的表面不平度称为波纹度)的幅值。因此，在 X 轴(即基准线,图 8-49)上选取一段适当长度进行测量，这段长度称为取样长度。但是，在每一取样长度内的测得值通常是不等的，为取得表面粗糙度参数最可靠的值，一般取几个连续的取样长度进行测量，并以各取样长度内测量值的平均值作为测得的参数值。这段在 X 轴方向上用于评定轮廓的、包含着一个或几个取样长度的测量段称为评定长度。

当参数代号后未加注明时，评定长度默认为 5 个取样长度，否则应注明个数。例如 *Rz* 0.4、*Ra* 30.8、*Rz* 13.2 分别表示评定长度为 5 个(默认)、3 个、1 个取样长度。

2）极限值判断规则　完工零件表面按检验规范测得轮廓参数值后，需与图样上给定的极限比较，以判定其是否合格。极限值判断规则有两种：

① 16%规则　运用本规则时，当被检表面测得的全部参数值中，超过极限值的个数不多于总个数的 16%时，该表面是合格的。超过极限值有两种含义：当给定上限值时，超过是指大于给定值；当给定下限值时，超过是指小于给定值。

② 最大规则　运用本规则时，被检的整个表面上测得的参数值一个也不应超过给定的极限值。

16%规则是所有表面结构要求标注的默认规则。即当参数代号后未注写“max”字样时，均默认为应用 16%规则(例如 *Ra* 0.8)。反之，则应用最大规则(例如 *Ra* max 0.8)。

3. 表面粗糙度值的选用

零件表面粗糙度值的选用，应该既要满足零件表面的功能要求，又要考虑经济合理性。具体选用时，可参照生产中的实例，用类比法确定，同时注意下列问题：

(1) 在满足功用的前提下，尽量选用较大的 *Ra* 值，以降低生产成本。

(2) 在同一零件上，工作面比非工作面的 *Ra* 值要小。

(3) 当配合性质相同时，零件尺寸大的比尺寸小的表面 *Ra* 值大。同一公差等级，小尺寸比大尺寸、轴比孔的 *Ra* 值要小。

(4) 受循环载荷的表面及容易产生应力集中的表面(如圆角、沟槽)的 *Ra* 值要小。

(5) 运动速度高、单位压力大的摩擦表面，比运动速度低、单位压力小的摩擦表面 *Ra* 值小。

(6) 在一般情况下，尺寸和表面形状要求精度高的表面 *Ra* 值小，不同的加工方法可以得到不同的 *Ra* 值。

表 8-4 中给出了零件表面粗糙度值不同的表面情况以及对应的加工方法和应用举例。

表 8-4　表面粗糙度 *Ra* 值的表面微观特征、加工方法及应用示例

表面微观特征	*Ra*/μm	加工方法	应用示例
明显可见加工痕迹	≤20	粗车、粗刨、粗铣、毛锉、锯断	半成品粗加工的表面、非配合的加工表面，如轴端面、倒角、钻孔、齿轮和带轮侧面、键槽底面、垫圈接触面等
微见加工痕迹	≤10	车、刨、铣、钻、粗铰	轴上不安装轴承、齿轮的非配合表面，紧固件的自由装配表面，轴和孔的退刀槽等
微见加工痕迹	≤5	车、刨、铣、镗、拉、粗刮、滚压	半精加工表面，箱体、支架、端盖、套筒等和其他零件结合而无配合要求的表面，需要发蓝的表面等
看不见加工痕迹	≤2.5	车、刨、铣、镗、磨、拉、刮、压、铣齿	接近于精加工的表面，箱体上安装轴承的镗孔表面，齿轮的工作面等
可辨加工痕迹方向	≤1.25	车、镗、磨、拉、刮、精铰、磨齿、滚压	圆柱销表面，圆锥销表面，与滚动轴承配合的表面，普通车床导轨面，内、外花键定心表面等
微辨加工痕迹方向	≤0.63	精铰、精镗、磨、刮、滚压	要求配合性质稳定的配合表面，工作时受交变应力的重要零件，较高精度车床的导轨面等
不可辨加工痕迹方向	≤0.32	精磨、珩磨、研磨、超精加工	精密机床主轴锥孔、顶尖圆锥面，发动机曲轴，凸轮轴工作表面，高精度齿轮齿面
暗光泽面	≤0.16	精磨、研磨、普通抛光	精密机床主轴颈表面，一般量规工作表面，气缸套内表面，活塞销表面等
亮光泽面	≤0.08	超精磨、精抛光、镜面磨削	精密机床主轴颈表面，滚动轴承的滚珠表面，高压油泵中柱塞和柱塞孔配合的表面等
镜状光泽面	≤0.04		
镜面	≤0.01	镜面磨削、超精研	高精度量仪、量块的工作表面，光学仪器中的金属镜面等

4. 表面结构符号、代号及其标注

国标 GB/T 131—2006 中规定了零件表面结构符号、代号及其在图样上的标注。

（1）表面结构符号

图样上表示零件表面结构的符号种类、名称、尺寸及其含义见表 8-5。

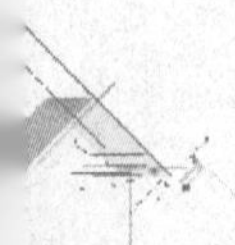

表 8-5　表面结构符号的画法及含义

符号名称	符号	含义
基本图形符号	H_2 H_1 60° 60° $d'=0.35$ mm （d'为符号线宽） $H_1=5$ mm $H_2=10.5$ mm	未指定工艺方法的表面，仅适用于简化代号标注，当注有辅助注释时可单独使用
扩展图形符号		采用去除材料的方法获得的表面；仅当其含义是“被加工表面”时可单独使用。例如车、铣、钻、刨、磨等
		采用不去除材料的方法获得的表面，也可用于表示保持上道工序形成的表面，不管这种状况是通过去除或不去除材料形成的。例如铸、锻、轧、冲压等
完整图形符号		在以上各种符号的长边上加一横线，以便注写对表面结构的各种要求
		在上述三个符号的长边与横线相交处加一小圆，表示封闭轮廓的各表面具有相同的表面结构要求

注：表中 d'、H_1 和 H_2 的大小是当图样中尺寸数字高度选取 $h=3.5$ mm 时按 GB/T 131—2006 的相应规定给定的。表中 H_2 是最小值，必要时允许加大。

（2）表面结构要求在表面结构符号中的注写位置

为了明确表面结构要求，除了标注表面结构参数和数值外，必要时应标注补充要求，包括取样长度、加工工艺、表面纹理及方向、加工余量等。这些要求在表面结构符号中的注写位置如图 8-50 所示。图中注写位置说明如下：

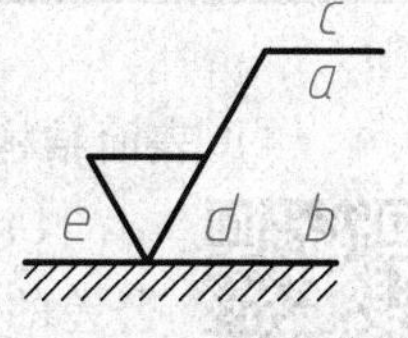

图 8-50　补充要求的注写位置

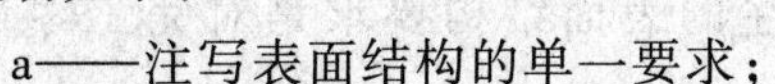

a——注写表面结构的单一要求；

a 和 b 同时存在——a 处注写第一表面结构要求，b 处注写第二表面结构要求；

c——注写加工方法，如“车”“铣”“镀”等；

d——注写表面纹理方向，如“=”“×”“M”等；

e——注写加工余量。

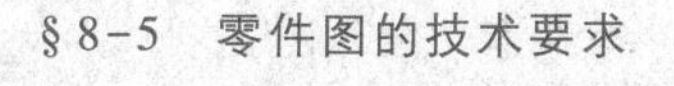

注意：表面纹理是指完工零件表面上呈现的、与切削运动轨迹相应的图案，常见加工纹理方向的符号及其含义可查阅 GB/T 131—2006。

(3) 表面结构代号

表面结构符号中注写了具体参数代号及数值等要求后即称为表面结构代号。表面结构代号的示例及含义见表 8-6。

表 8-6　表面结构代号示例及含义

序号	代号示例	含义/解释	补充说明
1	Ra 0.8	表示不允许去除材料，单向上限值，*R* 轮廓，算术平均偏差 0.8 μm，评定长度为 5 个取样长度(默认)，“16%规则”(默认)	参数代号与极限值之间应留空格(下同)，取样长度可由 GB/T 10610 和 GB/T 6062 中查取
2	Rzmax 0.2	表示去除材料，单向上限值，*R* 轮廓，粗糙度最大高度的最大值 0.2 μm，评定长度为 5 个取样长度(默认)，“最大规则”	示例 1~4 均为单向极限要求，且均为单向上限值，则均可不加注“U”，若为单向下限值，则应加注“L”
3	Ra 3.2	表示去除材料，单向上限值，*R* 轮廓，算术平均偏差 3.2 μm，评定长度为 5 个取样长度(默认)，“16%规则”(默认)	取样长度可由 GB/T 10610 和 GB/T 6062 中查取
4	-0.8/Ra3 3.2	表示去除材料，单向上限值，取样长度 0.8(mm)，*R* 轮廓，算术平均偏差 3.2 μm，评定长度包含 3 个取样长度，“16% 规则”(默认)	取样长度 0.8 前面的负号表示应用于 *R* 轮廓
5	U Ramax 3.2 L Ra 0.8	表示不允许去除材料，双向极限值，*R* 轮廓。上限值：算术平均偏差 3.2 μm，评定长度为 5 个取样长度(默认)，“最大规则”；下限值：算术平均偏差 0.8 μm，评定长度为 5 个取样长度(默认)，“16% 规则”(默认)	本例为双向极限要求，用“U”和“L”分别表示上限值和下限值。在不致引起歧义时，可不加注“U”“L”

(4) 表面结构要求在图样中的注法

1) 表面结构要求对每一表面一般只注一次，并尽可能注在相应的尺寸及其公差的同一视图上。除非另有说明，所标注的表面结构要求是对完工零件的要求。

2) 表面结构的注写和读取方向与尺寸数字的注写和读取方向一致。表面结构要求可标注在轮廓线上，其符号应从材料外指向零件表面，如图 8-51 所示。必要时，表面结构也可用带箭头或黑点的指引线引出标注，如图 8-52 所示。

3) 在不致引起误解时，表面结构要求可以标注在给定的尺寸线上，如图 8-53 所示。

4) 表面结构要求可标注在几何公差框格的上方，如图 8-54 所示。

5）圆柱面的表面结构要求只标注一次，并可标注在圆柱面转向轮廓线的延长线上，如图 8-55 所示。对两个独立表面，若为一次加工完成，则用细实线相连，表面结构要求只标注一次，如图8-56所示。

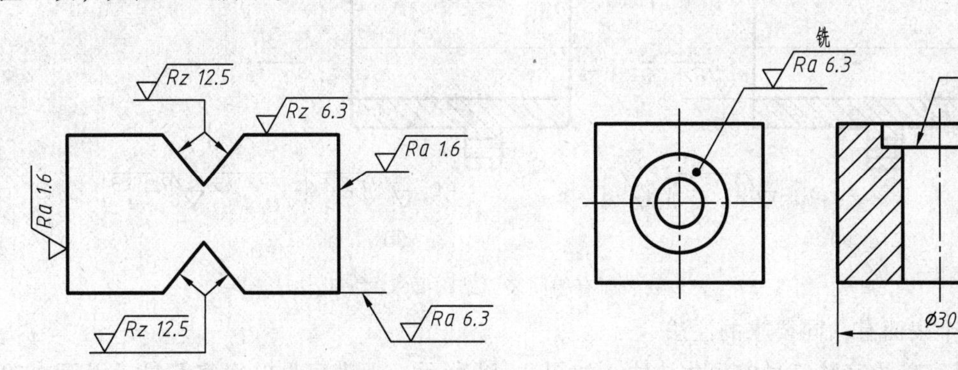

图 8-51　表面结构要求在轮廓线上的标注

图 8-52　用指引线引出标注表面结构要求

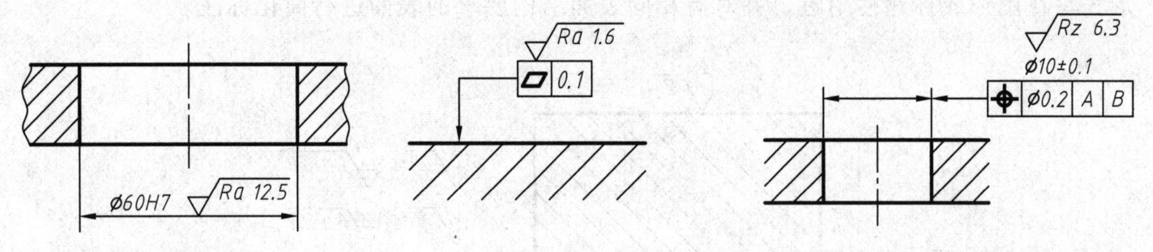

图 8-53　表面结构要求标注在尺寸线上

图 8-54　表面结构要求标注在几何公差框格的上方

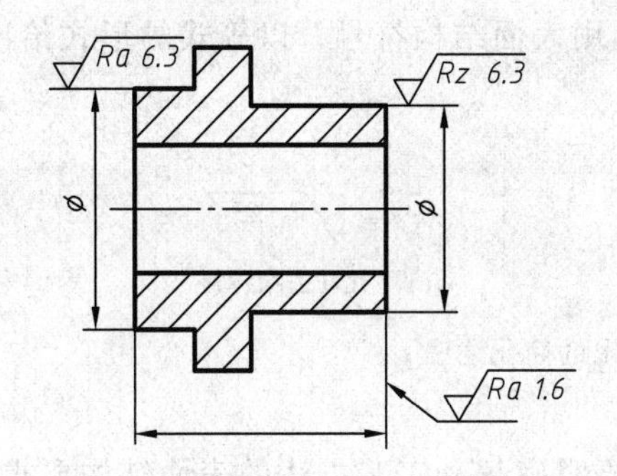

图 8-55　表面结构要求标注在圆柱面转向轮廓线的延长线上

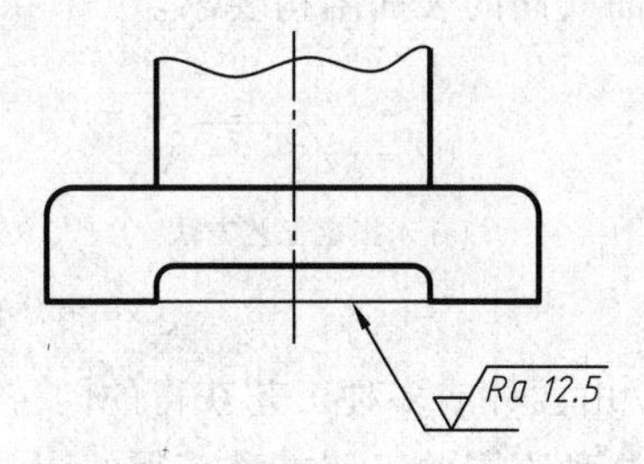

图 8-56　不连续的有相同要求的表面结构要求只注一次

（5）表面结构要求在图样中的简化注法

1）有相同表面结构要求的简化注法

如果在工件的多数（包括全部）表面有相同的表面结构要求时，则其表面结构要求可统一标注在图样的标题栏附近。此时，表面结构要求的符号后面应有：

在圆括号内给出无任何其他标注的基本符号，如图 8-57a 所示。

在圆括号内给出不同的表面结构要求，如图 8-57b 所示。

不同的表面结构要求应直接标注在图形中，如图 8-57a、b 所示。

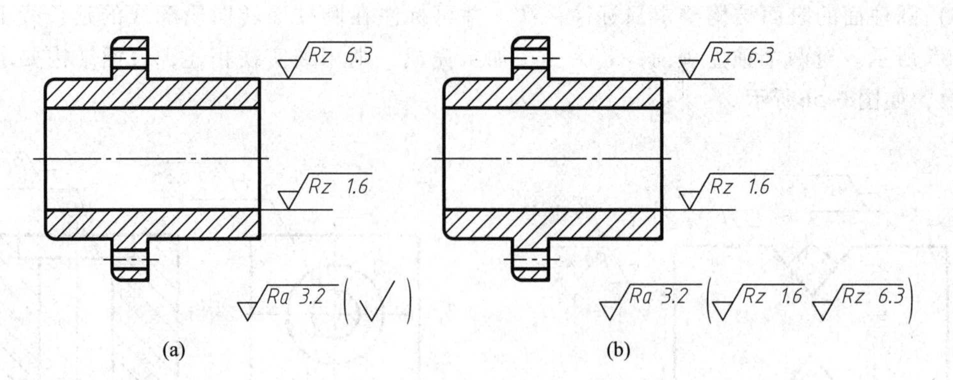

图 8-57　大多数表面有相同表面结构要求的简化注法

2）多个表面有共同要求的注法

可用带字母的完整符号的简化注法，如图 8-58 所示，把带字母的完整符号，以等式的形式写在图形或标题栏附近，并对有相同表面结构要求的表面进行简化标注。

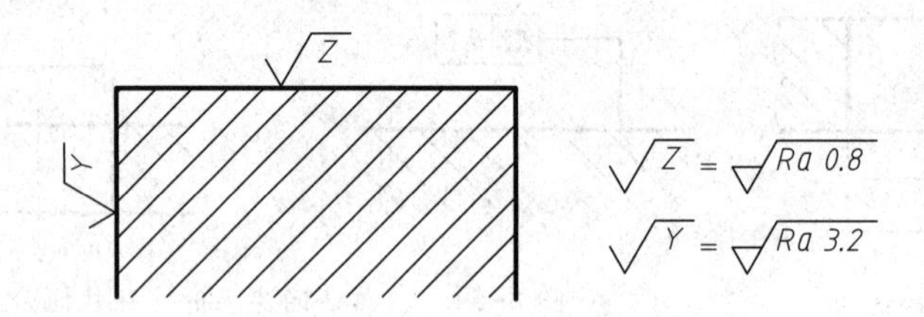

图 8-58　在图纸空间有限时的简化注法

只用表面结构符号的简化注法如图 8-59 所示，用表面结构符号，以等式的形式给出对多个表面共同的表面结构要求。

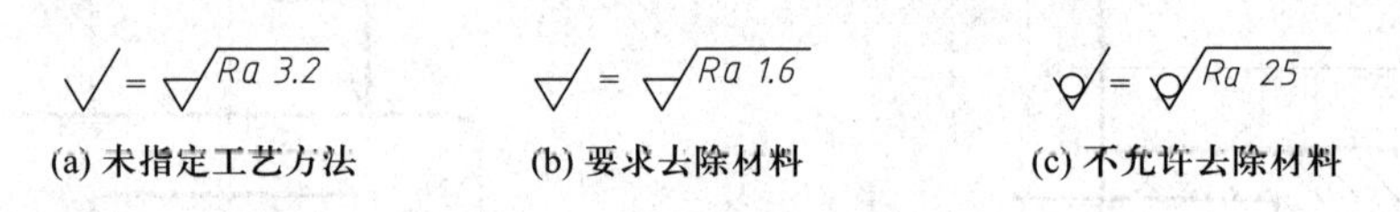

图 8-59　多个表面结构要求的简化注法

3）由两种或多种工艺获得的同一表面的注法

由几种不同的工艺方法获得的同一表面，当需要明确每种工艺方法的表面结构要求时，可按图 8-60a 所示进行标注（图中 Fe 表示基体材料为钢，Ep 表示加工工艺为电镀）。

图 8-60b 所示为三个连续的加工工序的表面结构、尺寸和表面处理的标注。

第一道工序：单向上限值，$Rz=1.6$ μm，“16%规则”（默认），默认评定长度，对表面纹理没有要求，采用去除材料的工艺。

第二道工序：镀铬，无其他表面结构要求。

第三道工序：一个单向上限值，仅对长度 50 mm 的圆柱表面有效，$Rz=6.3$ μm，“16%规则”（默认），默认评定长度，对表面纹理没有要求，磨削加工工艺。

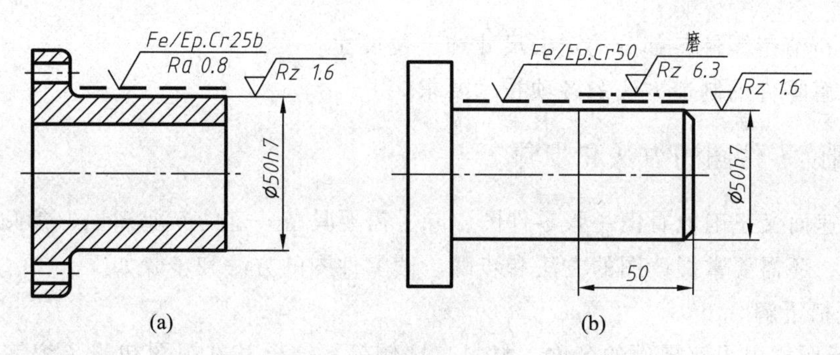

图 8-60　多种工艺获得同一表面的注法

四、零件图中的其他标注

1. 常用零件材料的标注

在机械零件产品的设计与制造过程中，如何合理地选择和使用材料是一项十分重要的工作。它不仅要求考虑材料性能适应零件的工作条件，使零件经久耐用，而且要求材料有较好的加工工艺性能和经济性，以便提高零件的产量，降低成本，减少消耗等。另外，对选用商品材料牌号、形状和规格都应适宜。除金属材料以外的所有工程材料，通称为非金属材料。零件材料的标注是把材料的牌号标注在标题栏中的材料一栏，常用金属材料的牌号可参见附录中附表 27、附表 28。

2. 热处理和表面处理标注

当零件要进行热处理时，可在技术要求中进行说明。如图 8-1 端盖零件图技术要求中的"调质处理：217~255 HBW"；当需要进行局部热处理时，应用细实线分开，并标注尺寸。表面处理主要指电镀、化学覆盖、涂漆等，图 8-60 中标注了电镀镀铬的工艺要求。表面处理也可用文字进行说明。常用热处理和表面处理的名词解释及应用可参见附录中附表 29。

§8-6　阅读零件图

在设计和制造机器或部件时，经常需要阅读零件图，阅读零件图的目的是为了想象出所读零件的结构形状，分析清楚所标尺寸的重要性及其他各项技术上的要求，以便指导生产或给设计提供参考。现阶段进行零件图的阅读练习，主要是为了提高识图及表达零件结构、形状和标注尺寸的能力。因此，必须掌握阅读零件图的基本方法和步骤，达到迅速且准确地阅读零件图的目的。

一、阅读零件图的基本要求

（1）了解零件的名称、用途和材料。

（2）了解零件各组成部分的几何形状、相对位置和结构特点，从而想象出零件的整体形状和结构及各组成部分的作用。

（3）分析清楚零件各部分的定形尺寸和定位尺寸。

（4）了解零件的制造方法和各项技术要求。

二、阅读零件图的方法和步骤

要能迅速而又正确地看懂一张零件图，除了需要具备一定的专业知识、参阅有关图样和技术资料外，还需要掌握读图的方法和步骤。读零件图的方法和步骤如下：

（1）概括了解

1）从标题栏内了解零件的名称、材料、比例等，结合基本视图初步了解零件的用途和形体概貌。

2）从视图配置了解所采用的表达方法。首先找出主视图，然后查找其他视图，明确剖视图、断面图的投射方向和相互关系，找出剖视图、断面图的剖切位置，对零件的结构、形状有一个初步了解。

（2）具体分析

1）分析形体　阅读零件图的中心环节。在概括了解的基础上，一般先采用形体分析法逐个分析清楚零件各部分的结构和形状。对于一些较难看懂的地方，则应运用线面分析法进行投影分析。这样就可以逐步了解清楚它们的形状和相互位置关系，根据零件结构形状特点，可以确定零件的制造方法。

2）分析尺寸　先分析零件上长、宽、高三个方向的尺寸基准位置，从基准出发，分析清楚哪些是主要尺寸，然后用形体分析法找出各部分的定形、定位尺寸。在分析中要注意检查是否有封闭尺寸，并检查尺寸是否符合设计和工艺要求。

3）分析技术要求　结合阅读零件的表面粗糙度、尺寸公差、几何公差及其他技术要求，以便分析清楚加工表面的尺寸和精度要求。

（3）归纳总结

阅读零件图以后，把视图、尺寸和技术要求等联系起来进行综合分析，并参阅有关技术资料，得出零件的整体结构、尺寸大小和技术要求等的完整概念，便于指导生产或加以改进。

这里提出的只是阅读零件图的一般方法和步骤，在零件图的实际阅读中往往还需要参考有关的装配图及其他技术资料，才能把图中的某些问题分析清楚。至于尺寸公差、几何公差以及装配图的有关内容，将在其他章节中介绍。

三、阅读零件图实例

1. 叉架类零件

以图 8-61 所示拨叉为例，具体说明阅读叉架类零件图的方法和步骤。

（1）概括了解

1）从标题栏及基本视图中得知所读零件的名称为拨叉，采用灰铸铁铸造，应该是在机器中起连接和拨动作用。

2）从视图配置来看，共有两个基本视图、一个 *A* 向斜视图和一个弯臂部分的断面图。

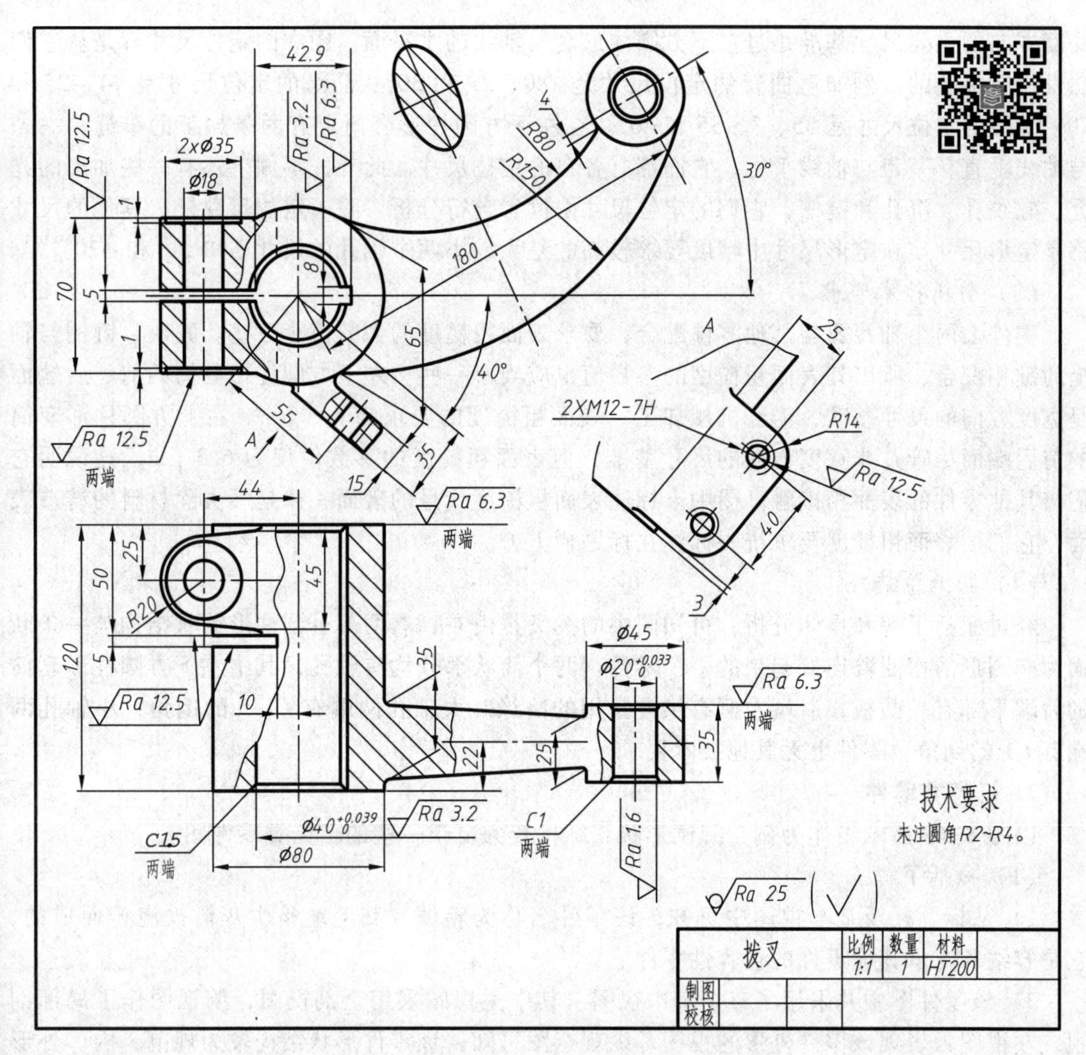

图 8-61　叉架类零件的阅读

在视图中共采用了四处局部剖，是为了表示 M12 螺纹孔、$\phi18$ 沉孔、$\phi40^{+0.039}_{0}$ 和 $\phi20^{+0.033}_{0}$ 两个轴孔。

（2）具体分析

1）分析形体　从图 8-61 中的主视图可知，该零件的主要结构是由一个弯曲臂连接两个圆柱形套筒组成。从断面图可知，弯曲臂的断面是椭圆形。结合俯视图可以看出，弯曲臂从左边圆柱形套筒前端向右上方伸出，与右上方孔径为 $\phi20^{+0.033}_{0}$ 的圆柱形套筒相连。弯曲臂左边套筒的后端左方有一个起夹紧作用的凸缘；后端下方还有一个凸板，其形状如 A 向斜视图所示，这个套筒的内孔直径为 $\phi40^{+0.039}_{0}$，孔内壁右侧有一个键槽。由此可知，该零件应该和另一个轴类零件配合，绕 $\phi40^{+0.039}_{0}$ 的轴线摆动。凸缘上 $\phi18$ 的光孔可以穿入螺栓起锁紧作用，防止摆动时套筒沿轴向移动。从该零件结构上看，它属于叉架类零件。

2）分析尺寸　零件长度方向的主要尺寸基准是通过左下方圆柱形套筒轴线的侧平面。

高度方向的主要尺寸基准是过左下方圆柱形套筒轴线的水平面。图中的定位尺寸都是从它们出发进行标注的。例如弯曲臂的定位尺寸是 180、22 和 30°；凸缘的定位尺寸是 44、25 和 70；凸板的定位尺寸是 55、3、35 和 40°。在左下方圆柱形套筒上有两条加工的窄缝，一条与轴线垂直，一条与轴线平行，它们都有各自的定位尺寸。此外，零件上还有一些加工的光孔、螺纹孔、沉孔和键槽，它们的定位尺寸由读者自行分析。除了定位尺寸外，其他的尺寸都是定形尺寸。在定形尺寸中精度要求较高的是大、小两个轴孔的尺寸 $\phi40^{+0.039}_{0}$ 和 $\phi20^{+0.033}_{0}$。

（3）分析技术要求

零件上两个轴孔要与其他零件配合，要求表面粗糙度的参数值小一些。其次，键槽与轴上的键相配合，所以其表面粗糙度的参数值也应当小一些。左下方圆柱形套筒的前、后端面是宽度方向的尺寸基准，需经机械加工，表面粗糙度的要求为 6.3 μm。右上方圆柱形套筒的前后端面尽管并非宽度方向的尺寸基准，但表面粗糙度的参数值仅为 6.3 μm，这说明它们与其他零件的表面相接触。图中未标注表面粗糙度代号的表面一律是不去除材料的铸造表面。它们的表面粗糙度要求统一标注在标题栏上方。

（4）归纳总结

经过概括了解和具体分析，可知图中的拨叉是由左、右两部分圆柱形筒状结构被一条断面为椭圆形的弯曲臂连接起来的一个零件。两个筒状部分均有轴孔，其中左下方圆柱形套筒的后端下部有一凸板，后端左侧有供夹紧用的凸缘。大轴孔两端有 *C*1.5 的倒角，小轴孔两端有 *C*1 的倒角。零件上无其他技术要求。

2. 箱壳类零件

以图 8-62 所示箱体为例，阅读形状、结构较为复杂一些的箱壳类零件图。

（1）概括了解

1）从标题栏及基本视图中可知，该零件名称为箱体，其毛坯是由灰铸铁浇铸而成的，它是容纳和支承其他零件的包容性零件。

2）该零件图中共采用了三个基本视图。其中主视图采用全剖视图，俯视图作了局部剖视。左视图为表现该零件外形的视图。纵观全图可知，该零件形状结构较为规范，内、外形状不算复杂。

（2）具体分析

1）由主视图和俯视图结合来看，该零件形状总体上是由外径为 $\phi70$、内径为 $\phi\,55^{+0.03}_{0}$ 的中空圆柱筒构成。在该圆柱筒顶部有一直径为 $\phi55$ 的圆形凸台，凸台上前、后、左、右对称分布有 4 个 M6-7H 螺纹孔，可判断应该有圆形顶盖通过螺钉与该箱体零件顶部相连接。从主视图还可看出，该圆柱筒下方也是前、后、左、右对称分布有 4 个深度为 6、直径为 $\phi9.5$ 的沉孔。

2）由主视图和左视图结合起来看，在该圆柱筒的左上方有矩形凸台与圆柱筒相连接。矩形凸台的内、外形尺寸为：53×28、65×40。在矩形凸台左端面分布了 4 个 M4-7H 的螺纹孔，可以判断有矩形端盖通过螺钉与该矩形凸台左端面连接。另外从主视图和俯视图还可看出，在矩形凸台的前端面和后内壁上附有直径为 $\phi30$ 和 $\phi20$ 的圆形凸台。其中前端面的凸台上加工有 4 个对称分布的螺纹孔 M4-7H，可知此处也将用圆形端盖通过螺钉将其连接。

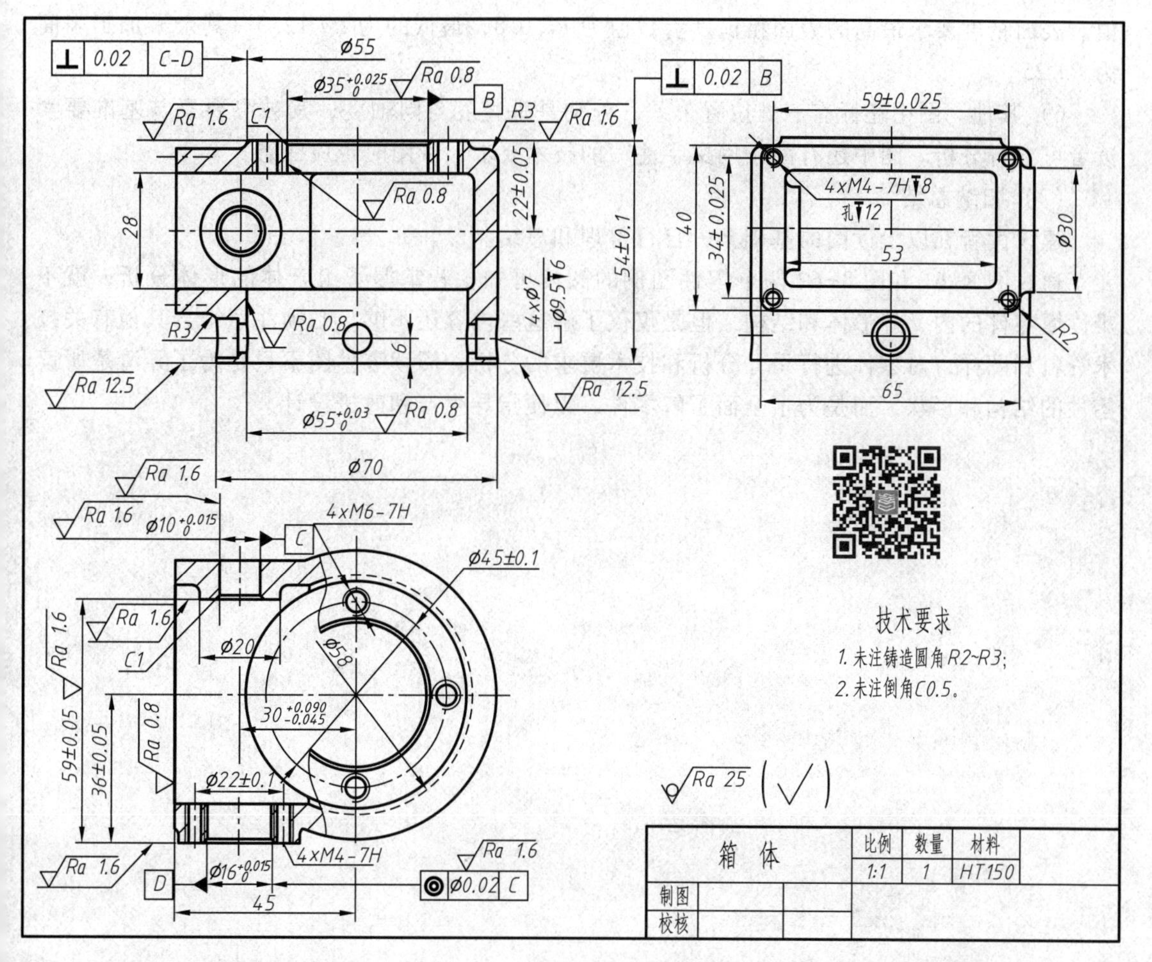

图 8-62 箱体类零件的阅读

3）箱体零件的尺寸精度分析。由零件图可知，该零件上加工的孔较多，其中比较重要的孔径是 $\phi35^{+0.025}_{0}$、$\phi16^{+0.015}_{0}$、$\phi10^{+0.015}_{0}$、$\phi55^{+0.03}_{0}$。另外螺纹孔的定位圆直径 $\phi45\pm0.1$、$\phi22\pm0.1$ 和螺纹孔的定位尺寸 $(59\pm0.025)\times(34\pm0.025)$ 也是较为重要的尺寸。因为这些尺寸均有公差要求，在读图时应予以重视。除此之外，该零件在长、宽、高三个方向还有不少精度要求较高的尺寸，如 22±0.05、54±0.1 等也应注意。

4）箱体零件尺寸标注基准分析。由图可见，径向尺寸均以回转轴线为尺寸基准标注。该零件长度方向标注的尺寸不多，但从图中可明显看出，长度方向尺寸标注是以通过该箱体零件圆柱筒轴线且左、右对称的平面为基准，所标注的尺寸有 45、$30^{+0.090}_{-0.045}$。宽度方向尺寸标注是以通过该箱体零件圆柱筒轴线且前、后对称的平面为基准，所标注的尺寸有 59±0.025、53、65、36±0.05 等。高度方向尺寸标注是以该零件矩形凸台上、下对称平面为基准，所标注的尺寸有 28、22±0.05、40、34±0.025 等。

5）箱体零件表面加工精度分析。由图可见，该零件的加工表面为各孔的表面，以及顶面、底面和左端面，另外凸台的表面也经过加工，因为在这些面上均标有表面粗糙度参数

值。表面精度要求最高的表面粗糙度参数值为 *Ra* 0.8，最低的为 *Ra* 12.5。其余未加工表面为 *Ra* 25。

6）其他。图中还标有三处位置公差，分别是垂直度与同轴度，其被测要素与基准要素读者可自行分析。图中还有两条用文字注写的技术要求，读图时也应注意。

（3）归纳总结

建议读者在以上读图的基础上，自行整理和总结。

通过图 8-61 和图 8-62 两个零件图例的阅读可知，若掌握了组合体的形体分析，就不难读懂零件的内、外形体和结构，但是仅仅了解这些内容还不够，必须注意结合其他有关技术资料和图样，对零件进行尺寸分析和技术要求的分析。阅读零件图不只是为了弄清楚所读零件的结构和形状，而是为了全面了解零件，以便指导生产和改进设计。

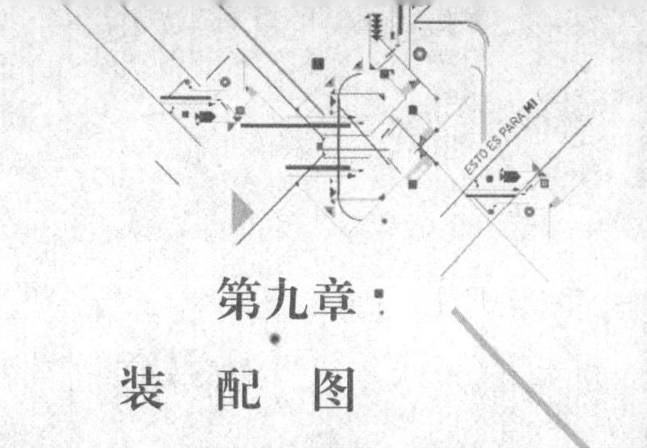

第九章 装 配 图

任何机器或部件都是由若干零件，按一定的装配关系和要求装配而成的。表达一台机器或一个部件的图样称为装配图①。本章主要介绍部件的表达方法以及绘制和阅读装配图的基本方法。

§9-1 装配图的作用和内容

一、装配图的作用

在工程中，装配图主要用来表达机器或部件中零件间的相对位置、装配关系、连接方式，以及部件的工作原理、运动传递等。

在设计机器或部件时，一般是先根据设计意图和要求画出其装配图，然后再根据装配图拆画零件图。在制造机器或部件时，先按零件图加工制造出合格零件，然后再根据装配图将加工制造好的合格零件组装成机器或部件。装配图反映设计思想，是指导机器或部件装配、使用、维修的重要技术文件。

二、装配图的内容

图 9-1 是滑动轴承的分解图及剖切轴测图，图 9-2 是该滑动轴承的装配图，图 9-3 是一台手压滑油泵的装配图。从图中可以看出，一张完整的装配图应包括下列基本内容。

1. 一组视图

用来表达部件的工作原理、运动传递，以及部件中零件间的相对位置、连接方式、装配关系和主要零件的结构形状，包括视图、剖视图、断面图等。

2. 必要的尺寸

装配图不是直接指导零件加工生产的图样，不必像零件图那样注出零件的全部尺寸。在装配图中一般只需标注说明部件性能、规格，以及指导部件装配、检验、安装的几种必要

① 本书主要讨论部件的表达，因此，后面所指的装配图均为表达部件的图样。

尺寸。

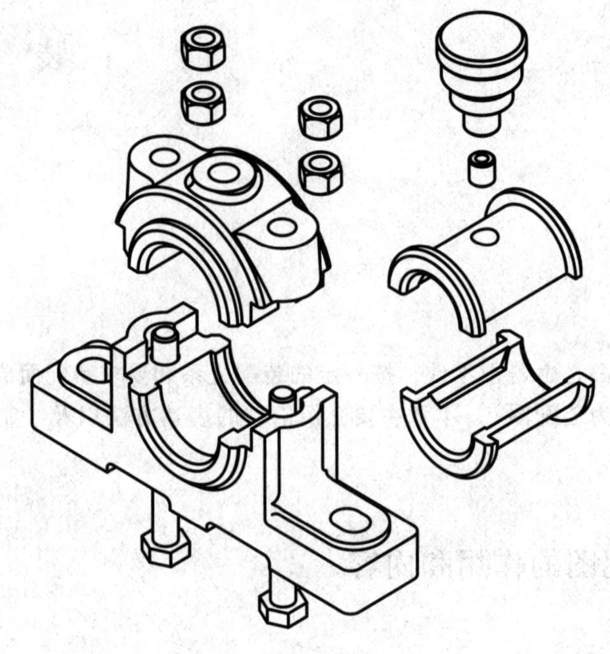

(a) 分解图

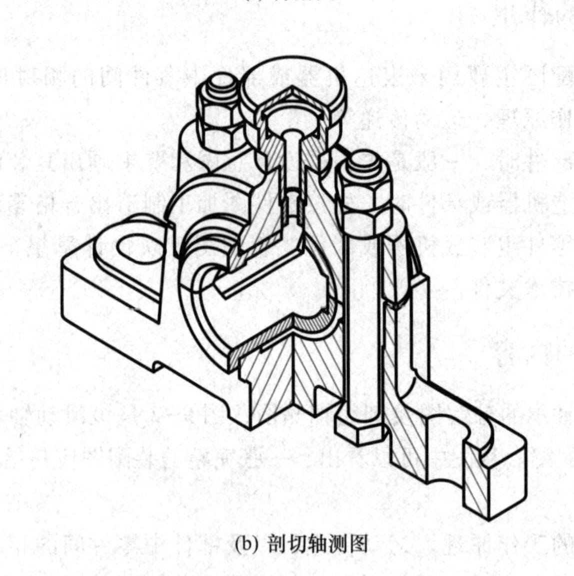

(b) 剖切轴测图

图 9-1　滑动轴承

3. 技术要求

用规定的符号或文字、数字注明整个部件装配、检验和使用等方面应达到的要求。

4. 零件序号、明细栏和标题栏

装配图涉及若干零件，在装配图中除用标题栏说明部件的名称、比例等内容外，还必须对每种零件编写序号，并按序号填写标题栏上方的明细栏，如图 9-2 所示。

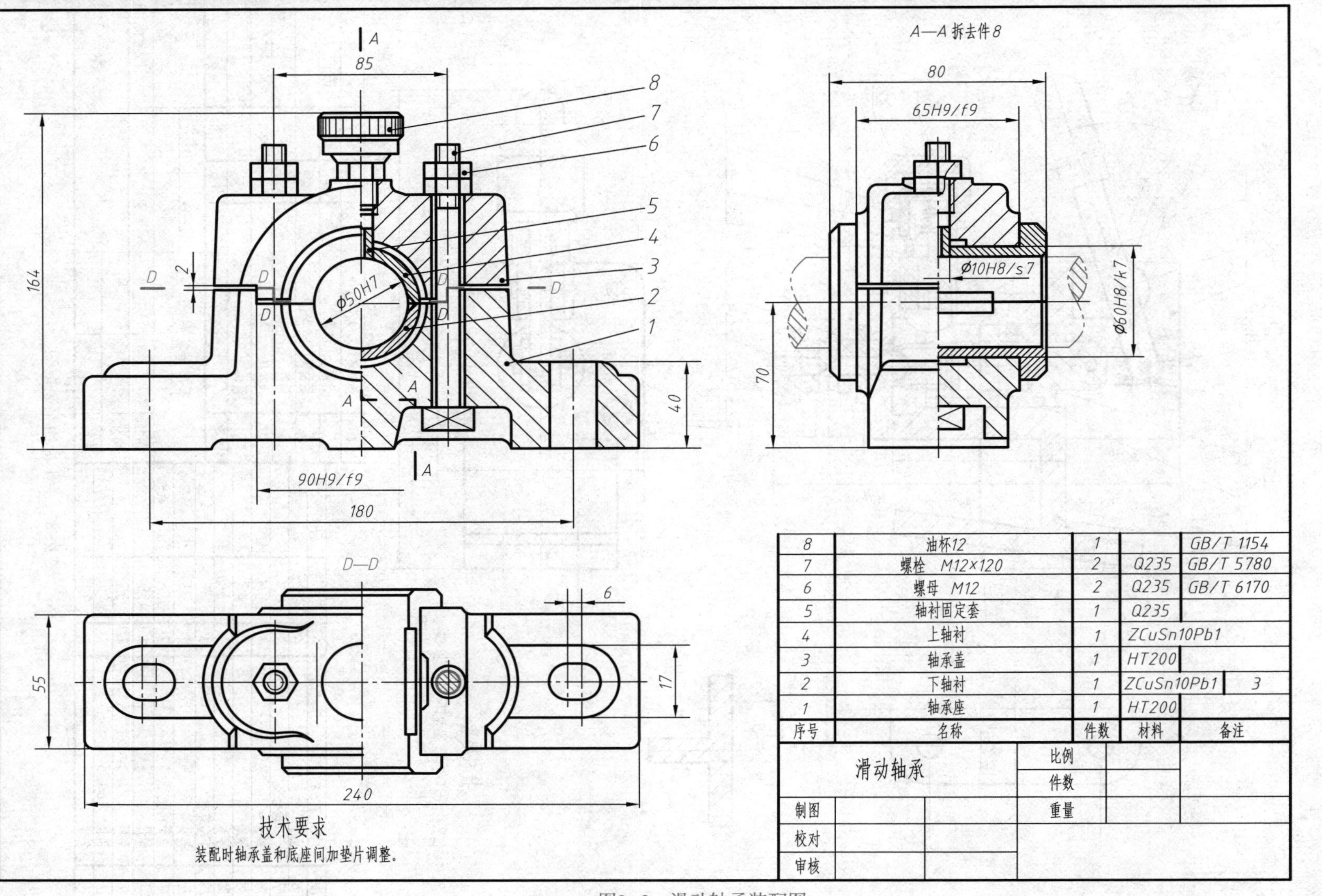
A—A 拆去件8
80
65H9/f9
Φ10H8/s7
Φ60H8/k7
70
85
164
8
7
6
5
4
3
2
1
A
D
Φ50H7
40
90H9/f9
180
D—D
6
55
17
240
技术要求
装配时轴承盖和底座间加垫片调整。
8 油杯12 1 GB/T 1154
7 螺栓 M12×120 2 Q235 GB/T 5780
6 螺母 M12 2 Q235 GB/T 6170
5 轴衬固定套 1 Q235
4 上轴衬 1 ZCuSn10Pb1
3 轴承盖 1 HT200
2 下轴衬 1 ZCuSn10Pb1 3
1 轴承座 1 HT200
序号 名称 件数 材料 备注
滑动轴承
比例
件数
重量
制图
校对
审核

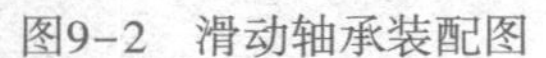
图9-2 滑动轴承装配图

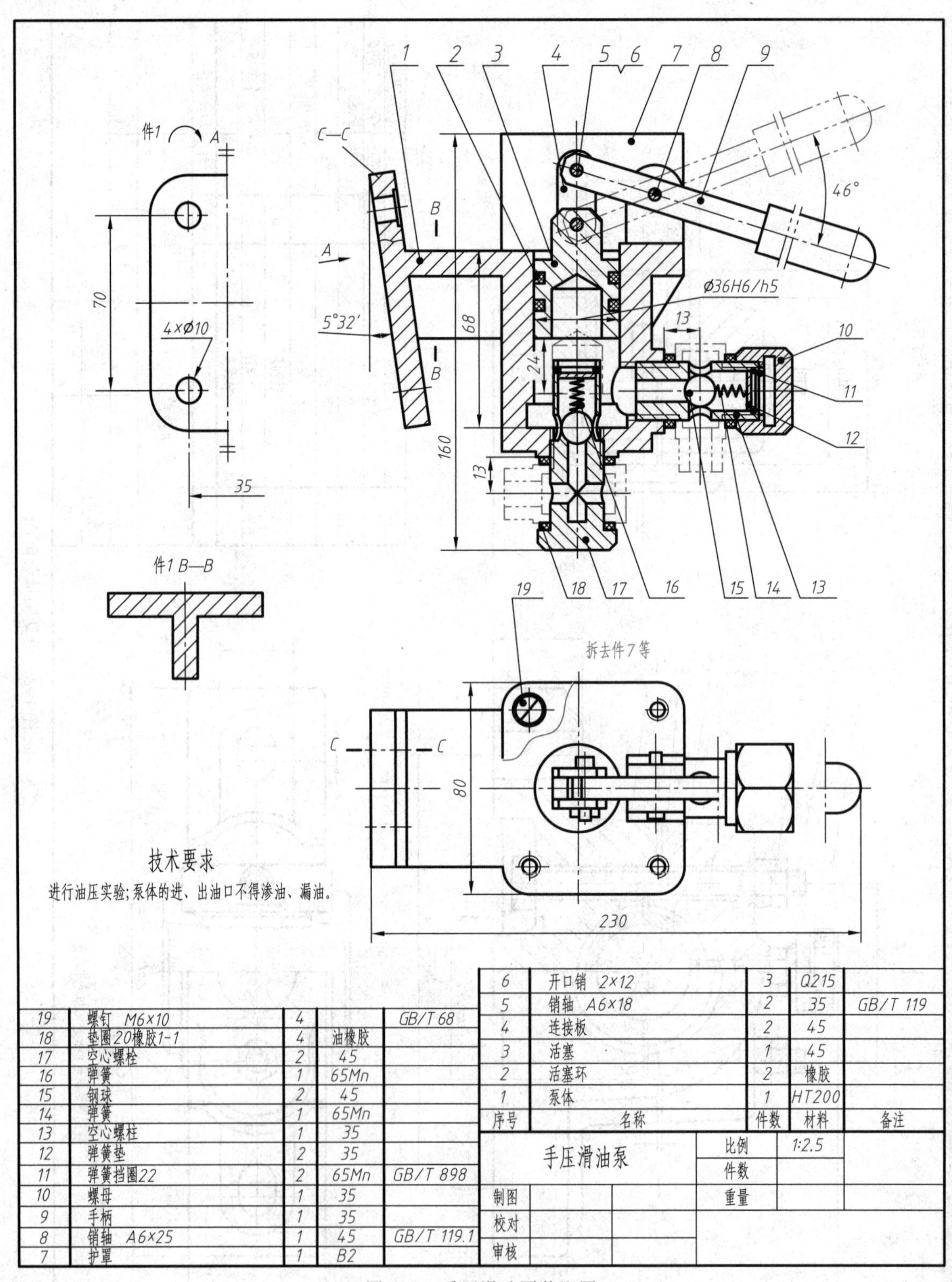

序号	名称	件数	材料	备注
19	螺钉 M6×10	4		GB/T 68
18	垫圈20橡胶1-1	4	油橡胶	
17	空心螺栓	2	45	
16	弹簧	2	65Mn	
15	钢球	2	45	
14	弹簧	1	65Mn	
13	空心螺柱	1	35	
12	弹簧垫	2	35	
11	弹簧挡圈22	2	65Mn	GB/T 898
10	螺母	1	35	
9	手柄	1	35	
8	销轴 A6×25	1	45	GB/T 119.1
7	护罩	1	B2	
6	开口销 2×12	3	Q215	
5	销轴 A6×18	2	35	GB/T 119
4	连接板	2	45	
3	活塞	1	45	
2	活塞环	2	橡胶	
1	泵体	1	HT200	

手压滑油泵	比例	1:2.5
	件数	
制图	重量	
校对		
审核		

图 9-3 手压滑油泵装配图

§9-2　部件的表达方法

零件的各种表达方法(如视图、剖视图、断面图等)，同样适用于表达部件。但是零件的表达是以反映零件的结构形状为中心的，而部件的表达则是以反映部件的工作原理，运动传递，各零件间相对位置、连接方式、装配关系为中心。因此在部件的表达方法中，还有一些规定画法及特殊表达法。

一、规定画法

(1) 两个相邻零件的接触面或配合面，规定只画一条线。非接触面即使间隙很小也必须画成两条明显分开的线(图 9-4a)。

部件的表达方法

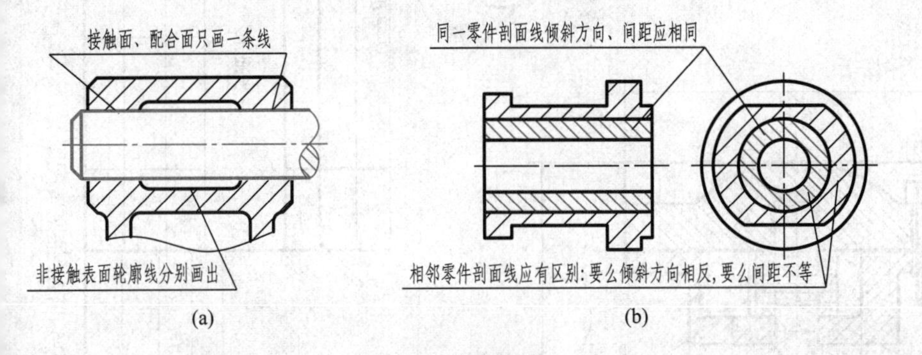

图 9-4　规定画法

(2) 同一零件在各视图中其剖面线倾斜方向和间距应完全一致，相邻两零件其剖面线倾斜方向或间隔应有区别：要么倾斜方向相反，要么间距不等(图 9-4b)。

(3) 当剖切平面通过标准件(如螺栓、螺钉、螺母、垫圈、键、销等)和实心件(如实心轴、连杆、手柄等)的轴线或纵向对称面剖切时，均按不剖绘制。如图 9-2 中的螺母、螺栓、油杯(件 *6*、件 *7*、件 *8*)；图 9-3 中的手柄、钢球(件 *9*、件 *15*)。

二、特殊表达法

1. 沿零件接合面剖切和拆卸画法

在装配图中，当某些零件遮住了需要表达的结构或装配关系时，可假想沿某些零件的结合面剖切或假想将某些零件拆卸后绘制。图 9-2 中的俯视图是沿轴承盖与轴承座结合面剖切的半剖视图，结合面上不画剖面线，被横切的螺栓按规定画出剖面线。图 9-3 的俯视图是假想将护罩、螺钉拆卸后画出的，这种画法称为拆卸画法。采用了拆卸画法的视图，上方应注明拆去件×。拆卸画法可以将某个零件完全拆去(图 9-2 左视图中拆去油杯)，也可以对某个零件采用局部拆卸(图 9-3 俯视图中的护罩)。

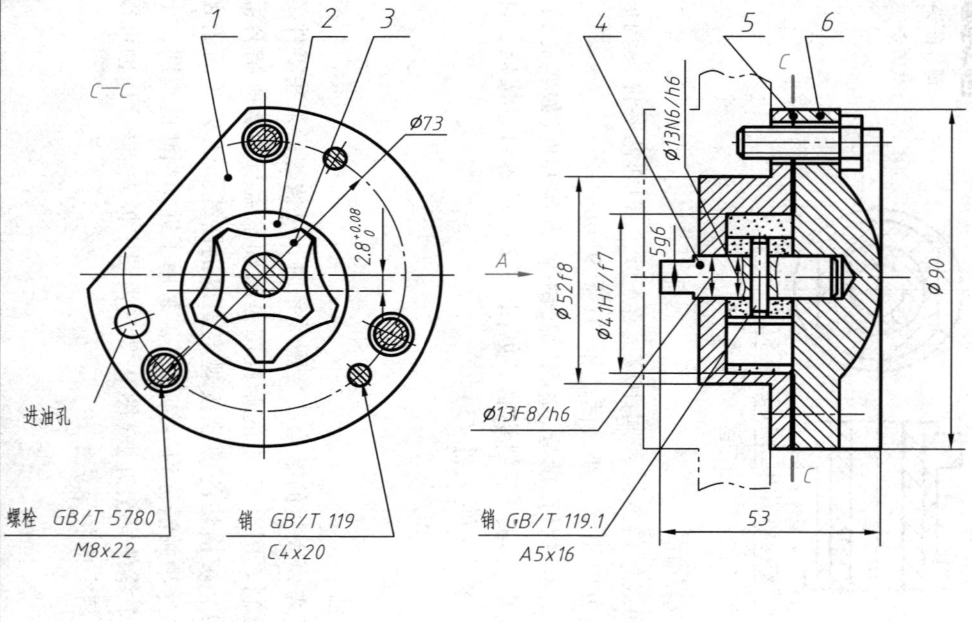

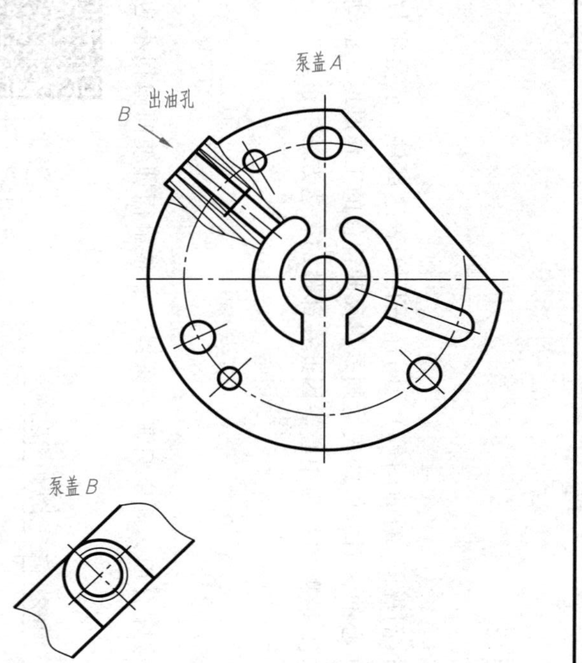

技术要求

1. 以转速为1 000 r/min,油压为0.78 MPa,历时5 min不得有渗漏现象;
2. 调整件5厚度,保证端面间隙为0.04~0.08 mm。

序号	名称	件数	材料	备注
6	泵盖	1	HT300	
5	垫片	1	青壳纸	d=0.1~0.2
4	泵轴	1	45	
3	内转子	1	铁基粉末冶金	
2	外转子	1	铁基粉末冶金	
1	泵体	1	HT300	

转子油泵		比例	
		件数	
制图		重量	
校对			
审核			

图9-5 转子油泵装配图

2. 假想画法

在装配图中，为了表达外露运动零件的运动范围或极限位置，可将该零件的一个极限位置用粗实线绘制，而将另一极限位置用细双点画线绘制，如图 9-3 中的手柄。

在装配图中，为了表达与本部件有关但又不属于本部件的相邻零部件时，可将该相邻零部件用细双点画线绘制，如图 9-2 中的轴及图 9-3 中进、出油口的连接件。

3. 单独表达个别零件

在装配图中，为了突出表达某个重要零件的结构形状，可以单独画出该零件的某个视图或一组视图，并在该视图的上方注明该零件的名称或序号。如图 9-5 中泵盖的 *A* 向、*B* 向视图。

4. 展开画法

在装配图中，为了表达传动机构的传动路线和轴上各零件的装配关系，可假想将各轴按传动顺序沿轴线剖切，并将各剖切平面展成一个与选定的投影面平行的平面，画出其剖视图，在剖视图上方标注"×—×"展开，如图 9-6 所示。

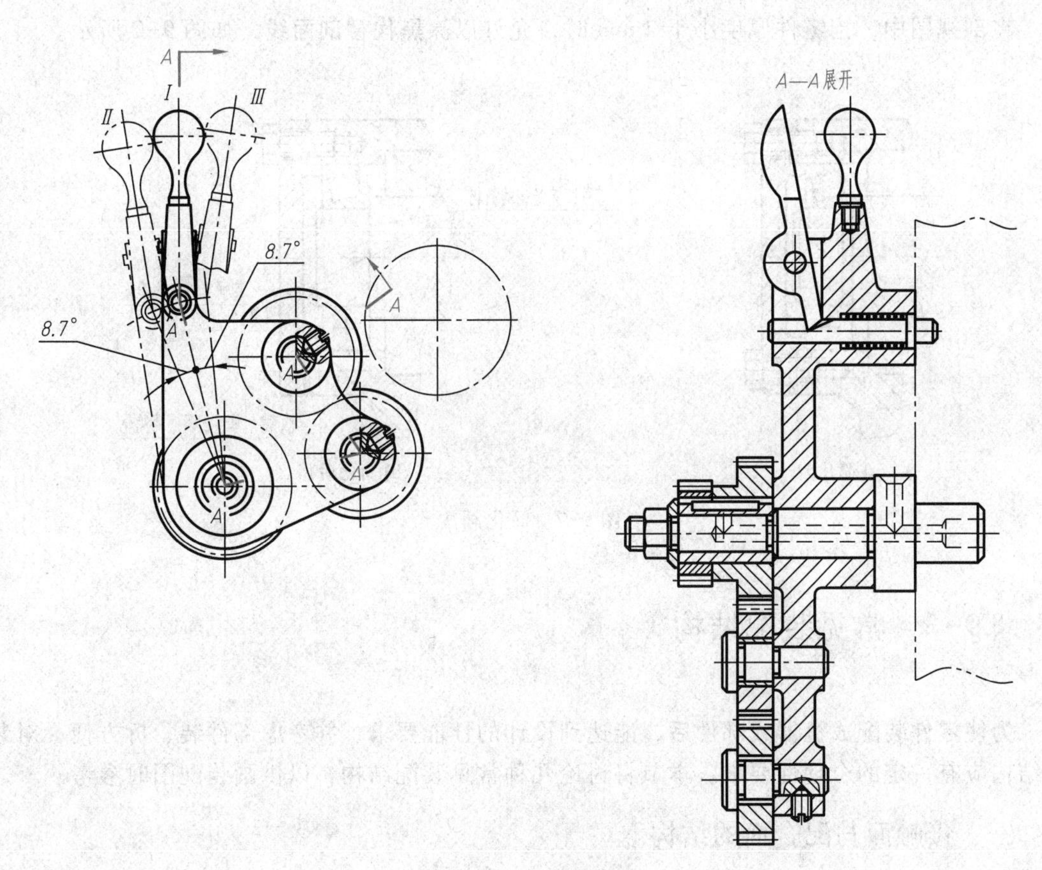

图 9-6　展开画法

5. 夸大画法

在装配图中，对于薄片零件、小间隙、小斜度、小锥度，当无法按实际尺寸画出时，可将其适当夸大画出，如图 9-2 中螺栓孔间隙的夸大、图 9-5 中垫片 5 的夸大。

6. 简化画法

（1）零件工艺结构的简化

在装配图中，零件的工艺结构，如起模斜度、小圆角、倒角、退刀槽、越程槽等允许省略不画，如图 9-7 所示。

（2）相同零件组的简化

在装配图中，若干相同的零件组（如螺栓、螺钉连接等），可仅详细地画出一组或几组，其余只需以细点画线表示其位置，如图 9-7 所示。

（3）已表达清楚零件的简化

在装配图中，对于某些视图已经表达清楚的零件，在不影响看图的情况下，允许在其他视图中省略不画。

（4）薄片零件剖面线的简化

在剖视图中，当零件厚度小于 2 mm 时，允许以涂黑代替剖面线，如图 9-7 所示。

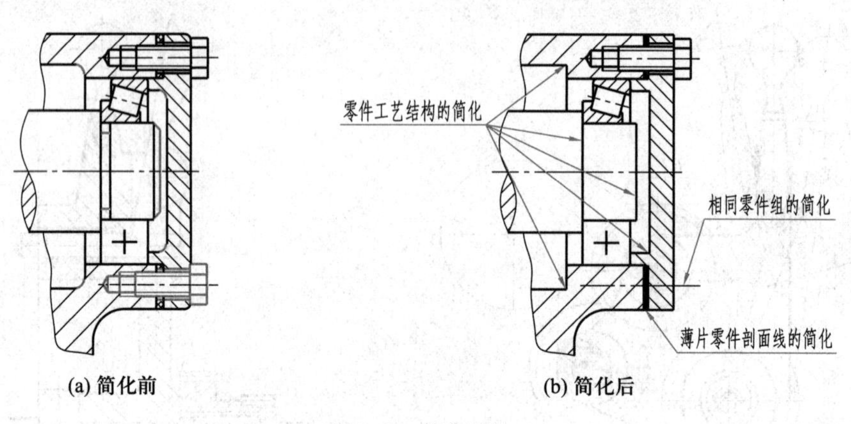

图 9-7　简化画法

§9-3　常见装配结构

为使零件装配成机器或部件后，能达到设计的性能要求，并考虑部件装、拆方便，对装配结构应有一定的合理性要求。本节将讨论几种常见装配结构，以供画装配图时参考。

一、接触面与配合面的结构

1. 相邻两零件接触面问题

相邻两零件在同一方向上只能有一对接触面，如图 9-8 所示。$a_1>a_2$，既保证了零件接触良好，又降低了加工要求；若 $a_1=a_2$，则会造成加工困难。

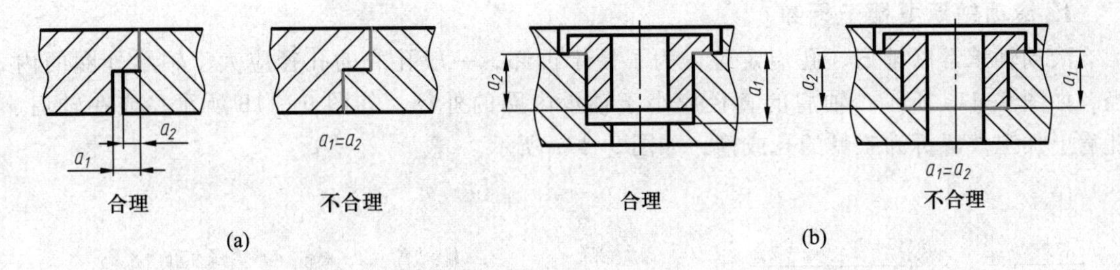

图 9-8　相邻两零件接触面问题

2. 轴和孔的配合面问题

在图 9-9a 中，由于 ϕA 已经形成配合，ϕB 和 ϕC 不应再形成配合，即 ϕB 应大于 ϕC 才能保证 ϕA 柱面的正确配合。在图 9-9b 中，两锥面配合时，锥体顶部与锥孔底部之间应留有间隙，即 L_1 应小于 L_2，否则两锥面不能正确配合。

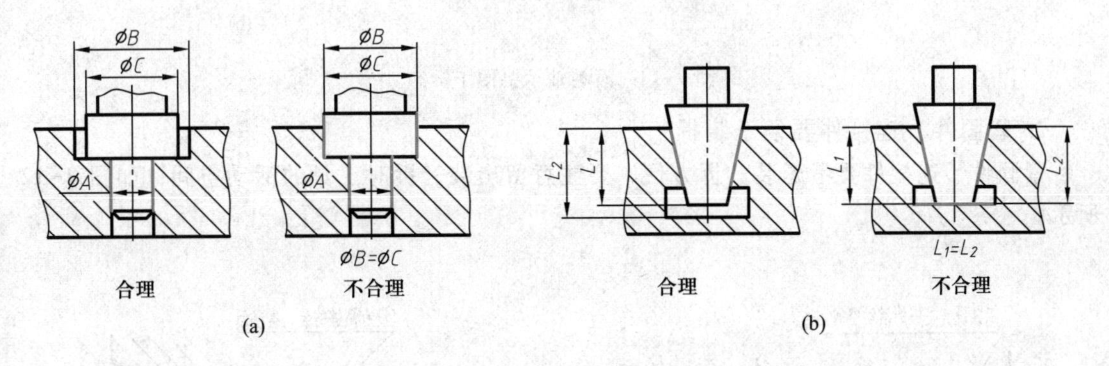

图 9-9　孔与轴的配合面问题

3. 接触面转角处结构

在两配合零件接触面的转角处应做出倒角、倒圆或凹槽，不应都做成尖角或半径相等的圆角。因为绝对尖的尖角和两个半径绝对相等的圆角是加工不出来的，如图 9-10 所示。

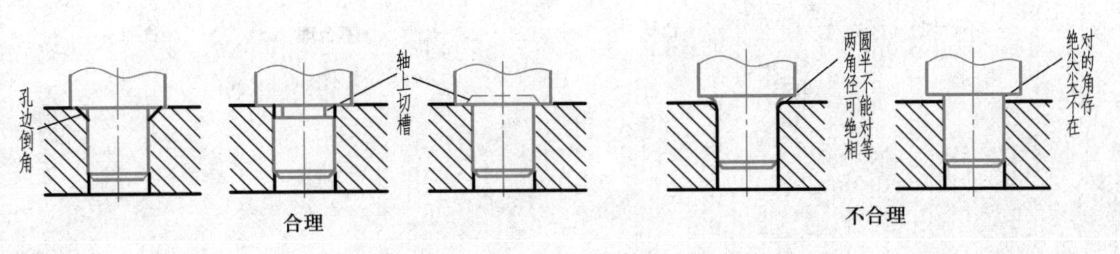

图 9-10　零件间接触面转角处结构

二、便于装、拆的合理结构

1. 滚动轴承要便于拆卸

滚动轴承常以轴肩、孔肩定位，为了便于拆卸，一般孔肩的孔径应大于轴承外圈的内径，如图 9-11a 所示；轴肩的直径应小于轴承内圈的外径，如图 9-11b 所示；或在轴肩、孔肩上加工放置拆卸工具的孔或槽，如图 9-11a 所示。

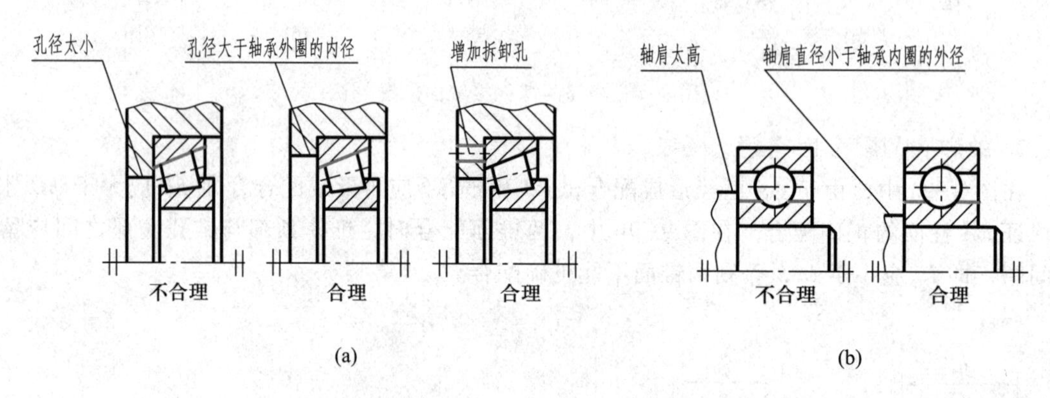

图 9-11　滚动轴承要便于拆卸

2. 紧固件、连接件要便于装拆

紧固件、连接件要考虑装、拆方便，要注意留出装、拆时工具的活动空间，如图 9-12 所示。

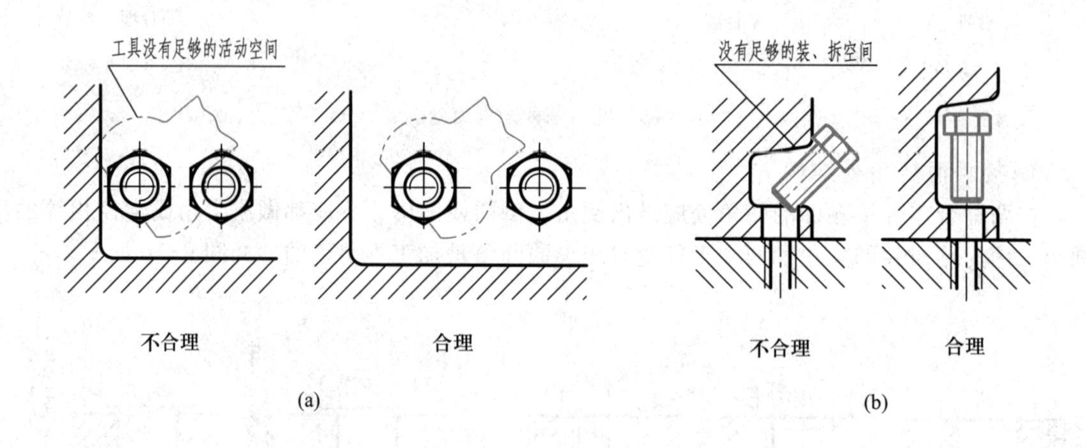

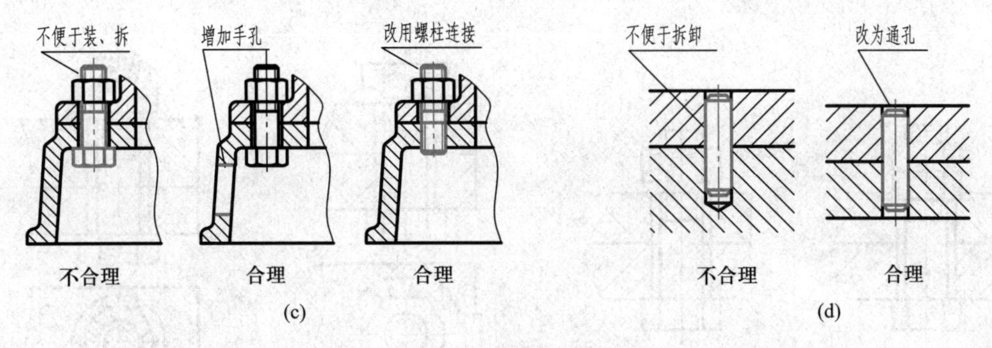

图 9-12　紧固件、连接件要便于拆卸

三、防漏结构

在部件或机器中，为了防止内部液体外漏和外部灰尘、杂质侵入，通常要采用防漏和防尘装置，图 9-13 所示为两种最常见的防漏装置。在防漏装置中，填料应画成刚刚加满处于开始挤压的位置。

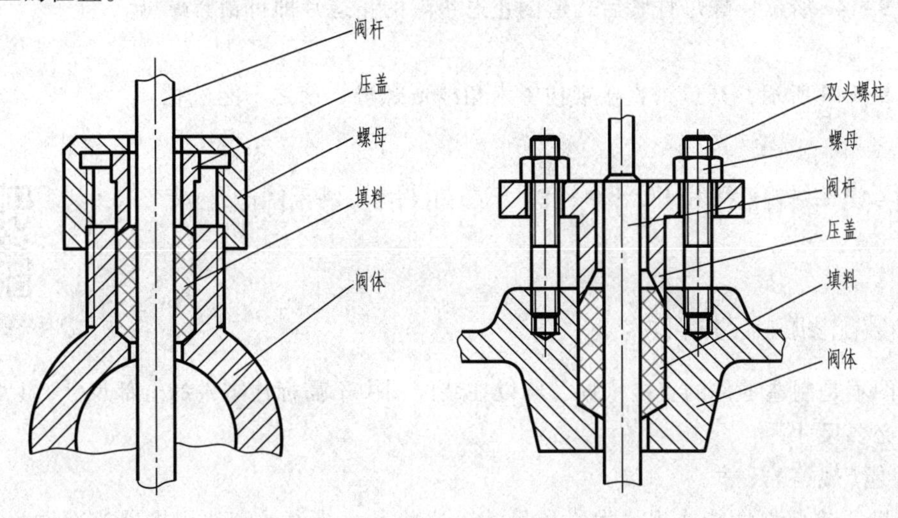

图 9-13　防漏结构

四、防松结构

机器运转时，由于受到振动或冲击，一些紧固件、连接件可能产生松动现象。因此，在某些装置中需要采用防松结构，图 9-14 所示是几种常用的防松结构。

1. 双螺母

如图 9-14a 所示，依靠两螺母在拧紧后，螺母之间产生的轴向力，使螺母牙与螺栓牙之间的摩擦力增大而防止螺母自动松脱。

2. 弹簧垫圈

如图 9-14b 所示，当螺母拧紧后，垫圈受压变平，依靠这个变形力，使螺母牙与螺栓牙之间的摩擦力增大及垫圈开口的刀刃阻止螺母转动而防止螺母松脱。

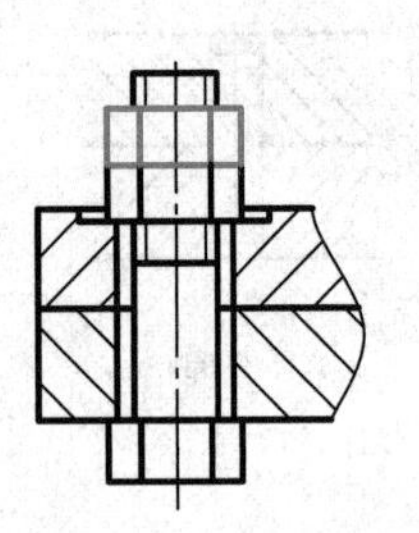

(a) 双螺母防松

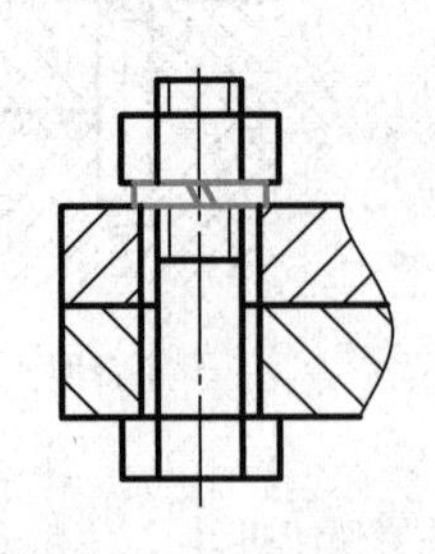

(b) 弹簧垫圈防松

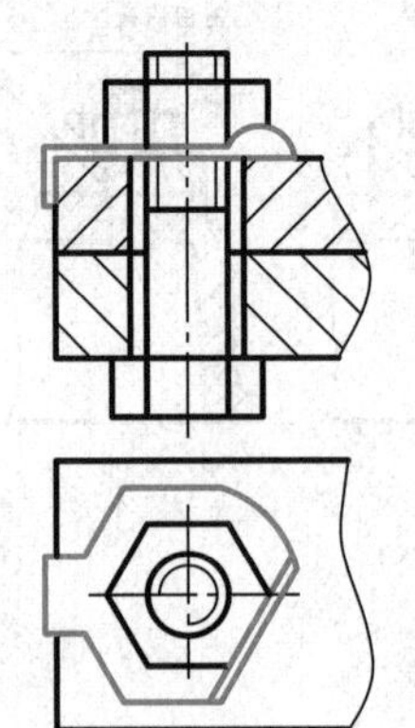

(c) 止退垫圈防松

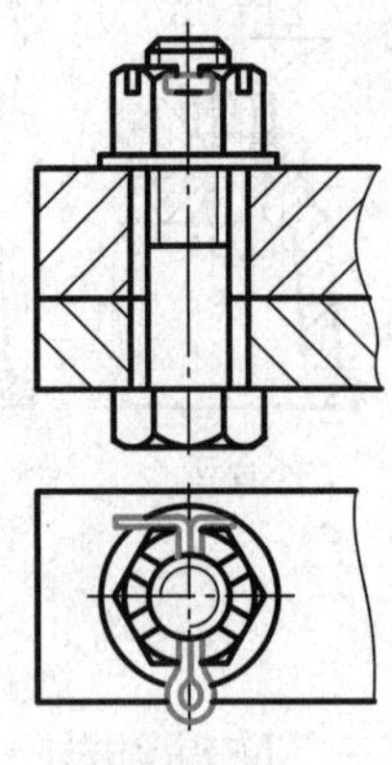

(d) 开口销防松

图 9-14　防松结构

3. 止退垫圈

如图 9-14c 所示，螺母拧紧后，弯倒止退垫圈的止运片即可锁紧螺母。

4. 开口销

如图 9-14d 所示，开口销直接锁住了六角槽形螺母，使之不能松脱。

§9-4　装配图的尺寸标注、零部件序号和标题栏

装配图的尺寸标注

一、装配图的尺寸标注

装配图不是制造零件的直接依据，所以在装配图中不需标注零件的全部尺寸，只需标注下列几种必要尺寸。

1. 性能(规格)尺寸

表示机器或部件性能或规格大小的尺寸。这些尺寸是设计和选用机器或部件的主要依据。如图 9-2 中的 70、ϕ50H7，它们确定了滑动轴承支承轴的大小及高度。如图 9-3 中的 ϕ36H6/h5、24，它们确定了摇动手柄一次手压滑油泵的供油量。

2. 装配尺寸

表示机器或部件中各零件之间装配关系的尺寸称为装配尺寸，如配合尺寸和零件间重要的相对位置尺寸。如图 9-2 中的轴承座与轴承盖之间的配合尺寸 90H9/f9、轴衬固定套与上轴衬的配合尺寸 ϕ10H8/s7、轴承座与轴承盖之间的位置尺寸 2 等。

3. 外形尺寸

表示机器或部件外形轮廓大小的尺寸为外形尺寸，即机器或部件的总长、总宽、总高。这类尺寸为机器或部件的包装、运输、安装所需的空间大小提供依据。如图 9-2 中的 240 (总长)、164(总高)和 80(总宽)。

4. 安装尺寸

将机器或部件安装到其他设备或基础上所需的尺寸称为安装尺寸。如图 9-2 中的 180、17、6 就是将滑动轴承座安装到机座上所需的尺寸。

5. 其他重要尺寸

除上述四种尺寸外，还包括在设计中确定的一些重要尺寸，如运动件的极限位置尺寸、主体零件的重要设计尺寸等。如图 9-3 所示手压滑油泵装配图中，手柄的运动范围 46°、活塞的行程 24 都属于其他重要尺寸。

上述 5 类尺寸并不是所有装配图都俱全，标注装配图尺寸时应视具体情况具体分析。同时还应注意同一尺寸的多重含义，如上述图 9-3 中的 ϕ36H6/h5，它既属于手压滑油泵的性能规格尺寸，同时也属于手压滑油泵的装配尺寸。

二、零部件序号和明细栏

由于部件是由许多零件组成的，为了区分零件，便于读图、便于组织指导生产，在装配图中必须对每种零件或组件进行编号，这种编号称为零件的序号。同时在标题栏上方的明细栏中填写与图中序号一一对应的零件清单，用来说明每种零件的名称、数量、材料等内容（图 9-2,图 9-3）。

1. 零件序号的标注

在装配图中每个零件的可见轮廓范围内，画一小黑点，用细实线引出指引线，并在指引线的末端注写零件序号。若所指零件很薄或为涂黑者，可用箭头代替小黑点，如图 9-15a 所示。

指引线的形式有三种，如图 9-15 所示。图 9-15a、b 中的水平短线、圆都用细实线绘制，序号数字应比装配图中的其他尺寸数字大一号或两号，而图 9-15c 中的序号数字则必须大两号。

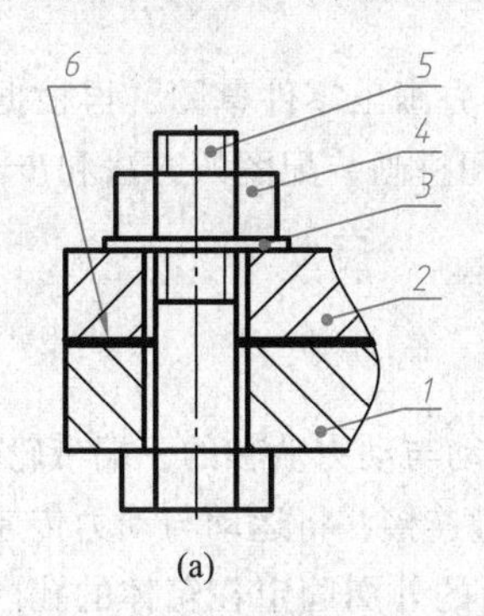

(a)

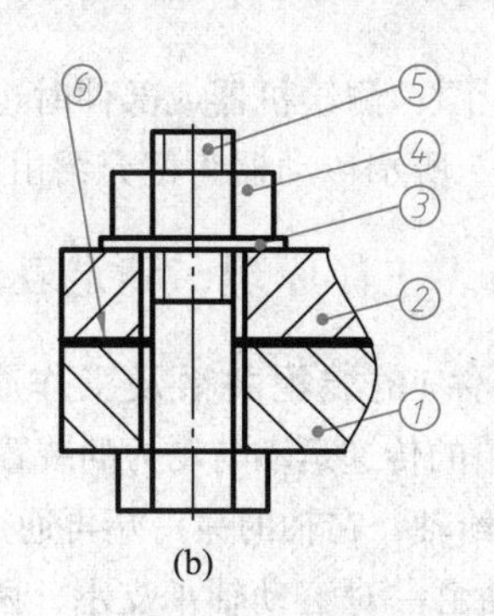

(b)

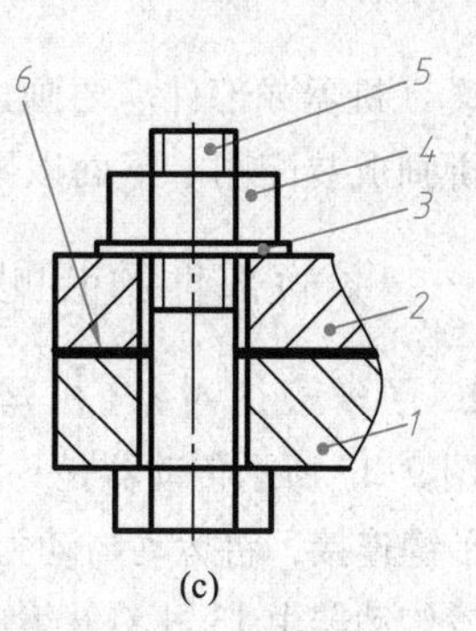

(c)

图 9-15 零件指引线的形式

2. 序号标注中的一些规定

（1）相同的零、部件只编一个序号，每个序号在图中一般只标注一次，多次出现的相同零、部件，必要时也可以重复标注，但应用同一序号。

（2）紧固件组及装配关系清楚的零件组，可采用公共指引线，如图 9-16 所示。

（3）指引线不要求相互平行，但不允许相交。通过剖面线区域时不应与剖面线方向一致。指引线可以画成折线，但只允许折一次。

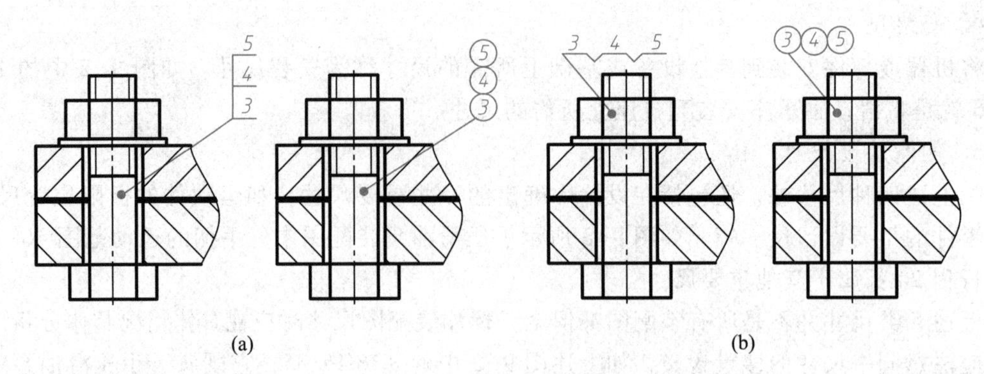

图 9-16　公共指引线的形式

（4）在装配图中，序号应按水平或垂直方向依次排列整齐，并统一按顺时针或逆时针方向进行编号，以便于查找。如果在图上无法按上述要求排列序号时，亦可在水平或垂直方向按顺序排列，如图 9-2、图 9-3 所示。

3. 明细栏

明细栏是部件或机器中零件的详细目录，其内容、格式详见 GB/T 10609.2—2009《技术制图　明细栏》。明细栏画在标题栏上方，并与标题栏相连接，当位置不够时，可将明细栏的一部分移至标题栏左边。填写明细栏时，零件序号应由下而上、从小到大地排列，如图 9-2、图 9-3 所示。

§9-5　装配图的绘制

设计机器或部件需要画出装配图，测绘机器或部件时也需要先画出零件草图，再根据零件草图拼画成装配图。下面以图 9-17 所示传动器为例介绍由零件图拼画装配图的方法和步骤。

一、了解部件的装配关系、工作原理，确定表达方案

1. 了解表达对象（机器或部件）的装配关系及工作原理

图 9-17 所示传动器是一种简单的传递运动与动力的装置，运动与动力从轴的一端带轮输入，通过平键连接，将运动与动力传递给轴，在轴的另一端再通过平键连接，将运动与动力传递给齿轮。该传动器由 13 种零件组成，轴由一对滚动轴承支承，两轴承的外圈固定在箱体的孔内，轴的两处轴肩及左、右两个端盖分别将滚动轴承进行轴向定位。右侧的滚动轴承与端盖之间有一调节环，用于调节滚动轴承的轴向间隙，以保证轴转动时轴承不发生轴向窜动。为防止润滑油渗漏，端盖与箱体的接触处均有纸垫圈，两端端盖的孔槽内装有毛毡填料，用于防尘。

2. 选择视图，确定表达方案

（1）选择主视图

主视图是装配图中的核心视图，要尽可能多地表达部件的装配关系和工作原理。选择主视图需要解决两个问题。

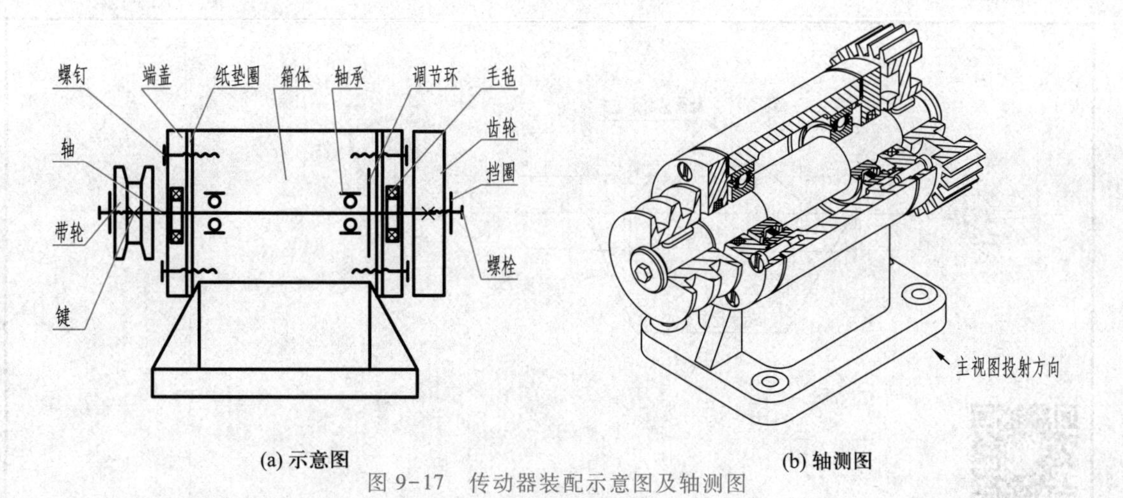

图 9-17　传动器装配示意图及轴测图

1）确定部件的放置位置　一般将部件按工作位置放置画主视图，以便了解部件的工作情况及整体的装配关系。将传动器轴线水平放置画主视图。

2）确定主视图的投射方向　确定了部件的放置位置后，应该选择最能反映部件装配关系、工作原理及主要零件结构形状的那个投射方向画主视图。当不能在同一投射方向上反映上述内容时，则应经过比较，选取一个能较多反映上述内容的投射方向画主视图。一般取反映零件间较多装配关系的那个投射方向画主视图为好。该传动器只有一条主装配干线，因此选择垂直于轴线(主装配干线)为投射方向，并沿轴线剖切的全剖视图作为传动器的主视图(图 9-17b)。

(2) 选择其他视图

主视图确定后，分析主视图中还有哪些没有表达清楚，再选择其他视图来补充表达。选择其他视图的原则是每增加一个视图必须有一个表达目的。选择其他视图通常从以下三个方面考虑。

1）选择补充表达部件工作原理的视图。

2）选择补充表达零件间装配关系的视图。

3）选择补充表达主要零件的主要结构形状的视图。

该传动器的主视图已将其工作原理、装配连接关系表达清楚，因此增加一个采用了拆卸画法的左视图来表达传动器外形。

二、画装配图

(1) 根据确定的表达方案和部件的体积大小、复杂程度，选取适当的比例及图幅，画出各视图的主要基准线(轴线、中心线、零件上较大的平面或断面)，布局视图，如图 9-18a 所示。注意留出标题栏、明细栏的空间。

(2) 根据装配干线，由内向外，逐个画出零件的图形。具体画某个零件时，一般先确定位置，然后再绘轮廓。传动器绘图过程如图 9-18a～d 所示。

(3) 检查底稿加深图线，如图 9-18d 所示。

(4) 标注尺寸、配合代号及技术要求，标注零件序号，填写标题栏、明细栏，完成全图，如图 9-19 所示。

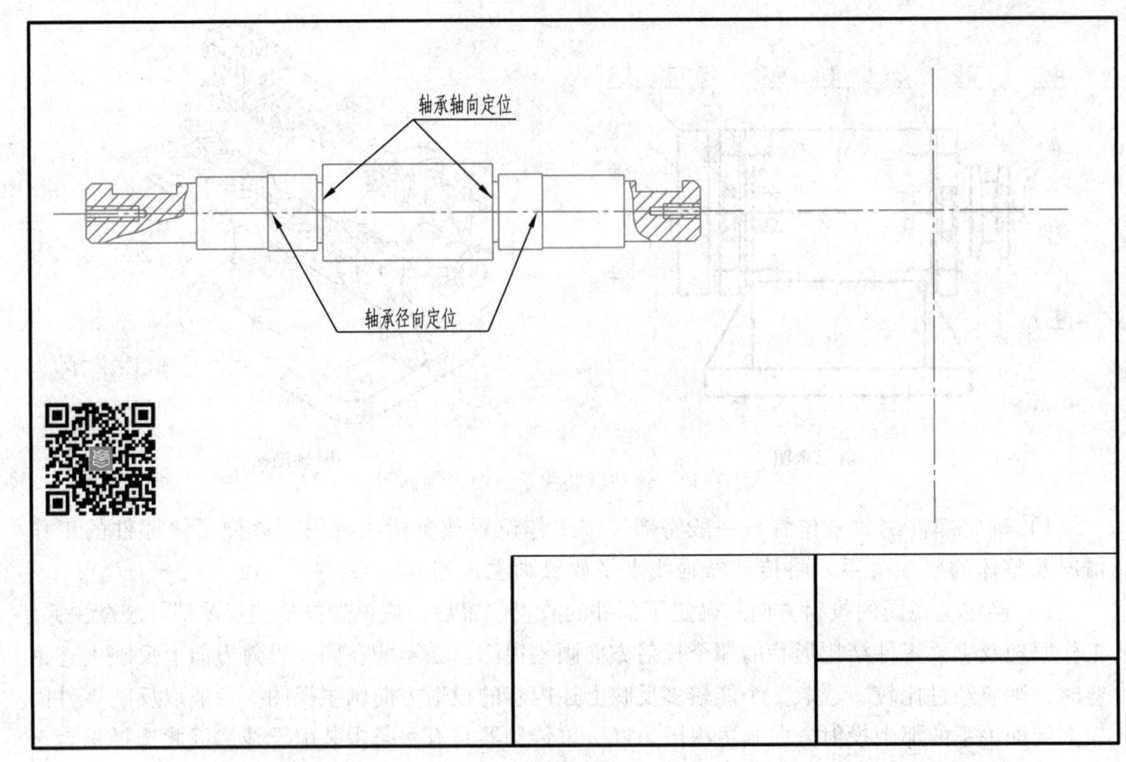

(a) 合理布局视图，画轴

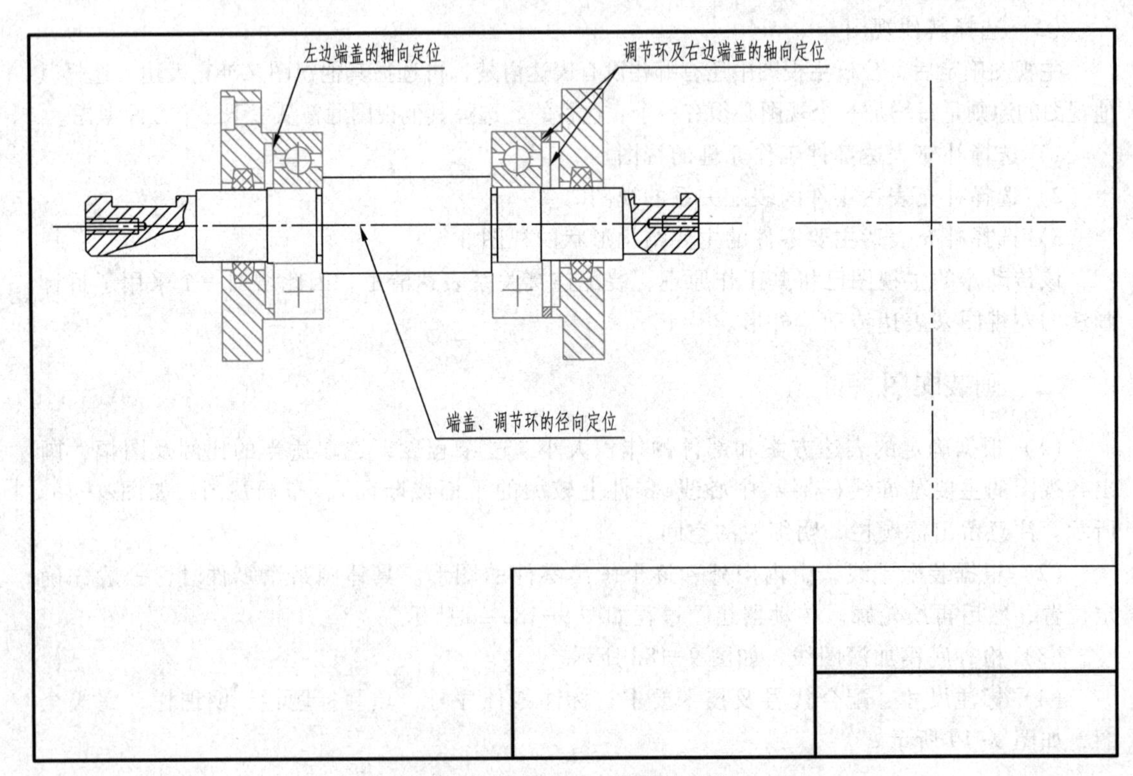

(b) 由内向外画出轴承、调节环、端盖

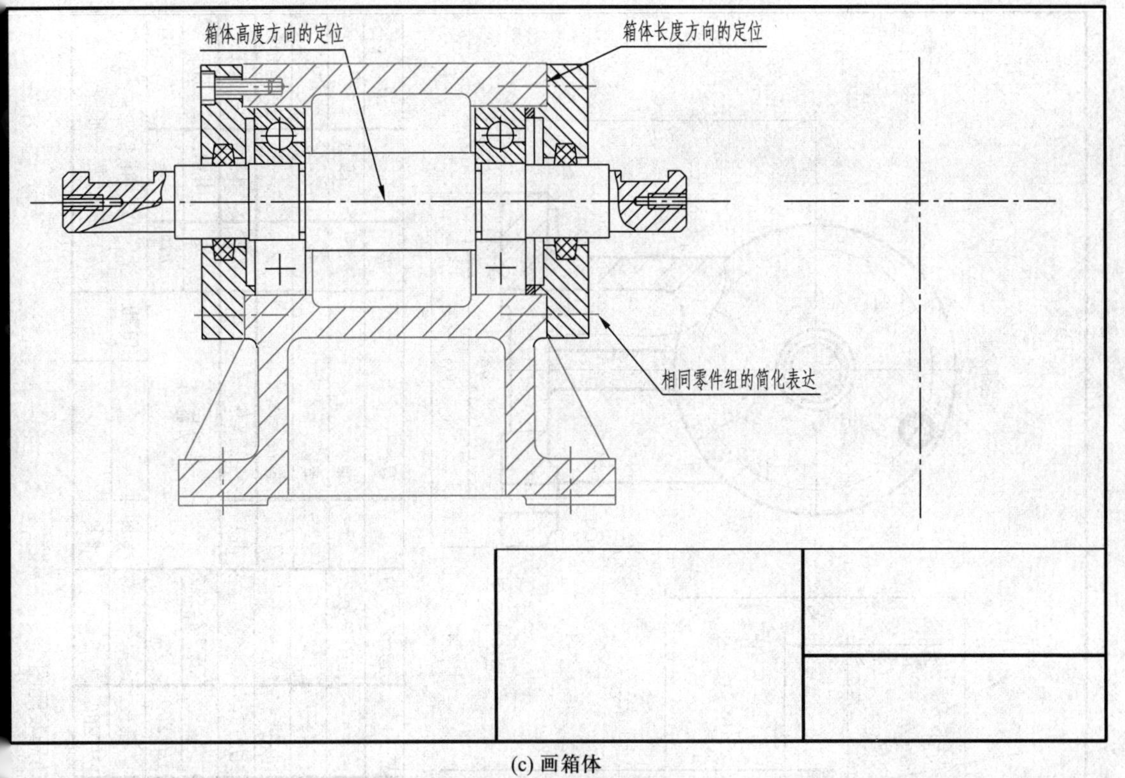

(c) 画箱体

带轮轴向定位

齿轮轴向定位

拆去带轮、齿轮、挡圈螺栓等

齿轮、带轮的径向定位

(d) 画带轮、齿轮、螺栓、垫片及采用了拆卸画法的左视图

图 9-18　传动器装配图画图步骤

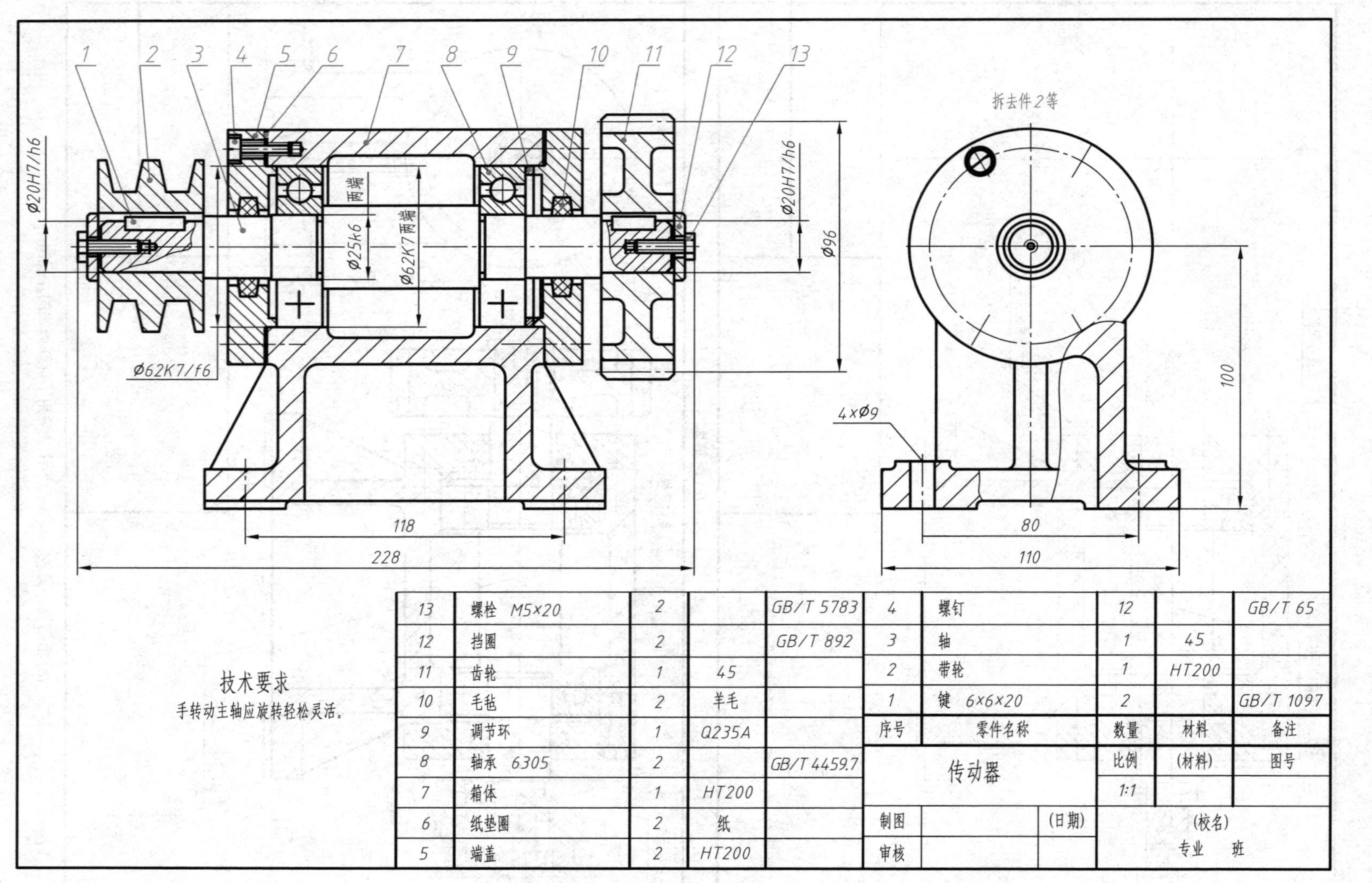

序号	零件名称	数量	材料	备注
13	螺栓 M5×20	2		GB/T 5783
12	挡圈	2		GB/T 892
11	齿轮	1	45	
10	毛毡	2	羊毛	
9	调节环	1	Q235A	
8	轴承 6305	2		GB/T 4459.7
7	箱体	1	HT200	
6	纸垫圈	2	纸	
5	端盖	2	HT200	
4	螺钉	12		GB/T 65
3	轴	1	45	
2	带轮	1	HT200	
1	键 6×6×20	2		GB/T 1097
序号	零件名称	数量	材料	备注

传动器		比例	(材料)	图号
		1:1		
制图	(日期)	(校名)		
审核		专业 班		

图9-19 传动器装配图

§9-6　读装配图及由装配图拆画零件图

读装配图就是通过对装配图的视图、尺寸及文字符号等的分析与识读，了解机器或部件的名称、用途、工作原理和装配关系等的过程。在产品的设计制造、使用维修和技术交流中经常都需要读装配图。因此，工程技术人员必须具备读装配图的能力。

一、读装配图的方法与步骤

下面以读蝴蝶阀装配图(图 9-20)为例，说明读装配图的方法与步骤。

1. 概括了解

(1) 从标题栏、明细栏及有关资料中了解部件的名称、绘图的比例、零件的种类及数量。

(2) 分析视图，根据装配图的视图表达情况，明确视图间的投影关系，剖视图、断面图的剖切位置及投射方向，搞清楚各视图的表达重点。

从标题栏、明细栏及相关资料可知：蝴蝶阀是一个安装在管道上用来控制气流、液流或截止气流、液流的部件。它由 13 种零件组成，是一个简单的部件。

蝴蝶阀采用三个视图，主视图主要表达整个部件的结构外形，采用了两处局部剖，分别表达阀盖 *5* 与阀体 *1* 的装配关系 ϕ30H7/h6 和阀杆 *4* 与阀门 *2* 的连接关系。左视图是过阀杆 *4* 的轴线剖切的全剖视图，主要表达阀杆 *4* 这条装配干线上各零件的装配连接关系，表达主体零件阀体 *1*、阀盖 *5* 的内部结构形状。俯视图是过齿杆 *13* 的轴线剖切的全剖视图，主要表达齿杆 *13* 这条装配干线上各零件的装配连接关系，并进一步表达阀体 *1*、阀盖 *5* 的结构形状。

2. 了解装配关系和工作原理(读装配图的重要环节)

在概括了解的基础上，分析各条装配干线，弄清各条装配干线上运动件和非运动件的相对运动关系，零件间的配合要求以及零件的定位、连接方式，润滑，密封等问题，从而了解部件的运动传递、装配关系和工作原理。

分析三个视图可知：阀体 *1* 上的 ϕ12 孔是蝴蝶阀的安装孔，阀盖 *5*、盖板 *10* 通过螺钉 *6* 与阀体 *1* 连接，因此阀体 *1*、阀盖 *5*、盖板 *10* 及螺钉 *6* 均为非运动件。运动从齿杆 *13* 输入，齿杆 *13* 与阀盖 *5* 的孔是间隙配合 ϕ20H8/f8，紧定螺钉 *11* 穿过阀盖 *5* 插入齿杆 *13* 的槽中，因此齿杆 *13* 只能相对于阀盖 *5* 作左右移动。齿杆 *13* 上的轮齿与齿轮 *7* 啮合，齿轮 *7* 又通过半圆键 *8* 与阀杆 *4* 连接，阀杆 *4* 通过铆钉 *3* 与阀门 *2* 连接。阀杆 *4* 与阀盖 *5* 和阀体 *1* 均为间隙配合 ϕ16H8/f8、ϕ12H7/h6。因此，齿杆 *13* 左右移动，将带动阀杆 *4*、阀门 *2* 转动，从而开启和关闭阀门，实现管道中气流、液流的控制。

3. 分析零件，了解零件的主要结构形状

经上述分析，大部分零件的结构形状已基本清楚。对少数复杂的主体零件，还需用区分剖面线、对投影、分析相邻零件(相邻零件结合面形状相同)等方法对其结构形状作进一步

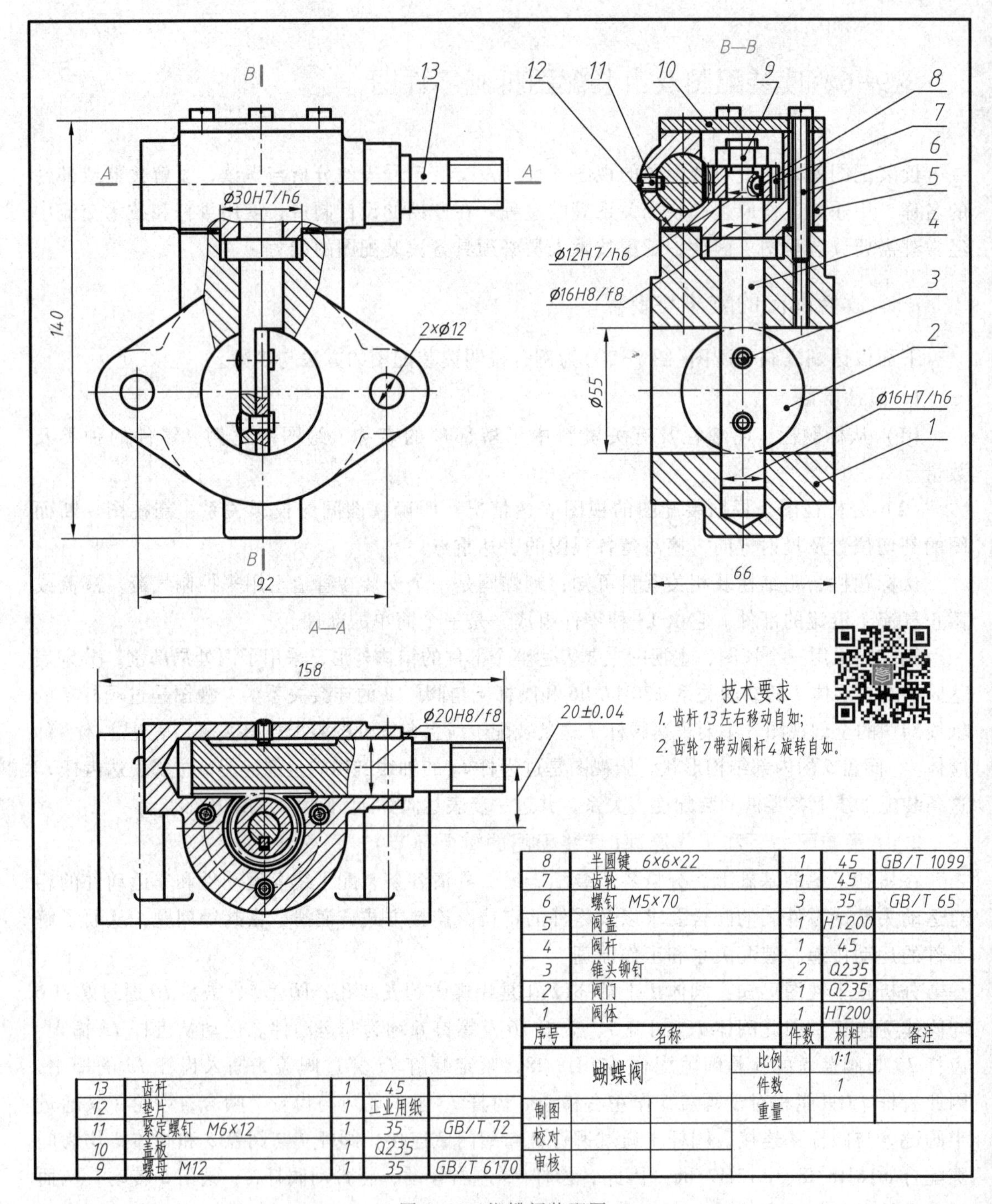

图 9-20 蝴蝶阀装配图

分析和构思，从而弄清其结构形状。

对蝴蝶阀的主体零件阀体 *1*、阀盖 *5* 的分析如下：

(1) 阀盖 从上述装配关系、工作原理分析可知阀盖的主要用途是容纳两轴线相互垂直的齿杆、齿轮。用对投影、区分剖面线的方法，找出阀盖在三面视图中的投影。由此构思想象，阀盖的外形是由一侧垂圆柱体与铅垂马蹄形柱体偏交构成，马蹄形柱体的下部有一个与阀体相配的圆柱形凸台。阀盖内腔是两个轴线垂直偏交的圆柱孔。侧垂圆柱体的后壁有安装紧定螺钉 *11* 的螺孔，铅垂马蹄形柱体有三个穿螺钉 *6* 的光孔，具体结构如图 9-21a 所示。

（2）阀体　从上述装配关系、工作原理分析可知，阀体的主要用途是容纳阀杆、阀门，完成蝴蝶阀的安装。用对投影、区分剖面线的方法，找出阀体在三面视图中的投影。由此构思想象，阀体是一正垂柱体，柱体形状如主视图虚线所示。柱体的中部是连接管道的通孔（$\phi55$），柱体的两侧是蝴蝶阀的安装孔（$\phi12$）。为增加强度，在柱体的前、后均有肋板，使柱体的前、后端面形成菱形平面；柱体的上、下均有凸台，下部凸台是圆凸台，上部凸台形状被阀盖遮挡，不能从图上直接看出它的形状，但根据相邻零件结合面形状相同，可以构思出上部凸台与阀盖的马蹄形柱体形状相同。具体结构如图 9-21b 所示。

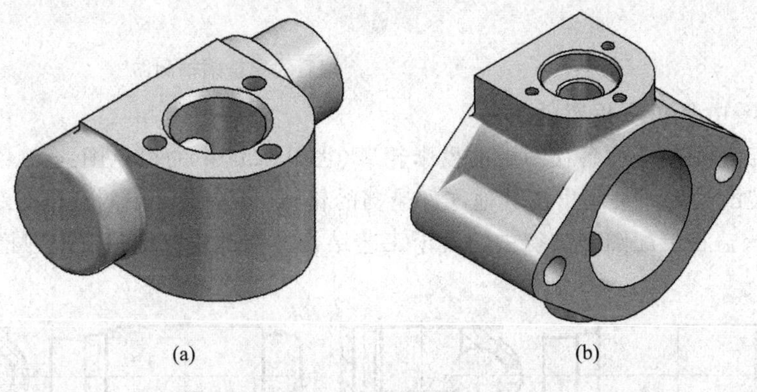
(a)　(b)

图 9-21　蝴蝶阀主要零件

4. 分析尺寸

图 9-20 中管道孔径 $\phi55$ 是蝴蝶阀的性能规格尺寸，$2\times\phi12$、92、66 是安装尺寸，158、140、66 是外形尺寸，其余尺寸均为装配尺寸。

对蝴蝶阀进行综合归纳后得出其整体结构，如图 9-22 所示。

二、由装配图拆画零件图

设计机器或部件时，通常是先根据设计思想画出装配图，然后再根据装配图拆画零件图（简称拆图）。拆图是设计过程中的一个重要环节，是在看懂装配图的基础上，按照零件图的要求，画出零件图的过程。下面以拆画上述蝴蝶阀的阀盖 *5* 为例，说明拆图的方法与步骤。

1. 读懂装配图，分析所拆零件的功用，以及它与相邻零件的装配关系

从上述读蝴蝶阀装配图的过程可知，阀盖是蝴蝶阀的主要零件，结构形状如图 9-21a 所示。它的功用是容纳齿杆、齿轮，材料为灰铸铁。其下部凸台与阀体上部凹坑有配合要求 $\phi30H7/h6$，水平圆孔与齿杆有配合要求 $\phi20H8/f8$，铅垂圆孔与阀杆有配合要求 $\phi16H8/f8$。

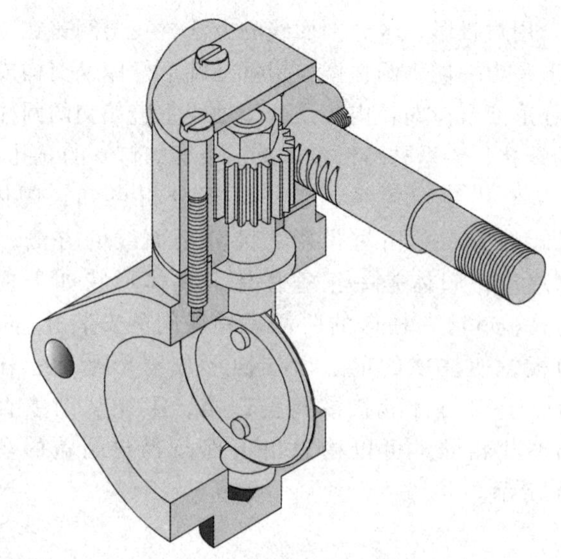

图 9-22　剖切后的蝴蝶阀轴测图

2. 从装配图中分离所拆零件

（1）用白纸蒙画阀盖在各视图中的投影轮廓(图 9-23a 中的黑色图线)，然后再根据它与相邻零件的装配关系，补画出被其他零件遮挡的轮廓(图 9-23a 中的红色图线)。

（2）补画阀盖在装配图中被省去的若干工艺结构，如倒角、倒圆、退刀槽等(图 9-23b 中的红色图线)。

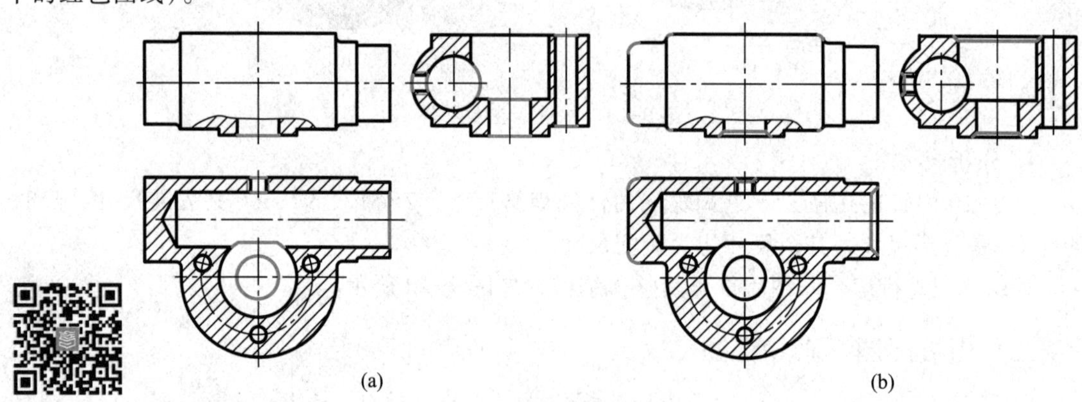

图 9-23　从装配图中分离阀盖

3. 重新考虑所拆零件的表达方案，绘制图形

零件图的表达方案，不能完全照抄装配图的表达方案，因为二者的表达目的完全不同。装配图是以表达部件的工作原理、零件间的装配连接关系为中心，而零件图则是以表达单个零件的结构形状为中心。因此，拆图时应重新考虑零件的表达方案。阀盖表达方案如图 9-24 所示。

4. 标注尺寸及技术要求

装配图不是零件生产的直接依据，因此装配图中对零件的尺寸标注不完全。拆画零件图时，对于装配图中已给出的尺寸都是重要尺寸，可直接抄注在零件图上。对于配合尺寸，应查阅相应国家标准注出该尺寸的上、下极限偏差或根据配合代号写出该尺寸的公差带代号，如图 9-24 中的 $\phi30_{-0.013}^{\ 0}$ 等尺寸。

对装配图中未标注的尺寸，应按照装配图的绘图比例从图中直接量取，对于标准结构(如螺纹孔、键槽等)，量取的尺寸还必须查阅相应国家标准将其修正为标准值。

零件的技术要求(如表面粗糙度、几何公差等)，要根据装配图上所示该零件在部件中的功用及与其他件的配合关系，并结合自己掌握的结构和工艺方面的知识来确定。阀盖的技术要求如图 9-24 所示。

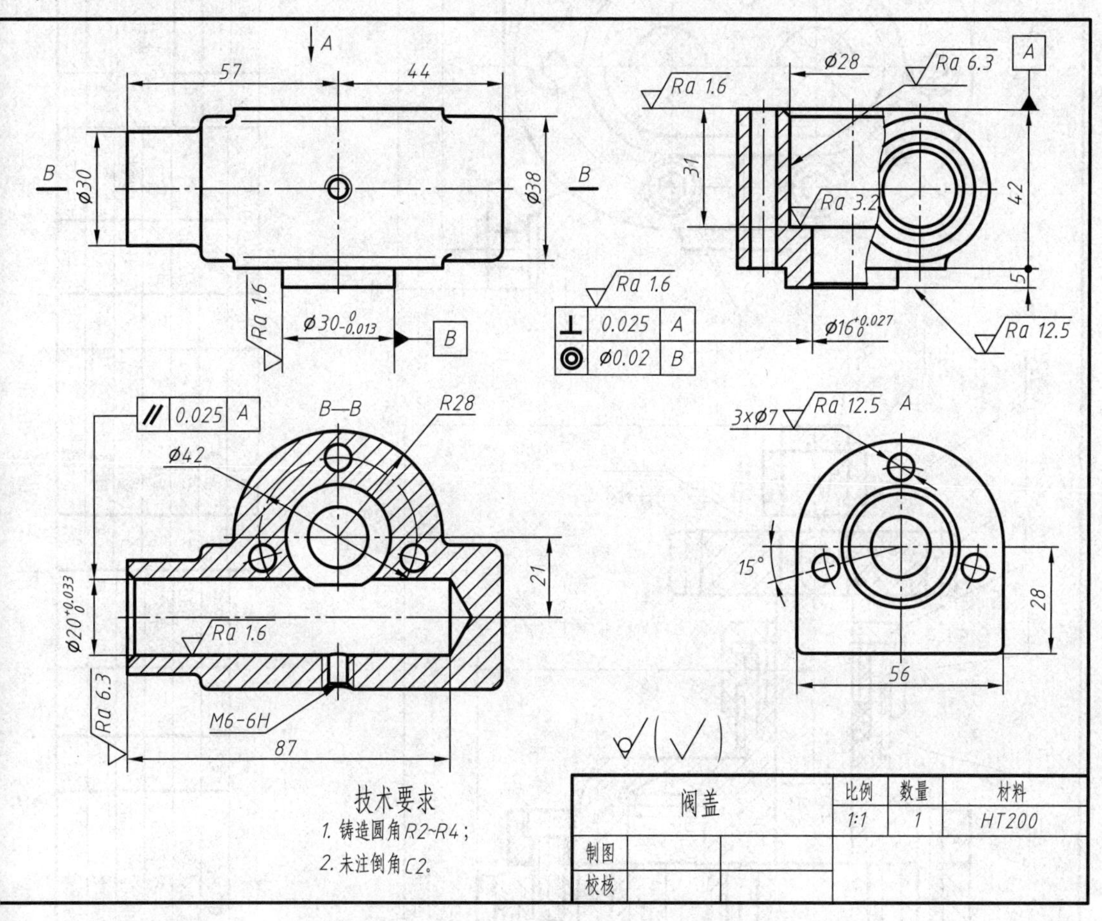

图 9-24　蝴蝶阀阀盖零件图

三、读装配图实例

[**例 9-1**]　读图 9-25 所示齿轮泵装配图，并拆画泵体 6 的零件图。

1. 概括了解

从标题栏、明细栏及有关资料说明中可知：齿轮泵是为机器提供压力油的一个部件，它由 15 种零件(10 种一般零件、5 种标准件)装配而成，是一个较简单的部件。

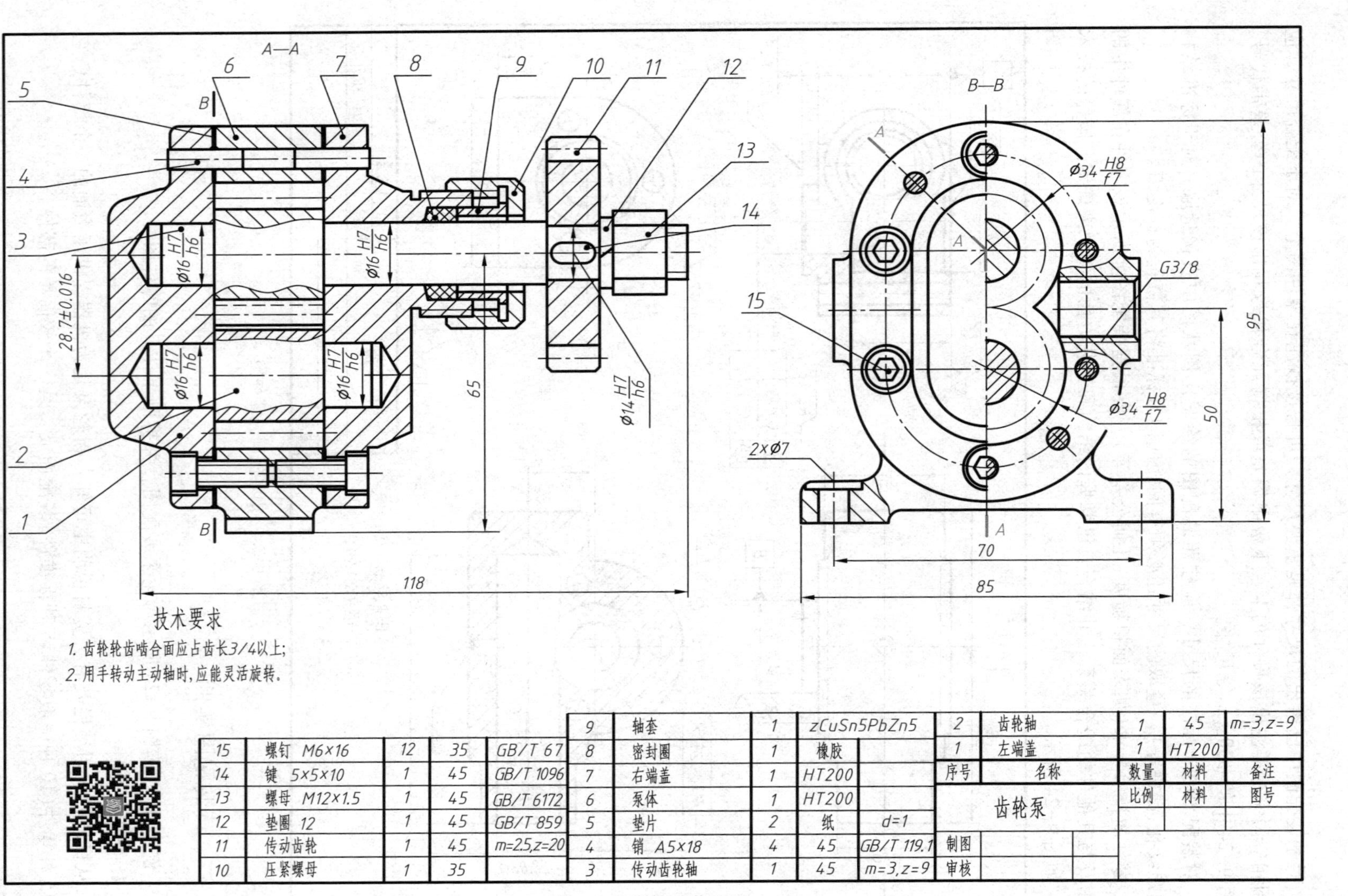

技术要求

1. 齿轮轮齿啮合面应占齿长3/4以上;
2. 用手转动主动轴时,应能灵活旋转。

序号	名称	数量	材料	备注
15	螺钉 M6×16	12	35	GB/T 67
14	键 5×5×10	1	45	GB/T 1096
13	螺母 M12×1.5	1	45	GB/T 6172
12	垫圈 12	1	45	GB/T 859
11	传动齿轮	1	45	m=2.5,z=20
10	压紧螺母	1	35	
9	轴套	1	zCuSn5PbZn5	
8	密封圈	1	橡胶	
7	右端盖	1	HT200	
6	泵体	1	HT200	
5	垫片	2	纸	d=1
4	销 A5×18	4	45	GB/T 119.1
3	传动齿轮轴	1	45	m=3,z=9
2	齿轮轴	1	45	m=3,z=9
1	左端盖	1	HT200	

齿轮泵	比例	材料	图号
制图			
审核			

图9-25　齿轮泵装配图

齿轮泵装配图用两个视图表达，主视图是过传动齿轮轴 *3* 的轴线剖切的全剖视图，主要表达齿轮泵中各零件间的装配连接关系。左视图是沿左端盖 *1* 与泵体 *6* 结合面剖切的半剖视图，并局部剖开油孔，表达了齿轮泵的吸、压油的工作原理及齿轮泵的外形。

2. 了解装配关系及工作原理

分析主、左视图可知：泵体 *6* 上的 2×ϕ7 孔是该齿轮泵的安装孔，左、右端盖(件 *1*、件 *7*)通过螺钉 *15*、销 *4* 与泵体连接，压紧螺母 *10* 通过螺纹与右端盖 *7* 连接。因此，泵体、左及右端盖、压紧螺母等均为非运动件。运动从传动齿轮 *11* 输入，通过键 *14* 将运动传递给传动齿轮轴 *3*，从而带动泵体 *6* 内的一对啮合齿轮转动。为防止泵体与左、右端盖结合面及传动齿轮轴伸出端漏油，分别采用垫片 *5*、密封圈 *8* 进行密封。

左视图主要反映齿轮泵吸、压油的工作原理，如图 9-26 所示，当传动齿轮轴 *3* 上的齿轮(主动轮)逆时针方向转动时，带动齿轮轴 *2* 上的齿轮(从动轮)顺时针方向转动，两齿轮啮合区右侧(吸油区)的油被轮齿的齿槽带到啮合区的左侧(压油区)，吸油区的压力降低形成局部负压，油池中的油在大气压作用下进入吸油区。随着齿轮转动的不断进行，吸油区中的油不断地被齿槽沿箭头方向带至压油区，使得压油区的油压升高，从而为机器提供压力油。

3. 分析零件，了解零件的主要结构形状

对齿轮泵的主体零件泵体 *6* 和左、右端盖(件 *1*、件 *7*)的分析如下。

(1) 泵体　从上述装配关系、工作原理分析可知泵体的功用主要是用来容纳一对啮合的齿轮，完成齿轮泵的安装。用对投影、区分剖面线的方法找出泵体在两面视图中的投影，构思想象出它的结构形状如图 9-27 所示。

(2) 左、右端盖　从上述装配关系、工作原理分析可知左、右端盖的功用主要是支承两齿轮轴。用对投影、区分剖面线的方法找出左、右端盖在两面视图中的投影，构思想象出它的结构形状如图 9-27 所示。

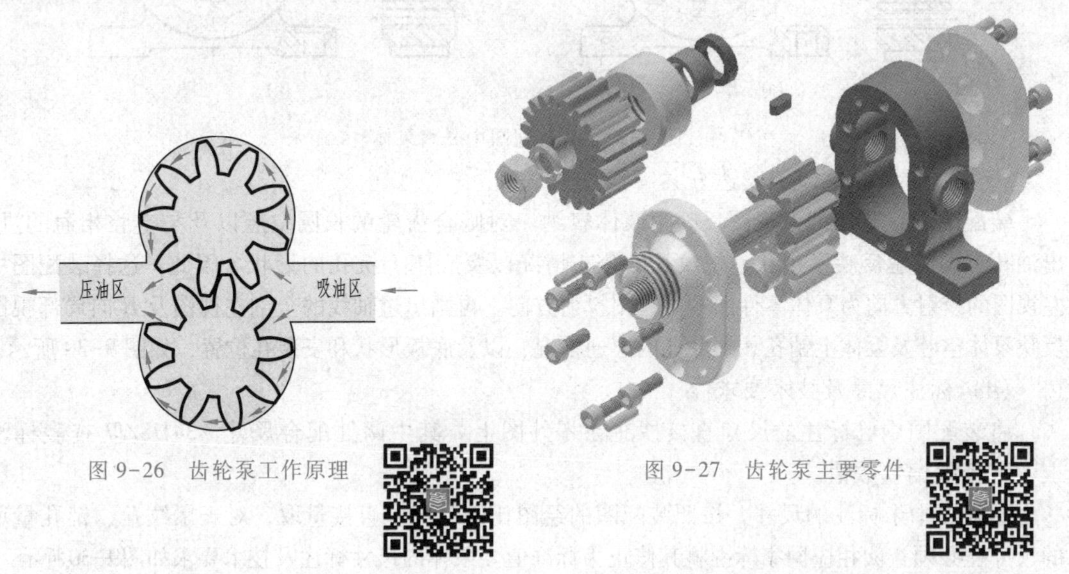

图 9-26　齿轮泵工作原理

图 9-27　齿轮泵主要零件

4. 分析尺寸

图 9-25 中 G3/8 是齿轮泵的性能规格尺寸，它是连接管道的孔径，确定了该齿轮泵单位时间内的供油量。2×ϕ7、70 是安装尺寸，118、85、95 是外形尺寸，左视图中的 50 是重要的设计尺寸，其余尺寸均为装配尺寸。

在上述分析的基础上，对齿轮泵进行综合归纳后得出其整体结构，如图 9-28 所示。

5. 拆画泵体零件图

（1）分析所拆零件

泵体用于容纳一对啮合的齿轮，连接进、出油管道，底板完成齿轮泵安装。泵体左、右两端由螺钉与泵盖连接，为防止压力油渗漏，加有纸垫。泵体材料为铸铁，主要加工方法为铸造成形。

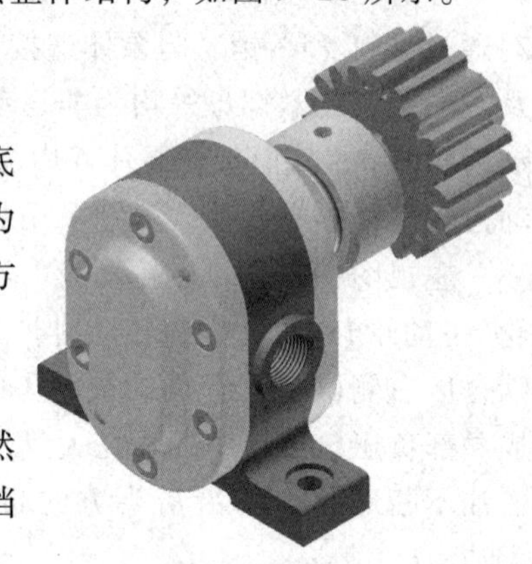

图 9-28　齿轮泵轴测图

（2）从装配图中分离出泵体

用白纸蒙画泵体在各视图中的投影轮廓（图 9-29a），然后再根据它与相邻零件的装配关系，补画出被其他零件遮挡的轮廓（图 9-29b 中的红色图线）。

补画泵体在装配图中被省去的若干工艺结构，如倒角、倒圆、退刀槽等（图 9-29）。

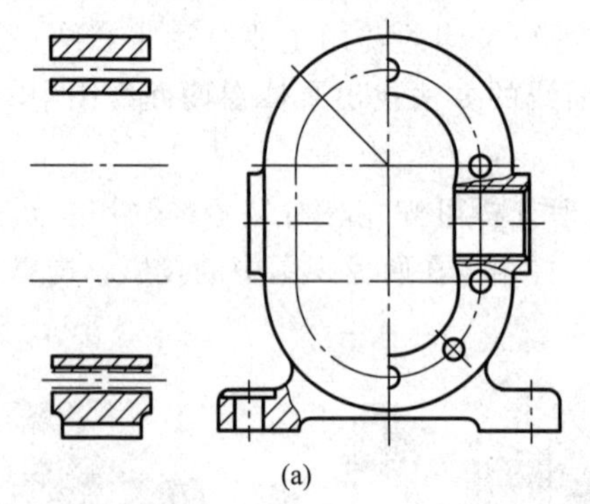

(a)

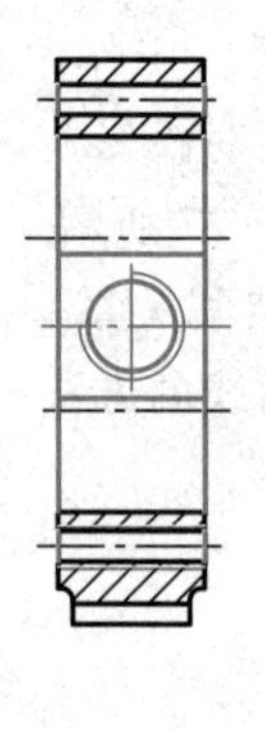

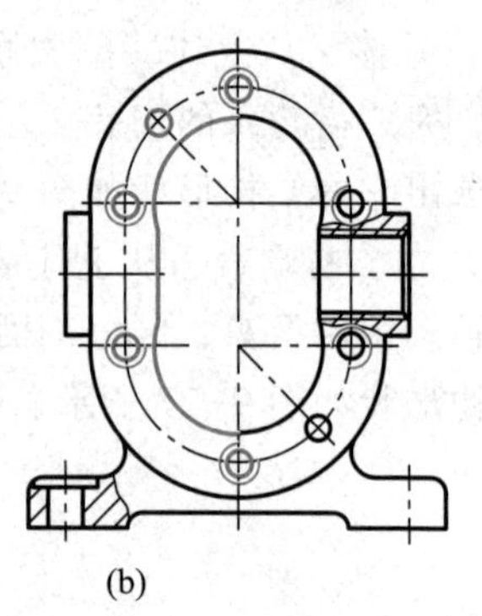

(b)

图 9-29　从装配图中分离泵体

（3）重新考虑泵体的表达方案

装配图中，泵体的左视图反映了泵体容纳一对啮合齿轮的长圆空腔以及与空腔相通的进、出油孔，同时也反映了销孔、螺纹孔的分布情况以及底座上沉孔的形状。因此，选择装配图中左视图的投射方向为泵体零件图的主视图投射方向。再画出过轴线的全剖左视图及 *B* 向局部视图反映泵体空腔及泵体上销孔、螺纹孔的穿通情况，以及底板形状和安装孔位置，如图 9-30 所示。

（4）标注尺寸及技术要求

将装配图中已标注的尺寸直接抄注在零件图上。其中两处配合尺寸 ϕ34H8/f7 查表标注上、下极限偏差数值。

装配图中未标注的尺寸，按照装配图的绘图比例从图中直接量取，对于螺纹孔、销孔量取的尺寸还必须查阅相应国家标准将其修正为标准值。泵体的尺寸标注及技术要求如图9-30所示。

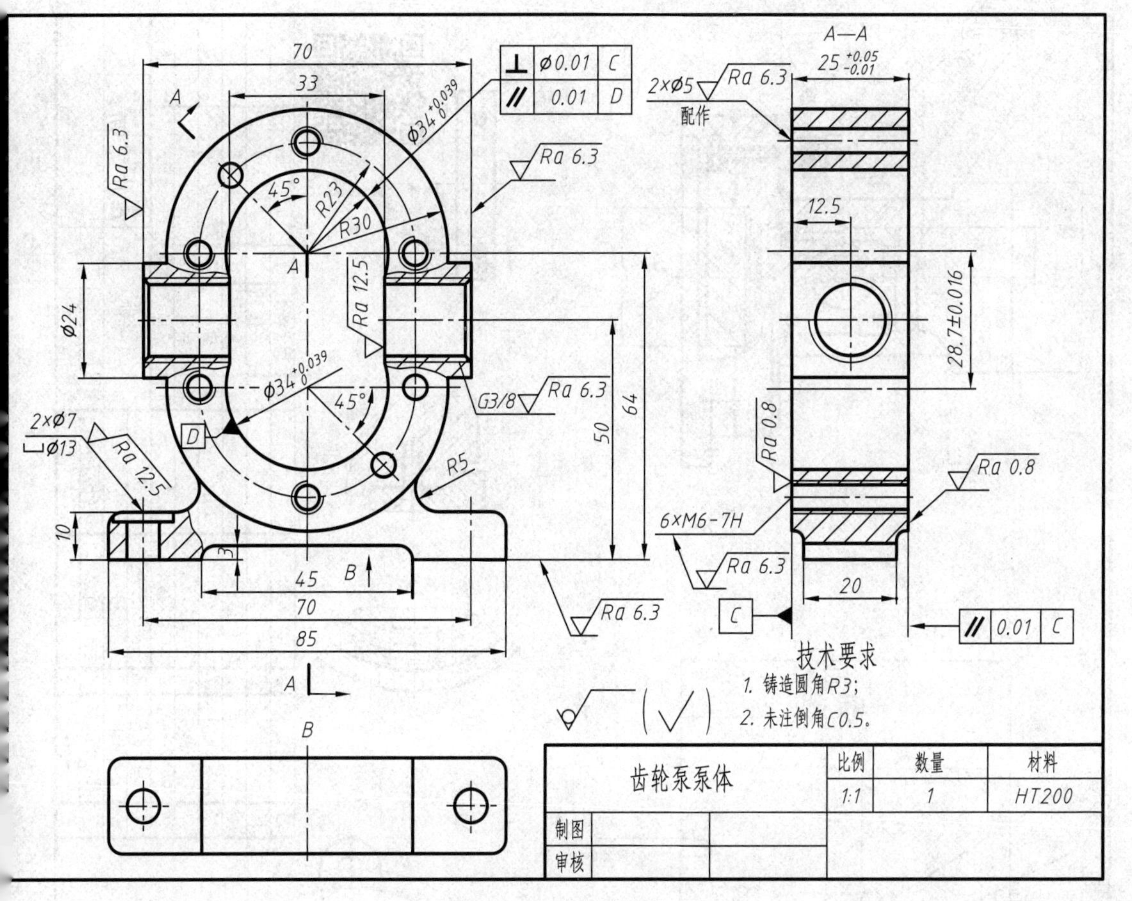

图 9-30 泵体零件图

[例 9-2] 读懂如图 9-31 所示的虎钳装配图。

1. 概括了解

从标题栏可知虎钳由活动钳身 *2*、钳座 *1*、底盘 *3*、丝杠 *4* 等 *15* 种零件组成，它安装在工作台上，用钳口 *15* 夹紧被加工零件。虎钳装配图采用了三个基本视图，两个局部视图 *B*、*C* 和一个局部放大图 *A—A*。三个基本视图采用了 4 处局部剖视，其中主、左视图表达了虎钳的装配关系，俯视图主要表达虎钳的外部形状。*B* 向局部视图和 *A—A* 局部放大图表示钳口 *15* 的安装，*C* 向局部视图表示底盘下面方形孔与 T 形环槽相通。

2. 了解装配关系和工作原理

由俯视图可知，底盘 *3* 用三个螺栓固定在工作台上。由主、左视图可知，钳座 *1* 通过间隙配合的 ϕ70 轴孔装在底盘 *3* 上，当松开锁紧杆 *8* 时，钳座 *1* 带着钳身 2、丝杆 *4* 等可绕底盘 *3* 转动。当钳身 *2* 转到所需位置时，通过旋转锁紧杆 *8* 又可实现钳座 *1* 的锁紧。

固定丝母 *5* 通过燕尾槽和销 *12* 固定在钳座 *1* 上。钳身 *2* 插入钳座 *1* 的方孔内，丝杠 *4* 穿过钳身 *2* 的 ϕ30 孔，旋入固定丝母 *5* 内，左端用螺钉将挡板 *6* 固定在钳身 *2* 上，丝杆 *4* 上的轴肩限制了丝杆 *4* 的轴向移动，因此转动杆 *13* 带动丝杠 *4* 旋转时，钳身 2 将轴向移动，从而夹紧或松开工件。

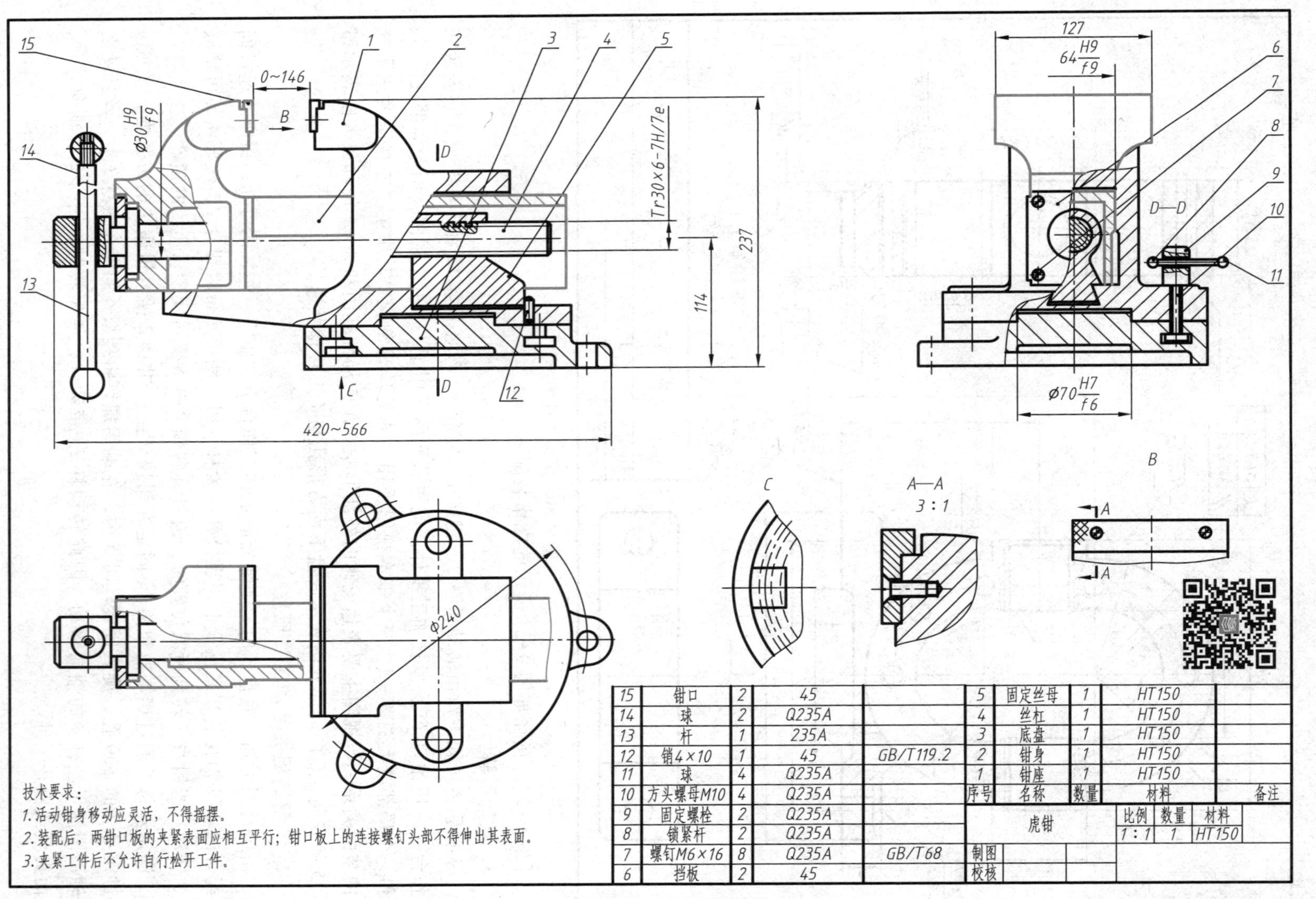

序号	名称	数量	材料	备注
15	钳口	2	45	
14	球	2	Q235A	
13	杆	1	235A	
12	销4×10	1	45	GB/T119.2
11	球	4	Q235A	
10	方头螺母M10	4	Q235A	
9	固定螺栓	2	Q235A	
8	锁紧杆	2	Q235A	
7	螺钉M6×16	8	Q235A	GB/T68
6	挡板	2	45	
5	固定丝母	1	HT150	
4	丝杠	1	HT150	
3	底盘	1	HT150	
2	钳身	1	HT150	
1	钳座	1	HT150	

图9-31　虎钳装配图

3. 分析零件，了解零件的主要结构形状

这里主要识读钳身 2 的零件结构。根据正投影规律长对正、高平齐、宽相等以及同一个零件剖面线方向间距相同的原则，找出钳身 2 在各个视图中的投影，见图 9-31 中的红色图线，从而可想象出钳身 2 的结构形状(图 9-32)。其他零件均可按上述方法逐一分析，读懂虎钳各零件的结构形状。

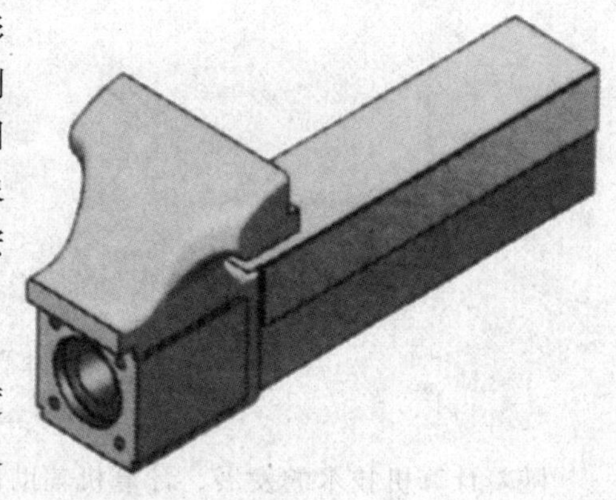

图 9-32　钳身

4. 分析尺寸

如图 9-31 所示，尺寸 127 是虎钳的钳口宽度规格尺寸；0～146 是虎钳的钳口能张开的性能尺寸，表示被夹持工件的最大厚度；ϕ30H9/f9、64H9/f9、ϕ70H7/f6 是配合尺寸；ϕ240 是安装尺寸；420～566、237 是总体尺寸；Tr30×6-7H/7e 是重要的设计尺寸。

通过阅读、理解、想象，综合起来得出虎钳的形体，如图 9-33 所示。

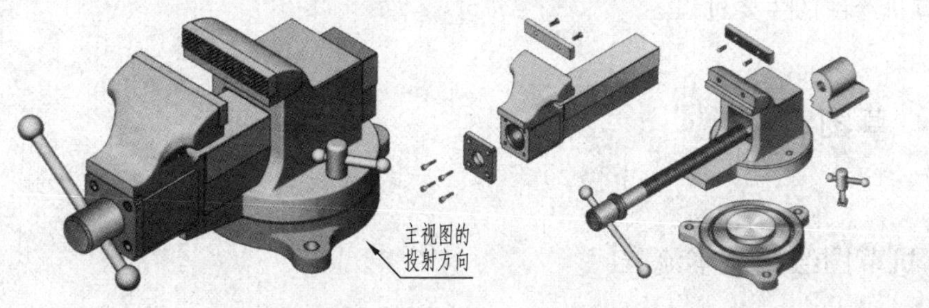

图 9-33　虎钳

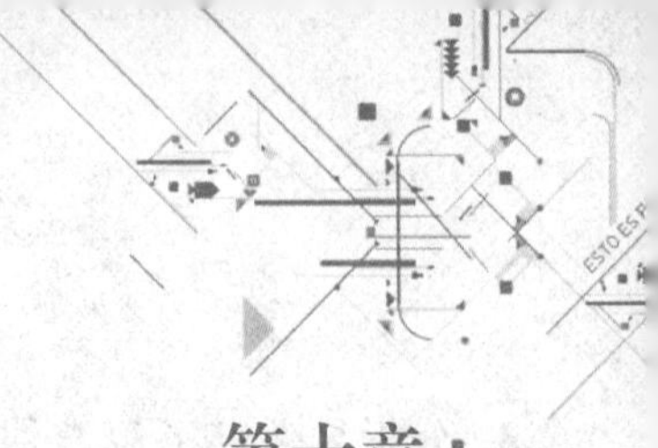

第十章

计算机三维造型及二维绘图

随着计算机技术的发展，计算机辅助设计已经成为工业领域的主流。计算机辅助设计技术主要包括计算机三维造型技术及计算机二维工程图绘图技术两大类，其中计算机二维工程图绘图技术又分基于三维造型的工程图辅助生成技术和基于二维工程图软件的工程图绘制技术。本章以 SOLIDWORKS 软件三维造型及工程图辅助生成和 AutoCAD 软件绘制二维工程图为例，说明计算机绘图的主要过程。

§10-1　草图绘制

一、计算机草图绘制基本流程

计算机草图绘制流程包括草图平面建立，基准线绘制，草图上已知线段绘制，草图中间线段绘制及草图未知线段绘制等，在草图绘制过程中要通过裁剪等命令修剪所绘制线段，留下所需要的部分，标注尺寸并且逐渐添加线段之间的约束，确保最终每条线段的长度和位置唯一确定。

1. 草图平面建立

绘制草图时首先要根据零件建模需求确定草图所在平面。在建立零件的主要形状特征时可以选择坐标系所在平面为草图平面，如前视基准面、上视基准面和右视基准面，这时应使零件上的主要端面、对称面、主要建模参考面等和全局坐标平面重合，以方便后续建模。

除了坐标系所在平面外，设计者还可以创建自己的草图平面。创建草图平面的方式主要有：

（1）已有三维特征上的平面。

（2）与已有特征平面平行且距离一定的平面。

（3）过一条直线与已有特征平面垂直的平面。

（4）过一条直线与已有特征平面成一定角度的平面。

（5）由不在同一直线上的三点所确定的一个平面。

（6）空间曲线在某一点处的法平面。

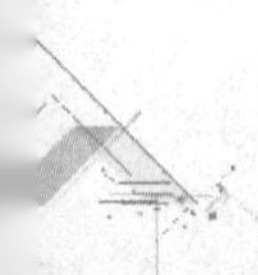

（7）曲面在某一点处的切平面。

（8）对称形体的对称面等。

具体采用哪一种方式创建草图平面需要根据所建模型的特征形状决定。

2. 草图线段绘制

目前常见的三维建模软件能够在草图中绘制的图形包括直线、中心线、矩形(绘制方式有边角矩形、中心矩形、三点边角矩形、三点中心矩形)、平行四边形、圆(绘制方式有中心圆、周边圆)、圆弧(绘制方式有三点圆弧、切线弧、圆弧)、多边形、样条曲线、圆角、倒角、椭圆、部分椭圆、抛物线等，还有直槽口、中心点直槽口、三点圆弧槽口、中心点圆弧槽口等机械结构上常见的一些组合特征线段，另外还可以在草图中添加文字用于一些铭牌的制作等。

一般绘制平面草图曲线时首先要使用平面线段分析方法确定哪些线段是已知线段，哪些是中间线段，哪些是未知线段，具体确定方式见第一章。接下来先在草图平面中绘制基准线，通常应尽量使草图平面上的基准线和已有的坐标系或者参考基准线重合，以避免由于需要反复在不同基准间切换带来的麻烦。

确定基准线以后，首先根据主次逐条画出已知线段，并根据实际情况为已知线段标注必要的尺寸和添加必要的约束以减少草图中的不确定因素，便于后续线段的绘制和约束的添加。然后画中间线段，并根据实际情况添加必要的尺寸和约束。最后画未知线段，并添加几何约束关系，最终完全确定未知线段的位置和尺寸，直到平面图形中所有线段的尺寸和位置唯一确定为止。

在上述过程中，有可能出现某些线段欠定义或过定义的情况，需要反复调整来消除。

在草图线段绘制过程中还经常用到线段编辑功能，主要包括裁剪、延伸、等距实体、线性阵列、圆周阵列、移动实体、复制实体、旋转实体、缩放实体、伸展实体、转换实体引用等功能。具体建模软件中的线段编辑功能有所差别，可以查看对应的软件帮助进行了解。灵活熟练地使用这些命令可以大大节省草图绘制时间，提高设计效率。

具体的草图线段绘制示例见后面的实例。

3. 草图尺寸标注与约束添加

常见的计算机三维建模软件往往具有智能尺寸(根据草图形状智能标注草图尺寸)、水平尺寸(对草图进行水平尺寸标注)、竖直尺寸(对草图进行竖直尺寸标注)、尺寸链(对草图进行尺寸链标注)、水平尺寸链(对草图进行水平尺寸链标注)、竖直尺寸链(对草图进行竖直尺寸链标注)等尺寸标注功能。具体尺寸的标注方式及标注顺序可根据实际情况确定。

建模软件中常见的几何约束有水平、竖直、平行、相切、垂直、固定、同心、重合等。

草图的尺寸标注和约束添加应避免出现过约束或欠约束的情况，当出现这种情况时，建模软件会自动检测存在的问题，并以红色或者黄色作为警告，提醒操作者去除多余的约束或尺寸。

4. 草图的重用

（1）参数驱动的草图

在产品开发过程中，经常会遇到系列产品开发的情形，不同产品之间有大量类似的形状和结构，仅有少数形状或尺寸有变化；还有相互间需要装配在一起的零部件也会使用部分相同的形状；或者同一个零件不同方向的尺寸之间通过一定的数学关系关联等。如果能够基于已有的草图或设计，通过修改少量参数的方式来实现草图、零件和部件的更新设计，就能够节省大量重新设计的时间，提高开发效率。

对于草图设计，可以找出草图中比较重要的尺寸作为驱动参数，其他尺寸通过一定的函数关系和驱动参数关联。当驱动参数调整时，整个草图的尺寸也随着自动调整，从而实现草图的参数驱动。

（2）草图的引用

对于其他草图上已经存在的或者已有立体上的轮廓线，可以采用转换实体引用的方式将已有草图或轮廓线转化为当前草图平面上的草图，从而避免草图的重复绘制。另外，对于草图上重复出现的特征还可以采用线性阵列、圆周阵列、镜像、等距等方式避免特征的重复绘制和定位，从而提高草图绘制的效率。

5. 草图的编辑

三维建模软件提供了丰富的草图编辑功能，比如线段裁剪、延伸、倒角、倒圆、移动、旋转、缩放、伸展、复制等功能。具体的编辑操作可以根据软件提供的帮助进行。

二、计算机草图绘制举例

本书以 10-1 所示吊钩的草图为例，用 SOLIDWORKS 软件的草图绘制功能完成其绘制过程，详细步骤见表 10-1。

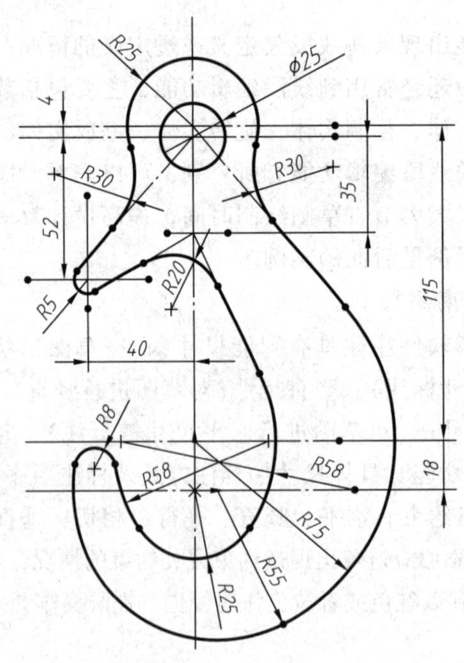

图 10-1　吊钩草图

表 10-1　吊钩草图的绘制

步骤	图示
1. 选中前视基准面，单击鼠标右键新建草图绘制	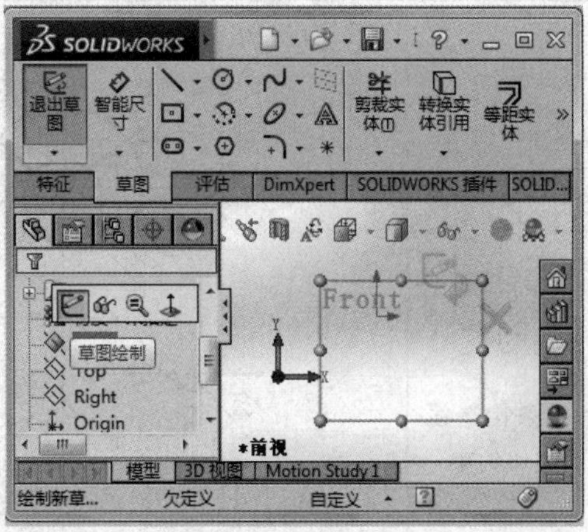
2. 绘制草图中的基准线，确定各已知线段的位置，其中竖直基准线及最下方水平基准线和系统坐标轴重合，从下向上依次为 1 号、2 号、3 号、4 号、5 号和 6 号水平基准线。并标注尺寸确定其余基准线的位置	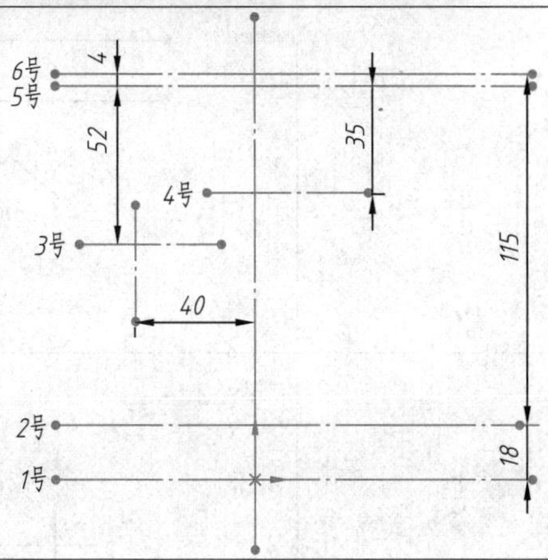
3. 绘制吊钩上的已知圆弧，并标注尺寸	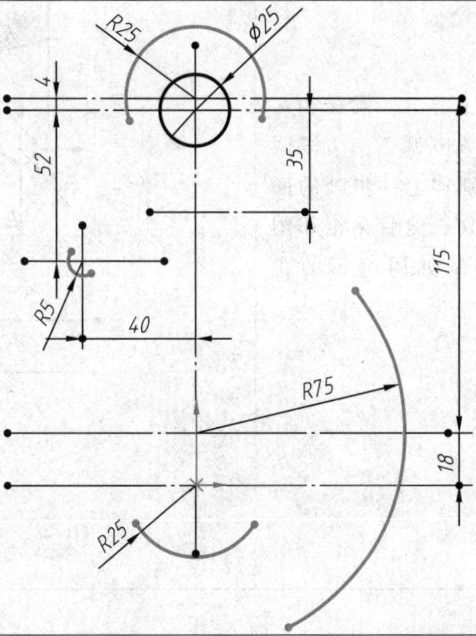

续表

4. 绘制如图所示几条构造线并添加和相关圆弧的相切约束	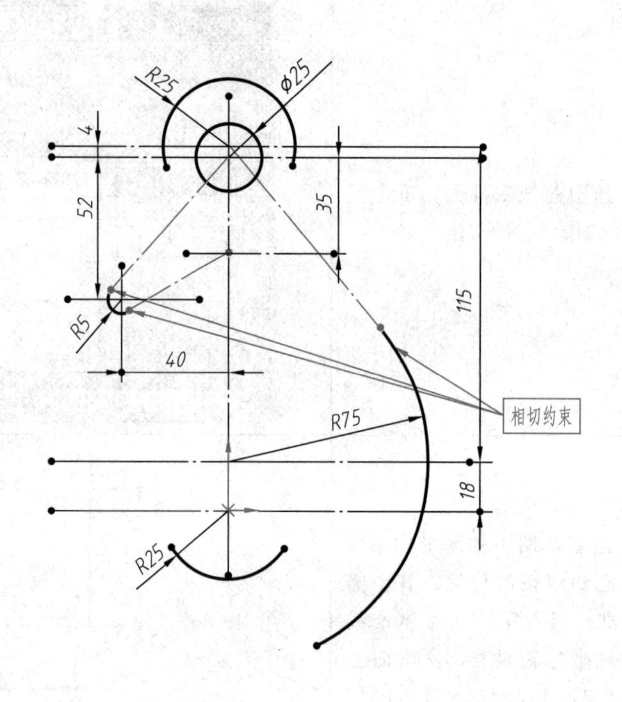
5. 绘制和上方 *R*25 圆弧相切的左右两段 *R*30 圆弧，两段圆弧另一端分别和上一步画的倾斜构造线相切。然后在相邻圆弧切点间绘制如图所示的直线段	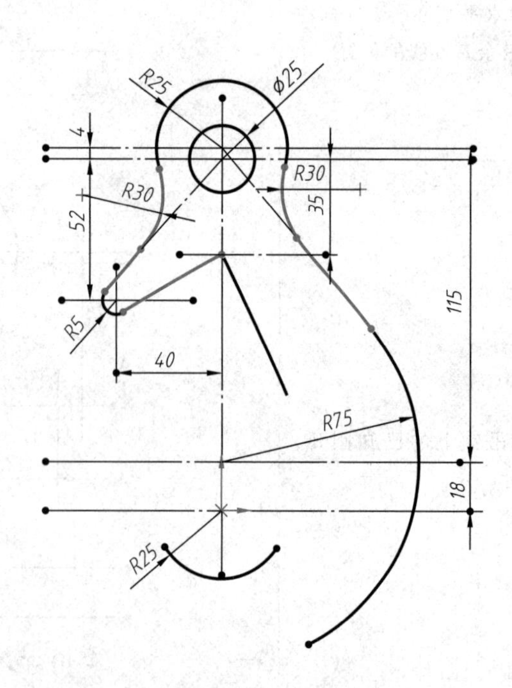

6. 采用三点圆弧方式绘制和下方 *R*25 圆弧相切的两段 *R*58 圆弧，添加约束使得两圆弧圆心都位于 2 号水平基准线上（重合），并与 *R*25 圆弧相切。对右侧圆弧，将圆弧端点同 4 号水平基准线与竖直基准线的交点相连并添加相切约束	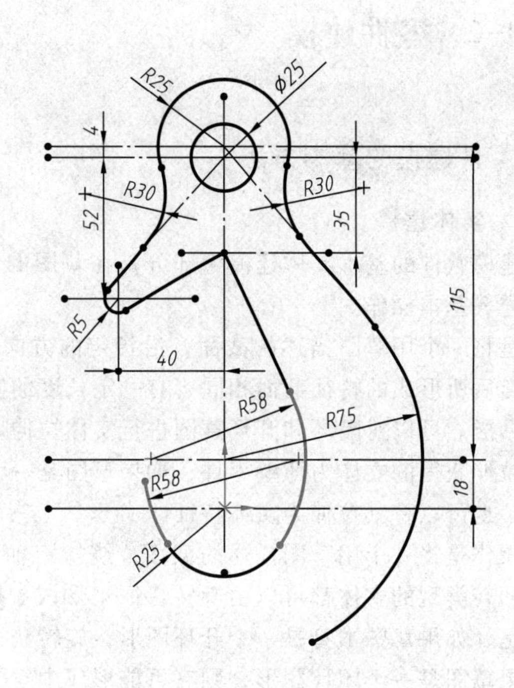
7. 绘制与下方 *R*75 圆弧相切的 *R*55 的圆弧，使其圆心位于 1 号水平基准线上。最后用三点圆弧方式绘制与 *R*58 及 *R*55 相切的 *R*8 圆弧，添加尺寸及相切约束，完成全图	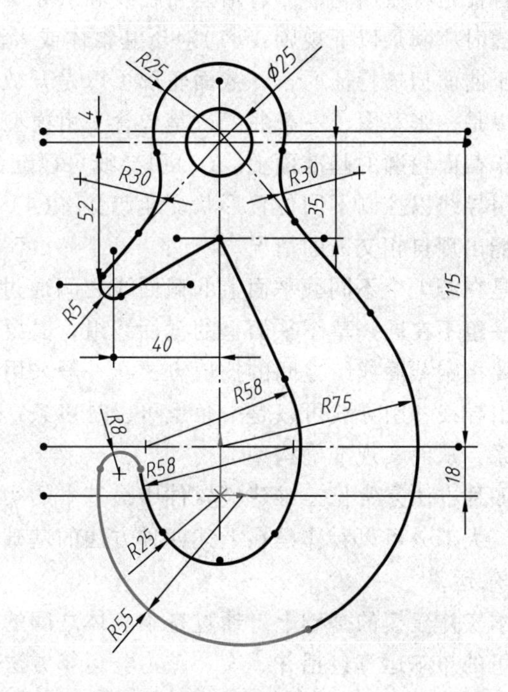

§10-2　零件建模

一、零件建模的基本方法

1. 基本实体建模

三维建模软件的基本实体建模大部分是在草图的基础上完成的，主要包括拉伸、旋转、扫描、放样等基本操作。

拉伸是将一个用草图描述的截面，沿指定的方向（一般情况下是垂直于截面方向）延伸一段距离后所形成的特征截面相同、有一定长度的实体，如长方体、圆柱体等都可以由拉伸特征来形成。可以对闭环和开环草图进行实体拉伸。所不同的是，如果草图本身是一个开环图形，拉伸获得的立体为薄壁零件；如果草图是一个闭环图形，则既可以选择将其拉伸为薄壁特征，也可以将其拉伸为实体特征。

旋转操作是将一个用草图描述的截面，绕指定轴线旋转一周形成立体，如球、圆柱体、圆环体等回转类型的实体都可以由旋转特征来形成。旋转也可以基于闭环和开环草图进行。所不同的是，如果草图本身是一个开环图形，旋转获得的立体为实心回转立体或者回转薄壁零件；如果草图是一个闭环图形，则有可能形成中空的回转体。

扫描特征是将截面轮廓沿着指定路径线和引导线移动，以生成基本体、凸台或者曲面等实体。扫描时应满足以下规则：(1)对于基本体或者凸台扫描特征来说，截面轮廓必须是封闭的；对于曲面扫描特征而言，截面轮廓可以是开放的。(2)路径线可以是封闭也可以是开放的，可以是一张草图、一条曲线或是包含一组模型边线中的一组草图曲线，路径线的起点一定要位于截面轮廓的基准面上。(3)引导线可以起到调节截面形状变化规律的作用，可以存在多条引导线以控制不同位置形状变化趋势。(4)不论是截面轮廓、路径线还是所形成的实体都不能出现自相交叉的情况。

放样是在若干个不同截平面上的截面线之间通过一定的插值方式生成基本实体的方法。放样需要一组不在同一草图平面上的截面线组，需要调整不同截面线之间的特征点的对应关系，也需要指定截面线组之间的插值方式，一般采用三次样条曲线插值。放样与扫描一样也可以指定引导线，引导线可以是一条也可以是多条，通过引导线建立各截面线上特征点之间的对应关系，从而实现准确构型。

上述四种方法是常见三维建模软件中最基本的实体建模方法，除了这些方法外还有一些特征操作，大部分可以看作是在上述四种方法的基础上变化而来的。

2. 布尔运算

在基本实体建模的基础上，通过基本实体之间的集合运算即布尔运算就可以得到复杂的形体。这里的布尔运算包括并、交、差三类运算方法。

并运算是指对于集合 A 和集合 B，由属于集合 A 或集合 B 的所有元素组成一个集合，该集合称为 A 与 B 的并集，记作 A∪B。对于不同的基本实体 A 和基本实体 B，可以将其看

作空间点的两个集合，A 和 B 的并集也就是所有属于基本实体 A 或者属于基本实体 B 的空间点的集合。

交运算是指对于集合 A 和集合 B，由既属于集合 A 又属于集合 B 的所有元素组成一个集合，该集合称为 A 与 B 的交集，记作 $A \cap B$。对于不同的基本实体 A 和基本实体 B，可以将其看作空间点的两个集合，A 和 B 的交集也就是所有既属于基本实体 A 又属于基本实体 B 的空间点的集合。

差运算是指对于集合 A 和集合 B，定义运算差如下：$A-B=\{e \mid e \in A 且 e \notin B\}$，即所有属于 A 但不属于 B 的元素的集合，用 A-B 来表示，称为 B 对于 A 的差集、相对补集或相对余集。对于不同的基本实体 A 和基本实体 B，可以将其看作空间点的两个集合，A 和 B 的差也就是所有属于基本实体 A 但不属于基本实体 B 的空间点的集合。

3. 复杂实体建模

在三维建模软件中，复杂实体都是由基本实体通过一系列布尔运算得到的，表示实体的数据结构通常用结构实体几何（constructive solid geometry，CSG）表示法 CSG 和边界表示（boundary representation，B-Rep）两种形式结合起来进行表示。其中 CSG 主要采用二叉树结构，二叉树的叶子表示构成实体的基本体，二叉树的结点表示基本实体间的布尔运算，通过完整的二叉树就可以获得完整实体的数据结构，然后结合 B-Rep 模型对实体进行显示。

在软件中进行复杂实体建模，首先要对实体进行形体分析，将实体分解为几个基本体，并找出其主要结构形状作为建模的基体，充分利用软件内部的布尔运算以合理顺序建模。建模的时候应该尽量使主要形体的对称面、主要端面同软件提供的基准面重合，避免后续操作定位中的麻烦。具体建模时先创建大的形体，后创建小的形体；先创建主体，后创建细节。如图 10-2b 所示的实体可以看作方板基本体和半圆柱基本体的并，在此基础上挖去中间圆柱孔，建模顺序也应该是先完成方板建模，再完成半圆柱体建模，最后挖去中间圆柱孔。

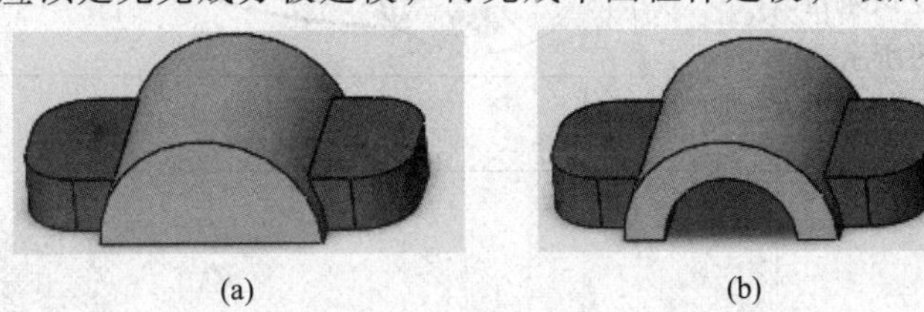

图 10-2　复杂实体建模举例

二、零件建模举例

本书以图 8-61 所示拨叉零件的建模为例，采用 SOLIDWORKS 软件完成其建模过程。首先对拨叉进行零件分析，该零件由一个弯曲臂连接两个圆柱形套筒组成，弯曲臂的断面为椭圆形，左边套筒后端有一个起夹紧作用的凸缘，后端下方还有一个凸板，其形状由 A 向斜视图给出。该套筒的内孔右侧有一个键槽，由此可知该零件和另一个轴类零件配合，绕套筒轴线转动。左侧套筒是该零件的主要结构，其轴线和端面是建模的主要基准，由于在两圆柱套筒间进行弯曲臂的放样操作较困难，因此首先需要确定左、右侧套筒的位置，在两个套筒之间放样生成弯曲臂；然后再分别拉伸出左、右套筒，最后完成后端凸缘和后下方凸板的建模

及其余细节。详细步骤见表 10-2。

表 10-2　拨叉零件三维建模

步骤	图示
1. 新建零件文件，选中前视基准面，绘制如图所示草图作为弯曲臂引导线，注意 $\phi80$ 圆心应和坐标系原点重合	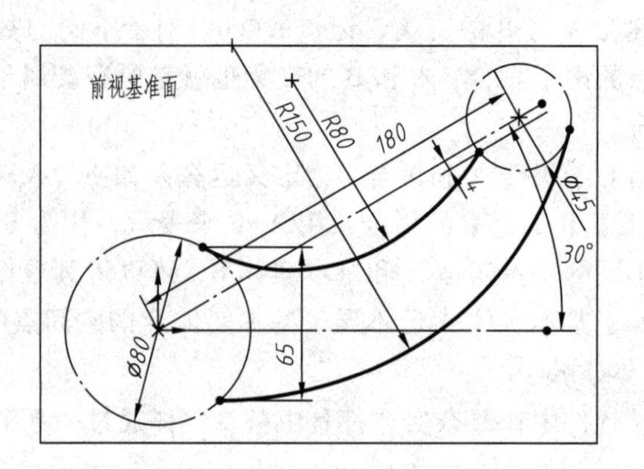
2. 过两条引导线的左侧端点连线并垂直于前视基准面构造基准面 1，并在该基准面 1 上绘制椭圆 1，椭圆短轴长 35 mm，长轴端点和两条引导线左侧端点重合。同样的，过两条引导线右端点连线并垂直于前视基准面构造基准面 2，并在该基准面 2 上绘制椭圆 2，如图所示	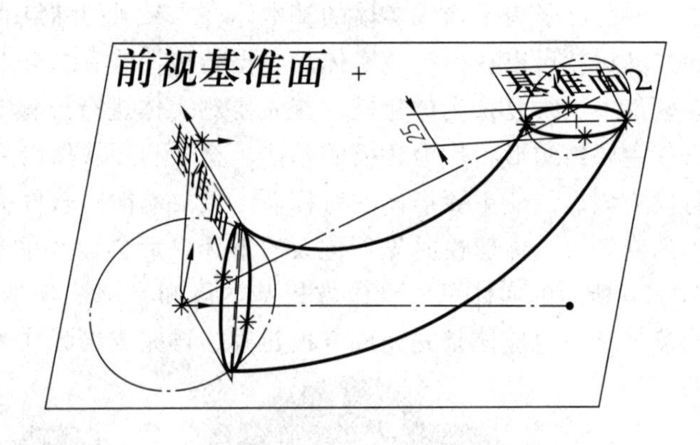
3. 以基准面 1 和基准面 2 上的椭圆为截面轮廓线，以前视基准面上所绘两条圆弧为引导线放样构造弯曲臂模型	

4. 选中前视基准面，绘制左侧圆柱草图并双向拉伸左侧 $\phi80$ 圆，向前拉伸 22 mm，向后拉伸 98 mm	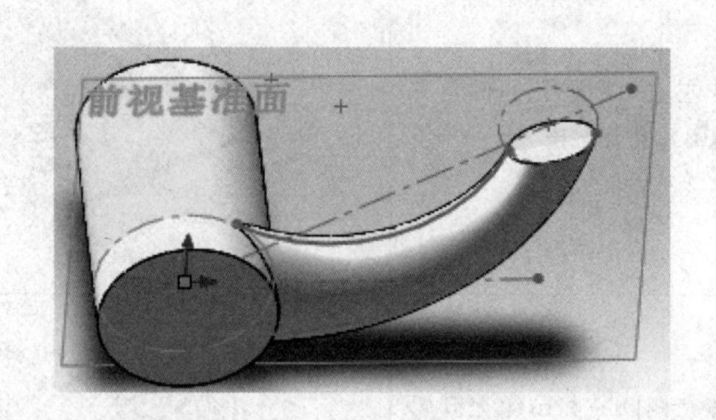
5. 同样拉伸右侧 $\phi45$ 圆，前后各拉伸 17.5 mm。并采用拉伸切除功能在左右两个圆柱上打出通孔	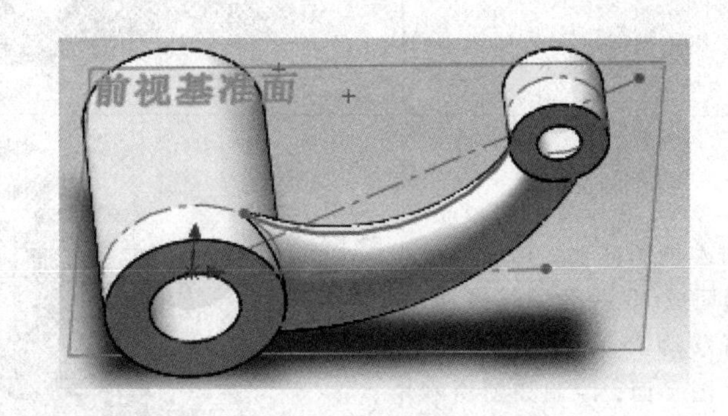
6. 构造与上视基准面平行且距离 35 mm 的基准面 3，利用交叉曲线命令求出基准面 3 和右侧大圆柱体的交线，将其作为构造线，以此为基础画出如图所示的草图。然后向下拉伸 70 mm，得到左后部凸缘外形	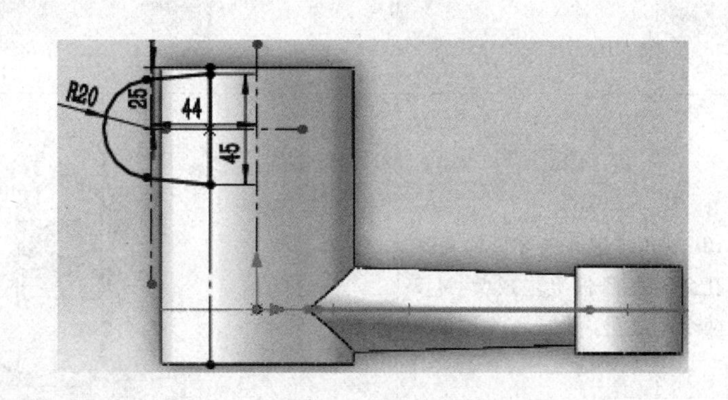

7. 作左右两圆柱孔的倒角并为左侧圆柱孔开键槽	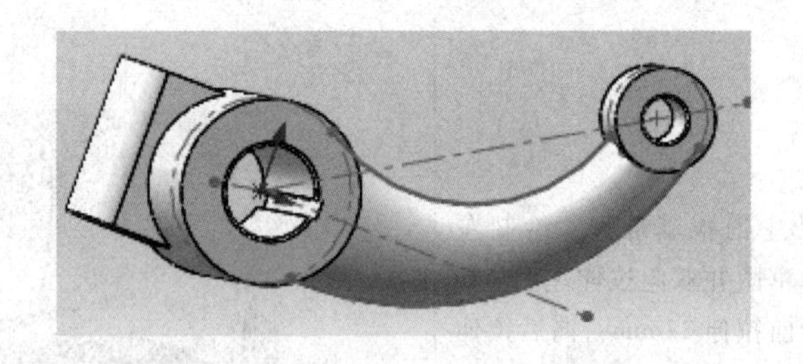
8. 在左侧圆柱和凸缘上开铅垂槽和水平槽。并利用异形孔向导的柱形沉头孔命令在凸缘上挖出 2×ϕ35 的豁平及 ϕ18 的通孔	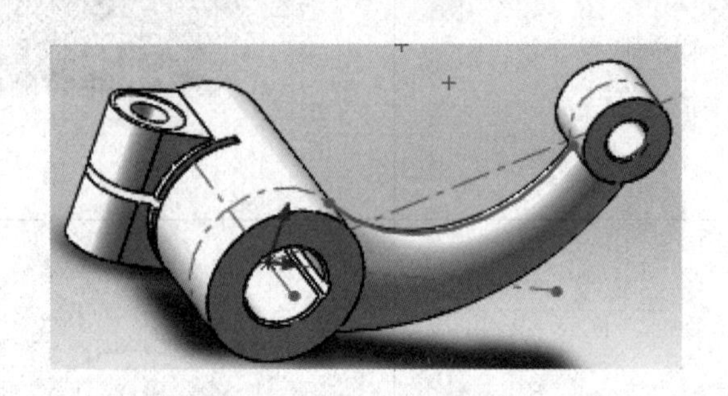
9. 过左侧圆柱轴线构造与上视投影面成 40°夹角的基准面，并平行移动 35 mm，得到凸板所在草图平面，绘制如图所示草图并拉伸，其中最下面的线是用交叉曲线命令求得的圆柱面与基准面 4 的交线	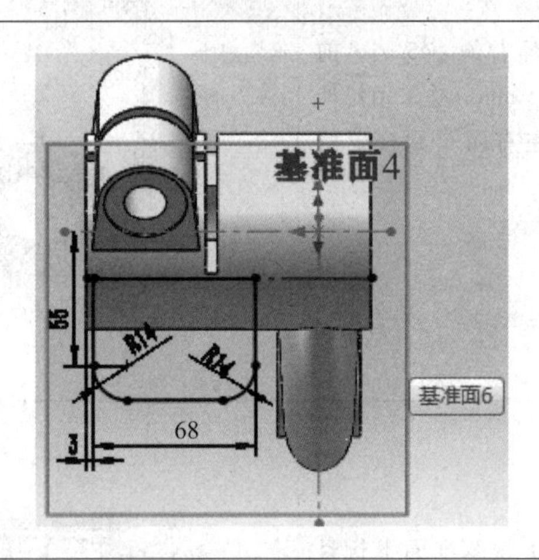
10. 利用异形孔向导里的直螺纹孔命令在凸板上生成 2×M12 的两个螺纹孔。完成零件建模	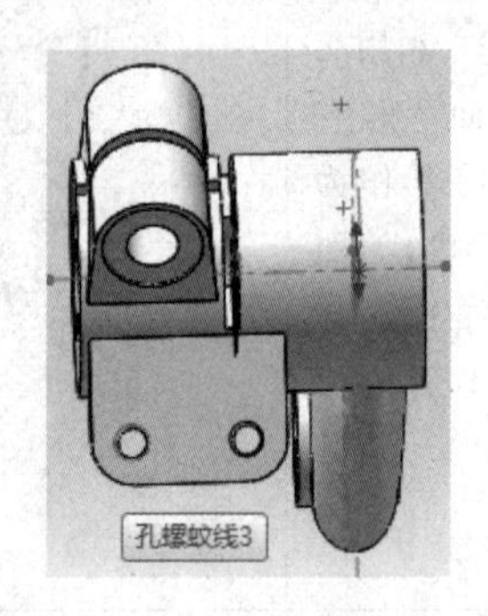

§10-3　基于三维模型的工程图生成

一、三维建模软件工程图功能

常用三维建模软件根据常见图纸格式，提供供选图纸的模板，包括图纸大小、边界、标题栏等。另外，能够辅助自动生成六个方向的基本视图、局部视图、斜视图、断面图，工程师根据工程图表达需要选择视图，在此基础上可以产生全剖视、半剖视和局部剖视等表达方式。软件也能够提供尺寸标注功能，可以采用自动标注功能，也可以逐一手动标注，一般将两种方式结合起来使用。

二、三维建模软件工程图生成举例

本书以图 8-61 所示拨叉零件的工程图生成为例，利用 SOLIDWORKS 软件的工程图生成功能模块，来说明三维建模软件生成零件工程图的方法。具体生成过程如表 10-3 所示。

表 10-3　拨叉零件的工程图生成

1. 新建工程图文件，图纸幅面选择国家标准 A3；选择插入拨叉零件；选择主视图和俯视图在图纸上的放置位置	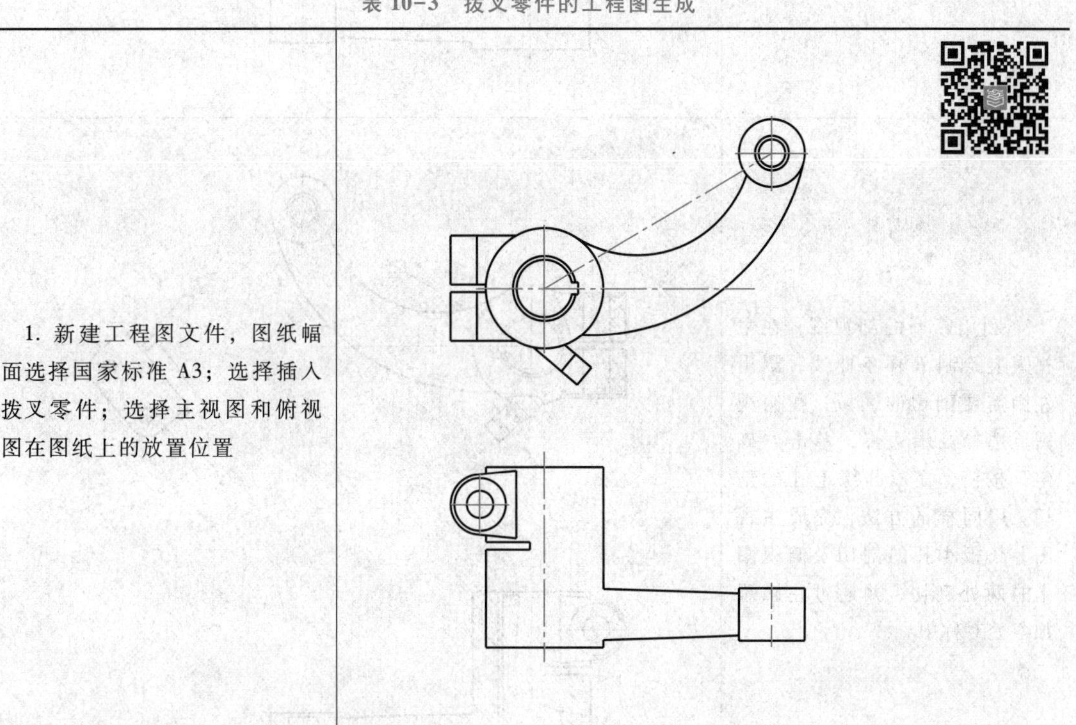

2. 利用辅助视图功能，选择主视图上凸板倾斜边界线作为投射方向参考线，生成 *A* 向斜视图。选中生成的 *A* 向斜视图，单击鼠标右键，在弹出的菜单里单击“视图对齐”项，在二级菜单里单击“解除对齐”选项，把斜视图 *A* 放在合适的位置。在草图里绘制 B 样条曲线，以 B 样条曲线圈出斜视图要表达的区域，单击“裁剪视图”按钮，生成如图所示斜视图	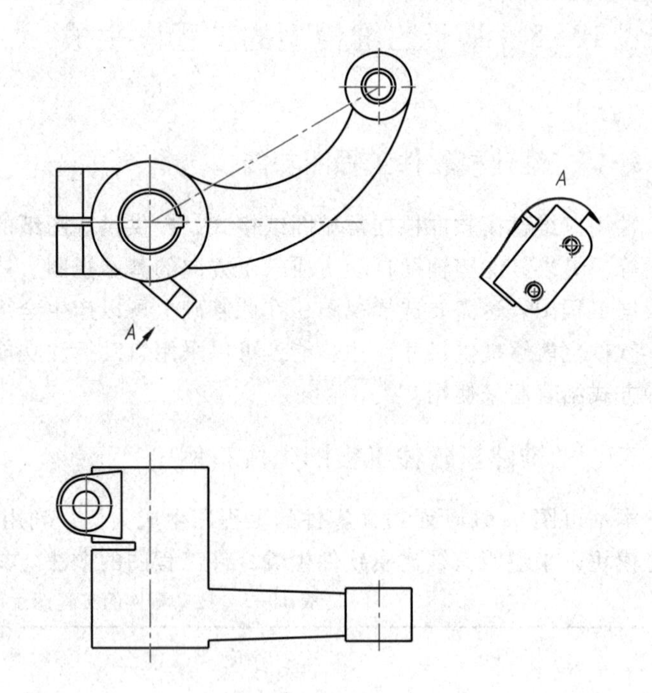
3. 利用断开的剖视图，在主视图上绘制 *B* 样条曲线，圈出左侧需要剖切的区域，在俯视图上选择凸缘边界，单击“确定”按钮，完成凸缘上孔的剖切。用同样的方法，完成主视图上凸板小孔的剖切及俯视图上的两处剖切，并通过注解添加各处对称中心线	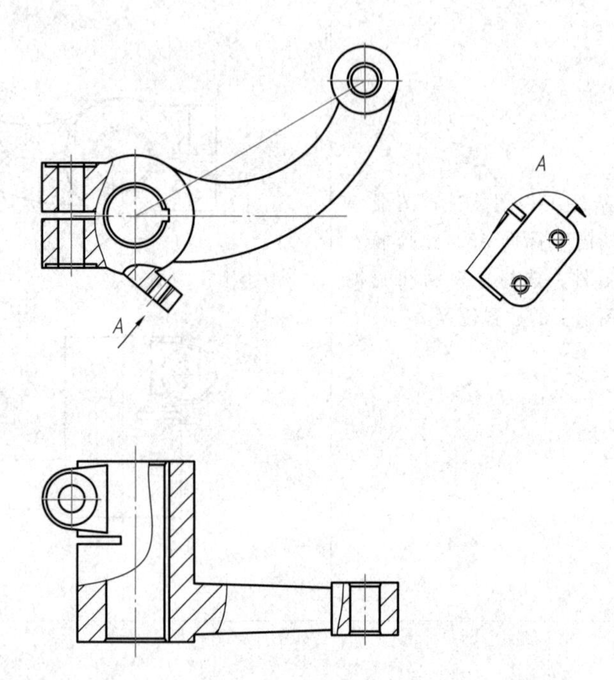

续表

4. 在主视图中的弯曲臂中部选点绘制 $R80$ 圆弧的法线，采用剖面视图命令，选择该法线为切割线，垂直该切割线方向投射，选择“横截剖面”选项。解除视图对齐，将断面图移动到如图所示位置，并画出对称中心线

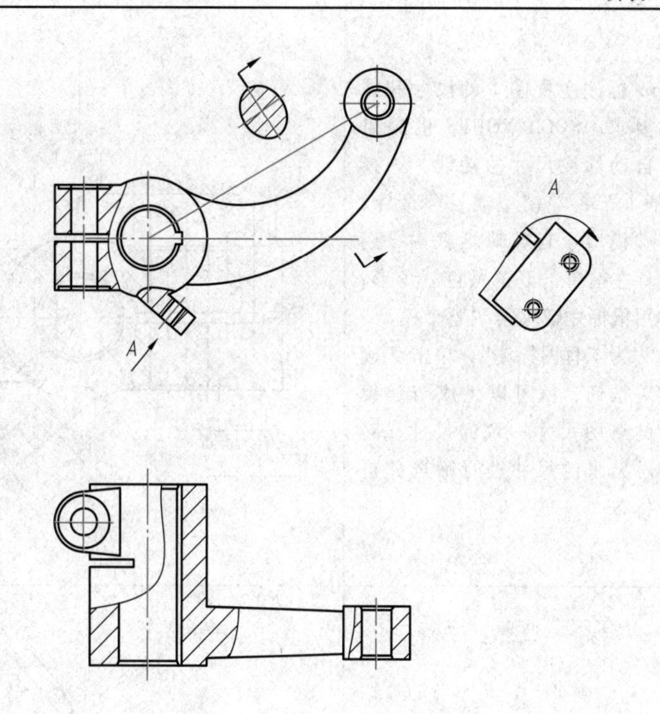

5. 标注俯视图中的尺寸和技术要求。其中 $\phi40$ 孔的外形线不全，可采用“插入”→“注解”→“多转折引线”，再插入注释的方式标注。弯曲臂两端宽度 35 和 25 可以采用草图画两条引出线，再插入多转折引线和注释的方式标注。分别在对应表面插入表面粗糙度符号，并设置放置方向、参数形式及数值。$\phi40$ 和 $\phi20$ 尺寸公差直接在标注尺寸时设置上下极限数值即可

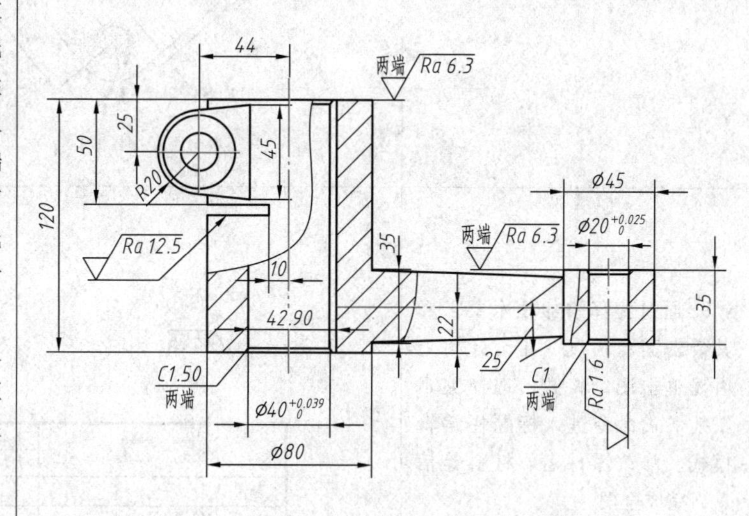

续表

6. 标注主视图中的尺寸和技术要求。SOLIDWORKS 也提供了自动标注尺寸的功能，选择“插入”→“模型项目”命令，在“模型项目”对话框内，用鼠标左键单击下拉黑色三角形，并用鼠标左键单击“整个模型”和“为工程图标注”，单击“确定”按钮，就可以生成与建模时的草图尺寸一致的尺寸，对显示出来的尺寸进行筛选并进行排布	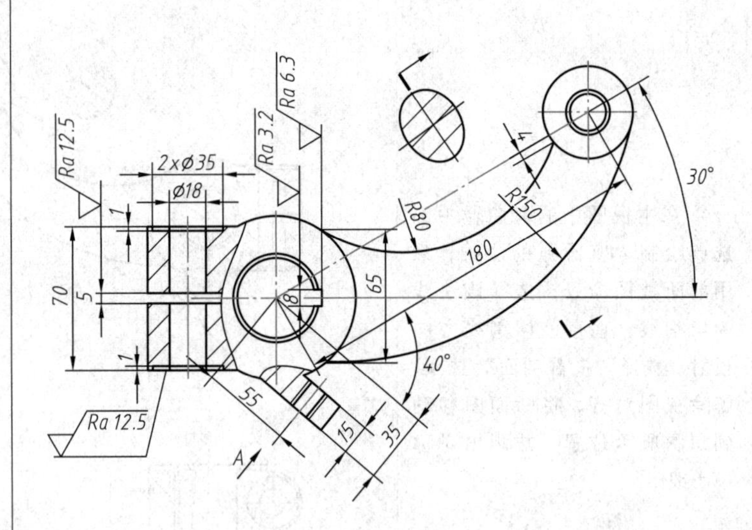
7. 标注斜视图 *A* 中的尺寸和技术要求	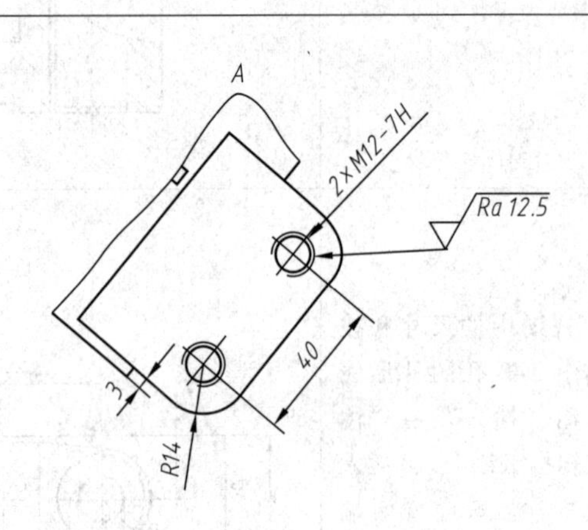
8. 通过注释添加技术要求和其余表面粗糙度。在设计树上右键单击图纸格式，选择编辑图纸格式命令进入标题栏编辑模式。修改零件名、材料等信息，完成全图	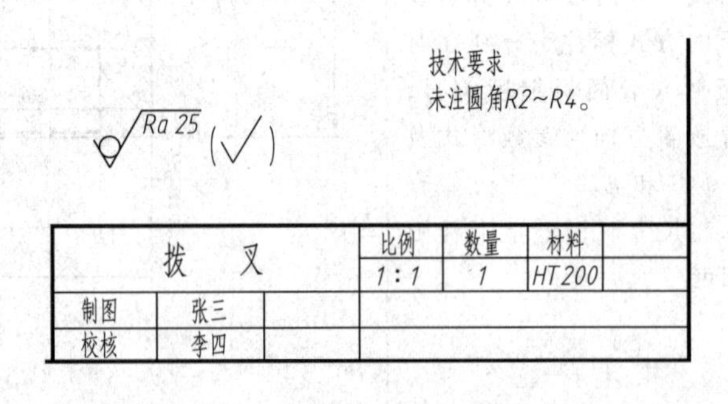

§10-4　部件装配及装配工程图

一、部件装配基本流程

1. 自底向上装配

自底向上装配，是先单独建好每个零件的三维模型，然后建立总装配体，再从主到次将每个零件装配在一起的过程。自底向上装配适合零部件工程图纸都已经存在或零部件结构、尺寸形状已知，只是通过零件建模，然后在装配体里装配零件的情况。这种设计方法较为简单，不需要考虑零件间的关系。在装配环境下，其过程如下：各零件草图→各零件→装配。

但是自底向上设计不能完全体现设计意图，在很大程度上存在发生设计冲突及错误的风险，导致设计不灵活。如在自底向上设计过程中当发现某些零件模型不符合设计要求，零件之间产生了干涉或是根本无法装配时，就要对零件进行重新设计并再次进行装配，然后再发现问题、再修改，如此循环往复直到满足设计要求。显然，自底向上设计在设计之初没有一个很好的规划和全局考虑，使得设计过程中出现很多重复工作，造成人力、物力的浪费，效率低下，不符合产品现代化设计的要求。再者，这种设计过程是从零件设计开始到总体装配设计，它既不支持产品从概念设计到详细设计，又不能支持零件设计过程中的信息传递，特别是产品零部件之间的装配关系(如装配形式、层次、配合等)，而且更加无法在现有的CAD系统中得到完整的描述，产品的设计意图、功能要求及许多装配信息也都得不到必要的表达。

2. 自顶向下装配

自顶向下装配是先建立总装配图，然后在总装配图里设计零件。每设计一个零件可以参考其他零件的尺寸、形状及装配关系，或者同其他零件关联。当装配体的某一个零部件尺寸规格调整时，其他关联的尺寸也随之变化。在装配环境下，其过程如下：装配草图→零件草图→零件→装配体。

自顶向下设计方法是从系统的角度出发，整体考虑设计过程，建立整个系统、组件和子系统之间的关系，在最上层的部分建立设计意图，并逐步将其往下层的部分发展。自顶向下设计将产品组件分解为主组件和子组件。从主组件开始，标识主组件元件及其关键特征，然后建立组件内部及组件之间的关系，并评估产品的装配方式。

自顶向下设计方法多用于新产品的设计开发，先从产品概念设计入手，规划设计方案、结构组成、基本参数等顶层设计信息，然后设计各个子组件，最后详细设计零件模型。产品的设计流程可从制定规格、搭建骨架、外观造型等标准设计流程开始。对已有产品，也可以用自顶向下设计来控制底层零组件的参数化设计，即将模型架构修改为自顶向下设计的架构。

自顶向下设计方法一般可分为六大步骤：(1)概念设计。即理解设计要求、定义运动占位空间、捕捉关键设计意图。(2)设定产品架构。即在装配环境中快速定义产品的层次结构，部分或全部约束零部件。(3)提取设计意图。即引入骨架模型，捕捉设计意图。(4)管理关联性。即当前零件与装配体中其他零件参考关系的建立和信息传递。(5)设计意图传递。即将设计基准和设计意图下发到所有相关的子系统。(6)装配设计。即在装配中详细设计每一个零件。

自顶向下设计过程中的骨架模型包含组件安装位置、组件实体所占空间等信息，是参数化设计的重要基准。而且，整个设计中的组件都能随骨架模型中参数的变更而发生变化，通过更新组件的骨架结构可以管理组件设计。

自顶向下设计可用来组织和帮助加强组件各部分之间的相互作用及其从属关系，并能在组件设计中获取已存在组件中的相互作用和从属关系，这是关联设计所需要的。如通过改动一个组件中的某个部分的尺寸，驱动另一组件的相应部位改动。也就是说，如果一个组件的位置有所改变，另一与之相配合的组件位置也会随着变动。另外，自顶向下设计能够使一个组件的不同层次之间共享一个组织架构的信息。如果某一层次的组件发生变化，与它共享信息的其他组件也跟着变化。对于复杂的组件设计可在设计的初期，将其分为几个简单的子组件，再通过共享信息将其关联起来，从而使设计过程得到简化。自顶向下设计是参数化、可控制、可快速更新的设计，对于产品快速开发、迭代具有重要意义。

二、部件装配举例

本书采用 SOLIDWORKS 软件以图 9-25 所示齿轮泵装配为例，说明自底向上和自顶向下的装配过程。从图 9-25 中可以看出齿轮泵的泵体和左端盖、右端盖连接平板部分外形完全相同，其上的安装孔和销孔位置也一致，只是泵体中部为圆柱形的腔体以装入主从动齿轮，前后有进出油口及底部安装板。左、右端盖上有安装齿轮轴的轴孔。这三者以及中间的密封用垫片可以进行关联设计。相互啮合的齿轮是渐开线标准齿轮，可以先调用标准件库然后进行修改。而螺栓、销等标准件可以从标准件库调入。具体设计建模过程如表 10-4 所示。

表 10-4 自底向上的齿轮泵建模及装配

1. 新建装配体文件，插入按图 9-30 所建的齿轮泵泵体模型，保存装配体模型为齿轮泵	 

2. 单击插入新零件，在特征树中将新零件命名为垫片，在特征树中单击垫片，在弹出的对话框中单击编辑。选择齿轮泵泵体左端面绘制草图，用转换实体引用命令把泵体左端面的内外轮廓线转化为垫片的轮廓线并拉伸 1 mm。利用异形孔向导功能，以泵体为参考，在垫片上打出螺纹孔和销孔。结束零件编辑，保存垫片零件。按下[ctrl]键，单击左键选中垫片并拖动，把复制出的垫片安装到泵体右侧	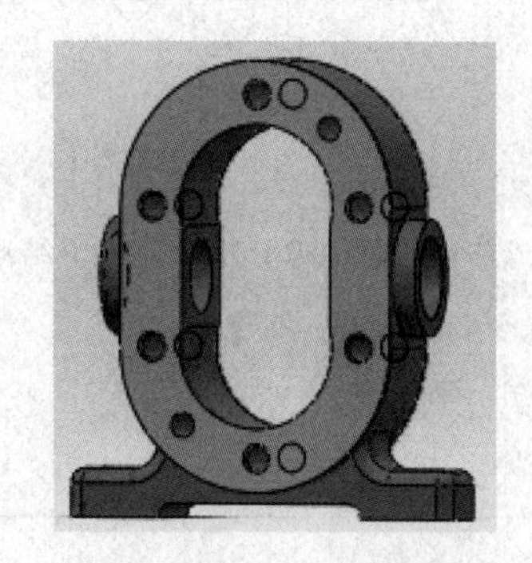
3. 插入新零件，并将其命名为左端盖，编辑左端盖，在左侧垫片的左侧绘制草图，通过转化实体引用功能将垫片左端面的外轮廓线转化为左端盖的轮廓线并拉伸 10 mm。同样利用异形孔向导功能，以泵体上的螺纹孔和销孔位置为参考，在左端盖上打出螺纹孔和销孔，其中螺纹孔是圆形沉头光孔	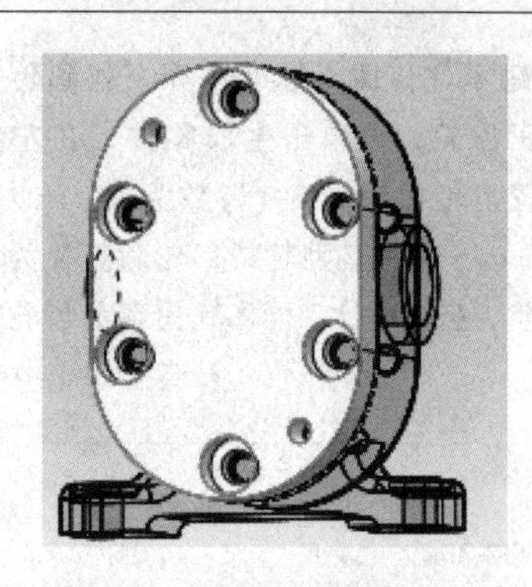
4. 在左端盖平板左侧平面上通过放样建立凸台模型并倒圆角，用异形孔向导功能打 $\phi16\times15$ 的齿轮轴孔。结束零件编辑	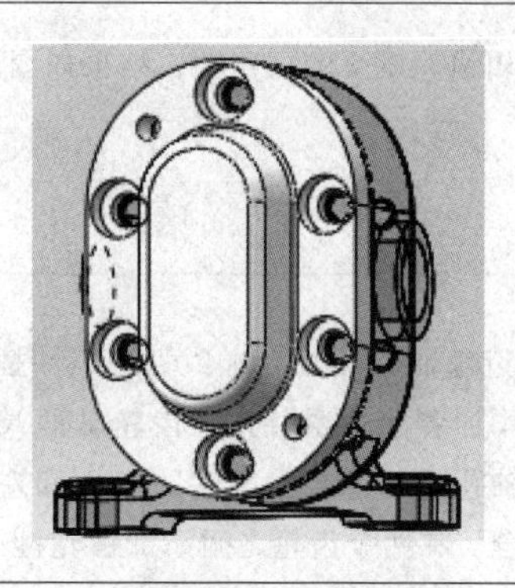
5. 采用类似步骤建立右端盖平板模型	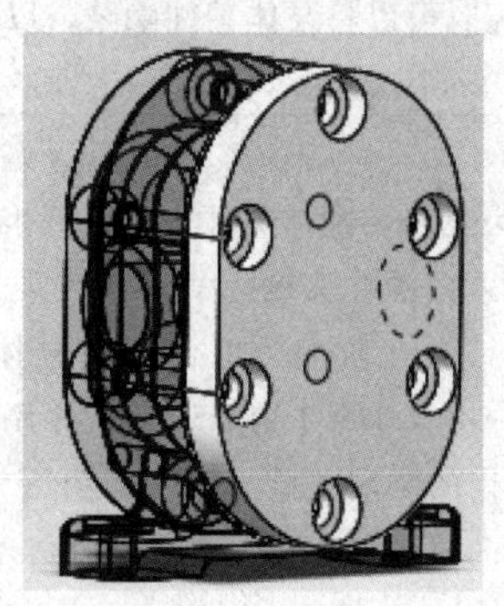

6. 完成右端盖其他部分特征建模。结束零件编辑	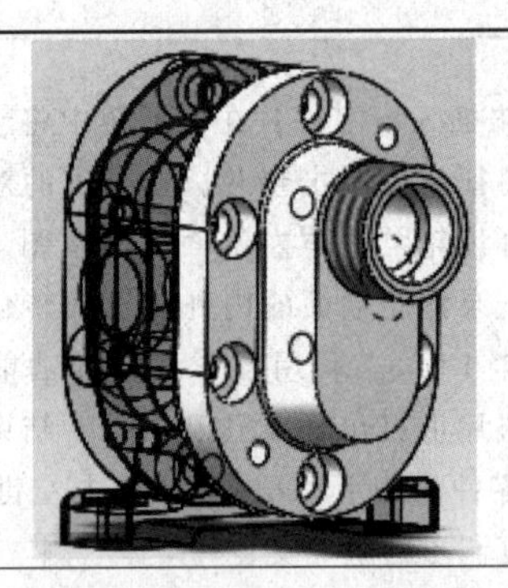
7. 新建零件，插入标准件库，找到传动齿轮库，右键单击正齿轮，再单击生成零件，在左侧的特征信息栏里设置齿轮模数为 3，齿数为 9，压力角为 20°，齿面宽 25mm，选择 C 型轮毂，轮毂直径为 16，总长度为 49。保存为齿轮轴 1，再将其另存为齿轮轴 2	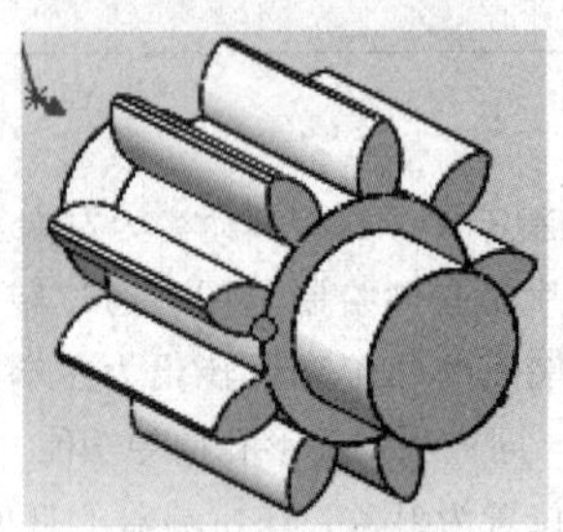
8. 编辑齿轮轴 2 的右侧轴，结果如图所示	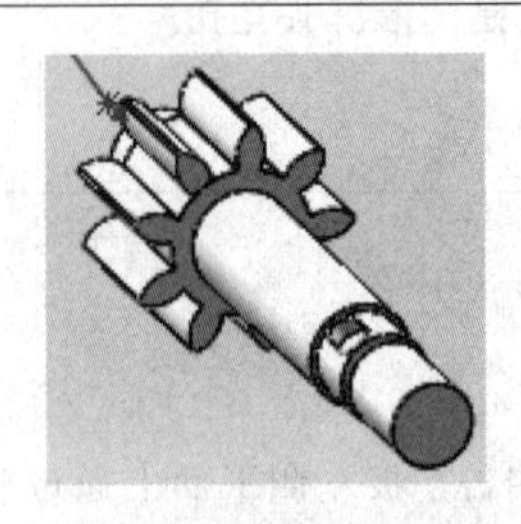
9. 将齿轮轴 1 和齿轮轴 2 两个零件插入齿轮泵装配体，并添加装配关系。其中齿轮轴两端的轴和左右泵盖上的轴孔同轴配合，齿轮的端面和左右垫片的平面共面配合。在两个齿轮之间添加齿轮配合(对话框向下拉)。装配时可以将泵体零件隐藏，以方便安装	
10. 在齿轮泵装配体文件中插入标准件库，插入 GB/T 67 的内六角圆柱头螺钉 M6×16，共 12 个，添加螺钉与端盖螺钉孔台阶面的共面及与泵体螺纹孔的配合。插入 4 个 GB/T 119.1 销 A5×18，并添加销孔及左右端盖侧面与销的装配关系。效果如图所示。因篇幅所限，其他零件的建模和装配在此处不再赘述。	

在上述建模过程中，齿轮泵左右端盖的设计采用了关联设计，以泵体的草图为参考，将泵体特征传递到端盖上，避免草图的重复绘制。其余齿轮轴的设计和装配则采用的是自底向上的方式完成的。

三、装配工程图生成举例

常用的三维建模软件都带有工程图生成功能，但是由于制图软件的设定及零部件形式多样，表达方式多样，很难用软件直接生成符合国家标准的工程图。为此需要工程师根据零部件特征，在自动生成的工程图的基础上进行修改以确定合理且符合国家标准的表达方式。下面以齿轮泵装配工程图生成为例，介绍利用 SOLIDWORKS 生成装配工程图的过程，如表 10-5 所示。

表 10-5　SOLIDWORKS 生成齿轮泵装配图

1. 新建工程图文件，图纸幅面选择国家标准 A3，选择插入齿轮泵装配体，选择好视图方向，并设置好视图比例与位置	 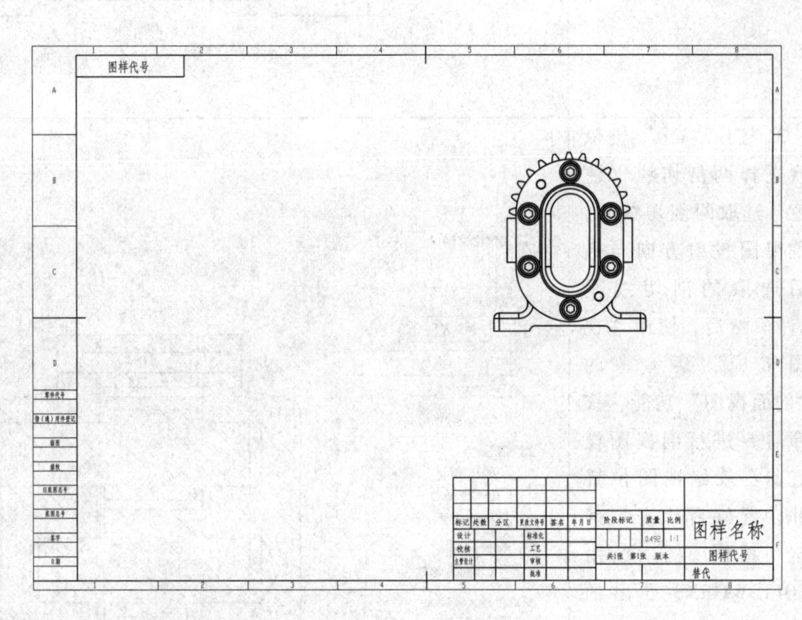

续表

2. 为做出主视图中的旋转剖面，需要先使用“草图”菜单中的“直线”命令在左视图中作出剖面位置（注意：两剖切线要通过对应的销孔及螺纹孔的圆心）	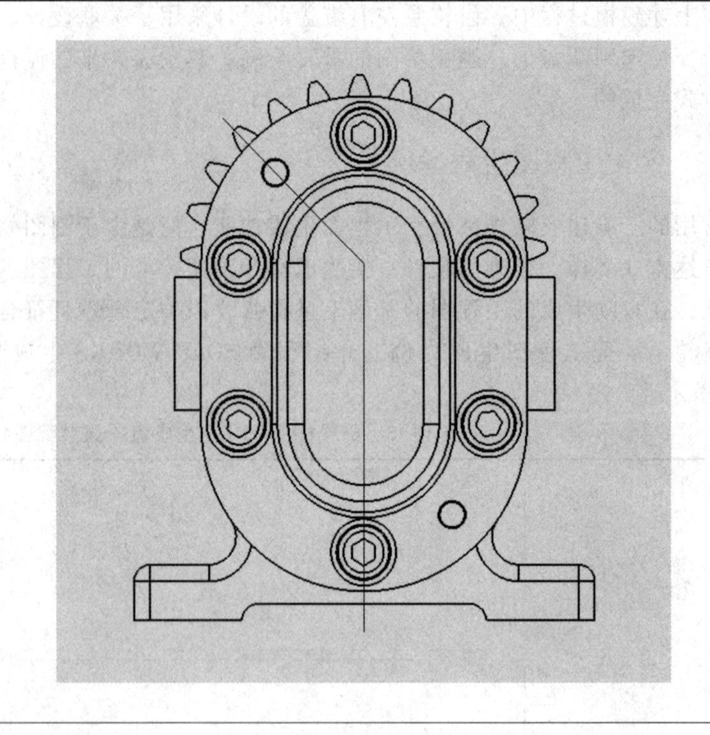
3. 按住“ctrl”键依次选择两剖切线（注意：选取两剖切线时，剖视图投射方向与最后选取的剖切线垂直）。然后，使用“视图布局”菜单中的“剖面视图”功能，按照需要进行剖视图设置，安放好视图位置并设置好后单击“确定”按钮。（注意：由SOLIDWORKS导出的装配体剖视图与常见剖视图的表示方法略有偏差，例如图中的齿轮、键、螺栓以及螺母等，后续还应在CAD中进行修改）	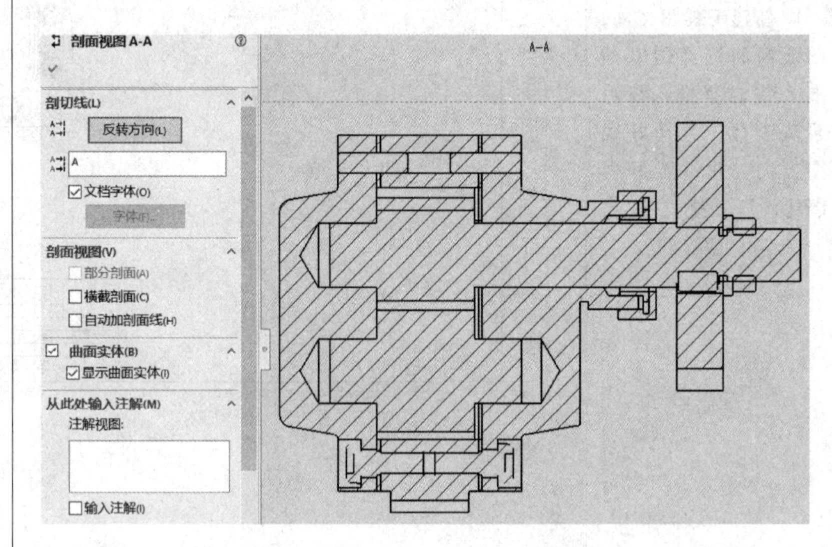

续表

<table>
<tr>
<td>4. 为作出左视图中的半剖视图，需要先使用“草图”菜单中的“边角矩形”命令绘制一个通过左视图对称轴的矩形，以表示剖面位置</td>
<td>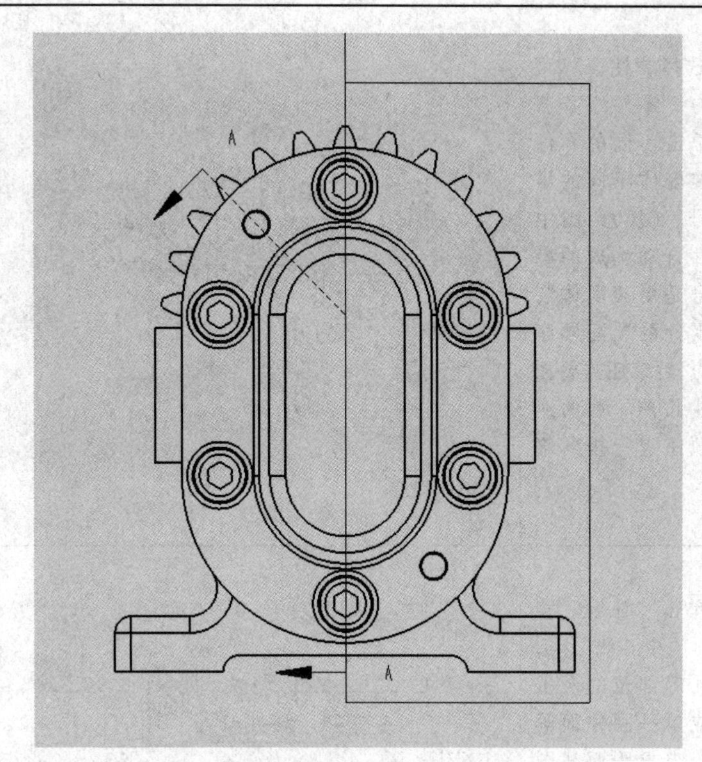
</td>
</tr>
<tr>
<td>5. 按住“ctrl”键，选择上述绘制好的矩阵的四边，然后使用“视图布局”菜单中的“断开的剖视图”，设置深度值为齿轮泵最左侧平面到泵体中轴面的距离，为42.5 mm，单击“确定”按钮</td>
<td>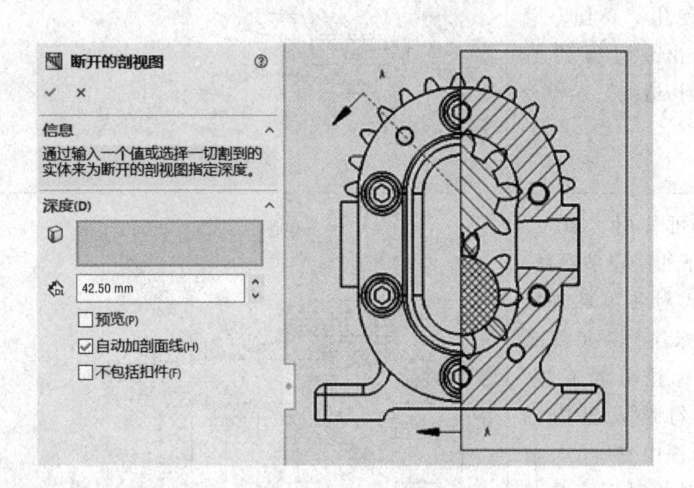
</td>
</tr>
</table>

续表

6. 选择“注解”菜单中的“零件序号”，依次单击不同的零件来为装配体不同的零件标号。（注意：图中由软件自动生成的零件序号是由装配体装配时零件的装配顺序决定的，后续还需要在CAD中按照一般的逆时针顺序进行排列修改）	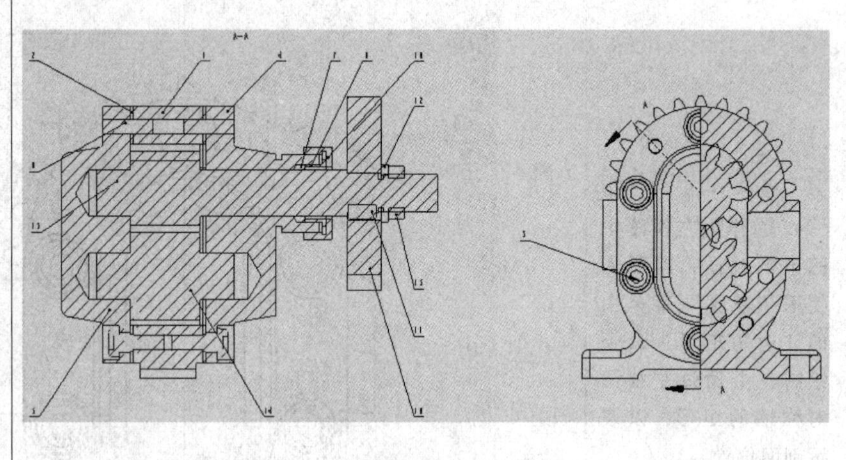
7. 单击“注解”菜单中的“中心线”，选择轴孔等部位的两条边线或单一圆柱面等来按照需求为两视图添加中心线。对于螺纹孔分布的中心线则需要使用“草图”菜单作出，记得勾选“作为构造线”获得点画线	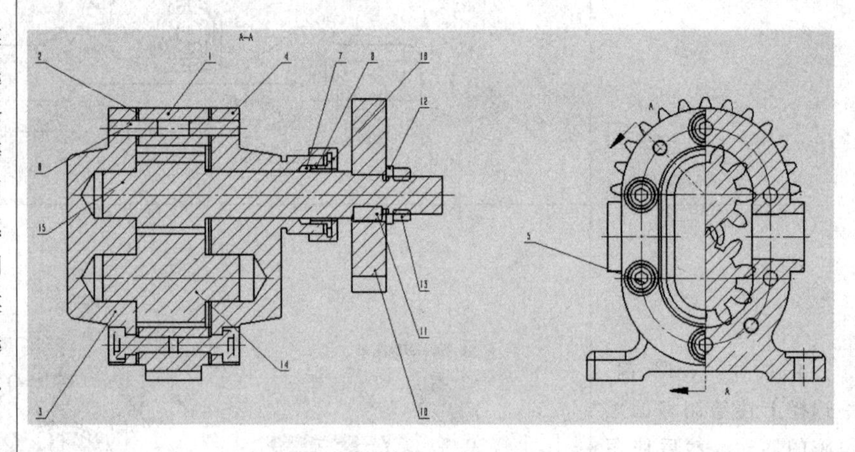
8. 可使用“插入”选项下的“模型项目”功能，对各零件进行尺寸标注，为了保证尺寸标注分布有序，不要勾选设置中的“在草图中使用尺寸放置”项，对于多余的自动标注，可选中后单击鼠标右键进行隐藏	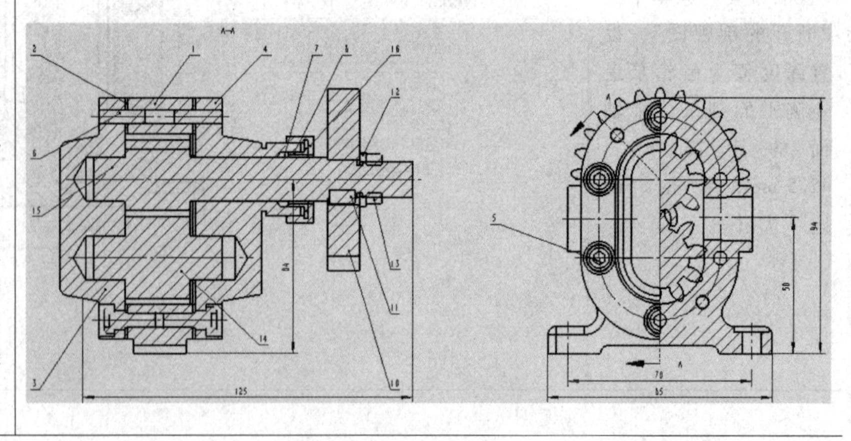

续表

9. 选择“注解”菜单中的“注释”功能，在图样中合适的地方插入，并键入齿轮泵对应的技术要求，设置好字体大小及格式	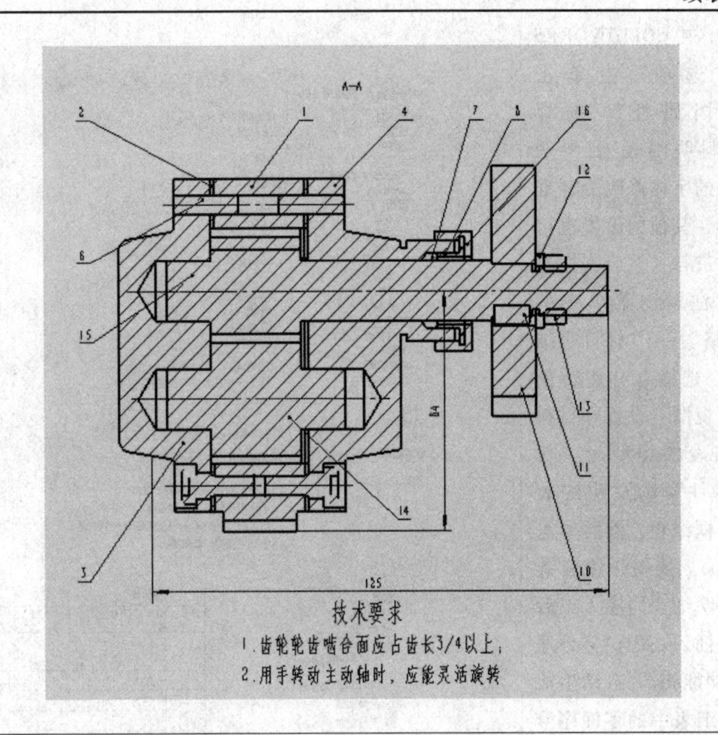
10. 在工程图空白位置单击鼠标右键或者在 FeatureManager 设计树中单击右键，在“图纸格式”菜单中选择“编辑图纸格式”，可以像编辑草图一样来编辑图纸的格式。在此，可以根据需求来修改图纸的图框和标题栏中的内容，有需要删除的内容也可以选择“隐藏”命令以达到相同目的	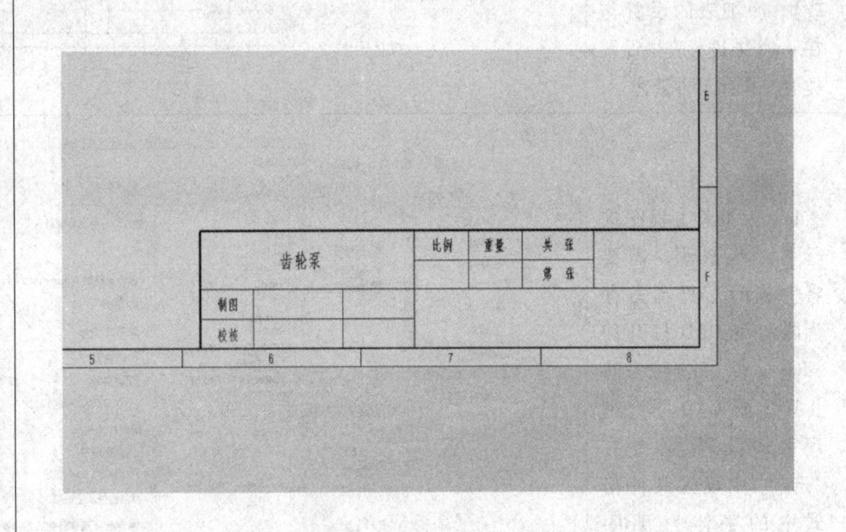

<table>
<tr>
<td>11. 在 SOLIDWORKS 的“选项”中单击“文档属性”，选择“材料明细表”，将明细表的字体修改为标准字体，其他的设置也可按需进行。然后直接单击“注解”菜单中的“表格”→“材料明细表”，选择含有旋转剖的主视图，设置好材料明细表的类型为“仅限零件”以及明细表的边框线粗，然后单击“确认”按钮，然后确定好明细表的插入点后即可插入。(与“零件序号”功能相同，自动生成的明细表中的零件序号与装配顺序相关，后续可以在 CAD 中进行更改)。明细表的设置与在 word 中进行表格设置类似，在此不再赘述</td>
<td>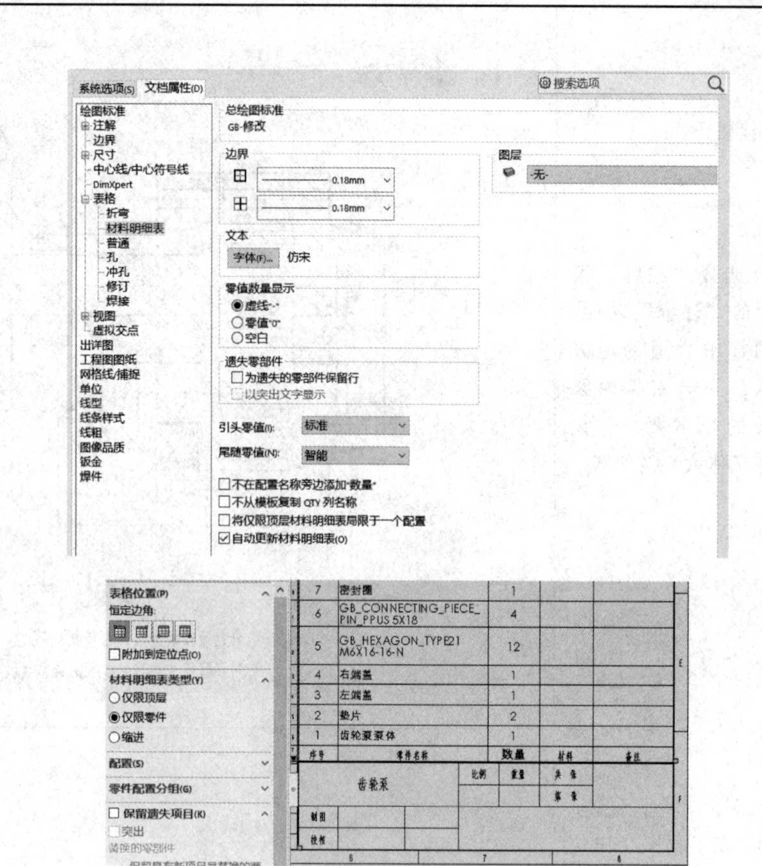
</td>
</tr>
<tr>
<td>12. 为了对工程图进行下一步修改，需要将生成的工程图另存为能使用 CAD 打开的 .dwg 文件(注意：为防止导出的 CAD 图纸出现字体乱码，需要在“选项”中设置文件格式中的字体为 TrueType)</td>
<td>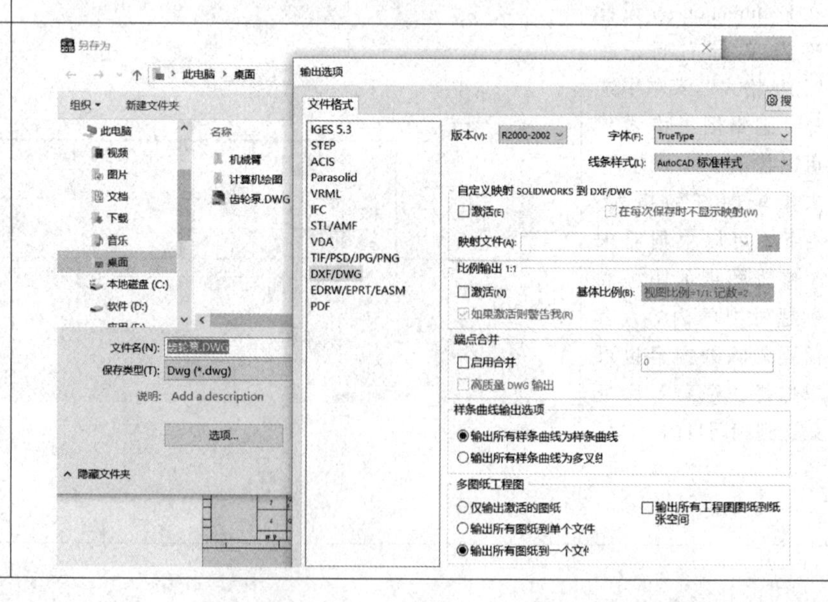
</td>
</tr>
</table>

续表

13. 生成的 .dwg 文件可在 CAD 中按需进行相应修改。例如将齿轮改为标准的“五线”画法、添加装配图的尺寸标注和几何公差等	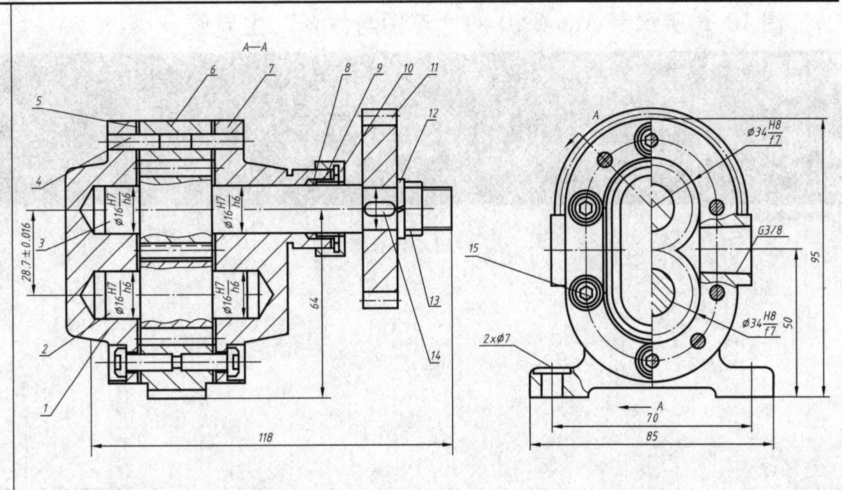

在上述使用 SOLIDWORKS 导出齿轮泵装配体工程图的过程中，由于软件的设定等各种原因，软件自动截取导出的剖视图、自动标注的装配体尺寸以及自动生成的零件序号和明细表等与符合国家标准的工程图有较大出入，但软件能将工程图以 .dwg 文件的格式导出，以便在 CAD 中进行修改。但需要注意的是由 SOLIDWORKS 导出的. dwg 文件是以块的形式保存的。

§10-5　AutoCAD 简介

AutoCAD 是由美国 Autodesk 公司首次于 1982 年为在微机上应用 CAD 技术而开发的绘图程序软件包，经过不断的完善，现已经成为国际上广为流行的绘图工具。

AutoCAD 可以绘制任意的二维和三维图形，并且同传统的手工绘图相比，用 AutoCAD 绘图速度更快、精度更高，它已经在航空航天、造船、建筑、机械、电子、化工、美工、轻纺等很多领域得到了广泛应用，并取得了丰硕的成果和巨大的经济效益。本书以 AutoCAD 2020 版本为例，介绍 AutoCAD 的使用方法。

一、AutoCAD 界面简介

1. 软件启动

AutoCAD2020 软件安装完成后，可通过以下几种方式启动该软件：

（1）双击 Windows 桌面上的图标按钮，启动 AutoCAD2020 软件。

（2）从 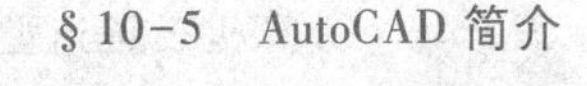启动 AutoCAD2020 软件。

（3）双击已有的 AutoCAD 图形文件（. dwg 格式，但应为 AutoCAD2020 以下或兼容版本的文件），启动 AutoCAD2020 软件。

图 10-3 所示是 AutoCAD 的“草图与注释”主界面。

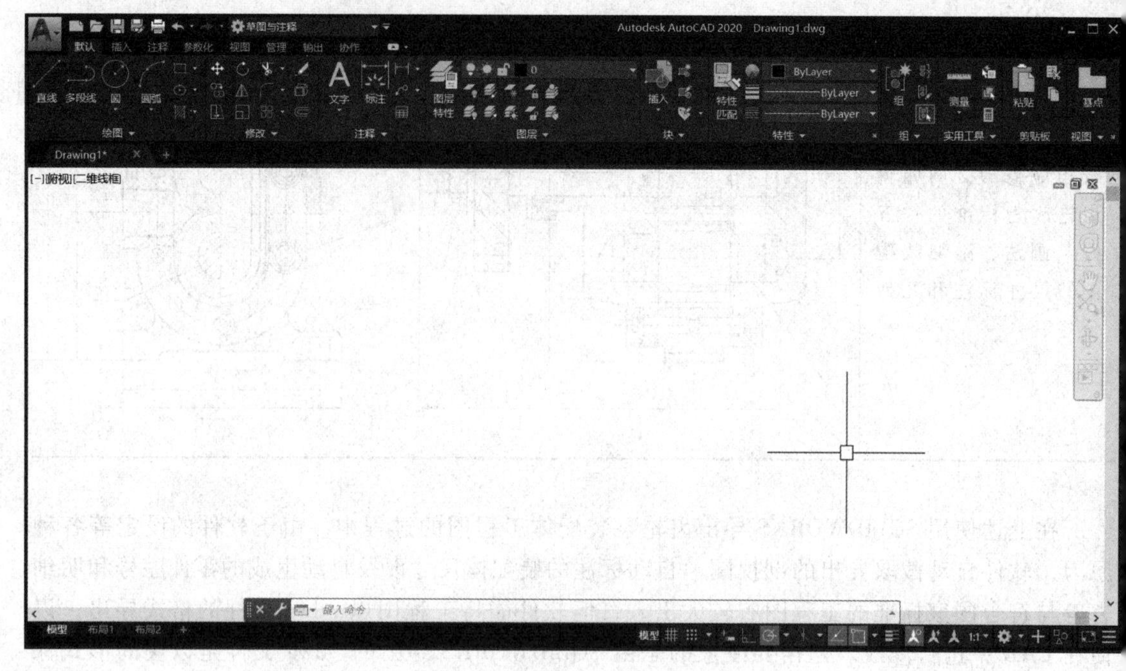

图 10-3　AutoCAD 的“草图与注释”主界面

2. 工作空间的转换

中文版 AutoCAD2020 提供了“草图与注释”“三维建模”“三维基础”3 种工作空间模式。

要在 3 种工作空间模式中进行切换，可单击桌面右下方的“切换工作空间”图标按钮，弹出“切换工作空间”菜单，根据需要或操作习惯进行选择。如选择“草图与注释”就会出现图 10-3 所示的“草图与注释”主界面。另外，根据需要还可选择“三维建模”“三维基础”工作空间。在桌面右下方的“切换工作空间”中单击“自定义”可创建 AutoCAD 的经典界面。

在 AutoCAD 不同的工作空间中，尽管主界面的形式及分布有所不同，但操作方法、命令使用及图形菜单的功能是相同的。故本书将“草图与注释”主界面作为操作学习及实例训练的主要参照界面。

3. 操作主界面介绍

标题栏：位于主界面最上方，包含了“菜单浏览器”图标按钮、默认、插入、注释、参数化等内容，其功能如图 10-4 所示。

默认：包含绘图、修改、注释、图层、块等工具栏，每一工具栏下包括许多绘图命令，使用时可直接单击对应的命令名称。

绘图窗口：是一切绘图及建模操作的区域。

命令输入及显示窗口：可通过键盘输入命令，同时显示正在进行的操作及命令，并显示

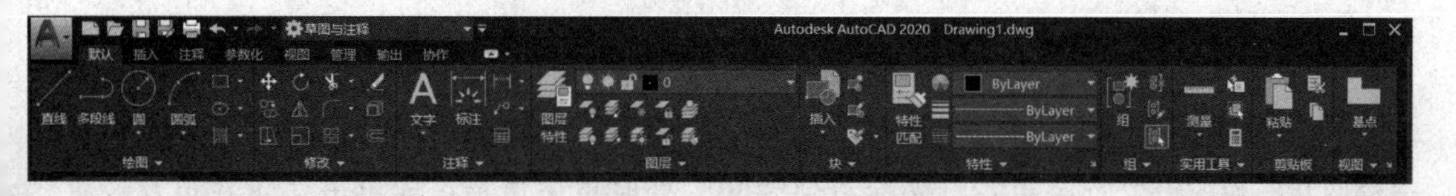

图 10-4 标题栏的功能

出相应的操作提示，是十分重要的人机对话和操作过程记录窗口。比如输入直线命令“Line”后，单击鼠标左键先选择一点，再选择另一点，按“Enter”键退出后即画出一条直线。如图 10-5 所示。

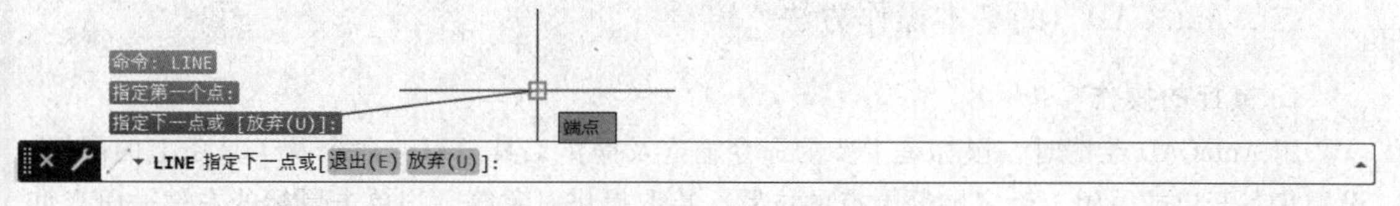

图 10-5 命令输入及显示窗口

状态栏： 位于主界面的最下方，用来显示 AutoCAD 当前的状态，从左到右依次为模型、显示图形栅格、捕捉模式、正交限制光标、按指定角度限制光标、等轴测草图、显示捕捉参照线等，各按钮功能如图 10-6 所示。

图 10-6 状态栏的功能

绘图状态切换及设置功能按钮对快速、准确地作图非常重要，需要对其加以充分理解。单击某按钮，则开启对应功能，再次单击则关闭该功能。单击按钮右侧的倒三角形，则弹出绘图状态快速设置菜单，如图 10-7a 所示，可根据需要滑动光标到相应参数进行选取，也可选择“正在追踪设置…”命令，显示“草图设置”对话框，如图 10-7b 所示。根据需要设

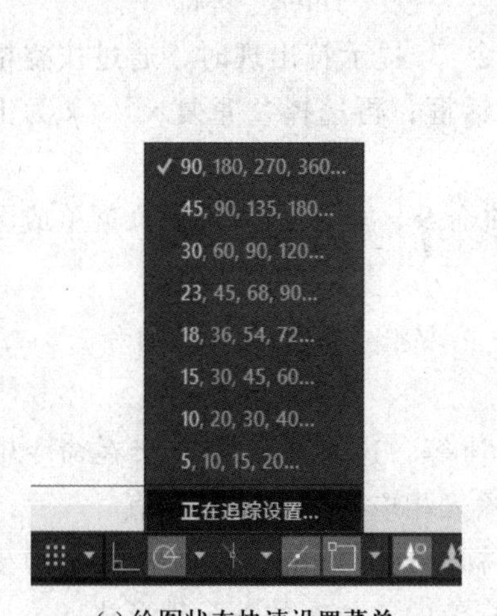

(a) 绘图状态快速设置菜单

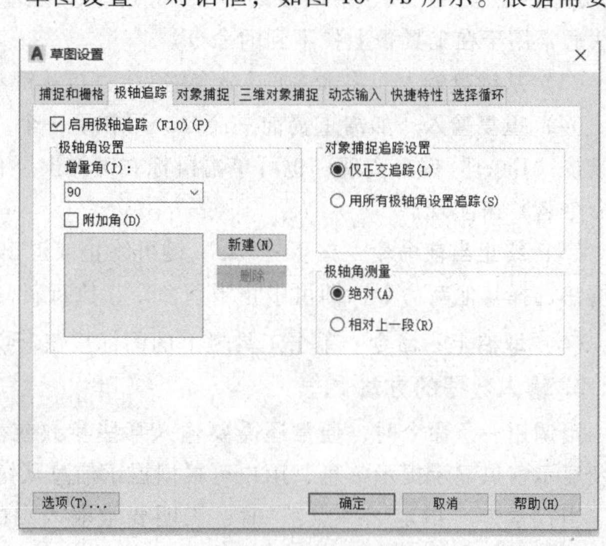

(b) “草图设置”对话框

图 10-7 图形状态切换及设置

置相应状态参数后，单击“确定”按钮结束设置。

如需要绘制与水平线成30°或以30°为增量夹角的斜线，则应单击“按指定角度限制光标”按钮开启“极轴追踪”功能，然后鼠标右键单击“按指定角度限制光标”按钮，弹出“绘图状态快速设置”菜单，将光标滑到“30”处时单击鼠标。或单击“正在追踪设置”命令，显示“草图设置”对话框，在“极轴追踪”选项卡中将“增量角”设置为30°并单击“确定”按钮。这样，在画线时就会出现30°增量夹角的追踪线，从而方便地实现30°或以30°为增量夹角的斜线绘制。

二、AutoCAD 的基本操作方法

1. 鼠标的操作

用AutoCAD绘图时，鼠标是主要的命令输入及操作工具。点选命令及工具条上的图标、设置状态开启或关闭、确定屏幕上点的位置、拾取操作对象等，均单击鼠标的左键；而查询对象属性、确认选择结束、弹出屏幕对话框、设置状态参数等，则单击鼠标的右键。同时，滑动鼠标滚轮，可实现绘图区中图形的实时缩放观察，按住鼠标滚轮再移动鼠标，则可实现绘图区中图形的平移观察。因此，掌握鼠标左、右键的配合及滚轮的使用，可大大提高作图的效率。

2. 输入命令的方法

当命令输入及显示窗口出现“命令:”时，表明AutoCAD已处于接受命令状态，可采用下列任一方法输入命令。

（1）**从工具条输入**　将光标移到工具条相应的图标上，单击鼠标左键即可。

（2）**从下拉菜单输入**　将光标移到相应的下拉菜单上，则自动弹出第二级下拉菜单（部分命令还有第三级、第四级菜单），将光标移到选定的命令上，单击鼠标左键即可。此方法通常用于在工具条上找不到的命令。

（3）**从键盘输入**　将命令（或命令缩写）直接从键盘输入并按“Enter”键即可。

（4）**重复输入**　如需重复前一命令，可在下一个“命令:”提示符出现时，通过按空格键或按“Enter”键来实现；也可单击鼠标右键弹出屏幕对话框，再选择“重复x”（x为上一命令名）来实现。

（5）**终止当前命令**　按下“Esc”键可终止或退出当前命令，或者直接从下拉菜单或图标按钮选择其他新命令，即可中止当前命令，执行新命令。

（6）**取消上一命令**　单击工具栏上的图标按钮后，可取消上一次执行的命令。

3. 输入数据的方法

当调用一条命令时，通常还需要输入某些参数或坐标值等，这时AutoCAD会在命令输入及显示窗口显示提示信息，用户可根据提示信息从键盘输入相应的参数或坐标值。

当提示为“指定下一点:”时，表明要求输入点的坐标，这时可从键盘输入相应的坐标，也可将光标移至相应位置后单击鼠标左键来确定。坐标值的定位有如下几种形式：

（1）**绝对直角坐标(x,y,z)**　绘图窗口一般以屏幕左下角为坐标原点，从左向右为x坐

标的正向，从下向上为 y 坐标的正向，进行二维作图时，z 坐标可不输入。如输入点 $x=420$ mm、$y=297$ mm，则从键盘输入“420，297↙”即可。

（2）**绝对极坐标（距离<角度）**　如新输入点距离坐标原点 50 且该点与坐标原点的连线与 x 轴正向成逆时针 30°夹角，则可先输“入 0，0↙”，再输入“50<30↙”即可。

（3）**相对直角坐标(@ dx, dy)**　如新输入点在前一点的左方 50、上方 20 处，则键入“@ -50，20↙”即可。

（4）**相对极坐标(@ 距离<角度)**　如新输入点到前一点的距离为 40 且该点与前一点的连线与 x 轴正向成逆时针 60°夹角，则键入“@ 40<60↙”即可。

（5）**方向距离输入法**　当第一点的位置确定后，开启“正交”或“极轴追踪”功能，移动光标到下一点的方向上，再从键盘直接输入到下一点的距离。这种方法可用于画线、输入点的位置或在复制、平移对象时进行定位，其操作简便，既快又准确（需使状态栏上的处于关闭状态）。

（6）**动态输入法**　开启状态栏上的图标按钮，选择绘图命令后，在光标处将直接显示出坐标、长度、角度等信息，选定需要的方向后，从键盘输入到前一点的距离即可；也可用“Tab”键切换距离与角度的输入（输入距离后，不按回车键，接着按“Tab”键，输入角度后再回车）。这种方法可看成是“方向距离输入法”的延伸，较为直观，但不能与“方向距离输入法”同时使用。

提示：在使用键盘输入数据时，必须使输入法处于“英文”状态。

4. 操作对象的选择

在绘图操作中，随时都需要选择对象。选择对象主要有三种方式：

（1）**点选**　用光标直接单击需要选择的对象，如图 10-8a 所示。

（2）**框选**　将光标移到需选择对象的左上方，向右下方拖动，直到形成的方框完全框住待选对象，则框内对象被选中，如图 10-8b 所示，直线 ab 被选中。

（3）**交叉框选**　将光标移到需选择对象的右下方，向左上方拖动，所有方框接触到的对象都被选中，如图 10-8c 所示，△abc 被选中。

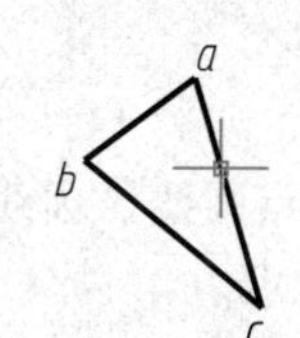

(a) 点选：选中直线ac

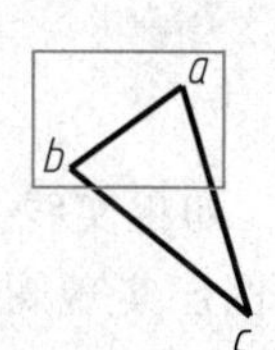

(b) 框选：选中直线ab

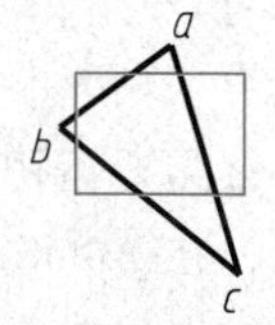

(c) 交叉框选：选中△abc

图 10-8　操作对象的选择方式

5. 获取帮助

通过键盘输入“HELP”，弹出对话框。单击图中左边的选项，可以进一步学习相关的内容。

6. 常用显示控制命令

屏幕上的绘图窗口大小是确定的，而所绘对象则可大可小，为了准确作图，也为了方便对图形进行观察，随时都会用到图形缩放、平移等图形显示控制功能。其操作方式如下：

（1）运用鼠标中键，如滑动鼠标滚轮，可实现绘图区中图形的实时缩、放观察，按住鼠标滚轮再移动鼠标，则可实现绘图区中图形的平移观察。

（2）运用绘图区右侧的图形控制工具，可实现图形的平移、缩放等。

（3）运用键盘输入缩放命令“ZOOM↙”，“命令输入及显示窗口”中出现如下提示：

命令：ZOOM

指定窗口的角点，输入比例因子（nX 或 nXP），或者

ZOOM [全部(A) 中心(C) 动态(D) 范围(E) 上一个(P) 比例(S) 窗口(W) 对象(O)] <实时>:

可根据提示输入相应参数。如输入“A↙”，则以最大比例显示全图。

三、绘图环境设置

绘图环境设置

1. 绘图界限设置

（1）功能

设置绘图区域，即确定图纸大小，选图幅。

（2）调用命令方式

在命令行输入“LIMITS↙”。

（3）操作方法

调用命令后，AutoCAD 命令行提示如下：

LIMITS 指定左下角点或[开(ON)/关(OFF)]<0.00，0.00>：↙

LIMITS 指定右下角点<420.00，297.00>：↙

设置绘图界限为横版 A3 图幅。命令提示中的“开”或“关”选项用于决定是否可以在图形界限之外指定一点输入。如果选择“开”选项，则开启图形界限功能；如果选择“关”选项，则不使用图形界限功能。

2. 图层设置

（1）图层的概念

绘制图样时，通常需要运用多种线型，如粗实线、细实线、点画线、虚线等，不同线型还有不同线宽的要求，在 AutoCAD 中通过图层实现图线的这些要求。

形象地说，图层可以看成是一层没有厚度的透明纸片，同一种作用的图线绘制在同一图层上，同一图层中的图线在默认情况下都有相同的线型、颜色、线宽，有多少种作用的图线相应地建立多少个图层。另外，每个图层都有其控制开关，可以很方便地单独控制其显示、打印和修改等，为绘图提供方便。

（2）图层的创建

启动“图层特性管理器”对话框，可以从中创建图层、指定图层的各种特性、设置当前图层、选择图层和管理图层。

1）单击图标按钮，弹出“图层特性管理器”对话框，如图 10-9 所示。系统默认有一个图层，名称为“0”，颜色为“白色”，线型为“Continuous”（实线），线宽为“默认”值。图层“0”不能被删除和重命名。

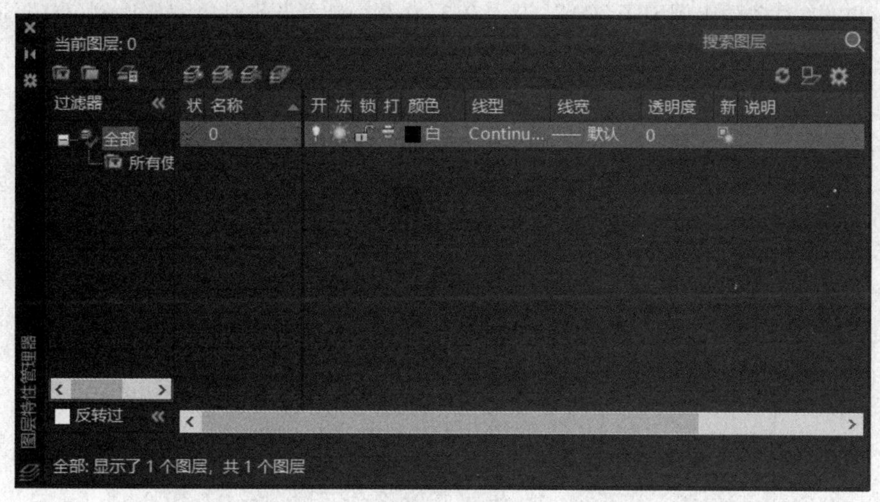

图 10-9 “图层特性管理器”对话框

2）在名称栏下空白处单击鼠标右键可新建图层，在图层的颜色、线型、线宽处单击可对其进行修改。创建如图 10-10 所示常用的图层。

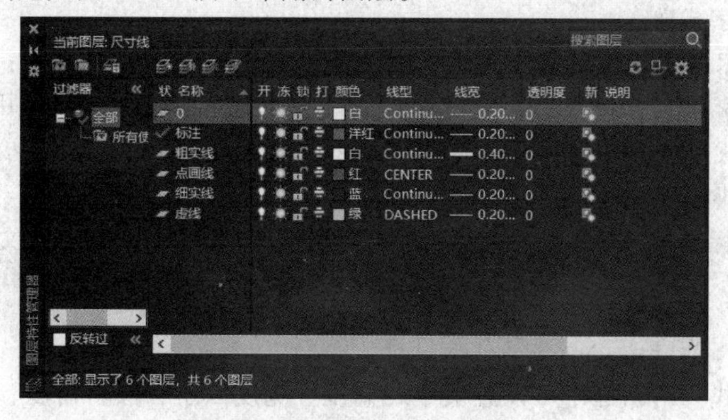

图 10-10 创建常用的图层

需要用某图层绘图时，应先将该图层设置为当前图层，当前图层标识为✔。

3. 线型比例设置

非连续线段（如虚线、点画线等）是由短直线、空隙等构成的，其中短直线、空隙大小是由线型比例来控制的。作图时常常遇到这种情况：本来绘制的是虚线、点画线，但显示出来的是连续线。其原因是线型比例设置得不合理，可以通过设置线型比例来进行调整。

在“默认”标题栏中找到“特性”工具栏，单击“线型”一栏下三角符号出现下拉菜单，单击“其他”项，弹出“线型管理器”对话框。单击菜单中的“显示细节”按钮，出现如图 10-11 所示对话框。在“全局比例因子（G）”或“当前对象缩放比例（O）”文本框中输入合适参数即可。

“全局比例因子(G)” 用来控制图样中所有非连续线型的外观；而重新设置 “当前对象缩放比例(O)” 后，在此之后所绘制的所有非连续线型的外观都会受到影响。

通常可以将 “全局比例因子(G)” 设为 0.3~0.5，将 “当前对象缩放比例(O)” 取为 1。

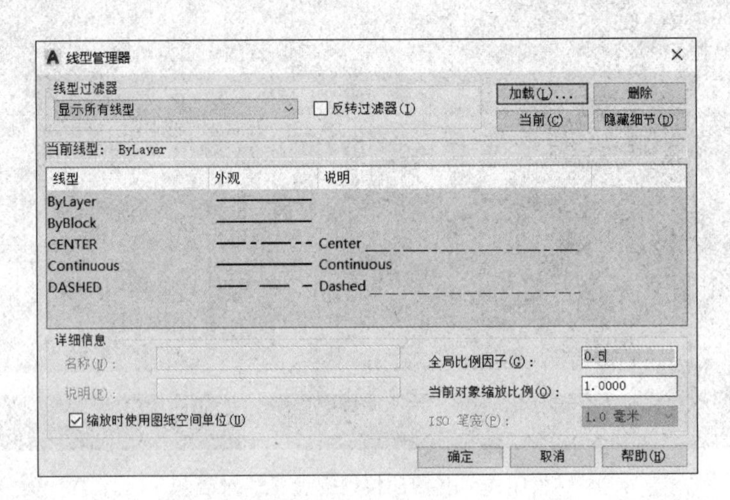

图 10-11　“线型管理器” 对话框

4. 文字格式设置及注写

(1) 新建文字式样

按照国家技术制图标准规定，各种专业图样中文字的字体、字宽、字高都有一定的标准。为了达到国家标准要求，在输入文字前，需首先设置文字样式或者调用已经设置好的文字样式。文字样式定义了文本所用的字体、字高、宽度因子、倾斜角度等文字特征。

调用命令方式如下：

①“默认” 标题栏：单击 “注释” 工具栏旁下三角符号，再单击 “文字样式” 图标按钮。

② 命令行：STYLE ↙。

在 “文字样式” 对话框中可设置文字的高度、宽度因子、倾斜角度，并可更改和新建字体样式。如图 10-12 所示。

(2) 文字输入

AutoCAD 提供了 “单行文字” 命令和 “多行文字” 命令两种文字输入命令，对简短的输入项多使用单行文字，对带有多种格式的较长的输入项建议使用多行文字。

1) 创建单行文本

调用命令方式如下：

①“默认” 标题栏：单击 “注释” 工具栏旁下三角符号，再单击 “文字” 图标按钮，选择 “单行文字” 命令。

② 命令行：TEXT ↙ 。

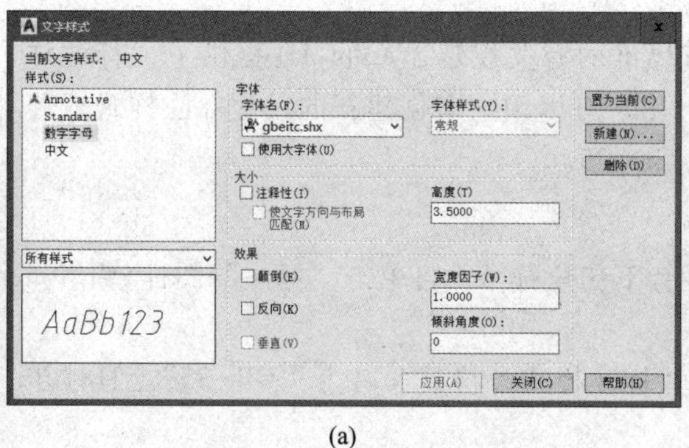

(a)

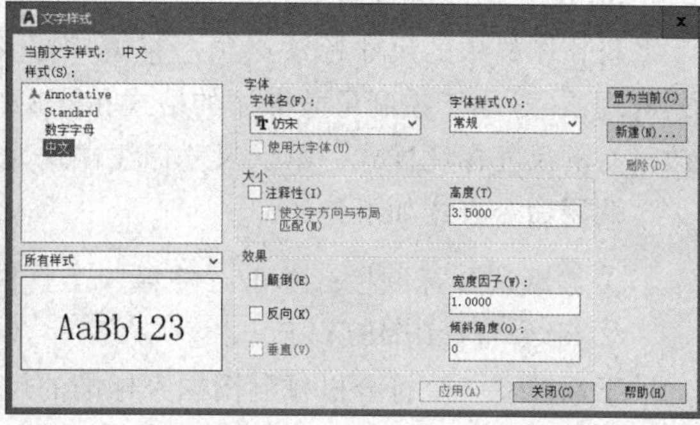

(b)

图 10-12　文字样式设置内容

由于在工程图中用到的许多特殊符号不能通过标准键盘直接输入，如文字的下画线、直径代号、角度符号等，必须输入相应的控制代码才能创建出所需的特殊字符。这些特殊符号的控制代码如表 10-6 所示。

表 10-6　AutoCAD 特殊符号控制代码及其含义

控制代码	特殊字符
%%o	上画线
%%u	下画线
%%d	度数(°)
%%p	正负号(±)
%%c	直径符号(ϕ)

2）创建多行文本

调用命令方式如下：

①“默认”标题栏：单击“注释”工具栏旁下三角符号，再单击图标按钮 A，选择“多行文字”命令。

② 命令行：MTEXT ↙。

执行多行文字命令并在绘图窗口中指定矩形对角点之后，将显示如图 10-13 所示的多行文字编辑器，可以在多行文字编辑器中创建或修改多行文字对象。

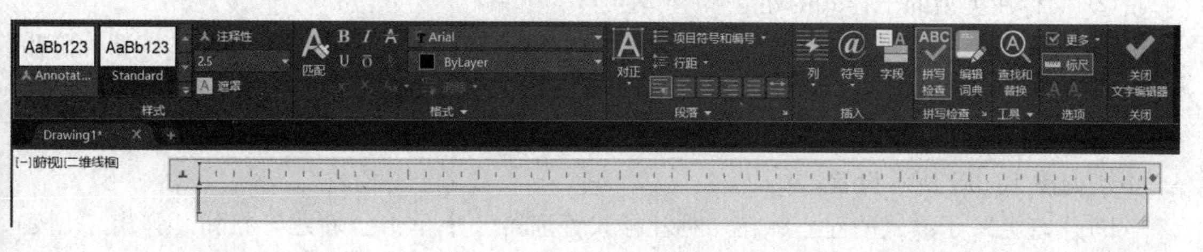

图 10-13　多行文字编辑器

5. 尺寸标注样式设置

机械图样中的尺寸标注必须严格遵守国家标准的有关规定，AutoCAD 提供了“标注样式管理器”，用于控制尺寸标注的格式和外观，用户可以用它来创建新的尺寸标注样式或修改已有的尺寸标注样式。默认尺寸标注样式为 ISO-25。

调用命令方式如下：

① “默认”标题栏：单击“注释”工具栏旁下三角符号，再单击“标注”图标。

② 命令行：DIMSTYLE ↙。

下面建立一个符合机械制图国家标准的尺寸标注样式，将其命名为“GB-35”。具体步骤如下：

① 本标注父样式的建立

a）单击“标注”或“式样”工具栏上的图标，进入标注样式管理器，单击“新建”按钮弹出“创建新标注样式”对话框，如图 10-14 所示，在“新样式名(N)”文本框中输入新标注样式名“GB-35”后单击“继续”按钮，进入“新建标注样式：GB-35”对话框。

b）在“线”选项卡中作如图 10-15 所示设置。

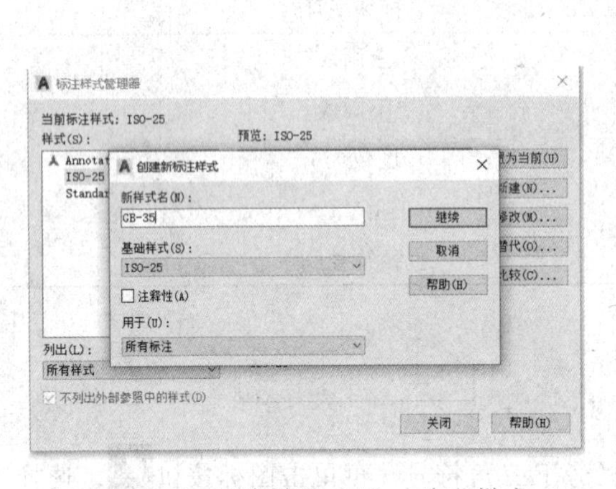

图 10-14 新建“GB-35”文字父样式

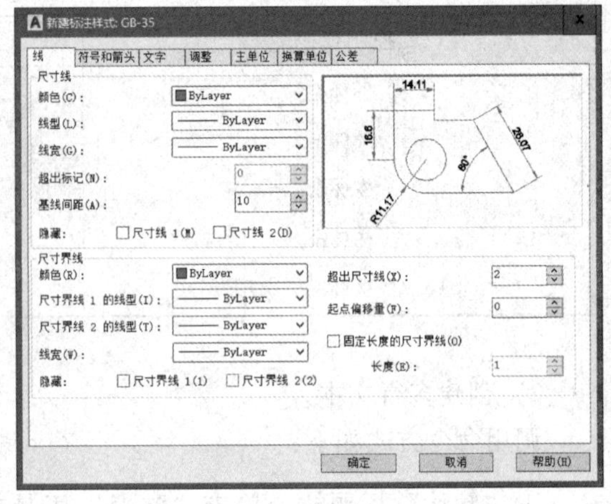

图 10-15 “GB-35”文字父样式中“线”选项卡的设置

c）在“符号和箭头”选项卡中作如图 10-16 所示设置。

d）在“文字”选项卡中作如图 10-17 所示设置。

② 同标注类型的子样式的建立

a）“角度”子样式的建立：在“标注样式管理器”中单击“新建(N)…”按钮，弹出“创建新标注样式”对话框，在“用于（u）”下拉列表框中选择“角度标注”项，如图 10-18 所示。单击“继续”按钮进入“新建标注样式：GB-35：角度”对话框。在“文字”选项卡中作如图 10-19 所示设置。

b）“直径”子样式的建立：在“标注样式管理器”中单击“新建”按钮，弹出“创建新标注样式”对话框，在“用于（u）”下拉列表框中选择“直径标注”项后，单击“继

续”按钮进入“新建标注样式：GB-35：直径”对话框。在“文字”选项卡中将“文字对齐（A）”单选项选为“ISO 标准”；在“调整”选项卡中作如图 10-20 所示设置。

c）“半径”子样式的建立：各项设置与“直径”子样式的建立相同。

③ 将新建的“GB-35”尺寸标注样式设置为当前样式

在“标注样式管理器”中的“样式(S)”列表中选择“GB-35”，然后单击“置为当前”按钮，如图 10-21 所示。

6. 样板文件保存

选择“文件”→“另存为…”命令，弹出“图形另存为”对话框，然后指定保存路径，在“文件类型”下拉列表框中选择“AutoCAD 图形样板(.dwt)”，修改文件名为“GB”后保存样板图。

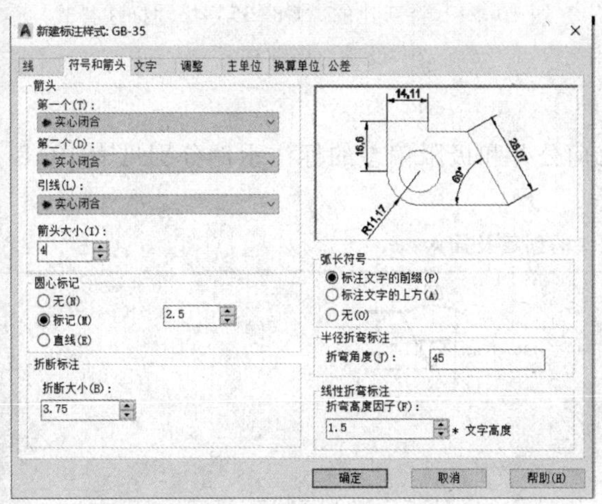

图 10-16 “GB-35”文字父样式中“符号和箭头”选项卡的设置

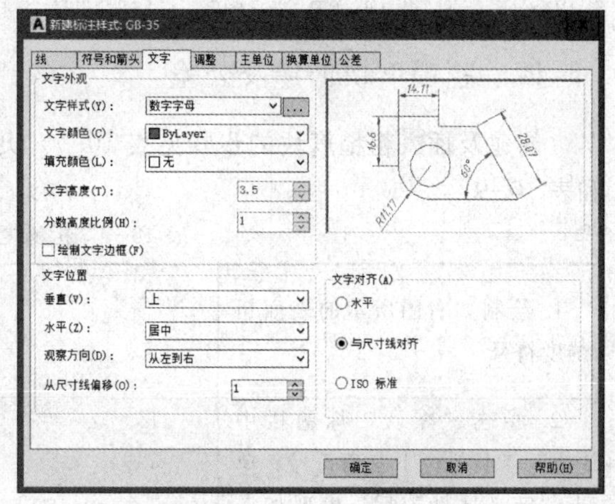

图 10-17 “GB-35”文字父样式中“文字”选项卡的设置

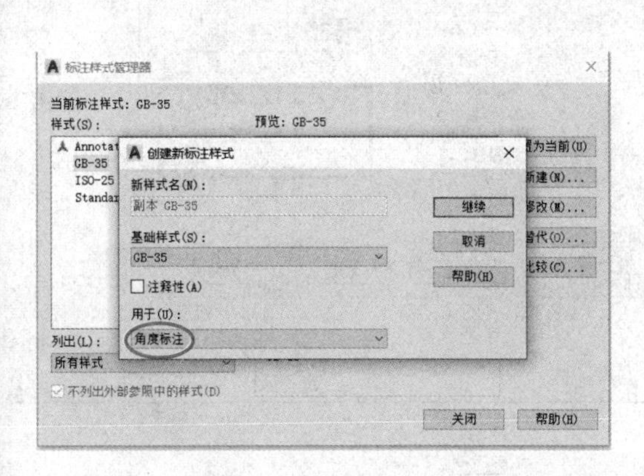

图 10-18 “角度”子样式的建立

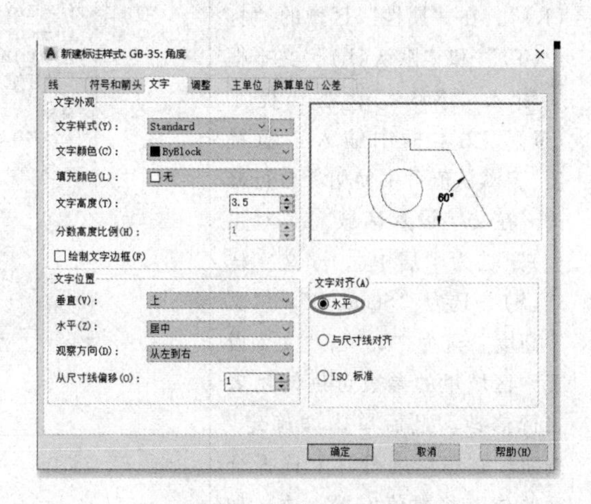

图 10-19 “角度”子样式中“文字”选项卡的设置

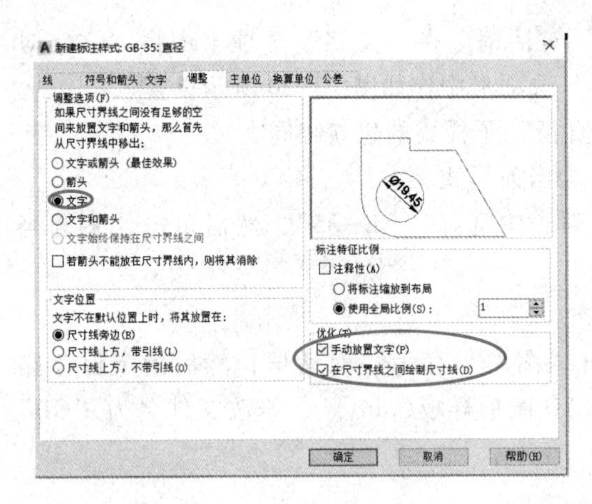

图 10-20 “直径”子样式中“调整”选项卡的设置

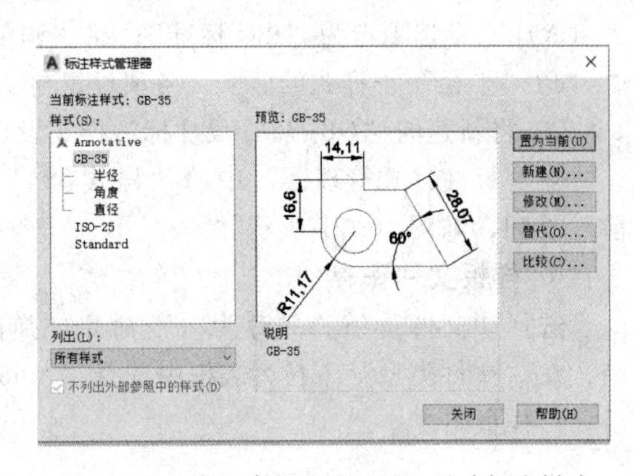

图 10-21 将新建的“GB-35”尺寸标注样式设置为当前样式

四、粗糙度块创建及公差

创建及插入粗糙度块的步骤见表 10-7。几何公差和极限偏差的标注示例分别见表 10-8 和表 10-9。

表 10-7 粗糙度块的创建及插入

1. 绘制如右图所示的表面粗糙度符号	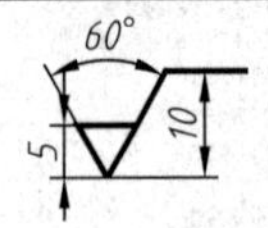
2. 单击“默认”标题栏中“块”工具栏旁下三角符号，单击“定义属性”后，出现如右图所示的“属性定义”对话框。“模式”默认为“锁定位置(K)”，在“属性”区域的“标记(T)”和“默认(L)”文本框中输入“Ra3.2”，在“提示(M)”文本框中输入“粗糙度”，默认值可供使用者自行修改。在文字设置区域，“对正(J)”选为“居中”，“文字样式(S)”选为“Standard”，“文字高度”选为“2.5”，“文字设置”区域里的参数可供使用者自行修改。最后单击“确定”按钮。在粗糙度符号上选择合适的位置将数值安置上去，如右图所示	属性定义 模式：不可见(I)、固定(C)、验证(V)、预设(P)、锁定位置(K)、多行(U) 属性：标记(T): Ra3.2；提示(M): 粗糙度；默认(L): Ra3.2 插入点：在屏幕上指定(O)；X: 0；Y: 0；Z: 0 文字设置：对正(J): 左对齐；文字样式(S): Standard；注释性(N)；文字高度(E): 2.5；旋转(R): 0；边界宽度(W): 0 在上一个属性定义下对齐(A) 确定　取消　帮助(H)
	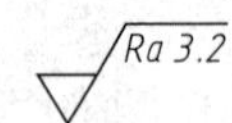

续表

3. 创建块定义。单击“默认”标题栏中“块”工具栏中的“创建”图标，出现如右图所示“块定义”对话框。在“名称”文本框中输入“表面粗糙度”，单击“基点”区域的“拾取点”按钮用鼠标在屏幕上选择基点，选择粗糙度符号三角形最下的顶点作为基点，如右图所示。单击“对象”区域“选择对象”按钮，用鼠标将整个粗糙度选为对象，如右图所示。最后单击“确定”按钮，粗糙度块创建完毕

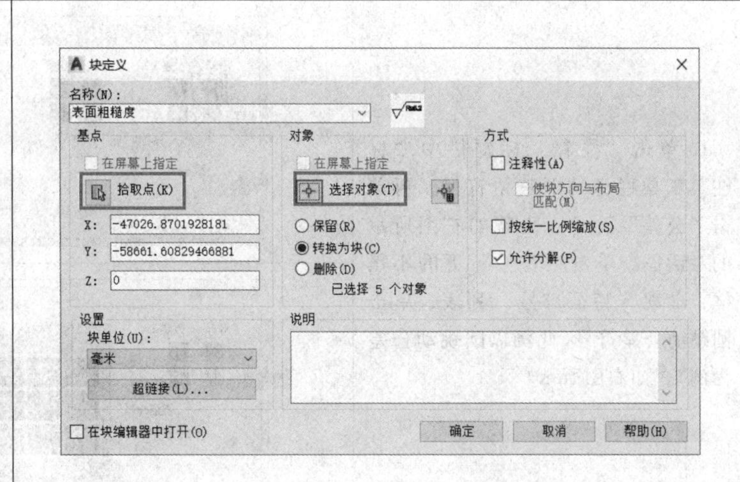

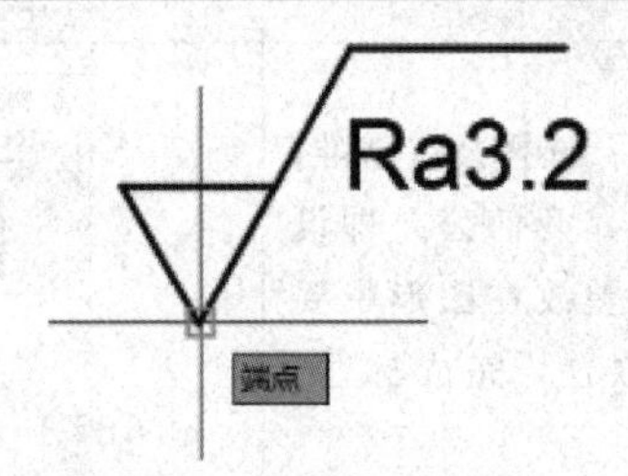

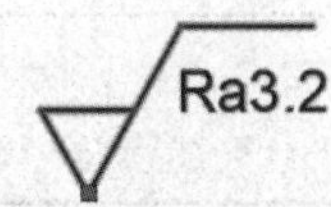

4. 在图样中标注粗糙度时，单击“默认”标题栏“块”工具栏中的“插入”命令，出现右图所示的对话框，单击最近使用的块，用鼠标在屏幕上单击想要插入的位置，即可将创建好的块插入到图中

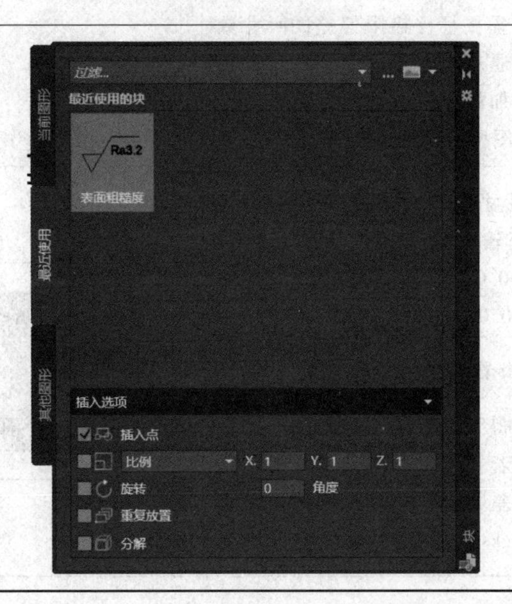

表 10-8　几何公差的标注

操作步骤	图示
1. 单击“注释”标题栏中“标注”工具栏旁的下三角符号，再单击“公差”命令，出现如右图所示的对话框。单击“符号”下的小黑框，出现“特征符号”列表，单击圆跳动公差符号(此例以圆跳动公差为例)，如右图所示	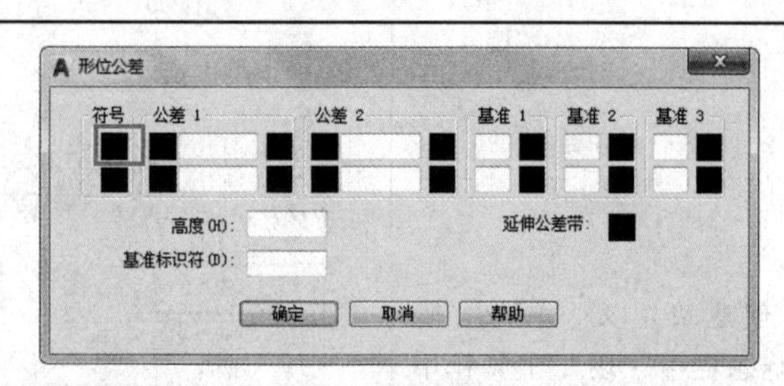
	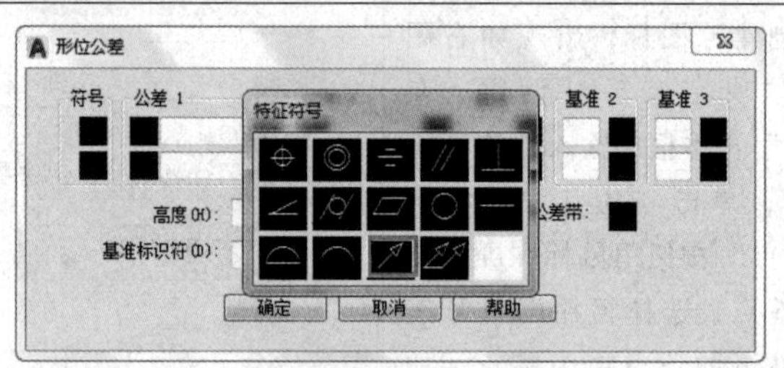
2. 输入公差数值，选择公差基准，单击“确定”按钮，几何公差即设置完成。将几何公差放在图形中要标注几何公差的位置，完成标注。如右图所示	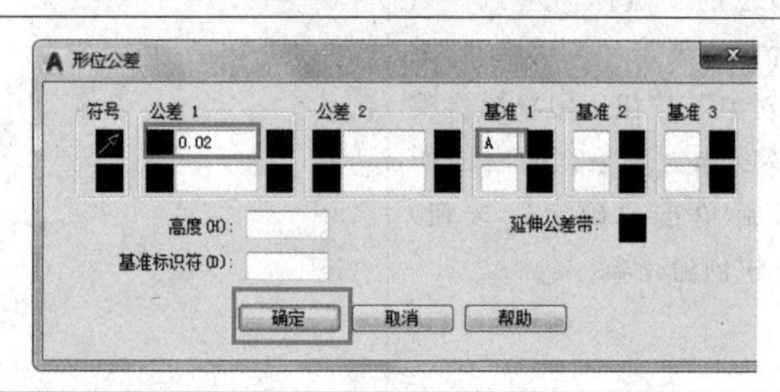

表 10-9　极限偏差的标注

操作步骤	图示
1. 双击需要标注极限偏差的尺寸数值，或者通过键盘输入“ED”，再选中需要添加极限偏差的尺寸数值，可出现如右图所示界面	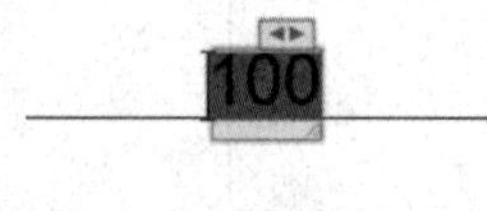
2. 在尺寸数值后即此例中的 100 后按规范输入极限偏差数值，例如“+0.03^-0.04”。之后用鼠标选中所输数值“+0.03^-0.04”，此时标题栏“文字编辑器”中“$\frac{b}{a}$”亮起，单击鼠标即可得到极限偏差的标注。如右图所示。若要删除极限偏差，则先选中极限偏差数值“+0.03^-0.04”，直接按“Backspace”键去除即可	
	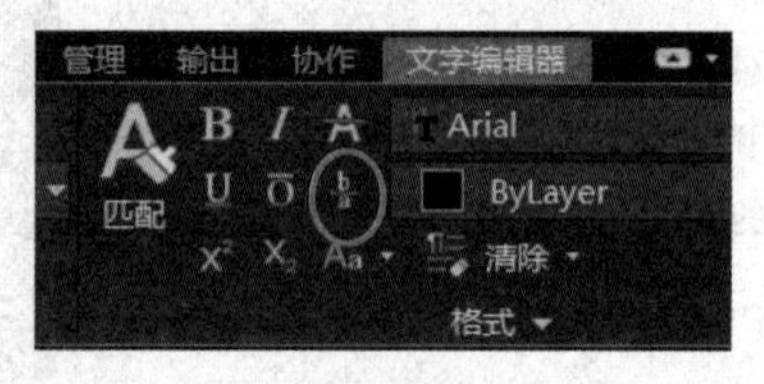
	$100^{+0.03}_{-0.04}$

五、AutoCAD 常用命令注释

AutoCAD 常用命令注释见表 10-10、表 10-11、表 10-12。

表 10-10 绘图命令

图标	命令	功能	参数及说明
	直线	绘制直线段	命令→起点→第二个点→…退出
	构造线	创建无限长的线	命令→第一个点→第二个点
	矩形	绘制矩形	命令→第一个点→对应的对角顶点
	多段线	创建二维多段线	命令→第一个点→第二个点→…退出
	多边形	绘制多边形	命令→输入多边形边数→中心→内接/外切于圆→指定半径
	点	创建点对象	命令→鼠标选定位置
	创建块	将选定的对象创建为块	选择对象→指定插入点→为其命名
	插入块	在当前图形中插入块或图形	建议插入块库中的块。块库可以是存储相关块定义的图形文件，也可以是包含相关图形文件的文件夹
	表格	创建空表	命令→设置表格参数→确定
	渐变色	对封闭区域或选定对象进行填充	通过渐变填充可创建一种或者两种颜色间的平滑转场
	面域	将包含封闭区域的对象转换为面域对象	面域是用闭合的形状或环创建的二维区域。可以将若干区域合并到单个复杂区域
	添加选定对象	添加对象	根据选定对象的对象类型启动绘制命令
	图案填充	对选定区域进行填充	命令→设置参数→选择封闭区域

续表

图标	命令	功能	参数及说明
	椭圆	绘制椭圆	命令→第一个端点→第二个端点→第三个点
	修订云线	创建修订云线	可以通过拖动光标创建新的修订云线，也可以将闭合对象转换为修订云线
A	多行文字	输入文字	在对话框中输入文字
	样条曲线	直接样条曲线	选定三个及三个以上的点绘制样条曲线
	圆	绘制圆	命令→圆心→圆的半径
	圆弧	绘制圆弧	命令→起点→终点→中间点

表 10-11　修 改 命 令

图标	命令	功能	参数及说明
	删除	删除对象	将选定对象删除
	复制	复制对象	命令→选择对象→选定基点
	镜像	创建镜像副本	命令→选定对象→选定对称轴
	偏移	创建同心圆、平行线和等距曲线	命令→偏移距离→对象
	矩形阵列	按规律分布副本	创建选定对象的副本的行和列阵列
	移动	将对象移动指定距离	命令→选定对象及基点→指定距离
	旋转	绕基点旋转对象	命令→选定对象及基点→旋转角度

续表

图标	命令	功能	参数及说明
	缩放	放大或缩小对象	命令→选定对象及基点→输入比例因子
	拉伸	拉伸对象	命令→选定对象及基点→第二个点
	修剪	修剪多余的直线或曲线	命令→选定边界→选定要修剪的对象
	延伸	延伸直线或曲线	命令→选定边界→选定要延伸的直线或曲线
	打断于点	在一点打断选定的对象	命令→选定对象→选定打断点
	打断	在两点之间打断选定的对象	命令→选定对象→第一个点→第二个点
	合并	合并相似对象以形成一个完整对象	在其公共端点处合并一系列有限的线性和开放的弯曲对象，以创建单个二维或三维对象
	倒角	给对象加倒角	命令→选定第一条直线及参数→选定第二条直线及参数
	圆角	给对象加圆角	命令→输入半径→选定两条相交直线
	光顺曲线	创建平滑的样条曲线	选择端点附近的每个对象。生成的样条曲线的形状取决于指定的连续性
	分解	将复合对象分解	在希望单独修改复合对象的部件时，可分解复合对象。可分解的对象包括块、多段线及面域等

表 10-12　标 注 命 令

图标	命令	功能	参数及说明
	线性	标注与坐标轴平行的尺寸	命令→选定标注对象
	对齐	标注与坐标轴倾斜尺寸	命令→选定标注对象

续表

图标	命令	功能	参数及说明
	弧长	标注弧长	命令→选定圆弧
	坐标	创建坐标标注	命令→选定标注点
	半径	标注半径	命令→选定标注对象
	折弯	标注半径	命令→选定标注对象
	直径	标注直径	命令→选定标注对象
	角度	标注角度	命令→选定第一条边→选定第二条边
	快速标注	从选定对象中快速创建一组标注	创建系列基线或连续标注，该命令十分适用于为一系列圆或圆弧进行标注
	基线	从上一个标注处或选定标注的基线处作连续标注	可以通过“标注样式管理器”“直线”选项卡和“基线间距”设定基线标注之间的默认间距
	连续	创建从上一次所创建标注的延伸线处开始标注	自动从上一次创建的标注处连续创建其他标注或从选定的尺寸界线处继续创建其他标注
	等距标注	调整标注之间的距离	平行尺寸线之间的间距将设为相等。也可以通过使用间距值使一系列线性标注或角度标注的尺寸线平齐
	折断标注	打断或恢复标注	在标注或延伸线与其他对象交叉处折断或恢复标注和延伸线
	公差	标注公差	命令→设置公差参数
	圆心标距	标记圆心	命令→选定圆或圆弧

续表

图标	命令	功能	参数及说明
	检验	添加或删除与选定标注关联的检验信息	检验标注用于指定应检验制造的部件的频率，以确保标注值和部件公差处于指定范围内
	折弯线性	添加或删除折弯线	命令→选定线性标注
	编辑标注	编辑标注文字和延伸线	旋转、修改或恢复标注文字。更改尺寸界线的倾斜角
	编辑标注文字	移动和旋转标注文字，重新定位尺寸线	命令→选定对象→选定新的位置
	标注更新	用当前标注样式更新标注对象	可以将标注系统变量保存或恢复到选定的标注样式

六、综合绘图举例

绘制如图 10-22 所示的端盖零件图。

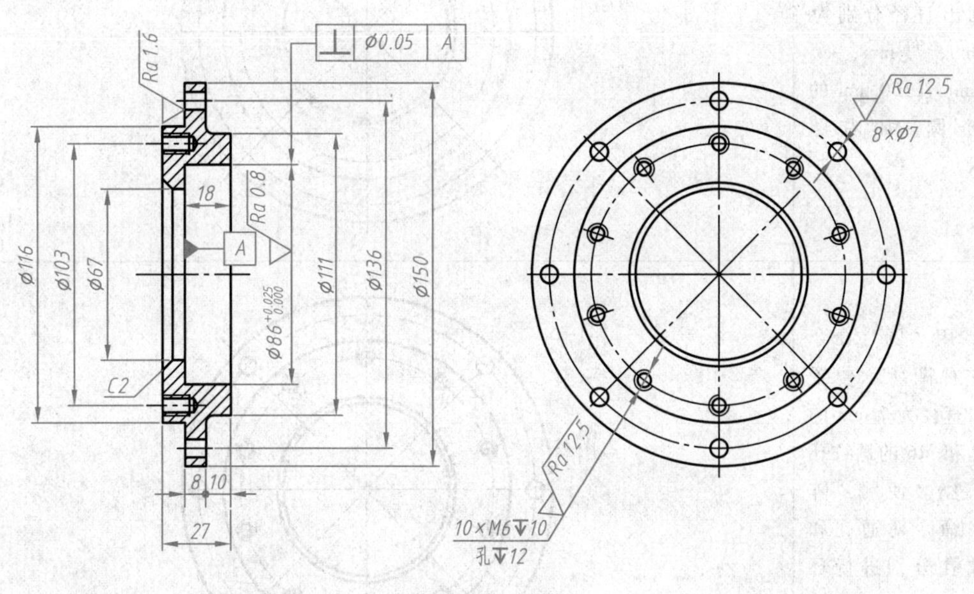

图 10-22　端盖

如前所述完成图 10-22 的绘图环境设置，绘图步骤见表 10-13。

表 10-13　端盖的绘图步骤

1. 将“点画线”层置为当前图层，用“直线”命令画出主视图中间的点画线，用“偏移”命令绘制其他 4 条点画线。用“直线”和“旋转”命令绘制左视图中的 8 条点画线。使用“圆”命令绘制左视图中直径为 103 mm 和 136 mm 的圆。如右图所示	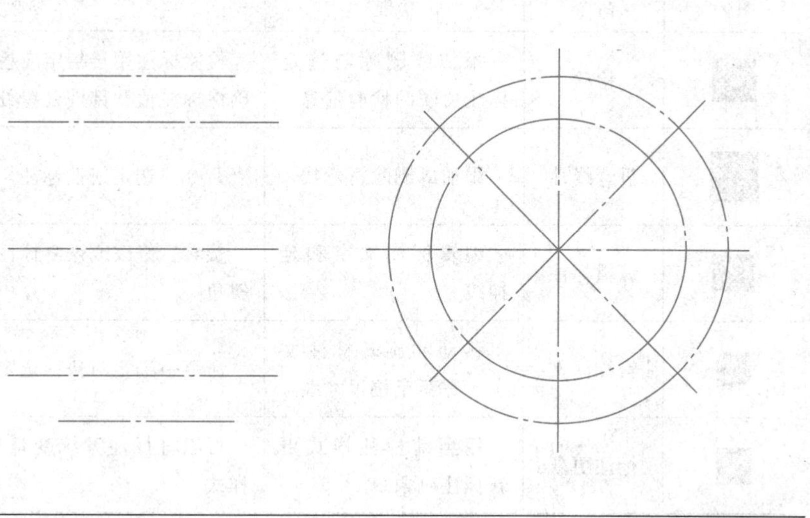
2. 将“粗实线”层置为当前层，用“圆”命令在左视图中画出直径分别为 67 mm、71 mm、116 mm、150 mm 的四个圆，如右图所示	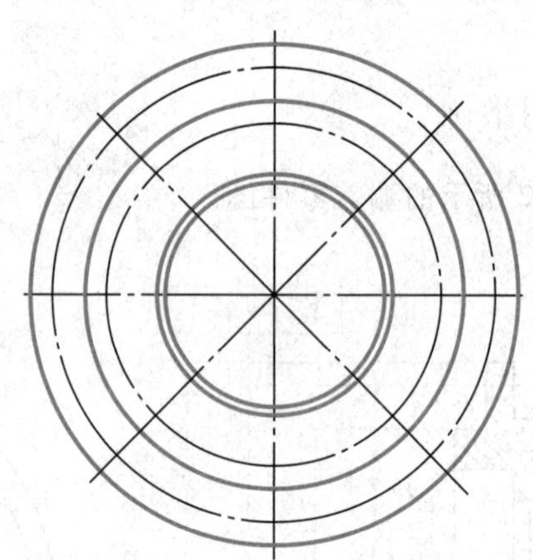 
3. 用“圆”命令在左视图所示位置画出直径为 7 mm 的通孔和 M6 的螺纹孔（红色）。使用“阵列”命令对通孔和螺纹孔分别进行环形阵列，如右图所示	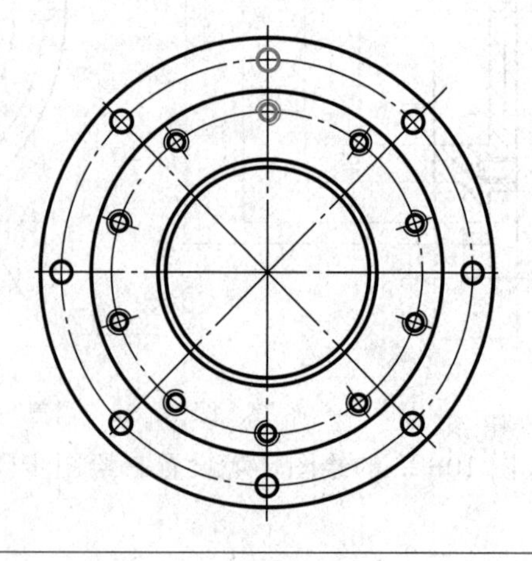

4. 用“直线”命令按高平齐规律对应左视图相关特征绘制主视图的轮廓，使用“圆角”和“倒角”命令在主视图正确位置上分别绘制圆角和倒角，如右图所示	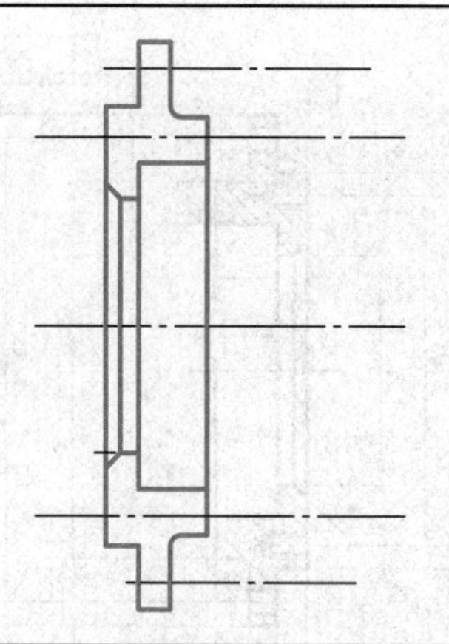
5. 用“直线”命令绘制通孔和螺纹孔小径。将“细实线”层置为当前层，绘制螺纹孔大径。使用“镜像”命令将绘制好的通孔和螺纹孔镜像。使用“区域填充”命令绘制剖面线，如右图所示	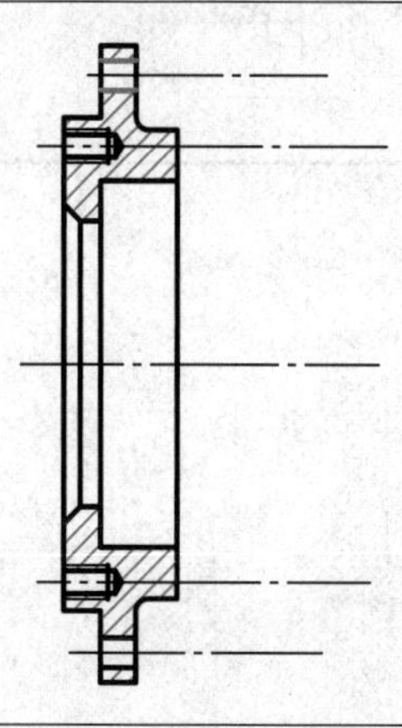
6. 将“细实线”层置为当前层，使用“线性标注”和“直径标注”对图形进行标注，如右图所示	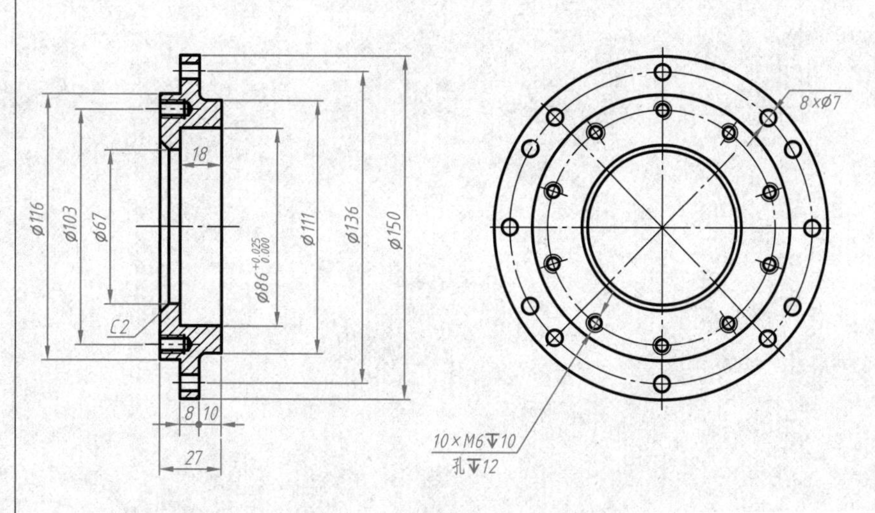

续表

7. 标注粗糙度和几何公差，如右图所示	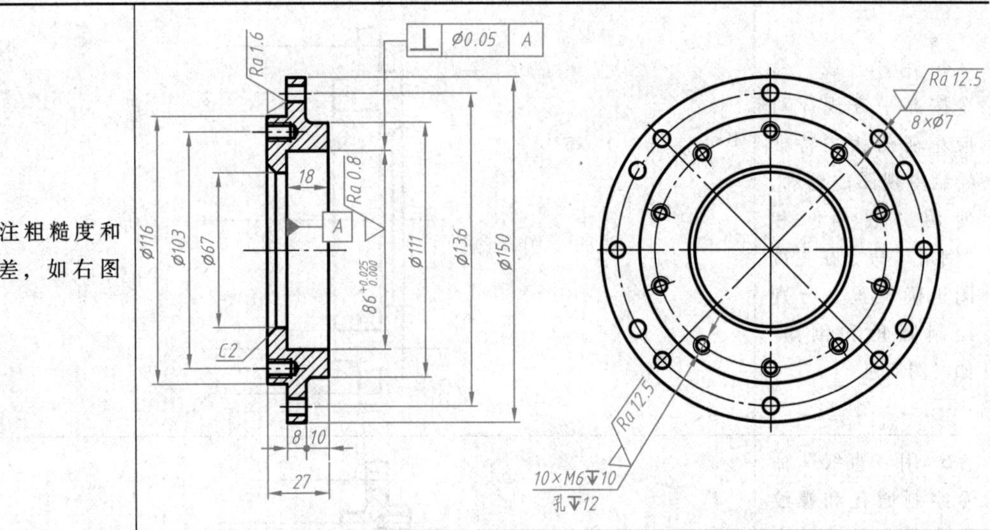

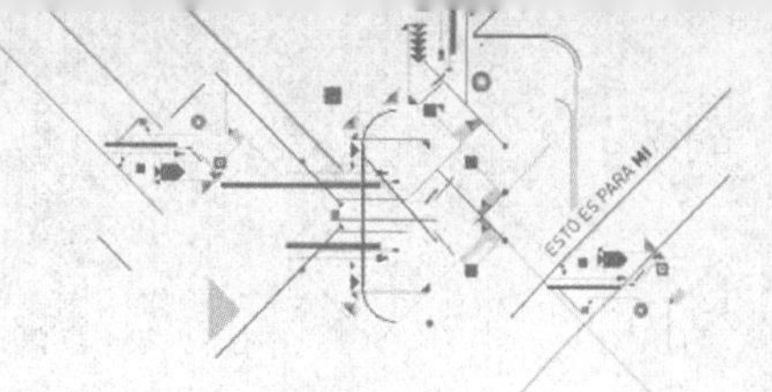

附录

附录一　螺纹

附表 1　普通螺纹的直径与螺距系列（摘自 GB/T 193—2003 和 GB/T 196—2003）　　mm

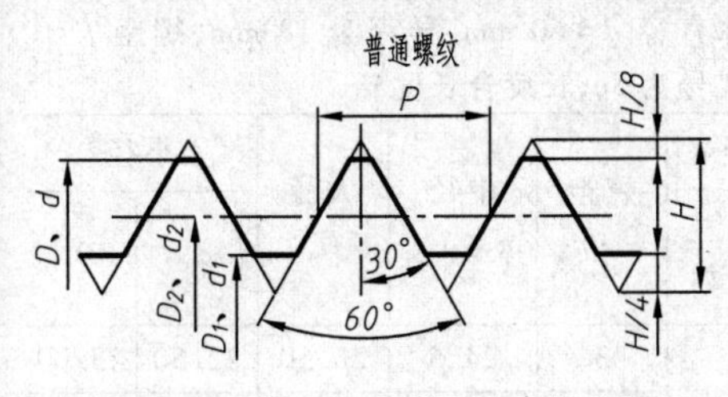

D—内螺纹大径；d—外螺纹大径；D_2—内螺纹中径；d_2—外螺纹中径；D_1—内螺纹小径；d_1—外螺纹小径；P—螺距；H—原始三角形高度

标记示例：

M10—6g

（粗牙普通外螺纹，公称直径 d = 10 mm。右旋，中径及大径公差带代号均为 6g，中等旋合长度）

M10×1-6H-LH

（细牙普通内螺纹，公称直径 D = 10 mm，螺距 P = 1 mm，中径及小径公差带代号均为 6H，中等旋合长度，左旋）

公称直径 d、D			螺距 P	
第一系列	第二系列	第三系列	粗牙	细牙
3			0.5	0.35
	3.5		(0.6)	
4			0.7	0.5
	4.5		(0.75)	
5			0.8	
		5.5		
6		7	1	0.75
8			1.25	1, 0.75
		9	1.25	
10			1.5	1.25, 1, 0.75
		11	1.5	1.5, 1, 0.75
12			1.75	1.25,1
	14		2	1.5,1.25,1
		15		1.5,1
16			2	1.5,1
		17		1.5,1
20	18		2.5	2,1.5,1
	22			
24			3	2,1.5,1
		25		2,1.5,1
		26		1.5

公称直径 d、D			螺距 P	
第一系列	第二系列	第三系列	粗牙	细牙
		28		2,1.5,1
30			3.5	(3), 2, 1.5, 1
		32		2, 1.5
	33		3.5	(3), 2, 1.5
		35		1.5
36			4	3, 2, 1.5
		38		1.5
	39		4	3, 2, 1.5
		40		3, 2, 1.5
42	45		4.5	4, 3, 2, 1.5
48			5	
		50		3, 2, 1.5
	52		5	4, 3, 2, 1.5
		55		4, 3, 2, 1.5
56			5.5	4, 3, 2, 1.5
		58		4, 3, 2, 1.5
	60		5.5	4, 3, 2, 1.5
		62		4, 3, 2, 1.5
64			6	4, 3, 2, 1.5
		65		4, 3, 2, 1.5
	68		6	4, 3, 2, 1.5

注：1. 优先选用第一系列，其次是第二系列，第三系列尽可能不用。

2. M14×1.25 仅用于发动机的火花塞；M35×1.5 仅用于滚动轴承的锁紧螺母。

3. 括号内的螺距应尽可能不用。

附表 2　梯形螺纹（摘自 GB/T 5796.3—2005）

mm

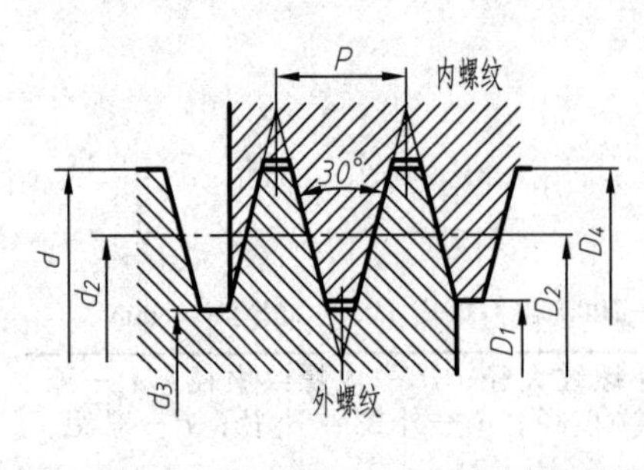

D_4—内螺纹大径；d—外螺纹大径；D_2—内螺纹中径；d_2—外螺纹中径；D_1—内螺纹小径；d_3—外螺纹小径；P—螺距；a_c—牙顶间隙

标记示例：

Tr40×7-7H

（单线梯形内螺纹，公称直径 d=40 mm，螺距 P=7 mm，右旋，中径公差带代号为 7H，中等旋合长度）

Tr60×18(P9)LH-8e-L

（双线梯形外螺纹，公称直径 d=60 mm，导程为 18 mm，螺距 P=9 mm，左旋，中径公差代号为 8e，长旋合长度）

公称直径 d		螺距 P	中径 $d_2=D_2$	大径 D_4	小径		公称直径 d		螺距 P	中径 $d_2=D_2$	大径 D_4	小径	
第一系列	第二系列				d_3	D_1	第一系列	第二系列				d_3	D_1
8		1.5	7.25	8.30	6.20	6.50		26	3	24.5	26.50	22.50	23.00
	9	1.5	8.25	9.30	7.20	7.50			5	23.5	26.50	20.50	21.00
		2	8.00	9.50	6.50	7.00			8	22.00	27.00	17.00	18.00
10		1.5	9.25	10.30	8.20	8.50	28		3	26.50	28.50	24.50	25.00
		2	9.00	10.50	7.50	8.00			5	25.50	28.50	22.50	23.00
	11	2	10.00	11.50	8.50	9.00			8	24.00	29.00	19.00	20.00
		3	9.50	11.50	7.50	8.00		30	3	28.50	30.50	26.50	27.00
12		2	11.00	12.50	9.50	10.00			6	27.00	31.00	23.00	24.00
		3	10.50	12.50	8.50	9.00			10	25.00	31.00	19.00	20.00
	14	2	13.00	14.50	11.50	12.00	32		3	30.50	32.50	28.50	29.00
		3	12.50	14.50	10.50	11.00			6	29.00	33.00	25.00	26.00
16		2	15.00	16.50	13.50	14.00			10	27.00	33.00	21.00	22.00
		4	14.00	16.50	11.50	12.00		34	3	32.50	34.50	30.50	31.00
	18	2	17.00	18.50	15.50	16.00			6	31.00	35.00	27.00	28.00
		4	16.00	18.50	13.50	14.00			10	29.00	35.00	23.00	24.00
20		2	19.00	20.50	17.50	18.00	36		3	34.50	36.50	32.50	33.00
		4	18.00	20.50	15.50	16.00			6	33.00	37.00	29.00	30.00
	22	3	20.50	22.50	18.50	19.00			10	31.00	37.00	25.00	26.00
		5	19.50	22.50	16.50	17.00		38	3	36.50	38.50	34.50	35.00
		8	18.00	23.00	13.00	14.00			7	34.50	39.00	30.00	31.00
24		3	22.50	24.50	20.50	21.00			10	33.00	39.00	27.00	28.00
		5	21.50	24.50	18.50	19.00	40		3	38.50	40.50	36.50	37.00
									7	36.50	41.00	32.00	33.00
		8	20.00	25.00	15.00	16.00			10	35.00	41.00	29.00	30.00

注：D 为内螺纹，d 为外螺纹。

附表 3　55°密封管螺纹（摘自 GB/T 7306.1—2000、GB/T 7306.2—2000）

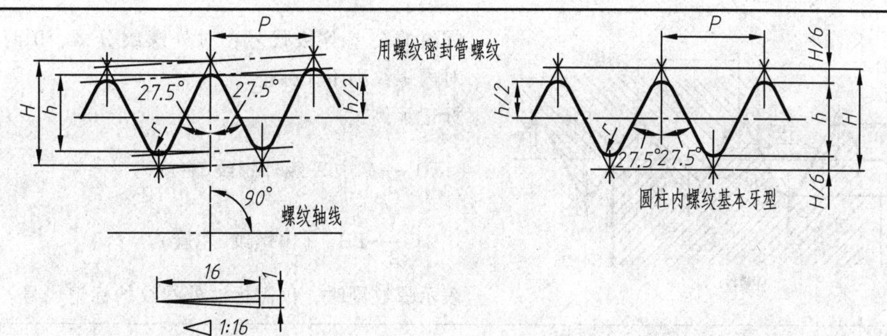

圆锥外螺纹基本牙型

圆锥外螺纹基本牙型参数：

$P=25.4/n$，$P=25.4/n$

$H=0.960\,237P$，$H=0.960\,491P$

$h=0.640\,327P$，$h=0.640\,327P$

$r=0.137\,278P$，$r=0.137\,329P$

圆柱内螺纹基本牙型参数：

$D_2=d_2=d-h=d-0.610\,327P$

$D_1=d_1=d-2h=d-1.280\,654P$

$H/6=0.160\,082P$

标记示例：$R_1 1\frac{1}{2}$LH（圆锥外螺纹，左旋）；　$R_2 1\frac{1}{2}$（圆锥外螺纹，右旋）；

Rp1$\frac{1}{2}$LH（圆柱内螺纹，左旋）；Rc1$\frac{1}{2}$（圆锥内螺纹，右旋）

螺纹副的标注（内螺纹特征代号在前）：Rp/$R_1 1\frac{1}{2}$LH（左旋）；Rc/$R_2 1\frac{1}{2}$（右旋）

尺寸代号	每 25.4 mm 内所包含的牙数 n	螺距 P/mm	牙高 h/mm	圆弧半径 $r\approx$/mm	基准平面上的公称直径***			基准距离/mm**	有效螺纹长度/mm
					大径（基准直径）$d=D$/mm	中径 $d_2=D_2$/mm	小径 $d_1=D_1$/mm		
1/16	28	0.907	0.581	0.125	7.723	7.142	6.561	4.0	6.5
1/8	28				9.728	9.147	8.566		
1/4	19	1.337	0.856	0.184	13.157	12.301	11.445	6.0	9.7
3/8	19				16.662	15.806	14.950	6.4	10.1
1/2	14	1.814	1.162	0.249	20.955	19.793	18.631	8.2	13.2
3/4	14				26.441	25.279	24.117	9.5	14.5
1	11	2.309	1.479	0.317	33.249	31.770	30.291	10.4	16.8
$1\frac{1}{4}$	11				41.910	40.431	38.952	12.7	19.1
$1\frac{1}{2}$	11	2.309	1.479	0.317	47.803	46.324	44.845	12.7	19.1
2	11				59.614	58.135	56.656	15.9	23.4
$2\frac{1}{2}$	11	2.309	1.479	0.317	75.184	73.705	72.226	17.5	26.7
3	11				87.884	86.405	84.926	20.5	29.8
$3\frac{1}{2}$*	11	2.309	1.479	0.317	100.330	98.851	97.372	22.2	31.4

* 尺寸代号为 $3\frac{1}{2}$的螺纹，限用于蒸汽机车。

** 基准距离即旋合基准长度。

*** 基准平面即内螺纹的孔口端面；外螺纹的基准长度处垂直于轴线的断面。

附表 4　55°非密封管螺纹（摘自 GB/T 7307—2001）

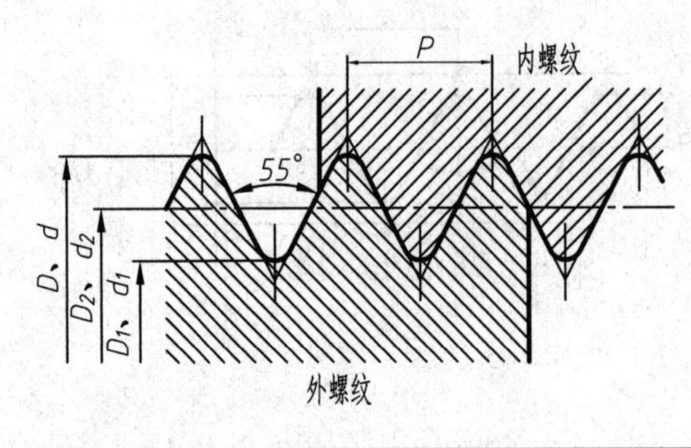

螺纹的公差等级代号：对外螺纹分 A、B 两级标记；对内螺纹则不作标记。

标记示例：

$G1\frac{1}{2}A$　（A 级外螺纹，右旋）

$G1\frac{1}{2}-LH$　（内螺纹，左旋）

表示螺纹副时，仅需标注外螺纹的标记代号。

尺寸代号	每 25.4 mm 内所包含的牙数 n	螺距 P/mm	螺纹直径	
			大径 D、d/mm	小径 D_1、d_1/mm
1/8	28	0.907	9.728	8.566
1/4	19	1.337	13.157	11.445
3/8			16.662	14.950
1/2	14	1.814	20.955	18.631
5/8			22.911	20.587
3/4			26.441	24.117
7/8			30.201	27.877
1	11	2.309	33.249	30.291
$1\frac{1}{8}$			37.897	34.939
$1\frac{1}{4}$			41.910	38.952
$1\frac{1}{2}$			47.803	44.845
$1\frac{3}{4}$			53.746	50.788
2			59.614	56.656
$2\frac{1}{4}$			65.710	62.752
$2\frac{1}{2}$			75.184	72.226
$2\frac{3}{4}$			81.534	78.576
3			87.884	84.926

附录二　标准结构尺寸

附表 5　标准结构尺寸　　mm

紧固件通孔（GB/T 5277—1985）及沉头座尺寸（GB/T 152.2—2014，GB/T 152.3—1988，GB/T 152.4—1988）

螺栓或螺钉直径 d		4	5	6	8	10	12	16	20	24	30	36
通孔直径（GB/T 5277—1985）	精装配	4.3	5.3	6.4	8.4	10.5	13	17	21	25	31	37
	中等装配	4.5	5.5	6.6	9	11	13.5	17.5	22	26	33	39
	粗装配	4.8	5.8	7	10	12	14.5	18.5	24	28	35	42
六角头螺栓和六角螺母用沉孔	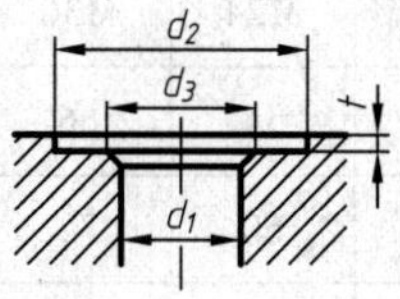 d_2	10	11	13	18	22	26	33	40	48	61	71
	d_1	4.5	5.5	6.6	9.0	11.0	13.5	17.5	22.0	26	33	39
	d_3						16	20	24	28	36	42
	t	能制出与通孔轴线垂直的圆平面即可，在图上不注尺寸。t 无公差										
用于沉头及半沉头螺钉	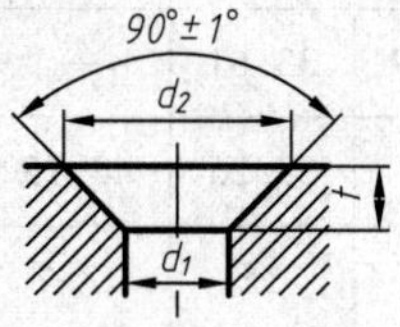 d_2	9.4	10.4	12.6	17.3	20.0	24					
	d_1	4.5	5.5	6.6	9	11						
	$t\approx$	2.55	2.58	3.13	4.28	4.65						
用于圆柱头螺钉	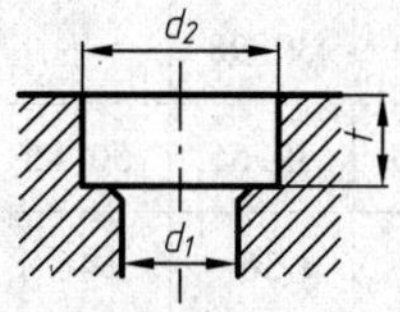 d_2	8	10	11	15	18	20	26	33			
	d_1	4.5	5.5	6.6	9.0	11.0	13.5	17.5	22.0			
	t	3.2	4.0	4.7	6.0	7.0	8.0	10.5	12.5			
用于圆柱头内六角螺钉	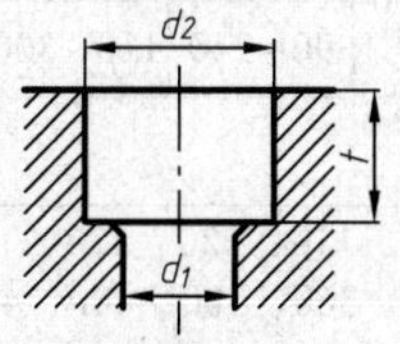 d_2	8.0	10.0	11.0	15.0	18.0	20.0	26.0	33.0	40.0	48.0	57.0
	d_1	4.5	5.5	6.6	9.0	11.0	13.5	17.5	22.0	26.0	33.0	39.0
	t	4.6	5.7	6.8	9.0	11.0	13.0	17.5	21.5	25.5	32.0	38.0

注：d_1、d_2和 t 的公差带均为 H13。

附录三　常用标准件

附表 6　六角头螺栓　　mm

六角头螺栓—C 级(摘自 GB/T 5780—2016)　　六角头螺栓—A 和 B 级(摘自 GB/T 5782—2016)

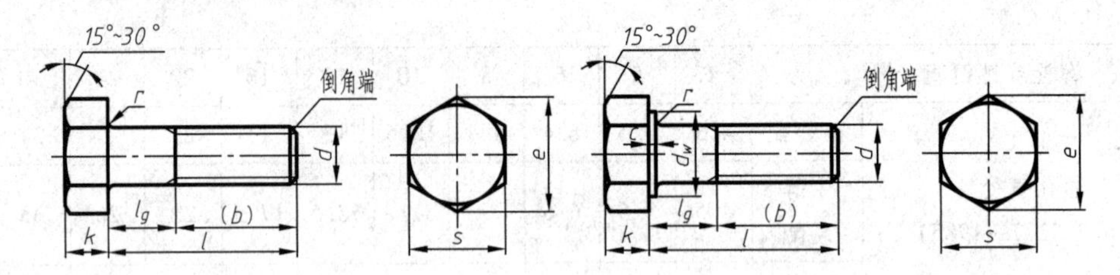

标记示例:

螺栓 GB/T 5782 M12×80(螺纹规格 d=M12,公称长度 l=80 mm,A 级的六角头螺栓)

螺纹规格 d		M5	M6	M8	M10	M12	M16	M20	M24	M30	M36
b 参考	$l \leqslant 125$	16	18	22	26	30	38	46	54	66	—
	$125 < l \leqslant 200$	22	24	28	32	36	44	52	60	72	84
	$l > 200$	35	37	41	45	49	57	65	73	85	97
c		0.5	0.5	0.6	0.6	0.6	0.8	0.8	0.8	0.8	0.8
d_w	A	6.88	8.88	11.63	14.63	16.63	22.49	28.19	33.61	—	—
	B	6.74	8.74	11.47	14.47	16.47	22	27.7	33.25	42.75	51.11
k		3.5	4	5.3	6.4	7.5	10	12.5	15	18.7	22.5
r		0.2	0.25	0.4	0.4	0.6	0.6	0.8	0.8	1	1
e	A	8.79	11.05	14.38	17.77	20.03	26.75	33.53	39.98	—	—
	B	8.63	10.89	14.20	17.59	19.85	26.17	32.95	39.55	50.85	60.79
s		8	10	13	16	18	24	30	36	46	55
l	C	25~50	30~60	40~80	45~100	55~120	65~160	80~200	100~240	120~300	140~360
	A、B					50~120			90~240	110~300	
l_g		$l_g = l - b$									
l 系列		25、30、35、40、45、50、55、60、65、70、80、90、100、110、120、130、140、150、160、180、200、220、240、260、280、300、320、340、360、380、400、420、440、460、480、500									

注:1. 末端按 GB/T 2—2001 规定。

2. A 级用于 $d \leqslant 24$ 和 $l \leqslant 10d$ 或 $\leqslant 150$ mm(按较小值)的螺栓;B 级用于 $d > 24$ 和 $l > 10d$ 或 > 150 mm(按较小值)的螺栓。

附表 7　双 头 螺 柱

mm

$b_m = 1d$（GB/T 897—1988）；　$b_m = 1.5d$（GB/T 899—1988）；

$b_m = 1.25d$（GB/T 898—1988）；　$b_m = 2d$（GB/T 900—1988）

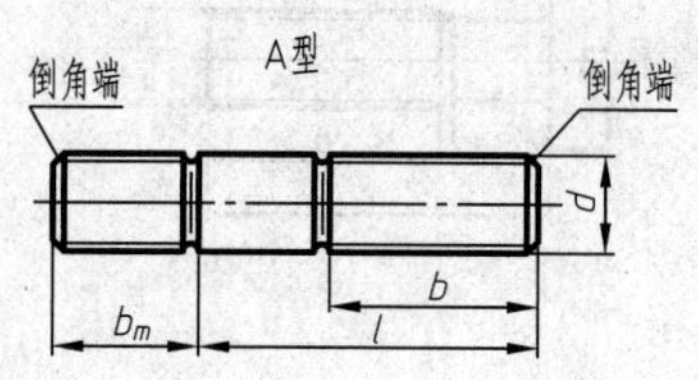

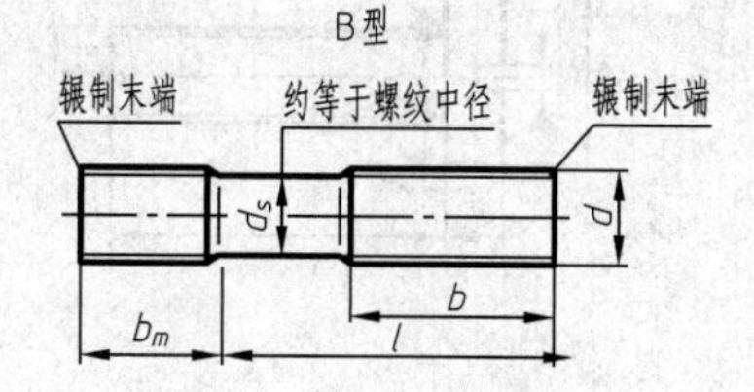

标记示例：

螺柱 GB/T 900　M10×50

（两端均为普通粗牙螺纹，d=M10，公称长度 l=50 mm，性能等级为 4.8 级，不经表面处理，B 型，$b_m = 2d$ 的双头螺柱）

螺柱 GB/T 900　AM10-M10×1×50

（旋入机体的一端为普通粗牙螺纹、旋入螺母一端为螺距 P=1 mm 的细牙普通螺纹，d=M10，公称长度 l=50 mm，性能等级为 4.8 级，不经表面处理，A 型，$b_m = 2d$ 的双头螺柱）

螺纹规格 d	b_m				l/b
	GB/T 897	GB/T 898	GB/T 899	GB/T 900	
M4	—	—	6	8	$\frac{16\sim22}{8}$　$\frac{25\sim40}{14}$
M5	5	6	8	10	$\frac{16\sim22}{10}$　$\frac{25\sim50}{16}$
M6	6	8	10	12	$\frac{20\sim22}{10}$　$\frac{25\sim30}{14}$　$\frac{32\sim75}{18}$
M8	8	10	12	16	$\frac{20\sim22}{12}$　$\frac{25\sim30}{16}$　$\frac{32\sim90}{22}$
M10	10	12	15	20	$\frac{25\sim28}{14}$　$\frac{30\sim38}{16}$　$\frac{40\sim120}{26}$　$\frac{130}{32}$
M12	12	15	18	24	$\frac{25\sim30}{16}$　$\frac{32\sim40}{20}$　$\frac{45\sim120}{30}$　$\frac{130\sim180}{36}$
M16	16	20	24	32	$\frac{30\sim38}{20}$　$\frac{40\sim55}{30}$　$\frac{60\sim120}{38}$　$\frac{130\sim200}{44}$
M20	20	25	30	40	$\frac{35\sim40}{25}$　$\frac{45\sim65}{35}$　$\frac{70\sim120}{46}$　$\frac{130\sim200}{52}$
（M24）	24	30	36	48	$\frac{45\sim50}{30}$　$\frac{55\sim75}{45}$　$\frac{80\sim120}{54}$　$\frac{130\sim200}{60}$
（M30）	30	38	45	60	$\frac{60\sim65}{40}$　$\frac{70\sim90}{50}$　$\frac{95\sim120}{66}$　$\frac{130\sim200}{72}$　$\frac{210\sim250}{85}$
M36	36	45	54	72	$\frac{65\sim75}{45}$　$\frac{80\sim110}{60}$　$\frac{120}{78}$　$\frac{130\sim200}{84}$　$\frac{210\sim300}{97}$
l 系列	16、(18)、20、(22)、25、(28)、30、(32)、35、(38)、40、45、50、(55)、60、(65)、70、(75)、80、(85)、90、(95)、100~260(10 进位)、280、300				

注：1. 尽可能不采用括号内的规格，末端按 GB/T 2—2001 规定。

2. $b_m = 1d$ 一般用于钢之间的连接；$b_m = (1.25\sim1.5)d$ 一般用于钢同铸铁的连接；$b_m = 2d$ 一般用于钢同铝合金的连接。

附表 8　开槽圆柱头螺钉（摘自 GB/T 65—2016）　　mm

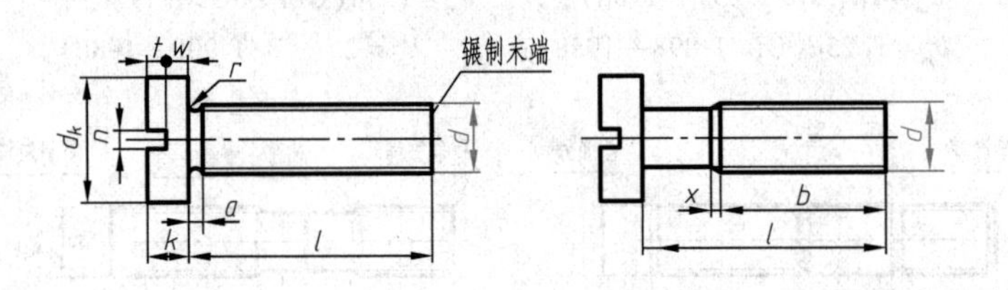

标记示例：

螺钉 GB/T 65　M5×20

（螺纹规格 d=M5，公称长度 l=20 mm，性能等级为 4.8 级，不经表面处理的 A 级开槽圆柱头螺钉）

螺纹规格 d	M1.6	M2	M2.5	M3	M4	M5	M6	M8	M10
P（螺距）	0.35	0.4	0.45	0.5	0.7	0.8	1	1.25	1.5
a_{max}	0.7	0.8	0.9	1	1.4	1.6	2	2.5	3
b_{min}	25	25	25	25	38	38	38	38	38
d_{kmax}	3.00	3.80	4.50	5.50	7	8.50	10.00	13.00	16.00
k_{max}	1.10	1.40	1.80	2.00	2.60	3.30	3.9	5.0	6.0
n 公称	0.4	0.5	0.6	0.8	1.2	1.2	1.6	2	2.5
r_{min}	0.1	0.1	0.1	0.1	0.2	0.2	0.25	0.4	0.4
t_{min}	0.45	0.6	0.7	0.85	1.1	1.3	1.6	2	2.4
w_{min}	0.4	0.5	0.7	0.75	1.1	1.3	1.6	2	2.4
x_{max}	0.9	1	1.1	1.25	1.75	2	2.5	3.2	3.8
公称长度	2~16	3~20	3~25	4~30	5~40	6~50	8~60	10~80	12~80
l 系列	2、3、4、5、6、8、10、12、（14）、16、20、25、30、35、40、45、50、（55）、60、（65）、70、（75）、80								

注：1. 括号内的规格尽可能不采用。

2. M1.6~M3 公称长度在 30 mm 以内的螺钉，制出全螺纹；M4~M10 公称长度在 40 mm 以内的螺钉，制出全螺纹。

附表 9　开槽盘头螺钉（摘自 GB/T 67—2016）　mm

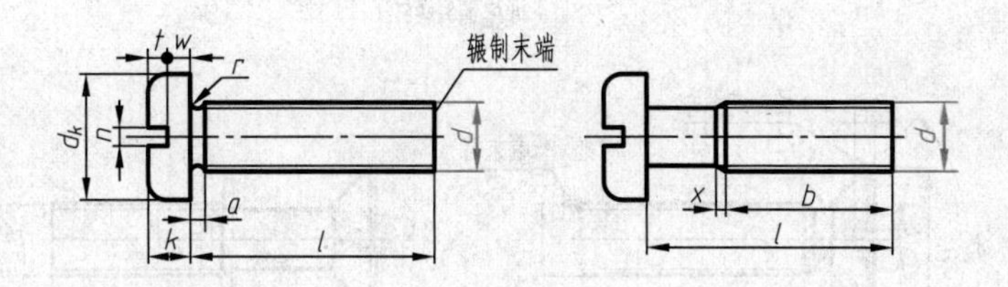

标记示例：

螺钉 GB/T 67　M5×20

（螺纹规格 d=M5，公称长度 l=20 mm，性能等级为 4.8 级，不经表面处理的 A 级开槽盘头螺钉）

螺纹规格 d	M1.6	M2	M2.5	M3	M4	M5	M6	M8	M10
P（螺距）	0.35	0.4	0.45	0.5	0.7	0.8	1	1.25	1.5
a_{max}	0.7	0.8	0.9	1	1.4	1.6	2	2.5	3
b_{min}	25	25	25	25	38	38	38	38	38
d_{kmax}	3.2	4.0	5.0	5.6	8.00	9.50	12.00	16.00	20.00
k_{max}	1.00	1.30	1.50	1.80	2.40	3.00	3.6	4.8	6.0
n 公称	0.4	0.5	0.6	0.8	1.2	1.2	1.6	2	2.5
r_{min}	0.1	0.1	0.1	0.1	0.2	0.2	0.25	0.4	0.4
t_{min}	0.35	0.5	0.6	0.7	1	1.2	1.4	1.9	2.4
w_{min}	0.3	0.4	0.5	0.7	1	1.2	1.4	1.9	2.4
x_{max}	0.9	1	1.1	1.25	1.75	2	2.5	3.2	3.8
公称长度	2~16	2.5~20	3~25	4~30	5~40	6~50	8~60	10~80	12~80
l 系列	2、2.5、3、4、5、6、8、10、12、(14)、16、20、25、30、35、40、45、50、(55)、60、(65)、70、(75)、80								

注：1. 括号内的规格尽可能不采用。

2. M1.6~M3 公称长度在 30 mm 以内的螺钉，制出全螺纹；M4~M10 公称长度在 40 mm 以内的螺钉，制出全螺纹。

 mm

开槽沉头螺钉

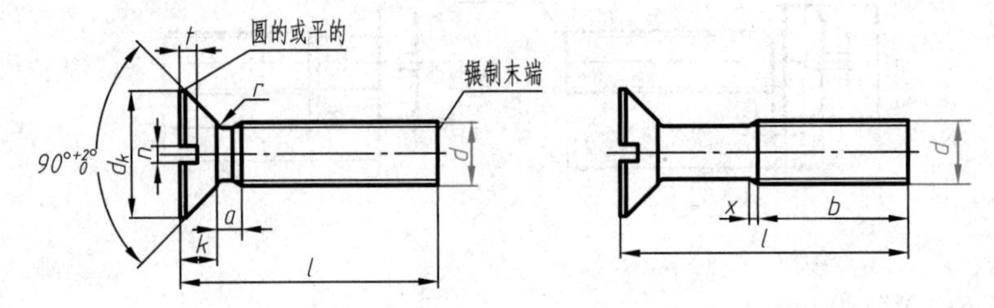

标记示例:

螺钉 GB/T 68 M5×20

(螺纹规格 d=M5,公称长度 l=20 mm,性能等级为 4.8 级,不经表面处理的 A 级开槽沉头螺钉)

螺纹规格 d	M1.6	M2	M2.5	M3	M4	M5	M6	M8	M10
P(螺距)	0.35	0.4	0.45	0.5	0.7	0.8	1	1.25	1.5
a_{max}	0.7	0.8	0.9	1	1.4	1.6	2	2.5	3
b_{min}	25	25	25	25	38	38	38	38	38
d_{kmax}(公称)	3	3.8	4.7	5.5	8.4	9.3	11.3	15.8	18.3
k_{max}(公称)	1	1.2	1.5	1.65	2.7	2.7	3.3	4.65	5
n(公称)	0.4	0.5	0.6	0.8	1.2	1.2	1.6	2	2.5
r_{max}	0.4	0.5	0.6	0.8	1	1.3	1.5	2	2.5
t_{max}	0.5	0.6	0.75	0.85	1.3	1.4	1.6	2.3	2.6
x_{max}	0.9	1	1.1	1.25	1.75	2	2.5	3.2	3.8
公称长度 l	2.5~16	3~20	4~25	5~30	6~40	8~50	8~60	10~80	12~80
l 系列	2.5、3、4、5、6、8、10、12、(14)、16、20、25、30、35、40、45、50、(55)、60、(65)、70、(75)、80								

注:1. 括号内的规格尽可能不采用。

2. M1.6~M3 公称长度在 30 mm 以内的螺钉,制出全螺纹;M4~M10 公称长度在 45 mm 以内的螺钉,制出全螺纹。

附表 11　开槽紧定螺钉

mm

开槽锥端紧定螺钉（摘自 GB/T 71—2018）　　开槽平端紧定螺钉（摘自 GB/T 73—2017）　　开槽长圆柱端紧定螺钉（摘自 GB/T 75—2018）

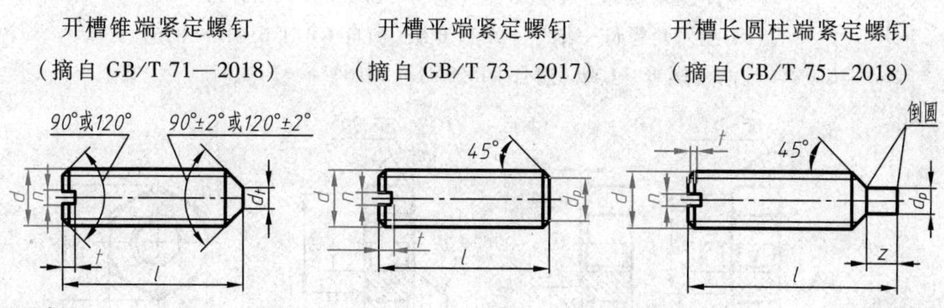

标记示例：

螺钉 GB/T 71　M5×12-14H

（螺纹规格 d=M5，公称长度 l=12 mm，性能等级为 14H 级的、产品等级为 A 级的开槽锥端紧定螺钉）

螺纹规格 d		M1.6	M2	M2.5	M3	M4	M5	M6	M8	M10	M12
P（螺距）		0.35	0.4	0.45	0.5	0.7	0.8	1	1.25	1.5	1.75
n		0.25	0.25	0.4	0.4	0.6	0.8	1	1.2	1.6	2
t_{max}		0.74	0.84	0.95	1.05	1.42	1.63	2	2.5	3	3.6
d_t		0.16	0.2	0.25	0.3	0.4	0.5	1.5	2	2.5	3
d_{pmax}		0.8	1	1.5	2	2.5	3.5	4	5.5	7	8.5
z_{max}		1.05	1.25	1.5	1.75	2.25	2.75	3.25	4.3	5.3	6.3
l	GB/T 71—2018	2~8	3~10	3~12	4~16	6~20	8~25	8~30	10~40	12~50	14~60
	GB/T 73—2017	2~8	2~10	2.5~12	3~16	4~20	5~25	6~30	8~40	10~50	12~60
	GB/T 75—2018	2.5~8	3~10	4~12	5~16	6~20	8~25	8~30	10~40	12~50	14~60
l 系列		2、2.5、3、4、5、6、8、10、12、(14)、16、20、25、30、35、40、45、50、55、60									

注：1. 括号内的规格尽可能不采用。

2. 螺纹公差：6g；力学性能等级：14H、22H。

1 型六角螺母—A 和 B 级（摘自 GB/T 6170—2015）

1 型六角螺母—细牙—A 和 B 级（摘自 GB/T 6171—2016）

六角螺母—C 级（摘自 GB/T 41—2016）

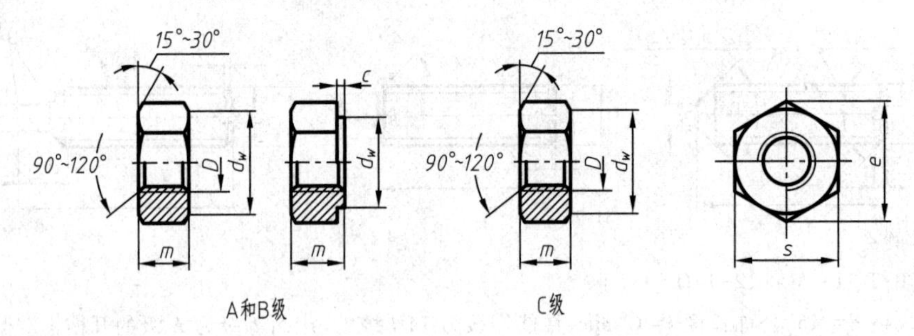

标记示例：

螺母 GB/T 41　M12

（螺纹规格 D=M10，性能等级为 5 级，不经表面处理，C 级的 1 型螺母）

螺母 GB/T 6171　M24×2

（螺纹规格 D=M24，螺距 P=2 mm，性能等级为 10 级，不经表面处理，B 级的 1 型细牙螺母）

螺纹规格 D														
螺纹规格 D	D	M4	M5	M6	M8	M10	M12	M16	M20	M24	M30	M36	M42	M48
螺纹规格 D	$D \times P$	—	—	—	M8×1	M10×1	M12×1.5	M16×1.5	M20×2	M24×2	M30×2	M36×3	M42×3	M48×3
c_{max}		0.4	0.5			0.6				0.8			1	
s_{max}		7	8	10	13	16	18	24	30	36	46	55	65	75
e_{min}	A、B级	7.66	8.79	11.05	14.38	17.77	20.03	26.75	32.95	39.55	50.58	60.79	71.30	82.6
e_{min}	C级	—	8.63	10.89	14.2	17.59	19.85	26.17	32.95	39.55	50.85	60.79	71.30	82.6
m_{max}	A、B级	3.2	4.7	5.2	6.8	8.4	10.8	14.8	18	21.5	25.6	31	34	38
m_{max}	C级	—	5.6	6.4	7.9	9.5	12.2	15.9	19.0	22.3	26.4	31.9	34.9	38.9
d_{wmin}	A、B级	5.9	6.9	8.9	11.6	14.6	16.6	22.5	27.7	33.3	42.8	51.1	60.0	69.5
d_{wmin}	C级	—	6.7	8.7	11.5	14.5	16.5	22	27.7	33.3	42.8	51.1	60.0	69.5

注：1. P 为螺距。

2. A 级用于 $D \leqslant 16$ 的螺母，B 级用于 $D > 16$ 的螺母，C 级用于 $D \geqslant 5$ 的螺母。

3. 螺纹公差：A、B 级为 6H，C 级为 7H；力学性能等级：A、B 级为 6、8、10 级，C 级为 4、5 级。

附表 13 垫 圈

mm

小垫圈—A 级(摘自 GB/T 848—2002)　平垫圈—A 级(摘自 GB/T 97.1—2002)

平垫圈倒角型—A 级(摘自 GB/T 97.2—2002)　平垫圈—C 级(摘自 GB/T 95—2002)

大垫圈—A 级(摘自 GB/T 96.1—2002)　大垫圈—C 级(摘自 GB/T 96.2—2002)

特大垫圈—C 级(摘自 GB/T 5287—2002)

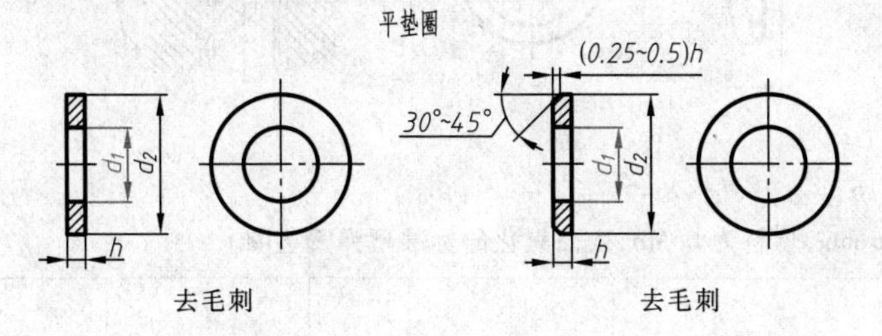

标记示例:

垫圈 GB/T 95　8

(标准系列,公称尺寸 d=8 mm,由钢制造的硬度等级为 200HV 级,不经表面处理,产品等级为 A 级的平垫圈)

公称尺寸(螺纹大径) d	标准系列									特大系列			大系列				小系列		
	GB/T 95 (C 级)			GB/T 97.1 (A 级)			GB/T 97.2 (A 级)			GB/T 5287 (C 级)			GB/T 96 (A、C 级)				GB/T 848 (A 级)		
	d_1 min	d_2 max	h	d_1 min	d_2 max	h	d_1 min	d_2 max	h	d_1 min	d_2 max	h	d_1 (A 级) min	d_1 (C 级) min	d_2 max	h	d_1 min	d_2 max	h
4	4.5	9	0.8	4.3	9	0.8	—	—	—	—	—	—	4.3	4.5	12	1	4.3	8	0.5
5	5.5	10	1	5.3	10	1	5.3	10	1	5.5	18	2	5.3	5.5	15	1	5.3	9	1
6	6.6	12	1.6	6.4	12	1.6	6.4	12	1.6	6.6	22	2	6.4	6.6	18	1.6	6.4	11	1.6
8	9	16	1.6	8.4	16	1.6	8.4	16	1.6	9	28	3	8.4	9	24	2	8.4	15	1.6
10	11	20	2	10.5	20	2	10.5	20	2	11	34	3	10.5	11	30	2.5	10.5	18	1.6
12	13.5	24	2.5	13	24	2.5	13	24	2.5	13.5	44	4	13	22	37	3	13	20	2
14	15.5	28	2.5	15	28	2.5	15	28	2.5	15.5	50	4	15	15.5	44	3	15	24	2.5
16	17.5	30	3	17	30	3	17	30	3	17.5	56	5	17	17.5	50	3	17	28	2.5
20	22	37	3	21	37	3	21	37	3	22	72	6	22	22	60	4	21	34	3
24	26	44	4	25	44	4	25	44	4	26	85	6	25	26	72	5	25	39	4
30	33	56	4	31	56	4	31	56	4	33	105	6	33	33	92	6	31	50	4
36	39	66	5	37	66	5	37	66	5	39	125	8	39	39	110	8	37	60	5
42	45	78	8	45	78	8	45	78	8	—	—	—	—	—	—	—	—	—	—
48	52	92	8	52	92	8	52	92	8	—	—	—	—	—	—	—	—	—	—

注:1. C 级垫圈没有 Ra 3.2 μm 和去毛刺的要求。

2. A 级适用于精装配系列,C 级适用于中等装配系列。

3. GB/T 848—2002 主要用于圆柱头螺钉,其他用于标准六角头螺栓、螺钉、螺母。

附表 14　标准型弹簧垫圈(摘自 GB/T 93—1987)　　mm

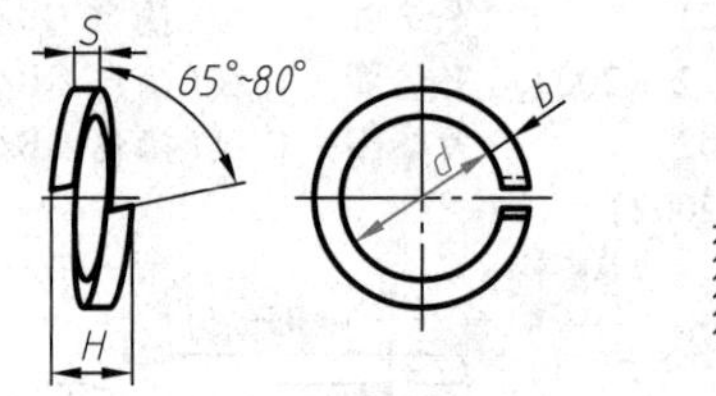

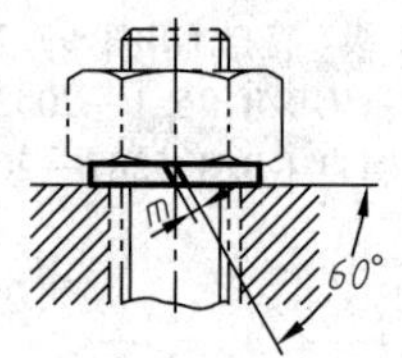

标记示例：

垫圈 GB/T 93　16

(公称尺寸 d=16 mm,材料为 65Mn,表面氧化的标准型弹簧垫圈)

规格(螺纹大径)	4	5	6	8	10	12	16	20	24	30	36	42	48
d_{min}	4.1	5.1	6.1	8.1	10.2	12.2	16.2	20.2	24.5	30.5	36.5	42.5	48.5
$S(b)$	1.1	1.3	1.6	2.1	2.6	3.1	4.1	5	6	7.5	9	10.5	12
$m\leqslant$	0.55	0.65	0.8	1.05	1.3	1.55	2.05	2.5	3	3.75	4.5	5.25	6
H	2.2	2.6	3.2	4.2	5.2	6.2	8.2	10	12	15	18	21	24

注：m 应大于零。

附表 15　圆柱销　不淬硬钢和奥氏体不锈钢(摘自 GB/T 119.1—2000)　　mm

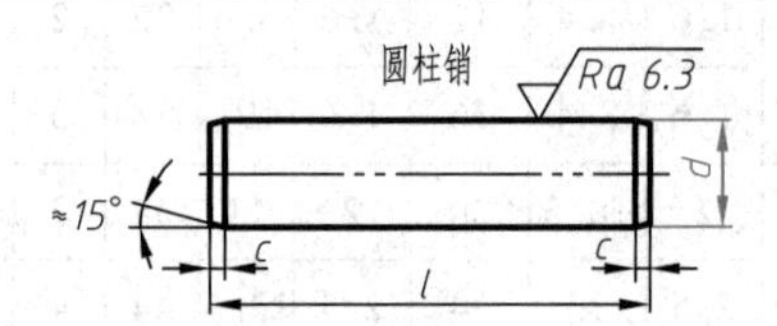

标记示例：

销 GB/T 119.1　6m6×30

(公称直径 d=6 mm,公称长度 l=30 mm,公差为 m6,材料为钢,不经淬火,不经表面处理的圆柱销)

d(公称)	2	3	4	5	6	8	10	12	16	20	25
$c\approx$	0.35	0.50	0.63	0.80	1.2	1.6	2.0	2.5	3.0	3.5	4.0
l 范围	6~20	8~30	8~40	10~50	12~60	14~80	18~95	22~140	26~180	35~200	50~200
l 公称长度系列	2、3、4、5、6~32(2 进位)、35~100(5 进位)、120~200(20 进位)										

注：1. 公称长度大于 200 mm 时，按 20 mm 递增。

2. 公差 m6：$Ra\leqslant0.8$ μm；公差 h8：$Ra\leqslant1.6$ μm。

附表 16 圆锥销(摘自 GB/T 117—2000)

mm

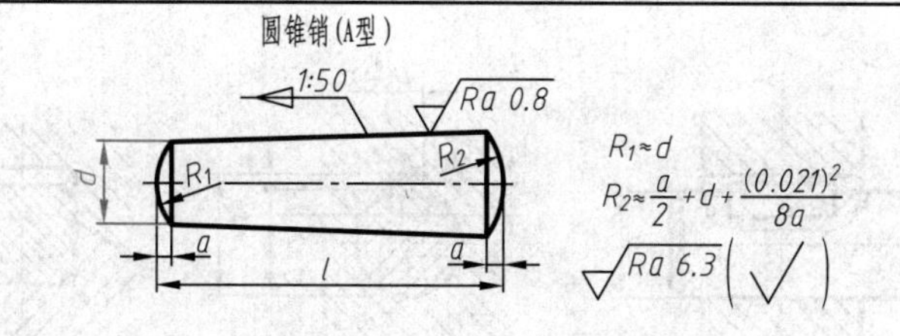

标记示例:

销 GB/T 117 A10×60

(公称直径 $d=10$ mm,长度 $l=60$ mm,材料为 35 钢,热处理硬度 28~38 HRC,表面氧化处理的 A 型圆锥销)

d(公称)	2	2.5	3	4	5	6	8	10	12	16	20	25
$a\approx$	0.25	0.3	0.4	0.5	0.63	0.8	1.0	1.2	1.6	2.0	2.5	3.0
l 范围	10~35	10~35	12~45	14~55	18~60	22~90	22~120	26~160	32~180	40~200	45~200	50~200
l 公称长度系列	2、3、4、5、6~32(2 进位)、35~100(5 进位)、120~200(20 进位)											

注:公称长度大于 200 mm 时,按 20 mm 递增。

附表 17 开口销(摘自 GB/T 91—2000)

mm

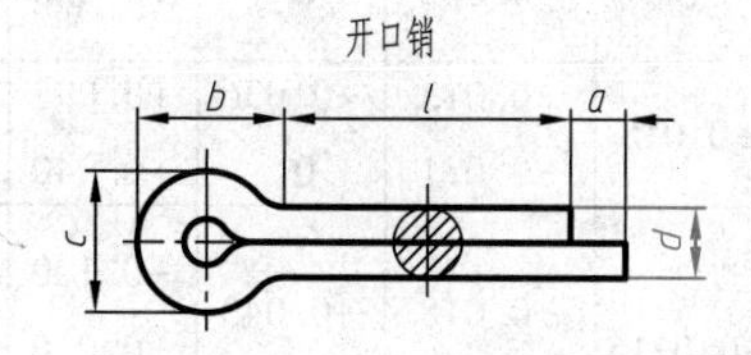

标记示例:

销 GB/T 91 5×50

(公称直径 $d=5$ mm,长度 $l=50$ mm,材料为低碳钢,不经表面处理的开口销)

d	公称	0.8	1	1.2	1.6	2	2.5	3.2	4	5	6.3	8	10	13
	max	0.7	0.9	1	1.4	1.8	2.3	2.9	3.7	4.6	5.9	7.5	9.5	12.4
	min	0.6	0.8	0.9	1.3	1.7	2.1	2.7	3.5	4.4	5.7	7.3	9.3	12.1
c_{max}		1.4	1.8	2	2.8	3.6	4.6	5.8	7.4	9.2	11.8	15	19	24.8
$b\approx$		2.4	3	3	3.2	4	5	6.4	8	10	12.6	16	20	26
a_{max}		1.6		2.5				3.2	4				6.3	
l 范围		5~16	6~20	8~25	8~32	10~40	12~50	14~65	18~80	22~100	32~120	40~160	45~200	71~250
l 公称长度系列		4、5、6~22(2 进位)、25、28、32、36、40、45、50、56、63、71、80、90、100、112、125、140、160、180、200、224、250、280												

注:销孔的公称直径等于 $d_{公称}$,$d_{min}\leqslant$(销的直径)$\leqslant d_{max}$。

附表 18　平键键槽的剖面尺寸(GB/T 1095—2003)

mm

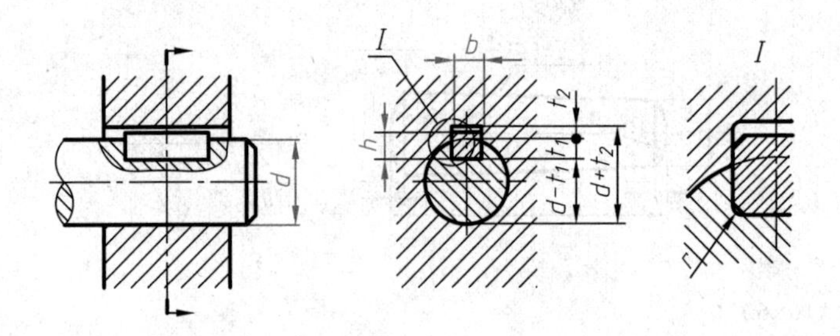

<table>
<tr><th rowspan="5">轴直径 d</th><th rowspan="5">键尺寸
$b\times h$</th><th colspan="11">键槽</th></tr>
<tr><th colspan="6">宽度 b</th><th colspan="4">深度</th><th colspan="2" rowspan="3">半径 r</th></tr>
<tr><th rowspan="3">公称尺寸</th><th colspan="5">极限偏差</th><th colspan="2" rowspan="2">轴 t_1</th><th colspan="2" rowspan="2">毂 t_2</th></tr>
<tr><th colspan="2">正常连接</th><th>紧密连接</th><th colspan="2">松连接</th></tr>
<tr><th>轴 N9</th><th>毂 JS9</th><th>轴和毂 P9</th><th>轴 H9</th><th>毂 D10</th><th>公称尺寸</th><th>极限偏差</th><th>公称尺寸</th><th>极限偏差</th><th>min</th><th>max</th></tr>
<tr><td>自 6~8</td><td>2×2</td><td>2</td><td>-0.004</td><td rowspan="2">±0.0125</td><td>-0.006</td><td>+0.025</td><td>+0.060</td><td>1.2</td><td rowspan="5">+0.1
0</td><td>1.0</td><td rowspan="5">+0.1
0</td><td rowspan="3">0.08</td><td rowspan="3">0.16</td></tr>
<tr><td>>8~10</td><td>3×3</td><td>3</td><td>-0.029</td><td>-0.031</td><td>0</td><td>+0.020</td><td>1.8</td><td>1.4</td></tr>
<tr><td>>10~12</td><td>4×4</td><td>4</td><td rowspan="3">0
-0.030</td><td rowspan="3">±0.015</td><td rowspan="3">-0.012
-0.042</td><td rowspan="3">+0.030
0</td><td rowspan="3">+0.078
+0.030</td><td>2.5</td><td>1.8</td></tr>
<tr><td>>12~17</td><td>5×5</td><td>5</td><td>3.0</td><td>2.3</td><td rowspan="3">0.16</td><td rowspan="3">0.25</td></tr>
<tr><td>>17~22</td><td>6×6</td><td>6</td><td>3.5</td><td>2.8</td></tr>
<tr><td>>22~30</td><td>8×7</td><td>8</td><td rowspan="2">0
-0.036</td><td rowspan="2">±0.018</td><td rowspan="2">-0.015
-0.051</td><td rowspan="2">+0.036
0</td><td rowspan="2">+0.098
+0.040</td><td>4.0</td><td rowspan="10">+0.2
0</td><td>3.3</td><td rowspan="10">+0.2
0</td></tr>
<tr><td>>30~38</td><td>10×8</td><td>10</td><td>5.0</td><td>3.3</td><td rowspan="5">0.25</td><td rowspan="5">0.40</td></tr>
<tr><td>>38~44</td><td>12×8</td><td>12</td><td rowspan="4">0
-0.043</td><td rowspan="4">±0.0215</td><td rowspan="4">-0.018
-0.061</td><td rowspan="4">+0.043
0</td><td rowspan="4">+0.120
+0.050</td><td>5.0</td><td>3.3</td></tr>
<tr><td>>44~50</td><td>14×9</td><td>14</td><td>5.5</td><td>3.8</td></tr>
<tr><td>>50~58</td><td>16×10</td><td>16</td><td>6.0</td><td>4.3</td></tr>
<tr><td>>58~65</td><td>18×11</td><td>18</td><td>7.0</td><td>4.4</td></tr>
<tr><td>>65~75</td><td>20×12</td><td>20</td><td rowspan="4">0
-0.052</td><td rowspan="4">±0.026</td><td rowspan="4">-0.022
-0.074</td><td rowspan="4">+0.052
0</td><td rowspan="4">+0.149
+0.065</td><td>7.5</td><td>4.9</td><td rowspan="5">0.40</td><td rowspan="5">0.60</td></tr>
<tr><td>>75~85</td><td>22×14</td><td>22</td><td>9.0</td><td>5.4</td></tr>
<tr><td>>85~95</td><td>25×14</td><td>25</td><td>9.0</td><td>5.4</td></tr>
<tr><td>>95~110</td><td>28×16</td><td>28</td><td>10.0</td><td>6.4</td></tr>
<tr><td>>110~130</td><td>32×18</td><td>32</td><td rowspan="5">0
-0.062</td><td rowspan="5">±0.031</td><td rowspan="5">-0.026
-0.088</td><td rowspan="5">+0.062
0</td><td rowspan="5">+0.180
+0.080</td><td>11.0</td><td>7.4</td></tr>
<tr><td>>130~150</td><td>36×20</td><td>36</td><td>12.0</td><td rowspan="4">+0.3
0</td><td>8.4</td><td rowspan="4">+0.3
0</td><td rowspan="4">0.70</td><td rowspan="4">1.00</td></tr>
<tr><td>>150~170</td><td>40×22</td><td>40</td><td>13.0</td><td>9.4</td></tr>
<tr><td>>170~200</td><td>45×25</td><td>45</td><td>15.0</td><td>10.4</td></tr>
<tr><td>>200~230</td><td>50×28</td><td>50</td><td>17.0</td><td>11.4</td></tr>
</table>

注：1. 轴的直径 d 不在本标准所列，仅供参考。

2. $(d-t_1)$和$(d+t_2)$两组组合尺寸的极限偏差按相应的 t_1 和 t_2 的极限偏差选取，但$(d-t_1)$ 极限偏差应取负号(-)。

3. 平键轴槽的长度公差用 H14。

4. 轴槽、轮毂槽的键槽宽度 b 两侧面粗糙度参数值 Ra 推荐为 1.6~3.2 μm。

5. 轴槽底面、轮毂槽底面的表面粗糙度参数值 Ra 为 6.3 μm。

附表 19　普通型　平键(GB/T 1096—2003)

mm

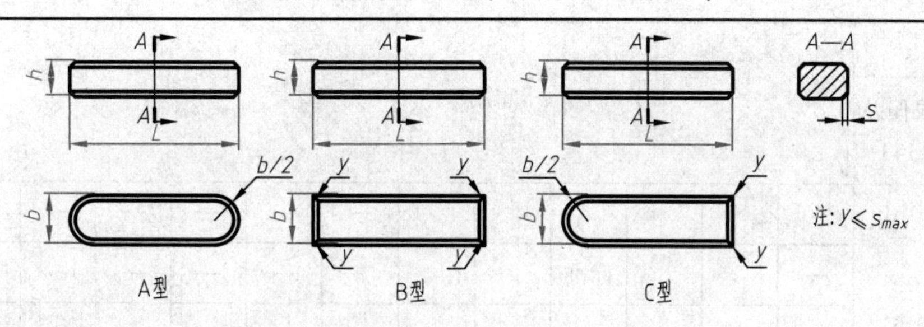

标记示例:

GB/T 1096　键 16×10×100　普通平键(A 型)b=16 mm、h=10 mm、L=100 mm

GB/T 1096　键 B 16×10×100　普通平键(B 型)b=16 mm、h=10 mm、L=100 mm

GB/T 1096　键 C 16×10×100　普通平键(C 型)b=16 mm、h=10 mm、L=100 mm

宽度 b	公称尺寸	2	3	4	5	6	8	10	12	14	16	18	20	22
	极限偏差(h8)	0 -0.014			0 -0.018		0 -0.022		0 -0.027				0 -0.033	
高度 h	公称尺寸	2	3	4	5	6	7	8	8	9	10	11	12	14
	极限偏差 矩形(h11)	—			—		0 -0.090					0 -0.110		
	极限偏差 方形(h8)	0 -0.014			0 -0.018		—					—		
倒角或倒圆 s		0.16~0.25			0.25~0.40			0.40~0.60					0.60~0.80	
长度 L 公称尺寸	极限偏差(h14)													
6	0 -0.36			—	—	—	—	—	—	—	—	—	—	—
8					—	—	—	—	—	—	—	—	—	—
10						—	—	—	—	—	—	—	—	—
12	0 -0.43					—	—	—	—	—	—	—	—	—
14							—	—	—	—	—	—	—	—
16							—	—	—	—	—	—	—	—
18								—	—	—	—	—	—	—

续表

长度 L														
公称尺寸	极限偏差（h14）													
20								—	—	—	—	—	—	—
22	0 -0.52	—			标准				—	—	—	—	—	—
25		—							—	—	—	—	—	—
28		—								—	—	—	—	—
32		—								—	—	—	—	—
36		—									—	—	—	—
40	0 -0.62	—	—								—	—	—	—
45		—	—					长度				—	—	—
50		—	—	—									—	—
56		—	—	—										—
63	0 -0.74	—	—	—	—									
70		—	—	—	—									
80		—	—	—	—	—								
90		—	—	—	—	—					范围			
100	0 -0.87	—	—	—	—	—	—							
110		—	—	—	—	—	—							
125		—	—	—	—	—	—	—						
140	0 -1.00	—	—	—	—	—	—	—						
160		—	—	—	—	—	—	—	—					
180		—	—	—	—	—	—	—	—	—				
200		—	—	—	—	—	—	—	—	—	—			
220	0 -1.15	—	—	—	—	—	—	—	—	—	—	—		
250		—	—	—	—	—	—	—	—	—	—	—	—	

注：1. 普通型平键 A 型、B 型和 C 型尺寸，应符合本标准的规定。

2. 普通型平键的技术条件应符合 GB/T 1568 的规定。

3. 键槽的尺寸应符合 GB/T 1095 的规定。

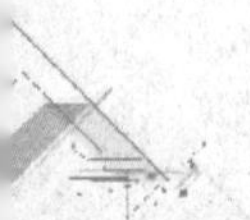

附表 20 滚动轴承

mm

深沟球轴承				圆锥滚子轴承						推力球轴承				
标记示例： 滚动轴承 6308 GB/T 276—2013				标记示例： 滚动轴承 30209 GB/T 297—2015						标记示例： 滚动轴承 51205 GB/T 301—2015				
轴承型号	*d*	*D*	*B*	轴承型号	*d*	*D*	*B*	*C*	*T*	轴承型号	*d*	*D*	*T*	d_1
尺寸系列(02)				尺寸系列(02)						尺寸系列(02)				
6202	15	35	11	30203	17	40	12	11	13.25	51202	15	32	12	17
6203	17	40	12	30204	20	47	14	12	15.25	51203	17	35	12	19
6204	20	47	14	30205	25	52	15	13	16.25	51204	20	40	14	22
6205	25	52	15	30206	30	62	16	14	17.25	51205	25	47	15	27
6206	30	62	16	30207	35	72	17	15	18.25	51206	30	52	16	32
6207	35	72	17	30208	40	80	18	16	19.75	51207	35	62	18	37
6208	40	80	18	30209	45	85	19	16	20.75	51208	40	68	19	42
6209	45	85	19	30210	50	90	20	17	21.75	51209	45	73	20	47
6210	50	90	20	30211	55	100	21	18	22.75	51210	50	78	22	52
6211	55	100	21	30212	60	110	22	19	23.75	51211	55	90	25	57
6212	60	110	22	30213	65	120	23	20	24.75	51212	60	95	26	62
尺寸系列(03)				尺寸系列(03)						尺寸系列(13)				
6302	15	42	13	30302	15	42	13	11	14.25	51304	20	47	18	22
6303	17	47	14	30303	17	47	14	12	15.25	51305	25	52	18	27
6304	20	52	15	30304	20	52	15	13	16.25	51306	30	60	21	32
6305	25	62	17	30305	25	62	17	15	18.25	51307	35	68	24	37
6306	30	72	19	30306	30	72	19	16	20.75	51308	40	78	25	42
6307	35	80	21	30307	35	80	21	18	22.75	51309	45	85	28	47
6308	40	90	23	30308	40	90	23	20	25.25	51310	50	95	31	52
6309	45	100	25	30309	45	100	25	22	27.25	51311	55	105	35	57
6310	50	110	27	30310	50	110	27	23	29.25	51312	60	110	35	62
6311	55	120	29	30311	55	120	29	25	31.5	51313	65	115	36	67
6312	60	130	31	30312	60	130	31	26	33.5	51314	70	125	40	72
6313	65	140	33	30313	65	140	33	28	36.0	51315	75	135	44	77

附录四　极限与配合

附表 21　标准公差数值(GB/T 1800.1—2009)

公称尺寸/mm		标准公差等级																	
		IT1	IT2	IT3	IT4	IT5	IT6	IT7	IT8	IT9	IT10	IT11	IT12	IT13	IT14	IT15	IT16	IT17	IT18
大于	至	μm											mm						
—	3	0.8	1.2	2	3	4	6	10	14	25	40	60	0.1	0.14	0.25	0.4	0.6	1	1.4
3	6	1	1.5	2.5	4	5	8	12	18	30	48	75	0.12	0.18	0.3	0.48	0.75	1.2	1.8
6	10	1	1.5	2.5	4	6	9	15	22	36	58	90	0.15	0.22	0.36	0.58	0.9	1.5	2.2
10	18	1.2	2	3	5	8	11	18	27	43	70	110	0.18	0.27	0.43	0.7	1.1	1.8	2.7
18	30	1.5	2.5	4	6	9	13	21	33	52	84	130	0.21	0.33	0.52	0.84	1.3	2.1	3.3
30	50	1.5	2.5	4	7	11	16	25	39	62	100	160	0.25	0.39	0.62	1	1.6	2.5	3.9
50	80	2	3	5	8	13	19	30	46	74	120	190	0.3	0.46	0.74	1.2	1.9	3	4.6
80	120	2.5	4	6	10	15	22	35	54	87	140	220	0.35	0.54	0.87	1.4	2.2	3.5	5.4
120	180	3.5	5	8	12	18	25	40	63	100	160	250	0.4	0.63	1	1.6	2.5	4	6.3
180	250	4.5	7	10	14	20	29	46	72	115	185	290	0.46	0.72	1.15	1.85	2.9	4.6	7.2
250	315	6	8	12	16	23	32	52	81	130	210	320	0.52	0.81	1.3	2.1	3.2	5.2	8.1
315	400	7	9	13	18	25	36	57	89	140	230	360	0.57	0.89	1.4	2.3	3.6	5.7	8.9
400	500	8	10	15	20	27	40	63	97	155	250	400	0.63	0.97	1.55	2.5	4	6.3	9.7
500	630	9	11	16	22	32	44	70	110	175	280	440	0.7	1.1	1.75	2.8	4.4	7	11
630	800	10	13	18	25	36	50	80	125	200	320	500	0.8	1.25	2	3.2	5	8	12.5
800	1 000	11	15	21	28	40	56	90	140	230	360	560	0.9	1.4	2.3	3.6	5.6	9	14
1 000	1 250	13	18	24	33	47	66	105	165	260	420	660	1.05	1.65	2.6	4.2	6.6	10.5	16.5
1 250	1 600	15	21	29	39	55	78	125	195	310	500	780	1.25	1.95	3.1	5	7.8	12.5	19.5
1 600	2 000	18	25	35	46	65	92	150	230	370	600	920	1.5	2.3	3.7	6	9.2	15	23
2 000	2 500	22	30	41	55	78	110	175	280	440	700	1 100	1.75	2.8	4.4	7	11	17.5	28
2 500	3 150	26	36	50	68	96	135	210	330	540	860	1 350	2.1	3.3	5.4	8.6	13.5	21	33

注：1. 公称尺寸大于 500 mm 的 IT1 至 IT5 的标准公差数值为试行。

2. 公称尺寸小于或等于 1 mm 时，无 IT14 至 IT18。

公称尺寸/mm		a	b		c			d			e			f		
		11	11	12	9	10	11	9	10	11	7	8	9	5	6	7
大于	至	偏差														
—	3	-270 -330	-140 -200	-140 -240	-60 -85	-60 -100	-60 -120	-20 -45	-20 -60	-20 -80	-14 -24	-14 -28	-14 -39	-6 -10	-6 -12	-6 -16
3	6	-270 -345	-140 -215	-140 -260	-70 -100	-70 -118	-70 -145	-30 -60	-30 -78	-30 -105	-20 -32	-20 -38	-20 -50	-10 -15	-10 -18	-10 -22
6	10	-280 -370	-150 -240	-150 -300	-80 -116	-80 -138	-80 -170	-40 -76	-40 -98	-40 -130	-25 -40	-25 -47	-25 -61	-13 -19	-13 -22	-13 -28
10 14	14 18	-290 -400	-150 -260	-150 -330	-95 -138	-95 -165	-95 -205	-50 -93	-50 -120	-50 -160	-32 -50	-32 -59	-32 -75	-16 -24	-16 -27	-16 -34
18 24	24 30	-300 -430	-160 -290	-160 -370	-110 -162	-110 -194	-110 -240	-65 -117	-65 -149	-65 -195	-40 -61	-40 -73	-40 -92	-20 -29	-20 -33	-20 -41
30	40	-310 -470	-170 -330	-170 -420	-120 -182	-120 -182	-120 -280	-80 -142	-80 -180	-80 -240	-50 -75	-50 -89	-50 -112	-25 -36	-25 -41	-25 -50
40	50	-320 -480	-180 -340	-180 -430	-130 -192	-130 -230	-130 -290									
50	65	-340 -530	-190 -380	-190 -490	-140 -214	-140 -260	-140 -330	-100 -174	-100 -220	-100 -290	-60 -90	-60 -106	-60 -134	-30 -43	-30 -49	-30 -60
65	80	-360 -550	-200 -390	-200 -500	-150 -224	-150 -270	-150 -340									
80	100	-380 -600	-220 -440	-220 -570	-170 -257	-170 -310	-170 -390	-120 -207	-120 -260	-120 -340	-72 -107	-72 -126	-72 -159	-36 -51	-36 -58	-36 -71
100	120	-410 -630	-240 -460	-240 -590	-180 -267	-180 -320	-180 -400									
120	140	-460 -710	-260 -510	-260 -660	-200 -300	-200 -360	-200 -450									
140	160	-520 -770	-280 -530	-280 -680	-210 -310	-210 -370	-210 -460	-145 -245	-150 -305	-145 -395	-85 -125	-85 -148	-85 -185	-43 -61	-43 -68	-43 -83
160	180	-580 -830	-310 -560	-310 -710	-230 -330	-230 -390	-230 -480									
180	200	-660 -950	-340 -630	-340 -800	-240 -355	-240 -425	-240 -530									
200	225	-740 -1 030	-380 -670	-380 -840	-260 -375	-260 -445	-260 -550	-170 -285	-170 -355	-170 -460	-100 -146	-100 -172	-100 -215	-50 -70	-50 -79	-50 -96
225	250	-820 -1 110	-420 -710	-420 -880	-280 -395	-280 -465	-280 -570									
250	280	-920 -1 240	-480 -800	-480 -1 000	-300 -430	-300 -510	-300 -620	-190 -320	-190 -400	-190 -510	-110 -162	-110 -191	-110 -240	-56 -79	-56 -88	-56 -108
280	315	-1 050 -1 370	-540 -860	-540 -1 060	-330 -460	-330 -540	-330 -650									
315	355	-1 200 -1 560	-600 -960	-600 -1 175	-360 -500	-360 -590	-360 -720	-210 -350	-210 -440	-210 -570	-125 -182	-125 -214	-125 -265	-62 -87	-62 -98	-62 -119
355	400	-1 350 -1 710	-680 -1 040	-680 -1 250	-400 -540	-400 -630	-400 -760									
400	450	-1 500 -1 900	-760 -1 160	-760 -1 390	-440 -595	-440 -690	-440 -840	-230 -385	-230 -480	-230 -630	-135 -198	-135 -232	-135 -290	-68 -95	-68 -108	-68 -131
450	500	-1 650 -2 050	-840 -1 240	-840 -1 470	-480 -635	-480 -730	-480 -880									

(GB/T 1800.2—2009) μm

		g			h								js			k
8	9	5	6	7	5	6	7	8	9	10	11	12	5	6	7	6
偏差																
-6 -20	-6 -31	-2 -6	-2 -8	-2 -12	0 -4	0 -6	0 -10	0 -14	0 -25	0 -40	0 -60	0 -100	±2	±3	±5	+6 0
-10 -28	-10 -40	-4 -9	-4 -12	-4 -16	0 -5	0 -8	0 -12	0 -18	0 -30	0 -48	0 -75	0 -120	±2.5	±4	±6	+9 +1
-13 -35	-13 -49	-5 -11	-5 -14	-5 -20	0 -6	0 -9	0 -15	0 -22	0 -36	0 -58	0 -90	0 -150	±3	±4.5	±7	+10 +1
-16 -43	-16 -59	-6 -14	-6 -17	-6 -24	0 -8	0 -11	0 -18	0 -27	0 -43	0 -70	0 -110	0 -180	±4	±5.5	±9	+12 +1
-20 -53	-20 -72	-7 -16	-7 -20	-7 -28	0 -9	0 -13	0 -21	0 -33	0 -52	0 -84	0 -130	0 -210	±4.5	±6.5	±10	+15 +2
-25 -64	-25 -87	-9 -20	-9 -25	-9 -34	0 -11	0 -16	0 -25	0 -39	0 -62	0 -100	0 -160	0 -250	±5.5	±8	±12	+18 +2
-30 -76	-30 -104	-10 -23	-10 -29	-10 -40	0 -13	0 -19	0 -30	0 -46	0 -74	0 -120	0 -190	0 -300	±6.5	±9.5	±15	+21 +2
-36 -90	-36 -123	-12 -27	-12 -34	-12 -47	0 -15	0 -22	0 -35	0 -54	0 -87	0 -140	0 -220	0 -350	±7.5	±11	±17	+25 +3
-43 -106	-43 -143	-14 -32	-14 -39	-14 -54	0 -18	0 -25	0 -40	0 -63	0 -100	0 -160	0 -250	0 -400	±9	±12.5	±20	+28 +3
-50 -122	-50 -165	-15 -35	-15 -44	-15 -61	0 -20	0 -29	0 -46	0 -72	0 -115	0 -185	0 -290	0 -460	±10	±14.5	±23	+33 +4
-56 -137	-56 -186	-17 -40	-17 -49	-17 -69	0 -23	0 -32	0 -52	0 -81	0 -130	0 -210	0 -320	0 -520	±11.5	±16	±26	+36 +4
-62 -151	-62 -202	-18 -43	-18 -54	-18 -75	0 -25	0 -36	0 -57	0 -89	0 -140	0 -230	0 -360	0 -570	±12.5	±18	±28	+40 +4
-68 -165	-68 -223	-20 -47	-20 -60	-20 -83	0 -27	0 -40	0 -63	0 -97	0 -155	0 -250	0 -400	0 -630	±13.5	±20	±31	+45 +5

公称尺寸		k	m			n			p			r			
/mm		7	5	6	7	5	6	7	5	6	7	5	6	7	5
大于	至	偏差													
—	3	+10 0	+6 +2	+8 +2	+12 +2	+8 +4	+10 +4	+14 +4	+10 +6	+12 +6	+16 +6	+14 +10	+16 +10	+20 +10	+18 +14
3	6	+13 +1	+9 +4	+12 +4	+16 +4	+13 +8	+16 +8	+20 +8	+17 +12	+20 +12	+24 +12	+20 +15	+23 +15	+27 +15	+24 +19
6	10	+16 +1	+12 +6	+15 +6	+21 +6	+16 +10	+19 +10	+25 +10	+21 +15	+24 +15	+30 +15	+25 +19	+28 +19	+34 +19	+29 +23
10	14	+19 +1	+15 +7	+18 +7	+25 +7	+20 +12	+23 +12	+30 +12	+26 +18	+29 +18	+36 +18	+31 +23	+34 +23	+41 +23	+36 +28
14	18														
18	24	+23 +2	+17 +8	+21 +8	+29 +8	+24 +15	+28 +15	+36 +15	+31 +22	+35 +22	+43 +22	+37 +28	+41 +28	+49 +28	+44 +35
24	30														
30	40	+27 +2	+20 +9	+25 +9	+34 +9	+28 +17	+33 +17	+42 +17	+37 +26	+42 +26	+51 +26	+45 +34	+50 +34	+59 +34	+54 +43
40	50														
50	65	+32 +2	+24 +11	+30 +11	+41 +11	+33 +20	+39 +20	+50 +20	+45 +32	+51 +32	+62 +32	+54 +41	+60 +41	+71 +41	+66 +53
65	80											+56 +43	+62 +43	+73 +43	+72 +59
80	100	+38 +3	+28 +13	+35 +13	+48 +13	+38 +23	+45 +23	+58 +23	+52 +37	+59 +37	+72 +37	+66 +51	+73 +51	+86 +51	+86 +71
100	120											+69 +54	+76 +54	+89 +54	+94 +79
120	140	+43 +3	+33 +15	+40 +15	+55 +15	+45 +27	+52 +27	+67 +27	+61 +43	+68 +43	+83 +43	+81 +63	+88 +63	+103 +63	+110 +92
140	160											+83 +65	+90 +65	+105 +65	+118 +100
160	180											+86 +68	+93 +68	+108 +68	+126 +108
180	200	+50 +4	+37 +17	+46 +17	+63 +17	+51 +31	+60 +31	+77 +31	+70 +50	+79 +50	+96 +50	+97 +77	+106 +77	+123 +77	+142 +122
200	225											+100 +80	+109 +80	+126 +80	+150 +130
225	250											+104 +84	+113 +84	+130 +84	+160 +140
250	280	+56 +4	+43 +20	+52 +20	+72 +20	+57 +34	+66 +34	+86 +34	+79 +56	+88 +56	+108 +56	+117 +94	+126 +94	+146 +94	+181 +158
280	315											+121 +98	+130 +98	+150 +98	+193 +170
315	355	+61 +4	+46 +21	+57 +21	+78 +21	+62 +37	+73 +37	+94 +37	+87 +62	+98 +62	+119 +62	+133 +108	+144 +108	+165 +108	+215 +190
355	400											+139 +114	+150 +114	+171 +114	+233 +208
400	450	+68 +5	+50 +23	+63 +23	+86 +23	+67 +40	+80 +40	+103 +40	+95 +68	+108 +68	+131 +68	+153 +126	+166 +126	+189 +126	+259 +232
450	500											+159 +132	+172 +132	+195 +132	+279 +252

注：公称尺寸小于 1 mm 时，各级的 *a* 和 *b* 均不采用。

续表

s		t			u			v		x		y	z
6	7	5	6	7	6	7	8	6	7	6	7	6	6
偏差													
+20 +14	+24 +14	—	—	—	+24 +18	+28 +18	+32 +18	—	—	+26 +20	+30 +20	—	+32 +26
+27 +19	+31 +19	—	—	—	+31 +23	+35 +23	+41 +23	—	—	+36 +28	+40 +28	—	+43 +35
+32 +23	+38 +23	—	—	—	+37 +28	+43 +28	+50 +28	—	—	+43 +34	+49 +34	—	+51 +42
+39 +28	+46 +28	—	—	—	+44 +33	+51 +33	+60 +33	—	—	+51 +40	+58 +40	—	+61 +50
		—	—	—				+50 +39	+57 +39	+56 +45	+63 +45	—	+71 +60
+48 +35	+56 +35	—	—	—	+54 +41	+62 +41	+74 +41	+60 +47	+68 +47	+67 +54	+75 +54	+76 +63	+86 +73
		+50 +41	+54 +41	+62 +41	+61 +48	+69 +48	+81 +48	+68 +55	+76 +55	+77 +64	+85 +64	+88 +75	+101 +88
+59 +43	+68 +43	+59 +48	+64 +48	+73 +48	+76 +60	+85 +60	+99 +60	+84 +68	+93 +68	+96 +80	+105 +80	+110 +94	+128 +112
		+65 +54	+70 +54	+79 +54	+86 +70	+95 +70	+109 +70	+97 +81	+106 +81	+113 +97	+122 +97	+130 +114	+152 +136
+72 +53	+83 +53	+75 +66	+85 +66	+96 +66	+106 +87	+117 +87	+133 +87	+121 +102	+132 +102	+141 +122	+152 +122	+163 +144	+191 +172
+78 +59	+89 +59	+88 +75	+94 +75	+105 +75	+121 +102	+132 +102	+148 +102	+139 +120	+150 +120	+165 +146	+176 +146	+193 +174	+229 +210
+93 +71	+106 +71	+106 +91	+113 +91	+126 +91	+146 +124	+159 +124	+178 +124	+168 +146	+181 +146	+200 +178	+213 +178	+236 +214	+280 +258
+101 +79	+114 +79	+119 +104	+126 +104	+139 +104	+166 +144	+179 +144	+198 +144	+194 +172	+207 +172	+232 +210	+245 +210	+276 +254	+332 +310
+117 +92	+132 +92	+140 +122	+147 +122	+162 +122	+195 +170	+210 +170	+233 +170	+227 +202	+242 +202	+273 +248	+288 +248	+325 +300	+390 +365
+125 +100	+140 +100	+152 +134	+159 +134	+174 +134	+215 +190	+230 +190	+253 +190	+253 +228	+268 +228	+305 +280	+320 +280	+365 +340	+440 +415
+133 +108	+148 +108	+164 +146	+171 +146	+186 +146	+235 +210	+250 +210	+273 +210	+277 +252	+292 +252	+335 +310	+350 +310	+405 +380	+490 +465
+151 +122	+168 +122	+186 +166	+195 +166	+212 +166	+265 +236	+282 +236	+308 +236	+313 +284	+330 +284	+379 +350	+396 +350	+454 +425	+549 +520
+159 +130	+176 +130	+200 +180	+209 +180	+226 +180	+287 +258	+304 +258	+330 +258	+339 +310	+356 +310	+414 +385	+431 +385	+499 +470	+604 +575
+169 +140	+186 +140	+216 +196	+225 +196	+242 +196	+313 +284	+330 +284	+356 +284	+369 +340	+386 +340	+454 +425	+471 +425	+549 +520	+669 +640
+190 +158	+210 +158	+241 +218	+250 +218	+270 +218	+347 +315	+367 +315	+396 +315	+417 +385	+437 +385	+507 +475	+527 +475	+612 +580	+742 +710
+202 +170	+222 +170	+263 +240	+272 +240	+292 +240	+382 +350	+402 +350	+431 +350	+457 +425	+477 +425	+557 +525	+577 +525	+682 +650	+822 +790
+226 +190	+247 +190	+293 +268	+304 +268	+325 +268	+426 +390	+447 +390	+479 +390	+511 +475	+532 +475	+626 +590	+647 +590	+766 +730	+936 +900
+244 +208	+265 +208	+319 +294	+330 +294	+351 +294	+471 +435	+492 +435	+524 +435	+566 +530	+587 +530	+696 +660	+717 +660	+856 +820	+1 036 +1 000
+272 +232	+295 +232	+357 +330	+370 +330	+393 +330	+530 +490	+553 +490	+587 +490	+635 +595	+658 +595	+780 +740	+803 +740	+960 +920	+1 140 +1 100
+292 +252	+315 +252	+387 +360	+400 +360	+423 +360	+580 +540	+603 +540	+637 +540	+700 +660	+723 +660	+860 +820	+883 +820	+1 040 +1 000	+1 290 +1 250

附表 23　孔的极限偏差

公称尺寸 /mm		A	B		C	D				E		F				G
		11	11	12	11	8	9	10	11	8	9	6	7	8	9	6
大于	至	偏差														
—	3	+330 +270	+200 +140	+240 +140	+120 +60	+34 +20	+45 +20	+60 +20	+80 +20	+28 +14	+39 +14	+12 +6	+16 +6	+20 +6	+31 +6	+8 +2
3	6	+345 +270	+215 +140	+260 +140	+145 +70	+48 +30	+60 +30	+78 +30	+105 +30	+38 +20	+50 +20	+18 +10	+22 +10	+28 +10	+40 +10	+12 +4
6	10	+370 +280	+240 +150	+300 +150	+170 +80	+62 +40	+76 +40	+98 +40	+130 +40	+47 +25	+61 +25	+22 +13	+28 +13	+35 +13	+49 +13	+14 +5
10	14	+400 +290	+260 +150	+330 +150	+205 +95	+77 +50	+93 +50	+120 +50	+160 +50	+59 +32	+75 +32	+27 +16	+34 +16	+43 +16	+59 +16	+17 +6
14	18															
18	24	+430 +300	+290 +160	+370 +160	+240 +110	+98 +65	+117 +65	+149 +65	+195 +65	+73 +40	+92 +40	+33 +20	+41 +20	+53 +20	+72 +20	+20 +7
24	30															
30	40	+470 +310	+330 +170	+420 +170	+280 +120	+119 +80	+142 +80	+180 +80	+240 +80	+89 +50	+112 +50	+41 +25	+50 +25	+64 +25	+87 +25	+25 +9
40	50	+480 +320	+340 +180	+430 +180	+290 +130											
50	65	+530 +340	+380 +190	+490 +190	+330 +140	+146 +100	+174 +100	+220 +100	+290 +100	+106 +60	+134 +60	+49 +30	+60 +30	+76 +30	+104 +30	+29 +10
65	80	+550 +360	+390 +200	+500 +200	+340 +150											
80	100	+600 +380	+440 +220	+570 +220	+390 +170	+174 +120	+207 +120	+260 +120	+340 +120	+126 +72	+159 +72	+58 +36	+71 +36	+90 +36	+123 +36	+34 +12
100	120	+630 +410	+460 +240	+590 +240	+400 +180											
120	140	+710 +460	+510 +260	+660 +260	+450 +200	+208 +145	+245 +145	+305 +145	+395 +145	+148 +85	+185 +85	+68 +43	+83 +43	+106 +43	+143 +43	+39 +14
140	160	+770 +520	+530 +280	+680 +280	+460 +210											
160	180	+830 +580	+560 +310	+710 +310	+480 +230											
180	200	+950 +660	+630 +340	+800 +340	+530 +240	+242 +170	+285 +170	+355 +170	+460 +170	+172 +100	+215 +100	+79 +50	+96 +50	+122 +50	+165 +50	+44 +15
200	225	+1 030 +740	+670 +380	+840 +380	+550 +260											
225	250	+1 110 +820	+710 +420	+880 +420	+570 +280											
250	280	+1 240 +920	+800 +480	+1 000 +480	+620 +300	+271 +190	+320 +190	+400 +190	+510 +190	+191 +110	+240 +110	+88 +56	+108 +56	+137 +56	+186 +56	+49 +17
280	315	+1 370 +1 050	+860 +540	+1 060 +540	+650 +330											
315	355	+1 560 +1 200	+960 +600	+1 170 +600	+720 +360	+299 +210	+350 +210	+440 +210	+570 +210	+214 +125	+265 +125	+98 +62	+119 +62	+151 +62	+202 +62	+54 +18
355	400	+1 710 +1 350	+1 040 +680	+1 250 +680	+760 +400											
400	450	+1 900 +1 500	+1 160 +760	+1 390 +760	+840 +440	+327 +230	+385 +230	+480 +230	+630 +230	+232 +135	+290 +135	+108 +68	+131 +68	+165 +68	+223 +68	+60 +20
450	500	+2 050 +1 650	+1 240 +840	+1 470 +840	+880 +480											

（GB/T 1800. 2—2009）

μm

	H							J			JS			K		
7	6	7	8	9	10	11	12	6	7	8	6	7	8	6	7	8
偏　差																
+12 +2	+6 0	+10 0	+14 0	+25 0	+40 0	+60 0	+100 0	+2 −4	+4 −6	+6 −8	±3	±5	±7	0 −6	0 −10	0 −14
+16 +4	+8 0	+12 0	+18 0	+30 0	+48 0	+75 0	+120 0	+5 −3	±6	+10 −8	±4	±6	±9	+2 −6	+3 −9	+5 −13
+20 +5	+9 0	+15 0	+22 0	+36 0	+58 0	+90 0	+150 0	+5 −4	+8 −7	+12 −10	±4. 5	±7	±11	+2 −7	+5 −10	+6 −16
+24 +6	+11 0	+18 0	+27 0	+43 0	+70 0	+110 0	+180 0	+6 −5	+10 −8	+15 −12	±5. 5	±9	±13	+2 −9	+6 −12	+8 −19
+28 +7	+13 0	+21 0	+33 0	+52 0	+84 0	+130 0	+210 0	+8 −5	+12 −9	+20 −13	±6. 5	±10	±16	+2 −11	+6 −15	+10 −23
+34 +9	+16 0	+25 0	+39 0	+62 0	+100 0	+160 0	+250 0	+10 −6	+14 −11	+24 −15	±8	±12	±19	+3 −13	+7 −18	+12 −27
+40 +10	+19 0	+30 0	+46 0	+74 0	+120 0	+190 0	+300 0	+13 −6	+18 −12	+28 −18	±9. 5	±15	±23	+4 −15	+9 −21	+14 −32
+47 +12	+22 0	+35 0	+54 0	+87 0	+140 0	+220 0	+350 0	+16 −6	+22 −13	+34 −20	±11	±17	±27	+4 −18	+10 −25	+16 −38
+54 +14	+25 0	+40 0	+63 0	+100 0	+160 0	+250 0	+400 0	+18 −7	+26 −14	+41 −22	±12.5	±20	±31	+4 −21	+12 −18	+20 −43
+61 +15	+29 0	+46 0	+72 0	+115 0	+185 0	+290 0	+460 0	+22 −7	+30 −16	+47 −25	±14.5	±23	±36	+5 −24	+13 −33	+22 −50
+69 +17	+32 0	+52 0	+81 0	+130 0	+210 0	+320 0	+520 0	+25 −7	+36 −16	+55 −26	±16	±26	±40	+5 −27	+16 −36	+25 −56
+75 +18	+36 0	+57 0	+89 0	+140 0	+230 0	+360 0	+570 0	+29 −7	+39 −18	+60 −29	±18	±28	±44	+7 −29	+17 −40	+28 −61
+83 +20	+40 0	+63 0	+97 0	+155 0	+250 0	+400 0	+630 0	+33 −7	+43 −20	+66 −31	±20	±31	±48	+8 −32	+18 −45	+29 −68

公称尺寸/mm		M			N			P		R			S		T		U
		6	7	8	6	7	8	6	7	6	7	8	6	7	6	7	7
大于	至	偏差															
—	3	-2 -8	-2 -12	-2 -16	-4 -10	-4 -14	-4 -18	-6 -12	-6 -16	-10 -16	-10 -20	-10 -24	-14 -20	-14 -24	—	—	-18 -28
3	6	-1 -9	0 -12	+2 -16	-5 -13	-4 -16	-2 -20	-9 -17	-8 -20	-12 -20	-11 -23	-15 -33	-16 -24	-15 -27	—	—	-19 -31
6	10	-3 -12	0 -15	+1 -21	-7 -16	-4 -19	-3 -25	-12 -21	-9 -24	-16 -25	-13 -28	-19 -41	-20 -29	-17 -32	—	—	-22 -37
10	14	-4 -15	0 -18	+2 -25	-9 -20	-5 -23	-3 -30	-15 -26	-11 -29	-20 -31	-16 -34	-23 -50	-25 -36	-21 -39	—	—	-26 -44
14	18																
18	24	-4 -17	0 -21	+4 -29	-11 -24	-7 -28	-3 -36	-18 -31	-14 -35	-24 -37	-20 -41	-28 -61	-31 -41	-27 -48	—	—	-33 -54
24	30														-37 -50	-33 -54	-40 -61
30	40	-4 -20	0 -25	+5 -34	-12 -28	-8 -33	-3 -42	-21 -37	-17 -42	-29 -45	-25 -50	-34 -73	-38 -54	-34 -59	-43 -59	-39 -64	-51 -76
40	50														-49 -65	-45 -70	-61 -86
50	65	-5 -24	0 -30	+5 -41	-14 -33	-9 -39	-4 -50	-26 -45	-21 -51	-35 -54	-30 -60	-41 -87	-47 -66	-42 -72	-60 -79	-55 -85	-76 -106
65	80									-37 -56	-32 -62	-43 -89	-53 -72	-48 -78	-69 -88	-64 -94	-91 -121
80	100	-6 -28	0 -35	+6 -48	-16 -38	-10 -45	-4 -58	-30 -52	-24 -59	-44 -66	-38 -73	-51 -105	-64 -86	-58 -93	-84 -106	-78 -113	-111 -146
100	120									-47 -69	-41 -76	-54 -108	-72 -94	-66 -101	-97 -119	-91 -126	-131 -166
120	140	-8 -33	0 -4	+8 -55	-20 -45	-12 -52	-4 -67	-36 -61	-28 -68	-56 -81	-48 -88	-63 -126	-85 -110	-77 -117	-115 -140	-107 -147	-155 -195
140	160									-58 -83	-50 -90	-65 -128	-93 -118	-85 -125	-127 -152	-119 -159	-175 -215
160	180									-61 -86	-53 -93	-68 -131	-101 -126	-93 -133	-139 -164	-131 -171	-195 -235
180	200	-8 -37	0 -46	+9 -63	-22 -51	-14 -60	-5 -77	-41 -70	-33 -79	-68 -97	-60 -106	-77 -149	-113 -142	-105 -151	-157 -186	-149 -195	-219 -265
200	225									-71 -100	-63 -109	-80 -152	-121 -150	-113 -159	-171 -200	-163 -209	-241 -287
225	250									-75 -104	-67 -113	-84 -156	-131 -160	-123 -169	-187 -216	-179 -225	-267 -313
250	280	-9 -41	0 -52	+9 -72	-25 -57	-14 -66	-5 -86	-47 -79	-36 -88	-85 -117	-74 -126	-94 -175	-149 -181	-138 -190	-209 -241	-198 -250	-295 -347
280	315									-89 -121	-78 -130	-98 -179	-161 -193	-150 -202	-231 -263	-220 -272	-330 -382
315	355	-10 -46	0 -57	+11 -78	-26 -62	-16 -73	-5 -94	-51 -87	-41 -98	-97 -133	-87 -144	-108 -197	-179 -215	-169 -226	-257 -293	-247 -304	-369 -426
355	400									-103 -139	-93 -150	-114 -203	-197 -233	-187 -244	-283 -319	-273 -330	-414 -471
400	450	-10 -50	0 -63	+11 -86	-27 -67	-17 -80	-6 -103	-55 -95	-45 -108	-113 -153	-103 -166	-126 -223	-219 -259	-209 -272	-317 -357	-307 -370	-467 -530
450	500									-119 -159	-109 -172	-132 -229	-239 -279	-229 -292	-347 -387	-337 -400	-517 -580

注：公称尺寸小于 1 mm 时，各级的 A 和 B 均不采用。

附表 24 公称尺寸至 500 mm 的基孔制优先、常用配合(GB/T 1801—2009)

基准孔	轴																				
	a	b	c	d	e	f	g	h	js	k	m	n	p	r	s	t	u	v	x	y	z
	间隙配合								过渡配合			过盈配合									
H6						H6/f5	H6/g5	H6/h5	H6/js5	H6/k5	H6/m5	H6/n5	H6/p5	H6/r5	H6/s5	H6/t5					
H7						H7/f6	**H7/g6**	**H7/h6**	H7/js6	**H7/k6**	H7/m6	**H7/n6**	**H7/p6**	H7/r6	**H7/s6**	H7/t6	**H7/u6**	H7/v6	H7/x6	H7/y6	H7/z6
H8					H8/e7	**H8/f7**	H8/g7	**H8/h7**	H8/js7	H8/k7	H8/m7	H8/n7	H8/p7	H8/r7	H8/s7	H8/t7	H8/u7				
				H8/d8	H8/e8	H8/f8		H8/h8													
H9			H9/c9	**H9/d9**	H9/e9	H9/f9		**H9/h9**													
H10			H10/c10	H10/d10				H10/h10													
H11	H11/a11	H11/b11	**H11/c11**	H11/d11				**H11/h11**													
H12		H12/b12						H12/h12													

注：1. $\frac{H6}{n5}$、$\frac{H7}{p9}$在公称尺寸小于或等于 3 mm 和$\frac{H8}{r7}$在小于或等于 100 mm 时，为过渡配合。

2. 标注▒的配合为优先配合。

附表 25 公称尺寸至 500 mm 的基轴制优先、常用配合(GB/T 1801—2009)

基准轴	孔																				
	A	B	C	D	E	F	G	H	JS	K	M	N	P	R	S	T	U	V	X	Y	Z
	间隙配合								过渡配合			过盈配合									
h5						F6/h5	G6/h5	H6/h5	JS6/h5	K6/h5	M6/h5	N6/h5	P6/h5	R6/h5	S6/h5	T6/h5					
h6						F7/h6	**G7/h6**	**H7/h6**	JS7/h6	**K7/h6**	M7/h6	**N7/h6**	**P7/h6**	R7/h6	**S7/h6**	T7/h6	**U7/h6**				
h7					E8/h7	**F8/h7**		**H8/h7**	JS8/h7	K8/h7	M8/h7	N8/h7									
h8				D8/h8	E8/h8	F8/h8		H8/h8													
h9				**D9/h9**	E9/h9	F9/h9		**H9/h9**													
h10				D10/h10				H10/h10													
h11	A11/h11	B11/h11	**C11/h11**	D11/h11				**H11/h11**													
h12		B12/h12						H12/h12													

注：标注▒的配合为优先配合。

附表 26　优先配合特性及应用

基孔制	基轴制	优先配合选用说明
$\frac{H11}{c11}$	$\frac{C11}{h11}$	间隙非常大，用于很松的、转动很慢的转动配合，或要求大公差与大间隙的外露组件，或要求装配方便的、很松的配合
$\frac{H9}{d9}$	$\frac{D9}{h9}$	间隙很大的自由转动配合，用于精度为非主要要求，或有大的温度变动、高转速或大的轴颈压力时
$\frac{H8}{f7}$	$\frac{F8}{h7}$	间隙不大的转动配合，用于中等转速与中等轴颈压力的精确转动，也用于装配较易的中等定位配合
$\frac{H7}{g6}$	$\frac{G7}{h6}$	间隙很小的滑动配合，用于不希望自由转动，但可自由移动和滑动并精密定位时，也可用于要求明确的定位配合
$\frac{H7}{h6}$ $\frac{H8}{h7}$ $\frac{H9}{h9}$ $\frac{H11}{h11}$	$\frac{H7}{h6}$ $\frac{H8}{h7}$ $\frac{H9}{h9}$ $\frac{H11}{h11}$	均为间隙定位配合，零件可自由装拆，而工作时一般相对静止不动。在最大实体条件下的间隙为零，在最小实体条件下的间隙由公差等级决定
$\frac{H7}{k6}$	$\frac{K7}{h6}$	过渡配合，用于精密定位
$\frac{H7}{n6}$	$\frac{N7}{h6}$	过渡配合，允许有较大过盈的更精密定位
$\frac{H7^{*}}{p6}$	$\frac{P7}{h6}$	过盈定位配合，即小过盈配合，用于定位精度特别重要的场合，能以最好的定位精度达到部件的刚性及对中性要求，而对内孔承受压力无特殊要求，不依靠配合的紧固性传递摩擦负荷
$\frac{H7}{s6}$	$\frac{S7}{h6}$	中等压入配合，适用于一般钢件，或用于薄壁件的冷缩配合，用于铸铁件时可得到最紧的配合
$\frac{H7}{u6}$	$\frac{U7}{h6}$	压入配合，适用于可以承受大压入力的零件或不宜承受大压入力的冷缩配合

注：* 表示公称尺寸≤3 mm 时为过渡配合。

附录五　常用金属材料及热处理和表面处理

附表 27　常 用 铸 铁

名称	牌号	牌号表示方法说明	硬度/HB	特性及用途举例
灰铸铁	HT100	“HT”是灰铸铁的代号，它后面的数字表示抗拉强度的大小。“HT”是“灰”“铁”两字汉语拼音的第一个字母 （GB/T 9439—2010）	140~230	属低强度铸铁。用于盖、手把、手轮等不重要零件
	HT150		145~240	属中等强度铸铁。用于一般铸件，如机床座、端盖、带轮、工作台等
	HT200 HT250		165~255	属高强度铸铁，用于较重要铸件，如气缸、齿轮、凸轮、机座、床身、飞轮、带轮、齿轮箱、阀、联轴器、衬套、轴承座等
	HT300 HT350		177~260 200~270	属高强度、高耐磨铸铁。用于重要铸件，如齿轮、凸轮、床身、高压液压筒及液压泵和滑阀的壳体、车床卡盘等
球墨铸铁	QT400-15 QT450-10	“QT”是球墨铸铁的代号，它后面的数字分别表示抗拉强度和断后伸长率的大小（%），“QT”是“球”“铁”两字汉语拼音的第一个字母 （GB/T 1348—2019）	130~180 160~210	具有较高的强度和塑性。广泛用于机械制造业中受磨损和受冲击的零件，如曲轴、轮轴、齿轮、油缸套、活塞环、摩擦片、中低压阀门、千斤顶底座、轴承座等
	QT500-7 QT600-3 QT700-2		170~230 190~270 225~305	

附表 28　常 用 钢 材

名称	牌号	牌号表示方法说明	特性及用途举例
碳素结构钢	Q215A	“Q”是“屈”字汉语拼音第一个字母，后面的数字是屈服强度值，分 A、B、C、D 四个质量等级，A 即为 A 级的等级代号，沸腾钢在牌号尾部加符号“F” （GB/T 700—2006）	塑性大，抗拉强度低，易焊接。用于炉撑、铆钉、垫圈、开口销等
	Q235A Q235AF		有较高的强度和硬度，断后伸长率也相当大，可以焊接，用途很广，是一般机械上的主要材料。用于低速轻载齿轮、键、拉杆、钩子、螺栓、套圈等
	Q275A		断后伸长率低，抗拉强度高，耐磨性好，焊接性一般。用于制造不重要的轴、键、弹簧等

续表

名称		牌号	牌号表示方法说明	特性及用途举例
优质碳素结构钢	普通含锰量钢	15	牌号数字表示钢中以平均万分数表示的碳的质量分数。如“45”表示碳的质量分数为0.45% （GB/T 699—2015）	塑性、韧性、焊接性能和冷冲性能均极好，但强度低。用于螺钉、螺母、法兰盘、渗碳零件等
		20		用于不轻受很大应力而要求很大韧性的各种零件，如杠杆、轴套、拉杆等。还可用于表面硬度高而心部强度要求不高的渗碳与碳氮共渗零件
		35		不经热处理可用于中等载荷的零件，如拉杆、轴、套筒、钩子等；经调质处理后适用于强度及韧性要求较高的零件，如传动轴等
		45		用于强度要求较高的零件，通常在调质或正火后使用，用于制造齿轮、机床主轴、花键轴、联轴器等。由于它的淬透性差，因此截面大的零件很少采用
		60		这是一种强度和弹性相当高的钢。用于制造连杆、轧辊、弹簧轴等
		75		用于板弹簧、螺旋弹簧以及受磨损的零件
	较高含锰量钢	15Mn		它的性能与15钢相似，焊接性好，但淬透性及强度和塑性比15钢高。用于制造中心部分力学性能要求较高且须渗碳的零件
		45Mn		焊接性差。用于受磨损的零件，如转轴、心轴、齿轮、叉等。还可做受较大载荷的离合器盘、花键轴、轴、曲轴等
		65Mn		钢的强度高，淬透性较大，脱碳倾向小。但有过热敏感性，易产生淬火裂纹，并有回火脆性。适用于较大尺寸的各种扁、圆弹簧，以及其他经受摩擦的农机具零件
合金结构钢		15Cr	1）合金结构钢前面两位数字表示钢中以平均万分数表示的碳的质量分数； 2）合金元素以化学符号表示； 3）合金元素的质量分数小于1.5%时仅注出元素符号 （GB/T 3077—2015）	船舶主机用螺栓、活塞销、凸轮、凸轮轴、汽轮机套环及机车用小零件等，用于心部韧性较高的渗碳零件
		40Cr		较重要的调质零件，如齿轮、连杆、进气阀、辊子、轴
		20CrMnTi		工艺性能特优，用于汽车、拖拉机上的重要齿轮和一般强度、韧性较高的减速器齿轮，供渗碳处理
		30CrMnTi		汽车、拖拉机上强度特高的渗碳齿轮

续表

名称	牌号	牌号表示方法说明	特性及用途举例
不锈钢	12Cr13 20Cr13	1）不锈钢前面的数字表示钢中以平均万分数表示的碳的质量分数； 2）合金元素以化学符号表示； 3）合金元素的质量分数以平均百分数的质量表示，小于1%时仅注出元素符号 （GB/T 20878—2007）	对水蒸气、空气、酸类有很好的防腐蚀性能，并具有高冲击韧性。用于制造汽轮机叶片、水压机、阀门等
	06Cr18Ni11Ti		用于化工设备的各种锻件、航空发动机排气系统的喷管及集合器等零件
弹簧钢	60Si2Mn	表示方法与合金结构钢相同 （GB/T 1222—2016）	渗透性好，具有较高强度及回火稳定性，但表面易脱碳，用于制造高强度的弹簧，如受振强烈的板弹簧等
铸钢	ZG200-400 ZG270-500	"ZG"表示"铸钢"，后面两组数字分别表示屈服强度和抗拉强度 （GB/T 11352—2009）	用于铸造机身、气缸、十字头、活塞、轴承外壳、阀门等
	ZG310-570 ZG340-640		用于铸造联轴器、飞轮、气缸、齿轮、齿轮圈及重负荷机架等

附表 29　常用热处理和表面处理（GB/T 7232—2012 和 JB/T 8555—2008）

名词	有效硬化层深度和硬度标注举例	说明	目的	适用范围
退火	退火 163~197 HBS 或退火	加热到临界温度以上，保温一定时间，然后缓慢冷却（例如在炉中冷却）	1）消除在前一工序（锻造、冷拉等）中所产生的内应力； 2）降低硬度，改善加工性能； 3）增加塑性和韧性； 4）使材料的成分或组织均匀，为以后的热处理准备条件	完全退火适用于 w_C 为 0.8% 以下的铸锻焊件，为消除内应力的退火主要用于铸件和焊件
正火	正火 170~217 HBS 或正火	加热到临界温度以上，保温一定时间，再在空气或其他介质中冷却	1）细化晶粒； 2）与退火后相比，强度略有增高，并能改善低碳钢的切削加工性能	用于低、中碳钢。对低碳钢常用以代替退火
淬火	淬火 42~47 HRC	加热到临界温度以上，保温一定时间，再在冷却剂（水、油或盐水）中急速地冷却	1）提高硬度及强度； 2）提高耐磨性	用于中、高碳钢。淬火后钢件必须回火

续表

名词	有效硬化层深度和硬度标注举例	说明	目的	适用范围
回火	回火	经淬火后再加热到临界温度以下的某一温度，在该温度停留一定时间，然后在水、油或空气中冷却	1）消除淬火时产生的内应力； 2）增加韧性，降低硬度	高碳钢制的工具、量具、刃具采用低温（150～250 ℃）回火，弹簧采用中温（270～450 ℃）回火
调质	调质 200～230 HBS	淬火后在 450～650 ℃进行高温回火称为“调质”	可以完全消除内应为，并获得较高的综合力学性能	用于重要的轴、齿轮以及丝杠等零件
表面淬火	火焰加热淬火后，回火至 52～58 HRC； 高频电流淬火后，回火至 50～55 HRC	用火焰或高频电流将零件表面迅速加热至临界温度以上，急速冷却	使工件表面获得高硬度，而心部保持一定的韧性，使零件既耐磨又能承受冲击	用于重要的齿轮以及曲轴、活塞销等
渗碳淬火	渗碳淬火深度为 0.8～1.2 mm，硬度为 58～63 HRC	在渗碳剂中加热至 900～950 ℃，停留一定时间，将碳渗入工件表面，深度约为 0.8～1.2 mm，再淬火后回火	增加工件表面硬度和耐磨性，提高材料的疲劳强度	适用于 w_C 为 0.08%～0.2% 的低碳钢及低碳合金钢
渗氮	渗氮深度为 0.25～0.4 mm，硬度≥850 HV	使工件工作表面渗入氮元素，深度约为 0.25～0.4 mm	增加工件表面硬度、耐磨性、疲劳强度和耐蚀性	适用于含铝、铬、钼、锰等的合金钢，例如要求耐磨的主轴、量规、样板等
碳氮共渗淬火	碳氮共渗淬火，深度为 0.5～0.8 mm，硬度为 58～63 HRC	工件在含碳、氮的介质中加热，使碳、氮原子同时渗入工件表面，可得到 0.5～0.8 mm 的硬化层	提高工件表面硬度、耐磨性、疲劳强度和耐蚀性	用于要求硬度高、耐磨的中小型、薄片零件及刀具等
时效	自然时效 人工时效	工件精加工前，加热到 100～150 ℃，保温 5～20 h，然后在空气中冷却，铸件也可自然时效（露天放一年以上）	消除内应力，使机件形状和尺寸稳定	常用于处理精密工件，如精密轴承、精密丝杠等零件

续表

名词	有效硬化层深度和硬度标注举例	说明	目的	适用范围
发蓝发黑	发蓝或发黑	氧化处理，用加热方法使工件表面形成一层氧化铁所组成的保护性薄膜	防腐蚀、美观	用于一般常见的紧固件
镀镍镀铬	电镀	用电解方法，在钢件表面镀一层镍或铬	防腐蚀、美观	用于外表有要求的零件
硬度	HB（布氏硬度）（GB/T 231.1—2009）	材料抵抗硬的物体压入零件表面的能力称“硬度”。根据测定方法的不同，可分布氏硬度、洛氏硬度、维氏硬度等	硬度测定是为了检验材料经热处理后的力学性能——硬度	用于经退火、正火、调质的零件及铸件的硬度检查
	HRC（洛氏硬度）（GB/T 230.1—2009）			用于经淬火、回火及表面化学处理的零件的硬度检查
	HV（维氏硬度）（GB/T 4340.1—2009）			特别适用于薄层硬化零件的硬度检查

注：“JB/T”为机械工业行业标准的代号。

附录六 几何公差带的定义、标注示例及解释

附表 30 (摘自 GB/T 1182—2018) mm

特征项目	公差带定义	标注示例和解释
直线度公差	由于公差值前加注了符号 ϕ，公差带是直径为公差值 t 的圆柱面内的区域 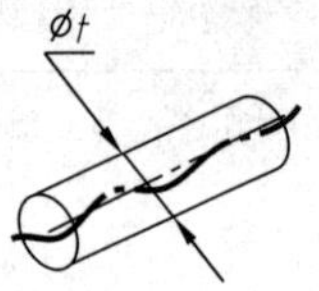	外圆柱面的提取（实际）轴线必须位于直径为 ϕ0.08 的圆柱面内 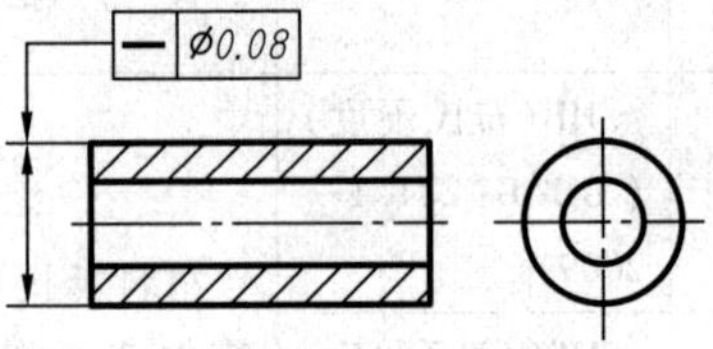
平面度公差	公差带是距离为公差值 t 的两平行平面之间的区域 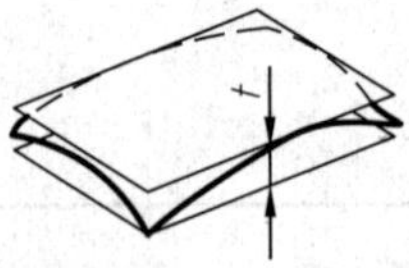	提取（实际）表面必须位于距离为公差值 0.08 的两平行平面内 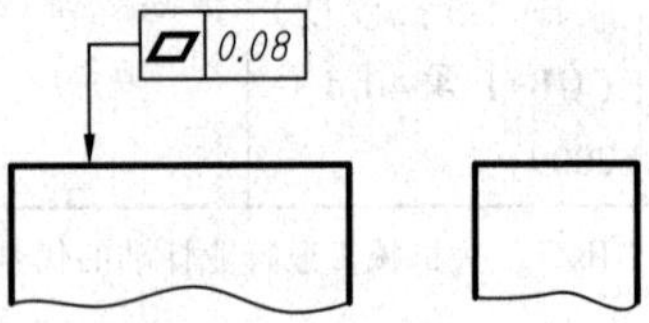
圆度公差	公差带是在同一横截面上，半径差为公差值 t 的两同心圆之间的区域 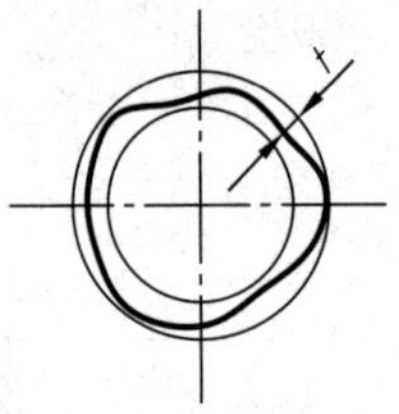	提取（实际）圆锥面任一横截面上的圆周必须位于半径差为公差值 0.1 的两同心圆之间 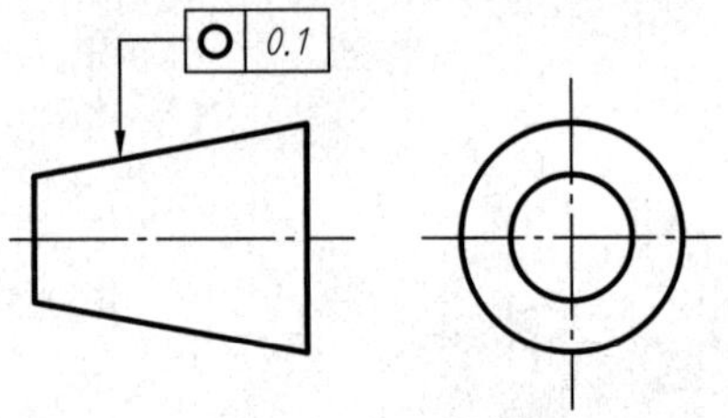
圆柱度公差	公差带是半径差为公差值 t 的两同轴线圆柱面之间的区域 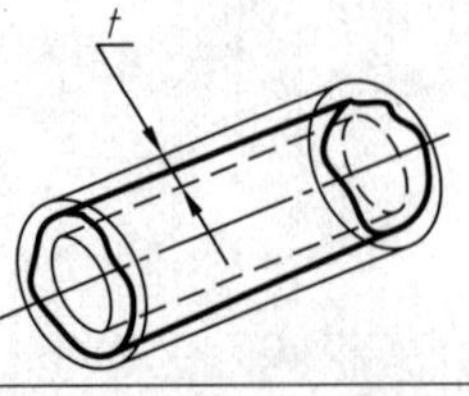	提取（实际）圆柱面必须位于半径差为公差值 0.1 的两同轴线圆柱面之间 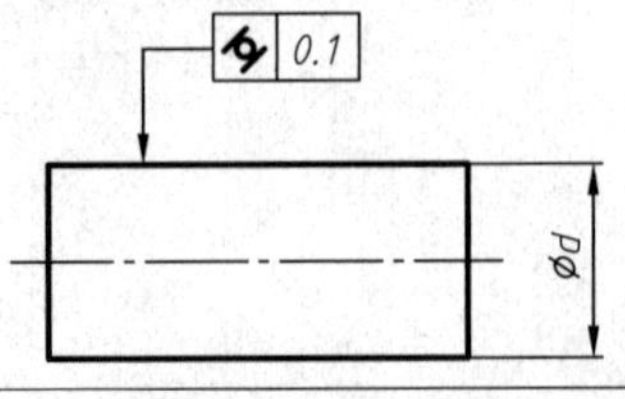

续表

特征项目	公差带定义	标注示例和解释
线轮廓度公差	公差带是包括一系列直径为公差值 t 的圆的两包络线之间的区域。这些圆的圆心位于具有理论正确几何形状的曲线上 (a) (b)	在平行于图样所示投影面的任一截面上，提取（实际）轮廓线必须位于包络一系列直径为公差值 0.04 的圆且圆心位于具有理论正确几何形状的曲线上的两包络线之间 (a) 无基准要求的线轮廓度公差　(b) 有基准要求的线轮廓度公差
面轮廓度公差	公差带是包络一系列直径为公差值 t 的球的两包络面之间的区域。这些球的球心位于具有理论正确几何形状的曲面上 (a) (b)	提取（实际）轮廓面必须位于包络一系列球的两包络面之间，这些球的直径为公差值 0.02 且球心位于具有理论正确几何形状的曲面上 (a) 无基准要求的面轮廓度公差　(b) 有基准要求的面轮廓度公差
平行度公差　面对面平行度公差	公差带是距离为公差值 t，且平行于基准平面的两平行平面之间的区域	提取（实际）表面必须位于距离为公差值 0.01 且平行于基准平面 D 的两平行平面之间

续表

特征项目		公差带定义	标注示例和解释
垂直度公差	线对面垂直度公差（任意方向上）	公差带是直径为公差值 t，且垂直于基准平面的圆柱面内的区域 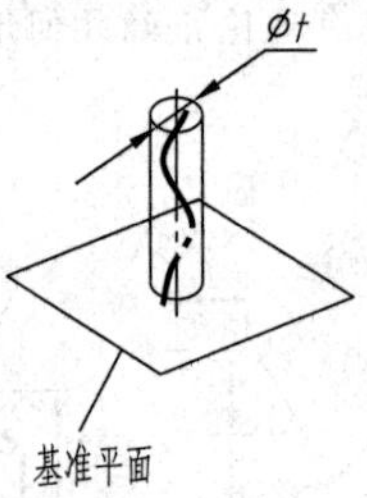	提取（实际）轴线必须位于直径为公差值 $\phi 0.01$，且垂直于基准平面 A 的圆柱面内 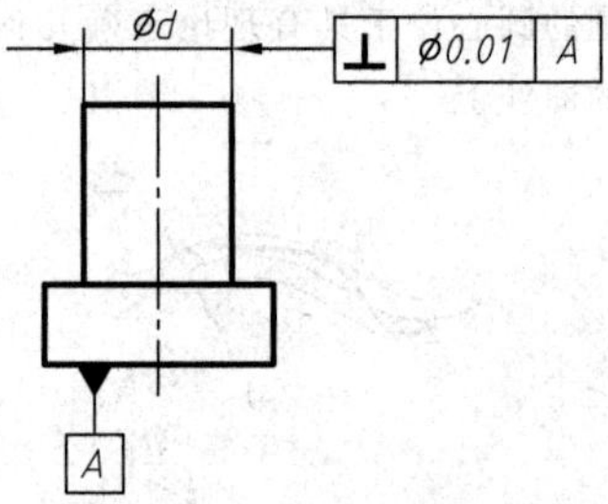
倾斜度公差	面对面倾斜度公差	公差带是距离为公差值 t 且与基准平面成一给定角度的两平行平面之间的区域 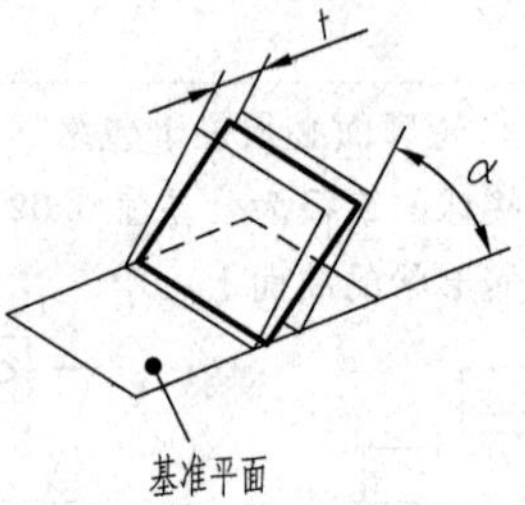	提取（实际）表面必须位于距离为公差值 0.08 且与基准平面 A 成理论正确角度 40° 的两平行平面之间 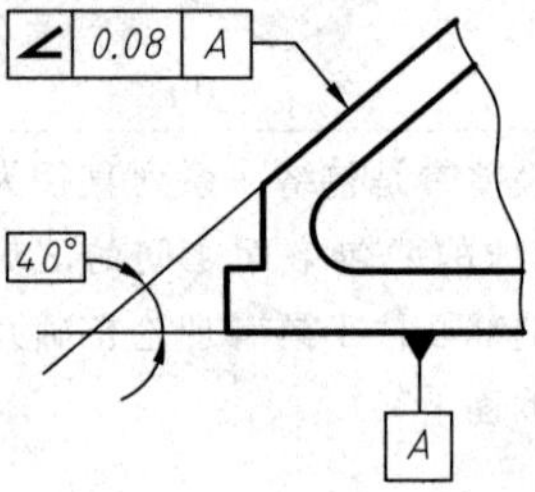
同轴度公差	线的同轴度公差	公差带是直径为公差值 t 的圆柱面内的区域，该圆柱面的轴线与基准轴线同轴线 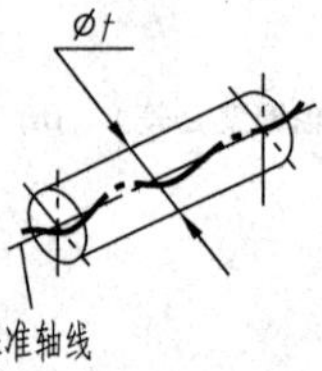	提取（实际）ϕd_1 圆柱面轴线必须位于直径为公差值 $\phi 0.04$ 且与基准轴线 A 同轴线的圆柱面内 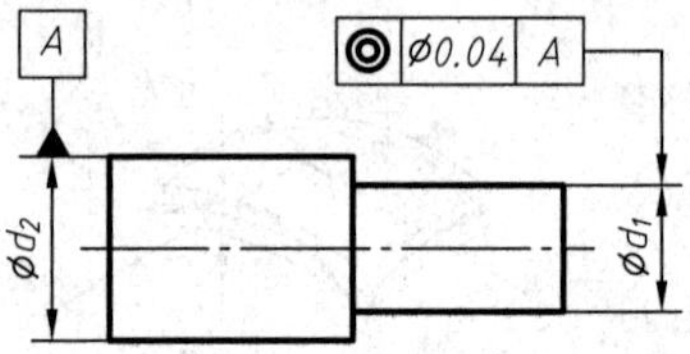
对称度公差	面对面对称度公差	公差带是距离为公差值 t 且相对于基准中心平面对称配置的两平行平面之间的区域 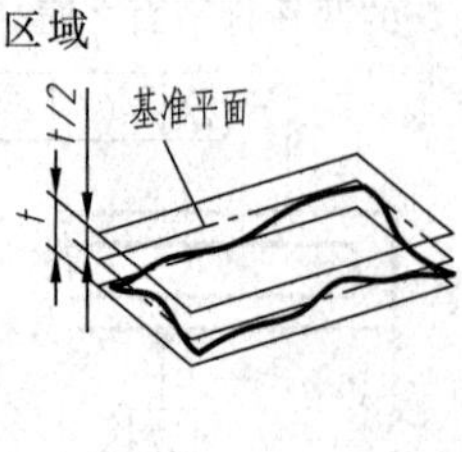	提取（实际）中心平面必须位于距离为公差值 0.08 且相对于基准公共中心平面 $A-B$ 对称配置的两平行平面之间 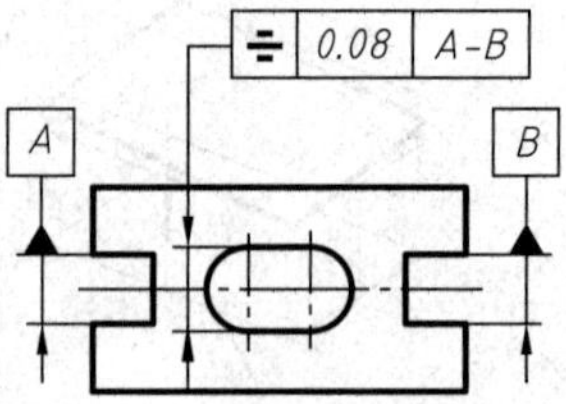

续表

特征项目		公差带定义	标注示例和解释
位置度公差	线的位置度公差	公差带是直径为公差值 t 且以线的理想位置为轴线的圆柱面内的区域。公差带轴线的位置由基准和理论正确尺寸确定 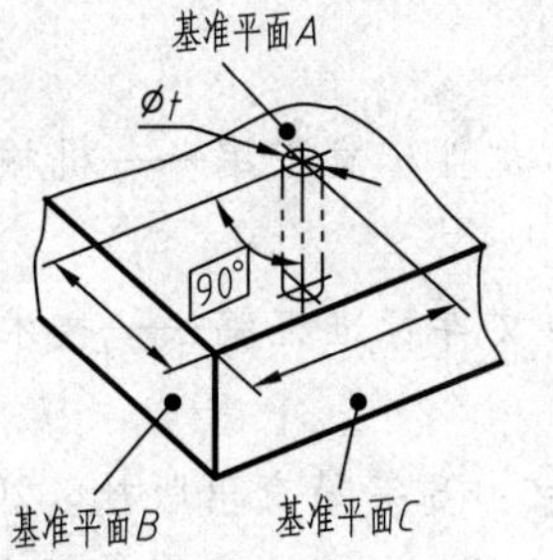 	提取（实际）ϕD 孔的轴线必须位于直径为公差值 $\phi 0.08$，由三基面体系 A、B、C 和相对于基准平面 B、C 的理论正确尺寸 [100]、[68] 所确定的理想位置为轴线的圆柱面内 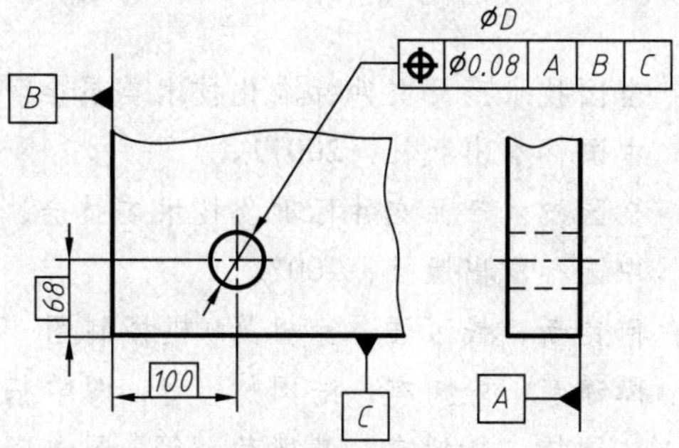
圆跳动公差	径向圆跳动公差	公差带是在垂直于基准轴线的任意测量平面内，半径差为公差值 t 且圆心在基准轴线上的两同心圆之间的区域 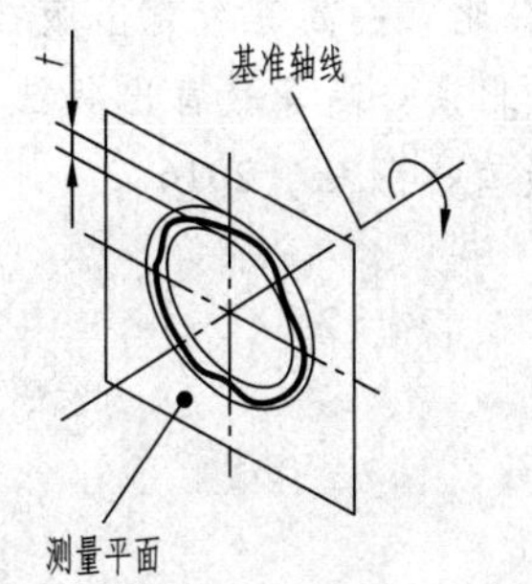 	当提取（实际）圆柱面绕基准轴线 A 旋转一转时，在任意测量平面内的径向圆跳动均不得大于 0.1 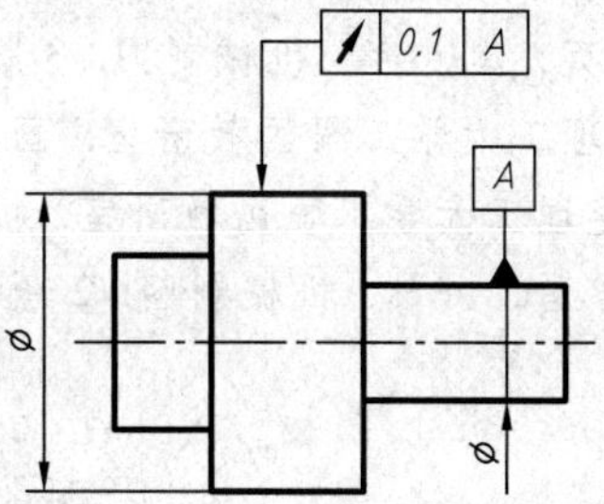
全跳动公差	径向全跳动公差	公差带是半径差为公差值 t 且与基准轴线同轴线的两圆柱面之间的区域 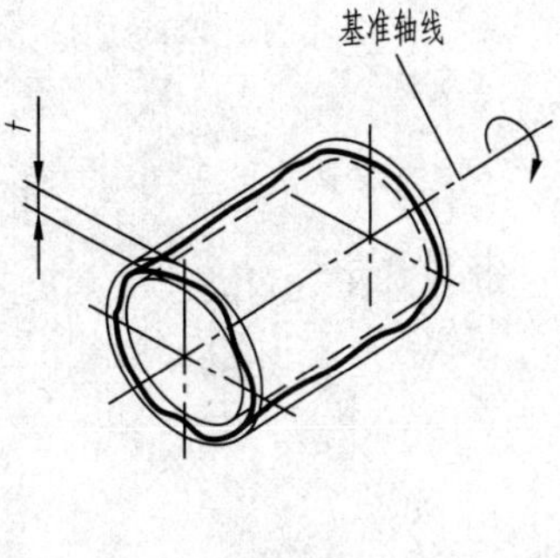 	当提取（实际）圆柱面绕公共基准轴线 $A-B$ 连续旋转，指示表与工件在平行于该公共基准轴线的方向作轴向相对直线运动时，被测圆柱面上各点的示值中最大值与最小值的差值不得大于 0.1 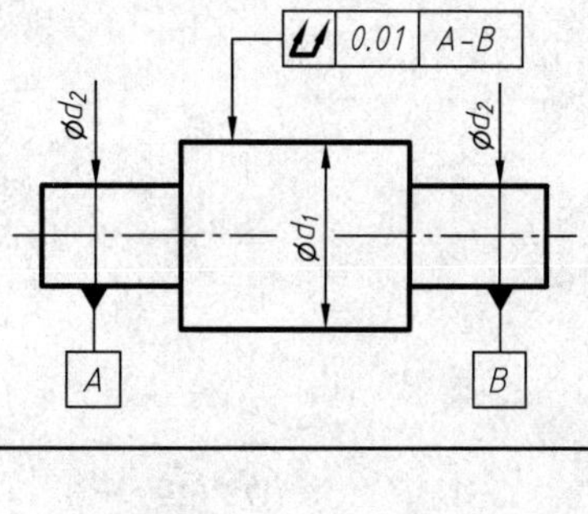

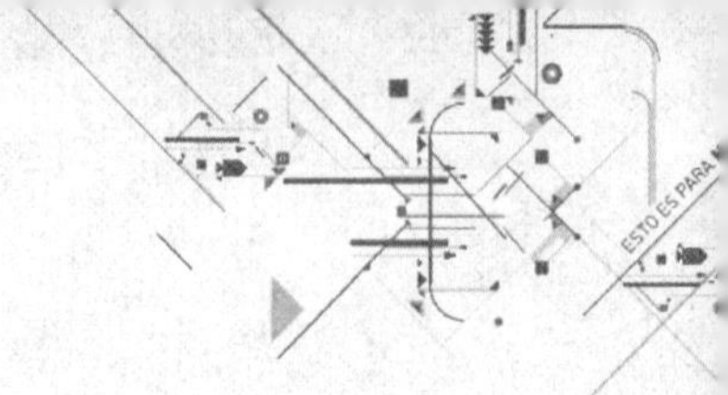

参考文献

[1] 全国技术产品文件标准化技术委员会. 技术产品文件标准汇编——机械制图卷. 北京：中国标准出版社，2007.

[2] 全国技术产品文件标准化技术委员会. 技术产品文件标准汇编——技术制图卷. 北京：中国标准出版社，2007.

[3] 何铭新，钱可强，徐祖茂. 机械制图. 7版. 北京：高等教育出版社，2015.

[4] 谭建荣，张树有，陆国栋，等. 图学基础教程. 3版. 北京：高等教育出版社，2019.

[5] 陆国栋，张树有，谭建荣，等. 图学应用教程. 2版. 北京：高等教育出版社，2010.

[6] 丁一，王健. 工程图学基础. 3版. 北京：高等教育出版社，2019.

[7] 何玉林，丁一. 机械设计制图. 北京：高等教育出版社，2009.

[8] 范冬英，刘小年. 机械制图. 3版. 北京：高等教育出版社，2017.

[9] 大连理工大学工程画教研室. 画法几何学. 7版. 北京：高等教育出版社，2011.

[10] 大连理工大学工程画教研室. 机械制图. 7版. 北京：高等教育出版社，2013.

[11] 陈锦昌，刘林. 机械制图. 2版. 北京：高等教育出版社，2016.